控制工程基础

（第2版）

谭跃刚　黄安贻　主　编

刘兆冰　陈　祯　副主编

電子工業出版社

Publishing House of Electronics Industry

北京 · BEIJING

内 容 简 介

本书主要介绍机械工程、电气工程等工程系统分析与控制的基础理论，主要内容包括工程系统（简称系统）的数学模型、时域分析、根轨迹分析、频域分析，以及工程系统控制设计等。本书的特点是以"工程控制系统—建模—分析—设计"为主线，重点突出工程系统控制性能的分析及设计，不强调严格的数学推演，在继续保持第1版内容的系统性和完整性的基础上，侧重基本概念、思想方法的理解和应用，适应传授理论知识和培养创新能力并重的需要。

本书是高等学校仪器仪表、机械工程等机电大类专业本科学生的教材，也可供相关专业师生和从事自动化方面的工程技术人员参考。

未经许可，不得以任何方式复制或抄袭本书之部分或全部内容。
版权所有，侵权必究。

图书在版编目（CIP）数据

控制工程基础 / 谭跃刚，黄安贻主编. —2版. —北京：电子工业出版社，2022.9
ISBN 978-7-121-44241-4

Ⅰ. ①控… Ⅱ. ①谭… ②黄… Ⅲ. ①工程控制论－高等学校－教材 Ⅳ. ①TB114.2

中国版本图书馆CIP数据核字（2022）第160131号

责任编辑：郭穗娟
印　　刷：大厂聚鑫印刷有限责任公司
装　　订：大厂聚鑫印刷有限责任公司
出版发行：电子工业出版社
　　　　　北京市海淀区万寿路173信箱　　邮编 100036
开　　本：787×1 092　1/16　印张：22.5　　字数：572.8千字
版　　次：2013年8月第1版
　　　　　2022年9月第2版
印　　次：2022年9月第1次印刷
定　　价：69.80元

凡所购买电子工业出版社图书有缺损问题，请向购买书店调换。若书店售缺，请与本社发行部联系，联系及邮购电话：（010）88254888，88258888。

质量投诉请发邮件至zlts@phei.com.cn，盗版侵权举报请发邮件至dbqq@phei.com.cn。

本书咨询联系方式：（010）88254502，guosj@phei.com.cn。

前　　言

编者在第 1 版的基础上，参考任课教师和学生的反馈意见，结合培养本科生分析处理复杂工程系统能力等专业认证要求进行修订，形成第 2 版。本书不仅在内容上有所调整和更新，而且加强了理论与实际的结合，突出了控制工程基础的实用性。

根据我国高等学校“新工科”建设发展的要求，以及我国本科生工程基础类课程教学改革的需要，为使学生在较少的学时内能够系统地掌握控制工程的基本概念、基础理论和方法，编者删除了控制理论中一些不常用的内容，增加了从实际系统到数学模型的系统建模内容，使学生能够获得从实际系统分析到数学模型建立的知识和能力。在控制系统设计方面，编者弱化了控制系统校正中的图形试凑设计，增强了串联校正与 PID 控制的关系，以及 PID 控制器设计的内容。在内容表述上，编者侧重于概念的阐述和系统分析，不苛求数学上的严密推演，突出对控制工程基础的概念、理论和方法等共性问题的理解和实际应用。全书文字简洁，易读易懂，各章习题配有答案，便于学生自学。本书内容编排满足工科高校相关专业 40~64 课时的教学需要。

本书由谭跃刚教授和黄安贻教授担任主编，刘兆冰副教授和陈祯副教授担任副主编。各章编写分工如下：谭跃刚、刘兆冰编写第 5～7 章，黄安贻、陈祯编写第 1～4 章。最后，由谭跃刚、黄安贻进行审核定稿。

本书的再次出版得到了不少任课教师的大力支持，在此向这些教师表示衷心的感谢。本书可能存在一些缺陷和不妥之处，恳请广大读者和同行专家批评指正。

编　者

2022 年 4 月

目　　录

第1章　绪　　论

【学习要求】

正确理解反馈、控制与控制系统及其有关的概念，能够分析控制系统的工作原理，能辨别控制对象并确定输入信号、输出信号和反馈信号等物理量，能够正确绘制控制系统的框图；能够理解并应用线性控制系统的特性和叠加原理；了解系统分类方法和类别，熟悉对控制系统性能的基本要求。

控制工程是指应用控制理论分析和处理各种工程系统，使之实现自动化的综合性工程技术。控制理论是控制工程的基础，主要指研究工程系统的建模、分析、控制的理论和方法，其发展一般分为经典控制理论和现代控制理论两个阶段。

经典控制理论是在20世纪四五十年代逐步形成的自动控制理论，它主要以传递函数、频率特性函数为基础，研究单输入/单输出控制系统设计和性能分析。现代控制理论是从20世纪60年代发展起来的，主要以状态方程为基础，研究多输入/多输出控制系统设计和性能分析。本章主要介绍控制系统的组成、原理、分类及对控制系统性能的基本要求。

1.1　控制与反馈控制

人们在日常生活和生产中，不论做什么事都希望按照自己期望的或规定的目标和要求发展，当发现事物的发展偏离期望目标和要求时，就会对事物进行调整。例如，驾驶人总是期望汽车能安全、快速地沿着期望道路行驶，在驾驶过程中就依据汽车行驶状态和道路状况对其进行各种驾驶操作，使之达到期望的行驶要求。在这里，“事物的发展偏离期望目标和要求”是对事物进行调整的依据，调整的目的就是希望事物按照期望的和规定的目标和要求发展。这种调整实际上就是对事物施加某种操作或作用，从广义上看就是对事物的控制。

在控制工程领域，需要调整或控制的对象是各种工程系统，如电气系统、机械系统、化工过程系统等。具体地说，就是电力系统的电流/电压控制、机械系统的位置/速度控制、化工过程的压力/流量控制、建筑物的振动控制等。这些工程系统虽然各自具有不同的物理属性，但是从控制的角度来看，它们都是被控制对象或系统，都具有输入信号和输出信号，其输入信号实际就是对系统的控制作用，其输出信号就是系统对输入信号控制作用的响应，并且这种响应输出信号一般要求达到或接近某种目标。因此，控制就是对系统施加某种输入信号，使系统输出信号达到保持规定或要求的运动目标/性能的过程。当这种输入控制作用不是由人直接控制，而是由某个或某些装置自动实现时就是自动控制。

下面分析两个实例。

实例 1

图 1.1 所示为一个恒温箱控制系统。恒温箱的恒定温度（作为控制的目标温度或设定温度）由输入信号 u_1 设定，当恒温箱内的温度与设定温度一致时，设定的输入信号 u_1 和温度传感器的输出信号 u_2 就相等，驱动装置和传动装置保持恒定工作状态，调压装置输出恒定电压，使恒温箱内加热器保持恒定加热状态。此时，恒温箱内的加热和散热达到平衡，其内部温度就恒定在设定温度上。当某种原因使得恒温箱内的温度发生变化时，温度传感器的输出信号 u_2 就与设定的输入信号 u_1 形成偏差信号 $\Delta u = u_1 - u_2$，使驱动装置和传动装置改变原工作状态，调压装置的输出电压使加热器按照减小温度变化的方向（使 Δu 趋于 0 的方向）改变热量，直到恒温箱内的温度再次保持在设定温度值上为止。本实例中的恒温箱就是控制对象，加热器上的电压对这个系统施加作用，箱内的实际温度（由温度传感器检测得到的温度）就是恒温箱控制系统对上述电压的响应输出。显然，改变加热器上的电压可以改变恒温箱内的温度，那么利用反映设定温度与实际温度之差的信号 Δu 来调节加热器上的电压，即调节恒温箱的输入作用，就可使恒温箱内的温度达到并保持设定温度值，从而实现恒定温度的自动控制。

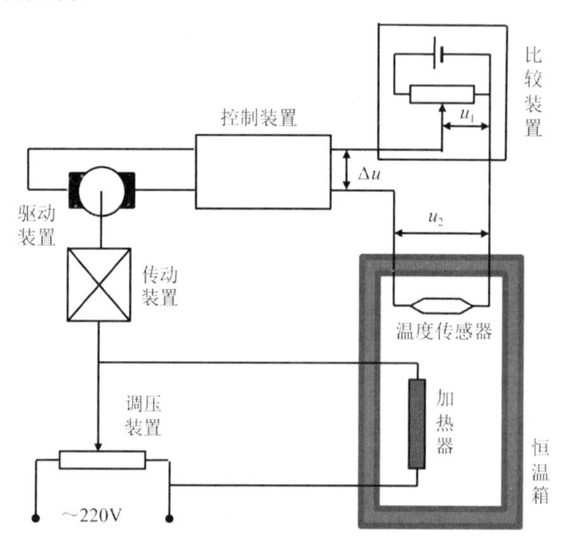

图 1.1　恒温箱的控制系统

实例 2

图 1.2 所示为水箱的水位控制系统。水箱应保持的水位（需要控制的目标水位）由输入电位器设定，当水箱的水位与设定水位一致时，检测装置的输出信号 $\Delta u = 0$，此时，进水阀门的开度保持不变；当水箱的进/出水量不一致时，水箱的水位就会偏离设定水位，这时检测装置的输出信号 $\Delta u \neq 0$，驱动装置通过传动装置对进水阀门的开度进行调节，直到水箱的水位再次达到设定水位为止。在本实例中，由水箱和进/出水阀门等组成的系统是控制对象，开/闭进水阀门就是对该系统施加作用，水箱的实际水位就是对该“施加作用”的响应输出。可见，改变进水阀门的开度可以改变水箱的水位，利用检测装置的输出信号可

自动调节进水阀门的开度，使水箱的水位达到并保持设定的水位。因此，水箱的水位控制属于自动控制。

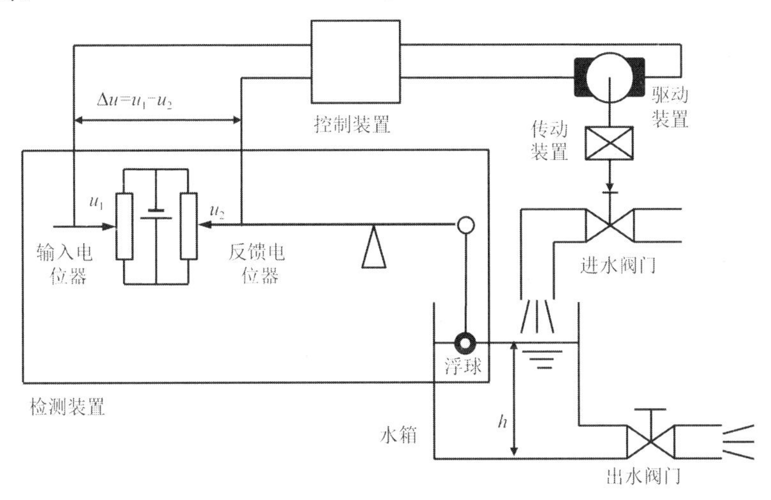

图 1.2 水箱的水位控制系统

从图 1.1 和图 1.2 所示的两个不同系统的控制过程可以看出，对某个系统实施控制时，必须实时检测系统输出信号是否达到或实现期望的目标和要求，检测的结果决定对控制对象施加的控制影响。这种对系统输出信号进行检测并将检测结果引入被控系统输入端实施控制，使其输出信号达到或接近期望目标的过程称为反馈控制，这类控制系统称为反馈控制系统。

图 1.1 和图 1.2 所示控制系统的结构和控制作用各不相同，但从反馈控制过程的共同特点来看，它们都可以抽象为图 1.3 所示的反馈控制系统的框图。在图 1.3 中，给定的输入信号 $r(t)$一般为控制系统应达到的目标信号，称为系统的参考输入或输入量；输出信号 $y(t)$一般是系统在给定输入信号 $r(t)$作用下的实际输出，称为系统的响应或输出量，也称为被控制量。输出信号通过测量装置引入给定输入端的过程称为反馈，其目的是将反馈信号 $b(t)$与给定的输入信号进行比较，以得到反映控制目标是否实现的偏差信号 $e(t)$。控制装置对偏差信号 $e(t)$进行计算处理后产生的控制信号 $u(t)$称为系统的控制量，它作用于控制对象，使之产生输出信号 $y(t)$。

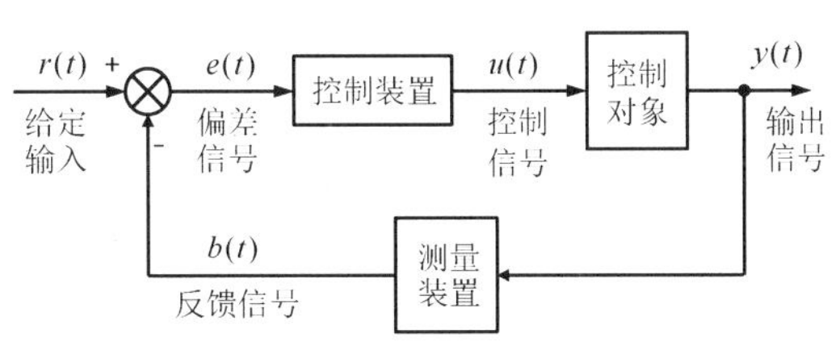

图 1.3 反馈控制系统的框图

从上述分析可知，这种将系统输出信号引入输入端，利用可供比较检测的偏差信号进行的反馈控制过程，实际上是一种“检测偏差—纠正偏差”的过程，并且这个控制过程没有人的直接参与，控制系统自动完成测量反馈、比较检测和控制调节作用。

1.2　开环控制和闭环控制

1.2.1　开环控制

在图 1.1 所示的恒温箱的控制系统中，如果没有使用温度传感器，仅使用电位器设定输入信号 u_1，通过控制装置及驱动/传动装置来调节恒温箱内加热器上的电压，仍可实现恒温箱的温度自动控制。当然，在这种情况下，要实现高精度的温度恒定控制有一定难度，需要确定设定的输入信号 u_1 与恒温箱内实际温度的关系等条件。同样，对于图 1.2 所示的水箱的水位控制系统，如果没有浮球和反馈电位器的检测，仅依据输入电位器的设定输入信号 u_1，也可实现水箱的水位自动控制。在准确地建立设定的输入信号 u_1 与水箱水位的关系和其他相关条件后，可以有效实现水箱的水位控制。显然，这两种控制的共同特点是没有将系统输出信号反馈引入输入端，其控制效果完全取决于系统中各个装置的性能及其对应关系和条件。

这种对系统输出信号没有进行测量和反馈的控制称为开环控制，这类控制系统就称为开环控制系统，开环控制系统的框图如图 1.4 所示。可见，开环控制就是没有输出反馈作用的控制，即系统输出信号对输入信号没有任何反馈影响的控制。因此，当控制系统受到外界干扰和某些变化因素的影响，导致系统输出信号偏离原始状态时，开环控制不具备自动纠正误差的能力。在这种情况下，若要实现误差补偿或误差纠正，则只能改变系统的输入信号。但是，当控制系统中各个装置的性能充分稳定，并且外界干扰很小时，使用开环控制可以达到高质量的控制效果，如打印机的打印控制、数控机床进给系统的控制等。

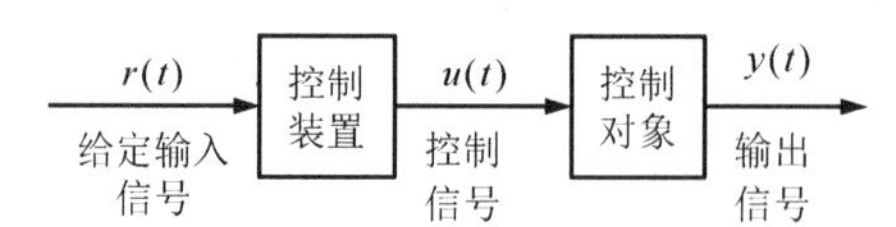

图 1.4　开环控制系统的框图

由于开环控制系统是由给定的输入信号直接实施控制作用的，一定的输入量对应一定的输出量，没有对系统输出进行测量和反馈的过程，因此，开环控制系统的结构较简单，控制过程稳定和反应迅速。

1.2.2　闭环控制

系统输出信号通过反馈通道（或反馈环节）对输入信号实施影响的控制称为闭环控制，这类控制系统称为闭环控制系统，其框图如图 1.5 所示。显然，反馈控制属于闭环控制。

在图 1.5 中，输入信号 $r(t)$与系统的期望输出信号呈一定关系，有时也认为它就是系统的期望输出信号。反馈环节的作用是将输出信号 $y(t)$转换成与输入信号 $r(t)$量纲相同的反馈信号 $b(t)$，并把该反馈信号引入输入端，与输入信号 $r(t)$进行比较。比较得到的结果为偏差信号 $e(t)$，用该偏差信号检验系统输出信号是否达到期望要求。信号 $d(t)$是外界对系统的扰动输入信号，它一般使系统输出信号偏离期望要求。

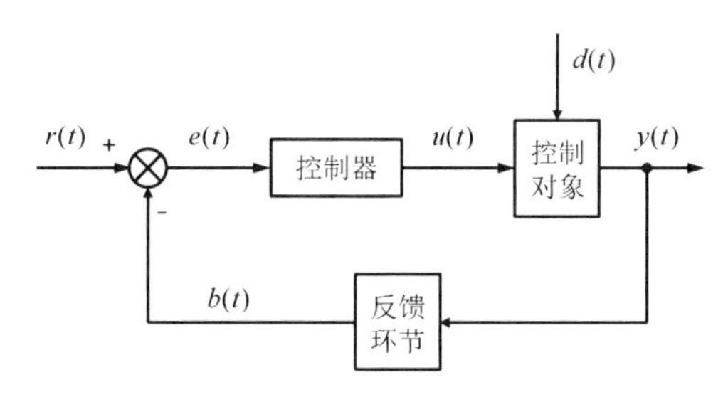

图 1.5 闭环控制系统的框图

系统在各种扰动输入信号和内部参数变化等因素的影响下，其输出信号将偏离原来的状态，经过反馈环节产生偏差信号 $e(t)$。该偏差信号通过控制器的运算、变换形成控制对象的控制信号 $u(t)$。在这种控制信号的作用下，控制对象的输出信号逼近期望输出信号，从而减小或消除系统的偏差信号。这表明闭环控制系统具有抵抗外部各种干扰和内部变化的能力，即具有自动纠正偏差的能力。因此，闭环控制系统的主要优点是控制精度高。但是，这种控制是利用偏差信号来纠正偏差的，在整个控制过程中偏差信号始终存在，从而使系统有时产生振荡等不稳定现象。

应当指出的是，在实际控制工程中，系统反馈信号有时不是取自系统的对外输出信号，而是取自系统内部，反馈点也不是系统的给定信号输入端而是系统内。例如，目前在大多数数控机床的进给控制系统中，位置测量光栅往往安装于传动丝杆机构上，通过对传动丝杆位置的检测反馈，实现对数控机床工作台位置的控制。这类控制系统称为半闭环控制系统（也称为局部反馈控制系统），如图 1.6 所示。

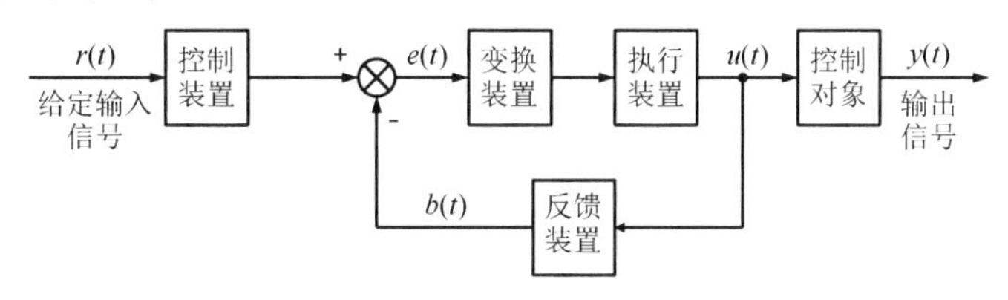

图 1.6 半闭环控制系统的框图

有的控制系统中既有开环控制又有闭环控制，这类控制系统称为复合控制系统。理论上，复合控制系统可以使被控制量的误差为 0，也就是说，复合控制可以提高控制精度。

1.3 控制系统的分类

从不同的角度，可以把控制系统分为多种类型，如线性控制系统、非线性控制系统、恒值控制系统、随动控制系统、连续控制系统和离散控制系统等。下面简要介绍几类常用控制系统。

1. 线性控制系统和非线性控制系统

按信号之间的关系，控制系统可以分为线性控制系统和非线性控制系统。线性控制系统是指系统的信号之间都呈线性关系的控制系统，一般采用线性数学模型进行描述，如线性微分方程、传递函数、状态方程等。线性控制系统的主要特征是齐次性和可叠加性，这是鉴别线性控制系统的依据。例如，在下列线性微分方程中（其中，$u(t)$、$y(t)$分别是系统的输入信号和输出信号）：

$$\frac{\mathrm{d}^2 y(t)}{\mathrm{d}t^2}+\frac{\mathrm{d}y(t)}{\mathrm{d}t}+y(t)=u(t)$$

当$u(t)=u_1(t)$时，$y(t)=y_1(t)$；当$u(t)=u_2(t)$时，$y(t)=y_2(t)$。由此可知，当$u(t)=u_1(t)+u_2(t)$时，$y(t)=y_1(t)+y_2(t)$，这一特性称为可叠加性。当$u(t)=au_1(t)$时（a为常数），上述线性微分方程的解为$y(t)=ay_1(t)$，这一特性称为齐次性。线性控制系统的叠加原理表明，系统在多个输入量作用下产生的总输出量等于各个输入量单独作用时分别产生的输出量之和，并且输入量的数值增大若干倍时，其输出量也增大相同的倍数。因此，如果有多个输入量同时作用于线性控制系统时，就可以将它们分别处理，依次求出各个输入量单独作用于线性控制系统时的输出量，然后将它们叠加，并且每个输入量在数值上只取单位值，从而大大简化线性控制系统的研究工作。

若线性数学模型中的各项系数均为常数，则称这类线性控制系统为线性定常控制系统或线性时不变控制系统。否则，就称为线性非定常控制系统或线性时变控制系统。

非线性控制系统是指系统的信号之间存在非线性关系的控制系统，一般采用非线性数学模型进行描述。非线性控制系统的特点是，变量关系式中含有该变量及其导数的非一次幂或乘积项，并且不满足叠加原理。例如

$$\frac{\mathrm{d}^2 y(t)}{\mathrm{d}t^2}+\frac{\mathrm{d}y(t)}{\mathrm{d}t}+y^2(t)=u(t)$$

常见的放大器饱和特性、运动部件的死区、间隙和摩擦特性等都表现为非线性。

同样，依据数学模型参数的时变性质，非线性控制系统还可以分为非线性定常（非时变）控制系统和非线性时变（非定常）控制系统。非线性控制系统的输出响应特性与初始状态密切相关，在相同输入量的作用下，初始状态的微小变化易引起系统输出量的很大变化。因此，非线性控制系统设计和性能分析是复杂的，其理论还远远不如线性控制系统那样完整，一般只能针对具体的非线性控制系统进行性能分析和计算，或者在一定条件下把它转化为线性控制系统来处理。

严格地说，任何实际系统的信号之间都呈非线性关系，或者说任何实际控制系统都是非线性控制系统。但是，从工程应用角度来看，在允许的误差范围内只要能满足一定条件，就可以将非线性问题转化为线性问题来处理。

2. 恒值控制系统和随动控制系统

在实际工程中，经常要求控制系统输出量保持恒定值或按某种规律变化。

输出量为恒定值的控制系统称为恒值控制系统，这种控制系统的输入量为常量。例如，在图 1.1 所示的恒温箱的控制系统和图 1.2 所示的水箱的水位控制系统中，当系统输入信号u_1不变时，就是恒值控制系统。恒值控制系统在控制过程中，对干扰所引起的输出量变化都要求能尽快恢复到原有的输出量，即恒值控制的主要任务就是保证系统在任何干扰下的输出为恒定值。因此，恒值控制系统也称为自动调节系统，属于反馈控制系统。

输出量随输入量变化的控制系统称为随动控制系统，例如，在图 1.2 所示的水箱的水位控制系统中，若输入信号 u_1 是变化的，则在反馈电位器的控制下，使水箱的水位也发生变化。因此，随动控制系统是一种反馈控制系统。若控制系统的输入量不是常量，则其主要控制任务就是实现系统输出量能快速、准确地跟踪输入量。在实际工程中，随动控制系统也称为伺服控制系统，应用非常广泛，如自动火炮控制系统、雷达跟踪控制系统、数控机床进给位置伺服控制系统等。

数控机床在加工工件时的刀具轨迹控制实际上是按照事先编写好的程序进行的，这种按照已知程序进行控制的系统称为程序（过程）控制系统。

3. 连续控制系统和离散控制系统

按控制系统中信号的性质分类，控制系统分为连续控制系统和离散控制系统。若控制系统中的信号均是关于时间的连续函数，则这类控制系统就称为连续控制系统。例如，前面介绍的恒温箱的控制系统和水箱的水位控制系统就属于连续控制系统。在经典控制理论中，拉普拉斯变换和传递函数是描述和分析连续控制系统的主要工具和方法。若控制系统中某一处或多处的信号是关于时间的离散信号，则这类控制系统就称为离散控制系统。例如，计算机控制系统就属于离散控制系统。Z 变换和脉冲传递函数是用来描述和分析离散控制系统的主要数学工具和方法。

1.4 控制理论的发展历程

控制理论的产生与发展主要源于“反馈”的思想和方法。公元前 1400 年至公元前 1100 年，中国、古埃及和古巴比伦相继出现了可自动计时的漏壶，这是具有反馈原理的早期控制装置。公元前 3 世纪中叶，古希腊出现了使用浮子调节的计时水钟，这种浮子的调节作用也包含了反馈思想；同时期，李冰父子主持修建的都江堰水利工程也充分体现了自动控制系统的观念，是自动控制原理的典型实践。具有反馈思想的古代发明还有很多，如我国东汉时期著名天文学家张衡发明的漏水转浑天仪、地动仪、指南车，以及北宋时期的天文学家苏颂等制作的水运仪象台等。

在 18 世纪前后，随着人类对动力需求的增加，各种动力装置成为研究开发的重点，相继出现了具有反馈作用的各种自动调节动力装置，如利用扇尾装置的反馈作用实现自动面朝风向的风车、蒸汽机锅炉的水位自动调节器等。这一时期最著名的自动调节装置当属瓦特发明的蒸汽机节流飞球调节器，这个发明使蒸汽机最终得到了广泛应用，有力地促进了第一次工业革命。然而，在这些具有自动调节作用的动力装置中，反馈环节所带来的振荡等问题仍制约着动力装置的应用效率，使得人们将研究的重点转移到了如何提高反馈控制的稳定性上。

从 19 世纪中叶开始，人们更多地采用微积分研究反馈控制的性能，使反馈控制的研究出现了较大的突破和发展。1868 年，英国著名物理学家麦克斯韦（J. C. Maxwell）用微分方程分析了蒸汽机在节流飞球调节器控制下的稳定性问题，发表了关于控制的第一篇理论

文章——《论调节器》，给出了“反馈”这一重要概念和蒸汽机转速不稳定的理论分析结果。英国学者劳斯（E. J. Routh）和瑞士学者赫尔维茨（A. Hurwitz）分别在 1877 年与 1895 年，提出了基于高阶方程的根与系数的关系判别系统稳定性的方法，这就是著名的劳斯判据和赫尔维茨判据。1892 年，俄国学者李雅普诺夫（A. M. Lyapunov）给出了系统稳定性的一般判据。到 20 世纪初，电子技术和通信技术开始得到发展。1928 年，在美国 AT&T 公司工作的工程师布莱克（H. Black）利用负反馈原理设计出了电子管反馈放大器，这种反馈放大器的出现有力地推动了当时电子技术和通信技术的迅速发展。但是，它存在的振荡问题也一直困扰着人们。1932 年，美国学者奈奎斯特（H. Nyquist）通过对反馈放大器振荡现象的频域分析研究，提出了频域上的系统稳定性判据，即著名的奈奎斯特判据；1940 年，美国学者伯德（H. Bode）建立了一种反馈放大器的频域分析方法，这种方法后来发展成为控制系统设计和性能分析所用的方法。到了 20 世纪 40 年代，为突破频域分析方法的局限性，人们又进一步研究其他方法。1942 年，哈里斯（H. Harris）在复数域上引入了传递函数的概念和方法，使控制系统的描述更具有普遍意义。1948 年，美国电气工程师伊万斯（W. R. Evans）在复数域上提出了控制系统设计和性能分析的根轨迹分析方法；同年，美国数学家维纳（N. Wiener）出版了著名的《控制论——关于在动物和机器中控制与通信的科学》一书，书中论述了控制理论的一般方法，推广了反馈的概念。这本书的出版被认为控制理论发展的一个重要里程碑。

到 20 世纪 40 年代末和 50 年代初，主要由频域方法和根轨迹方法构成的经典控制理论基本形成，它在军事、通信和工业各领域的广泛应用有力地推动了自动化技术的迅速发展。我国著名科学家钱学森在 1954 年出版的《工程控制论》中，将控制理论发展到受控工程系统分析、设计和运行的理论，为控制工程奠定了理论基础。

在 20 世纪 50 年代末和 60 年代初，随着计算机技术的迅速发展，以及针对数控技术、空间技术的发展需求和工业自动化要求的提高，控制理论进入了一个新的发展阶段，出现了现代控制理论。这一发展的标志性事件主要如下：1957 年，美国学者贝尔曼（R. Bellman）创立了用于解决最优控制问题的动态规划方法；1959 年，苏联学者庞特里亚金（L. S. Pontryagin）提出了系统最优轨迹的极大值原理，并给出了最优轨迹存在的必要条件；1959 年，匈牙利裔美国数学家卡尔曼（R. E. Kalman）提出了一种从含有噪声的信号中将所需信号分离出来的状态估计递推滤波方法，该方法称为卡尔曼滤波。1960 年，卡尔曼将其他领域的状态空间法引入控制系统中，形成了控制系统的状态空间法，并且提出了控制系统的可控性和可观测性。1970 年之后，随着工业自动化规模的扩大和多任务控制要求的进一步提高，由于对大规模工业过程存在的滞后严重、多变量耦合、非线性和时变等问题难以建立准确的数学模型，使得状态空间法难以发挥应有的作用。于是，产生了系统辨识、自适应控制、鲁棒控制、非线性系统控制、预测控制、智能控制等新的现代控制理论。

纵观控制理论的发展历程可知，它的形成和发展与社会生产力的发展密切相关。在社会生产力水平较低的时代，人们关注的重点是努力提高生产效率，各种具有反馈思想和方法的动力装置和仪器设备所存在的振荡现象一直是人们研究解决的主要问题，由此发展并形成了经典控制理论。经典控制理论主要是从系统的稳定性和准确性方面，给出了控制系

统设计和性能分析的原理与方法。随着社会生产力的发展和工业自动化规模的扩大，人们对生产过程的关注重点转移到了最优控制问题上，由此发展并形成了现代控制理论。现代控制理论主要围绕最优控制问题，开展控制系统设计和性能分析研究。

1.5 控制系统性能的基本要求和设计

1.5.1 控制系统性能的基本要求

图 1.7 所示是自动控制系统的一般形式，控制对象、控制器、反馈装置是 3 个基本要素。控制对象是实现控制目标的执行器，反馈装置用于检验控制对象是否按控制目标运行，控制器提供对检测误差进行校正的控制方法。因此，设计自动控制系统时，需要针对控制对象，通过恰当的反馈方式寻求一种控制方法，使控制对象的响应输出达到控制目标或满足控制要求。

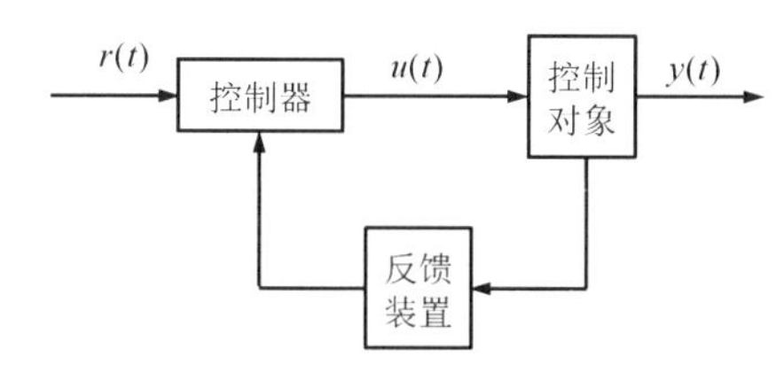

图 1.7 自动控制系统的一般形式

从实际工程的角度看，控制对象（或系统）的输出不可能总是按照控制目标要求响应的。此外，由于任何控制系统具有储能属性，使得控制器难以对检测误差进行同步校正，就是说，控制作用不可能瞬时实现，控制必须经历一个过程。在实际工程中，往往只要控制过程的性能指标，使之满足一定要求，就可认为达到了控制目标。控制系统性能的基本要求如下。

（1）稳定性。稳定性是控制理论的一个古老的基本问题，它是控制趋于平衡工作状态的固有特性。对于稳定的系统，当其运动偏离平衡工作状态且没有任何外界作用时，总能收敛或恢复到原来的平衡工作状态，如钟摆的运动、陀螺的运动等。不稳定的系统是不能正常工作的，在实际工程中就会造成设备或系统的事故。因此，稳定性是控制系统的最基本要求，是控制系统正常工作的首要条件。系统稳定与否，只与系统的结构参数有关，与输入量和输出量无关。

（2）响应特性。控制系统在输入信号作用下产生输出信号的过程称为系统的响应过程，一般分为动态响应过程和稳态响应过程两个阶段。控制系统的响应特性就是指系统在输入信号作用下的输出过程特性，对应地分为动态响应特性和稳态响应特性。动态响应又称为瞬态响应，是系统从一种平衡状态到另一种平衡状态的过渡过程，稳态响应是指系统经历动态响应过程后进入一种新的平衡状态。衡量系统响应特性的指标主要有响应速度和控制精度。响应速度是评价控制系统动态响应特性的主要指标，反映控制过程达到目标的速度快慢，一般要求响应速度适当。过快的响应速度会使系统的振荡加剧，降低系统的稳定性。甚至使系统不稳定。评价控制系统稳态响应特性的主要指标是控制精度，也称为稳态精度，

它是指控制对象跟踪目标运动的误差大小，反映控制的准确性，常用稳态误差描述。在实际工程中，在满足控制系统要求的前提下并非控制精度越高越好。

（3）可控性和可观测性。可控性和可观测性反映系统外部作用与系统内部工作状态的关联关系，可控性是指系统的外界输入信号的作用可否控制其内部工作状态的变化，可观测性是指从系统输出信号中可否“窥视”到其内部工作状态的变化。可控性和可观测性是控制系统的基本要求，尤其是对多输入/多输出控制系统来说，它是实现状态反馈控制的先决条件。不难想象，对一个不可控的对象（或系统），就难以实现有效的控制作用；对一个不可观的对象（或系统），就难以或无法了解系统内部工作状态变化的情况。

（4）鲁棒性。鲁棒性问题是从 20 世纪 70 年代开始在控制领域受到重视和研究的问题。它是指系统对各种因素变化的适应特性，即反映控制系统在参数的一定扰动下维持某些性能的能力。鲁棒性高，就表示系统抵抗内部参数变化和外部因素影响的能力就强，即对性能或参数的扰动不敏感。在实际工程中，控制系统的性能或参数的扰动问题总是存在的，如电气系统的器件老化和环境变化引起的性能波动、机械系统的摩擦磨损和疲劳损伤等都会引起系统运行参数或性能的变化。因此，随着工业自动化的发展，鲁棒性已成为现代控制工程系统设计必须考虑的一个重要问题。

应当指出的是，实际工程中的控制系统千差万别，对稳定性、响应特性等方面的性能要求往往各有侧重。例如，对恒值控制系统的性能要求往往侧重于稳定性，对随动控制系统的性能要求一般侧重于快速跟踪的响应特性。此外，对同一个控制系统，各个性能要求一般是相互制约的。例如，提高控制系统的稳定性，就会使其响应速度变缓，甚至使控制精度变差；提高控制系统的响应速度，就会降低系统的稳定性，容易引起系统振荡。

1.5.2 控制系统的设计

控制工程基础就是在不同性能要求及其相互制约条件下，进行控制系统设计和性能分析的工程技术基础，它要解决的主要问题有两个：一是针对具体的控制对象（或系统），如何计算和分析其性能，以判断系统性能在控制要求方面还有哪些不足；二是针对由分析得到的控制对象性能，依据其性能指标要求，如何设计控制系统使其输出全面满足要求。针对这两个主要问题，首先，建立控制系统的数学模型；其次，采用时域分析方法、频域分析方法、根轨迹分析方法等对数学模型进行计算和分析，确定控制对象在各方面的性能；最后，依据控制系统性能指标要求和已获得的控制对象性能，进行控制系统的设计。

数学模型是分析、计算系统性能和设计控制系统的基础。数学模型是系统变量之间关系的一种表征，通过对数学模型的计算和分析，能了解系统变量的相互作用和变化规律，进而掌握系统的性能，明确控制对象的性能在哪些方面还未达到控制要求，以此确定控制对象存在的“缺陷”。下一步就是如何解决“缺陷”，即如何设计一个控制器使这“缺陷”得到“补偿”或校正，从而使控制对象能够完全按照性能指标要求输出响应。在经典控制理论中，这种控制器也称为补偿器或校正装置。

显然，建立数学模型是进行控制系统设计和性能分析的前提条件。在控制工程基础理论中，建立的数学模型主要是传递函数、频率特性函数和状态方程等。

经典控制理论主要是以传递函数、频率特性函数为基础的分析和设计理论，现代控制

理论则主要是以状态方程为基础的分析和设计理论，它们都是基于数学模型的分析和设计理论。尽管现代控制理论是在经典控制理论基础上发展起来的，其涉及的内容比经典控制理论更丰富，但是从长期的工程应用实践来看，经典控制理论在单输入/单输出控制系统设计和分析中，仍然是非常实用和有效的。

习　　题

1-1　试从实际生活或生产中选出 1～2 个开环控制和闭环控制的实例，分析说明它们各自的工作原理并绘制框图。

1-2　开环控制系统与闭环控制系统各有什么特点？

1-3　图 1.8 所示是采用浮子控制的水钟计时原理示意。试分析其保持准确计时的原理并绘制其框图，说明浮子的控制作用，指出该系统的输入量、输出量和反馈量。

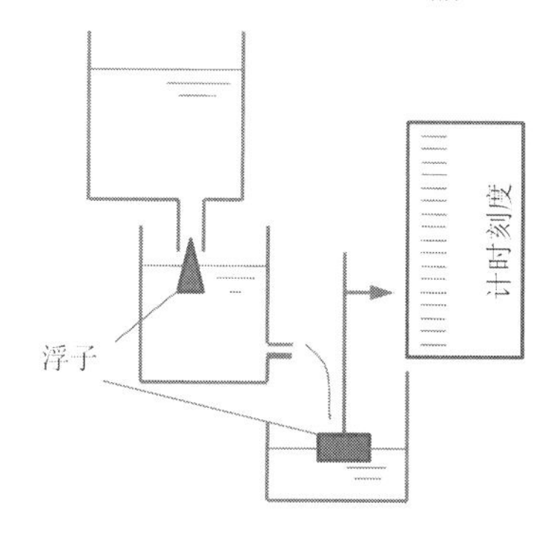

图 1.8　水钟计时原理示意

1-4　图 1.9 所示是自动升降门系统的自动控制原理示意。试分析说明其工作原理并绘制其框图，指出该系统的输入量、输出量和反馈量。

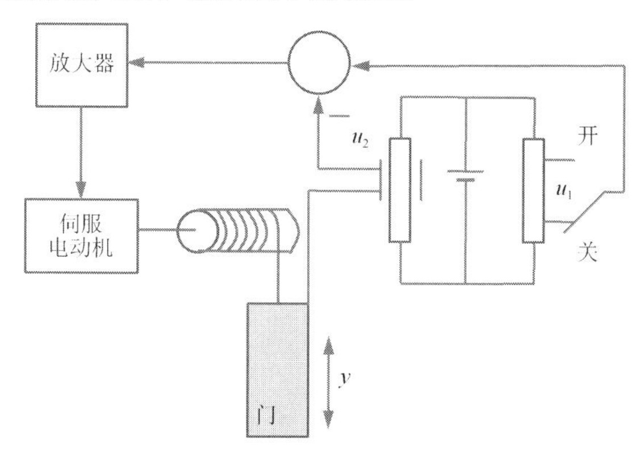

图 1.9　自动升降门系统的自动控制原理示意

第 2 章　控制系统的数学模型

【学习要求】

理解控制系统的数学模型的基本概念及意义，能够建立一般物理系统的微分方程、状态方程、传递函数及其框图等；理解控制系统传递函数的定义和性质，能够正确地表达控制系统传递函数的基本形式及典型环节的传递函数；能够对控制系统的框图进行正确的等效变换并求取系统的开环传递函数和闭环传递函数；能够用 MATLAB 建立控制系统的数学模型。

2.1　数学模型概述

控制系统的数学模型是控制系统设计和性能分析的基础。控制系统在给定输入信号作用下的输出响应过程与系统的结构及其结构参数密切相关，这种系统的输入量与输出量之间的关系用数学方式描述，即用数学模型描述。例如，图 2.1 所示的汽车悬挂系统是汽车的车架或车桥与车轮之间传力连接装置的总称，其作用是缓冲由凹凸不平路面传给车架的冲击力，衰减由此引起的震动，以保证汽车平稳地行驶。悬挂系统决定着汽车的操控性、舒适性、安全性三大方面，即决定了汽车的“脾气”。显然，要了解汽车的这种“脾气”，就需分析汽车在凹凸不平路面上行驶时悬挂系统承载的力学模型，即建立以路面高低变化为输入量和汽车车架垂直位移为输出量的对应关系，对这个对应关系进行计算分析，了解系统输出量对输入量的响应特性。

图 2.1　汽车悬挂系统

数学模型是描述控制系统中各个变量之间关系的数学表达式，可以是数学方程（微分方程、代数方程），也可以是数据表、函数框图、坐标曲线等。控制系统的数学模型分为静态数学模型和动态数学模型，在静态条件下（变量的各阶导数为零），一般用代数方程描述变量之间关系，这类代数方程称为静态数学模型；把用于描述控制系统中变量的各阶导数之间关系的微分方程称为动态数学模型。如果已知控制系统的输入量及变量的初始条件，对微分方程进行求解，就可以获得输出量。该输出量蕴含着控制系统在信号传递过程中的诸多特性，如系统稳定性、控制准确性、响应快速性、系统鲁棒性等。

控制系统的数学模型有多种形式。时域中常用的数学模型有微分方程、差分方程及状态方程；复数域中常用的数学模型有传递函数、框图和信号流图；频域中常用的数学模型有频率特性函数等。其中，微分方程是描述控制系统动态特性最原始最基本的数学模型。

建立控制系统数学模型的方法有分析法和实验法。分析法是对控制系统各部分的运动进行分析，根据它们所遵循的物理规律分别列出相应的基本方程。例如根据电学中的基尔霍夫定律、力学中的牛顿定律、热力学中的热力学定律等，列出相应的基本方程。实验法是指人为地给控制系统施加某种测试信号，记录其输出响应，然后用适当的数学方法建立输入量与输出量之间的关系式，这种方法也称为系统辨识。本章重点介绍如何利用分析法建立控制系统的数学模型。

2.2　控制系统的微分方程

微分方程是描述控制系统动态特性最基本的数学模型。由于控制系统是由各种具有不同功能的器件装置或元件组成的，因此，要正确建立系统的数学模型，首先要研究各类器件装置或元件中的变量关系，以及这些器件装置或元件在控制系统中相互作用关系等问题。一般来说，按以下步骤建立控制系统的数学模型。

（1）明确控制系统的结构工作原理，以及各个变量之间的信号变换与传递关系，确定控制系统的输入量和输出量。

（2）根据相应的物理规律，列出系统各部分的基本方程。在列基本方程时，要注意控制系统内存在的负载效应，如电路中的分流作用、机械系统中的附加质量或转动惯量等。如果基本方程中出现非线性表达式，可以在变量变化范围不大的条件下，利用泰勒级数进行线性化处理，这种处理方式称为小偏差线性化或扰动线性化。

（3）联立各个基本方程，消除中间变量，得到输入量和输出量之间的关系式。

（4）整理成规范形式，即把输出量及其各阶导数项放在方程等号的左边，把输入量及其各阶导数项放在方程等号的右边，把导数项按降幂顺序排列。

2.2.1　控制系统微分方程的建立

下面举例说明控制系统微分方程的建立过程。

【例 2-1】图 2.2 所示为水箱的水位控制系统，根据该系统各部分的工作原理可知，调节装置的输入量与输出量关系式为$Q_1 = b \cdot \Delta u$（单位为 m^3/min），b 为常系数；浮球反馈装置的输入量与输出量关系式为$u_2 = ah$，a 为常系数。水箱进水阀门的进水流量为Q_1，出水阀门的出水流量为Q_2（单位为 m^3/min），水箱的截面积为 S（单位为 m^2），试建立水箱的水位设定电压u_1（单位为 V）与水箱实际水位 h（单位为 m）的关系式。

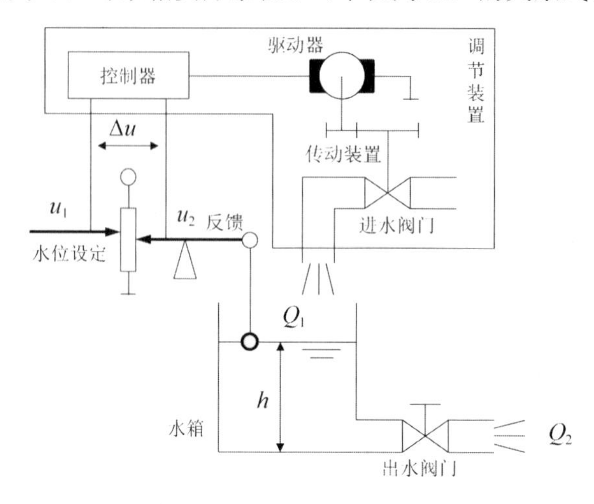

图 2.2　水箱的水位控制系统

解：按照液体流动的连续性原理，应有

$$S\frac{\mathrm{d}h}{\mathrm{d}t} = Q_1 - Q_2$$

又已知$Q_1 = b \cdot \Delta u$，$u_2 = ah$，$\Delta u = u_1 - u_2$，则有

$$S\frac{\mathrm{d}h}{\mathrm{d}t} + abh + Q_2 = bu_1$$

【例 2-2】图 2.3 所示为由弹簧、质量块和阻尼器组成的机械系统，其中，m 为质量块的质量，f 为阻尼系数，k 为弹簧刚度系数。试列出质量块在外力 $F(t)$ 作用下的位移 $x(t)$ 运动方程。

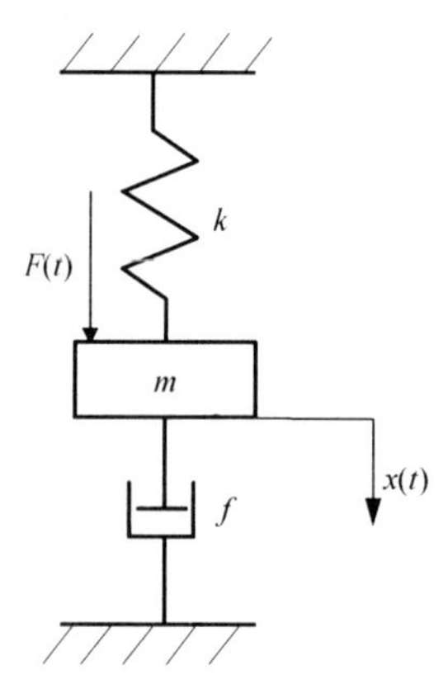

图 2.3　由弹簧、质量块和阻尼器组成的机械系统

提示：（1）在施加外力 $F(t)$ 之前，质量块在重力作用下，该系统的弹簧被拉伸、阻尼器被压缩，质量块静止在某一初始平衡位置。在加入 $F(t)$ 之后，位移 $x(t)$ 是指相对于质量

块的初始平衡位置的变化。因此，在求外力 $F(t)$ 作用下位移 $x(t)$ 的运动方程时，就不用考虑重力的作用。当然，考虑重力时，也不会影响 $F(t)$ 和 $x(t)$ 之间的动态关系。

（2）阻尼器是产生黏性摩擦或阻尼的装置，阻尼力的大小与运动速度和阻尼系数成正比，方向与运动方向相反。

解：根据牛顿定律，质量块的力平衡方程式为

$$F(t)=F_m(t)+F_f(t)+F_k(t) \tag{2-1}$$

式中，$F_m(t)$ 为惯性力，$F_f(t)$ 为阻尼力，$F_k(t)$ 为弹性力。它们的计算式分别为

$$F_m(t)=m\frac{\mathrm{d}^2x(t)}{\mathrm{d}t^2},\quad F_f(t)=f\frac{\mathrm{d}x(t)}{\mathrm{d}t},\quad F_k(t)=kx(t)$$

将以上三式代入式（2-1），可得该系统在外力作用下的微分方程，即该系统的数学模型：

$$m\frac{\mathrm{d}^2x(t)}{\mathrm{d}t^2}+f\frac{\mathrm{d}x(t)}{\mathrm{d}t}+kx(t)=F(t) \tag{2-2}$$

【例 2-3】图 2.4 所示为 RLC 串联无源电路系统，试列出以 $u_\mathrm{i}(t)$ 为输入量、以 $u_\mathrm{o}(t)$ 为输出量的微分方程。

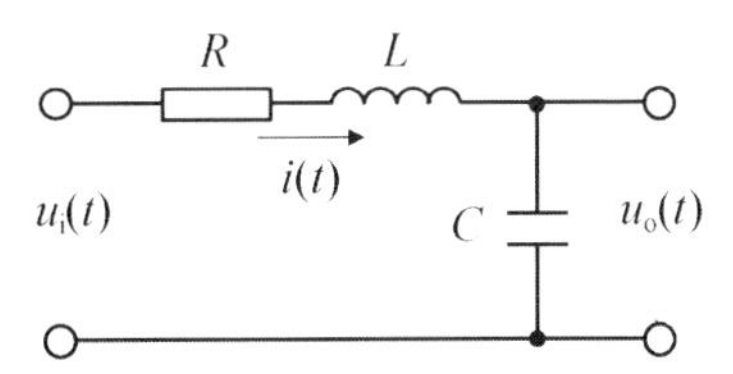

图 2.4　RLC 串联无源电路系统

解：设该电路的电流为 $i(t)$，由基尔霍夫定律可列出该电路的基本方程，即

$$Ri(t)+L\frac{\mathrm{d}i(t)}{\mathrm{d}t}+\frac{1}{C}\int i(t)\mathrm{d}t=u_\mathrm{i}(t)$$

$$u_\mathrm{o}(t)=\frac{1}{C}\int i(t)\mathrm{d}t$$

由以上两式消去中间变量 $i(t)$，得到描述该电路系统输入量与输出量关系的微分方程，即

$$LC\frac{\mathrm{d}^2u_\mathrm{o}(t)}{\mathrm{d}t^2}+RC\frac{\mathrm{d}u_\mathrm{o}(t)}{\mathrm{d}t}+u_\mathrm{o}(t)=u_\mathrm{i}(t) \tag{2-3}$$

通过比较式（2-2）和式（2-3）可知，这两个微分方程都是二阶常系数线性微分方程，表明这两个不同物理属性的系统具有相同形式的数学模型。这种具有相同数学模型的不同类型系统称为相似系统。由于电路系统的搭建、测试较方便，因此，可用图 2.4 所示的电路系统模拟和分析图 2.3 所示的机械系统。

【例 2-4】图 2.5 所示是电枢控制式直流电动机拖动系统，其中，$u_\mathrm{a}(t)$ 为电动机电枢输入电压；$\theta_\mathrm{o}(t)$ 为电动机转轴输出转角；R_a 为电枢绕组的电阻；L_a 为电枢绕组的电感；$i_\mathrm{a}(t)$ 为电枢电流；$E(t)$为电动机感应电动势；$T(t)$为电动机转矩；J 为电动机及负载折合到电动机转轴上的转动惯量；f 为电动机及负载折合到电动机转轴上的黏性阻尼系数。试建立该系统输入量与输出量之间的微分方程。

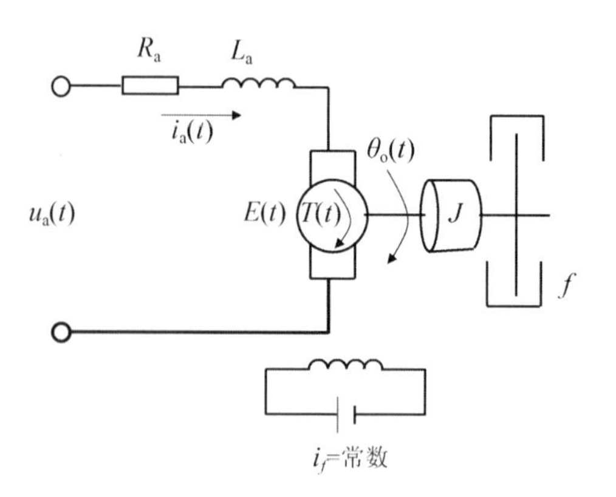

图 2.5　电枢控制式直流电动机拖动系统

解： 电枢控制式直流电动机拖动系统中有多个环节，因此按一般步骤建立系统的数学模型。

（1）确定该系统的输入量和输出量。以 $u_a(t)$ 为输入量，以 $\theta_o(t)$ 为输出量。

（2）列出各个环节的关系式。

对于电枢回路根据基尔霍夫定律，可知

$$u_a(t) = R_a i_a(t) + L_a \frac{di_a(t)}{dt} + E(t) \tag{2-4}$$

根据磁场对载流线圈的作用定律，可知

$$T(t) = K_T i_a(t) \tag{2-5}$$

式中，K_T 为电动机转矩常数。

根据电磁感应定律，可知

$$E(t) = K_E \frac{d\theta_o(t)}{dt} \tag{2-6}$$

式中，K_E 为电动机的反电动势常数。

对电动机转轴，根据牛顿定律，有

$$J\frac{d^2\theta_o(t)}{dt^2} = T(t) - f\frac{d\theta_o(t)}{dt} \tag{2-7}$$

（3）消除中间变量并整理成规范形式。在以上四式中，消除三个中间变量 $i_a(t)$、$E(t)$ 和 $T(t)$，得到的系统微分方程为

$$L_a J\frac{d^3\theta_o(t)}{dt^3} + (L_a f + R_a J)\frac{d^2\theta_o(t)}{dt^2} + (R_a f + K_T K_E)\frac{d\theta_o(t)}{dt} = K_T u_a(t) \tag{2-8}$$

电枢绕组的电感 L_a 通常较小，可忽略不计，那么，L_a=0，该系统的微分方程可简化为

$$R_a J\frac{d^2\theta_o(t)}{dt^2} + (R_a f + K_T K_E)\frac{d\theta_o(t)}{dt} = K_T u_a(t) \tag{2-9}$$

当电枢绕组的电感 L_a 和电阻 R_a 均较小，都可忽略时，该系统的微分方程可进一步简化为

$$K_E\frac{d\theta_o(t)}{dt} = u_a(t) \tag{2-10}$$

2.2.2　非线性微分方程的线性化

前面所列控制系统的微分方程都具有线性特征，即都是针对线性系统的微分方程。事实上，实际控制系统的微分方程一般是非线性的，因为实际控制系统中总存在一定程度的非线性元件或非线性环节。

对大部分非线性系统，在一定的条件下可近似地把它们视作线性系统。这种有条件地将非线性数学模型化为线性数学模型的方法，称为非线性数学模型的线性化，即非线性微分方程的线性化。非线性系统的线性化处理，使得线性系统理论和方法可应用于非线性系统，这给实际控制系统的研究工作带来很大的方便，在工程实践中具有重要意义。

非线性系统的线性化处理，就是将一个非线性函数 $y=f(x)$，在其连续的工作点 (x_0,y_0) 邻域用一个线性函数 $y=Kx$ 近似代替。具体地说，线性化处理就是将非线性函数 $y=f(x)$ 在其连续工作点 (x_0,y_0) 展开成泰勒级数，然后忽略二次及以上高次幂项，以获取线性函数。

对连续变化的非线性函数 $y=f(x)$，需要进行小偏差线性化处理，如图 2.6 所示。设其工作点为 A，由于该函数 $y=f(x)$ 在 A 点连续，即在 (x_0,y_0) 点连续，将它在该点邻域展开成泰勒级数，即

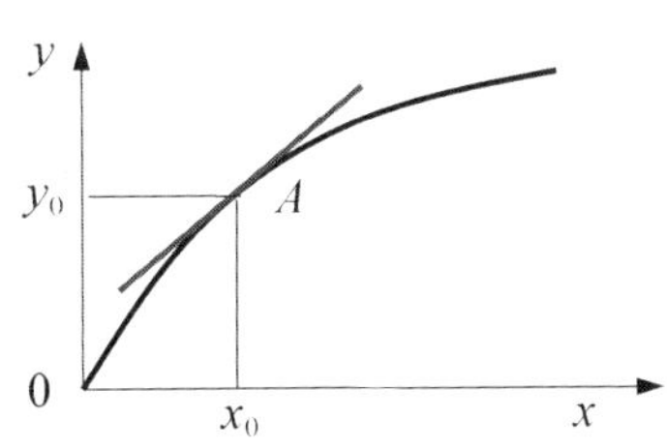

图 2.6　小偏差线性化处理示意

$$y=f(x)=f(x_0)+\left[\frac{\mathrm{d}f(x)}{\mathrm{d}x}\right]_{x_0}(x-x_0)+\frac{1}{2!}\left[\frac{\mathrm{d}^2f(x)}{\mathrm{d}x^2}\right]_{x_0}(x-x_0)^2+\cdots$$

当增量 $x-x_0$ 较小时，可忽略其高次幂项，有

$$y-y_0=f(x)-f(x_0)=\left[\frac{\mathrm{d}f(x)}{\mathrm{d}x}\right]_{x_0}(x-x_0) \tag{2-11}$$

令 $\Delta y=y-y_0=f(x)-f(x_0)$，$\Delta x=x-x_0$，$K=[\mathrm{d}f(x)/\mathrm{d}x]_{x_0}$，则线性化方程可简记为

$$\Delta y=K\Delta x$$

略去增量符号 Δ，便可得非线性函数 $y=f(x)$ 在工作点 A 附近的线性化方程：$y=Kx$。式中，$K=[\mathrm{d}f(x)/\mathrm{d}x]_{x_0}$ 是比例系数，是该函数在工作点 A 的切线斜率。

对含有两个变量的非线性函数 $y=f(x_1,x_2)$，同样可在某工作点 (x_{10},x_{20}) 附近把它展开成泰勒级数，即

$$\begin{aligned}y=f(x_1,x_2)=f(x_{10},x_{20})&+\left[\left(\frac{\partial f}{\partial x_1}\right)_{x_{10},x_{20}}(x_1-x_{10})+\left(\frac{\partial f}{\partial x_2}\right)_{x_{10},x_{20}}(x_2-x_{20})\right]+\\&\frac{1}{2!}\left[\left(\frac{\partial^2 f}{\partial x_1^2}\right)_{x_{10},x_{20}}(x_1-x_{10})^2+2\left(\frac{\partial^2 f}{\partial x_1\partial x_2}\right)_{x_{10},x_{20}}(x_1-x_{10})(x_2-x_{20})+\right.\\&\left.\left(\frac{\partial^2 f}{\partial x_2^2}\right)_{x_{10},x_{20}}(x_2-x_{20})^2\right]+\cdots\end{aligned}$$

略去二阶以上导数项，并令 $\Delta y = y - y_0 = f(x_1, x_2) - f(x_{10}, x_{20})$，$\Delta x_1 = x_1 - x_{10}$，$\Delta x_2 = x_2 - x_{20}$，则可得增量线性化方程：

$$\Delta y = \left(\frac{\partial f}{\partial x_1}\right)_{x_{10}, x_{20}} \Delta x_1 + \left(\frac{\partial f}{\partial x_2}\right)_{x_{10}, x_{20}} \Delta x_2 = K_1 \Delta x_1 + K_2 \Delta x_2 \tag{2-12}$$

式中，

$$K_1 = \left(\frac{\partial f}{\partial x_1}\right)_{x_{10}, x_{20}}, \quad K_2 = \left(\frac{\partial f}{\partial x_2}\right)_{x_{10}, x_{20}}$$

上述这种线性化方法也称为小偏差线性化。事实上，控制系统在正常情况下都处于稳定的工作状态，这时被控量与期望值的偏差很小或是“小偏差”。因此，在建立控制系统的数学模型时，通常以该系统的稳定工作状态为基准研究小偏差的运动情况，这正是增量线性化方程所描述的系统特性。

【例 2-5】某三相桥式晶闸管整流装置的输入量为控制角 α，输出量为 E_{d}，E_{d} 与 α 之间的关系为

$$E_{\mathrm{d}} = 2.34 E_2 \cos\alpha = E_{\mathrm{d},0} \cos\alpha$$

式中，E_2 为交流电源相电压的有效值；$E_{\mathrm{d},0}$ 为 $\alpha = 0°$ 时的整流电压。

该整流装置的特性曲线如图 2.7 所示，试对这种关系进行线性化处理。

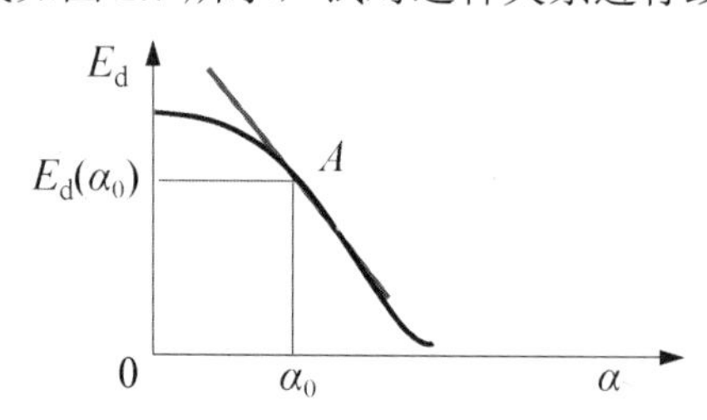

图 2.7　晶闸管整流装置的特性曲线

解：如果该整流装置的稳定工作点在 A 处，那么该处有 $E_{\mathrm{d}}(\alpha_0) = E_{\mathrm{d},0} \cos\alpha_0$，当控制角 α 在小范围内变化时，可以化作增量线性化方程

$$\Delta E_{\mathrm{d}} = K \Delta\alpha \tag{2-13}$$

式中，

$$\Delta E_{\mathrm{d}} = E_{\mathrm{d}} - E_{\mathrm{d},0} \cos\alpha_0, \quad \Delta\alpha = \alpha - \alpha_0, \quad K = \left(\frac{\mathrm{d}E_{\mathrm{d}}}{\mathrm{d}\alpha}\right)_{\alpha=\alpha_0} = -E_{\mathrm{d},0} \sin\alpha_0$$

在一般情况下，为了简化，在列晶闸管整流装置特性方程时，常把增量方程写成一般形式

$$E_{\mathrm{d}} = K\alpha \tag{2-14}$$

式（2-14）中的变量 E_{d} 和 α 均为增量。

【例 2-6】两相交流伺服电动机是自动控制系统中常用的一种执行装置。这种电动机的定子在空间上被配置成互为 90° 的两个绕组，其中的一个绕组为励磁绕组，由一定频率的恒定交流电压供电，称为励磁电压；另一个绕组为控制绕组，由与励磁电压频率相同但幅

值可变的电压供电，该电压就是两相交流伺服电动机的控制电压 u，它与励磁电压的相位差为 90°。两相交流伺服电动机的力学特性如图 2.8 所示。

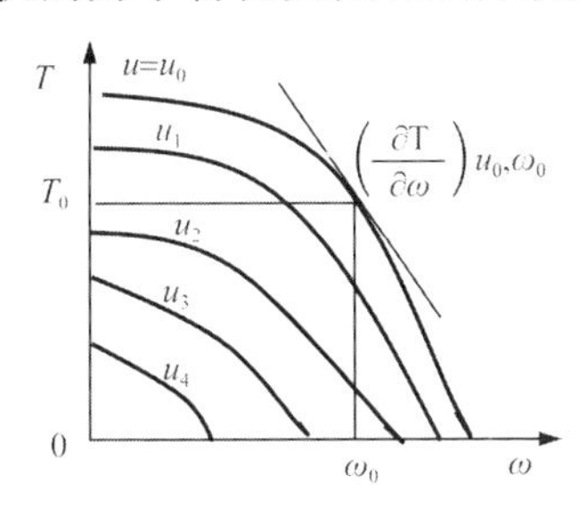

图 2.8　两相交流伺服电动机的力学特性

解：（1）确定输入量和输出量。以该电动机的控制电压 u 为输入量，以该电动机输出轴的角速度 ω 为输出量。从图 2.8 可以看出，输出轴的转矩 T 是 u 和 ω 的非线性函数，可表示为 $T=f(u,\omega)$。

（2）进行非线性环节的线性化。设上述控制系统静态工作点 A 处的转矩 $T_0=f(u_0,\omega_0)$，可在工作点 A 附近，把 $T=f(u,\omega)$ 展开成泰勒级数，并且忽略二阶以上的高次幂项，可得

$$T=f(u_0,\omega_0)+\left(\frac{\partial f}{\partial u}\right)_{u_0,\omega_0}(u-u_0)+\left(\frac{\partial f}{\partial \omega}\right)_{u_0,\omega_0}(\omega-\omega_0)$$

则其增量线性化方程为

$$\Delta T=K_u\Delta u+K_\omega\Delta\omega \tag{2-15}$$

式中，

$$\Delta T=T-f(u_0,\omega_0),\quad \Delta u=(u-u_0),\quad \Delta\omega=(\omega-\omega_0),$$

$$K_u=\left(\frac{\partial f}{\partial u}\right)_{u_0,\omega_0},\quad K_\omega=\left(\frac{\partial f}{\partial \omega}\right)_{u_0,\omega_0}$$

（3）列出运动方程。对电动机输出轴：

$$T-f\omega=J\frac{\mathrm{d}\omega}{\mathrm{d}t},\qquad 即\ T=J\frac{\mathrm{d}\omega}{\mathrm{d}t}+f\omega$$

式中，J 和 f 分别为轴系转动惯量和黏性阻尼系数。

在工作点 A 处，

$$T_0=J\frac{\mathrm{d}\omega_0}{\mathrm{d}t}+f\omega_0 \tag{2-16}$$

当该电动机转矩 T 从 T_0 变化到 $T_0+\Delta T$ 时，对应的角速度 ω 从 ω_0 变化到 $\omega_0+\Delta\omega$。这时，电动机输出轴的运动方程变为

$$T_0+\Delta T=J\frac{\mathrm{d}(\omega_0+\Delta\omega)}{\mathrm{d}t}+f(\omega_0+\Delta\omega) \tag{2-17}$$

联合式（2-16）和式（2-17）可得

$$\Delta T=J\frac{\mathrm{d}(\Delta\omega)}{\mathrm{d}t}+f(\Delta\omega) \tag{2-18}$$

由式（2-15）和式（2-18）消去中间变量ΔT，整理后得

$$J\frac{\mathrm{d}\Delta\omega}{\mathrm{d}t}+(f-K_{\omega})\ \Delta\omega=K_{u}\Delta u \tag{2-19}$$

把这个增量方程改为一般形式，得到

$$J\frac{\mathrm{d}\omega}{\mathrm{d}t}+(f-K_{\omega})\omega=K_{u}u \tag{2-20}$$

在用小偏差线性化方法处理非线性问题时，应注意以下几点。

（1）线性化是相对于控制系统某一稳定工作点而言的。工作点不同，线性化方程中的相应系数也不同，如例2-5中的K、例2-6中的K_u和K_{ω}。因此，在进行小偏差线性化时，应首先确定控制系统的稳定工作点。

（2）小偏差线性化只适用于没有间断点、折断点的连续函数。

（3）小偏差线性化后得到的微分方程是增量微分方程，为了书写方便，常略去增量的符号Δ。

（4）小偏差线性化方法一般用于工作点变化范围不大且线性度较好的控制系统，不适用于非线性严重或工作点变化范围较大的非线性控制系统。

2.3 控制系统的状态方程

状态方程是描述控制系统多输入量与多输出量之间关系的常用方法，它不但反映了控制系统输入量与输出量之间的外部特征，而且还揭示了系统内部的状态特征。

2.3.1 基本概念

（1）状态。状态是指控制系统的运动特征，如刚体系统中的位移、速度和加速度，电气系统中的电压和电流，热力系统中的温度和流量等。

（2）状态变量。该变量完全表征控制系统运动状态数目最少的一组独立变量。就是说，控制系统的运动状态是由一组独立变量确定的，其中的每个独立变量各表示控制系统运动状态的一种特征。例如，位移量、速度量分别表征刚体的移动距离和移动快慢，电荷量、电压量分别表征电容器工作的容量和电势大小。对于一个由n阶微分方程描述的控制系统，只需选取n个独立变量，就可完全描述该系统的运动状态。若选取的变量数目大于n，则必有变量不独立；若选取的变量数目小于n，则不能完全描述该系统的运动状态。

应指出的是，控制系统状态变量的选取不是唯一的。

（3）状态向量。如果控制系统的n个状态变量用$x_1(t),x_2(t),\cdots,x_n(t)$表示，并把这些变量看作向量$\boldsymbol{X}(t)$的分量，则$\boldsymbol{X}(t)$称为状态向量。状态向量常用列向量的形式，例如：

$$\boldsymbol{X}(t)=\begin{bmatrix}x_1(t)\\x_2(t)\\\vdots\\x_n(t)\end{bmatrix}=\begin{bmatrix}x_1(t) & x_2(t) & \cdots & x_n(t)\end{bmatrix}^{\mathrm{T}}$$

（4）状态空间与状态轨线。以状态变量 $x_1(t), x_2(t), \cdots, x_n(t)$ 为坐标轴所构成的 n 维空间称为状态空间。在某一时刻 t，状态向量 $\boldsymbol{X}(t)$ 对应于状态空间中的一点。从 t_0 时刻变到 t_1 时刻，状态向量 $\boldsymbol{X}(t)$ 将在状态空间描绘出一条轨迹，该轨迹称为状态轨线。

（5）状态方程。由控制系统状态变量和输入量构成的一阶微分方程组称为系统的状态方程。

（6）输出方程。控制系统的输出量与状态变量和输入量的函数关系式称为该系统的输出方程。

（7）状态空间表达式。状态方程和输出方程构成对控制系统的完整描述称为状态空间表达式。

对图 2.9 所示的 RLC 电路系统，根据基尔霍夫定律，有

$$u_{\mathrm{i}}(t) = u_R(t) + u_L(t) + u_C(t)$$

其中，

$$u_R(t) = i(t)R$$

$$u_L(t) = L\frac{\mathrm{d}i(t)}{\mathrm{d}t}$$

$$u_C(t) = \frac{1}{C}\int i(t)\mathrm{d}t = u_{\mathrm{o}}(t)$$

消去中间变量 $i(t)$，整理得

$$LC\frac{\mathrm{d}^2 u_{\mathrm{o}}(t)}{\mathrm{d}t^2} + RC\frac{\mathrm{d}u_{\mathrm{o}}(t)}{\mathrm{d}t} + u_{\mathrm{o}}(t) = u_{\mathrm{i}}(t)$$

可见，这种含有两个独立储能元（电感和电容）的无源网络可以用二阶微分方程描述。相应地，对含有更多独立储能元的系统，可用更高阶的微分方程描述。问题是，如何用状态空间表达式来描述这样的系统？或者说，如何将高阶微分方程变为一阶微分方程组？

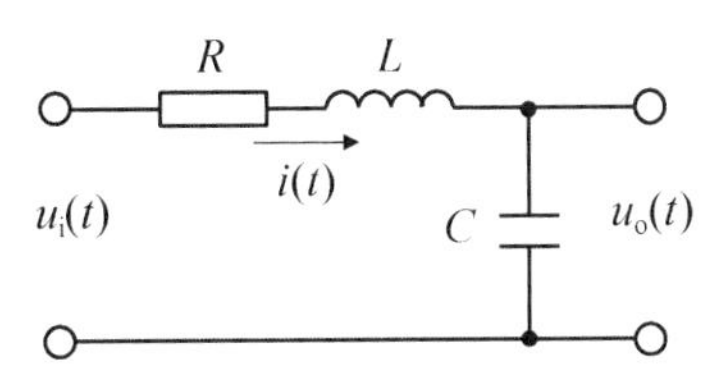

图 2.9　RLC 电路系统

对于图 2.9 所示 RLC 电路系统，其状态变量的选取方法有多种。

（1）选择 $u_{\mathrm{o}}(t)$ 和 $i(t)$ 作为状态变量，并以 $u_{\mathrm{o}}(t)$ 为输出变量。由于

$$\begin{cases} i(t) = C\dfrac{\mathrm{d}u_{\mathrm{o}}(t)}{\mathrm{d}t} \\ L\dfrac{\mathrm{d}i(t)}{\mathrm{d}t} + Ri(t) + u_{\mathrm{o}}(t) = u_{\mathrm{i}}(t) \end{cases}$$

因此，有

$$\begin{cases} \dot{u}_o(t) = \dfrac{1}{C}i(t) \\ \dot{i}(t) = -\dfrac{1}{L}u_o(t) - \dfrac{R}{L}i(t) + \dfrac{1}{L}u_i(t) \end{cases}$$

这里，在变量上方打一个小点，表示该变量对时间求一次导数。令 $x_1 = u_o(t)$ 、 $x_2 = i(t)$，设输出量为 y 。那么，上述系统的状态空间表达式为

$$\begin{cases} \begin{bmatrix} \dot{x}_1 \\ \dot{x}_2 \end{bmatrix} = \begin{bmatrix} 0 & \dfrac{1}{C} \\ -\dfrac{1}{L} & -\dfrac{R}{L} \end{bmatrix} \begin{bmatrix} x_1 \\ x_2 \end{bmatrix} + \begin{bmatrix} 0 \\ \dfrac{1}{L} \end{bmatrix} u \\ y = \begin{bmatrix} 1 & 0 \end{bmatrix} \begin{bmatrix} x_1 \\ x_2 \end{bmatrix} \end{cases}$$

或

$$\begin{cases} \dot{X} = AX + Bu \\ y = Cx \end{cases}$$

式中，

$$\boldsymbol{X} = \begin{bmatrix} x_1 \\ x_2 \end{bmatrix} \quad \boldsymbol{A} = \begin{bmatrix} 0 & \dfrac{1}{C} \\ -\dfrac{1}{L} & -\dfrac{R}{L} \end{bmatrix} \quad \boldsymbol{B} = \begin{bmatrix} 0 \\ \dfrac{1}{L} \end{bmatrix} \quad \boldsymbol{C} = \begin{bmatrix} 1 & 0 \end{bmatrix}$$

这就是 RLC 电路系统的一种状态空间表达式。

（2）若选择 $x_1 = u_o(t)$ 和 $x_2 = \dot{u}_o(t)$ 作为状态变量，则有

$$\begin{cases} \dot{x}_1 = x_2 \\ \dot{x}_2 = -\dfrac{1}{LC}x_1 - \dfrac{R}{L}x_2 + \dfrac{1}{LC}u_i \\ y = x_1 \end{cases}$$

把上式写成矩阵形式：

$$\begin{cases} \dot{X} = \boldsymbol{AX} + \boldsymbol{B}u \\ y = \boldsymbol{C}x \end{cases}$$

式中，

$$\boldsymbol{X} = \begin{bmatrix} x_1 \\ x_2 \end{bmatrix} \quad \boldsymbol{A} = \begin{bmatrix} 0 & 1 \\ -\dfrac{1}{LC} & -\dfrac{R}{L} \end{bmatrix} \quad \boldsymbol{B} = \begin{bmatrix} 0 \\ 1 \\ \dfrac{1}{LC} \end{bmatrix} \quad \boldsymbol{C} = \begin{bmatrix} 1 & 0 \end{bmatrix}$$

在上式中， $\boldsymbol{X}$ 是 RLC 电路系统的状态向量， $\boldsymbol{A}$ 是 RLC 电路系统对应所取状态向量 $\boldsymbol{X}$ 的系统矩阵， $\boldsymbol{B}$ 是 RLC 电路系统对应输入量 u 的输入系数矩阵， $\boldsymbol{C}$ 是 RLC 电路系统对应输出量 y 的输出系数矩阵。

可见，系统状态变量的选择不是唯一的，同一系统可选择的状态变量有多种。选择的状态变量不同，其状态空间表达式中相应的系数矩阵也不同。从理论上说，不一定要求状

态变量在物理上可测量，但在工程应用中以选择容易测量的变量为宜。因为在最优控制中，常将状态变量作为反馈量。

一般地，对一个 n 阶线性系统，选择的状态变量为 $X(t)=\left[x_1(t) \quad \cdots \quad x_n(t)\right]^{\mathrm{T}}$，有 r 个输入量和 m 个输出量，即

$$U(t)=\left[u_1(t) \quad u_2(t) \quad \cdots \quad u_r(t)\right]^{\mathrm{T}} \tag{2-21}$$

$$Y(t)=\left[y_1(t) \quad y_2(t) \quad \cdots \quad y_m(t)\right]^{\mathrm{T}} \tag{2-22}$$

式中，$\boldsymbol{U}(t)$ 和 $\boldsymbol{Y}(t)$ 分别称为系统的输入向量和输出向量。其状态空间表达式可用矩阵形式表示，即

$$\begin{cases}\dot{\boldsymbol{X}}(t)=\boldsymbol{AX}(t)+\boldsymbol{BU}(t)\\ \boldsymbol{Y}(t)=\boldsymbol{CX}(t)+\boldsymbol{DU}(t)\end{cases} \tag{2-23}$$

式中，

$\boldsymbol{A}$ 为 $n\times n$ 阶矩阵，该矩阵反映系统内部状态的联系，称为系统矩阵。

$\boldsymbol{B}$ 为 $n\times r$ 阶矩阵，该矩阵反映输入对系统内部状态的作用，称为输入矩阵（或控制矩阵）。

$\boldsymbol{C}$ 为 $m\times n$ 阶矩阵，该矩阵反映系统内部状态对输出的作用，称为输出矩阵。

$\boldsymbol{D}$ 为 $m\times r$ 阶矩阵，该矩阵反映输入对输出的直接传递关系，称为直接传递矩阵。多数情况下，系统总存在着惯性，其直接传递矩阵通常为零矩阵。

图 2.10 所示为线性系统状态空间表达式的框图。可以看出，状态空间表达式既反映输入量与状态变量之间的关系，又反映输出量与状态变量之间的关系。同时，状态变量之间通过系统矩阵相联系，因此，状态空间表达式是对系统的一种完整描述。

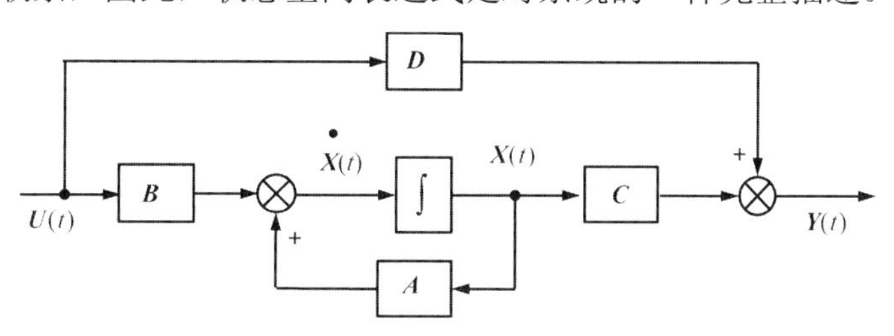

图 2.10　线性系统状态空间表达式的框图

2.3.2　线性系统状态空间表达式的建立

从上述分析可知，线性系统状态空间表达式的建立与状态变量的选择有关。由于状态变量的选择不是唯一的，因此建立状态空间表达式的方法就有多种。常用的方法是根据系统的高阶微分方程导出状态空间表达式。

一般地，n 阶线性系统的微分方程为

$$y^{(n)}+a_{n-1}y^{(n-1)}+\cdots+a_1\dot{y}+a_0y=b_mu^{(m)}+b_{m-1}u^{(m-1)}+\cdots+b_1\dot{u}+b_0u \tag{2-24}$$

式中，变量 y 通常是系统的输出量，变量 u 通常是系统的输入量，$m\leqslant n$，$y^{(n)}$表示变量 y 对时间的 n 阶导数。n 阶系统的状态变量数目应为 n 个，可选择该系统的 n 个状态变量，

即

$$\begin{cases} x_1 = y - \beta_0 u \\ x_2 = \dot{x}_1 - \beta_1 u = (y^{(1)} - \beta_0 u^{(1)}) - \beta_1 u \\ x_3 = \dot{x}_2 - \beta_2 u = (y^{(2)} - \beta_0 u^{(2)} - \beta_1 u^{(1)}) - \beta_2 u \\ \quad\cdots \\ x_{n-1} = \dot{x}_{n-2} - \beta_{n-2} u = (y^{(n-2)} - \beta_0 u^{(n-2)} - \beta_1 u^{(n-3)} - \cdots - \beta_{n-3} u^{(1)}) - \beta_{n-2} u \\ x_n = \dot{x}_{n-1} - \beta_{n-1} u = (y^{(n-1)} - \beta_0 u^{(n-1)} - \beta_1 u^{(n-2)} - \cdots - \beta_{n-2} u^{(1)}) - \beta_{n-1} u \end{cases} \tag{2-25}$$

令

$$x_{n+1} = \dot{x}_n - \beta_n u \tag{2-26}$$

式中，$\beta_j (j = 0,1,2,\cdots,n)$ 为待定的系数。

根据式（2-25）中状态变量 x_n 的表达式，可知

$$x_{n+1} = \dot{x}_n - \beta_n u = (y^{(n)} - \beta_0 u^{(n)} - \beta_1 u^{(n-1)} - \cdots - \beta_{n-1} u^{(1)}) - \beta_n u \tag{2-27}$$

那么，将从式（2-25）和式（2-27）中导出的各项 $y^{(i)} (i = 0,1,2,\cdots,n)$ 代入式（2-24）中，且在 $n>m$ 时，令 $b_j = 0 (j = m+1,\cdots,n)$，得

$$\begin{aligned} & y^{(n)} + a_{n-1} y^{(n-1)} + \cdots + a_1 y^{(1)} + a_0 y \\ = & (x_{n+1} + a_{n-1} x_n + \cdots + a_0 x_1) + \beta_0 u^{(n)} + (a_{n-1}\beta_0 + \beta_1) u^{(n-1)} + \cdots + \\ & (a_0 \beta_0 + a_1 \beta_1 + \cdots + a_{n-1}\beta_{n-1} + \beta_n) u \\ = & b_n u^{(n)} + \cdots + b_{m+1} u^{(m+1)} + b_m u^{(m)} + \cdots + b_1 u^{(1)} + b_0 u \end{aligned} \tag{2-28}$$

显然，对于任意的变量 u，式（2-28）都成立，即等号两边同类项中的系数应相等，由此可得

$$x_{n+1} = -a_{n-1} x_n - \cdots - a_1 x_2 - a_0 x_1 \tag{2-29}$$

和

$$\begin{cases} \beta_0 = b_n \\ \beta_1 = b_{n-1} - a_{n-1}\beta_0 \\ \beta_2 = b_{n-2} - a_{n-1}\beta_1 - a_{n-2}\beta_0 \\ \quad\vdots \\ \beta_i = b_{n-i} - a_{n-1}\beta_{i-1} - \cdots - a_{n-i}\beta_0 \\ \quad\vdots \\ \beta_n = b_0 - a_{n-1}\beta_{n-1} - \cdots - a_0 \beta_0 \end{cases} \tag{2-30a}$$

或

$$\beta_i = b_{n-i} - \sum_{j=1}^{i} a_{n-j} \beta_{i-j} \qquad (i = 0,1,2,\cdots,n) \tag{2-30b}$$

将式（2-29）代入式（2-27），整理后得

$$\dot{x}_n = -a_0 x_1 - \cdots - a_{n-1} x_n + \beta_n u \tag{2-31}$$

由式（2-25）和式（2-31）可得到式（2-24）表示的 n 阶线性系统的状态方程和输出方程：

$$\begin{bmatrix} \dot{x}_1 \\ \dot{x}_2 \\ \vdots \\ \dot{x}_{n-1} \\ \dot{x}_n \end{bmatrix} = \begin{bmatrix} x_2+\beta_1 u \\ x_3+\beta_2 u \\ \vdots \\ x_n+\beta_{n-1} u \\ -a_0x_1-\cdots-a_{n-1}x_n+\beta_n u \end{bmatrix} = \begin{bmatrix} 0 & 1 & 0 & \cdots & 0 \\ 0 & 0 & 1 & & 0 \\ & \cdots & \cdots & \cdots & \\ 0 & 0 & \cdots & 0 & 1 \\ -a_0 & -a_1 & -a_2 & \cdots & -a_{n-1} \end{bmatrix} \begin{bmatrix} x_1 \\ x_2 \\ \vdots \\ x_{n-1} \\ x_n \end{bmatrix} + \begin{bmatrix} \beta_1 \\ \beta_2 \\ \vdots \\ \beta_{n-1} \\ \beta_n \end{bmatrix} u \tag{2-32}$$

$$y = \begin{bmatrix} 1 & 0 & \cdots & 0 \end{bmatrix} \begin{bmatrix} x_1 \\ x_2 \\ \vdots \\ x_n \end{bmatrix} + \beta_0 u \tag{2-33}$$

写成矩阵方程：

$$\begin{cases} \dot{\boldsymbol{X}} = \boldsymbol{A}X + \boldsymbol{B}u \\ y = \boldsymbol{C}X + \boldsymbol{D}u \end{cases} \tag{2-34}$$

式中，各系数矩阵分别为

$$\boldsymbol{A} = \begin{bmatrix} 0 & 1 & 0 & \cdots & 0 \\ 0 & 0 & 1 & & 0 \\ & \cdots & \cdots & \cdots & \\ 0 & 0 & \cdots & 0 & 1 \\ -a_0 & -a_1 & -a_2 & \cdots & -a_{n-1} \end{bmatrix} \quad \boldsymbol{B} = \begin{bmatrix} \beta_1 \\ \beta_2 \\ \vdots \\ \beta_{n-1} \\ \beta_n \end{bmatrix} \quad \boldsymbol{C} = \begin{bmatrix} 1 & 0 & \cdots & 0 \end{bmatrix} \quad \boldsymbol{D} = \beta_0 \tag{2-35}$$

由此可以看出，n 阶线性系统的状态方程是一个一阶线性微分方程组。这也表明系统状态方程的建立，就是将高阶微分方程转化成一阶微分方程组。这一转换具有很重要的意义，为控制系统的分析带来了很多方便，促进了控制理论的发展。

以上仅将式（2-24）中的 y 作为系统输出量，u 作为系统输入量。这种只有一个输入量和一个输出量的系统称为单输入/单输出系统。式（2-34）就是单输入/单输出系统的状态空间表达式。实际上，状态空间表达式更适合于描述多输入/多输出系统，如式（2-23）。单输入/单输出是多输入/多输出的一种特殊情况。

【例 2-7】已知系统微分方程为 $2\dfrac{\mathrm{d}^3y}{\mathrm{d}t^3}+4\dfrac{\mathrm{d}y}{\mathrm{d}t}+6y=8\dfrac{\mathrm{d}u}{\mathrm{d}t}+4u$，试转换成状态空间表达式。

解：对照式（2-24），已知系统微分方程可表示为

$$y^{(3)}+2y^{(1)}+3y=4u^{(1)}+2u$$

从而有 $n=3$，$m=1$，$a_2=0$，$a_1=2$，$a_0=3$，$b_3=b_2=0$，$b_1=4$，$b_0=2$。那么，由式（2-30a）计算得到

$$\begin{cases} \beta_0 = b_3 = 0 \\ \beta_1 = b_2 - a_2\beta_0 = 0 \\ \beta_2 = b_1 - a_2\beta_1 - a_1\beta_0 = 4 \\ \beta_3 = b_0 - a_2\beta_2 - a_1\beta_1 - a_0\beta_0 = 2 \end{cases}$$

则由式（2-32）可得系统的状态方程，即

$$\begin{bmatrix}\dot{x}_1\\ \dot{x}_2\\ \dot{x}_3\end{bmatrix}=\begin{bmatrix}0 & 1 & 0\\ 0 & 0 & 1\\ -3 & -2 & 0\end{bmatrix}\begin{bmatrix}x_1\\ x_2\\ x_3\end{bmatrix}+\begin{bmatrix}0\\ 4\\ 2\end{bmatrix}u$$

由式（2-33）可得系统的输出方程，即

$$y=\begin{bmatrix}1 & 0 & 0\end{bmatrix}\begin{bmatrix}x_1\\ x_2\\ x_3\end{bmatrix}$$

应指出的是，微分方程和状态空间表达式都是系统在时域上的数学模型，尽管表现形式有些不同，但它们都反映了系统中变量之间的关系。微分方程直接反映系统输入量与输出量之间的关系，状态空间表达式是通过系统内部的状态变量将系统输入量与输出量联系起来的。

可以认为，输入量是外部对系统的作用，输出量是系统对外部的作用。因此，输入量和输出量也称为系统的外部量。系统的状态变量只取决于系统自身的特性，称为系统的内部量。因此，微分方程是对系统外部的一种描述，状态空间表达式是对系统内部的一种描述。

2.4　控制系统的传递函数

当已知系统微分方程或状态空间表达式时，给定输入量和初始条件就可通过求解微分方程或状态空间表达式得到系统的输出响应。这种分析方法比较直观，但是求解微分方程不是件容易的事，特别是对复杂高阶微分方程还不能得到解析解。为了避免求解微分方程的烦琐过程，20 世纪 40 年代初期研究人员提出了传递函数的概念。此后，不用求解微分方程，利用传递函数就可分析系统在输入信号作用下的输出响应过程。

传递函数是一种基于拉普拉斯变换（简称拉氏变换）的在复数域上表示系统变量之间关系的数学模型。控制理论中的频率分析方法和根轨迹分析方法，都是在传递函数的基础上建立起来的。因此，传递函数是控制理论中最基本也是最重要的数学模型。

关于拉氏变换，读者可参阅本书附录 A 或有关积分变换的书籍。本书的附录 B 中给出了常用拉氏变换表，以便读者查阅和应用。

2.4.1　传递函数的定义和特性

1. 传递函数的定义

线性定常系统的传递函数定义：在初始条件为零的情况下，系统输出量的拉氏变换与输入量的拉氏变换之比。

设线性定常系统的输入量为 $u(t)$、输出量为 $y(t)$，则可得系统的微分方程（其中 $n\geqslant m$）：

$$a_n y^{(n)}+a_{n-1}y^{(n-1)}+\cdots+a_1 y^{(1)}+a_0 y=b_m u^{(m)}+\cdots+b_1 u^{(1)}+b_0 u \tag{2-36}$$

其中的系数均为与系统结构参数有关的常系数。零初始条件是指式（2-36）中的输入量 $u(t)$ 和输出量 $y(t)$ 及它们的各阶导数在 $t=0$ 时都等于零。根据拉氏变换原理，在零初始条件下，

式（2-36）的拉氏变换为（s 是复变量，一般记为 $s=\sigma+\mathrm{j}\omega$）

$$\begin{aligned}&a_n s^n Y(s)+a_{n-1}s^{n-1}Y(s)+\cdots+a_1 sY(s)+a_0 Y(s)\\&=b_m s^m U(s)+b_{m-1}s^{m-1}U(s)+\cdots+b_1 sU(s)+b_0 U(s)\end{aligned} \tag{2-37}$$

于是，根据传递函数的定义，可得系统的传递函数，即

$$G(s)=\frac{Y(s)}{U(s)}=\frac{b_m s^m+b_{m-1}s^{m-1}+\cdots+b_1 s+b_0}{a_n s^n+a_{n-1}s^{n-1}+\cdots+a_1 s+a_0} \tag{2-38}$$

式中，$n\geqslant m$。

对于 n 阶的多输入/多输出系统，其状态空间表达式为

$$\begin{cases}\dot{\boldsymbol{X}}=\boldsymbol{AX}+\boldsymbol{BU}\\\boldsymbol{Y}=\boldsymbol{CX}+\boldsymbol{DU}\end{cases} \tag{2-39}$$

式中，$\boldsymbol{U}$ 为 $r\times 1$ 阶输入向量，$\boldsymbol{Y}$ 为 $m\times 1$ 阶输出向量。那么，在初始条件为零的条件下，拉氏变换有

$$(s\boldsymbol{I}-\boldsymbol{A})\boldsymbol{X}(s)=\boldsymbol{BU}(s)$$

$$\boldsymbol{Y}(s)=\boldsymbol{CX}(s)+\boldsymbol{DU}(s)$$

根据传递函数的定义，有（$\boldsymbol{I}$ 为 $n\times n$ 阶单位矩阵）

$$\boldsymbol{G}(s)=\frac{\boldsymbol{Y}(s)}{\boldsymbol{U}(s)}=\boldsymbol{C}(s\boldsymbol{I}-\boldsymbol{A})^{-1}\boldsymbol{B}+\boldsymbol{D} \tag{2-40}$$

此时的函数 $\boldsymbol{G}(s)$是 $m\times r$ 阶矩阵，称为传递函数矩阵。

$$\boldsymbol{G}(s)=\begin{bmatrix}g_{11}(s)&\cdots&g_{1r}(s)\\\vdots&\vdots&\vdots\\g_{m1}(s)&\cdots&g_{mr}(s)\end{bmatrix} \tag{2-41}$$

式中，$g_{ij}(s)$ 表示系统的第 j 个输入和第 i 个输出的传递函数，$i=1,2,\cdots,m$；$j=1,2,\cdots,r$。

2. 传递函数的特性

由推演传递函数式（2-38）可知，系统的传递函数与微分方程存在对应关系。通过拉氏变换将系统在时域上的微分方程转换成复域上的代数方程 $Y(s)=G(s)U(s)$，这为控制系统的分析提供了极大的方便。传递函数的主要特性如下：

（1）传递函数是复变量 s 的有理真分式函数，直接表示系统输入量与输出量之间的关系，即系统输入量 $U(s)$经过函数 $G(s)$的传递产生输出量 $Y(s)$。因此，传递函数是对系统外部的描述，不反映系统内部的状态变量。

（2）传递函数中，分母多项式的阶数 n 不小于分子多项式的阶数 m，即 $n\geqslant m$。这是物理系统可实现的基本特征。

（3）传递函数只取决于系统结构及输入/输出作用的位置，与输入信号的大小和变化形式无关。

（4）传递函数的拉氏逆变换是系统的脉冲响应，因此传递函数能反映系统的运动特性。若系统的输入量 $u(t)$是单位脉冲信号 $\delta(t)$，即 $U(s)=\mathrm{L}[\delta(t)]=1$，则有

$$g(t)=\mathrm{L}^{-1}[Y(s)]=\mathrm{L}^{-1}[G(s)U(s)]=\mathrm{L}^{-1}[G(s)]$$

显然，$g(t)$ 是系统在单位脉冲信号作用下的输出响应，称为单位脉冲响应。这里的 L 代表拉氏变换，L^{-1} 代表拉氏逆变换。

注意：传递函数是在零初始条件下定义的，因此，它不能反映非零初始条件下系统的响应特性。但是，通过坐标变换将非零初始条件转化为零初始条件后，仍可用传递函数描述。

2.4.2 传递函数的计算

【例 2-8】求图 2.4 所示 RLC 电路系统的传递函数。

解：已知该电路系统的微分方程为式（2-3），即

$$LC\frac{\mathrm{d}^2u_\mathrm{o}(t)}{\mathrm{d}t^2}+RC\frac{\mathrm{d}u_\mathrm{o}(t)}{\mathrm{d}t}+u_\mathrm{o}(t)=u_\mathrm{i}(t)$$

在零初始条件下，对上式进行拉氏变换，得

$$LCs^2U_\mathrm{o}(s)+RCsU_\mathrm{o}(s)+U_\mathrm{o}(s)=U_\mathrm{i}(s)$$

根据定义可知，RLC 电路系统的传递函数为

$$G(s)=\frac{U_\mathrm{o}(s)}{U_\mathrm{i}(s)}=\frac{1}{LCs^2+RCs+1}$$

【例 2-9】求图 2.5 所示的电枢控制式直流电动机拖动系统的传递函数。

解：已知该系统的微分方程为式（2-8），即

$$L_\mathrm{a}J\frac{\mathrm{d}^3\theta_\mathrm{o}(t)}{\mathrm{d}t^3}+(L_\mathrm{a}f+R_\mathrm{a}J)\frac{\mathrm{d}^2\theta_\mathrm{o}(t)}{\mathrm{d}t^2}+(R_\mathrm{a}f+K_TK_E)\frac{\mathrm{d}\theta_\mathrm{o}(t)}{\mathrm{d}t}=K_Tu_\mathrm{a}(t)$$

在零初始条件下，对上式进行拉氏变换，得

$$L_\mathrm{a}Js^3\theta_\mathrm{o}(s)+(L_\mathrm{a}f+R_\mathrm{a}J)s^2\theta_\mathrm{o}(s)+(R_\mathrm{a}f+K_TK_E)s\theta_\mathrm{o}(s)=K_TU_\mathrm{a}(s)$$

由定义求得电枢控制式直流电动机拖动系统的传递函数：

$$G(s)=\frac{\theta_\mathrm{o}(s)}{U_\mathrm{a}(s)}=\frac{K_T}{L_\mathrm{a}Js^3+(L_\mathrm{a}f+R_\mathrm{a}J)s^2+(R_\mathrm{a}f+K_TK_E)s}$$

以上步骤是先求出系统输入量与输出量之间的微分方程，然后通过拉氏变换求出传递函数。实际上，没有必要先求出系统输入量与输出量之间的微分方程，可以先对系统各环节的微分方程进行拉氏变换，得到各环节的代数方程，然后依据系统的输入量和输出量，在复数域中消除中间变量，就可得到系统的传递函数，这样计算更方便。

在例 2-4 中，利用 4 个环节的微分方程求式（2-8）比较困难，现对各个环节的微分方程在零初始条件下进行拉氏变换，即先对式（2-4）、式（2-5）、式（2-6）、式（2-7）分别进行拉氏变换，得

$$U_\mathrm{a}(s)=R_\mathrm{a}I_\mathrm{a}(s)+L_\mathrm{a}sI_\mathrm{a}(s)+E(s)$$

$$T(s)=K_TI_\mathrm{a}(s)$$

$$E(s)=K_Es\theta_\mathrm{o}(s)$$

$$Js^2\theta_\mathrm{o}(s)=T(s)-fs\theta_\mathrm{o}(s)$$

然后，在复数域中对以上四式消除中间变量 $I_a(s)$、$E(s)$和 $T(s)$，就得到系统的输入量 $U_a(s)$ 与输出量 $\theta_o(s)$ 之间的传递函数，即

$$G(s)=\frac{\theta_o(s)}{U_a(s)}=\frac{K_T}{L_aJs^3+(L_af+R_aJ)s^2+(R_af+K_TK_E)s}$$

【例 2-10】 现在对图 2.1 所示汽车悬挂系统进行建模。汽车在凹凸不平路面上行驶时，其悬挂系统的简化物理模型如图 2.11 所示。以路面的高低变化 $x_i(t)$ 为输入量，以汽车的垂直位移 $x_o(t)$ 为输出量，求该系统的传递函数。

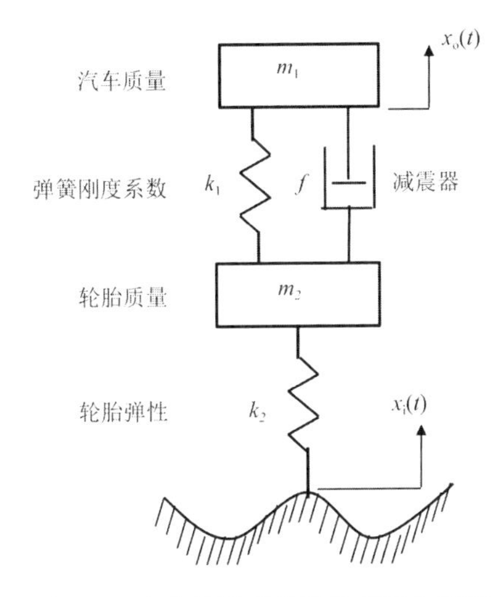

图 2.11　汽车悬挂系统的物理简化模型

解：设 m_2 向上的位移为 $x_1(t)$，则根据牛顿第二定律，得

$$m_2\frac{d^2x_1(t)}{dt^2}=k_2\left[x_i(t)-x_1(t)\right]-k_1\left[x_1(t)-x_o(t)\right]-f\frac{d\left[x_1(t)-x_o(t)\right]}{dt}$$

$$m_1\frac{d^2x_o(t)}{dt^2}=k_1\left[x_1(t)-x_o(t)\right]+f\frac{d\left[x_1(t)-x_o(t)\right]}{dt}$$

在零初始条件下，对以上两式进行拉氏变换，得

$$m_2s^2X_1(s)=k_2\left[X_i(s)-X_1(s)\right]-k_1\left[X_1(s)-X_o(s)\right]-fs\left[X_1(s)-X_o(s)\right]$$

$$m_1s^2X_o(s)=k_1\left[X_1(s)-X_o(s)\right]+fs\left[X_1(s)-X_o(s)\right]$$

消去中间变量 $X_1(s)$，可得其传递函数，即

$$\frac{X_o(s)}{X_i(s)}=\frac{k_2fs+k_1k_2}{m_1m_2s^4+f(m_1+m_2)s^3+\left(m_1k_1+m_1k_2+m_2k_1\right)s^2+k_2fs+k_1k_2}$$

2.4.3　传递函数的基本形式

线性定常系统传递函数的一般形式为

$$G(s)=\frac{Y(s)}{U(s)}=\frac{b_ms^m+b_{m-1}s^{m-1}+\cdots+b_1s+b_0}{a_ns^n+a_{n-1}s^{n-1}+\cdots+a_1s+a_0}$$

式中，$n \geqslant m$。由于分子和分母都是 s 的多项式，因此上式也称为传递函数的多项式形式。在工程应用中，经常使用的传递函数形式还有如下两种。

1. 传递函数的零点-极点形式

传递函数的分子多项式和分母多项式经因式分解后，可写为如下形式（其中 $n \geqslant m$）：

$$G(s)=\frac{b_m(s+z_1)(s+z_2)\cdots(s+z_m)}{a_n(s+p_1)(s+p_2)\cdots(s+p_n)}=K^*\frac{\prod\limits_{i=1}^{m}(s+z_i)}{\prod\limits_{j=1}^{n}(s+p_j)} \tag{2-42}$$

式中，$K^*=\dfrac{b_m}{a_n}$；$-z_i\ (i=1,2,\cdots,m)$ 是分子多项式的根；$-p_j(j=1,2,\cdots,n)$ 是分母多项式的根；由于在 $s=-z_i$ 时 $G(s)=0$，因此称根 $-z_i$ 为传递函数 $G(s)$ 的零点；又由于 $s=-p_j$ 时 $G(s)\to\infty$，因此称根 $-p_j$ 为传递函数 $G(s)$ 的极点。

式（2-42）是传递函数的零点-极点形式。这种形式在根轨迹分析方法中使用较多。应指出的是，传递函数的零点和极点是复数域上的点，可以是实数，也可以是复数。零点或极点是复数时，就一定是共轭成对出现的。

2. 传递函数的时间常数形式

传递函数的分子多项式和分母多项式经因式分解后，还可写成如下形式（其中 $n \geqslant m$）：

$$G(s)=K\frac{\prod\limits_{j=1}^{m_1}(\tau_j s+1)\prod\limits_{j=1}^{m_2}(\tau_j^2 s^2+2\zeta_j\tau_j s+1)}{\prod\limits_{i=1}^{n_1}(T_i s+1)\prod\limits_{i=1}^{n_2}(T_i^2 s^2+2\zeta_i T_i s+1)} \quad \begin{pmatrix} m_1+2m_2=m \\ n_1+2n_2=n \end{pmatrix} \tag{2-43}$$

式中，τ_j 和 T_i 称为时间常数，K 为系统增益。对照式（2-42）可知，式（2-43）中关于自变量 s 的一次因子对应实数零点和极点，二次因子对应共轭复数零点和极点。

式（2-43）是传递函数的时间常数形式，这种形式在频域分析方法中使用较多。

以上系统传递函数的两种表现形式有对应关系。对照式（2-42）和式（2-43）可知，

$$K=K^*\prod_{i=1}^{m}(z_i)\Big/\prod_{j=1}^{n}(p_j)$$

关于 s 的一次因式，式（2-43）中时间常数 τ 和 T 与式（2-42）中的实数零点 z 和实数极点 p 的关系如下：$\tau=z^{-1}$ 和 $T=p^{-1}$；式(2-43)中关于 s 的二次因式，时间常数 τ 和 T 与式(2-42)中的复数零点 z 和复数极点 p 的关系如下：$\tau=|z|^{-1/2}$ 和 $T=|p|^{-1/2}$。

2.4.4 典型环节的传递函数

由于系统传递函数的零点和极点在复数平面上存在位于实轴上（实数零点、实数极点）、复平面上（共轭零点、共轭极点）和坐标原点 3 种情况，因此系统传递函数的时间常数形式又可表示为

$$G(s)=\frac{K\prod_{j=1}^{m_1}(\tau_j s+1)\prod_{j=1}^{m_2}(\tau_j^2 s^2+2\zeta_j\tau_j s+1)}{s^v\prod_{i=1}^{n_1}(T_i s+1)\prod_{i=1}^{n_2}(T_i^2 s^2+2\zeta_i T_i s+1)}\quad\begin{pmatrix}m_1+2m_2=m\\ v+n_1+2n_2=n\end{pmatrix} \tag{2-44}$$

式（2-44）表示的系统传递函数主要包含 6 种因式，它们分别表示对信号的典型计算功能。因此，式（2-44）中的每项因式都代表一种典型环节。这样，复杂系统可以看作这些典型环节在某种情况下的串联组合。熟悉和掌握这些典型环节，有助于对复杂系统进行分析和研究。

1. 比例环节

输出量与输入量成正比的环节称为比例环节，又称放大环节，如图 2.12 所示。其表达式为

$$y(t)=Ku(t) \tag{2-45}$$

其传递函数为

$$G(s)=\frac{Y(s)}{U(s)}=K \tag{2-46}$$

图 2.12（a）所示为比例环节的框图表现形式，图 2.12（b）所示为由理想运算放大器构成的比例环节，其传递函数为

$$G(s)=\frac{U_o(s)}{U_i(s)}=-\frac{R_2}{R_1}$$

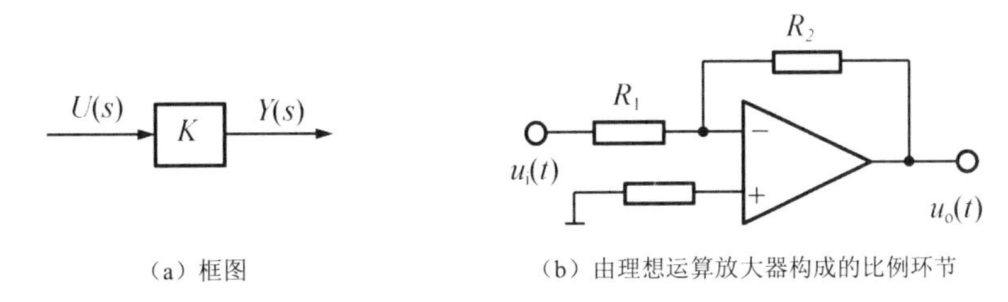

（a）框图　　（b）由理想运算放大器构成的比例环节

图 2.12　比例环节

2. 惯性环节

惯性环节（见图 2.13）因含有储能元件而不能把突变的输入信号立即输出。该环节输入信号与输出信号的微分方程一般形式为

$$T\frac{\mathrm{d}y(t)}{\mathrm{d}t}+y(t)=u(t) \tag{2-47}$$

式中，T 为时间常数。

其传递函数为

$$G(s)=\frac{Y(s)}{U(s)}=\frac{1}{Ts+1} \tag{2-48}$$

图 2.13（a）所示为惯性环节的框图表现形式，图 2.13（b）所示为由运算放大器构成的惯性环节，其传递函数为

$$G(s)=\frac{U_{o}(s)}{U_{i}(s)}=-\frac{1}{RCs+1}=-\frac{1}{Ts+1}$$

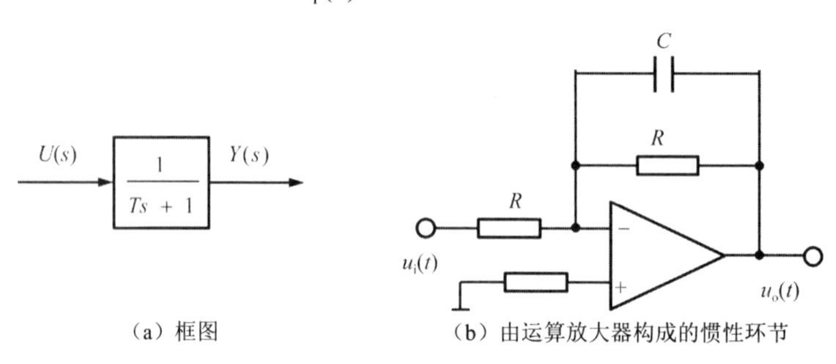

图 2.13　惯性环节

3. 积分环节

积分环节（见图 2.14）的微分方程为

$$y(t)=\frac{1}{T}\int u(t)\mathrm{d}t \tag{2-49}$$

其传递函数为

$$G(s)=\frac{y(s)}{u(s)}=\frac{1}{Ts} \tag{2-50}$$

图 2.14（a）所示为积分环节的框图表现形式，图 2.14（b）所示为由运算放大器构成的积分环节，其传递函数为

$$G(s)=\frac{u_{o}(s)}{u_{i}(s)}=-\frac{1}{RCs}=-\frac{1}{Ts}$$

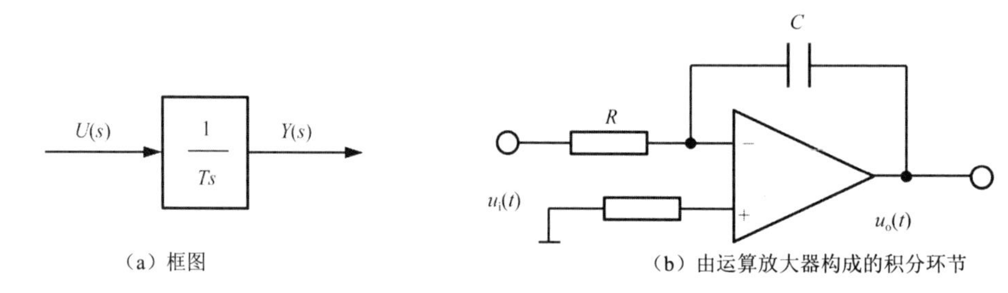

图 2.14　积分环节

4. 振荡环节

振荡环节（见图 2.15）含有两个储能元件，在输入信号的传递过程中，因能量的转换而使其输出信号带有振荡的性质。该环节微分方程一般形式为

$$T^{2}\frac{\mathrm{d}^{2}y(t)}{\mathrm{d}t^{2}}+2\zeta T\frac{\mathrm{d}y(t)}{\mathrm{d}t}+y(t)=u(t) \tag{2-51}$$

式中，T 为系统的时间常数，ζ 为系统的阻尼比。

其传递函数为

$$G(s)=\frac{Y(s)}{U(s)}=\frac{1}{T^2s^2+2\zeta Ts+1} \tag{2-52}$$

或

$$G(s)=\frac{Y(s)}{U(s)}=\frac{\omega_n^2}{s^2+2\zeta\omega_n s+\omega_n^2} \tag{2-53}$$

式中，$\omega_n=1/T$，称为系统的无阻尼振动频率。

式（2-52）和式（2-53）是振荡环节传递函数的一般形式。图 2.15（a）为振荡环节的框图表现形式，图 2.15（b）是由弹簧、质量块和阻尼器构成的振荡环节，其传递函数为

$$G(s)=\frac{X(s)}{F(s)}=\frac{1}{ms^2+fs+k}$$

转化为一般形式

$$G(s)=\frac{X(s)}{F(s)}=\frac{1}{k}\frac{1}{\frac{m}{k}s^2+\frac{f}{k}s+1}=\frac{1/k}{T^2s^2+2T\zeta s+1}$$

可知该振荡环节的时间常数为 $T=\sqrt{\frac{m}{k}}$，阻尼比 $\zeta=\frac{f}{2\sqrt{mk}}$，从而有

$$G(s)=\frac{X(s)}{F(s)}=\frac{\frac{1}{m}}{s^2+\frac{f}{m}s+\frac{k}{m}}=\frac{1}{k}\frac{\frac{k}{m}}{s^2+\frac{f}{m}s+\frac{k}{m}}=\frac{1}{k}\frac{\omega_n^2}{s^2+2\zeta\omega_n s+\omega_n^2}$$

可知系统的无阻尼固有频率 $\omega_n=\sqrt{\frac{k}{m}}$。

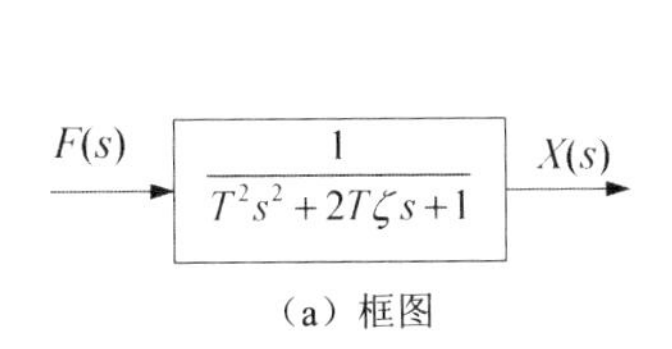

（a）框图

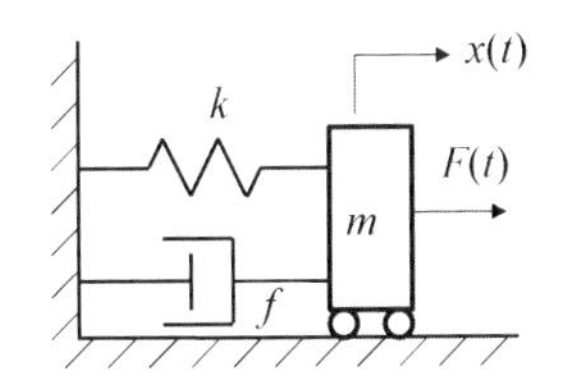

（b）由弹簧、质量块和阻尼器构成的振荡环节

图 2.15　振荡环节

5. 一阶微分环节

一阶微分环节的微分方程为

$$y(t)=\tau\frac{\mathrm{d}u(t)}{\mathrm{d}t}+u(t) \tag{2-54}$$

式中，τ 为时间常数。

其传递函数为

$$G(s)=\frac{Y(s)}{U(s)}=\tau s+1 \tag{2-55}$$

6. 二阶微分环节

二阶微分环节的微分方程为

$$y(t)=\tau^2\frac{\mathrm{d}^2u(t)}{\mathrm{d}t^2}+2\zeta\tau\frac{\mathrm{d}u(t)}{\mathrm{d}t}+u(t) \tag{2-56}$$

式中，τ 为时间常数。

其传递函数为

$$G(s)=\frac{Y(s)}{U(s)}=\tau^2s^2+2\zeta\tau s+1 \tag{2-57}$$

注意：以上介绍的微分环节仅在理论上存在。根据系统传递函数代表的物理系统可实现特征，微分环节在实际工程中很难实现，必须与其他环节相配合使用。

应当指出的是，以上 6 种典型环节是组成线性系统的主要环节，表示了控制系统中信号之间的主要运算关系。除此以外，实际控制系统中还存在一种典型的信号延迟特性，这种典型的信号延时特性可以用延迟环节表征。

延迟环节（又称滞后环节）的特征是，在输入量施加后，其输出响应要延迟一个时间 τ 。延时环节的时域方程为

$$y(t)=u(t-\tau) \tag{2-58}$$

式中，τ 为延迟时间。

其传递函数为

$$G(s)=\frac{Y(s)}{U(s)}=\mathrm{e}^{-\tau s} \tag{2-59}$$

上述典型环节是从系统对信号的计算处理功能角度划分的，系统由各种典型环节组成是指系统对信号有相应的运算功能，而不是指系统的具体组成结构。

【例 2-11】已知某个控制系统的传递函数为

$$G(s)=\frac{Y(s)}{U(s)}=\frac{10(s+1)^2\mathrm{e}^{-s}}{s(s^2+3s+1)}$$

试分析该控制系统由哪些典型环节组成。

解：该控制系统的传递函数可以表示为

$$\frac{Y(s)}{U(s)}=\frac{Y(s)}{Y_1(s)}\frac{Y_1(s)}{Y_2(s)}\frac{Y_2(s)}{Y_3(s)}\frac{Y_3(s)}{Y_4(s)}\frac{Y_4(s)}{Y_5(s)}\frac{Y_5(s)}{U(s)}$$

$$=10\cdot\frac{1}{s}\cdot(s+1)\cdot(s+1)\cdot\frac{1}{s^2+3s+1}\cdot\mathrm{e}^{-s}$$

式中，$\frac{Y(s)}{Y_1(s)}=10$ 为比例环节，$\frac{Y_1(s)}{Y_2(s)}=\frac{1}{s}$ 为积分环节，$\frac{Y_2(s)}{Y_3(s)}=(s+1)$ 和 $\frac{Y_3(s)}{Y_4(s)}=(s+1)$ 都是一阶微分环节，$\frac{Y_4(s)}{Y_5(s)}=\frac{1}{s^2+3s+1}$ 为振荡环节，$\frac{Y_5(s)}{U(s)}=\mathrm{e}^{-s}$ 为延迟环节。

可见，该控制系统由一个比例环节、一个积分环节、两个一阶微分环节、一个振荡环节和一个延迟环节组成。

2.5 控制系统的框图

框图是系统变量之间关系的表现形式，也是系统的一种数学模型。框图除了可表示系统输入量与输出量之间的关系，还可以表示中间变量与其他变量之间的关系，而传递函数仅能表示系统输入量与输出量之间的关系。

2.5.1 框图的组成及建立步骤

框图由信号线、引出点、比较点和函数方框构成。

（1）信号线。信号线为带箭头的直线段，箭头表示信号的流向，直线段上方的字母为信号标记，如图 2.16（a）所示。

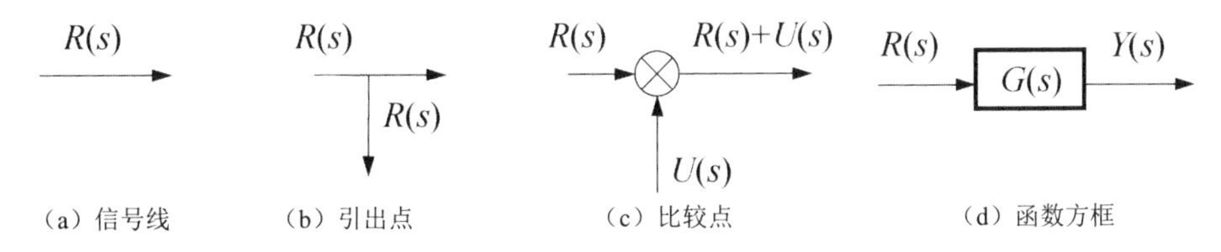

图 2.16 框图的基本单元

（2）引出点（又称分支点）。它表示信号引出或测量的位置，由引出点引出的信号在数值和性质方面与原信号完全相同，如图 2.16（b）所示。

（3）比较点（又称综合点）。表示对两个及以上信号进行加减运算，其输出响应是信号加减运算的结果。一般对信号进行相减运算时，在该信号的信号线上标注“-”；进行相加运算时，在相应信号线上标注“+”或省略，如图 2.16（c）所示。

（4）函数方框（又称环节方框）。表示输入信号与输出信号之间的运算关系，一般情况下，在方框中写入传递函数。这样，方框的输出信号就等于其输入信号与传递函数的乘积，如图 2.16（d）所示。

建立系统框图的步骤如下。

（1）建立系统的各个环节的基本方程。

（2）在零初始条件下，对各个基本方程进行拉氏变换。

（3）依据拉氏变换得到的函数，绘制出对应的框图。

（4）根据各信号转换与传递关系，将各个框图连接成系统的框图。

【例 2-12】建立图 2.17 所示 RC 电路系统的框图。

解：（1）根据相应的电路理论，建立该系统的基本方程。

$$u_i(t) = i_1(t)R_1 + u_o(t)$$

$$i_1(t)R_1 = \frac{1}{C}\int i_2(t)\mathrm{d}t$$

$$i(t)=i_1(t)+i_2(t)$$

$$u_o(t)=i(t)R_2$$

（2）假设初始条件为零，对以上 4 个基本方程进行拉氏变换，得到相应的函数：

$$U_i(s)=I_1(s)R_1+U_o(s) \quad ①$$

$$I_1(s)R_1=\frac{1}{Cs}I_2(t) \quad ②$$

$$I(s)=I_1(s)+I_2(s) \quad ③$$

$$U_o(s)=I(s)R_2 \quad ④$$

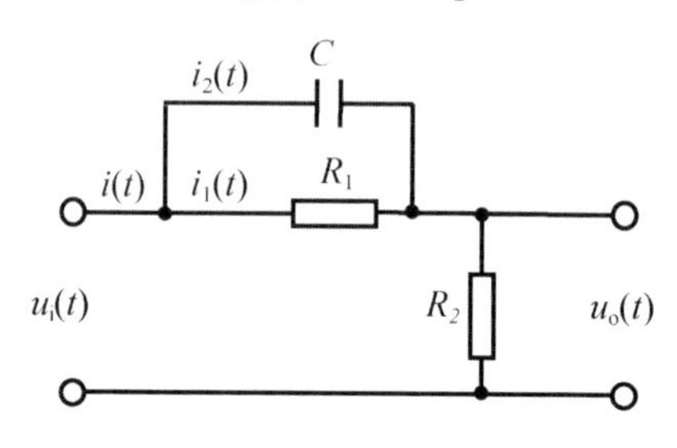

图 2.17　RC 电路系统

（3）建立各个函数对应的框图。式①对应的框图如图 2.18（a）所示，式②对应的框图如图 2.18（c）所示，式③对应的框图如图 2.18（b）所示，式④对应的框图如图 2.18（d）所示。

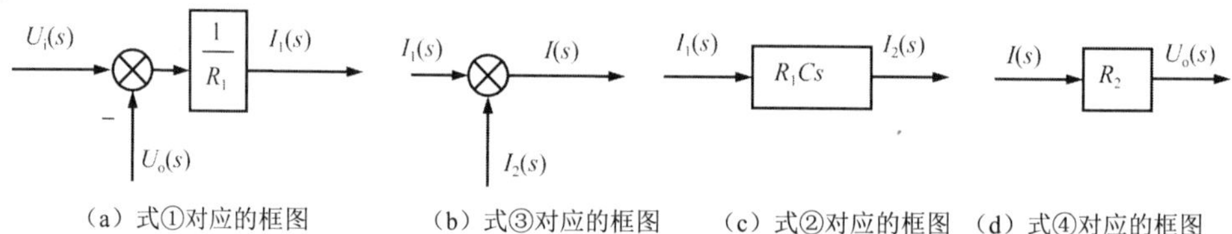

图 2.18　*RC* 电路系统各个环节的框图

（4）从输入到输出，根据信号转换与传递关系，把各个框图连接起来，得到该系统的框图，如图 2.19 所示。

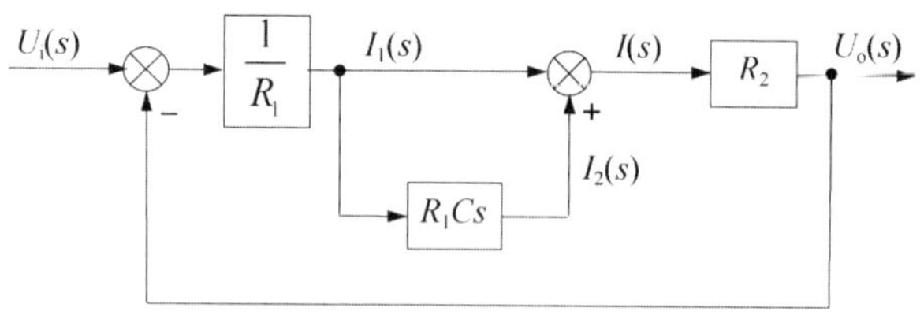

图 2.19　RC 电路系统的框图

2.5.2　框图的等效变换

框图的等效变换是指对框图中的引出点（分支点）和比较点进行移动、对函数方框进行合并等操作，使系统的框图得到简化，从而方便地求出系统输入量与输出量之间的传递函数。实际上，这种等效变换就是在框图上进行数学运算。因此，框图等效变换的规则是，

框图变换前后，信号之间的运算关系保持不变。

一个复杂系统的框图连接必然是复杂的，但其框图之间的基本连接方式只有串联、并联和反馈连接三种。因此，框图简化的一般方法是移动引出点或比较点，将串联、并联和反馈连接的函数方框合并，最后简化成具有一个输入量和一个输出量的函数方框。

1. 串联框图的等效变换

若一个环节的输出量是另一个环节的输入量，则这两个环节的连接方式为串联。如图 2.20（a）所示，其中 $G_1(s)$ 和 $G_2(s)$ 为两个环节的传递函数，有

$$Y_1(s)=G_1(s)R(s) \qquad Y(s)=G_2(s)Y_1(s)$$

消除两式的中间变量 $Y_1(s)$，得

$$Y(s)=G_1(s)G_2(s)R(s)$$

$G(s)=\dfrac{Y(s)}{R(s)}=G_1(s)G_2(s)$ 为两个串联环节的等效传递函数，即图 2.20（b）所示的框图等效于图 2.20（a）所示的框图。由此可知，两个串联环节的等效传递函数等于这两个环节的传递函数之乘积。当系统有 n 个环节串联时，总的等效传递函数为

$$G(s)=\frac{Y(s)}{R(s)}=\prod_{i=1}^{n}G_i(s) \tag{2-60}$$

式中，$G_i(s)$ 为第 i 个环节的传递函数。

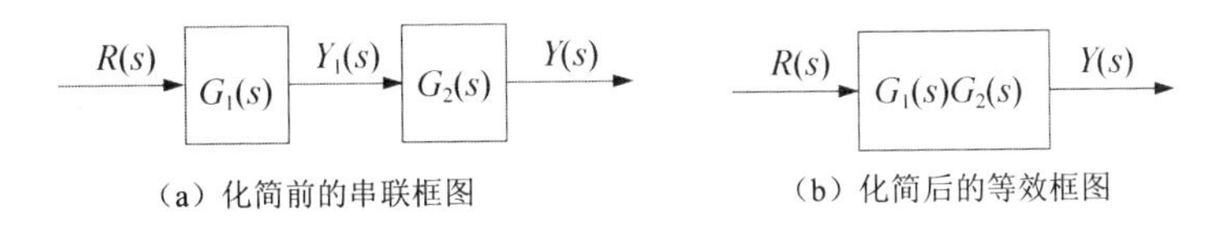

（a）化简前的串联框图　　（b）化简后的等效框图

图 2.20　串联框图及其化简

2. 并联框图的等效变换

如果两个环节具有相同的输入量，且最后输出量为两个环节输出量的代数和，那么这两个环节的连接方式为并联。如图 2.21（a）所示，$G_1(s)$ 和 $G_2(s)$ 分别为两个环节的传递函数，有

$$Y_1(s)=G_1(s)R(s) \qquad Y_2(s)=G_2(s)R(s)$$

$$Y(s)=Y_1(s)+Y_2(s)=G_1(s)R(s)+G_2(s)R(s)=\left[G_1(s)+G_2(s)\right]R(s)$$

因此，$G(s)=\dfrac{Y(s)}{R(s)}=G_1(s)+G_2(s)$ 为两个环节并联时的等效传递函数，可用图 2.21（b）化简后的等效框图表示。由此可知，两个环节并联的等效传递函数等于这两个环节的传递函数之和。当系统有 n 个环节并联时，总的等效传递函数为

$$G(s)=\frac{Y(s)}{R(s)}=\sum_{i=1}^{n}G_i(s) \tag{2-61}$$

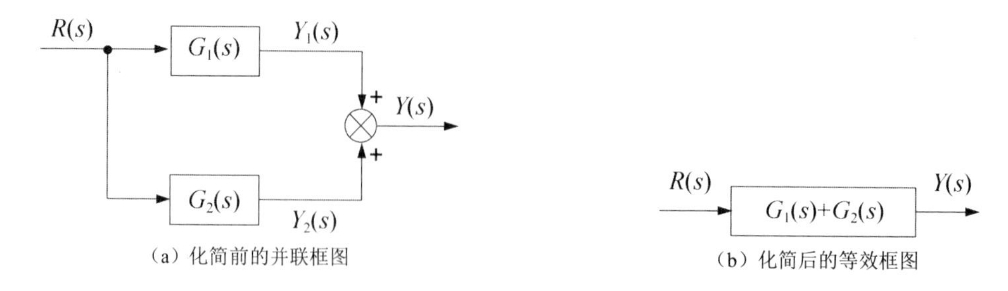

图 2.21　并联框图及其等效框图

3. 反馈框图的等效变换

如果系统或环节的输出量被反馈到输入端，与输入量进行比较，就构成了反馈连接，如图 2.22（a）所示。图中，“+”表示输入量与反馈信号相加，为正反馈连接；“-”表示输入量与反馈信号相减，为负反馈连接。

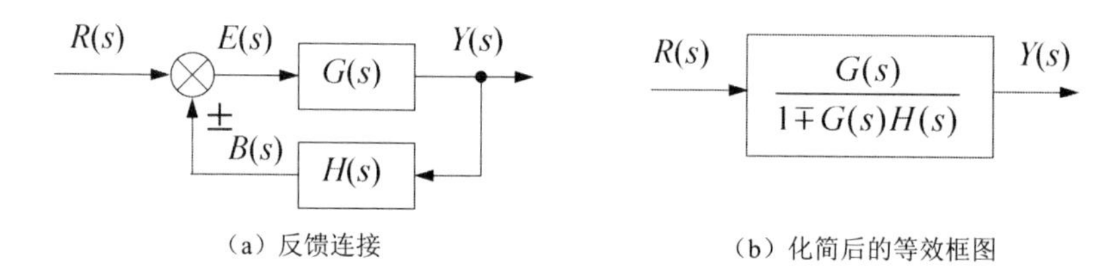

图 2.22　反馈连接及其等效框图

由图 2.22（a）可知，$Y(s)=G(s)E(s)$，$B(s)=H(s)Y(s)$，$E(s)=R(s)\pm B(s)$ 从以上三式中消除两个中间变量 $E(s)$ 和 $B(s)$，得

$$Y(s)=\frac{G(s)}{1\mp G(s)H(s)}R(s)$$

整理上式，得

$$\varPhi(s)=\frac{Y(s)}{R(s)}=\frac{G(s)}{1\mp G(s)H(s)} \tag{2-62}$$

式（2-62）为反馈连接的等效传递函数，可用图 2.22（b）所示的等效框图表示。式（2-62）中的负号对应正反馈连接，正号对应负反馈连接。

为了方便地分析控制系统的传递函数，特地引入以下几个基本概念：

（1）前向通道传递函数。从输入信号开始，沿信号流向到输出信号所经过的路径为系统的前向通道，前向通道中所有传递函数之积称为前向通道传递函数。图 2.22（a）中的前向通道传递函数为 $G(s)$。

（2）反馈通道传递函数。将输出量反馈到输入端所经过的路径为反馈通道，其反馈通道的所有传递函数之积称为反馈通道传递函数，图 2.22（a）中的反馈通道传递函数为 $H(s)$。$H(s)=1$ 时，称为单位反馈。

（3）回路传递函数。在框图中，从某点出发，沿着信号的流向，并且经过的路径不重

复，又回到出发点，这段路径称为封闭路径。封闭路径上的所有传递函数之积称为回路传递函数。

4. 比较点和引出点的移动

在框图的等效变换过程中，有时为了便于进行方框的串联、并联或反馈连接的运算，需要移动比较点或引出点的位置。应注意，在移动前后必须保持信号的等效性。

比较点和引出点移动时，应遵循两条基本原则：变换前后前向通道传递函数的乘积必须保持不变；变换前后回路传递函数的乘积必须保持不变。表 2-1 汇集了框图等效变换（简化）的基本规则，利用这些规则可以将复杂系统的框图逐步简化。为了简化表达，表 2-1 中省略了变量中的 s。

表 2-1　框图等效变换（简化）的基本规则

等效变换类型	原框图	等效框图
串联等效变换	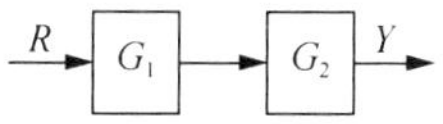 R, G_1, G_2, Y	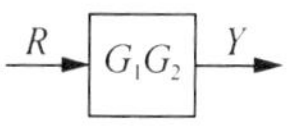 R, G_1G_2, Y
并联等效变换	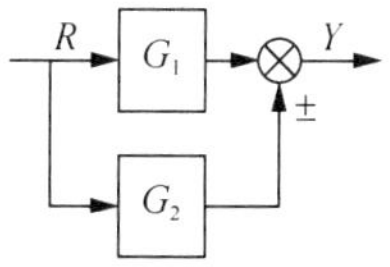 R, G_1, G_2, $\pm$, Y	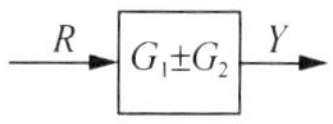 R, $G_1 \pm G_2$, Y
交换或合并比较点	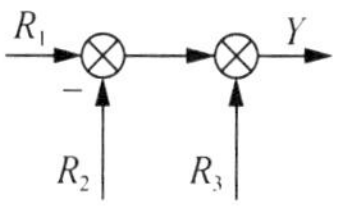 R_1, $-$, R_2, R_3, Y	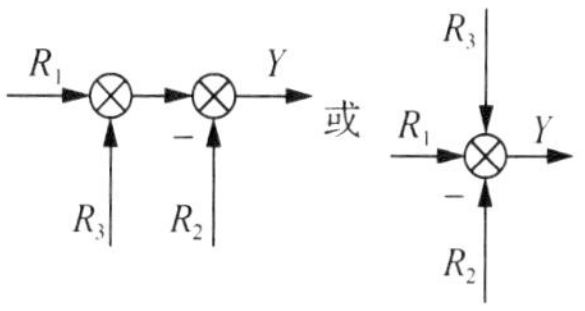 R_1, R_3, $-$, R_2, Y 或 R_3, R_1, $-$, R_2, Y
比较点前移	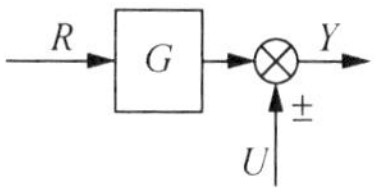 R, G, $\pm$, U, Y	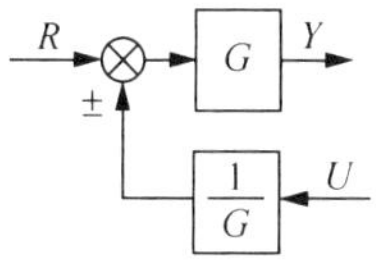 R, $\pm$, G, Y, $\frac{1}{G}$, U
比较点后移	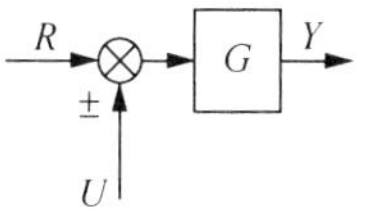 R, $\pm$, U, G, Y	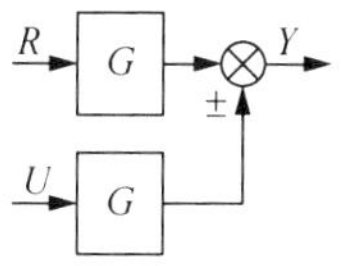 R, G, $\pm$, Y, U, G
引出点前移	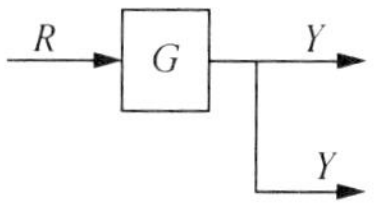 R, G, Y, Y	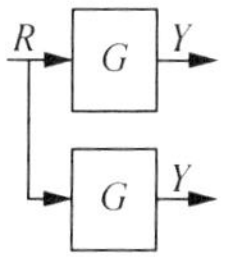 R, G, Y, G, Y

续表

等效变换类型	原框图	等效框图
引出点后移		$\frac{1}{G}$
反馈等效变换		$\frac{G_1}{1\mp G_1G_2}$
等效单位反馈		$\frac{1}{G}$
负号在支路上的移动		−1

【例 2-13】化简如图 2.23 所示的系统框图并求其传递函数 $Y(s)/R(s)$。

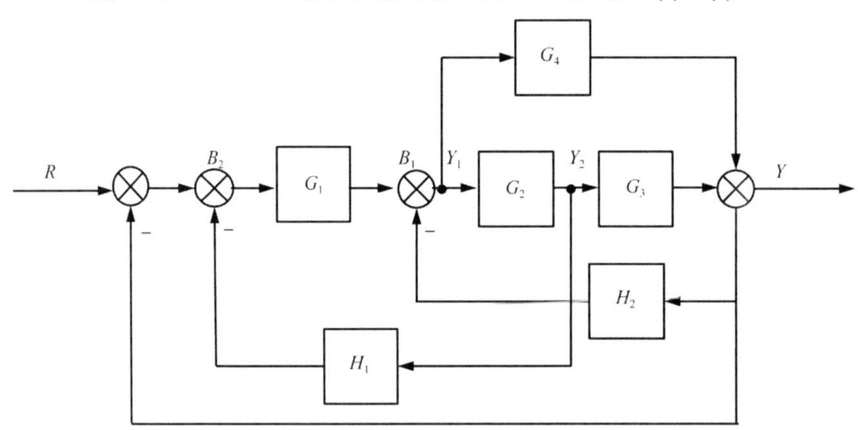

图 2.23　例 2-13 的系统框图

解： 比较点 B_1 前移至 G_1 之前，考虑到移动前后各个信号之间关系不变的原则，移动后的比较点 B_1 的反馈信号线上应串联一个 $1/G_1$ 函数方框，如图 2.24 所示。

引出点 Y_1 后移至 G_2 之后，根据移动前后各个信号关系不变的原则，应在移动后的引出点 Y_1 的引出信号线上串联一个 $1/G_2$ 函数方框，如图 2.25 所示。

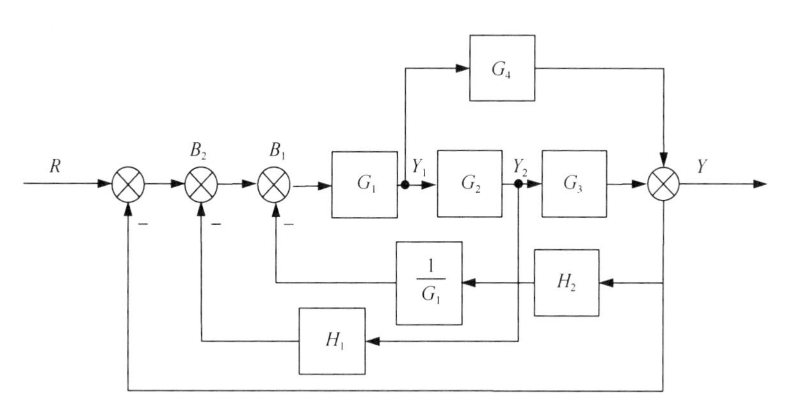

图 2.24　比较点 B_1 前移的框图化简

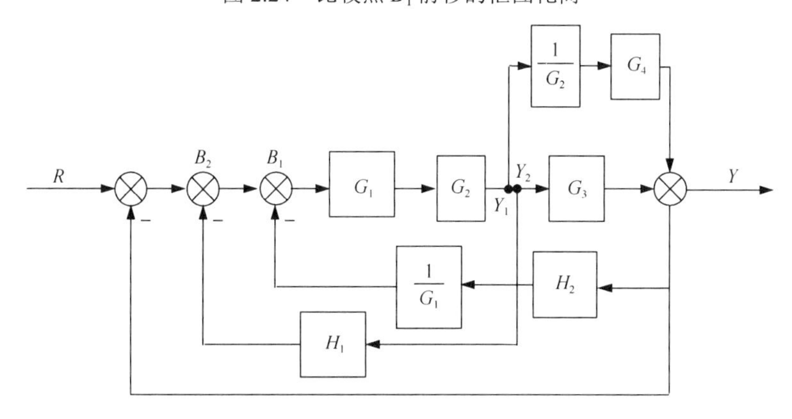

图 2.25　引出点 Y_1 后移的框图化简

交换比较点 B_1 和 B_2，交换引出点 Y_1 和 Y_2，如图 2.26 所示。

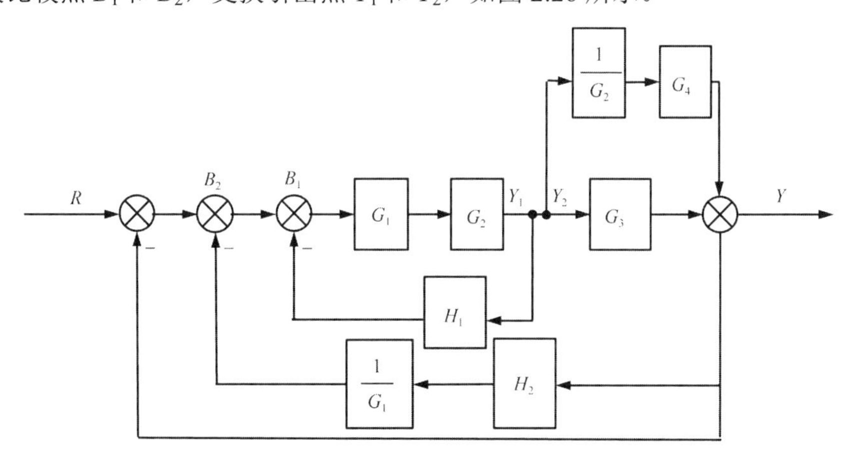

图 2.26　交换比较点和引出点的框图化简

根据表 2-1 中的规则，化简由 G_1、G_2、H_1 构成的反馈回路，要求 $\frac{1}{G_2}$ 和 G_4 串联后，再和 G_3 并联，如图 2.27 所示。

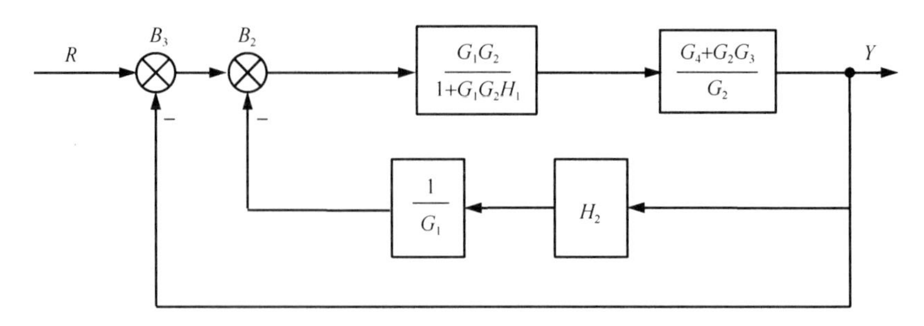

图 2.27　框图化简（一）

继续化简，得到如图 2.28 及图 2.29 所示的框图。

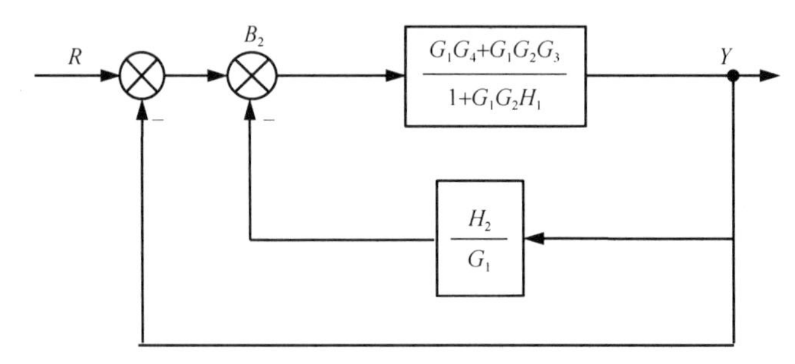

图 2.28　框图化简（二）

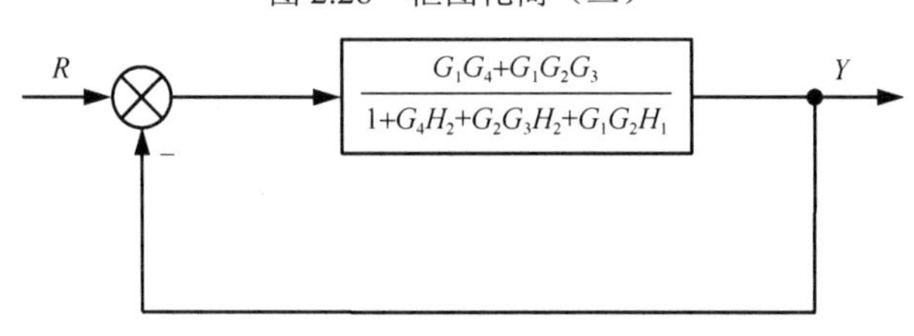

图 2.29　框图化简（三）

多次化简后得到的系统传递函数 $Y(s)/R(s)$为

$$G(s)=\frac{Y(s)}{R(s)}=\frac{G_1G_4+G_1G_2G_3}{1+G_4H_2+G_2G_3H_2+G_1G_2H_1+G_1G_4+G_1G_2G_3}$$

【例 2-14】化简如图 2.30 所示的系统框图并求该系统的传递函数。

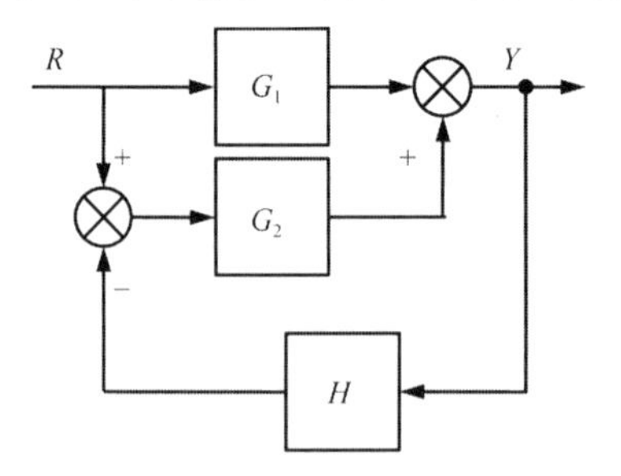

图 2.30　例 2-14 的系统框图

解： 为方便看图，把 2.30 所示的系统框图画成图 2.31 所示的框图。把比较点 2 移至 G_2 之前，并与比较点 1 交换位置，如图 2.32 所示。

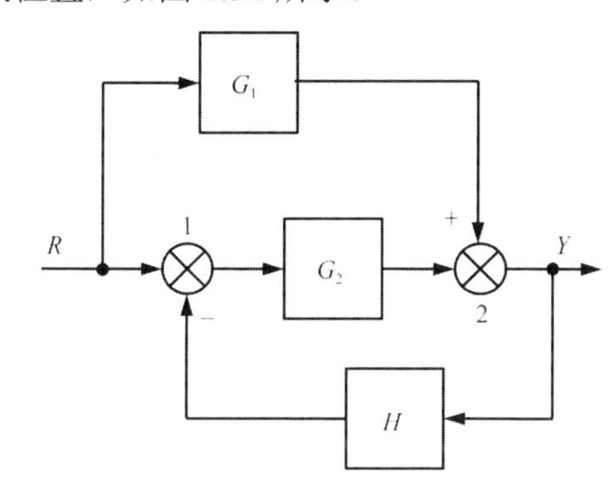

图 2.31　框图化简（一）

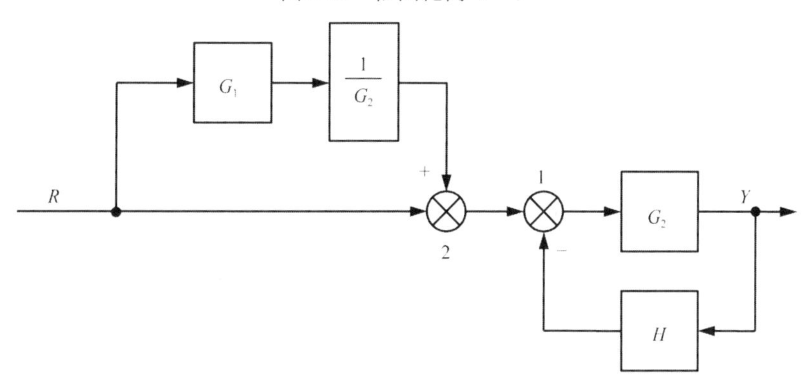

图 2.32　框图化简（二）

把图 2.32 化简成图 2.33，把图 2.33 化简成图 2.34。

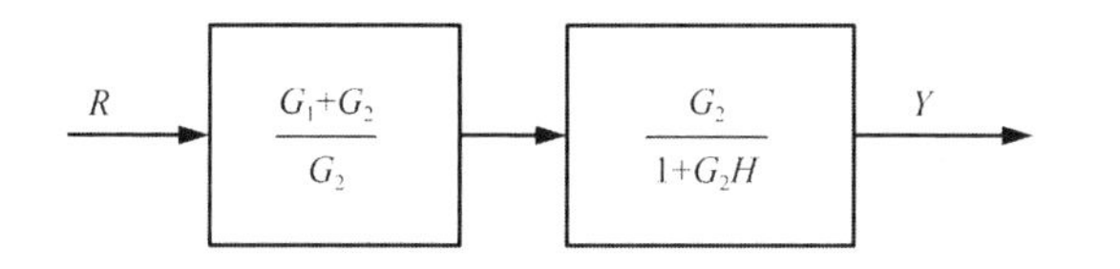

图 2.33　框图化简（三）

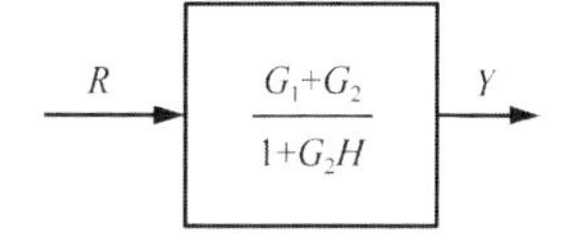

图 2.34　框图化简（四）

多次化简后得到的系统传递函数为

$$G(s)=\frac{Y(s)}{R(s)}=\frac{G_1+G_2}{1+G_2H}$$

需要说明的是，框图的简化路径不是唯一的，但简化结果只有一个。

2.5.3　梅逊公式

框图可用于表达系统中间变量的情况，尤其是可通过等效变换得到系统中的任意两个变量之间的传递函数。但是，对复杂的多回路系统进行等效变换求传递函数比较困难，过程也较繁杂。在此引入梅逊公式，根据系统框图，可直接求出系统中的任意两个变量之间

的传递函数。

梅逊公式为

$$T=\frac{1}{\Delta}\sum_{k=1}^{n}P_k\Delta_k \tag{2-63}$$

下面结合图 2.35 所示的系统框图解释梅逊公式中各个符号和变量的含义。

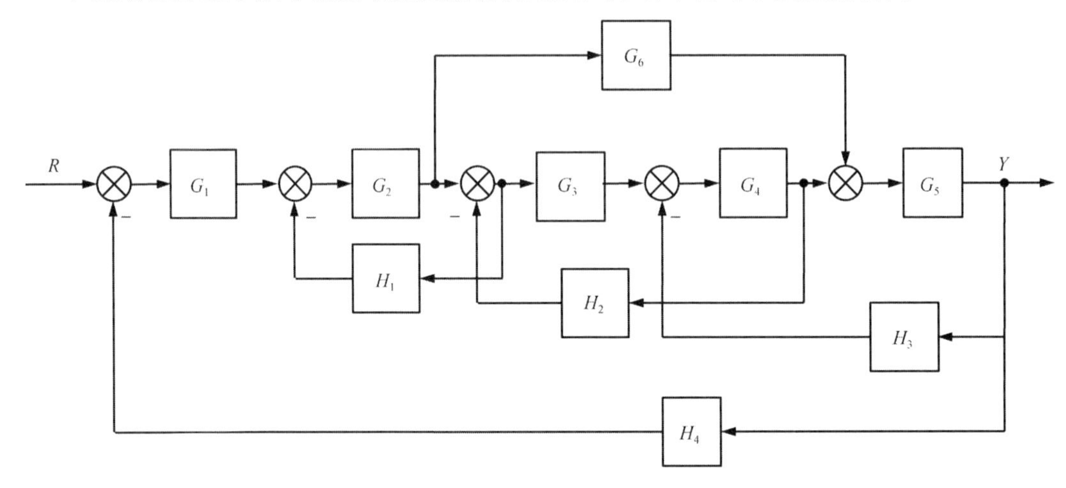

图 2.35　系统框图

式（2-63）中，T 为从输入量到输出量（或系统中任意的中间变量，因为系统中任意的中间变量都可以作为系统输出量来研究）路径上的传递函数。例如，在图 2.35 中可以求得

$$T=\frac{Y(s)}{R(s)}$$

n 为系统前向通道数。该系统可能有一个以上的前向通道。在图 2.35 中有两条前向通道，分别是

$$① \ R\to G_1\to G_2\to G_3\to G_4\to G_5\to Y$$
$$② \ R\to G_1\to G_2\to G_6\to G_5\to Y$$

P_k 为系统第 k 条前向通道的传递函数。系统前向通道传递函数是指从系统输入量到输出量的路径上全部传递函数的乘积。在图 2.35 中，

$$P_1=G_1G_2G_3G_4G_5$$
$$P_2=G_1G_2G_6G_5$$

Δ 为系统特征式，由下式定义

$$\Delta=1-\sum L_1+\sum L_2-\sum L_3+\cdots$$

式中，$\sum L_1$ 为所有不同回路传递函数之和，在两个回路中，只要有一段路径不同，就称两个回路是不同回路。在图 2.35 中有 5 个不同回路，分别是

$$① G_2\to H_1\to G_2 \quad ② G_3\to G_4\to H_2\to G_3 \quad ③ G_4\to G_5\to H_3\to G_4$$
$$④ G_1\to G_2\to G_3\to G_4\to G_5\to H_4\to G_1 \quad ⑤ G_1\to G_2\to G_6\to G_5\to H_4\to G_1$$

这 5 个不同回路的传递函数分别为

①$-G_2H_1$　②$-G_3G_4H_2$　③$-G_4G_5H_3$　④$-G_1G_2G_3G_4G_5H_4$　⑤$-G_1G_2G_6G_5H_4$

因此，在图 2.35 中有

$$\sum L_1 = -G_2H_1 - G_3G_4H_2 - G_4G_5H_3 - G_1G_2G_3G_4G_5H_4 - G_1G_2G_6G_5H_4$$

$\sum L_2$ 为所有两两互不接触回路的传递函数乘积之和。两两互不接触回路是指两个回路的路径完全分离，没有公共路径。在图 2.35 中，只有回路①和回路③互不接触，其他的两两回路之间都有接触，则有

$$\sum L_2 = -G_2H_1 \times (-G_4G_5H_3) = G_2G_4G_5H_1H_3$$

$\sum L_3$ 为所有三个互不接触回路的传递函数乘积之和。在图 2.35 中，不存在三个互不接触回路，则

$$\sum L_3 = 0$$

同理，有 $\sum L_i = 0\,(i = 4,5,\cdots)$。最后得

$$\begin{aligned}\Delta &= 1 - \sum L_1 + \sum L_2 - \sum L_3 + \cdots \\ &= 1 + G_2H_1 + G_3G_4H_2 + G_4G_5H_3 + G_1G_2G_3G_4G_5H_4 + G_1G_2G_6G_5H_4 + G_2G_4G_5H_1H_3\end{aligned}$$

Δ_k 为第 k 条前向通道的特征余子式，即在系统框图中，把第 k 条前向通道及与其相接触的所有回路都去掉后，剩下的框图的特征式。例如，在图 2.35 中，回路①、回路②、回路③、回路④、回路⑤都与第一条前向通道相接触，回路①、回路②、回路③、回路⑤与第二条前向通道是相接触的，回路④与第二条前向通道没有接触。

把第一条前向通道及与其相接触的所有回路都去掉后，剩下的框图中不再有回路，则

$$\Delta_1 = 1$$

同样，对第二条前向通道，剩下的框图中有一个回路，如图 2.36 所示。则

$$\Delta_2 = 1 + G_3G_4H_2$$

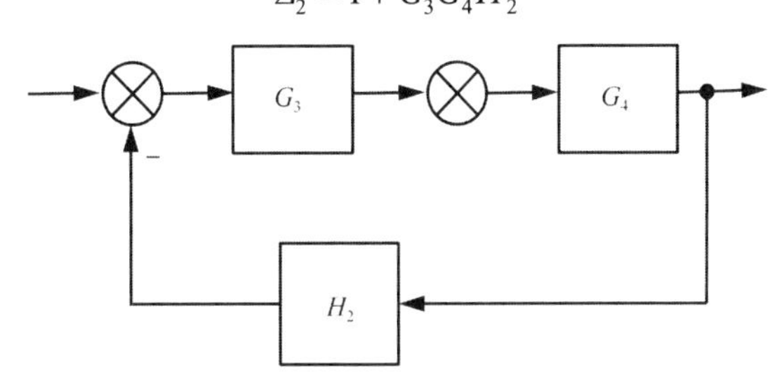

图 2.36　剩下的框图中有一个回路

综上可知，图 2.35 所示的系统传递函数为

$$\begin{aligned}G(s) &= \frac{Y(s)}{R(s)} = T = \frac{1}{\Delta}(P_1\Delta_1 + P_2\Delta_2) \\ &= \frac{G_1G_2G_3G_4G_5 + G_1G_2G_6G_5(1 + G_3G_4H_2)}{1 + G_2H_1 + G_3G_4H_2 + G_4G_5H_3 + G_1G_2G_3G_4G_5H_4 + G_1G_2G_6G_5H_4 - G_2G_4G_5H_1H_3}\end{aligned}$$

【例 2-15】试用梅逊公式求某个系统的传递函数 $Y(s)/R(s)$，该系统的职能框图如图 2.37 所示。

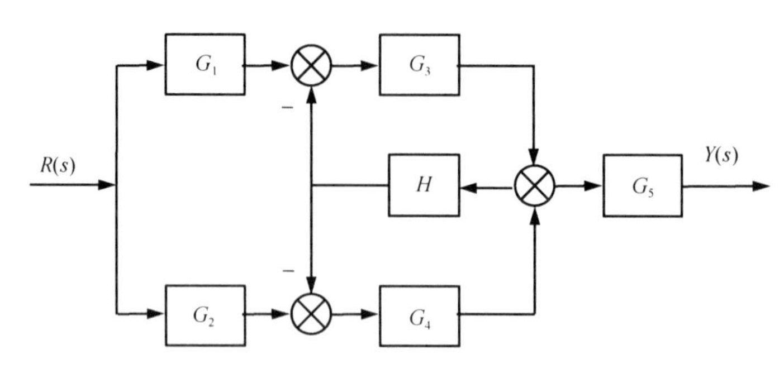

图 2.37　例 2-15 的系统框图

解： 该系统有两条前向通道，且

$$P_1 = G_1G_3G_5 \qquad \Delta_1 = 1$$

$$P_2 = G_2G_4G_5 \qquad \Delta_2 = 1$$

因为框图中有两个不同回路，所以有

$$\sum L_1 = -G_3H - G_4H$$

没有两两互不接触的不同回路

$$\sum L_i = 0 \quad （i = 2,3,\cdots）$$

所以有

$$\Delta = 1 - \sum L_1 = 1 + G_3H + G_4H$$

最终求得的系统传递函数为

$$\frac{Y(s)}{R(s)} = \frac{1}{\Delta}(P_1\Delta_1 + P_2\Delta_2) = \frac{G_1G_3G_5 + G_2G_4G_5}{1 + G_3H + G_4H}$$

【例 2-16】 试用梅逊公式求某个系统的传递函数 $Y(s)/R(s)$，该系统的框图如图 2.38 所示。

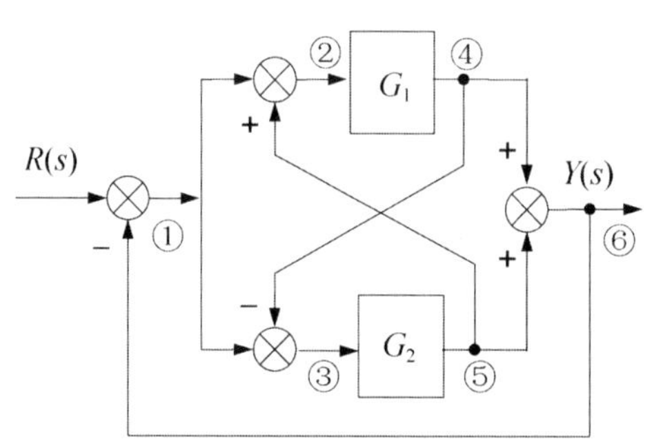

图 2.38　例 2-16 的系统框图

解： 框图中有 4 条前向通道，即

$$P_1 = G_1 \qquad \Delta_1 = 1$$

$$P_2 = -G_1G_2 \qquad \Delta_2 = 1$$

$$P_3 = G_2 \qquad \Delta_3 = 1$$

$$P_4 = G_2G_1 \qquad \Delta_4 = 1$$

该框图中有 5 个不同的回路，为方便说明不同的回路，在框图上标记 6 个位置，5 个回路分别为

①→②→④→⑥→①　　①→②→④→③→⑤→⑥→①　　①→③→⑤→⑥→①

①→③→⑤→②→④→⑥→①　　②→④→③→⑤→②

则

$$\sum L_1 = -G_1 - G_2 + G_1G_2 - G_2G_1 - G_1G_2 = -G_1 - G_2 - G_1G_2$$

该框图中没有两两互不接触的不同回路，则

$$\sum L_i = 0 \quad (i = 2,3,\cdots)$$

综上可知

$$\Delta = 1 + G_1 + G_2 + G_1G_2$$

最终求得的系统的传递函数为

$$\frac{Y(s)}{R(s)} = \frac{1}{\Delta}(P_1\Delta_1 + P_2\Delta_2 + P_3\Delta_3 + P_4\Delta_4) = \frac{G_1 + G_2}{1 + G_1 + G_3 + G_1G_2}$$

对以上例题，读者可以先用框图化简的方法求这些系统的对应传递函数，再改用梅逊公式求这些系统的对应传递函数，比较这两种方法的难易。

2.6　控制系统的传递函数

一个闭环控制系统的典型传递函数框图如图 2.39 所示。图中，通常可以把 $G_1(s)$看成控制器的传递函数，把 $G_2(s)$看成控制对象的传递函数，$R(s)$ 为系统输入信号，$D(s)$ 为扰动信号；$Y(s)$ 是系统的输出信号，$E(s)$ 为偏差信号，$B(s)$ 为反馈信号。

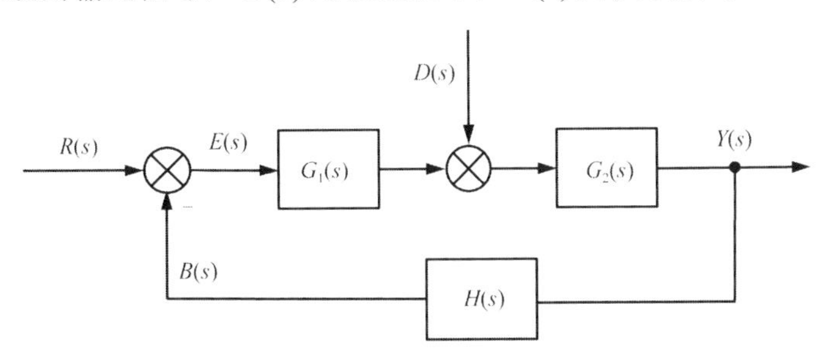

图 2.39　闭环控制系统的典型传递函数框图

2.6.1　闭环控制系统的开环传递函数

闭环控制系统中的偏差信号 $E(s)$与反馈信号 $B(s)$之间的传递函数，即 $B(s)/E(s)$称为闭环控制系统的开环传递函数。在计算该函数时，令 $D(s) = 0$，则闭环控制系统的开环传递函数为

$$\frac{B(s)}{E(s)} = G_1(s)G_2(s)H(s) \tag{2-64}$$

在图 2.39 中，系统的前向通道传递函数为$G_1(s)G_2(s)$，反馈通道传递函数为$H(s)$。那么，

按照式（2-64）：

闭环控制系统的开环传递函数 = 前向通道传递函数×反馈通道传递函数

注意： 这里的开环传递函数指的是闭环控制系统的开环传递函数，而不是开环控制系统的传递函数。

在控制系统的设计和性能分析中，通常将开环传递函数转换为时间常数形式或典型环节的传递函数，如式（2-44）所示。在以这种形式表示的开环传递函数中，常系数 K 称为开环增益，纯积分环节的个数 v 称为系统的型次或无差度，这两个参数对控制系统的动态性能和静态性能都有非常大的影响。

2.6.2 闭环控制系统的闭环传递函数

1. 输入信号 $R(s)$ 作用下的闭环控制系统的闭环传递函数 $\Phi_{RY}(s)$

在图 2.39 中，令 $D(s)=0$，得到如图 2.40 所示的输入信号作用下的系统框图，则

$$\Phi_{RY}(s)=\frac{Y_R(s)}{R(s)}=\frac{G_1(s)G_2(s)}{1+G_1(s)G_2(s)H(s)} \tag{2-65}$$

此时，闭环控制系统的输出量为

$$Y_R(s)=\Phi_{RY}(s)R(s)=\frac{G_1(s)G_2(s)}{1+G_1(s)G_2(s)H(s)}R(s)$$

图 2.40　输入信号作用下的系统框图

当反馈通道的传递函数 $H(s)=1$ 时，该闭环控制系统为单位反馈系统，则

$$\Phi_{RY}(s)=\frac{Y_R(s)}{R(s)}=\frac{G_1(s)G_2(s)}{1+G_1(s)G_2(s)} \tag{2-66}$$

2. 干扰信号 $D(s)$ 作用下的闭环控制系统的闭环传递函数 $\Phi_{DY}(s)$

令 $R(s)=0$，将图 2.39 等效变换成如图 2.41 所示的干扰信号作用下的系统框图，则

$$\Phi_{DY}(s)=\frac{Y_D(s)}{D(s)}=\frac{G_2(s)}{1+G_1(s)G_2(s)H(s)} \tag{2-67}$$

此时，闭环控制系统的输出量为

$$Y_D(s)=\Phi_{DY}(s)D(s)=\frac{G_2(s)}{1+G_1(s)G_2(s)H(s)}D(s)$$

如果闭环控制系统同时受输入信号 $R(s)$ 和扰动信号 $D(s)$ 作用，就需要应用线性系统的叠加原理求该系统的输出量 $Y(s)$，即

$$Y(s)=Y_R(s)+Y_D(s)=\Phi_{RY}(s)R(s)+\Phi_{DY}(s)D(s)$$

即
$$Y(s)=\frac{G_1(s)G_2(s)}{1+G_1(s)G_2(s)H(s)}R(s)+\frac{G_2(s)}{1+G_1(s)G_2(s)H(s)}D(s) \quad (2\text{-}68)$$

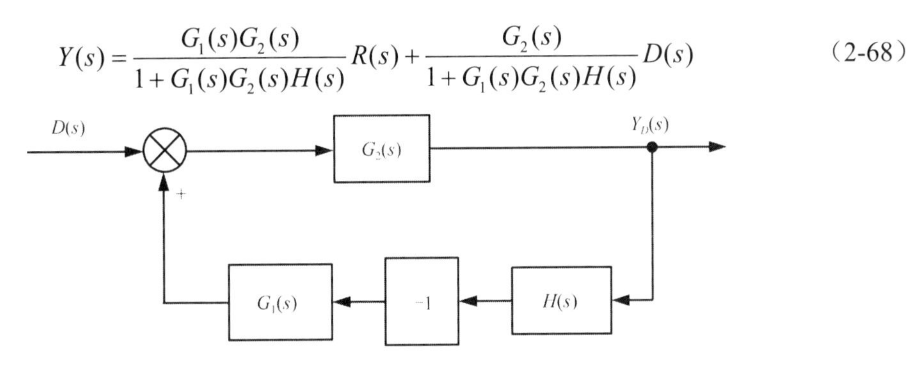

图 2.41　干扰信号作用下的系统框图

3. 闭环控制系统的误差传递函数

闭环控制系统在输入信号和扰动信号作用下，以偏差信号 $E(s)$ 为输出量时的传递函数称为误差传递函数。

输入信号 $R(s)$ 作用下的闭环控制系统的误差传递函数为 $\Phi_{RE}(s)$，令 $D(s)=0$，将图 2.39 等效变换成如图 2.42（a）所示的框图，则

$$\Phi_{RE}(s)=\frac{E_R(s)}{R(s)}=\frac{1}{1+G_1(s)G_2(s)H(s)} \quad (2\text{-}69)$$

此时，闭环控制系统的误差为

$$E_R(s)=\Phi_{RE}(s)R(s)=\frac{1}{1+G_1(s)G_2(s)H(s)}R(s)$$

干扰信号 $D(s)$ 作用下的闭环控制系统的误差传递函数为 $\Phi_{DE}(s)$，令 $R(s)=0$，将图 2.39 等效变换成如图 2.42（b）所示的框图，则

$$\Phi_{DE}(s)=\frac{E_D(s)}{D(s)}=\frac{-G_2(s)H(s)}{1+G_1(s)G_2(s)H(s)} \quad (2\text{-}70)$$

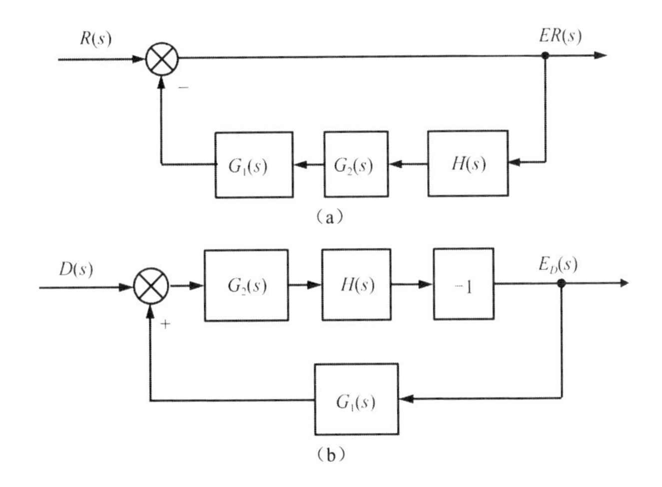

图 2.42　误差输出框图

此时，闭环控制系统的误差为

$$E_D(s)=\Phi_{DE}(s)D(s)=\frac{-G_2(s)H(s)}{1+G_1(s)G_2(s)H(s)}D(s)$$

如果闭环控制系统同时受输入信号 $R(s)$ 和扰动信号 $D(s)$ 作用，就需要应用叠加原理求该系统的误差信号 $E(s)$，即

$$E(s)=E_R(s)+E_D(s)=\Phi_{RE}(s)R(s)+\Phi_{DE}(s)D(s)$$

整理后得

$$E(s)=\frac{1}{1+G_1(s)G_2(s)H(s)}R(s)+\frac{-G_2(s)H(s)}{1+G_1(s)G_2(s)H(s)}D(s) \tag{2-71}$$

由式（2-65）、式（2-67）、式（2-69）和式（2-70）可以看出，$\Phi_{RY}(s)$、$\Phi_{DY}(s)$、$\Phi_{RE}(s)$、$\Phi_{DE}(s)$ 的分母是相同的。事实上，同一闭环控制系统的不同输入量和输出量之间的传递函数的分母一定是相同的。

4. 系统的特征多项式

从以上分析可以看出，不管是在输入信号作用下，还是在干扰信号作用下，闭环控制系统的闭环传递函数的分母多项式都是“1+开环传递函数”的形式，它取决于控制系统的自身特性。

一般地，闭环控制系统的闭环传递函数的分母多项式称为该系统的特征多项式。若令特征多项式等于零，则可得到关于复变量 s 的代数方程，该方程就称为闭环控制系统的特征方程，其解就是闭环控制系统的特征根，也就是闭环控制系统的闭环传递函数的极点。

【例 2-17】 已知某闭环控制系统框图如图 2.43 所示，试求：

（1）该闭环控制系统的开环传递函数。

（2）输入信号 $R(s)$ 作用下该闭环控制系统的闭环传递函数 $\Phi_{RY}(s)$。

（3）干扰信号 $D(s)$ 作用下该闭环控制系统的闭环传递函数 $\Phi_{DY}(s)$。

（4）该闭环控制系统的误差传递函数。

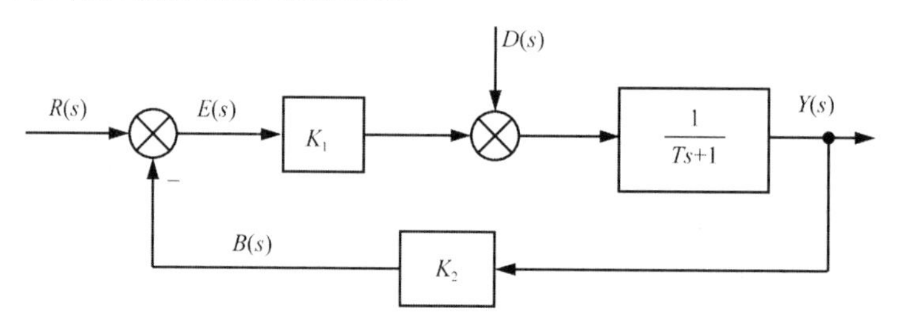

图 2.43 例 2-17 的系统框图

解：（1）该闭环控制系统的开环传递函数。

$$\frac{B(s)}{E(s)}=G_1(s)G_2(s)H(s)=\frac{K_1K_2}{Ts+1}$$

（2）输入信号 $R(s)$ 作用下该闭环控制系统的闭环传递函数 $\Phi_{RY}(s)$。

令 $D(s)=0$，则

$$\Phi_{RY}(s)=\frac{Y_R(s)}{R(s)}=\frac{G_1(s)G_2(s)}{1+G_1(s)G_2(s)H(s)}=\frac{K_1}{Ts+1+K_1K_2}$$

（3）干扰信号 $D(s)$ 作用下该闭环控制系统的闭环传递函数 $\Phi_{DY}(s)$。

令 $R(s)=0$，则

$$\Phi_{DY}(s)=\frac{Y_D(s)}{D(s)}=\frac{G_2(s)}{1+G_1(s)G_2(s)H(s)}=\frac{1}{Ts+1+K_1K_2}$$

（4）该闭环控制系统的误差传递函数。

令 $D(s)=0$，则输入信号 $R(s)$ 作用下的闭环控制系统的误差传递函数为

$$\Phi_{RE}(s)=\frac{E_R(s)}{R(s)}=\frac{1}{1+G_1(s)G_2(s)H(s)}=\frac{Ts+1}{Ts+1+K_1K_2}$$

令 $R(s)=0$，则干扰信号 $D(s)$ 作用下的闭环控制系统的误差传递函数为

$$\Phi_{DE}(s)=\frac{E_D(s)}{D(s)}=\frac{-G_2(s)H(s)}{1+G_1(s)G_2(s)H(s)}=\frac{-K_2}{Ts+1+K_1K_2}$$

2.7　应用 MATLAB 建立系统数学模型

MATLAB 是 MATrix LABoratory 的缩写。作为工具软件，它具有强大的矩阵计算能力和良好的可视化功能，为用户提供了非常直观和简洁的程序开发环境。因此，它被称为第四代计算机语言，在控制领域获得广泛应用。

本节应用 MATLAB 中的控制系统设计和分析（Control System Design and Analysis）工具箱中的函数，建立线性系统的数学模型。

线性系统的基本数学模型有传递函数（多项式形式、零点-极点形式和时间常数形式）和状态空间表达式。在应用 MATLAB 建模时，对线性系统通常用多项式形式、零点-极点形式和状态空间表达式来描述。

2.7.1　传递函数的 MATLAB 模型

1. 多项式形式的传递函数的 MATLAB 模型

多项式形式的传递函数为

$$G(s)=\frac{Y(s)}{R(s)}=\frac{b_ms^m+b_{m-1}s^{m-1}+\cdots+b_1s+b_0}{a_ns^n+a_{n-1}s^{n-1}+\cdots+a_1s+a_0},\quad m\leqslant n \tag{2-72}$$

在 MATLAB 中，

```
num=[bm  bm-1  …  b1  b0]
den=[an  an-1  …  a1  a0]
```

分别表示传递函数的分子和分母多项式的系数按降幂方式，以向量的形式输入给两个变量 num 和 den。当然，可以使用任意的变量名输入系统向量。

用 g=tf(num,den) 命令即可在 MATLAB 中建立系统多项式形式的传递函数模型。

在此基础上，使用 g=zpk(g) 命令可把多项式形式的传递函数转换为零点-极点形式的

传递函数，使用[z,p]=rf2zp(num,den)命令可求系统的零点和极点。

【例2-18】已知系统的传递函数为

$$G(s)=\frac{s^2+3s+2}{s^4+2s^3+2s^2+5s+1}$$

用MATLAB建立该系统多项式形式和零点-极点形式的传递函数模型。

解：使用MATLAB函数命令，执行如下程序：

```
>> num=[1 3 2];            %传递函数的分子多项式系数行向量
 den=[1 2 2 5 1];            %传递函数的分母多项式系数行向量
 g=tf(num,den)
```

执行上述程序后，建立了该系统多项式形式的传递函数。然后执行下列程序，把多项式形式的传递函数转换为零点-极点形式的传递函数，同时求系统的零点和极点。

```
g =
         s^2 + 3 s + 2
  ----------------------------
  s^4 + 2 s^3 + 2 s^2 + 5 s + 1
Continuous-time transfer function.
>> g=zpk(g)                          %执行此命令，得到零点-极点形式的传递函数模型
g =
                 (s+2) (s+1)
  ---------------------------------------------------
  (s+2.082) (s+0.2149) (s^2 - 0.297s + 2.235)
Continuous-time zero/pole/gain model.
>> [z,p]=tf2zp(num,den)              %执行此命令，求传递函数的零点和极点
z =
    -2
    -1
p =
  -2.0820
   0.1485 + 1.4875i
   0.1485 - 1.4875i
  -0.2149
```

2. 零点-极点形式的传递函数模型

传递函数的零点-极点形式为

$$G(s)=K\frac{(s-z_1)(s-z_2)\cdots(s-z_m)}{(s-p_1)(s-p_2)\cdots(s-p_n)} \tag{2-73}$$

在MATLAB中，使用以下命令进行相应操作。

使用Gain=K命令，把零点-极点增益赋给变量Gain。

使用Z=[z_1;z_2;…;z_m]命令，把所有零点构成列向量。

使用P=[p_1;p_2;…;p_m]命令，把所有极点构成列向量。

可以使用g=zpk(Z,P,Gain)命令建立系统的零点-极点形式的数学模型。

在此基础上，使用 g=tf(g) 命令可把零点-极点形式的传递函数转换为多项式形式的传递函数，使用[mun,den]=zp2tf(Z,P,Gain)命令求多项式形式的传递函数模型的分子和分母系数。

【例 2-19】已知系统的传递函数为

$$G(s)=\frac{(s+2)(s+3)}{(s+1)(s+4)(s+7)}$$

用 MATLAB 建立该系统零点-极点形式和多项式形式的传递函数模型。

解：使用 MATLAB 函数命令，执行如下程序：

```
>> Gain=1;
Z=[2; 3];
P=[1; 4; 7];
g=zpk(Z, P, Gain)
```

执行上述程序后，建立了该系统零点-极点形式的传递函数模型。然后执行下列程序，把零点-极点形式的传递函数转换为多项式形式的传递函数，同时求该传递函数模型的分子和分母系数。

```
g =
     (s-2) (s-3)
  -----------------
  (s-1) (s-4) (s-7)
Continuous-time zero/pole/gain model.
>> g=tf(g)                          %执行此命令，得到多项式形式传递函数模型
g =
        s^2 - 5 s + 6
  ------------------------
  s^3 - 12 s^2 + 39 s - 28
Continuous-time transfer function.
>> [num,den]=zp2tf(Z,P,Gain)   %执行此命令，得到多项式形式传递函数模型的分子和
                                    分母多项式系数
num =
     0     1    -5     6            %分子多项式系数
den =
     1   -12    39   -28            %分母多项式系数
```

3. MATLAB 中的框图描述及转换

（1）串联、并联框图如图 2.44（a）、图 2.44（b）所示。设 $G_1(s)$ 的分子和分母多项式系数向量分别为 num1,den1，$G_2(s)$ 的分子和分母多项式系数向量分别为 num2,den2，可通过以下两种方法得到该系统的传递函数模型。

① 使用命令 G1=tf(num1,den1)和 G2=tf(num2,den2)。要得到串联的传递函数模型，可使用命令 G=G1*G2，要得到并联的传递函数模型，可使用命令 G=G1+G2。

② 可使用命令[num,den]=series(num1,den1,num2,den2)和 G=tf(num,den)

得到串联的传递函数模型。

可使用命令`[num,den]=parallel(num1,den1,num2,den2)`和 `G=tf(num,den)`得到并联的传递函数模型。

（2）反馈连接框图如图 2.44（c）所示。用函数命令 `feedback( )`来实现反馈连接，设$G(s)$的分子和分母多项式系数向量分别为`num1,den1`，$H(s)$的分子和分母多项式系数向量分别为`num2,den2`，可通过以下两种方法得到该系统的传递函数模型。

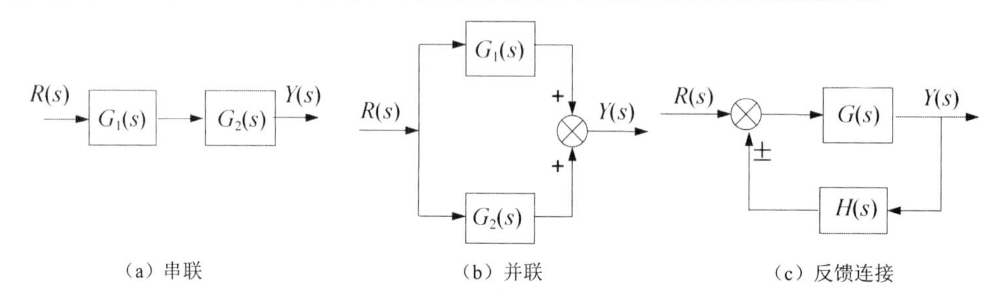

图 2.44　串联、并联和反馈连接框图

① 使用命令`G=tf(num1,den1)`和`H=tf(num2,den2)`。要得到反馈连接的传递函数模型，可使用命令`G=feedback(G,H,sign)`，其中的`sign=-1`表示负反馈，`sign=1`表示正反馈。

② 先使用命令`[num,den]=feedback(num1,den1,num2,den2,sign)`，再使用命令`G=tf(num,den)`得到反馈连接的传递函数模型。

若是单位反馈连接，即H=1，则先使用命令`[num,den]=cloop(num1,den1,sign)`，再使用命令`G=tf(num,den)`得到反馈连接的传递函数模型。

【例 2-20】系统的框图如图 2.45 所示，求该系统的闭环传递函数。

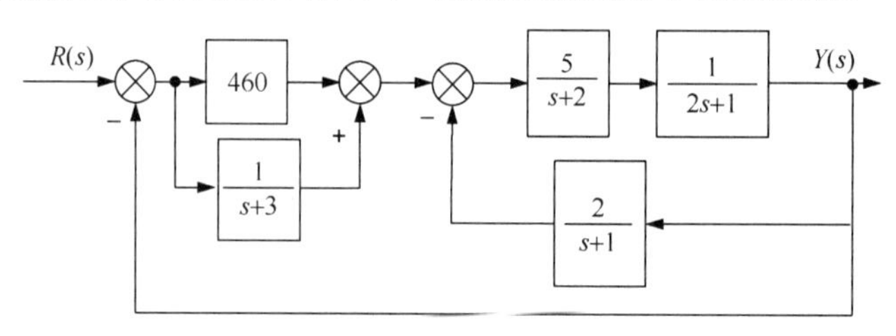

图 2.45　系统框图

解：使用 MATLAB 函数命令，执行如下程序：

```
>>num1=[460];den1=[1];                    %460
>>num2=[1];den2=[1 3];                    % 1/(s+3)
>>mum3=[5];den3=[1 2];                    % 5/(s+2)
>>num4=[1];den4=[2 1];                    % 1/(2s+1)
```

```
>>num5=[2];den5=[1 1];                                   % 2/(s+1)
>> [numa,dena]=parallel(num1,den1,num2,den2); %并联
>> [numb,denb]=series(num3,den3,num4,den4);   %串联
>> [numc,denc]=feedback(numb,denb,num5,den5); %反馈连接
>> [numd,dend]=series(numa,dena,numc,denc);   %串联
>> [num,den]=cloop(numd,dend);                %单位反馈连接
>>g=tf(num,den)                               %得到系统一般形式的传递函数模型
```

执行上述程序后即可得到该系统的多项式形式的传递函数模型，即

```
g=
        4600 s^2 + 18410 s + 13810
   -----------------------------------------
   2 s^4 + 13 s^3 + 4628 s^2 + 18453 s + 13876
   Continuous-time transfer function.
```

2.7.2 状态空间表达式的 MATLAB 模型

一般地，具有 r 个输入量和 m 个输出量的 n 阶线性定常系统的状态空间表达式为

$$\begin{cases}\dot{\boldsymbol{x}}(t)=\boldsymbol{AX}(t)+\boldsymbol{BU}(t)\\ \boldsymbol{Y}(t)=\boldsymbol{CX}(t)+\boldsymbol{DU}(t)\end{cases}$$

其中，$\boldsymbol{X}(t)=\begin{bmatrix}x_1(t)\\ \vdots\\ x_n(t)\end{bmatrix}\in\mathbf{R}^{n\times 1}$，$\boldsymbol{U}(t)=\begin{bmatrix}u_1(t)\\ \vdots\\ u_r(t)\end{bmatrix}\in\mathbf{R}^{r\times 1}$，$\boldsymbol{Y}(t)=\begin{bmatrix}y_1(t)\\ \vdots\\ y_m(t)\end{bmatrix}\in\mathbf{R}^{m\times 1}$，

$$\boldsymbol{A}=\begin{bmatrix}a_{11}&\cdots&a_{1n}\\ \vdots&\vdots&\vdots\\ a_{n1}&\cdots&a_{nn}\end{bmatrix}\in\mathbf{R}^{n\times n},\quad \boldsymbol{B}=\begin{bmatrix}b_{11}&\cdots&b_{1r}\\ \vdots&\vdots&\vdots\\ b_{n1}&\cdots&b_{nr}\end{bmatrix}\in\mathbf{R}^{n\times r},$$

$$\boldsymbol{C}=\begin{bmatrix}c_{11}&\cdots&c_{1n}\\ \vdots&\vdots&\vdots\\ c_{m1}&\cdots&c_{mn}\end{bmatrix}\in\mathbf{R}^{m\times n},\quad \boldsymbol{D}=\begin{bmatrix}d_{11}&\cdots&d_{1r}\\ \vdots&\vdots&\vdots\\ d_{m1}&\cdots&d_{mr}\end{bmatrix}\in\mathbf{R}^{m\times n}$$

在 MATLAB 的编辑窗口中，状态空间表达式中的各个量一般记为

```
X=[x1; x2; …; xn];
U=[u1; u2; …; ur];
Y=[y1; y2; …; ym];
A=[a11 a12 … a1n; a21 a22 … a2n; ……; an1 an2 … ann];
B=[b11 b12 … b1r; b21 b22 … b2r; ……; bn1 bn2 … bnr];
C=[c11 c12 … c1n; c21 c22 … c2n; ……; cm1 cm2 … cmn];
D=[d11 c12 … d1r; d21 d22 … d2r; ……; dm1 dm2 … dmr];
```

可以使用命令 `g=ss(A, B, C, D)` 建立系统的状态空间模型。

对线性系统，在此基础上，可使用命令 `g=tf(g)` 把状态空间表达式转换成多项式形式

的传递函数模型，使用命令 g=zpk(g) 把状态空间表达式转换成传递函数零点-极点形式的模型。当然也可用 [num, den]=ss2tf(A, B, C, D) 求多项式形式的传递函数模型的分子和分母多项式系数，用 [z, p]=ss2zp(A, B, C, D) 求系统的零点-极点。

【例 2-21】 已知系统状态空间表达式

$$\begin{cases} \dot{\boldsymbol{X}} = \begin{bmatrix} 3 & 1 & 0.5 \\ 1 & 0.1 & 0 \\ 1.2 & 6 & 0.1 \end{bmatrix} \boldsymbol{X} + \begin{bmatrix} 1 \\ 0 \\ 3 \end{bmatrix} \boldsymbol{U} \\ \boldsymbol{Y} = \begin{bmatrix} 1 & 1 & 2 \end{bmatrix} \boldsymbol{X} \end{cases}$$

试在 MATLAB 中建立该系统的状态空间表达式模型和多项式形式与零点-极点形式的传递函数模型。

解： 使用 MATLAB 函数命令，执行如下程序：

```
>>A=[3  1  0.5; 1  0.1  0; 1.2  6  0.1];
B=[1; 0; 3];
C=[1  1  2];
D=0;
g=ss(A,B,C,D)                          %建立系统的状态空间表达式模型
```

执行上述程序后，再执行以下程序。

```
g =
  a =
        x1   x2   x3
   x1    3    1  0.5
   x2    1  0.1    0
   x3  1.2    6  0.1
  b =
       u1
   x1   1
   x2   0
   x3   3
  c =
       x1  x2  x3
   y1   1   1   2
  d =
       u1
   y1   0
Continuous-time state-space model.
>> g=tf(g)                             %执行此命令，得系统多项式形式的传递函数模型
g =
      7 s^2 - 13.9 s + 8.82
```

```
  ------------------------------
  s^3 - 3.2 s^2 - 0.99 s - 2.87
Continuous-time transfer function.
>> g=zpk(g)          %执行此命令，得到系统零点-极点形式的传递函数模型
g =
      7 (s^2 - 1.986s + 1.26)
  ----------------------------------
  (s-3.681) (s^2 + 0.4808s + 0.7797)
Continuous-time zero/pole/gain model.
>> [num,den]=ss2tf(A,B,C,D)
                     %执行此命令，得到系统多项式形式的传递函数分子、分母多项式系数
num =
        0    7.0000  -13.9000    8.8200      %分子多项式系数
den =
    1.0000   -3.2000   -0.9900   -2.8700     %分母多项式系数
>> [z,p]=ss2zp(A,B,C,D)                      %执行此命令，得到系统零点-极点
z =                                          %系统零点
   0.9929 + 0.5237i
   0.9929 - 0.5237i
p =                                          %系统极点
   3.6808
  -0.2404 + 0.8497i
  -0.2404 - 0.8497i
```

建立线性系统的状态空间模型就是根据系统的传递函数，计算出对应状态空间表达式的矩阵 $\boldsymbol{A}$、$\boldsymbol{B}$、$\boldsymbol{C}$、$\boldsymbol{D}$。如果已知传递函数的多项式形式为式（2-72）所示的形式，就可以使用命令 `g=tf(num,den)` 建立系统多项式形式的传递函数模型，再使用命令 `g=ss(g)` 得到系统状态空间模型，或使用命令 `[A, B, C, D]=tf2ss(num, den)` 直接得到状态空间模型。如果已知传递函数的零点-极点形式为式（2-73）所示的形式，可先使用命令 `g=zpk(Z, P, Gain)` 建立系统零点-极点形式传递函数模型，再使用命令 `g=ss(g)` 得到系统状态空间模型，或使用命令 `[A, B, C, D]=zp2ss(Z, P, Gain)` 直接得到状态空间表达式模型。

【例 2-22】 将系统微分方程 $\dfrac{\mathrm{d}^2 y}{\mathrm{d}t^2}+0.4\dfrac{\mathrm{d}y}{\mathrm{d}t}+y=2\dfrac{\mathrm{d}u}{\mathrm{d}t}+3u$ 转换成状态空间表达式。

解： 由该微分方程可知，系统的传递函数为

$$G(s)=\frac{2s+3}{s^2+0.4s+1}$$

使用 MATLAB 函数命令，执行如下程序：

```
>> num=[2 3];
 den=[1 0.4 1];
 [A,B,C,D]=tf2ss(num,den)
```

执行上述程序后，得到

```
A =
   -0.4000   -1.0000
    1.0000         0
B =
     1
     0
C =
     2     3
D =
     0
```

【例 2-23】将系统传递函数 $G(s)=\dfrac{(s+2)(s+3)}{(s+1)(s+4)(s+7)}$ 转换成状态空间表达式。

解：使用 MATLAB 函数命令，执行如下程序：

```
>> Gain=1;
Z=[2; 3];
P=[1; 4; 7];
[A,B,C,D]=zp2ss(Z, P, Gain)
```

执行上述程序后，得到

```
A =
7     0     0
1     5    -2
0     2     0
B =
1
0
0
C =
1     0     1
D =
0
```

习　　题

2-1　试判别以下方程所描述的系统是否为线性定常系统。

（1）$y(t)=\dot{u}(t)+2u(t)+6$　　（2）$\ddot{y}(t)+3\dot{y}(t)+5y(t)=\dot{u}(t)+2u(t)$

（3）$\ddot{y}(t)+3\dot{y}(t)+5y(t)u(t)=\dot{u}(t)+2u(t)$　　（4）$y(t)\cos t=\dot{u}(t)+2u(t)$

2-2　求图 2.46 所示无源网络的微分方程，其中，$u_{\rm i}$、$u_{\rm o}$ 分别为输入信号和输出信号。

2-3　求图 2.47 所示有源网络的微分方程，其中，$u_{\rm i}$、$u_{\rm o}$ 分别为输入信号和输出信号。

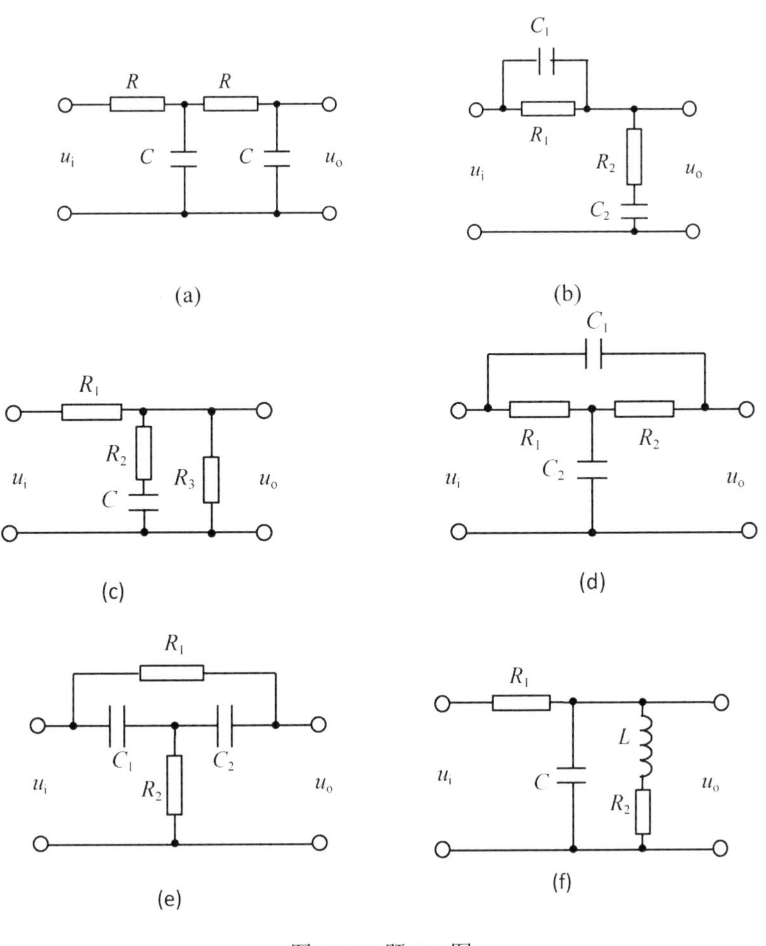

图 2.46　题 2-2 图

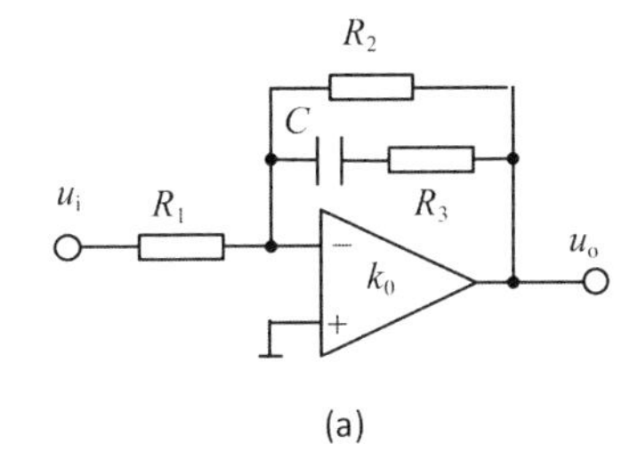

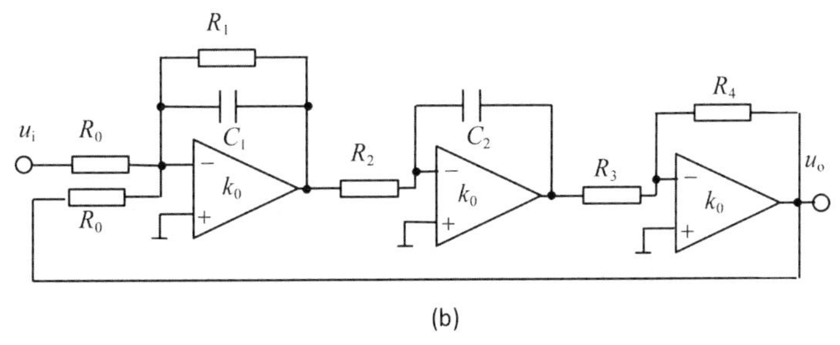

图 2.47　题 2-3 图

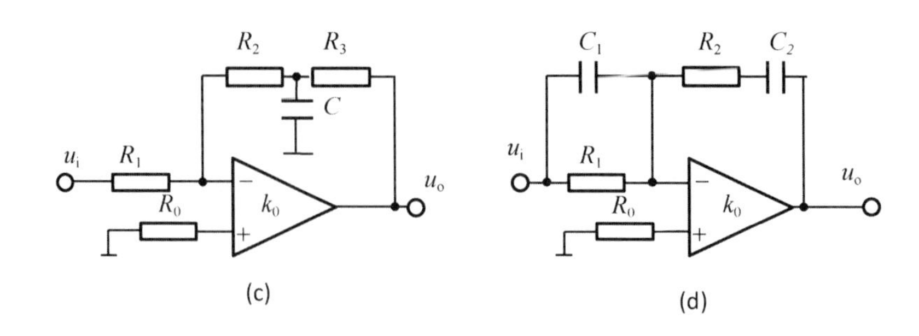

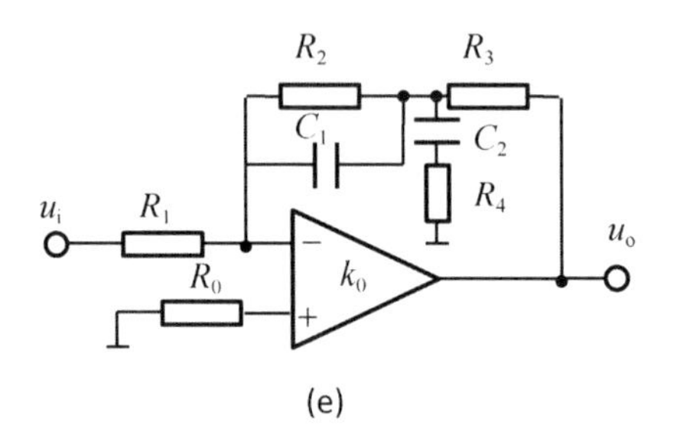

图 2.47　题 2-3 图（续）

2-4　求图 2.48 所示机械系统的微分方程。图中位移 x_i 为输入量，位移 x_o 为输出量。

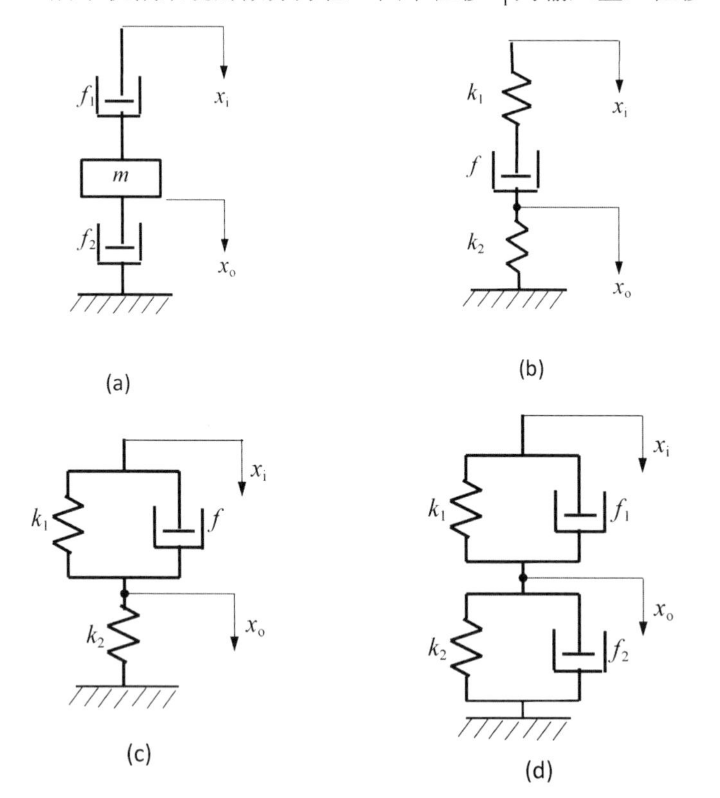

图 2.48　题 2-4 图

2-5　试证明图 2.49 中所示的电路系统和机械系统是相似系统，即它们有相同形式的数学模型。

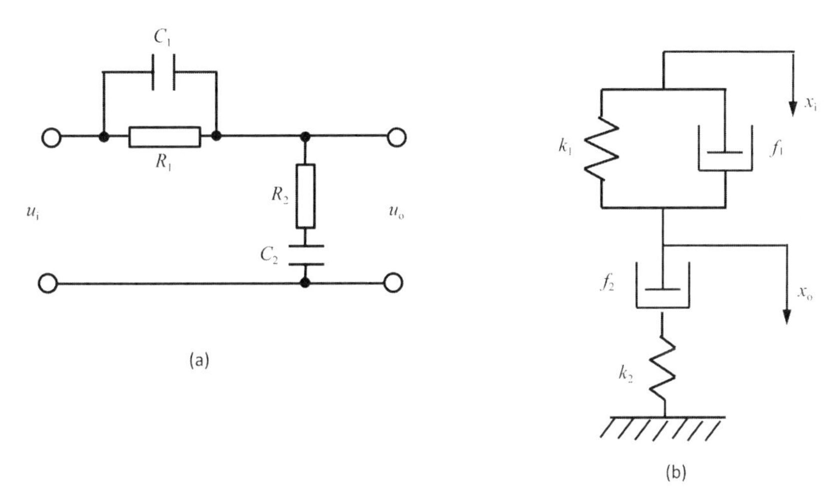

图 2.49　题 2-5 图

2-6　在液压系统的管道中，设通过阀门的流量 Q 满足流量方程：$Q = K\sqrt{P}$ 。式中，K 为常数；P 为阀门前后的压力差。若流量 Q 与压力差 P 在其平衡点 (Q_0, P_0) 附近有微小变化，试导出线性化流量方程。

2-7　设弹簧特性曲线由 $F = 12.56y^{1.1}$ 描述，式中，F 是弹簧力，y 是变形位移。若弹簧在变形位移 0.25 附近有微小变化，试推导 ΔF 的线性化方程。

2-8　二级 RC 电路系统如图 2.50 所示，试画出其框图，并求其传递函数 $\dfrac{u_o(s)}{u_i(s)}$ 。

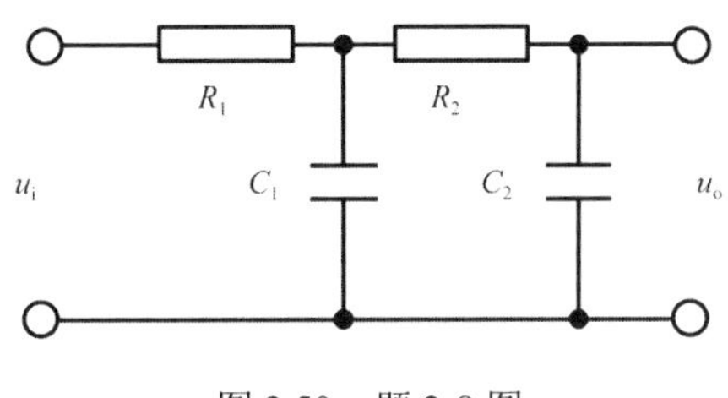

图 2.50　题 2-8 图

2-9　在图 2.51 中，已知 $G(s)$和 $H(s)$两个函数方框中对应的微分方程分别是

$$
\begin{cases}
\dfrac{\mathrm{d}y(t)}{\mathrm{d}t} + 2y(t) = \mathrm{d}(t) \\
\dfrac{\mathrm{d}h(t)}{\mathrm{d}t} + h(t) = 2y(t)
\end{cases}
$$

设这两个微分方程的初始条件均为零，试求传递函数 $Y(s)/R(s)$ 和 $E(s)/R(s)$ 。

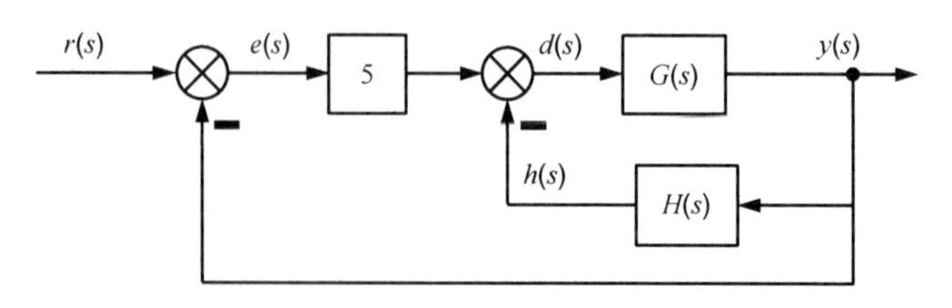

图 2.51　题 2-9 图

2-10　试求图 2.52（a）和图 2.52（b）所示机械系统的传递函数 $\frac{X_2(s)}{F_1(s)}$ 和 $\frac{X_2(s)}{F_2(s)}$，其中的 $F_1(t)$、$F_2(t)$ 分别是施加给机械系统的作用力，$x_2(t)$ 是质量块的位移。

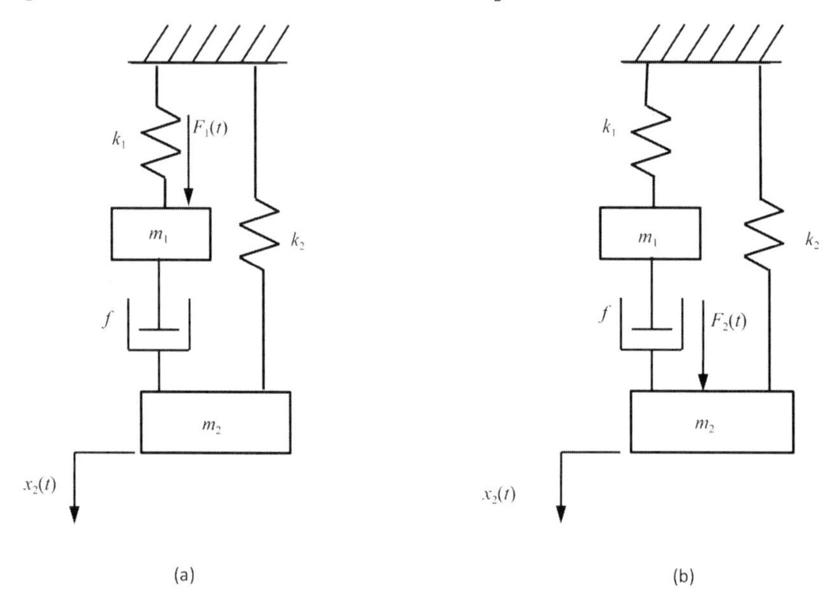

图 2.52　题 2-10 图

2-11　设系统的传递函数为 $\frac{Y(s)}{U(s)}=\frac{2}{s^3+2s^2+3s+2}$，试写出该系统输入量与输出量之间的微分方程。

2-12　求图 2.56 所示的无源网络的传递函数 $\frac{U_o(s)}{U_i(s)}$。

2-13　试绘制图 2.57 所示的有源网络的传递函数框图，并求其传递函数 $\frac{U_o(s)}{U_i(s)}$。

2-14　试绘制图 2.58 所示的机械系统的传递函数框图，并求其传递函数 $\frac{U_o(s)}{U_i(s)}$。

2-15　试用框图等效变换的方法求图 2.53 所示的各个系统的传递函数 $\frac{Y(s)}{R(s)}$。

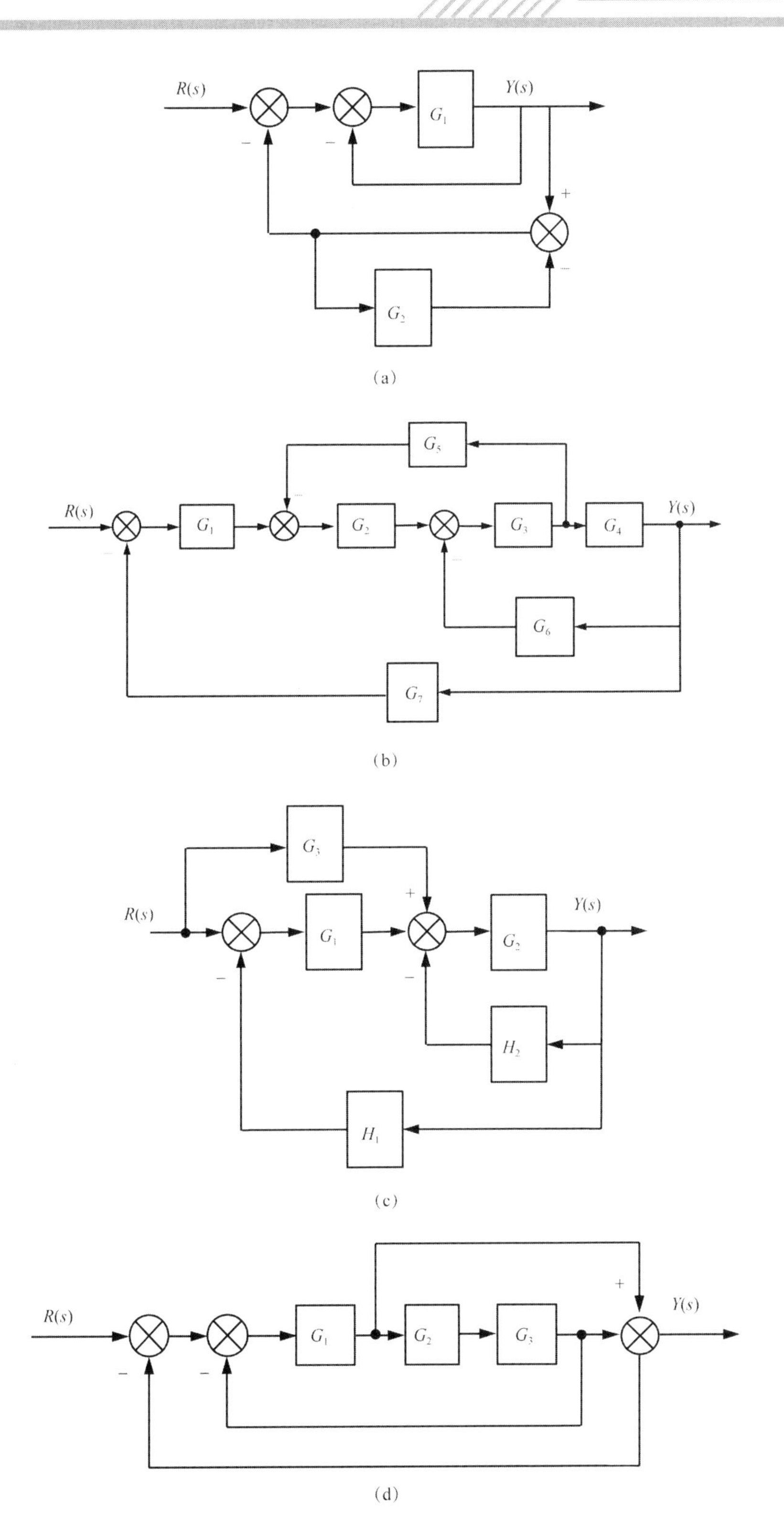

图 2.53　题 2-15 图

2-16　对图 2.54 所示的控制系统，试求：

（1）该系统的开环传递函数。

（2）当 $D(s)=0$ 时的 $G_{YR}=\dfrac{Y(s)}{R(s)}$ 和 $G_{ER}=\dfrac{E(s)}{R(s)}$；求当 $R(s)=0$ 时的 $G_{YD}=\dfrac{Y(s)}{D(s)}$ 和 $G_{ED}=\dfrac{E(s)}{D(s)}$。

（3）求在 $R(s)$ 和 $D(s)$ 共同作用下系统的总输出量 $Y(s)$ 和总误差 $E(s)$。

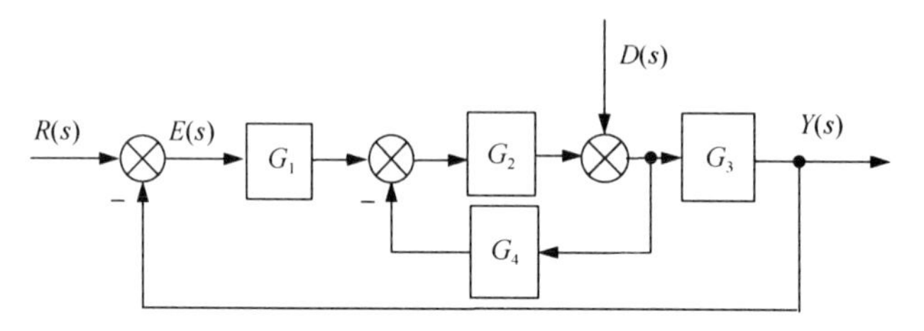

图 2.54　题 2-16 图

2-17　试求图 2.55 所示的各个系统的传递函数 $\dfrac{Y(s)}{R(s)}$。

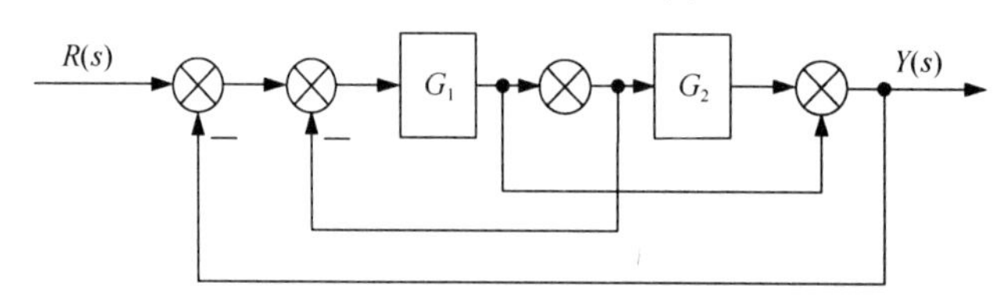

(a)

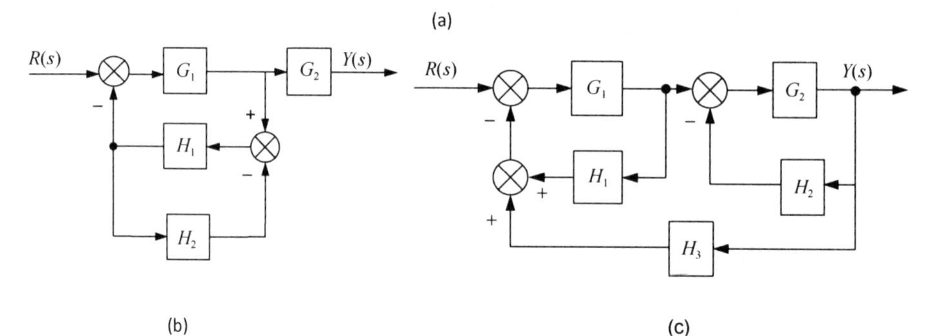

(b)　(c)

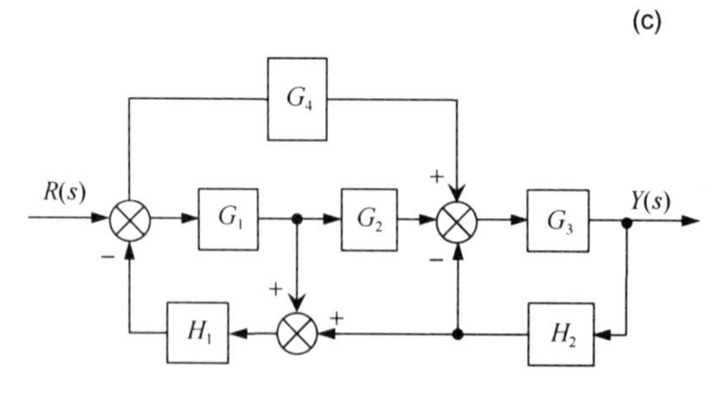

(d)

图 2.55　题 2-17 图

2-18　机械系统如图 2.56 所示，试写出其状态空间表达式，其中，F 为外部作用力，y 为质量块的位移。

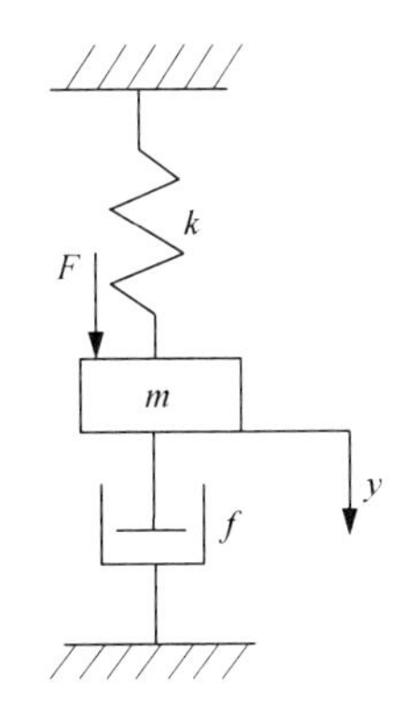

图 2.56　题 2-18

2-19　在图 2.57 所示的系统中，若选取 x_1、x_2、x_3 为状态变量，试写出其状态空间表达式。

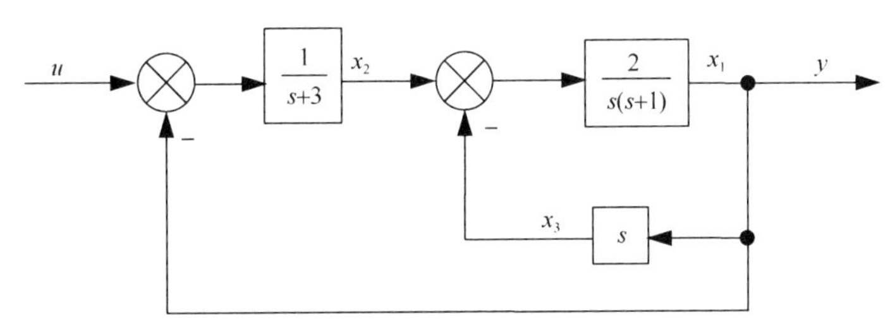

图 2.57　题 2-19

2-20　设系统框图如图 2.58 所示，试写出其状态空间表达式。

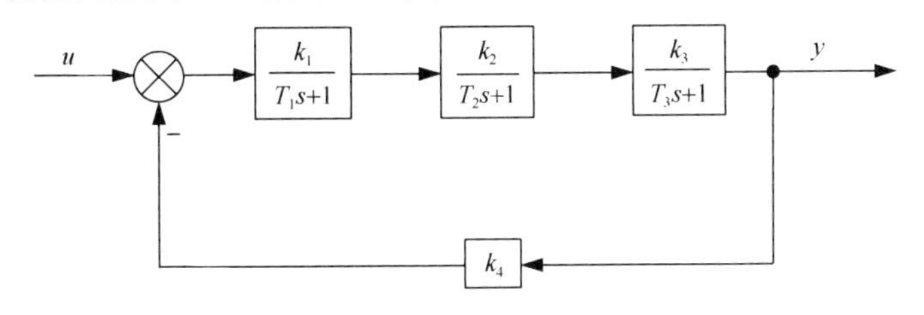

图 2.58　题 2-20

2-21　系统的输入和输出微分方程为下列各式，试写出它们的状态空间表达式。

（1）$\dfrac{\mathrm{d}^3y}{\mathrm{d}t^3}+6\dfrac{\mathrm{d}^2y}{\mathrm{d}t^2}+15\dfrac{\mathrm{d}y}{\mathrm{d}t}+5y=7u$　　（2）$\dfrac{\mathrm{d}^3y}{\mathrm{d}t^3}+5\dfrac{\mathrm{d}^2y}{\mathrm{d}t^2}+6\dfrac{\mathrm{d}y}{\mathrm{d}t}+7y=8u$

（3）$\dfrac{\mathrm{d}^3y}{\mathrm{d}t^3}+18\dfrac{\mathrm{d}^2y}{\mathrm{d}t^2}+192\dfrac{\mathrm{d}y}{\mathrm{d}t}+640y=160\dfrac{\mathrm{d}u}{\mathrm{d}t}+640u$

第 3 章　控制系统的时域分析

【学习要求】

正确理解控制系统时域响应的概念，能够说明引起时域响应的原因和时域响应的构成；正确使用拉氏变换等方法求解控制系统的数学模型，获得时域响应；正确理解控制系统的动态性能、稳态性能及其评价指标，并能够对低阶系统的时域性能进行计算、分析和评价，包括动态性能指标计算和稳态误差计算；正确描述控制系统稳定性的概念，并能使用控制系统稳定性判据求解稳定性判断相关问题；正确理解控制系统可控性和可观测性的概念，能使用可控性和可观测性的基本判别方法求解可控性、可观测性及其相关问题；使用 MATLAB 对控制系统的时域性能进行计算、分析和评价。

3.1　概　　述

在控制系统的数学模型建立之后，就需要对该系统的性能进行分析与评价。具体地说，就是利用建立的系统数学模型，采用某种方法对该系统的稳定性、控制的准确性和响应的快速性进行分析和评价。时域分析方法是其中的一种重要方法，它是指在时域内，通过对系统在给定的输入信号作用下的时域响应的分析来评价其性能的。

例如，在式（3-1）表示的线性定常系统，$u(t)$为输入信号，$y(t)$为输出信号。

$$a_n\frac{\mathrm{d}^n y}{\mathrm{d}t^n}+\cdots+a_1\frac{\mathrm{d}y}{\mathrm{d}t}+a_0 y=b_m\frac{\mathrm{d}^m u}{\mathrm{d}t^m}+\cdots+b_1\frac{\mathrm{d}u}{\mathrm{d}t}+b_0 u \tag{3-1}$$

这里，输出信号 $y(t)$是已知系统输入信号 $u(t)$和初始条件时的解，即式（3-1）的解。系统输出信号是系统对输入信号的一种响应。显然，系统输出信号是由系统的结构参数、初始条件以及输入信号决定的，系统的稳定性、准确性和快速性等特性都反映在系统输出信号随时间变化的规律上。因此，根据系统输出信号在时域内的变化规律可以分析和评价系统的性能。

这种通过对系统输出信号随时间变化的分析，评价系统性能的方法称为时域分析方法。显然，时域分析方法是一种直接分析方法，具有直观性和便于理解的优点。

3.2　控制系统的典型输入信号

应用时域分析方法分析和评价系统的性能，从数学的角度看，就是对系统在输入信号作用下的时域响应进行分析和评价。系统在不同输入信号作用下，一般具有不同的输出信号。事实上，系统的实际输入信号往往是多种多样的或预先不确定的。例如，在车辆行驶过程中，不同路面状况对车辆的作用；又如，在数控机床加工过程中，负载的变化等对数控机床工作状态的影响作用。显然，对各种不同实际输入信号，不可能逐一计算和分析系统相应的输出信号。

在控制工程领域，为了解决系统实际输入信号的随机性或不确定性问题，一般对实际输入信号进行归类，用一些具有代表性的信号来表示实际输入信号的主要特征，这些具有代表性的输入信号称为典型输入信号。这样处理问题不仅使系统输出信号的计算和分析简便，而且根据这些典型输入信号所产生的系统输出信号，可以推断和分析系统在其他复杂输入信号作用下的性能。

在控制工程中，常用的典型输入信号有脉冲信号、阶跃信号、速度信号、加速度信号和正弦信号等。这些典型输入信号都是简单的时间函数，形式简单，便于处理，在实际工程中易于实现。

在实际应用中，究竟采用哪种典型输入信号分析和研究系统，需要结合系统的实际工作情况进行选择。若系统的实际输入信号具有瞬时作用性质，则可选用脉冲信号；若系统的实际输入信号具有开关属性，则可选用阶跃信号；若系统的实际输入信号具有随时间逐渐变化的性质，则可选用速度信号或加速度信号；若系统的实际输入信号具有随时间做周期变化的性质，则可选用正弦信号。

1. 脉冲信号

脉冲信号的数学表达式为

$$u(t)=\begin{cases}\lim\limits_{\varepsilon\to 0}\dfrac{A}{\varepsilon}, & 0\leqslant t\leqslant\varepsilon\\ 0, & t<0,\quad t>\varepsilon\end{cases}\tag{3-2}$$

式中，A 为实数。

脉冲信号的图形如图 3.1（a）所示，其脉冲高度为 A/ε，持续时间为 ε，脉冲面积为 A。通常，脉冲强度以其面积 A 来衡量。在面积 $A=1$ 时，当 ε 趋近于零，函数 $u(t)$ 为无穷大，这种情况下的脉冲信号称为单位脉冲信号 $\delta(t)$，如图 3.1（b）所示。

若脉冲信号为单位脉冲信号 $\delta(t)$，则

$$\int_{-\infty}^{\infty}\delta(t)\mathrm{d}t=1$$

单位脉冲信号的拉氏变换为

$$\delta(s)=L[\delta(t)]=L[\lim_{\varepsilon\to 0}\frac{1}{\varepsilon}]=1$$

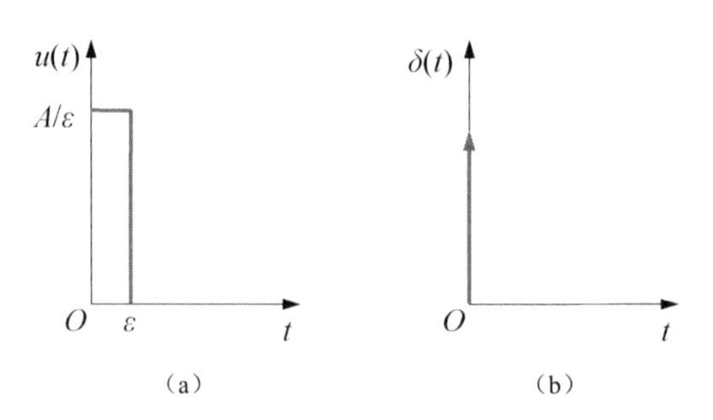

图 3.1　脉冲信号的图形

2. 阶跃信号

阶跃信号的数学表达式为

$$u(t)=\begin{cases}A, & t\geqslant 0\\ 0, & t<0\end{cases}\tag{3-3}$$

式中，A 为实数。

当 $A=1$ 时，阶跃信号称为单位阶跃信号，常用 $1(t)$ 表示。阶跃信号的数值在 $t=0$ 时发生突变，在 $t>0$ 时其数值保持不变。阶跃信号的图形如图 3.2 所示。

单位阶跃信号的拉氏变换为

$$u(s)=\mathrm{L}[u(t)]=\frac{1}{s}$$

3. 速度信号

速度信号又称斜坡信号，其数学表达式为

$$u(t)=\begin{cases}At, & t\geqslant 0\\ 0, & t<0\end{cases}\tag{3-4}$$

式中，A 为实数。当 $A=1$ 时，速度信号称为单位速度信号。由于速度函数的斜率是常数，因此，速度信号代表匀速变化的信号。速度信号的图形如图 3.3 所示。

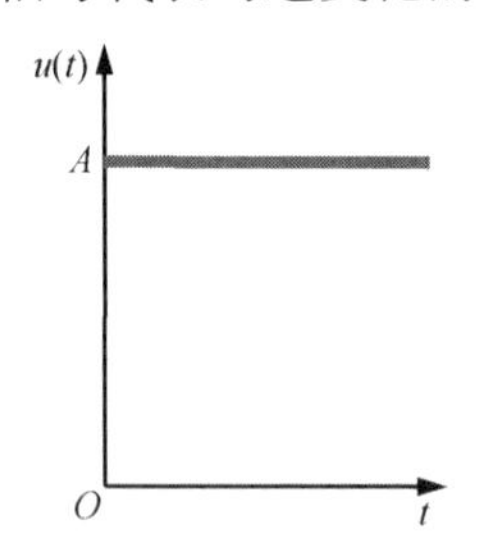

图 3.2　阶跃信号的图形

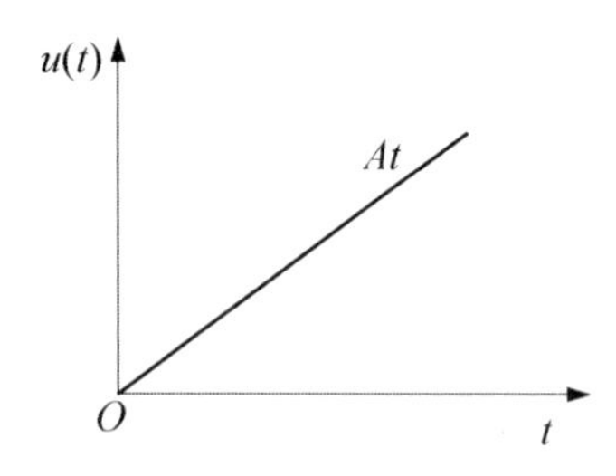

图 3.3　速度信号的图形

单位速度信号的拉氏变换为

$$u(s)=\mathrm{L}[u(t)]=\frac{1}{s^2}$$

4. 加速度信号

加速度信号的数学表达式为

$$u(t)=\begin{cases}\dfrac{1}{2}At^2, & t\geqslant 0\\ 0, & t<0\end{cases} \tag{3-5}$$

式中，A 为常数。加速度信号是按等加速度变化的，因此，它可用来表示匀加速变化的信号。当 $A=1$ 时，加速度信号称为单位加速度信号或单位抛物线信号。加速度信号的图形如图 3.4 所示。

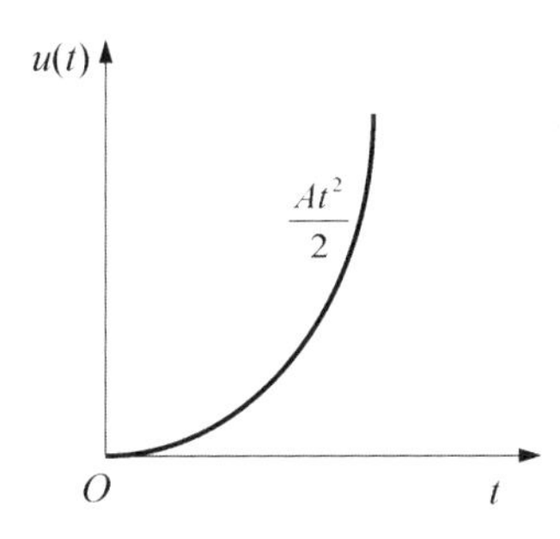

图 3.4　加速度信号的图形

单位加速度信号的拉氏变换为

$$u(s)=\mathrm{L}[u(t)]=\frac{1}{s^3}$$

5. 正弦信号

当系统在工作中受到简谐变化的信号激励时，宜采用正弦函数作为典型输入信号。正弦信号的数学表达式为

$$u(t)=\begin{cases}A\sin\omega t, & t\geqslant 0\\ 0, & t<0\end{cases} \tag{3-6}$$

式中，A 为常数。正弦信号的图形如图 3.5 所示。

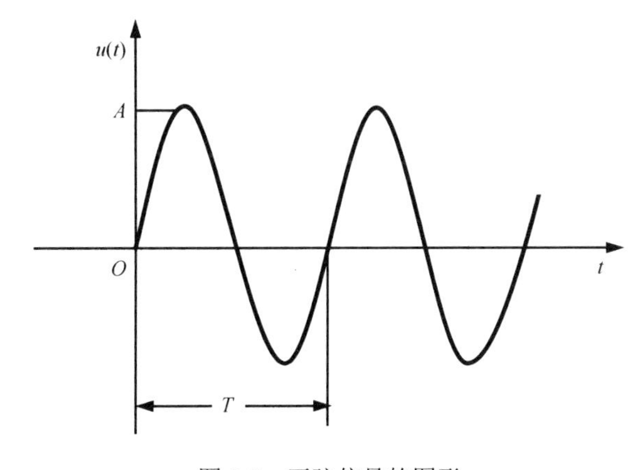

图 3.5　正弦信号的图形

正弦信号的拉氏变换为

$$u(s) = \mathrm{L}[u(t)] = \frac{A\omega}{s^2 + \omega^2}$$

应当指出的是，对同一个线性定常系统，虽然采用不同形式的输入信号，系统对应的时域响应是不同的，但它们所表征的系统性能应该是一致的。在控制理论中，通常以单位阶跃信号作为代表性的输入信号，以便在同一基础上进行控制系统的各种性能比较和研究。

3.3　控制系统时域响应的求解

时域分析方法是以控制系统数学模型的时域解来分析和评价控制系统性能的。因此，采用时域分析方法对控制系统的性能进行分析时，需要获得控制系统在输入信号作用下的时域响应。

3.3.1　基于微分方程求解时域响应

微分方程是控制系统数学模型的最基本形式，求解微分方程是进行时域分析的基础。

【例 3-1】 已知某个控制系统的微分方程为

$$\frac{\mathrm{d}^2 y(t)}{\mathrm{d}t^2} + 2\frac{\mathrm{d}y(t)}{\mathrm{d}t} + 3y(t) = \frac{\mathrm{d}u(t)}{\mathrm{d}t} + u(t)$$

式中，$y(t)$和 $u(t)$分别为该系统的输出信号和输入信号。设$t>0$时的该系统输入信号分别为$u(t)=1$和$u(t)=t$，该系统的初始条件$y(0)=1$、$\left.\frac{\mathrm{d}y(t)}{\mathrm{d}t}\right|_{t=0}=0$，试计算该系统在两种输入信号作用下的时域响应。

解：首先，考虑齐次微分方程$\frac{\mathrm{d}^2 y(t)}{\mathrm{d}t^2} + 2\frac{\mathrm{d}y(t)}{\mathrm{d}t} + 3y(t) = 0$的解。该齐次微分方程的特征方程为

$$\alpha^2 + 2\alpha + 3 = 0$$

求得的特征根为$\alpha_1 = -1 + \mathrm{j}2\sqrt{2}$，$\alpha_2 = -1 - \mathrm{j}2\sqrt{2}$，则该系统微分方程的通解为

$$y_{\mathrm{k}}(t) = \mathrm{e}^{-t}\left[A_1\cos(2\sqrt{2})t + A_2\sin(2\sqrt{2})t\right]$$

式中，A_1和A_2由该系统的初始条件决定，即

$$y_{\mathrm{k}}(0) = \mathrm{e}^{-t}\left[A_1\cos(2\sqrt{2})t + A_2\sin(2\sqrt{2})t\right]\Big|_{t=0} = 1$$

$$\frac{\mathrm{d}y_{\mathrm{k}}(0)}{\mathrm{d}t} = -\mathrm{e}^{-t}\left[A_1\cos(2\sqrt{2})t + A_2\sin(2\sqrt{2})t\right] +$$
$$2\sqrt{2}\mathrm{e}^{-t}\left[-A_1\sin(2\sqrt{2})t + A_2\cos(2\sqrt{2})t\right]\Big|_{t=0} = 0$$

解得

$$A_1 = 1，\quad A_2 = \frac{1}{2\sqrt{2}}$$

因此，该系统微分方程的通解为

$$y_{\mathrm{k}}(t)=\mathrm{e}^{-t}\left[\cos(2\sqrt{2})t+\frac{1}{2\sqrt{2}}\sin(2\sqrt{2})t\right]$$

然后，计算以下非齐次微分方程

$$\frac{\mathrm{d}^2y(t)}{\mathrm{d}t^2}+2\frac{\mathrm{d}y(t)}{\mathrm{d}t}+3y(t)=\frac{\mathrm{d}u(t)}{\mathrm{d}t}+u(t)$$

的解。

（1）当$u(t)=1$（$t>0$）时，非齐次微分方程为

$$\frac{\mathrm{d}^2y(t)}{\mathrm{d}t^2}+2\frac{\mathrm{d}y(t)}{\mathrm{d}t}+3y(t)=1$$

令该非齐次微分方程的特解函数式为

$$y_{\mathrm{p}}(t)=B_1$$

式中，B_1为待定系数。将$y_p(t)$代入$\frac{\mathrm{d}^2y(t)}{\mathrm{d}t^2}+2\frac{\mathrm{d}y(t)}{\mathrm{d}t}+3y(t)=1$中，得

$$3B_1=1$$

等式两端各对应幂次的系数应相等，则$B_1=1/3$，可知该系统微分方程的特解为

$$y_{\mathrm{p}}(t)=\frac{1}{3}$$

因此，系统输入信号为$u(t)=1$时，其输出信号为

$$y(t)=y_{\mathrm{k}}(t)+y_{\mathrm{p}}(t)=\mathrm{e}^{-t}\left[\cos(2\sqrt{2})t+\frac{1}{2\sqrt{2}}\sin(2\sqrt{2})t\right]+\frac{1}{3}$$

（2）当$u(t)=t$（$t>0$）时，非齐次微分方程为

$$\frac{\mathrm{d}^2y(t)}{\mathrm{d}t^2}+2\frac{\mathrm{d}y(t)}{\mathrm{d}t}+3y(t)=t+1$$

令该非齐次微分方程的特解函数式为

$$y_{\mathrm{p}}(t)=B_1t+B_2$$

式中，B_1和B_2为待定系数。将$y_{\mathrm{p}}(t)$代入$\frac{\mathrm{d}^2y(t)}{\mathrm{d}t^2}+2\frac{\mathrm{d}y(t)}{\mathrm{d}t}+3y(t)=t+1$中，

$$3B_1t+(2B_1+3B_2)=t+1$$

可得$B_1=1/3$、$B_2=1/9$。可知该系统微分方程的特解为

$$y_{\mathrm{p}}(t)=\frac{1}{3}t+\frac{1}{9}$$

因此，该系统输入信号为$u(t)=t$时，其输出信号为

$$y(t)=y_{\mathrm{k}}(t)+y_{\mathrm{p}}(t)=\mathrm{e}^{-t}\left[\cos(2\sqrt{2})t+\frac{1}{2\sqrt{2}}\sin(2\sqrt{2})t\right]+\frac{1}{3}t+\frac{1}{9}$$

从例 3-1 的求解过程可以看出，线性控制系统在输入信号作用下的时域响应由两部分构成，一部分是由系统自身特性决定的系统微分方程的通解，该部分称为线性控制系统的自由响应；另一部分是由系统输入信号决定的系统微分方程的特解，该部分称为线性控制系统的激励响应或称强迫响应。不难看出，例 3-1 中的系统自由响应随时间t的增加而衰减，

其激励响应的变化规律与输入信号相似。

3.3.2 基于状态方程求解时域响应

设线性控制系统的状态方程和输出方程分别为式（3-7）和式（3-8）：

$$\dot{\boldsymbol{X}}(t)=\boldsymbol{A}\boldsymbol{X}(t)+\boldsymbol{B}\boldsymbol{U}(t) \tag{3-7}$$

$$\boldsymbol{Y}(t)=\boldsymbol{C}\boldsymbol{X}(t)+\boldsymbol{D}\boldsymbol{U}(t) \tag{3-8}$$

式中，状态变量 $\boldsymbol{X}(t)=\begin{bmatrix}x_1(t)\\ \vdots \\ x_n(t)\end{bmatrix}$，输入向量 $\boldsymbol{U}(t)=\begin{bmatrix}u_1(t)\\ \vdots \\ u_r(t)\end{bmatrix}$，输出向量 $\boldsymbol{Y}(t)=\begin{bmatrix}y_1(t)\\ \vdots \\ y_m(t)\end{bmatrix}$

系统矩阵 $\boldsymbol{A}=\begin{bmatrix}a_{11} & \dots & a_{1n}\\ \vdots & \vdots & \vdots \\ a_{n1} & \dots & a_{nn}\end{bmatrix}$　　输入矩阵 $\boldsymbol{B}=\begin{bmatrix}b_{11} & \dots & b_{1r}\\ \vdots & \vdots & \vdots \\ b_{n1} & \dots & b_{nr}\end{bmatrix}$

输出矩阵 $\boldsymbol{C}=\begin{bmatrix}c_{11} & \dots & c_{1n}\\ \vdots & \vdots & \vdots \\ c_{m1} & \dots & c_{mr}\end{bmatrix}$　　直接传递矩阵 $\boldsymbol{D}=\begin{bmatrix}d_{11} & \dots & d_{1r}\\ \vdots & \vdots & \vdots \\ d_{m1} & \dots & d_{mr}\end{bmatrix}$

显然，要获得控制系统在输入信号 $\boldsymbol{U}(t)$作用下的时域响应 $\boldsymbol{Y}(t)$，需要求解状态方程的状态变量 $\boldsymbol{X}(t)$。对状态方程求解实际上是对一阶线性微分方程组进行求解，其解仍然是由通解和特解组成的。

1. 状态方程的解

对式(3-7)所示的系统状态方程，若已知初始状态为 $\boldsymbol{X}(t_0)$，那么，设输入向量 $\boldsymbol{U}(t)=0$，则可得到系统的齐次状态方程，即

$$\dot{\boldsymbol{X}}(t)=\boldsymbol{A}\boldsymbol{X}(t) \tag{3-9}$$

由于状态变量 $\boldsymbol{X}(t)$是 n 维向量，因此，式（3-9）实际上是由 n 个一阶齐次微分方程构成的方程组，其求解过程可按照求解单个一阶齐次微分方程进行。于是，令式（3-9）所示的一阶齐次微分方程的解为

$$\boldsymbol{X}(t)=b_0+b_1(t-t_0)+b_2(t-t_0)^2+\cdots+b_k(t-t_0)^k+\cdots \tag{3-10}$$

显然，$\boldsymbol{X}(t_0)=b_0$。将式（3-10）代入式（3-9），得

$$\begin{aligned}&b_1+2b_2(t-t_0)+3b_3(t-t_0)^2+\cdots+kb_k(t-t_0)^{k-1}+\cdots\\&=A(b_0+b_1(t-t_0)+\cdots+b_k(t-t_0)^k+\cdots)\end{aligned}$$

由于 t 的同次幂项的系数相等，因此可得

$$b_1=Ab_0=AX(t_0)$$

$$b_2=\frac{1}{2}Ab_1=\frac{1}{2!}A^2X(t_0)$$

$$b_3=\frac{1}{3}Ab_2=\frac{1}{3!}A^3X(t_0)$$

$$\vdots$$

$$b_k = \frac{1}{k} A b_{k-1} = \frac{1}{k!} A^k X(t_0)$$

$$\vdots$$

从而得到式（3-9）的解，即

$$\boldsymbol{X}(t) = \left[\boldsymbol{I} + \boldsymbol{A}(t-t_0) + \frac{1}{2!}\boldsymbol{A}^2(t-t_0)^2 + \cdots + \frac{1}{k!}\boldsymbol{A}^k(t-t_0)^k + \cdots \right] \boldsymbol{X}(t_0) \tag{3-11}$$

式中，$\boldsymbol{I}$ 为与系统矩阵 $\boldsymbol{A}$ 同阶的单位矩阵。对照单个一阶齐次微分方程 $\dot{x}(t) = ax(t)$（a 为常数）的解 $x(t) = \mathrm{e}^{at}x(t_0)$，式（3-9）的解可写为

$$\begin{aligned} \boldsymbol{X}(t) &= \left[\boldsymbol{I} + \boldsymbol{A}(t-t_0) + \frac{1}{2!}\boldsymbol{A}^2(t-t_0)^2 + \cdots + \frac{1}{k!}\boldsymbol{A}^k(t-t_0)^k + \cdots \right] \boldsymbol{X}(t_0) \\ &= \mathrm{e}^{\boldsymbol{A}(t-t_0)} \boldsymbol{X}(t_0) \end{aligned}$$

即

$$\mathrm{e}^{\boldsymbol{A}(t-t_0)} = \boldsymbol{I} + \boldsymbol{A}(t-t_0) + \frac{1}{2!}\boldsymbol{A}^2(t-t_0)^2 + \cdots = \sum_{k=0}^{\infty} \frac{\boldsymbol{A}^k(t-t_0)^k}{k!} \tag{3-12}$$

显然，$\mathrm{e}^{\boldsymbol{A}(t-t_0)}$ 是与系统矩阵 $\boldsymbol{A}$ 同阶的关于时间 t 的函数，称为矩阵指数函数。由式(3-11)可知，矩阵指数函数 $\mathrm{e}^{\boldsymbol{A}(t-t_0)}$ 的作用是将初始状态 $\boldsymbol{X}(t_0)$ 转移或变换到任意时刻 $t > t_0$ 的状态 $\boldsymbol{X}(t)$，因而矩阵指数函数也称为状态转移矩阵，常记为 $\phi(t-t_0) = \mathrm{e}^{\boldsymbol{A}(t-t_0)}$。可以证明，这种状态转移矩阵具有如下的性质：

（1）组合性质。

$$\boldsymbol{\phi}(t) \cdot \boldsymbol{\phi}(\tau) = \phi(t \mid \tau) \text{ 或 } \mathrm{e}^{\boldsymbol{A}t}\mathrm{e}^{\boldsymbol{A}\tau} = \mathrm{e}^{\boldsymbol{A}(t+\tau)}$$

（2）不变性质。

$$\boldsymbol{\phi}(0)=\boldsymbol{I} \text{ 或 } \mathrm{e}^{\boldsymbol{A}t}\Big|_{t=0} = \boldsymbol{I}$$

（3）时间可逆性质。

$$\left[\boldsymbol{\phi}(t)\right]^{-1} = \boldsymbol{\phi}(-t) \text{ 或 } \left[\mathrm{e}^{\boldsymbol{A}t}\right]^{-1} = \mathrm{e}^{-\boldsymbol{A}t}$$

（4）微分性质。

$$\frac{\mathrm{d}}{\mathrm{d}t}\mathrm{e}^{\boldsymbol{A}t} = \mathrm{e}^{\boldsymbol{A}t} \cdot \frac{\mathrm{d}}{\mathrm{d}t}(\boldsymbol{A}t) = \mathrm{e}^{\boldsymbol{A}t} \cdot \boldsymbol{A} = \frac{\mathrm{d}}{\mathrm{d}t}(\boldsymbol{A}t) \cdot \mathrm{e}^{\boldsymbol{A}t} = \boldsymbol{A} \cdot \mathrm{e}^{\boldsymbol{A}t}$$

由式（3-11）还可看出，式（3-9）的解只取决于系统矩阵 $\boldsymbol{A}$ 和初始状态 $\boldsymbol{X}(t_0)$，表明这个解是由系统自身特性决定的，是系统的通解。系统在输入信号 $\boldsymbol{U}(t)$作用下的解应由系统的通解和由输入信号引起的激励响应两部分构成。

当系统输入信号 $\boldsymbol{U}(t) \neq 0$ 时，式（3-7）可写为

$$\dot{\boldsymbol{X}}(t) - \boldsymbol{AX}(t) = \boldsymbol{BU}(t)$$

设系统的初始时刻为 t_0，初始状态为 $\boldsymbol{X}(t_0)$。上式等号两边同时左乘 $\mathrm{e}^{-\boldsymbol{A}t}$，得

$$\mathrm{e}^{-\boldsymbol{A}t}\left[\dot{\boldsymbol{X}}(t) - \boldsymbol{AX}(t)\right] = \mathrm{e}^{-\boldsymbol{A}t}\boldsymbol{BU}(t)$$

即有

$$\frac{\mathrm{d}}{\mathrm{d}t}[\mathrm{e}^{-At}\boldsymbol{X}(t)]=\mathrm{e}^{-At}\boldsymbol{BU}(t) \tag{3-13}$$

对上式在区间 $\tau\in[t_0,t]$ 求积分，得

$$\mathrm{e}^{-A\tau}\boldsymbol{X}(\tau)\Big|_{t_0}^{t}=\int_{t_0}^{t}\mathrm{e}^{-A\tau}\boldsymbol{BU}(\tau)\mathrm{d}\tau$$

所以，有

$$\boldsymbol{X}(t)=\mathrm{e}^{\boldsymbol{A}(t-t_0)}\boldsymbol{X}(t_0)+\int_{t_0}^{t}\mathrm{e}^{\boldsymbol{A}(t-\tau)}\boldsymbol{BU}(\tau)\,\mathrm{d}\tau \tag{3-14a}$$

或

$$\boldsymbol{X}(t)=\boldsymbol{\phi}(t-t_0)\boldsymbol{X}(t_0)+\int_{t_0}^{t}\boldsymbol{\phi}(t-\tau)\boldsymbol{BU}(\tau)\,\mathrm{d}\tau \tag{3-14b}$$

式（3-14）就是式（3-7）所示的系统状态方程的解，它由系统的通解 $\mathrm{e}^{\boldsymbol{A}(t-t_0)}\boldsymbol{X}(t_0)$ 和由输入信号 $\boldsymbol{U}(t)$引起的激励响应 $\int_{t_0}^{t}\boldsymbol{\phi}(t-\tau)\boldsymbol{BU}(\tau)\,\mathrm{d}\tau$ 组成，该解称为系统的状态响应。获得系统在输入信号 $\boldsymbol{U}(t)$作用下的状态响应 $\boldsymbol{X}(t)$后，由线性系统的输出方程，即式（3-8），就可计算得到系统在输入信号 $\boldsymbol{U}(t)$作用下的时域响应 $\boldsymbol{Y}(t)$。

由上述计算过程可知，当已知系统的输入信号 $\boldsymbol{U}(t)$和初始状态 $\boldsymbol{X}(t_0)$时，要计算系统时域响应 $\boldsymbol{Y}(t)$的关键是计算系统的状态转移矩阵 $\boldsymbol{\phi}(t-t_0)=\mathrm{e}^{\boldsymbol{A}(t-t_0)}$。

2. 状态转移矩阵的计算

由式（3-12）可知，系统的状态转移矩阵为

$$\boldsymbol{\phi}(t-t_0)=\mathrm{e}^{\boldsymbol{A}(t-t_0)}=I+\boldsymbol{A}(t-t_0)+\frac{1}{2!}\boldsymbol{A}^2(t-t_0)^2+\cdots=\sum_{k=0}^{\infty}\frac{\boldsymbol{A}^k(t-t_0)^k}{k!}$$

这是一个无穷级数的和。

【例 3-2】设系统的齐次状态方程为 $\dot{\boldsymbol{X}}=\boldsymbol{AX}$，其中 $A=\begin{bmatrix}0 & 1\\-3 & -4\end{bmatrix}$，初始条件为 $\boldsymbol{X}(0)$。试求 $\boldsymbol{X}$(t)。

解：

$$\begin{aligned}\mathrm{e}^{At}&=I+\boldsymbol{A}t+\frac{1}{2!}\boldsymbol{A}^2t^2+\frac{1}{3!}\boldsymbol{A}^3t^3+\cdots\\&=\begin{bmatrix}1 & 0\\0 & 1\end{bmatrix}+\begin{bmatrix}0 & 1\\-3 & -4\end{bmatrix}t+\frac{1}{2}\begin{bmatrix}-3 & -4\\12 & 13\end{bmatrix}t^2+\frac{1}{6}\begin{bmatrix}12 & 13\\-39 & -40\end{bmatrix}t^3+\cdots\\&=\begin{bmatrix}1+0\cdot t-\frac{3}{2}t^2+2t^3+\cdots & 0+t-2t^2+\frac{13}{6}t^3+\cdots\\0-3t+6t^2-\frac{13}{2}t^3+\cdots & 1-4t+\frac{13}{2}t^2-\frac{20}{3}t^3+\cdots\end{bmatrix}\end{aligned}$$

状态方程的齐次解为

$$\boldsymbol{X}(t)=\begin{bmatrix}1-\frac{3}{2}t^2+2t^3+\cdots & t-2t^2+\frac{16}{3}t^3+\cdots\\-3t+6t^2-\frac{13}{2}t^3+\cdots & 1-4t+\frac{13}{2}t^2-\frac{20}{3}t^3+\cdots\end{bmatrix}\boldsymbol{X}(0)$$

可见，按级数求和方法计算状态转移矩阵难以得到解析解。只有在确定具体的计算项

数后，才可获得具体的计算式。在实际计算中，一般根据计算精度要求确定前 n 项的和。要获得状态转移矩阵的解析计算式，可采用拉氏变换，即首先对系统齐次方程 $\dot{\boldsymbol{X}}=\boldsymbol{AX}$ 进行拉氏变换，得

$$s\boldsymbol{X}(s)-\boldsymbol{X}(0)=\boldsymbol{AX}(s)$$

整理得

$$\boldsymbol{X}(s)=(s\boldsymbol{I}-\boldsymbol{A})^{-1}\boldsymbol{X}(0)$$

对等号两边进行拉氏逆变换，得

$$\boldsymbol{X}(t)=\mathrm{L}^{-1}[(s\boldsymbol{I}-\boldsymbol{A})^{-1}]\boldsymbol{X}(0)$$

比较式（3-11），可得

$$\mathrm{e}^{\boldsymbol{A}t}=\mathrm{L}^{-1}[(s\boldsymbol{I}-\boldsymbol{A})^{-1}] \tag{3-15}$$

【例 3-3】对例 3-2，用拉氏变换计算系统的状态转移矩阵和状态响应。

解：首先，计算矩阵 $s\boldsymbol{I}-\boldsymbol{A}$，即

$$s\boldsymbol{I}-\boldsymbol{A}=\begin{bmatrix} s & 0 \\ 0 & s \end{bmatrix}-\begin{bmatrix} 0 & 1 \\ -3 & -4 \end{bmatrix}=\begin{bmatrix} s & -1 \\ 3 & s+4 \end{bmatrix}$$

然后，计算 $(s\boldsymbol{I}-\boldsymbol{A})^{-1}$，即

$$(s\boldsymbol{I}-\boldsymbol{A})^{-1}=\frac{1}{|s\boldsymbol{I}-\boldsymbol{A}|}\begin{bmatrix} s+4 & 1 \\ -3 & s \end{bmatrix}$$

$$=\begin{bmatrix} \dfrac{s+4}{(s+1)(s+3)} & \dfrac{1}{(s+1)(s+3)} \\ \dfrac{-3}{(s+1)(s+3)} & \dfrac{s}{(s+1)(s+3)} \end{bmatrix}=\begin{bmatrix} \dfrac{\frac{3}{2}}{s+1}-\dfrac{\frac{1}{2}}{s+3} & \dfrac{\frac{1}{2}}{s+1}-\dfrac{\frac{1}{2}}{s+3} \\ \dfrac{-\frac{3}{2}}{s+1}+\dfrac{\frac{3}{2}}{s+3} & \dfrac{-\frac{1}{2}}{s+1}+\dfrac{\frac{3}{2}}{s+3} \end{bmatrix}$$

对 $(s\boldsymbol{I}-\boldsymbol{A})^{-1}$ 进行拉氏逆变换，即

$$\mathrm{e}^{\boldsymbol{A}t}=\mathrm{L}^{-1}[(s\boldsymbol{I}-\boldsymbol{A})^{-1}]=\mathrm{L}^{-1}\begin{bmatrix} \dfrac{\frac{3}{2}}{s+1}-\dfrac{\frac{1}{2}}{s+3} & \dfrac{\frac{1}{2}}{s+1}-\dfrac{\frac{1}{2}}{s+3} \\ \dfrac{-\frac{3}{2}}{s+1}+\dfrac{\frac{3}{2}}{s+3} & \dfrac{-\frac{1}{2}}{s+1}+\dfrac{\frac{3}{2}}{s+3} \end{bmatrix}$$

$$=\begin{pmatrix} \dfrac{3}{2}\mathrm{e}^{-t}-\dfrac{1}{2}\mathrm{e}^{-3t} & \dfrac{1}{2}\mathrm{e}^{-t}-\dfrac{1}{2}\mathrm{e}^{-3t} \\ -\dfrac{3}{2}\mathrm{e}^{-t}+\dfrac{3}{2}\mathrm{e}^{-3t} & -\dfrac{1}{2}\mathrm{e}^{-t}+\dfrac{3}{2}\mathrm{e}^{-3t} \end{pmatrix}$$

则由式（3-11）可得系统的状态响应，即

$$\boldsymbol{X}(t)=\mathrm{e}^{\boldsymbol{A}t}\boldsymbol{X}(0)=\begin{pmatrix} \dfrac{3}{2}\mathrm{e}^{-t}-\dfrac{1}{2}\mathrm{e}^{-3t} & \dfrac{1}{2}\mathrm{e}^{-t}-\dfrac{1}{2}\mathrm{e}^{-3t} \\ -\dfrac{3}{2}\mathrm{e}^{-t}+\dfrac{3}{2}\mathrm{e}^{-3t} & -\dfrac{1}{2}\mathrm{e}^{-t}+\dfrac{3}{2}\mathrm{e}^{-3t} \end{pmatrix}\boldsymbol{X}(0)$$

3.3.3 基于传递函数求解时域响应

在时域内对微分方程进行求解时，需要利用系统初始条件和输入信号计算微分方程的通解（自由解）和特解（强迫解）。实际上，对线性控制系统微分方程，还可应用拉氏变换进行求解，这时求解的对象就是系统的传递函数（矩阵），并且获得的解是系统在输入信号作用下的全解（通解和特解）。

求系统在零初始条件下由输入信号引起的时域响应（也称零状态响应）时，可按下列步骤进行：

（1）设初始条件为零，对高阶微分方程或状态方程进行拉氏变换。

（2）对关于 s 的代数方程求解，得到时域响应的拉氏变换 $y(s)$。

（3）对 $y(s)$部分分式进行展开。

（4）进行拉氏逆变换，得到 $y(t)$。

若系统的初始条件不为零，则可以先根据微分方程与传递函数的相通性，把传递函数变换成微分方程，然后对微分方程进行拉氏变换并把非零初始条件代入，按上述第（2）～（4）步骤求解。

【例 3-4】已知某个控制系统的传递函数为 $G(s)=\dfrac{y(s)}{u(s)}=\dfrac{s+1}{s^2+2s+3}$。若该系统输入信号已知，分别为 $u(t)=1$ 和 $u(t)=t$，试用拉氏变换计算该系统在两种输入信号作用下的时域响应。

解：按照传递函数的定义，该系统的时域响应为

$$y(s)=\frac{s+1}{s^2+2s+3}u(s)$$

当 $u(t)=1$ 时，

$$u(s)=\frac{1}{s}$$

$$y(s)=\frac{s+1}{s(s^2+2s+3)}$$

展开部分分式，得

$$y(s)=\frac{s+1}{s(s^2+2s+3)}=\frac{a}{s}+\frac{bs+c}{s^2+2s+3}$$

式中，a、b、c 为待定常数。相关计算式如下：

$$a=\frac{s+1}{s(s^2+2s+3)}\cdot s\bigg|_{s=0}=\frac{1}{3}$$

$$bs+c\big|_{s=1-\mathrm{j}2\sqrt{2}}=\frac{s+1}{s(s^2+2s+3)}\cdot(s^2+2s+3)\big|_{s=1-\mathrm{j}2\sqrt{2}}$$

解得 $b=-1/9$，$c=11/9$。由于

$$s^2+2s+3=(s+1-\mathrm{j}2\sqrt{2})(s+1+\mathrm{j}2\sqrt{2})=(s+1)^2+(2\sqrt{2})^2$$

$$y(s)=\frac{1}{3s}-\frac{1}{9}\cdot\frac{s-11}{s^2+2s+3}=\frac{1}{3s}-\frac{1}{9}\left(\frac{s+1}{(s+1)^2+(2\sqrt{2})^2}\right)+\frac{2}{3\sqrt{2}}\left(\frac{2\sqrt{2}}{(s+1)^2+(2\sqrt{2})^2}\right)$$

对上式进行拉氏逆变换，得到该系统在输入信号 $u(t)=1$ 作用下的时域响应，即

$$y(t)=\frac{1}{3}+\frac{1}{9}\mathrm{e}^{-t}\left(\cos(2\sqrt{2})t+\frac{6}{\sqrt{2}}\sin(2\sqrt{2})t\right)$$

当$u(t)=t$时，　$u(s)=1/s^2$，则

$$y(s)=\frac{s+1}{s^2(s^2+2s+3)}=\frac{s+1}{s^2(s^2+2s+3)}$$

展开部分分式，即

$$y(s)=\frac{s+1}{s^2(s^2+2s+3)}=\frac{a_1}{s^2}+\frac{a_2}{s}+\frac{bs+c}{s^2+2s+3}$$

式中，a_1、a_2、b、c为待定常数。相关计算式如下：

$$a_1=\frac{s+1}{s^2(s^2+2s+3)}\cdot s^2\bigg|_{s=0}=\frac{1}{3}$$

$$a_2=\left[\frac{\mathrm{d}}{\mathrm{d}s}\left(\frac{s+1}{s^2(s^2+2s+3)}\cdot s^2\right)\right]_{s=0}=\frac{1}{9}$$

$$bs+c\Big|_{s=1-\mathrm{j}2\sqrt{2}}=\frac{s+1}{s^2(s^2+2s+3)}\cdot(s^2+2s+3)\Big|_{s=1-\mathrm{j}2\sqrt{2}}$$

解得$b=-11/81$，$c=13/81$。由于

$$\begin{aligned}y(s)&=\frac{1/3}{s^2}+\frac{1/9}{s}-\frac{1}{81}\cdot\frac{11s-13}{s^2+2s+3}\\&=\frac{1}{3s^2}+\frac{1}{9s}-\frac{11}{81}\left(\frac{s+1}{(s+1)^2+(2\sqrt{2})^2}\right)+\frac{12}{81\sqrt{2}}\left(\frac{2\sqrt{2}}{(s+1)^2+(2\sqrt{2})^2}\right)\end{aligned}$$

对上式进行拉氏逆变换，得到该系统在输入信号$u(t)=t$作用下的时域响应，即

$$y(t)=\frac{1}{3}t+\frac{1}{9}-\frac{1}{81}\mathrm{e}^{-t}\left(11\cos(2\sqrt{2})t+\frac{12}{\sqrt{2}}\sin(2\sqrt{2})t\right)$$

应当指出的是，由于传递函数是系统在零初始条件下获得的，那么通过传递函数获得的系统在输入信号作用下的时域响应就对应系统的零初始条件。

3.4　控制系统的时域性能指标

3.4.1　系统时域响应的时间历程

由求解得到的系统时域响应可以看出，系统在输入信号作用下的时域响应都由两个部分组成：一部分是与输入信号有关的时域响应；另一部分是由系统自身特性决定的时域响应，并且这个时域响应过程一般随时间的增加而衰减。因此，可以从系统时域响应的变化历程，分析系统自身的特性和控制作用效果，即可以系统时域响应时间历程评价系统性能的好坏。

系统时域响应的时间历程一般分为动态过程和稳态过程。动态过程（也称为过渡过程或瞬态过程/暂态过程）是系统在输入信号作用下的输出信号从初始状态运动到某种稳定状

态的响应过程，与系统自身特性有密切关系。稳态过程是系统输出信号处于某种稳定状态的过程，与系统的输入信号作用密切相关。

一般地，系统在阶跃输入信号作用下的时域响应过程如图 3.6 所示。从控制要求来看，总是希望系统的输出信号与给定的输入信号有一致的变化规律，对图 3.6 来说，就是希望系统输出信号也呈现阶跃的属性。因此，要求系统的动态响应过程曲线尽可能地近似阶跃曲线；输出信号的稳态响应过程应尽可能地保持某一稳态值。为了评价系统时域响应是否达到控制要求，可针对系统时域响应过程定义评价系统性能的指标，通过对系统性能指标的计算和分析，就可判断系统性能的好坏。

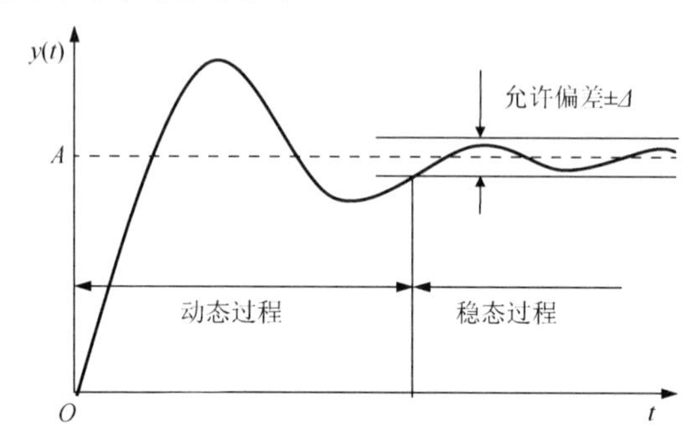

图 3.6　系统在阶跃输入信号作用下的时域响应过程

系统的稳定性、快速性和准确性是基本要求。系统的动态响应过程主要反映系统的稳定性和快速性，系统的稳态响应过程主要反映系统的准确性或控制精度。

3.4.2　系统的动态性能指标

表征动态响应过程的性能指标称为系统的动态性能指标，简称动态指标。系统的动态性能指标主要有上升时间、峰值时间、调节时间、最大超调量和振荡次数，如图 3.7 所示。

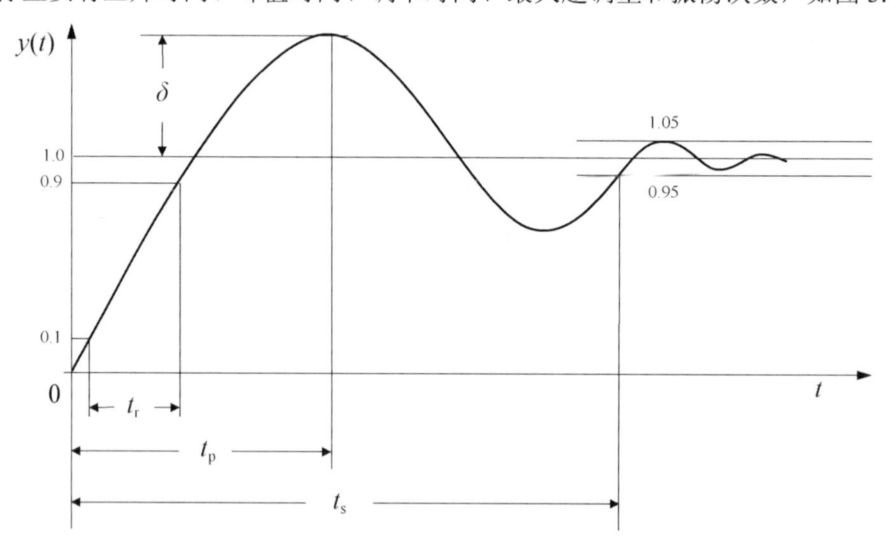

图 3.7　系统的动态性能指标

（1）上升时间 t_r。动态响应过程曲线从零时刻出发首次到达新的稳态值所需的时间称为上升时间 t_r。在实际工程中，一般将上升时间 t_r 定义为动态响应过程曲线从到达新的稳态值的 10%过渡到该新的稳态值的 90%所需的时间。

（2）峰值时间 t_p。动态响应过程曲线从零时刻出发首次到达峰值所需的时间称为峰值时间 t_p。

（3）调节时间 t_s。动态响应过程曲线到达稳态值的允许误差 $\pm\Delta$ 范围后，不再超出该范围的时间称为调节时间 t_s，也称为动态过程时间、过渡过程时间或瞬态过程时间。对 $\pm\Delta$，一般取稳态值的 $\pm5\%$ 或 $\pm2\%$。显然，调节时间 t_s 的大小与选取的 Δ 大小有关。

（4）最大超调量 M_p。动态响应过程曲线的最大峰值与稳态值的差为最大超调量，一般用百分比表示系统的最大超调量，即

$$M_p = \frac{y(t_p) - y(\infty)}{y(\infty)} \times 100\% \tag{3-16}$$

式中，$y(\infty)$ 为系统的稳态值。在图 3.7 中，$y(\infty) = 1$。

（5）振荡次数 N。动态响应过程曲线在调节时间 t_s 内围绕稳态值上下波动的次数，其大小反映系统的稳定程度，振荡次数 N 越大，表明系统的稳定性越差。实测时可按动态响应过程曲线穿越稳态值的次数计数。

在以上各项性能指标中，上升时间 t_r、峰值时间 t_p 和调节时间 t_s 反映系统响应的快速性，最大超调量 M_p 和振荡次数 N 反映系统响应的稳定性。

3.4.3　系统的稳态性能指标

系统的稳态响应过程是指系统时域响应不再超出稳态值的允许误差 $\pm\Delta$ 范围的时间历程。在这个过程中，一般要求系统时域响应有较好的准确性，反映或评价这一响应过程的系统性能指标是系统输出误差，输出误差的稳态值称为系统的稳态误差。

在实际系统中，由于系统结构、输入信号类型（给定的输入信号或扰动信号）及其形式（脉冲、阶跃等）的不同，系统在稳态响应过程中的输出信号（稳态输出）很难与给定的输入信号保持完全相同的变化，总存在一定的稳态误差。这类因系统结构、输入信号类型及其形式而产生的稳态误差称为原理性稳态误差。

此外，系统中不可避免地存在诸如摩擦、间隙、不灵敏区等因素，这些因素均会给系统带来附加的误差。这类因摩擦、间隙、不灵敏区等因素而产生的系统误差称为附加稳态误差或结构性稳态误差。

本书只讨论原理性稳态误差，不讨论结构性稳态误差。

3.5　控制系统的时域分析与性能指标计算

3.4 节给出的性能指标是评价系统性能的依据，这些指标可以通过对控制系统时域响应的求解得到。对一阶、二阶等低阶系统，可以按照前述方法求解其时域响应，但高阶系统

时域响应的求解并不容易，通常需要对其进行降阶处理后再求解，有的甚至需要通过实验，才能得到其时域响应曲线。

3.5.1　一阶系统的时域分析与性能指标计算

当输出信号 $y(t)$ 与输入信号 $u(t)$ 之间的关系可表示为一阶微分方程时，该系统称为一阶系统，图 3.8 所示为一阶系统的框图，其典型的传递函数为

$$G(s)=\frac{y(s)}{u(s)}=\frac{1}{Ts+1} \tag{3-17}$$

式中，T 为一阶系统的时间常数。该时间常数 T 是一阶系统的特征参数，其大小由系统的结构参数决定。

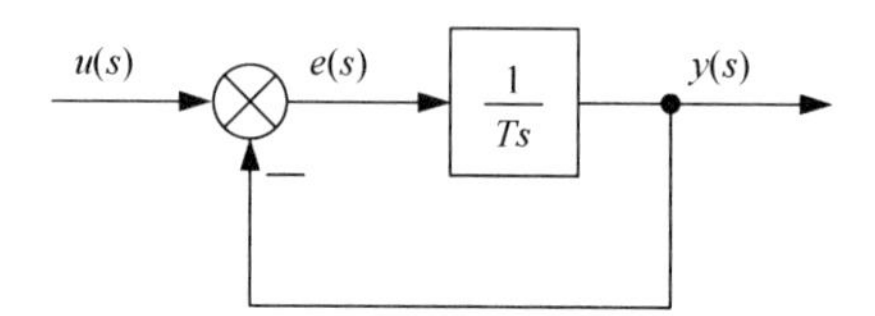

图 3.8　一阶系统的框图

1. 单位脉冲响应及其特性

当系统的输入信号 $u(t)$ 为理想单位脉冲信号时，即 $u(t)=\delta(t)$ 时，系统的输出信号 $y(t)$ 称为单位脉冲响应函数（简称单位脉冲响应），特别记为 $g(t)$。单位脉冲信号 $u(t)=\delta(t)$ 的拉氏变换为 $u(s)=1$，则一阶系统在单位脉冲信号作用下的输出信号的拉氏变换为

$$g(s)=G(s)=\frac{1}{Ts+1}$$

对上式进行拉氏逆变换，得到一阶系统的单位脉冲响应，即

$$g(t)=\mathrm{L}^{-1}[G(s)]=\mathrm{L}^{-1}\left(\frac{1/T}{s+1/T}\right)=\frac{1}{T}\mathrm{e}^{-\frac{t}{T}} \tag{3-18}$$

可见，一阶系统单位脉冲响应曲线是一条单调下降的指数曲线，如图 3.9 所示。单调下降的速度取决于时间常数 T，响应的初始下降速度为

$$\left.\frac{\mathrm{d}g(t)}{\mathrm{d}t}\right|_{t=0}=-\frac{1}{T^2}$$

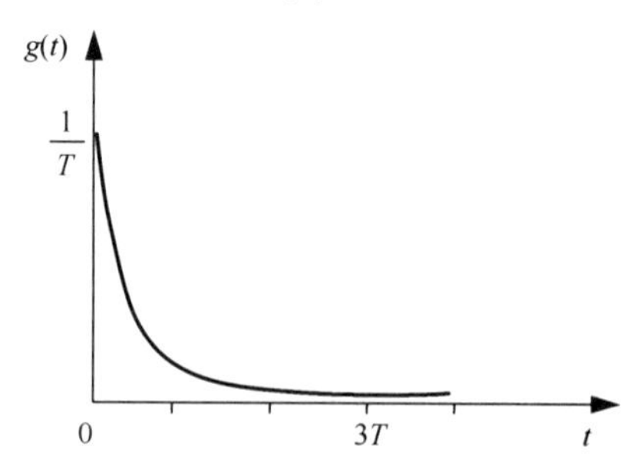

图 3.9　一阶系统的单位脉冲响应曲线

当时间 $t = 4T$ 时，响应值衰减到大约为响应初始值的 2%； $t = 3T$ 时，响应值衰减到大约为响应初始值的 5%。通常把时间段 0～4T 的响应过程称为系统的动态过程。显然，T 越小，系统动态过程的时间就越短，表明系统的惯性越小，对输入信号响应的快速性能越好。

考虑到不可能得到理想脉冲信号，在实际工程中通常用具有一定脉冲宽度和有限高度的脉冲信号代替理想脉冲信号。为保证测试精度，要求脉冲信号的脉冲宽度尽可能小于系统的时间常数 T，一般要求脉冲宽度 $h < 0.1T$ 。

2. 单位阶跃响应及其特性

系统在单位阶跃信号作用下的时域响应称为单位阶跃响应。单位阶跃信号 $u(t) = 1(t)$ 的拉式变换为 $u(s) = 1/s$ ，一阶系统在单位阶跃信号作用下的输出信号的拉氏变换为

$$y(s) = G(s)u(s) = \frac{1}{Ts+1} \cdot \frac{1}{s} = \frac{1}{s} - \frac{1}{s+1/T}$$

对上式进行拉式逆变换，得到一阶系统的单位阶跃响应，即

$$y(t) = \mathrm{L}^{-1}\left(\frac{1}{s} - \frac{1}{s+1/T}\right) = 1 - \mathrm{e}^{-\frac{t}{T}} \tag{3-19}$$

图 3.10 所示是一阶系统的单位阶跃响应曲线，它是一条单调上升的指数曲线，并且随着时间的增加，其值趋于稳态值，即 $y(\infty) = 1$ 。

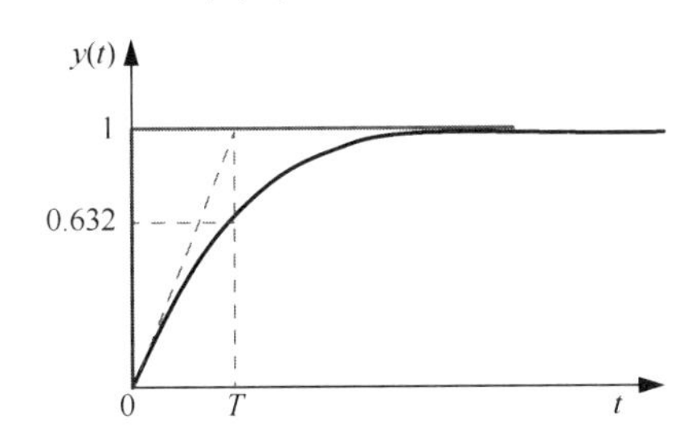

图 3.10　一阶系统的单位阶跃响应曲线

（1）当 $t = T$ 时， $y(T) = 1 - \mathrm{e}^{-1} = 0.632$ ，单位阶跃响应曲线上升到稳态值的 0.632 倍。因此，如果用实验方法测出该响应曲线达到 0.632 稳态值时所用的时间，那么该时间就是一阶系统的时间常数。

（2）$t = 3T$～$4T$，单位阶跃响应曲线达到稳态值的 95%～98%，在工程上可以认为其动态应过程基本结束，系统进入稳态过程。显然，时间常数 T 越小，系统惯性越小，响应越快。

（3）由于 $y(t_{\mathrm{s}}) = 1 - \mathrm{e}^{-\frac{t_{\mathrm{s}}}{T}} = 1 - \varDelta$，因此一阶系统的单位阶跃响应的调节时间为

$$t_{\mathrm{s}} = T \ln \frac{1}{\varDelta} \tag{3-20a}$$

当允许误差范围 $\varDelta$=0.05～0.02 时，

$$t_{\mathrm{s}} = 3T \sim 4T \tag{3-20b}$$

（4）一阶系统的单位阶跃响应的最大超调量 $M_{\mathrm{p}} = 0$ 。

3. 单位速度响应及其特性

系统在单位速度信号作用下的时域响应称为单位速度响应。单位速度信号 $u(t)=t$ 的拉氏变换为 $u(s)=\dfrac{1}{s^2}$，一阶系统在单位速度信号作用下的输出信号的拉氏变换为

$$y(s)=G(s)u(s)=\frac{1}{Ts+1}\frac{1}{s^2}=\frac{1}{s^2}-\frac{T}{s}+\frac{T}{s+1/T}$$

对上式进行拉氏逆变换，得到一阶系统的单位速度响应，即

$$y(t)=t-T(1-\mathrm{e}^{-\frac{t}{T}}) \tag{3-21}$$

其响应曲线如图 3.11 所示。

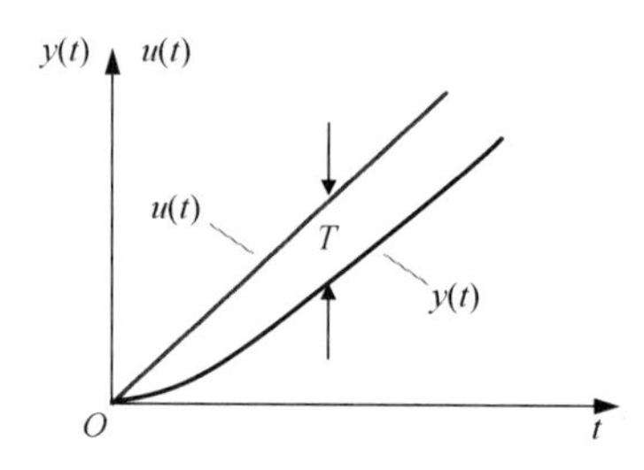

图 3.11　一阶系统的单位速度响应曲线

（1）一阶系统的输出信号可以跟踪速度信号，虽然存在跟踪误差，但输出信号的变化率与输入信号的变化率完全相等。

（2）随着时间的增加，输出量总落后于输入量，两者之间的误差为

$$e(t)=u(t)-y(t)=T(1-\mathrm{e}^{-\frac{t}{T}}) \tag{3-22}$$

显然，当 $t\to\infty$ 时，$e(\infty)=T$。因此，一阶系统的稳态跟踪误差为 T，系统的时间常数 T 越小，其稳态跟踪误差越小。

3.5.2　二阶系统的时域分析与性能指标计算

1. 二阶系统的极点分布与时域响应

许多实际工程系统在一定条件下可近似简化为二阶系统，分析二阶系统的时域响应及其特性具有重要的实际意义。

二阶系统的典型框图如图 3.12 所示，其标准的闭环传递函数为

$$G(s)=\frac{y(s)}{u(s)}=\frac{\omega_{\mathrm{n}}^2}{s^2+2\zeta\omega_{\mathrm{n}}s+\omega_{\mathrm{n}}^2} \tag{3-23}$$

式中，ζ 为系统的阻尼比；ω_{n} 为系统的无阻尼固有频率，它们是二阶系统的特征参数，体现了系统本身的固有特性。由式（3-23）的分母可得到二阶系统的特征方程，即

$$s^2+2\zeta\omega_{\mathrm{n}}s+\omega_{\mathrm{n}}^2=0$$

此方程的两个根（称为系统的特征根，也是系统的两个极点）为

$$s_{1,2}=-\zeta\omega_{\mathrm{n}}\pm\omega_{\mathrm{n}}\sqrt{\zeta^2-1} \tag{3-24}$$

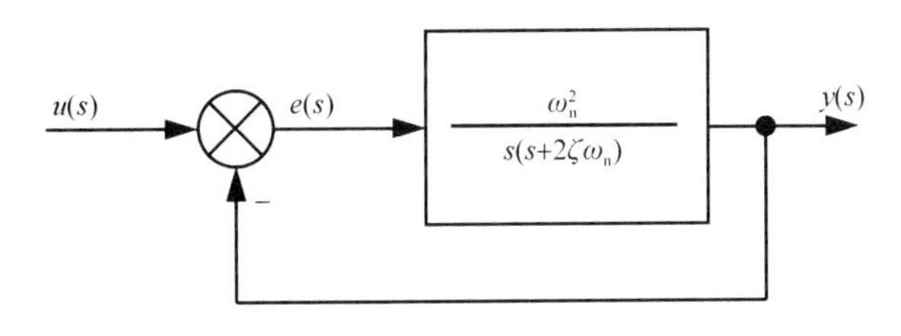

图 3.12　二阶系统的典型框图

显然，二阶系统的极点与二阶系统的阻尼比ζ和无阻尼固有频率ω_n有关。随着阻尼比ζ取值的不同，二阶系统的极点也各不相同，相应的系统时域响应特性也不同。图 3.13 所示是依据式（3-24）给出的不同阻尼比ζ下的极点分布情况，当$\zeta=0$时，极点为$s_{1,2}=\pm j\omega_n$，即系统的两个极点是一对共轭虚数；当$0<\zeta<1$时，极点为$s_{1,2}=-\zeta\omega_n\pm j\omega_n\sqrt{1-\zeta^2}$，即系统的两个极点是一对共轭复数；当$\zeta=1$时，极点为$s_{1,2}=-\omega_n$，即系统的两个极点是两个相等的负实数；当$\zeta>1$时，极点为$s_{1,2}=-\zeta\omega_n\pm\omega_n\sqrt{\zeta^2-1}$，即系统的两个极点是两个不相等的负实数。

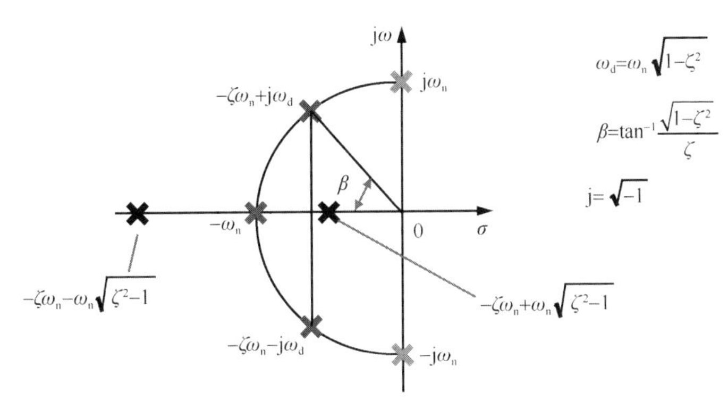

图 3.13　二阶系统在不同阻尼比下的极点分布情况

（1）无阻尼（$\zeta=0$）情况。此时二阶系统的两个极点是一对共轭虚数，即$s_{1,2}=\pm j\omega_n$。根据其传递函数，即式（3-23），可计算出当输入信号为单位阶跃信号时系统的时域响应，即

$$y(t)=1-\cos\omega_n t \tag{3-25}$$

表明二阶系统在无阻尼（$\zeta=0$）情况下的阶跃响应是等幅振荡。

（2）欠阻尼（$0<\zeta<1$）情况。此时二阶系统的两个极点为共轭复数，即

$$s_{1,2}=-\zeta\omega_n\pm j\omega_n\sqrt{1-\zeta^2}$$

这种情况下系统的单位阶跃响应为

$$y(t)=1-\frac{e^{-\zeta\omega_n t}}{\sqrt{1-\zeta^2}}\sin\left(\omega_d t+\beta\right) \tag{3-26}$$

式中，$\omega_d=\omega_n\sqrt{1-\zeta^2}$，该频率称为系统的有阻尼固有频率；

$$\beta = \tan^{-1}\frac{\sqrt{1-\zeta^2}}{\zeta}$$

式（3-26）等号右边第二项是幅值呈指数衰减的正弦振荡，表明这时系统的动态响应过程是以指数函数为包络线的振荡曲线。

（3）临界阻尼（$\zeta=1$）情况。此时系统的两个极点是相等的负实数，即 $s_{1,2}=-\omega_n$。这种情况下系统的单位阶跃响应为

$$y(t)=1-(1+\omega_n t)e^{-\omega_n t} \tag{3-27}$$

式（3-27）等号右边第二项随时间呈指数衰减，系统的动态过程是单调上升的指数曲线。

（4）过阻尼（$\zeta>1$）情况。此时系统的两个极点是不相等的负实数，即

$$s_{1,2}=-\zeta\omega_n \pm \omega_n\sqrt{\zeta^2-1}$$

这种情况下系统的单位阶跃响应为

$$y(t)=1-\frac{e^{-(\zeta-\sqrt{\zeta^2-1})\omega_n t}}{2\sqrt{\zeta^2-1}(\zeta-\sqrt{\zeta^2-1})}+\frac{e^{-(\zeta+\sqrt{\zeta^2-1})\omega_n t}}{2\sqrt{\zeta^2-1}(\zeta+\sqrt{\zeta^2-1})} \tag{3-28}$$

上式表明，过阻尼情况下二阶系统的单位阶跃响应是缓慢单调上升的曲线。二阶系统在不同阻尼情况下的单位阶跃响应曲线如图 3.14 所示。实质上，在过阻尼情况下，二阶系统相当于两个一阶系统的串联组合。

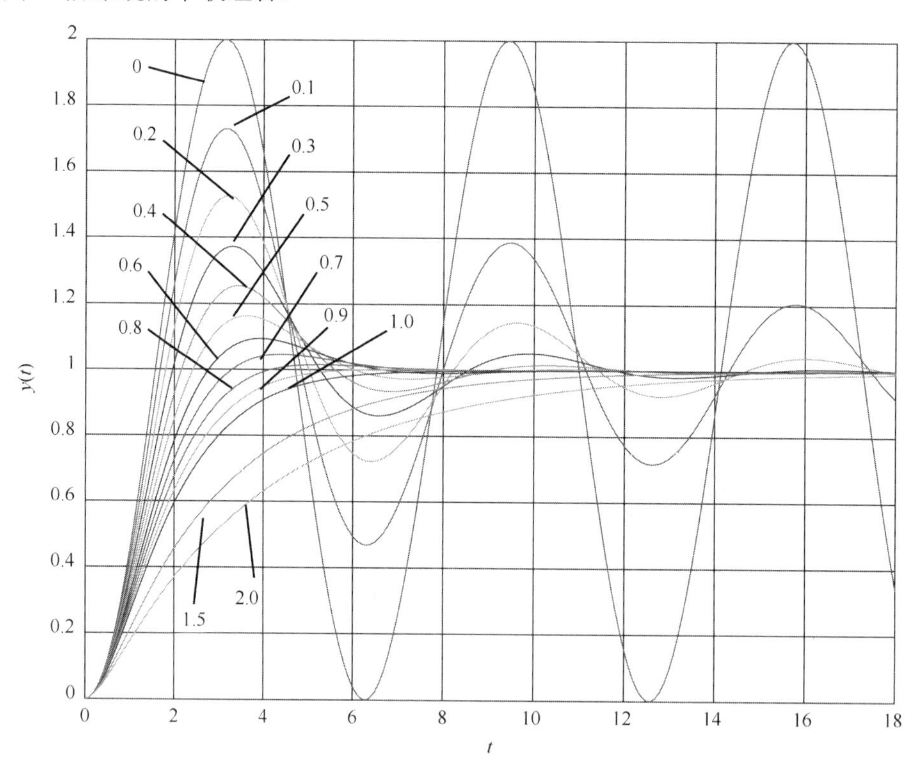

图 3.14　二阶系统在不同阻尼情况下的单位阶跃响应曲线

2. 二阶系统的阶跃响应特性

对照图 3.13 和图 3.14 可知，二阶系统单位阶跃响应特性与系统极点在复数平面上的分布位置密切相关。总体来看，阻尼比 ζ 减小，系统两个极点在虚轴左边并向虚轴靠近，系统时域响应的振荡特性趋于强烈；当 $\zeta=0$ 时，系统的两个极点处于虚轴上，系统的时域响应表现为等幅振荡；当 $\zeta=1$ 和 $\zeta>1$ 时，系统的时域响应呈单调上升。从动态过程的持续时间来看，在无振荡单调上升的曲线中，以 $\zeta=1$ 时的过渡过程所用时间 t_s 最短。在欠阻尼情况下，$\zeta=0.4$～0.8 时的动态过程所用时间比 $\zeta=1$ 时的所用时间短，而且振荡不太严重。

显然，系统动态响应特性是由二阶系统本身结构参数决定的，即系统的结构参数 ω_n 和 ζ 决定了其动态响应性能。当阻尼比 ζ 一定时，无阻尼固有频率 ω_n 越大，二阶系统能更快达到稳定值，响应的快速性越好。

对二阶系统而言，最重要的是欠阻尼情况（$0<\zeta<1$）下的特性，这时二阶系统的单位阶跃响应为式（3-26）。结合图 3.13 和图 3.14，可以计算出二阶系统在欠阻尼情况下的动态性能指标，具体如下：

1）上升时间 t_r

根据上升时间 t_r 的定义，由式（3-26）得

$$y(t_r)=1-\frac{e^{-\zeta\omega_n t_r}}{\sqrt{1-\zeta^2}}\sin\left(\omega_d t_r+\beta\right)=1$$

解得

$$t_r=\frac{\pi-\beta}{\omega_d} \tag{3-29a}$$

或

$$t_r=\frac{\pi-\tan^{-1}\dfrac{\sqrt{1-\zeta^2}}{\zeta}}{\omega_n\sqrt{1-\zeta^2}} \tag{3-29b}$$

2）峰值时间 t_p

根据峰值时间 t_p 的定义，由式（3-26）计算 $\left.\dfrac{dy(t)}{dt}\right|_{t=t_p}=0$，可得

$$-\frac{\zeta\omega_n e^{-\zeta\omega_n t_p}}{\sqrt{1-\zeta^2}}\sin\left(\omega_d t_p+\beta\right)+\frac{\omega_d e^{-\zeta\omega_n t_p}}{\sqrt{1-\zeta^2}}\cos(\omega_d t_p+\beta)=0$$

因为 $e^{-\zeta\omega_n t_p}\neq 0$ 且 $0<\zeta<1$，所以

$$\tan(\omega_d t_p+\beta)=\frac{\sqrt{1-\zeta^2}}{\zeta}=\tan\beta$$

则

$$\omega_d t_p=k\pi,\qquad k=0,1,2,\cdots$$

由于 t_p 被定义为到达第一个峰值的时间，因此上式中应取 $k=1$，于是得

$$t_{\mathrm{p}}=\frac{\pi}{\omega_{\mathrm{n}}\sqrt{(1-\zeta^{2})}} \tag{3-30}$$

定义有阻尼振荡周期为

$$T_{\mathrm{d}}=\frac{2\pi}{\omega_{\mathrm{d}}}=\frac{2\pi}{\omega_{\mathrm{n}}\sqrt{1-\zeta^{2}}}$$

则峰值时间 t_{p} 是有阻尼振荡周期 T_{d} 的一半。

3）最大超调量 M_{p}

根据最大超调量 M_{p} 的定义式（3-16），结合式（3-26），得

$$M_{\mathrm{p}}=\frac{y(t_{\mathrm{p}})-y(\infty)}{y(\infty)}\times 100\%$$

由式（3-30）和式（3-26）计算得到

$$M_{\mathrm{p}}=\mathrm{e}^{-\frac{\zeta\pi}{\sqrt{1-\zeta^{2}}}}\times 100\% \tag{3-31}$$

可见，最大超调量 M_{p} 只与系统的阻尼比 ζ 有关，阻尼比 ζ 越大，最大超调量 M_{p} 越小。当二阶系统的阻尼比 ζ 确定后，就可以求出相应的最大超调量 M_{p}；反之，若已设定系统可能的最大超调量 M_{p}，则相应的阻尼比 ζ 即可确定。

4）调节时间 t_{s}

在欠阻尼（$0<\zeta<1$）情况下，二阶系统的单位阶跃响应是幅值随时间呈指数衰减的振荡过程，其响应曲线的幅值包络线为 $1\pm\frac{\mathrm{e}^{-\zeta\omega_{\mathrm{n}}t}}{\sqrt{1-\zeta^{2}}}$，如图 3.15 所示。整个响应曲线总是处于包络线之内，这两条包络线以单位阶跃响应曲线的稳态值为中心对称分布。

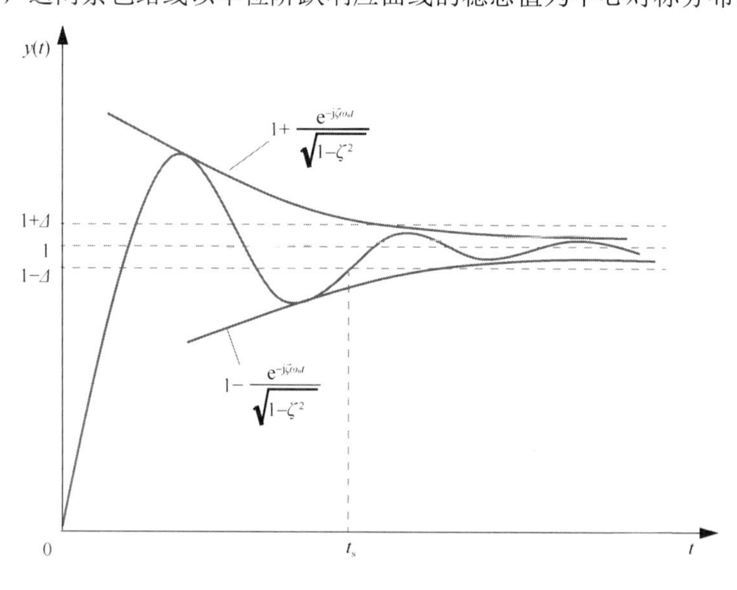

图 3.15　欠阻尼情况下二阶系统的单位阶跃响应曲线的幅值包络线

可以近似地认为调节时间 t_s 是其幅值包络线进入允许误差范围 $\pm\varDelta$ 内的时间，因此

$$1\pm\frac{e^{-\zeta\omega_n t_s}}{\sqrt{1-\zeta^2}}=1\pm\varDelta$$

即 $e^{-\zeta\omega_n t_s}=\varDelta\sqrt{1-\zeta^2}$ ，从而得

$$t_s=\frac{-\ln\varDelta-\ln\sqrt{1-\zeta^2}}{\zeta\omega_n} \tag{3-32}$$

在欠阻尼情况下，当 $0<\zeta<0.7$ 时， $0<-\ln\sqrt{1-\zeta^2}<0.37$ ；而 $0.02<\varDelta<0.05$ 时，$3<-\ln\varDelta<4$ 。因此，$-\ln\sqrt{1-\zeta^2}$ 远小于 $-\ln\varDelta$，即可近似地认为

$$t_s=-\frac{\ln\varDelta}{\zeta\omega_n}$$

当 $\varDelta=0.05$ 时，近似地认为

$$t_s=\frac{3}{\zeta\omega_n} \tag{3-33a}$$

$\varDelta=0.02$ 时，近似地认为

$$t_s=\frac{4}{\zeta\omega_n} \tag{3-33b}$$

由式（3-32）可知，当 ζ 一定时，ω_n 越大，t_s 就越小，即系统的响应时间越短，响应速度就越快；当 ω_n 一定时，以 ζ 为自变量，对 t_s 求极值，可知当 $\zeta=0.707$ 时 t_s 存在唯一极小值，此时系统的响应速度最快。而当 $\zeta<0.707$ 或 $\zeta>0.707$ 时，ζ 越小或 ζ 越大，t_s 越大，系统响应速度变慢。

5）振荡次数 N

根据定义，振荡次数 N 可以用调节时间 t_s 除以有阻尼振荡周期 T_d 近似地表示，即

$$N=\frac{t_s}{T_d}=t_s\frac{\omega_n\sqrt{1-\zeta^2}}{2\pi} \tag{3-34}$$

当 $\varDelta=0.05$ 时，$t_s=\dfrac{3}{\zeta\omega_n}$，$N=\dfrac{3\sqrt{1-\zeta^2}}{2\zeta\pi}$

当 $\varDelta=0.02$ 时，$t_s=\dfrac{4}{\zeta\omega_n}$，$N=\dfrac{2\sqrt{1-\zeta^2}}{\zeta\pi}$

振荡次数 N 越大，表明系统动态过程的振荡越频繁，稳定性就越差。

由以上分析可知，二阶系统的两个结构参数阻尼比 ζ 和无阻尼固有频率 ω_n 直接影响系统响应的动态过程。从系统的响应稳定性来看，增大阻尼比 ζ ，可减小最大超调量 M_p 和振荡次数 N，从而减弱系统的振荡特性，但同时会延长响应上升时间 t_r 和峰值时间 t_p ，使系统响应的快速性变差。从系统响应的快速性来看，应该选取较小的阻尼比 ζ ，但是此时系统的稳定性往往会变差。因此，在实际工程中，通常先根据允许的最大超调量 M_p 选择合适的阻尼比 ζ ，其一般为 0.4～0.8，以满足系统响应稳定性要求，然后再调整系统的无阻

尼固有频率 ω_n 以改变动态响应时间。固有频率 ω_n 越大，上升时间 t_r、峰值时间 t_p 和调节时间 t_s 越小，从而满足系统响应的快速性要求。

3. 二阶系统的跟踪响应特性

若二阶系统的输入信号为单位速度信号 $u(t)=t$，其拉氏变换为 $u(s)=\dfrac{1}{s^2}$，根据二阶系统的传递函数，即式（3-23），则

$$y(s)=\frac{\omega_n^2}{s^2+2\zeta\omega_n s+\omega_n^2}\frac{1}{s^2}$$

（1）当 $0<\zeta<1$ 时，

$$y(t)=t-\frac{2\zeta}{\omega_n}+\frac{e^{-\zeta\omega_n t}}{\omega_d}\sin\left(\omega_d t+\tan^{-1}\frac{2\zeta\sqrt{1-\zeta^2}}{2\zeta^2-1}\right) \tag{3-35}$$

当 $t\to\infty$ 时，输出信号 $y(t)$ 与输入信号 $u(t)$ 的偏差为

$$e(\infty)=\lim_{t\to\infty}\left[u(t)-y(t)\right]=\frac{2\zeta}{\omega_n} \tag{3-36}$$

（2）当 $\zeta=1$ 时，

$$y(t)=t-\frac{2}{\omega_n}+\frac{2e^{-\omega_n t}}{\omega_n}\left(1+\frac{\omega_n t}{2}\right) \tag{3-37}$$

当 $t\to\infty$ 时，输入信号 $u(t)$ 与输出信号 $y(t)$ 的偏差为

$$e(\infty)=\lim_{t\to\infty}\left[u(t)-y(t)\right]=\frac{2}{\omega_n} \tag{3-38}$$

（3）当 $\zeta>1$ 时，

$$y(t)=t-\frac{2\zeta}{\omega_n}-\frac{2\zeta^2-1-2\zeta\sqrt{\zeta^2-1}}{2\omega_n\sqrt{\zeta^2-1}}e^{-(\zeta+\sqrt{\zeta^2-1})\omega_n t}+\frac{2\zeta^2-1+2\zeta\sqrt{\zeta^2-1}}{2\omega_n\sqrt{\zeta^2-1}}e^{-(\zeta-\sqrt{\zeta^2-1})\omega_n t} \tag{3-39}$$

当 $t\to\infty$ 时，输出信号 $y(t)$ 与输入信号 u(t)的偏差为

$$e(\infty)=\lim_{t\to\infty}\left[u(t)-y(t)\right]=\frac{2\zeta}{\omega_n} \tag{3-40}$$

可以看出，二阶系统在欠阻尼、临界阻尼和过阻尼情况下，与速度信号的最终误差都为 $\dfrac{2\zeta}{\omega_n}$，表明系统的阻尼比 ζ 越小、无阻尼固有频率 ω_n 越大，二阶系统跟踪速度信号的误差越小。

【例 3-5】 图 3.16 所示是一个二阶系统的框图，已知 $K=16\text{s}^{-1}$，$T=0.25\text{s}$。试求：

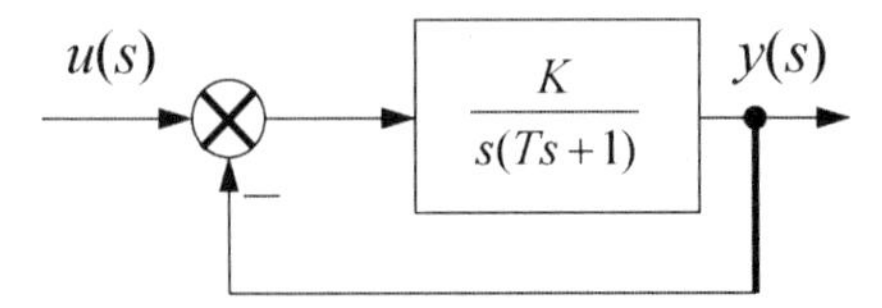

图 3.16　二阶系统的方框图

（1）系统的最大超调量 M_p 和调节时间 t_s。

（2）若要使 $M_p = 16\%$，当 T 不变时 K 应为多少？

解：（1）系统的闭环传递函数为

$$G(s)=\frac{\dfrac{K}{s(Ts+1)}}{1+\dfrac{K}{s(Ts+1)}}=\frac{K}{Ts^2+s+K}=\frac{K/T}{s^2+s/T+K/T}$$

对照欠阻尼二阶系统的标准传递函数，即式（3-23），则

$$\omega_n=\sqrt{\frac{K}{T}}=\sqrt{\frac{16}{0.25}}=8(\text{s}^{-1}) \qquad \zeta=\frac{1}{2\sqrt{KT}}=\frac{1}{2\sqrt{16\times 0.25}}=0.25$$

则根据式（3-31）和式（3-33），计算得到

$$M_p=\mathrm{e}^{-\frac{\zeta\pi}{\sqrt{1-\zeta^2}}}\times 100\%=44\%$$

$$t_s=\begin{cases}\dfrac{4}{\omega_n\zeta}=\dfrac{4}{8\times 0.25}=2(\text{s}), & (\text{当}\Delta=0.02\text{时})\\[2ex] \dfrac{3}{\omega_n\zeta}=\dfrac{3}{8\times 0.25}=1.5(\text{s}), & (\text{当}\Delta=0.05\text{时})\end{cases}$$

（2）若要使 $M_p = 16\%$，由式（3-31）可知，$0.16=\mathrm{e}^{-\frac{\zeta\pi}{\sqrt{1-\zeta^2}}}$，解得 $\zeta = 0.5038$。当 $T = 0.25\text{s}$ 且保持不变时，则由 $\zeta=\dfrac{1}{2\sqrt{KT}}$ 可知

$$K=\frac{1}{4T\zeta^2}=\frac{1}{4\times 0.25\times 0.5038^2}\approx 3.9388$$

【例 3-6】图 3.17 所示为某一控制系统的框图，当 $\tau = 0$ 时该系统不能正常工作，为什么？若要求该系统能正常工作且阻尼比 $\zeta = 0.707$，则 τ 应当取何值？

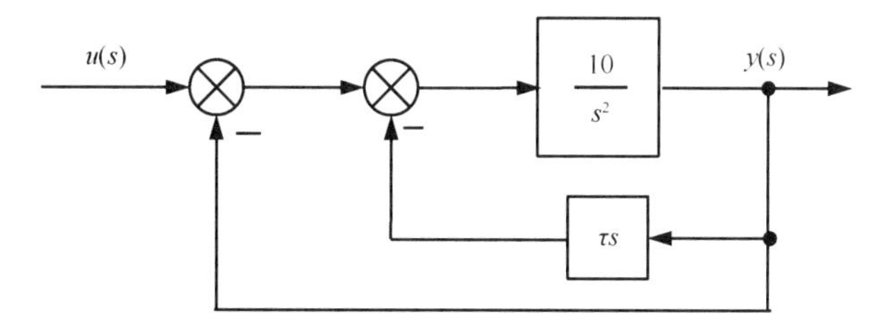

图 3.17　某一控制系统的框图

解：由该系统的框图可计算得到其闭环传递函数，即

$$\Phi(s)=\frac{y(s)}{u(s)}=\frac{10}{s^2+10\tau s+10}$$

当 $\tau = 0$ 时，该系统的闭环传递函数为

$$\Phi(s)=\frac{y(s)}{u(s)}=\frac{10}{s^2+10}$$

那么，当该系统的输入信号为单位阶跃信号时，由式（3-25）可知，其输出信号为 $y(t)=1-\cos\omega_{\mathrm{n}}t$。表明此时系统的输出信号是等幅振荡信号，与输入信号的变化规律不一致。因此，该系统不能正常工作。

当 $\tau\neq 0$ 时，该系统的闭环传递函数即式（3-23），则

$$2\zeta\omega_{\mathrm{n}}=10\tau$$

$$\omega_{\mathrm{n}}=\sqrt{10}$$

已知 $\zeta=0.707$，计算得出 $\tau=0.444(\mathrm{s})$。此时，该系统的输出信号由式（3-27）得到，即

$$y(t)=1-\frac{\mathrm{e}^{-\zeta\omega_{\mathrm{n}}t}}{\sqrt{1-\zeta^2}}\sin\left(\omega_{\mathrm{d}}t+\beta\right)=1-\sqrt{2}\mathrm{e}^{-\sqrt{5}t}\sin(\sqrt{20}t+63^{\circ})$$

由上式可知该系统的时域响应是欠阻尼情况下的衰减振荡。这时，由式（3-33a）计算得出 $t_{\mathrm{s}}=\dfrac{4}{\zeta\omega_{\mathrm{n}}}\approx 1.8$（s），表明在时间 t>1.8s 后，系统的时域响应基本达到稳态过程。

3.5.3　高阶系统的时域分析与性能指标计算

实际工程系统大多是高于二阶的系统，即其微分方程往往是高于二阶的高阶微分方程。在控制工程领域，对这些高阶系统进行时域分析时，要抓住主要因素和问题，将高阶系统的主要特性近似成一阶或二阶系统的特性，即通过对高阶系统的降阶处理获得近似一阶或二阶性能。

高阶系统的传递函数一般为（$n\geqslant m,n>2$）

$$G(s)=\frac{y(s)}{u(s)}=\frac{b_m s^m+\cdots+b_1 s+b_0}{s^n+a_{n-1}s^{n-1}+\cdots+a_1 s+a_0}$$

表示成零点-极点形式就是

$$G(s)=\frac{y(s)}{u(s)}=\frac{K(s+z_1)(s+z_2)\cdots(s+z_m)}{(s+p_1)(s+p_2)\cdots(s+p_n)}$$

不失一般性，令系统的零点、极点互不相同，并且其极点是实数极点或是复数极点，其零点都是实数零点。那么，系统在单位阶跃信号作用下的时域响应可写成

$$y(s)=G(s)u(s)=\frac{K\prod_{j=1}^{m}(s+z_j)}{\prod_{i=1}^{q}(s+p_i)\prod_{k=1}^{r}(s^2+2\zeta_k\omega_{\mathrm{n}k}s+\omega_{\mathrm{n}k}^2)}\frac{1}{s}\tag{3-41}$$

式中，$n=q+2r$，q 为实数极点的个数，r 为共轭复数极点的对数。

把式（3-41）的部分分式展开，然后进行拉氏逆变换，则

$$y(t)=A_0+\sum_{i=1}^{q}A_i\mathrm{e}^{-p_i t}+\sum_{k=1}^{2r}A_k\mathrm{e}^{-\zeta_k\omega_{\mathrm{n}k}t}\sin(\omega_{\mathrm{d}k}t+\beta_k)\tag{3-42}$$

式中，A_0、A_i、A_k 是与传递函数零点、极点有关的常数；$\omega_{\mathrm{d}k}=\omega_{\mathrm{n}k}\sqrt{1-\zeta_k^2}$ 是系统各阶有阻尼振动频率，$-p_i$ 是系统的实数极点，$-\zeta_k\omega_{\mathrm{n}k}$ 是系统复数极点的实部。

由式（3-42）可以看出，高阶系统单位阶跃响应的各个分量的指数变化规律取决于传

递函数极点的实部。因此，得出以下结论：

（1）如果所有闭环极点都在复平面的左半平面内，即所有闭环系统极点都具有负实部，则随着时间 $t \to \infty$，动态响应分量都将趋于零，系统的稳态响应分量 $y(\infty) = A_0$。这表明在闭环极点都位于复平面的左半平面内时，高阶系统单位阶跃响应的稳态响应分量与输入信号的变化规律一致。

（2）高阶系统的各个闭环极点对系统时域响应的影响程度与各个极点上的留数[式（3-42）中的 A_0、A_i、A_k]大小有关。对于相距很近的一对闭环零点和闭环极点，该极点对应的留数一般很小，此时系统时域响应 $y(t)$中与该极点相对应的动态响应分量可以忽略，即这一对靠得很近的闭环零点和闭环极点可以一起消去，这种情况称为偶极子相消。

如果闭环零点和闭环极点之间的距离比它们本身的模小一个数量级，那么这一对零点和极点就构成偶极子。偶极子的概念对控制系统的综合设计是很有用的，有时可以有目的地在系统中加入适当的零点，以抵消那些对动态性能影响较大的极点，使系统的性能得到改善。

（3）高阶系统的各个闭环极点对系统单位阶跃响应的影响程度是不相同的。在复平面虚轴左边，若系统极点离虚轴越远，则该极点对应的动态响应项衰减得越快，即对时域响应的影响时间越短；反之，距离虚轴很近的极点对应的动态响应影响时间越长。这表明在复平面虚轴左边，距离虚轴较近的极点对系统时域响应起主导作用。

在实际工程中，若系统有一个实数极点或一对复数极点距离虚轴最近，并且其附近没有闭环零点，而其他闭环极点与虚轴距离都比该极点或该对极点与虚轴的距离大 5 倍以上，这个实数极点或一对复数极点就称为闭环系统的主导极点。此时，系统的动态响应可近似地认为由闭环主导极点所产生。

综上所述，对高阶系统，如果能找到其一对共轭复数主导极点，就可以忽略其他远离虚轴的极点和那些偶极子的影响，从而可将高阶系统近似地用由主导极点对应的二阶系统表征。这时，高阶系统的性能就主要由这个二阶系统的性能决定。例如，某系统的传递函数为

$$\Phi(s) = \frac{\omega_{\mathrm{n}}^2 (s+z)}{(s^2 + 2\zeta\omega_{\mathrm{n}} s + \omega_{\mathrm{n}}^2)(s+p)}$$

其极点和零点在 s 平面内的分布如图 3.18 所示，若其极点和零点满足

$$\frac{z}{\zeta\omega_{\mathrm{n}}} > 5 \text{ 和 } \frac{p}{\zeta\omega_{\mathrm{n}}} > 5$$

则传递函数可近似地表示为

$$\Phi(s) \approx \frac{z\omega_{\mathrm{n}}^2}{p(s^2 + 2\zeta\omega_{\mathrm{n}} s + \omega_{\mathrm{n}}^2)}$$

需要注意的是，利用上述消去偶极子和消去远离主导极点的极点等方法，可以实现高阶系统的降阶，但要求保持系统的稳态增益不变。因此，对高阶系统进行降阶处理时，首先要将其中的各个因子表示为典型环节的形式。

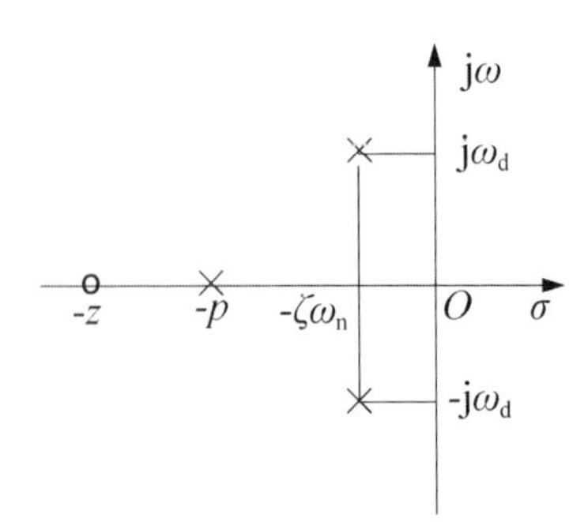

图 3.18　系统的极点和零点在 s 平面内的分布

【例 3-7】试计算如下高阶系统的单位阶跃响应。

$$\frac{y(s)}{u(s)}=\frac{s+1}{(s+4)(s^2+s+1)}$$

解：该系统是三阶系统，三个极点分别是 $s_1=-4$ 和 $s_{2,3}=-\frac{1}{2}\pm \mathrm{j}\frac{\sqrt{3}}{2}$。因此，在单位阶跃信号作用下，则

$$y(s)=\frac{s+1}{s(s+4)(s^2+s+1)}=\frac{1/4}{s}+\frac{3/52}{s+4}-\frac{(5s+2)/13}{\left(s+\frac{1}{2}\right)^2+\left(\frac{\sqrt{3}}{2}\right)^2}$$

$$=\frac{1/4}{s}+\frac{3/52}{s+4}-\frac{1}{26}\frac{10(s+\frac{1}{2})-1}{\left(s+\frac{1}{2}\right)^2+\left(\frac{\sqrt{3}}{2}\right)^2}$$

由拉氏逆变换可得出这个三阶系统的单位阶跃响应，即

$$y(t)=\frac{1}{4}+\frac{3}{52}\mathrm{e}^{-4t}-\frac{10}{26}\mathrm{e}^{-\frac{1}{2}t}\cos\frac{\sqrt{3}}{2}t+\frac{2}{39}\mathrm{e}^{-\frac{1}{2}t}\sin\frac{\sqrt{3}}{2}t$$

显然，由于 $|-4|>>\left|-\frac{1}{2}\right|$，因此上式可近似地表示为

$$y(t)=\frac{1}{4}-\frac{10}{26}\mathrm{e}^{-\frac{1}{2}t}\cos\frac{\sqrt{3}}{2}t+\frac{2}{39}\mathrm{e}^{-\frac{1}{2}t}\sin\frac{\sqrt{3}}{2}t$$

实际上，在 $|-4|/\left|-\frac{1}{2}\right|>5$ 这个条件下，这个三阶系统可近似地表示为由主导极点 $s_{2,3}=-\frac{1}{2}\pm \mathrm{j}\frac{\sqrt{3}}{2}$ 决定的二阶系统，即

$$\frac{y(s)}{u(s)}=\frac{s+1}{4(s^2+s+1)}$$

计算得出这个二阶系统的单位阶跃响应：

$$y(t)=\frac{1}{4}-\frac{2}{\sqrt{3}}\mathrm{e}^{-\frac{1}{2}t}\sin\left(\frac{\sqrt{3}}{2}t-\frac{\pi}{6}\right)$$

图 3.19 所示是三阶系统和近似的二阶系统的单位阶跃响应曲线。可以看出，降阶前后系统阶跃响应的差别是很小的。

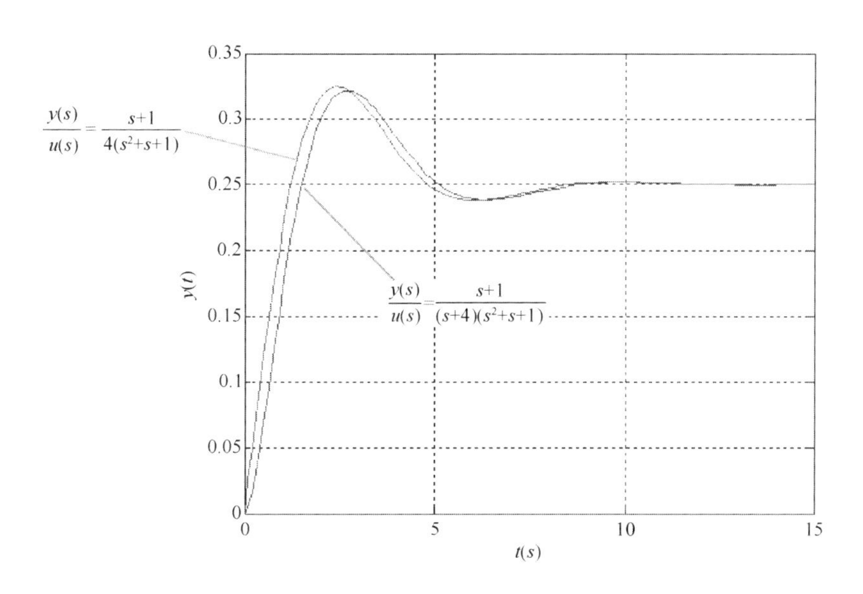

图 3.19　三阶系统和近似的二阶系统的单位阶跃响应曲线

3.6　控制系统的稳态误差

系统的稳态性能一般用稳态误差表示。在实际控制工程中，系统的稳态误差应在允许范围内。

3.6.1　稳态误差的概念

系统的期望输出信号 $y_{\mathrm{r}}(t)$ 与实际输出信号 $y(t)$ 之差称为系统误差，即

$$\varepsilon(t)=y_{\mathrm{r}}(t)-y(t) \tag{3-43}$$

对图 3.20 所示的反馈控制系统，其中的信号 $u(s)$、$d(s)$、$y(s)$分别是该系统的参考输入信号、干扰信号和实际输出信号。系统的参考输入信号 $u(s)$与主反馈信号 $b(s)$之差称为系统偏差，即

$$e(s)=u(s)-b(s) \tag{3-44}$$

根据反馈控制原理，偏差 $e(s)=0$ 时，就意味着系统的实际输出信号 $y(s)=y_{\mathrm{r}}(s)$，那么 $e(s)=u(s)-b(s)=u(s)-H(s)y_{\mathrm{r}}(s)=0$，则

$$y_{\mathrm{r}}(s)=\frac{1}{H(s)}u(s) \tag{3-45}$$

由式（3-43）、式（3-44）和式（3-45）可得系统误差 $\varepsilon(s)$ 与系统偏差 $e(s)$ 的关系式，即

$$\varepsilon(s)=\frac{1}{H(s)}e(s) \tag{3-46}$$

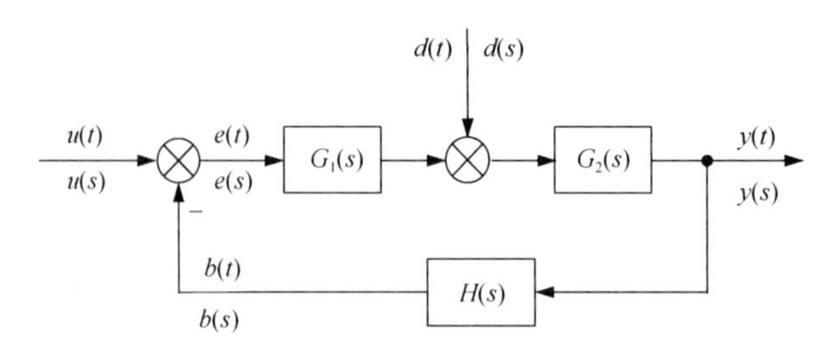

图 3.20　反馈控制系统的框图

上式表明，系统误差是系统偏差的主反馈传递函数的倒数倍。显然，对单位反馈控制（$H(s)=1$），系统误差与系统偏差相等。

系统的稳态误差是指系统误差的稳态值，定义为

$$\varepsilon_{\mathrm{s}}=\varepsilon(\infty)=\lim_{t\to\infty}\varepsilon(t) \tag{3-47a}$$

由拉氏变换的终值定理可得

$$\varepsilon_{\mathrm{s}}=\lim_{s\to0}s\varepsilon(s) \tag{3-47b}$$

同理，可定义系统的稳态偏差，即

$$e_{\mathrm{s}}=\lim_{s\to0}se(s)$$

由此可见，系统的稳态误差和稳态偏差是有区别的，只有在系统的主反馈传递函数为 1 时二者才相等。分析系统的稳态性能主要是为了掌握系统控制的准确性，由式（3-46）可知，系统偏差与系统误差成一定关系，在稳态情况下，即当$t\to\infty$（对应$s\to0$）时，$H(s)$为一常数，这表明系统的稳态误差与稳态偏差仅相差一个常数倍，在单位反馈情况下（当$H(s)=1$时）二者相等。因此，下面对系统的稳态误差和稳态偏差不加以区别，以此计算和分析系统的稳态性能。

3.6.2　系统的型次

图 3.20 所示的反馈控制系统的偏差为

$$e(s)=\frac{u(s)-G_2(s)H(s)d(s)}{1+G_1(s)G_2(s)H(s)}$$

令$d(t)=0$，则根据拉氏变换的终值定理，可计算出该系统在参考输入信号 $u(t)$作用下的稳态误差，即

$$e_{\mathrm{s}}=\lim_{s\to0}\frac{su(s)}{1+G_1(s)G_2(s)H(s)} \tag{3-48}$$

令 $u(t)=0$，可计算出系统因干扰信号 $d(t)$引起的稳态误差，即

$$e_{\mathrm{s}}=\lim_{s\to0}\frac{-G_2(s)H(s)sd(s)}{1+G_1(s)G_2(s)H(s)} \tag{3-49}$$

在控制工程中，可以按照系统输出信号跟踪典型输入信号的精度对系统进行评价，系统的稳态误差就是这种跟踪精度的表征。由系统在参考输入信号作用下的稳态误差计

算式，即由式（3-48）可知，系统的稳态误差取决于系统的输入信号特征和开环传递函数 $G_1(s)G_2(s)H(s)$（系统结构参数）。由于系统开环传递函数的时间常数形式一般为

$$G_1(s)G_2(s)H(s)=\frac{K\prod_{i=1}^{r_1}(T_i s+1)\prod_{j=1}^{r_2}(T_j^2 s^2+2\zeta_j T_j+1)}{s^v\prod_{k=1}^{q_1}(T_k s+1)\prod_{l=1}^{q_2}(T_l^2 s^2+2\zeta_l T_l s+1)}$$

因此

$$\lim_{s\to 0}G_1(s)G_2(s)H(s)=\lim_{s\to 0}\frac{K}{s^v}$$

式中，K 为系统的开环增益；v 为系统开环传递函数中所含积分环节的个数，又称为系统型次。这表明系统开环传递函数对其稳态误差的影响主要取决于所含积分环节的个数 v。因此，在控制工程中，就用系统开环传递函数所含积分环节的个数对系统进行分类，把系统开环传递函数中积分环节的个数为 0，1，2 的系统相应地称为 0 型系统、I 型系统、II 型系统，依此类推。

应当指出的是，这种分类法主要用于区分在典型信号输入信号作用下的系统是几阶有差系统或几阶无差系统。在下面的计算和分析中可以看到，增加系统型次会提高系统输出信号跟踪输入信号的精度，即可减小系统的稳态误差。但是，增加系统的型次又会使系统的稳定性变差。在控制工程中，要使 II 型系统稳定一般很困难，III 型或更高型次系统在实际工程中很少。

3.6.3　系统稳态误差的计算

1. 典型输入信号作用下的稳态误差

图 3.21 所示是典型输入信号作用下的反馈控制系统框图，其中的 $u(t)$是系统的输入信号，$e(t)$是系统的误差信号，$y(t)$是系统的输出信号。此时，系统的误差传递函数为

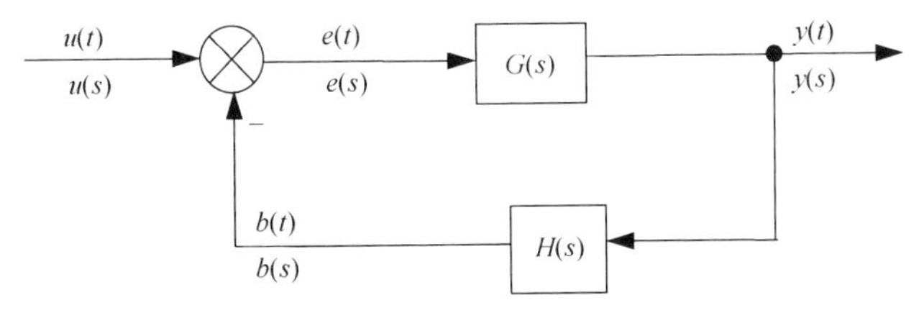

图 3.21　反馈控制系统框图

$$\varPhi_e(s)=\frac{e(s)}{u(s)}=\frac{1}{1+G(s)H(s)}$$

式中，$G(s)H(s)$为系统的开环传递函数。那么，按照拉氏变换的终值定理，系统在典型输入信号作用下的稳态误差为

$$e_s=\lim_{s\to 0}se(s)=\lim_{s\to 0}\frac{su(s)}{1+G(s)H(s)} \tag{3-50}$$

由上式可计算输入信号 $u(t)$为典型输入信号时的系统稳态误差。

1）阶跃信号输入作用下的稳态误差

当系统输入信号是阶跃信号，即 $u(t)=R$（常数）时，$u(s)=R/s$。那么，由式（3-50）可知，系统在阶跃信号输入作用下的稳态误差为

$$e_s=\lim_{s\to0}\frac{s\frac{R}{s}}{1+G(s)H(s)}=\frac{R}{1+\lim\limits_{s\to0}G(s)H(s)} \tag{3-51}$$

定义

$$K_p=\lim_{s\to0}G(s)H(s) \tag{3-52}$$

式中，K_p 为系统的静态位置误差系数。

可见，在阶跃信号输入作用下，各型次系统的稳态误差可由式（3-51）计算得到。

0 型系统：由 $K_p=\lim\limits_{s\to0}G(s)H(s)=K$（开环增益）可知，

$$e_s=\frac{R}{1+K_p}$$

I 型及更高型次系统：由 $K_p=\lim\limits_{s\to0}G(s)H(s)=\infty$ 可知，$e_s=0$

以上分析结果表明，在输入信号为阶跃信号时，0 型系统是有差系统，I 型或更高型次系统是无差系统。对有差系统，提高系统的静态位置误差系数 K_p 值，就能减小其稳态误差值。

2）速度信号输入作用下的稳态误差

当系统输入信号是速度信号，即 $u(t)=Rt$（R 为常数）时，$u(s)=R/s^2$。那么，由式（3-50）可知，系统在速度信号输入作用下的稳态误差为

$$e_s=\lim_{s\to0}\frac{s\frac{R}{s^2}}{1+G(s)H(s)}=\frac{R}{\lim\limits_{s\to0}sG(s)H(s)} \tag{3-53}$$

定义

$$K_v=\lim_{s\to0}sG(s)H(s) \tag{3-54}$$

式中，K_v 为系统的静态速度误差系数。那么，在速度信号输入作用下，各型次系统的稳态误差可由式（3-53）计算得到。

0 型系统：由 $K_v=\lim\limits_{s\to0}sG(s)H(s)=0$ 可知，$e_s=\infty$

I 型系统：由 $K_v=\lim\limits_{s\to0}sG(s)H(s)=K$（开环增益）可知，$e_s=\dfrac{R}{K_v}$

II 型或更高型次系统：由 $K_v=\lim\limits_{s\to0}sG(s)H(s)=\infty$ 可知，$e_s=0$

上述情况表明，0 型系统不能跟踪速度输入信号。I 型系统对速度输入信号有跟踪能力，但存在跟踪误差，其大小与系统开环增益 K 成反比，与输入斜率 R 成正比。II 型及更高型次系统的输出信号具有无差别跟踪速度输入信号的能力。

3）加速度信号输入作用下的稳态误差

当系统输入信号是加速度信号，即$u(t)=\frac{1}{2}Rt^2$（R 为常数）时，$u(s)=R/s^3$。那么，由式（3-50）可知，系统在加速度信号输入作用下的稳态误差为

$$e_s=\lim_{s\to0}\frac{s\frac{R}{s^3}}{1+G(s)H(s)}=\frac{R}{\lim\limits_{s\to0}s^2G(s)H(s)} \tag{3-55}$$

定义

$$K_a=\lim_{s\to0}s^2G(s)H(s) \tag{3-56}$$

式中，K_a为系统的静态加速度误差系数。那么，在加速度信号输入作用下，各型次系统的稳态误差可由式（3-55）计算得到

0 型和 I 型系统：由$K_a=\lim\limits_{s\to0}s^2G(s)H(s)=0$可知，$e_s=\infty$

II 型系统：由$K_a=\lim\limits_{s\to0}s^2G(s)H(s)=K$（开环增益）可知，

$$e_s=\frac{R}{K_a}$$

可见，0 型和 I 型系统不能跟踪加速度信号，II 型系统可以跟踪加速度信号，但存在跟踪误差，其大小与系统开环增益 K 成反比，与 R 值成正比。

表 3-1 中的 K 是闭环控制系统的开环增益，该表分别给出了 0 型、I 型、II 型系统在阶跃信号、速度信号、加速度信号输入作用下的稳态误差。可以看出，不同类型的系统在不同输入信号作用下的稳态误差是不同的。对有界的有差系统，其静态误差系数越大，对应的稳态误差就越小。由于静态误差系数的大小取决于系统的开环增益，因此系统开环增益大，对应的稳态误差就小，即适当增大系统的开环增益可以减小稳态误差。对同一输入信号，系统型次高，稳态误差就小，即提高系统型次可减小稳态误差；系统稳态误差无穷大，表明系统无法跟踪输入信号。

表 3-1　系统的稳态误差与系统类型、各种静态误差系数、输入信号的关系

系统类型	静态位置误差系数 K_p	静态速度误差系数 K_v	静态加速度误差系数 K_a	不同输入信号作用下的稳态误差		
				阶跃信号	速度信号	加速度信号
0 型	K	0	0	$\frac{R}{1+K}$	∞	∞
I 型	∞	K	0	0	$\frac{R}{K}$	∞
II 型	∞	∞	K	0	0	$\frac{R}{K}$

从表 3-1 可以看出，虽然增大开环增益和提高系统型次都可减小系统的稳态误差，但是都可能使系统时域动态响应过程的振荡增强，甚至使系统变得不稳定。此外，实际工程控制系统的输入信号极少是单一的典型输入信号，在某些情况下，可以认为其输入信号是几种典型输入信号的组合。如果设实际工程控制系统的输入信号为$u(t)$，其各阶导数存在且变化较缓，那么在初始时刻$t=0$，把该输入信号按泰勒级数展开，可近似地得到

$$u(t)=u(0)+\dot{u}(0)t+\frac{1}{2!}\ddot{u}(0)t^2+\cdots$$
$$\approx R_0+R_1t+\frac{1}{2}R_2t^2$$

此时，输入信号$u(t)$可以近似地看作阶跃信号、速度信号和加速度信号的合成。那么，根据线性系统的叠加原理，对应于每种典型输入信号的稳态误差e_s可由表 3-1 查出，系统总的稳态误差为这些典型输入信号分别作用下的误差之和。

【例 3-8】设单位反馈控制系统的开环传递函数为

$$G(s)=\frac{10}{s(0.1s+1)}$$

设输入信号为$u(t)=10+2t$，试计算该系统的稳态误差。

解：可通过两种方法计算该系统的稳态误差。

（1）通过静态误差系数方法计算该系统的稳态误差。

由于该系统的输入信号是阶跃信号和速度信号的组合，并且该系统是 I 型系统，因此可由表 3-1 查得

$$K_p=\lim_{s\to 0}G(s)=\infty$$
$$K_v=\lim_{s\to 0}sG(s)=10$$

由阶跃信号引起的稳态误差e_{s1}为

$$e_{s1}=\frac{10}{1+K_p}=0$$

由速度信号引起的稳态误差e_{s2}为

$$e_{s2}=\frac{2}{K_v}=0.2$$

从而可得系统的稳态误差e_s，即

$$e_s=e_{s1}+e_{s2}=0.2$$

（2）通过拉氏变换的终值定理计算系统的稳态误差。

由于单位反馈控制系统的误差传递函数为

$$\varPhi_e(s)=\frac{e(s)}{u(s)}=\frac{1}{1+G(s)}$$

该系统输入信号的拉氏变换为

$$u(s)=\frac{10}{s}+\frac{2}{s^2}$$

依据已知的 $G(s)$，则

$$e(s)=\frac{1}{1+G(s)}u(s)=\frac{s(0.1s+1)}{0.1s^2+s+10}\left(\frac{10}{s}+\frac{2}{s^2}\right)$$

由拉氏变换的终值定理计算得到系统的稳态误差，即

$$e_s=\lim_{s\to 0}se(s)=\lim_{s\to 0}\frac{s^2(0.1s+1)}{0.1s^2+s+10}\left(\frac{10}{s}+\frac{2}{s^2}\right)=0.2$$

2. 干扰信号作用下的稳态误差

实际工程控制系统的输入信号一般包含给定的输入信号和干扰信号，前面主要针对系统在给定的输入信号作用下的稳态误差进行计算和分析，其稳态误差大小反映系统输出信号跟踪给定输入信号的能力。在干扰信号作用下，系统的输出信号也必然会产生稳态误差，其大小反映系统抵抗干扰影响的能力。

人们总是希望由干扰信号引起的稳态误差为零，这一要求在实际工程控制系统中是难以达到的。仅从信号的作用位置来看，实际工程控制系统的给定输入信号和干扰信号作用于系统的位置一般是不同的，即使系统在给定输入信号作用下的稳态误差为零，也不能保证与给定输入信号有相同形式的干扰信号引起的稳态误差为零。因此，需要对系统在干扰信号作用下的稳态误差进行分析。

图 3.20 所示的系统同时受到给定的输入信号 $u(s)$和干扰信号 $d(s)$的作用，它们的共同作用引起的误差 $e(s)$为

$$e(s)=\frac{u(s)-G_2(s)H(s)d(s)}{1+G_1(s)G_2(s)H(s)} \tag{3-57}$$

这时，系统的稳态误差为

$$e_{\mathrm{s}}=e_{\mathrm{su}}+e_{\mathrm{sd}}=\lim_{s\to0}\frac{su(s)}{1+G_1(s)G_2(s)H(s)}+\lim_{s\to0}\frac{-sG_2(s)H(s)d(s)}{1+G_1(s)G_2(s)H(s)} \tag{3-58}$$

式中，

$$e_{\mathrm{su}}=\lim_{s\to0}\frac{su(s)}{1+G_1(s)G_2(s)H(s)} \tag{3-59}$$

$$e_{\mathrm{sd}}=\lim_{s\to0}\frac{-sG_2(s)H(s)d(s)}{1+G_1(s)G_2(s)H(s)} \tag{3-60}$$

式中，e_{su} 为给定输入信号引起的稳态误差，e_{sd} 为干扰信号引起的稳态误差。式（3-60）是计算干扰信号引起的稳态误差的基本公式。对时间常数形式的系统开环传递函数，由式（3-60）可得

$$e_{\mathrm{sd}}=\frac{\lim\limits_{s\to0}[-sG_2(s)H(s)d(s)]}{1+\lim\limits_{s\to0}\frac{K}{s^v}}$$

式中，K 为系统的开环增益，v 是开环传递函数所含积分环节的个数（系统型次）。因此，增加系统开环增益和提高系统型次均可减小系统在干扰信号作用下的稳态误差。

【例 3-9】 试计算图 3.22 所示的单位反馈系统的稳态误差。已知 $u(t)=4+6t$，$d(t)=-1(t)$。若要求减小干扰信号引起的稳态误差，应采取什么措施？

解： 由图 3.22 可计算得到

$$e(s)=\frac{s(s+2)u(s)-K_2d(s)}{s(s+2)+K_1K_2}$$

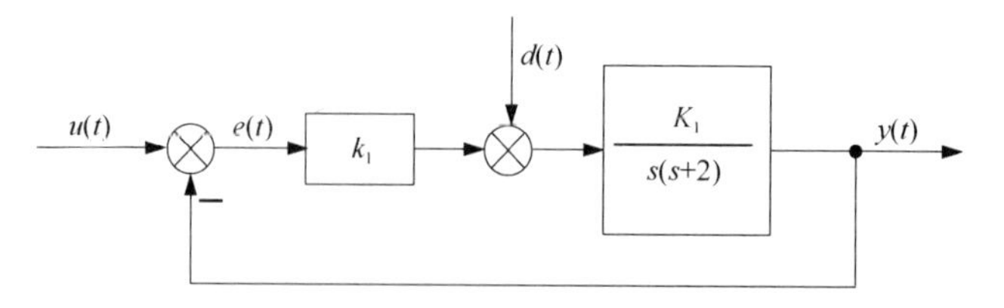

图 3.22　单位反馈控制系统框图

$u(s)=\dfrac{4}{s}+\dfrac{6}{s^2}=\dfrac{4s+6}{s^2}$，$d(s)=-\dfrac{1}{s}$，把它们代入上式，得

$$e_s=\lim_{s\to 0}se(s)=\lim_{s\to 0}s\frac{s(s+2)\dfrac{4s+6}{s^2}+K_2\dfrac{1}{s}}{s(s+2)+K_1K_2}=\frac{12+K_2}{K_1K_2}$$

由干扰信号 $d(s)$引起的误差为

$$e_d(s)=\frac{-K_2d(s)}{s(s+2)+K_1K_2}$$

则

$$e_{sd}=\lim_{s\to 0}se_d(s)=s\frac{-K_2\left(-\dfrac{1}{s}\right)}{s(s+2)+K_1K_2}=\frac{1}{K_1}$$

可见，增加前馈通道上的增益 K_1，可有效减少干扰信号引起的稳态误差。

3.6.4　提高系统稳态精度的方法

增加系统的开环增益和提高系统型次都可以减小或消除系统的稳态误差，但是会影响系统的动态性能，而且单靠增加开环增益或提高系统型次还不能满足实际控制的精度要求。这时，需要采用其他一些方法，如前馈控制（也称为顺馈控制）等方法对系统误差进行补偿。

前馈控制是指在系统输入端，通过设置前馈控制器把前馈控制信号引入系统中的某个位置，以减小给定输入信号引起的稳态误差，或者补偿扰动信号对系统输出信号的影响。在这样的控制系统中，开环控制与闭环控制并存，称之为复合控制。这种前馈控制（补偿）方法既改善了系统的稳态性能，又不改变系统的动态性能，常把该方法应用在控制精度要求较高的复合控制系统中，如图 3.23 所示。

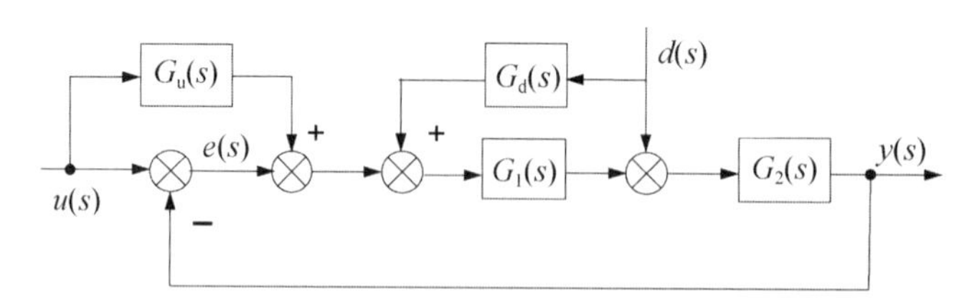

图 3.23　具有前馈控制器的复合控制系统

在图 3.23 中，$u(s)$、$d(s)$、$y(s)$分别是系统的给定输入信号、干扰信号和输出信号；$G_u(s)$、$G_d(s)$分别是对应参考输入和干扰输入的前馈控制器。计算可得系统的误差为

$$e(s)=\frac{(1-G_1G_2G_u)u(s)-(G_2+G_1G_2G_d)d(s)}{1+G_1G_2}=e_u(s)+e_d(s) \tag{3-61}$$

式中，$e_u(s)$、$e_d(s)$ 分别为参考输入 $u(s)$和干扰输入 $d(s)$引起的误差，即有

$$e_u(s)=\frac{(1-G_1G_2G_u)u(s)}{1+G_1G_2} \tag{3-62}$$

$$e_d(s)=\frac{-(G_2+G_1G_2G_d)d(s)}{1+G_1G_2} \tag{3-63}$$

可见，为了实现 $e_u(s)=0$ 和 $e_d(s)=0$，两者对应的前馈控制器的传递函数应为

$$G_u(s)=\frac{1}{G_1(s)G_2(s)} \tag{3-64}$$

$$G_d(s)=-\frac{1}{G_1(s)} \tag{3-65}$$

只要按式（3-64）设计前馈控制器 $G_u(s)$就可消除给定输入信号作用下的系统稳态误差；只要按式（3-65）设计前馈控制器 $G_d(s)$就可消除干扰输入引起的稳态误差。显然，这种前馈控制方法对消除任意输入信号引起的稳态误差都有效，但是按式（3-64）或式（3-65）设计实际的前馈控制器有难度，实际系统只能近似地满足式（3-64）或式（3-65）的条件，因为实际系统或装置的传递函数的分母多项式阶次不可能小于分子多项式阶次。

【例 3-10】某一控制系统框图如图 3.24 所示，已知输入信号为 $u(t)=t$。试分析前馈控制器在什么条件下，系统输出信号才能无误差地跟踪输入信号。

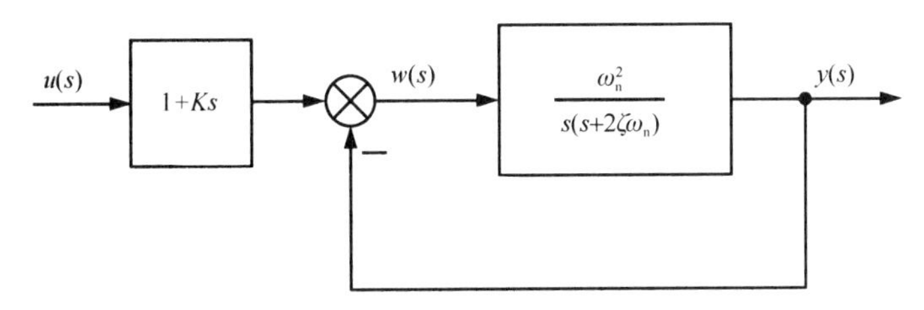

图 3.24　控制系统框图

解：由系统误差的定义可知，

$$e(s)=u(s)-y(s)$$

由图 3.24 计算得到

$$y(s)=\frac{\omega_n^2(1+Ks)}{s^2+2\zeta\omega_n s+\omega_n^2}u(s)$$

已知 $u(s)=\frac{1}{s^2}$，则该系统的误差为

$$e(s)=\frac{s(s+2\zeta\omega_n-\omega_n^2K)}{s^2+2\zeta\omega_n s+\omega_n^2}\frac{1}{s^2}$$

由拉氏变换的终值定理计算得到系统的稳态误差，即

$$e_s=\lim_{s\to 0}se(s)=\frac{s^2(s+2\zeta\omega_n-\omega_n^2K)}{s^2+2\zeta\omega_n s+\omega_n^2}\frac{1}{s^2}=\frac{2\zeta}{\omega_n}-K$$

由上式可知，当前馈控制器中的开环增益 $K=\frac{2\zeta}{\omega_n}$ 时，该系统的输出信号可以无误差地跟踪输入信号 $u(t)=t$。

注意：图 3.24 中的信号 $w(s)$ 与系统误差信号 $e(s)$ 是不一样的，此时它们的关系如图 3.25 所示，该图是图 3.24 的等效变换图。

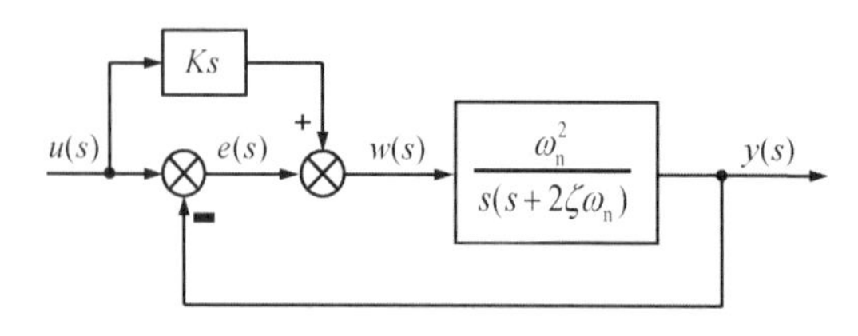

图 3.25　图 3.24 的等效变换图

3.7　控制系统的稳定性分析

稳定性是控制系统的一项重要性能，它是控制系统正常运行的必要条件，分析控制系统的稳定性是控制工程基础的基本任务。

3.7.1　稳定性的概念

图 3.26 所示为一个稳定的单摆。假设该单摆在外力作用下，由初始平衡位置 a 向左偏离到新的位置 b。当外力消失以后，单摆就作自由运动，由位置 b 向右回到初始平衡位置 a，并在惯性力作用下穿越初始平衡位置 a 继续向右运动到最高位置 c。然后，单摆又开始向左运动，进行往复摆动。由于系统阻尼和摩擦作用，经过一定时间之后，单摆的这种往复摆动幅度不断减小，最终会停在平衡位置 a。系统受外力作用偏离原来的平衡状态，当外力作用消失后又能自动恢复到平衡状态的属性称为系统的稳定性。在外力作用消失后，单摆能自动恢复原来的平衡状态（静止），那么单摆系统是稳定的。

图 3.27 所示为一个不稳定的倒立摆，该倒立摆在位置 d 的状态也是平衡的。当倒立摆受到外力作用使其偏离平衡位置 d 后，即使外力消失了，该倒立摆的自由运动也不会回到原来的平衡位置 d。这种在没有外力作用下不能自动恢复原来平衡状态的系统称为不稳定的系统。显然，倒立摆所构成的系统是不稳定的。

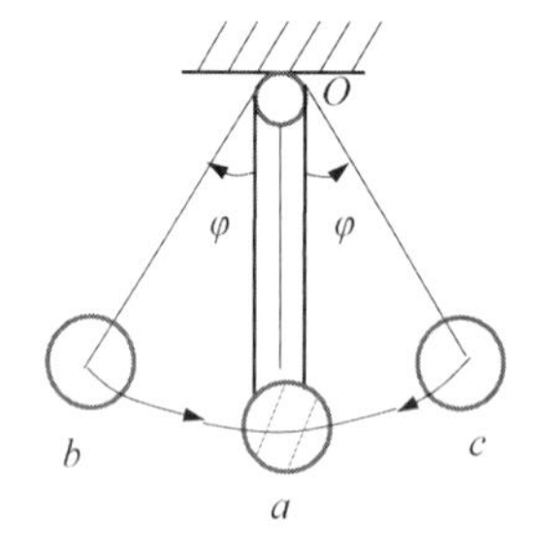

图 3.26　稳定的单摆

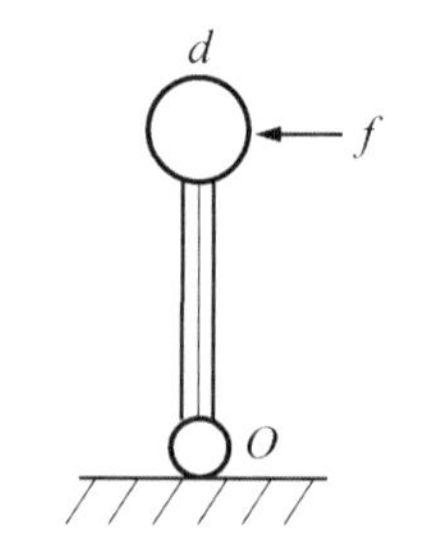

图 3.27　不稳定的倒立摆

以上两个实例说明，系统的稳定性反映的是外力作用消失后的系统自由运动的特性。外力作用消失时刻的单摆位置与其平衡位置的偏差可以认为是初始偏差，在外力作用消失后单摆随着时间的推移逐步回到平衡位置，表示其位置偏差不断减小并趋向于零，即表明单摆的自由运动随时间推移而逐渐衰减并趋向于零。因此，系统的稳定性就是指系统在初始状态影响下的状态变化特性，它是系统自身的固有特性，取决于系统自身的结构参数，与外力作用无关。

我们知道，状态变量 $\boldsymbol{X}(t)$是描述系统运动特征的量。因此，分析系统的稳定性就是分析系统状态变量在初始状态影响下的运动特性。由第 2 章介绍的线性系统状态方程可知，没有外力作用下的线性系统状态方程为

$$\frac{\mathrm{d}\boldsymbol{X}(t)}{\mathrm{d}t}=A\boldsymbol{X}(t) \tag{3-66}$$

式中，$\boldsymbol{X}(t)=\left[x_1(t) \quad x_2(t) \quad \cdots \quad x_n(t)\right]^{\mathrm{T}}$ 是系统的 n 维状态变量，系统矩阵 $\boldsymbol{A}$ 是 $n\times n$ 阶常数矩阵。

对式（3-66）表示的线性系统，如果用$\left\|\boldsymbol{X}_a(t)-\boldsymbol{X}_b(t)\right\|$表示系统 n 维状态空间中的状态点 $\boldsymbol{X}_a(t)$ 与状态点 $\boldsymbol{X}_b(t)$ 之间的距离，那么按照李雅普诺夫在 1892 年提出的稳定性理论，可得出线性系统稳定性的定义。

稳定性定义：设 $\boldsymbol{X}_{\mathrm{e}}$ 是系统的平衡状态，若从初始状态 $\boldsymbol{X}(t_0)$开始运动的状态 $\boldsymbol{X}(t)$满足

$$\lim_{t\to\infty}\left\|\boldsymbol{X}(t)-\boldsymbol{X}_{\mathrm{e}}\right\|=M \quad （M\text{ 为有界数}） \tag{3-67}$$

则认为系统的平衡状态 X_{e} 是稳定的，简称系统稳定。这就是李雅普诺夫稳定性定义。

可见，系统稳定就是指系统的状态运动是有界运动。若式（3-67）中的$M=0$，则系统的状态运动收敛于平衡状态 $\boldsymbol{X}_{\mathrm{e}}$，这种系统稳定称为渐近稳定；若 $M\to\infty$，则系统的状态运动是发散的，系统不稳定；若 $M\neq 0$ 且有界，则系统的状态运动被限制于某个区域。在实际工程中，会遇到系统的状态运动是等幅振荡运动的情况，此时按照以上稳定性定义，系统仍是稳定的，这种稳定称为临界稳定。在控制工程中，很多情况下把临界稳定视为不稳定，因为临界稳定系统的持续振荡运动在很多时候是不能保证系统正常工作的。

在实际应用中，不但要求系统稳定，还需要它有一定的稳定程度，系统稳定程度的高低会影响系统的动态响应特性。这里，仅对系统稳定性判别问题进行讨论，关于系统稳定程度的讨论将在第 5 章中进行。

3.7.2　系统稳定的条件

按照系统稳定性的定义，若系统状态运动的时间历程总是有界的，则系统是稳定的。因此，可以考虑用一个由系统状态变量描述的标量函数及其变化分析系统状态运动是否有界。基于这种思想，李雅普诺夫提出了判别系统稳定性的定理，就是判别系统稳定性的充分条件。

系统稳定的充分条件：在以状态空间原点为系统平衡点的邻域内，若能由状态变量 $\boldsymbol{X}(t)$构建一个标量函数$V(\boldsymbol{X}(t),t)>0$，并且$\dfrac{\mathrm{d}V(\boldsymbol{X}(t),t)}{\mathrm{d}t}<0$，则该平衡点是渐近稳定的。

只要能找到或构建出满足这个系统稳定充分条件的正标量函数$V(\boldsymbol{X}(t),t)$，就可判断系统是稳定的。实际上，这个正标量函数$V(\boldsymbol{X}(t),t)$可理解为是“能量”函数，因为系统的“能量”总是正值，并且在没有任何外界输入作用下，系统“能量”的变化若是减小的，就意味着系统状态的运动是有界或收敛的。

我们知道，很多能量可用系统状态变量的平方表示。例如，对电能可用电流的平方或电压的平方表示；对机械能，可用速度的平方表示。那么，对于线性系统的状态变量$\boldsymbol{X}(t)$，可构建以下函数作为系统的标量函数。

$$V(\boldsymbol{X}(t),t)=x_1^2(t)+x_2^2(t)+\cdots+x_n^2(t)\triangleq \boldsymbol{X}^{\mathrm{T}}(t)\cdot\boldsymbol{X}(t)$$

显然，$V(\boldsymbol{X}(t),t)>0$。

【例 3-11】试分析以下单输入线性系统的稳定性。

$$\begin{bmatrix}\dot{x}_1(t)\\ \dot{x}_2(t)\end{bmatrix}=\begin{bmatrix}-2 & -1\\ 1 & -4\end{bmatrix}\begin{bmatrix}x_1(t)\\ x_2(t)\end{bmatrix}+\begin{bmatrix}0\\ 1\end{bmatrix}u(t)$$

解：在分析系统稳定性时，可认为系统输入信号 $u(t)=0$。这样，系统的状态方程就可表示为

$$\begin{bmatrix}\dot{x}_1(t)\\ \dot{x}_2(t)\end{bmatrix}=\begin{bmatrix}-2 & -1\\ 1 & -4\end{bmatrix}\begin{bmatrix}x_1(t)\\ x_2(t)\end{bmatrix}$$

或

$$\begin{cases}\dot{x}_1(t)=-2x_1(t)-x_2(t)\\ \dot{x}_2(t)=x_1(t)-4x_2(t)\end{cases}$$

为了判别该系统的稳定性，构建以下标量函数：

$$V(\boldsymbol{X}(t),t)=x_1^2(t)+x_2^2(t)$$

显然，当$x_1(t)$和$x_2(t)$不同时为零时，$V(\boldsymbol{X}(t),t)>0$。结合$\dot{x}_1(t)$和$\dot{x}_2(t)$的表达式，可计算得到

$$\frac{\mathrm{d}V(\boldsymbol{X}(t),t)}{\mathrm{d}t}=2x_1\dot{x}_1+2x_2\dot{x}_2=-4x_1^2-8x_2^2$$

可见，当$x_1(t)$和$x_2(t)$不同时为零时，$\dfrac{\mathrm{d}V(\boldsymbol{X}(t),t)}{\mathrm{d}t}<0$，满足系统稳定的充分条件。因此，该系统是稳定的。

应当注意，当构建的标量函数$V(\boldsymbol{X}(t),t)$不满足系统稳定的充分条件时，不能下结论认为系统是不稳定的，需要继续构建出或找到满足系统稳定充分条件的函数$V(\boldsymbol{X}(t),t)$。因此，系统稳定充分条件的应用受制于所寻找或构建的标量函数$V(\boldsymbol{X}(t),t)$。多数情况下，这不是一件容易的事。

根据系统稳定性的定义，系统稳定就意味着系统在没有任何外界输入作用下，由初始状态引起的状态变化（运动）有界或衰减。那么，可直接考察系统在没有外界输入作用下的状态变化。由式（3-11）知道，线性系统在没有外界输入作用时，由初始状态$\boldsymbol{X}(0)$引起的系统状态变化为（$\boldsymbol{X}(t_0)\big|_{t_0=0}=\boldsymbol{X}(0),\boldsymbol{X}(t)\in\mathbf{R}^n$）

$$\boldsymbol{X}(t)=\mathrm{e}^{\boldsymbol{A}t}\boldsymbol{X}(0) \tag{3-68a}$$

式中，$\boldsymbol{A}\in\mathbf{R}^{n\times n}$ 是由系统结构及参数决定的常数矩阵，$\mathrm{e}^{\boldsymbol{A}t}=\boldsymbol{\phi}(t)\in\mathbf{R}^{n\times n}$ 是系统的状态转移矩阵，可由式（3-12）计算得到。实际上，式（3-68a）是由 n 个方程构成的方程组，可表示为

$$\begin{bmatrix} x_1(t) \\ \vdots \\ x_n(t) \end{bmatrix}=\begin{bmatrix} \phi_{11}(t) & \cdots & \phi_{1n}(t) \\ \vdots & \vdots & \vdots \\ \phi_{n1}(t) & \cdots & \phi_{nn}(t) \end{bmatrix}\begin{bmatrix} x_1(0) \\ \vdots \\ x_n(0) \end{bmatrix} \tag{3-68b}$$

或为

$$\begin{cases} x_1(t)=\phi_{11}(t)x_1(0)+\phi_{12}(t)x_2(0)+\cdots+\phi_{1n}(t)x_n(0) \\ \qquad\cdots\qquad\cdots \\ x_n(t)=\phi_{na}(t)x_1(0)+\phi_{n2}(t)x_2(0)+\cdots+\phi_{nn}(t)x_n(0) \end{cases} \tag{3-68c}$$

对由状态空间表达式描述的系统，可定义此类系统的特征多项式为式（3-69），其中 $\boldsymbol{I}\in\mathbf{R}^{n\times n}$ 是单位矩阵，s 是复变量。

$$|s\boldsymbol{I}-\boldsymbol{A}|=a_n s^n+a_{n-1}s^{n-1}+\cdots+a_1 s+a_0 \tag{3-69}$$

此类系统的特征方程为

$$|s\boldsymbol{I}-\boldsymbol{A}|=a_n s^n+a_{n-1}s^{n-1}+\cdots+a_1 s+a_0=0 \tag{3-70}$$

实际上，系统的特征多项式就是系统传递函数的分母多项式，系统的特征根就是系统传递函数的极点。不失一般性，设式（3-70）的 n 个特征根 $p_i(i=1,2,\cdots,n)$ 是互不相同的实根，即 $p_i\neq p_j(i\neq j)$，那么，此时通过求解系统齐次状态方程，即式（3-9），可获得系统状态转移矩阵 $\mathrm{e}^{\boldsymbol{A}t}$，即

$$\mathrm{e}^{\boldsymbol{A}t}=\begin{bmatrix} \mathrm{e}^{p_1 t} & 0 & \cdots & 0 \\ 0 & \mathrm{e}^{p_2 t} & \ddots & \vdots \\ \vdots & \ddots & \ddots & 0 \\ 0 & \cdots & 0 & \mathrm{e}^{p_n t} \end{bmatrix}$$

这时 $\mathrm{e}^{\boldsymbol{A}t}$ 是对角线矩阵，可表示为 $\mathrm{e}^{\boldsymbol{A}t}=\mathrm{diag}(\mathrm{e}^{p_1 t}\ \cdots\ \mathrm{e}^{p_n t})$，则式（3-68a）、式（3-68b）和式（3-68c）可分别转化为

$$\begin{bmatrix} x_1(t) \\ x_2(t) \\ \vdots \\ x_n(t) \end{bmatrix}=\begin{bmatrix} \mathrm{e}^{p_1 t} & 0 & \cdots & 0 \\ 0 & \mathrm{e}^{p_2 t} & \ddots & \vdots \\ \vdots & \ddots & \ddots & 0 \\ 0 & \cdots & 0 & \mathrm{e}^{p_n t} \end{bmatrix}\begin{bmatrix} x_1(0) \\ x_2(0) \\ \vdots \\ x_n(0) \end{bmatrix} \tag{3-71a}$$

或

$$\begin{cases} x_1(t)=\mathrm{e}^{p_1 t}x_1(0) \\ x_2(t)=\mathrm{e}^{p_2 t}x_2(0) \\ \qquad\cdots\ \cdots \\ x_n(t)=\mathrm{e}^{p_n t}x_n(0) \end{cases} \tag{3-71b}$$

或

$$\boldsymbol{X}(t)=\mathrm{diag}(\mathrm{e}^{p_1 t}\ \cdots\ \mathrm{e}^{p_n t})\cdot\boldsymbol{X}(0) \tag{3-71c}$$

由以上分析可知，如果系统的所有特征根（系统传递函数的所有极点）$p_i(i=1,2,\cdots,n)$ 都小于零，$p_i<0$，那么由初始状态 $\boldsymbol{X}(0)$ 引起的系统状态运动满足 $\lim\limits_{t\to\infty}\boldsymbol{X}(t)=0$，表明此时系统是稳定的。同时还可看出，只要系统的一个特征根大于零，例如 $p_i>0$，对应的系统

状态 $x_i(t)$ 在时间 $t \to \infty$ 时就是发散的，表明系统是不稳定的。反之，如果系统是稳定的，按照稳定性定义可知 $\lim_{t\to\infty}\boldsymbol{X}(t)=0$，那么由式（3-71）可知，这时必有 $p_i<0$（$i=1,2,\cdots,n$）。

从线性系统在典型信号输入作用下的时域响应中也可得出以上结论，例如，前面给出的 n 阶系统在阶跃信号输入作用下的时域响应式（3-42），即

$$y(t)=A_0+\sum_{i=1}^{q}A_i\mathrm{e}^{-p_i t}+\sum_{k=1}^{2r}A_k\mathrm{e}^{-\zeta_k\omega_{nk}t}\sin(\omega_{dk}t+\beta_k) \tag{3-72}$$

式中，$n=q+2r$。

该式右边的指数响应项是只取决于系统结构及参数的动态响应项，与输入信号无关。其中的 $-p_i$ 是系统传递函数的实数极点，$-\zeta_k\omega_{nk}$ 是系统复数极点的实部。显然，当所有的 $-p_i<0$（$i=1,2,\cdots,q$）和所有的 $-\zeta_k\omega_{nk}<0$（$k=1,2,\cdots,r$）时，即系统传递函数的所有极点都位于复平面虚轴左边时，系统的这些指数响应项（或动态响应项）就随时间的推移不断衰减。经过充分长的时间后，系统的输出信号最终趋近于由输入信号引起的稳态响应 A_0 的一个无限小邻域，表明系统是稳定的。这表明，若系统稳定，则上式中的指数响应项必定收敛，对应的系统传递函数的所有极点应处于复平面虚轴的左边。

由此可知，系统稳定与否仅与系统结构及其参数有关，即取决于系统特征根的实部，与系统的输入信号和初始条件无关。若系统特征根均具有负实部，则系统稳定。系统只要有一个特征根是正数（或一对特征根的实部是正数），这个系统就不稳定。由此，可得出以下的系统稳定的充分必要条件。

系统稳定的充分必要条件：系统所有的特征根都位于复平面虚轴的左边，即系统所有的特征根都具有负实部。

可见，系统的稳定取决于系统特征根（极点）在复平面上的分布。以复平面虚轴为界，当系统的特征根全部位于虚轴左边时，系统稳定。特征根在虚轴左边距离虚轴越远时，根据式（3-71）和式（3-72），系统状态和时域响应随时间的推移衰减得越快。反之，这种衰减就越慢。这种衰减快慢的不同表明，系统的稳定性还存在差异。衰减慢，表明系统的稳定性差或稳定程度低，从时域响应看，就是所对应的动态响应分量的份额多。因此，从系统稳定程度来看，系统动态特性主要取决于距离虚轴近的特征根，正因为如此，对高阶系统，可用闭环主导极点描述其动态特性。

由式（3-72）还可看出，如果有一对共轭复数极点位于虚轴上，而其余极点均位于复平面的左半平面，那么这时系统的时域响应趋近于等幅振荡；如果有一个极点位于复平面的原点，而其余极点均位于复平面的左半平面，那么系统时域响应的动态分量趋近于某一恒定值。这种等幅振荡和动态分量不衰减为零的状态，就是所谓的临界稳定状态。

【例 3-12】设单位反馈控制系统的开环传递函数为

$$G(s)=\frac{k}{s(2s+1)} \quad (k>0)$$

试分析该系统是否稳定。

解：该系统的闭环传递函数为

$$\phi(s)=\frac{G(s)}{1+G(s)}=\frac{k}{s(2s+1)+k}=\frac{k}{2s^2+s+k}$$

则系统的特征方程为$D(s)=2s^2+s+k=0$，对应的两个特征根为

$$s_{1,2}=\frac{-1\pm\sqrt{1-8k}}{4}$$

显然，当$k>0$时，这两个特征根均具有（负）实部，因此系统稳定。实际上，当$k>1/8$时，这两个特征根是一对共轭复根；当$0<k\leqslant 1/8$时，这两个特征根是两个负实数根。

3.7.3　系统稳定性的劳斯判据

根据系统稳定的充分必要条件，判断系统是否稳定，可通过求解系统的特征方程，并分析其特征根是否具有负实部。目前用计算机对系统的特征方程求解比较容易，如果已知各个特征根的具体数值，就可知道各个特征根在复平面上分布的具体位置，从而判断系统是否稳定。但是，在没有计算机的时代，求解三阶以上特征方程（代数方程）的根不是一件容易的事。19 世纪末，劳斯（E. J. Routh）和赫尔维茨（Hurwitz）分别提出了根据系统特征方程的根与其系数之间的关系，判断系统特征根是否在复平面虚轴左边的方法，即判断特征根实部符号的方法。

设系统的特征方程为

$$D(s)=a_0s^n+a_1s^{n-1}+\cdots+a_{n-1}s+a_n=0 \tag{3-73}$$

根据特征方程各项的系数，列出如下的劳斯阵列表：

$$\begin{array}{c|ccccc}
s^n & a_0 & a_2 & a_4 & a_6 & \cdots \\
s^{n-1} & a_1 & a_3 & a_5 & a_7 & \cdots \\
\hline
s^{n-2} & b_1 & b_2 & b_3 & b_4 & \cdots \\
s^{n-3} & c_1 & c_2 & c_3 & \cdots & \\
\vdots & & \cdots & \cdots & & \\
s^2 & d_1 & d_2 & d_3 & & \\
s^1 & e_1 & e_2 & & & \\
s^0 & f_1 & & & &
\end{array}$$

表中，$b_1=-\dfrac{\begin{vmatrix}a_0 & a_2\\ a_1 & a_3\end{vmatrix}}{a_1}$，$b_2=-\dfrac{\begin{vmatrix}a_0 & a_4\\ a_1 & a_5\end{vmatrix}}{a_1}$，直至其余$b_i$项均为零。

$c_1=-\dfrac{\begin{vmatrix}a_1 & a_3\\ b_1 & b_2\end{vmatrix}}{b_1}$，$c_2=-\dfrac{\begin{vmatrix}a_1 & a_5\\ b_1 & b_3\end{vmatrix}}{b_1}$，直至其余$c_i$项均为零。

按此规律，一直计算到s^0所对应的行为止。然后，考察劳斯阵列表中的第一列系数的符号：

（1）若劳斯阵列表中的第一列系数的符号均相同，则说明系统的所有特征根都具有负实部，系统稳定。

（2）若劳斯阵列表中的第一列系数的符号不相同，则说明系统有正实部的特征根，系统不稳定。劳斯阵列表中的第一列系数符号从上到下变化的次数就是具有正实部特征根的个数。

【例 3-13】 设某系统的特征方程为 $s^4+2s^3+3s^2+4s+5=0$，试用劳斯判据判断该系统的稳定性。如果系统不稳定，请指出系统特征方程正实部根的个数。

解： 该系统劳斯阵列表如下。

s^4	1	3	5	0
s^3	2	4	0	
s^2	$\dfrac{2\times3-1\times4}{2}=1$	$\dfrac{2\times5-1\times0}{2}=5$	0	
s^1	$\dfrac{1\times4-2\times5}{1}=-6$	$\dfrac{1\times0-2\times0}{1}=0$	0	
s^0	$\dfrac{-6\times5-1\times0}{-6}=5$	0		

因为劳斯阵列表中的第一列系数符号不相同，所以该系统不稳定。又因为该表第一列系数的符号从上到下改变两次，所以该系统有两个实部为正的特征根。

可见，劳斯判据为分析系统的稳定性提供了便捷的方法。这种方法用于低阶系统的稳定性判断，很容易得出如下结论：

（1）对一阶系统 $a_0s+a_1=0$，系统稳定的充分必要条件是 a_0、a_1 的符号相同，并且两者均不为零。

（2）对二阶系统 $a_0s^2+a_1s+a_2=0$，系统稳定的充分必要条件是 a_0、a_1、a_2 的符号相同，并且三者均不为零。

注意： 在排列劳斯阵列表时，可能会遇到以下两种特殊情况：

（1）劳斯阵列表中的某一行第一个元素为零，其余不全为零。这种情况使劳斯阵列表无法继续向下列出系数。这时，可用一个绝对值很小、符号与上一行对应元素的符号相同的 ε 代替这个零，然后继续对劳斯阵列表进行排列。此时，若劳斯阵列表中的第一列元素符号不改变，则系统处于临界稳定状态，否则，系统不稳定。

（2）劳斯阵列表中的某一行所有系数均为零。这种情况也会使劳斯阵列表无法继续向下列出系数。这种情况的处理办法是，设劳斯阵列表中的第 k 行所有元素为零，先用 k-1 行的各元素（根据劳斯阵列表的排列规则）构建一个关于复变量 s 的辅助方程，然后对 s 求导，其系数作为全零行的元素，继续完成劳斯阵列表的排列。实际上，这个辅助方程的根也是系统的特征根，它在复平面上对称于原点分布，或是共轭虚根，或是大小相等且符号相反的实根，或是实部和虚部等值且符号相反的两对共轭复根。因此，在这种情况下，系统或是临界稳定的，或是不稳定的。

【例 3-14】 设系统特征多项式为 $D(s)=s^4+3s^3+4s^2+12s+6$，试判断该系统的稳定性。

解： 根据系统特征多项式的系数，列出劳斯阵列表。

s^4	1	4	16
s^3	3	12	
s^2	0	16	
s^1			
s^0			

由于 s^2 所在行的第一个元素为 0，而其他列的元素不全为 0，因此，此时无法向下计算 s^1 所在行的各元素数值。这时，可选择一个绝对值很小、符号与 s^3 所在行的第一个列元素（表中的 3）的符号相同的 ε 替代 s^2 所在行的第一个元素 0，然后，继续按劳斯阵列表的计算规则向下排列，最终的劳斯阵列表如下：

s^4	1	4	16
s^3	3	12	
s^2	ε	16	
s^1	$12-\frac{48}{\varepsilon}$	0	
s^0	16		

显然，由于 ε 为很小的正数（可认为 $\varepsilon \to 0$），因此，

$$12-\frac{48}{\varepsilon}\bigg|_{\varepsilon \to 0} < 0$$

可知，劳斯阵列表中的第一列元素的符号变化两次，表明有两个特征根具有正实部，可以判断该系统不稳定。

【例 3-15】 系统特征方程为 $D(s)=s^5+s^4+5s^3+5s^2+6s+6=0$，试判断该系统的稳定性。若该系统不稳定，试确定其特征方程正实部根的个数。

解： 列出劳斯阵列表。

s^5	1	5	6
s^4	1	5	6
s^3	0	0	0
s^2			
s^1			
s^0			

可知，s^3 行的元素均为 0，此时，可选择上一行（s^4 所在行）的各元素构成关于复变量 s 的辅助方程，即

$$s^4+5s^2+6=0$$

对 s 求导后得 $4s^3+10s^1=0$，该多项式的系数取代全零行，然后继续进行劳斯阵列表的排列，最后得到的劳斯阵列表如下：

s^5	1	5	6
s^4	1	5	6
s^3	4	10	0
s^2	5/2	6	0
s^1	2/5	0	
s^0	6	0	

显然，第一列元素均为正，因此，判断该系统是临界稳定的。实际上，也可以把上述辅助方程表示为

$$s^4+5s^2+6=(s^2+2)(s^2+3)=0$$

表明该系统有两对共轭虚根，同样可以判断该系统是临界稳定的。

3.7.4 劳斯判据的应用

应用劳斯判据不仅可以判断系统是否稳定，而且还可用于判断系统参数值某一范围内时系统是稳定的。当要求系统特征方程的根在某一范围内时，可用劳斯判据判断该系统参数应为何值；还可以根据系统临界稳定的条件，用劳斯判据确定系统振荡时的频率，例如，例 3-15 中的系统具有两个振荡频率，分别为$\sqrt{2}$ 和$\sqrt{3}$ 。

【例 3-16】已知单位反馈控制系统的开环传递函数为

$$G(s)=\frac{3K(s+1)}{s^2(s^2+3s+4)}$$

试分析该系统的稳定性。

解：根据已知条可得系统的闭环特征方程，即

$$s^4+3s^3+4s^2+3Ks+3K=0$$

列出劳斯阵列表：

s^4	1	4	$3K$	0
s^3	3	$3K$	0	
s^2	$\dfrac{3\times4-1\times3K}{3}=4-K$	$\dfrac{3\times3K-1\times0}{3}=3K$		
s^1	$\dfrac{(4-K)\times3K-3\times3K}{4-K}=\dfrac{3K(1-K)}{4-K}$	$\dfrac{(4-K)\times0-3\times0}{4-K}=0$		
s^0	$\dfrac{\dfrac{3K(1-K)}{4-K}\times3K-(4-K)\times0}{\dfrac{3K(1-K)}{4-K}}=3K$	0		

根据劳斯判据，若要使该系统稳定，则应同时满足以下 3 个条件，即

$$4-K>0，\quad \frac{3K(1-K)}{4-K}>0，\quad 3K>0$$

只有当$0<K<1$时，系统才是稳定的。

【例 3-17】设单位反馈控制系统框图如图 3.28 所示，试用劳斯判据确定能够使该系统稳定的开环增益 K 的取值范围。若要求闭环极点全部位于垂直线$s=-1$的左侧，则 K 的取值范围是多大？

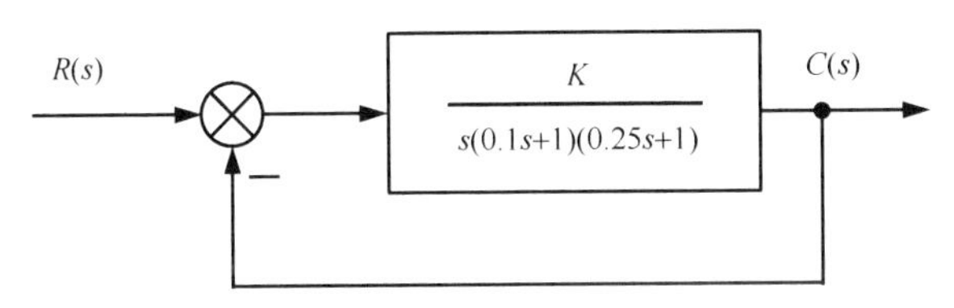

图 3.28　单位反馈控制系统框图

解：（1）该系统的闭环传递函数为

$$\Phi(s)=\frac{K^*}{s(s+4)(s+10)+K^*}$$

式中，$K^*=40K$，由此得到该系统的特征方程，即

$$s^3+14s^2+40s+K^*=0$$

相应的劳斯阵列表为

$$\begin{array}{c|cc} s^3 & 1 & 40 \\ s^2 & 14 & K^* \\ \hline s^1 & \dfrac{560-K^*}{14} & 0 \\ s^0 & K^* & \end{array}$$

为使系统稳定，应使下列条件成立，即

$$K^*>0,\qquad \frac{560-K^*}{14}>0$$

解得$0<K^*<560$，进而可知$0<K<14$。

（2）若要求该系统的闭环极点全部位于复平面上的垂直线$s=-1$的左侧，则可令$s=s_1-1$，把它代入原特征方程，得出$s_1^3+11s_1^2+15s_1+(K^*-27)=0$。相应的劳斯阵列表为

$$\begin{array}{c|cc} s^3 & 1 & 15 \\ s^2 & 11 & K^*-27 \\ \hline s^1 & \dfrac{165-(K^*-27)}{11} & 0 \\ s^0 & K^*-27 & \end{array}$$

根据系统稳定的要求可知，$27<K^*<192$，进而可知$0.675<K<4.8$。

3.8 控制系统的可控性和可观测性

从系统的状态空间表达式（3-7）和式（3-8）来看，系统的控制过程就是输入量$\boldsymbol{U}(t)$作用于系统，使系统内部的状态变量$\boldsymbol{X}(t)$变化，由状态变量的变化产生系统输出量$\boldsymbol{Y}(t)$。因此，系统的输入量对输出量的控制作用是由输入量对状态变量的控制来实现的。要有效地实现这个控制过程，就要求系统的每个状态变量$x(t)\in \boldsymbol{X}(t)$与输入量$\boldsymbol{U}(t)$和输出量$\boldsymbol{Y}(t)$有确定的关系。这样，输入量才可完全控制状态变量的变化，也就能完全控制系统输出量的变化。但是，在实际控制工程中，系统的每个状态变量$x(t)\in \boldsymbol{X}(t)$是否与输入量$\boldsymbol{U}(t)$和输出量$\boldsymbol{Y}(t)$有确定关系，这与系统结构密切相关，也与状态变量的选择有关。于是，有人提出了系统的可控性和可观测性问题。

系统的可控性和可观测性是两个重要的概念，分别反映系统的控制能力和观测能力，它是卡尔曼（Kalman）在1960年提出的。可控性用来描述系统输入量$\boldsymbol{U}(t)$对系统内部状态变量$\boldsymbol{U}(t)$的控制能力，如果输入量与系统内部的每个状态有关系，就表明输入量对系统内部的每个状态可实施控制。可观测性用来描述系统输出量$\boldsymbol{Y}(t)$对状态变量$\boldsymbol{X}(t)$的反映能力，如果输出量与系统内部的每个状态有关系，那么从输出量中就可“窥视”系统内部每个状态的变化。

3.8.1 可控性及其判断

1. 可控性的定义

如果在一个有限的时间间隔内（$t_0 \leqslant t \leqslant t_{\mathrm{f}}$），用一个无约束的控制输入量 $\boldsymbol{U}(t)$可以使系统的任一初始状态$\boldsymbol{X}(t_0)$转移到任意的终端状态$\boldsymbol{X}(t_{\mathrm{f}})$，就认为系统状态在时刻$t_0$是可控的；若系统状态$\boldsymbol{X}(t)$在所有时刻都是可控的，则认为系统状态是一致可控的。

在一个线性系统中，若状态变量$\boldsymbol{X}(t)\in \mathbf{R}^n$，状态方程$\dot{\boldsymbol{X}}(t)=\boldsymbol{AX}(t)+\boldsymbol{BU}(t)$，当系统的所有状态变量$x_i(t)\in \boldsymbol{X}(t)$，并且都是可控的，则认为系统是完全可控的，简称系统可控或$(\boldsymbol{A},\boldsymbol{B})$可控。否则，系统不可控，或系统状态部分可控。

由此可见，分析系统的可控性实质上就是分析系统状态的可控性，也就是分析系统输入量对系统状态是否起控制作用。起控制作用就意味着外界输入量可对系统状态实施控制，否则，就没有起控制作用，即不可控。因此，系统状态可分为可控状态和不可控状态。系统可控是实现系统最优控制的必要条件，系统不可控就表示系统的最优控制无解。

2. 可控性的判断

系统的状态变量是可控的还是不可控的，与系统状态变量的选择有关。那么，对选择的状态变量，如何知道它是可控的还是不可控的？这就是系统可控性的判断问题。由于系统可控性的判断只关注系统输入量对其状态是否起控制作用，或者只关注系统输入量是否与其状态存在确定的对应关系。那么，分析或判断系统可控性问题时，只需考察系统的状态方程。

对状态方程为 $\dot{\boldsymbol{X}}(t)=\boldsymbol{A}\boldsymbol{X}(t)+\boldsymbol{B}\boldsymbol{U}(t)$ 的 n 阶线性定常系统，设 $\boldsymbol{X}(t)\in\mathbf{R}^{n}$，$\boldsymbol{U}(t)\in\mathbf{R}^{r}$，即假设系统有 r 个输入量。那么，由式（3-14）可知，在输入量 $\boldsymbol{U}(t)$的作用下，系统从初始状态 $\boldsymbol{X}(t_0)$转移到的终端状态 $\boldsymbol{X}(t_{\mathrm{f}})$，即

$$\boldsymbol{X}(t_{\mathrm{f}})=\mathrm{e}^{\boldsymbol{A}(t_{\mathrm{f}}-t_0)}\boldsymbol{X}(t_0)+\int_{t_0}^{t_{\mathrm{f}}}\mathrm{e}^{\boldsymbol{A}(t_{\mathrm{f}}-\tau)}\boldsymbol{B}\boldsymbol{U}(\tau)\mathrm{d}\tau \tag{3-74}$$

不失一般性，令 $\boldsymbol{X}(t_{\mathrm{f}})=0$，则

$$\boldsymbol{X}(t_0)=-\int_{t_0}^{t_{\mathrm{f}}}\mathrm{e}^{\boldsymbol{A}(t_0-\tau)}\cdot\boldsymbol{B}\cdot\boldsymbol{U}(\tau)\cdot\mathrm{d}\tau \tag{3-75}$$

系统的状态转移矩阵 $\mathrm{e}^{\boldsymbol{A}t}$ 还可表示为

$$\mathrm{e}^{\boldsymbol{A}t}=\sum_{k=1}^{n}\boldsymbol{A}^{k-1}\cdot\alpha_k(t) \tag{3-76}$$

式中，$\alpha_k(\tau)$ 为

$$\begin{bmatrix}\alpha_1(t)\\ \alpha_2(t)\\ \vdots\\ \alpha_n(t)\end{bmatrix}=\begin{bmatrix}1 & \lambda_1 & \lambda_1^2 & \cdots & \lambda_1^{n-1}\\ 1 & \lambda_2 & \lambda_2^2 & \cdots & \lambda_2^{n-1}\\ & \cdots & & \cdots & \\ 1 & \lambda_n & \lambda_n^2 & \cdots & \lambda_n^{n-1}\end{bmatrix}\begin{bmatrix}\mathrm{e}^{\lambda_1 t}\\ \mathrm{e}^{\lambda_2 t}\\ \vdots\\ \mathrm{e}^{\lambda_n t}\end{bmatrix}$$

λ_i（$i=1,2,\cdots,n$）是系统矩阵 $\boldsymbol{A}$ 的特征值。将式（3-76）代入式（3-75），整理后得

$$\begin{aligned}\boldsymbol{X}(t_0)&=-\sum_{k=1}^{n}\boldsymbol{A}^{k-1}\cdot\boldsymbol{B}\cdot\left(\int_{t_0}^{t_{\mathrm{f}}}\alpha_k(t_0-\tau)\cdot\boldsymbol{U}(\tau)\cdot\mathrm{d}\tau\right)\\&=-\sum_{k=1}^{n}\boldsymbol{A}^{k-1}\cdot\boldsymbol{B}\cdot q_k\\&=-\begin{bmatrix}\boldsymbol{B} & \boldsymbol{A}\boldsymbol{B} & \boldsymbol{A}^2\boldsymbol{B} & \cdots & \boldsymbol{A}^{n-1}\boldsymbol{B}\end{bmatrix}\begin{bmatrix}q_1\\ \vdots\\ q_n\end{bmatrix}\end{aligned} \tag{3-77}$$

式中，$q_k=\int_{t_0}^{t_{\mathrm{f}}}\alpha_k(t_0-\tau)\cdot\boldsymbol{U}(\tau)\cdot\mathrm{d}\tau$。显然，对于系统的初始状态 $\boldsymbol{X}(t_0)$，要使上式有唯一确定解$[q_1\ \ q_2\ \ \cdots\ \ q_n]^{\mathrm{T}}$的充分必要条件是矩阵 $\boldsymbol{Q}_{\mathrm{c}}\in\mathbf{R}^{n\times(nr)}$ 且满秩。

此时，系统存在确定的输入量 $\boldsymbol{U}(t)$，可将系统的初始状态 $\boldsymbol{X}(t_0)$ 转移到终端状态 $\boldsymbol{X}(t_{\mathrm{f}})=0$，表明系统状态是可控的。否则，系统就不存在将初始状态 $\boldsymbol{X}(t_0)$ 转移到终端状态 $\boldsymbol{X}(t_{\mathrm{f}})=0$ 的输入量 $\boldsymbol{U}(t)$，即系统不可控。于是，可以得到以下的系统可控性判据。

系统可控性判据：对于 n 阶线性定常系统 $\dot{\boldsymbol{X}}(t)=\boldsymbol{A}\boldsymbol{X}(t)+\boldsymbol{B}\boldsymbol{U}(t)$，其系统状态完全可控的充分必要条件是由系统矩阵 $\boldsymbol{A}$ 和输入矩阵 $\boldsymbol{B}$ 构成的可控性判别矩阵 $\boldsymbol{Q}_{\mathrm{c}}\in\mathbf{R}^{n\times(nr)}$ 且满秩。

$$\boldsymbol{Q}_{\mathrm{c}}=\begin{bmatrix}\boldsymbol{B} & \boldsymbol{A}\boldsymbol{B} & \boldsymbol{A}^2\boldsymbol{B} & \cdots & \boldsymbol{A}^{n-1}\boldsymbol{B}\end{bmatrix} \tag{3-78}$$

即矩阵 $\boldsymbol{Q}_{\mathrm{c}}$ 的秩是 n。

矩阵 $\boldsymbol{Q}_{\mathrm{c}}\in\mathbf{R}^{n\times(nr)}$ 满秩就是指从矩阵 $\boldsymbol{Q}_{\mathrm{c}}$ 中任意抽出的 n 行 n 列组成的行列式至少有一个不为零。对于单输入系统（$r=1$），矩阵 $\boldsymbol{Q}_{\mathrm{c}}$ 满秩的条件就是$|\boldsymbol{Q}_{\mathrm{c}}|\neq 0$。

【例 3-18】判断下列状态方程的可控性。

（1）$\begin{bmatrix}\dot{x}_1\\ \dot{x}_2\end{bmatrix}=\begin{bmatrix}-2 & 1\\ 0 & -1\end{bmatrix}\begin{bmatrix}x_1\\ x_2\end{bmatrix}+\begin{bmatrix}1\\ 0\end{bmatrix}u$　　　（2）$\begin{bmatrix}\dot{x}_1\\ \dot{x}_2\end{bmatrix}=\begin{bmatrix}0 & 1\\ -1 & 0\end{bmatrix}\begin{bmatrix}x_1\\ x_2\end{bmatrix}+\begin{bmatrix}0\\ 1\end{bmatrix}u$

解：（1）根据$\boldsymbol{Q}_\mathrm{c}=\begin{bmatrix}\boldsymbol{B} & \boldsymbol{AB}\end{bmatrix}=\begin{bmatrix}1 & -2\\ 0 & 0\end{bmatrix}$，可知$|\boldsymbol{Q}_\mathrm{c}|=\begin{vmatrix}1 & -2\\ 0 & 0\end{vmatrix}=0$，因此该矩阵不满秩，说明该系统不可控。

（2）根据$\boldsymbol{Q}_\mathrm{c}=\begin{bmatrix}\boldsymbol{B} & \boldsymbol{AB}\end{bmatrix}=\begin{bmatrix}0 & 1\\ 1 & 0\end{bmatrix}$，可知$|\boldsymbol{Q}_\mathrm{c}|=\begin{vmatrix}0 & 1\\ 1 & 0\end{vmatrix}\neq 0$，因此该矩阵满秩，说明该系统可控。

【例 3-19】判断下列系统的可控性。

$$\begin{bmatrix}\dot{x}_1\\ \dot{x}_2\\ \dot{x}_3\end{bmatrix}=\begin{bmatrix}-3 & 1 & 0\\ 0 & -3 & 0\\ 0 & 0 & -1\end{bmatrix}\begin{bmatrix}x_1\\ x_2\\ x_3\end{bmatrix}+\begin{bmatrix}1 & -1\\ 1 & 0\\ 0 & 2\end{bmatrix}\begin{bmatrix}u_1\\ u_2\end{bmatrix}$$

解：计算可控性判别矩阵，即

$$\boldsymbol{Q}_\mathrm{c}=\begin{bmatrix}\boldsymbol{B} & \boldsymbol{AB} & \boldsymbol{A}^2\boldsymbol{B}\end{bmatrix}=\begin{bmatrix}1 & -1 & -2 & 3 & 3 & -9\\ 1 & 0 & -3 & 0 & 9 & 0\\ 0 & 2 & 0 & -2 & 0 & 2\end{bmatrix}$$

选择矩阵$\boldsymbol{Q}_\mathrm{c}$中前 3 列组成行列式，则

$$\begin{vmatrix}1 & -1 & -2\\ 1 & 0 & -3\\ 0 & 2 & 0\end{vmatrix}=2\neq 0$$

可知矩阵$\boldsymbol{Q}_\mathrm{c}$的秩为 3，即满秩，说明该系统可控。

3. 可控标准型系统

对于单输入线性定常系统，若其系统矩阵$\boldsymbol{A}$和输入矩阵$\boldsymbol{B}$具有如下形式：

$$\boldsymbol{A}=\begin{bmatrix}0 & 1 & 0 & \ldots & 0\\ 0 & 0 & 1 & \ddots & 0\\ \vdots & \ldots & \ddots & \ddots & 0\\ 0 & & \ldots & 0 & 1\\ -a_0 & -a_1 & \ldots & -a_{n-2} & -a_{n-1}\end{bmatrix},\quad \boldsymbol{B}=\begin{bmatrix}0\\ \vdots\\ \vdots\\ 0\\ 1\end{bmatrix} \tag{3-79}$$

则该系统一定是可控的，这种形式的系统称为可控标准型系统。式（3-79）中的$a_0,a_1,\cdots,a_{n-1}$是系统特征多项式或系统传递函数的分母多项式$|s\boldsymbol{I}-\boldsymbol{A}|=a_ns^n+a_{n-1}s^{n-1}+\cdots+a_1s+a_0$的系数。

对一个可控线性系统，当其系统矩阵$\boldsymbol{A}$和输入矩阵$\boldsymbol{B}$不具有可控标准时，可以选择适当的非奇异变换，把它转化为可控标准型系统。

一般地，对单输入线性定常系统$\dot{\boldsymbol{X}}(t)=\boldsymbol{AX}(t)+\boldsymbol{BU}(t)$，选择非奇异矩阵$\boldsymbol{P}\in\mathbf{R}^{n\times n}$进行状态变换。

$$\boldsymbol{P}=\begin{bmatrix}\boldsymbol{B} & \boldsymbol{AB} & \boldsymbol{A}^2\boldsymbol{B} & \cdots & \boldsymbol{A}^{n-1}\boldsymbol{B}\end{bmatrix}=\begin{bmatrix} a_1 & a_2 & \cdots & a_{n-1} & 1 \\ a_2 & & \iddots & 1 & 0 \\ \vdots & \iddots & \iddots & \iddots & \vdots \\ a_{n-1} & 1 & \iddots & & \vdots \\ 1 & 0 & \cdots & \cdots & 0 \end{bmatrix} \tag{3-80}$$

式中，$a_0,a_1,\cdots,a_{n-1}$ 是系统特征多项式 $|s\boldsymbol{I}-\boldsymbol{A}|=s^n+a_{n-1}s^{n-1}+\cdots+a_1s+a_0$ 的系数。由状态变换 $\boldsymbol{X}(t)$=$\boldsymbol{PZ}(t)$可得到以 $\boldsymbol{Z}(t)$为状态变量的可控标准型系统，即

$$\dot{\boldsymbol{Z}}(t)=\overline{\boldsymbol{A}}\boldsymbol{Z}(t)+\overline{\boldsymbol{B}}\boldsymbol{U}(t)$$

其中，

$$\overline{\boldsymbol{A}}=\boldsymbol{P}^{-1}\boldsymbol{AP}=\begin{bmatrix} 0 & 1 & 0 & \cdots & 0 \\ \vdots & \ddots & \ddots & \ddots & \vdots \\ \vdots & & \ddots & \ddots & 0 \\ 0 & \cdots & \cdots & 0 & 1 \\ -a_0 & -a_1 & \cdots & \cdots & -a_{n-1} \end{bmatrix},\qquad \overline{\boldsymbol{B}}=\boldsymbol{P}^{-1}\boldsymbol{B}=\begin{bmatrix}0\\ \vdots \\ 0 \\ 1\end{bmatrix}$$

【例 3-20】已知某一系统的状态方程为

$$\begin{bmatrix}\dot{x}_1\\ \dot{x}_2\end{bmatrix}=\begin{bmatrix}1 & 0\\ 0 & 2\end{bmatrix}\begin{bmatrix}x_1\\ x_2\end{bmatrix}+\begin{bmatrix}1\\ 1\end{bmatrix}u$$

分析该系统的可控性，若其可控，试把它转换为可控标准型系统。

解：首先分析该系统的可控性。

由于 $\boldsymbol{Q}_{\mathrm{c}}=\begin{bmatrix}\boldsymbol{B} & \boldsymbol{AB}\end{bmatrix}=\begin{bmatrix}1 & 1\\ 1 & 2\end{bmatrix}$，并且 $|\boldsymbol{Q}_{\mathrm{c}}|=\begin{vmatrix}1 & 1\\ 1 & 2\end{vmatrix}=1\neq 0$，因此可知该系统可控。

又由于 $|s\boldsymbol{I}-\boldsymbol{A}|=\begin{vmatrix}s-1 & 0\\ 0 & s-2\end{vmatrix}=s^2-3s+2$，即 $a_1=-3$，$a_0=2$，因此，由式（3-80）可得

$$\boldsymbol{P}=\boldsymbol{Q}_{\mathrm{c}}\begin{bmatrix}-3 & 1\\ 1 & 0\end{bmatrix}=\begin{bmatrix}1 & 1\\ 1 & 2\end{bmatrix}\begin{bmatrix}-3 & 1\\ 1 & 0\end{bmatrix}=\begin{bmatrix}-2 & 1\\ -1 & 1\end{bmatrix}$$

从而 $\boldsymbol{P}^{-1}=\begin{bmatrix}-1 & 1\\ -1 & 2\end{bmatrix}$，则由状态变换 $\boldsymbol{X}(t)=\boldsymbol{PZ}(t)$ 可得到可控标准型系统的矩阵 $\overline{\boldsymbol{A}}$ 和矩阵 $\overline{\boldsymbol{B}}$，分别如下：

$$\overline{\boldsymbol{A}}=\boldsymbol{P}^{-1}\boldsymbol{AP}=\begin{bmatrix}-1 & 1\\ -1 & 2\end{bmatrix}\begin{bmatrix}1 & 0\\ 0 & 2\end{bmatrix}\begin{bmatrix}-2 & 1\\ -1 & 1\end{bmatrix}=\begin{bmatrix}0 & 1\\ -2 & 3\end{bmatrix}$$

$$\overline{\boldsymbol{B}}=\boldsymbol{P}^{-1}\boldsymbol{B}=\begin{bmatrix}-1 & 1\\ -1 & 2\end{bmatrix}\begin{bmatrix}1\\ 1\end{bmatrix}=\begin{bmatrix}0\\ 1\end{bmatrix}$$

该系统转换为可控标准型系统后的形式为

$$\begin{bmatrix}\dot{z}_1\\ \dot{z}_2\end{bmatrix}=\begin{bmatrix}0 & 1\\ -2 & 3\end{bmatrix}\begin{bmatrix}z_1\\ z_2\end{bmatrix}+\begin{bmatrix}0\\ 1\end{bmatrix}u$$

3.8.2 可观测性及其判断

1. 可观测性的定义

系统在给定的输入量 $\boldsymbol{U}(t)$作用下，如果能在有限时间内（$t_0 \leqslant t \leqslant t_f$）观测到输出量 $\boldsymbol{Y}(t)$唯一地确定系统状态 $\boldsymbol{X}(t_0)$，则认为系统在时刻 t_0 的状态 $\boldsymbol{X}(t_0)$完全可观测，简称系统可观测。若系统状态在所有时刻都是可观测的，则认为该系统状态一致可观测。

对一个线性系统，若其状态变量为$\boldsymbol{X}(t) \in \mathbf{R}^n$，则输出量为$\boldsymbol{Y}(t) = \boldsymbol{CX}(t) + \boldsymbol{DU}(t)$。系统完全可观测就是指系统的所有状态变量$x_i(t) \in \boldsymbol{X}(t)$都是可观测的，常简称$(\boldsymbol{A},\boldsymbol{C})$可观测。由此可知，分析系统状态的可观测性，就是分析在已知输入量 $\boldsymbol{U}(t)$和输出量 $\boldsymbol{Y}(t)$下可否唯一地确定系统的状态变量 $\boldsymbol{X}(t)$，若能确定出系统状态变量 $\boldsymbol{X}(t)$，则意味着由观测值 $\boldsymbol{Y}(t)$和 $\boldsymbol{U}(t)$可以“窥视”系统内部的状态变化，否则，就无法“窥视”系统内部状态的变化，或者不能观测到系统内部所有状态的变化。因此，系统状态又可分为可观测状态和不可观测状态二类。

系统可观测性为重构不可测量的状态变量创造了条件。在实际工程中，有时会遇到系统的有些状态变量不能直接测量得到，这时就需要对这些不可测量的状态变量进行估计或重构。

2. 可观测性的判断

系统的输出量 $\boldsymbol{Y}(t)$是对输入量 $\boldsymbol{U}(t)$的响应，通过对输出量 $\boldsymbol{Y}(t)$的测量值求解系统的状态变量 $\boldsymbol{X}(t)$，是分析系统可观测性的主要任务。显然，系统是可观测的还是不可观测的，与系统的结构参数有关，也与系统状态变量的选择有关，若能够通过系统输出量 $\boldsymbol{Y}(t)$的测量值将其所有状态变量求出，就表明该系统可观测，也表明该系统的所有状态变量 $\boldsymbol{X}(t)$与输出量 $\boldsymbol{Y}(t)$有关系。因此，系统的可观测性问题涉及状态方程和输出方程。

设某一 n 阶线性定常系统如下：

$$\begin{cases} \dot{\boldsymbol{X}}(t) = \boldsymbol{AX}(t) + \boldsymbol{BU}(t) \\ \boldsymbol{Y}(t) = \boldsymbol{CX}(t) + \boldsymbol{DU}(t) \end{cases}$$

式中，$\boldsymbol{X}(t) \in \mathbf{R}^n$，$\boldsymbol{U}(t) \in \mathbf{R}^r$，即该系统有 r 个输入量，$\boldsymbol{Y}(t) \in \mathbf{R}^m$，即该系统有 m 个输出量。那么，根据式（3-14），可得到系统的输出方程，即

$$\boldsymbol{Y}(t) = \boldsymbol{C}\mathrm{e}^{\boldsymbol{A}(t-t_0)}\boldsymbol{X}(t_0) + \boldsymbol{C}\int_{t_0}^{t_f} \mathrm{e}^{\boldsymbol{A}(t-\tau)}\boldsymbol{BU}(\tau)\mathrm{d}\tau + \boldsymbol{DU}(t)$$

在已知 $\boldsymbol{A}$、$\boldsymbol{B}$、$\boldsymbol{C}$、$\boldsymbol{D}$ 和 $\boldsymbol{U}(t)$的情况下，上式等号右边两项也是已知的。不失一般性，令 $\boldsymbol{U}(t)=0$，$t_0 = 0$，则上式又可表示为

$$\boldsymbol{Y}(t) = \boldsymbol{C}\mathrm{e}^{\boldsymbol{A}t}\boldsymbol{X}(0)$$

将式（3-76）代入上式，可得

$$\boldsymbol{Y}(t) = \sum_{k=1}^{n} \alpha_k(t) \cdot \boldsymbol{CA}^{k-1} \cdot \boldsymbol{X}(0)$$

由于$\alpha_k(t) \neq 0$，因此，在已知 $\boldsymbol{Y}(t)$的观测值时，通过上式可唯一地确定初始状态 $\boldsymbol{X}(0)$的充

分必要条件是矩阵 $\boldsymbol{Q}_\text{o} \in \mathbf{R}^{(mn)\times n}$ 满秩，

$$\boldsymbol{Q}_\text{o} = \begin{bmatrix} \boldsymbol{C} \\ \boldsymbol{CA} \\ \vdots \\ \boldsymbol{CA}^{n-1} \end{bmatrix} \tag{3-81}$$

即从矩阵 $\boldsymbol{Q}_\text{o}$ 中任意抽出 n 行 n 列，由它们组成的行列式至少有一个不为零。对单输出系统（m=1），矩阵 $\boldsymbol{Q}_\text{o}$ 满秩的条件就是$|\boldsymbol{Q}_\text{o}|\neq 0$，该矩阵称为系统的可观测性判别矩阵。于是，得到如下可观测性判据。

可观测性判据：对 n 阶线性定常系统的状态方程 $\dot{\boldsymbol{X}}(t) = \boldsymbol{AX}(t) + \boldsymbol{BU}(t)$ 和输出方程 $\boldsymbol{Y}(t) = \boldsymbol{CX}(t) + \boldsymbol{DU}(t)$，该系统状态完全可观测的充分必要条件是由矩阵 $\boldsymbol{A}$、$\boldsymbol{C}$ 构成的可观测性判别矩阵 $\boldsymbol{Q}_\text{o} \in \mathbf{R}^{(mn)\times n}$ 满秩，即矩阵 $\boldsymbol{Q}_\text{o}$ 的秩是 n。

【例 3-21】判断下列系统的可观测性。

（1）$\begin{bmatrix} \dot{x}_1 \\ \dot{x}_2 \end{bmatrix} = \begin{bmatrix} -4 & 5 \\ 1 & 0 \end{bmatrix}\begin{bmatrix} x_1 \\ x_2 \end{bmatrix} + \begin{bmatrix} 1 \\ 1 \end{bmatrix}u, \qquad y = \begin{bmatrix} 1 & -1 \end{bmatrix}\begin{bmatrix} x_1 \\ x_2 \end{bmatrix}$

（2）$\begin{bmatrix} \dot{x}_1 \\ \dot{x}_2 \end{bmatrix} = \begin{bmatrix} 2 & -1 \\ 1 & -3 \end{bmatrix}\begin{bmatrix} x_1 \\ x_2 \end{bmatrix} + \begin{bmatrix} -1 \\ 1 \end{bmatrix}u, \qquad y = \begin{bmatrix} 1 & 0 \\ -1 & 0 \end{bmatrix}\begin{bmatrix} x_1 \\ x_2 \end{bmatrix}$

解：（1）根据 $\boldsymbol{Q}_\text{o} = \begin{bmatrix} \boldsymbol{C} \\ \boldsymbol{CA} \end{bmatrix} = \begin{bmatrix} 1 & -1 \\ -5 & 5 \end{bmatrix}$，可知 $|\boldsymbol{Q}_\text{o}| = \begin{vmatrix} 1 & -1 \\ -5 & 5 \end{vmatrix} = 0$，即 $\boldsymbol{Q}_\text{o}$ 不满秩。因此，该系统不可观测。

（2）根据 $\boldsymbol{Q}_\text{o} = \begin{bmatrix} \boldsymbol{C} \\ \boldsymbol{CA} \end{bmatrix} = \begin{bmatrix} 1 & 0 \\ -1 & 0 \\ 2 & -1 \\ -2 & 1 \end{bmatrix}$，选择矩阵 $\boldsymbol{Q}_\text{o}$ 中间两行组成行列式，即

$$\begin{vmatrix} -1 & 0 \\ 2 & -1 \end{vmatrix} \neq 0$$

由计算结果可知矩阵 $\boldsymbol{Q}_\text{o}$ 满秩，因此，该系统是可观测的。

3. 可观测标准型系统

对单输出线性定常系统，若其系统矩阵 $\boldsymbol{A}$ 和输出矩阵 $\boldsymbol{C}$ 具有如下形式：

$$\boldsymbol{A} = \begin{bmatrix} 0 & 0 & \cdots & 0 & -a_0 \\ 1 & 0 & \ddots & \vdots & -a_1 \\ 0 & 1 & \ddots & 0 & \vdots \\ \vdots & & \ddots & 0 & \vdots \\ 0 & \cdots & 0 & 1 & -a_{n-1} \end{bmatrix}, \qquad C = \begin{bmatrix} 0 & \cdots & 0 & 1 \end{bmatrix} \tag{3-82}$$

则该系统一定是可观测的，这种形式的系统称为可观测标准型系统。式（3-82）中的 $a_0, a_1, \cdots, a_{n-1}$ 是系统特征多项式或系统传递函数的分母多项式 $|s\boldsymbol{I} - \boldsymbol{A}| = s^n + a_{n-1}s^{n-1} + \cdots + a_1 s + a_0$ 的系数。

对一个可观测线性系统，当其系统矩阵 $\boldsymbol{A}$ 和输出矩阵 $\boldsymbol{C}$ 不具有可观标准型形式时，可以选择适当的非奇异变换，把它转化为可观测标准型系统。

一般地，对单输出线性定常系统 $\dot{\boldsymbol{X}}(t)=\boldsymbol{AX}(t)+\boldsymbol{BU}(t)$ 和 $y(t)=\boldsymbol{CX}(t)$，选择以下非奇异矩阵 $\boldsymbol{T}\in\mathbf{R}^{n\times n}$，即

$$\boldsymbol{T}=\begin{bmatrix}1 & a_{n-1} & \cdots & a_2 & a_1\\ 0 & 1 & \cdots & a_3 & a_2\\ \vdots & \vdots & \ddots & \vdots & \vdots\\ 0 & 0 & \cdots & 1 & a_{n-1}\\ 0 & 0 & \cdots & 0 & 1\end{bmatrix}\begin{bmatrix}\boldsymbol{CA}^{n-1}\\ \vdots\\ \boldsymbol{CA}\\ \boldsymbol{C}\end{bmatrix} \tag{3-83}$$

式中，$a_0,a_1,\cdots,a_{n-1}$ 是系统特征多项式 $|s\boldsymbol{I}-\boldsymbol{A}|=s^n+a_{n-1}s^{n-1}+\cdots+a_1s+a_0$ 的系数。由状态变换 $\boldsymbol{X}(t)=\boldsymbol{TZ}(t)$，可得到以 $\boldsymbol{Z}(t)$为状态变量的可观标准型系统，即

$$\dot{\boldsymbol{Z}}(t)=\overline{\boldsymbol{A}}\boldsymbol{Z}(t)+\overline{\boldsymbol{B}}\boldsymbol{U}(t)$$

$$y(t)=\overline{\boldsymbol{C}}\boldsymbol{Z}(t)$$

其中，

$$\overline{\boldsymbol{A}}=\boldsymbol{T}^{-1}\boldsymbol{AT}=\begin{bmatrix}1 & 0 & \dots & 0 & -a_0\\ 0 & 1 & \dots & 0 & -a_1\\ \vdots & \vdots & \ddots & \vdots & \vdots\\ 0 & 0 & \dots & 1 & -a_{n-1}\\ 0 & 0 & \dots & 0 & 1\end{bmatrix},\qquad \overline{\boldsymbol{C}}=\boldsymbol{CT}=\begin{bmatrix}0 & \cdots & 0 & 1\end{bmatrix},\quad \overline{\boldsymbol{B}}=\boldsymbol{T}^{-1}\boldsymbol{B}=\begin{bmatrix}b_0\\ b_1\\ \vdots\\ b_{n-1}\end{bmatrix}$$

计算得到的 $b_0,b_1,\cdots,b_{n-1}$ 是系统传递函数分子多项式的系数。

3.8.3 系统传递函数与可控性和可观测性的关系

【例 3-22】设某一系统的传递函数为

$$\frac{y(s)}{u(s)}=\frac{s+2.5}{s^2+1.5s-2.5}$$

试分析其可控性和可观测性。

解：由于系统的传递函数仅表示系统输入量与输出量的关系，没有描述或反映系统内部的状态变量，因此，依据系统传递函数不能直接分析系统的可控性和可观测性，需要把传递函数转化为系统的状态空间表达式以此分析系统可控性和可观测性。

当系统的传递函数被转化为状态空间表达式时，由于系统状态变量的选择不同，可获得不同的状态空间表达式，即

$$\begin{bmatrix}\dot{x}_1\\ \dot{x}_2\end{bmatrix}=\begin{bmatrix}0 & 2.5\\ 1 & -1.5\end{bmatrix}\begin{bmatrix}x_1\\ x_2\end{bmatrix}+\begin{bmatrix}2.5\\ 1\end{bmatrix}u \qquad y=\begin{bmatrix}0 & 1\end{bmatrix}\begin{bmatrix}x_1\\ x_2\end{bmatrix}$$

和

$$\begin{bmatrix}\dot{z}_1\\ \dot{z}_2\end{bmatrix}=\begin{bmatrix}0 & 1\\ 2.5 & -1.5\end{bmatrix}\begin{bmatrix}z_1\\ z_2\end{bmatrix}+\begin{bmatrix}0\\ 1\end{bmatrix}u \qquad y=\begin{bmatrix}2.5 & 1\end{bmatrix}\begin{bmatrix}z_1\\ z_2\end{bmatrix}$$

对以 $X=\begin{bmatrix}x_1 & x_2\end{bmatrix}^{\mathrm{T}}$ 为状态变量描述的状态空间表达式，可分别计算得到

$$\boldsymbol{Q}_{\mathrm{c}}=\begin{bmatrix}\boldsymbol{B} & \boldsymbol{AB}\end{bmatrix}=\begin{bmatrix}2.5 & 2.5\\1 & 1\end{bmatrix}\qquad \boldsymbol{Q}_{\mathrm{o}}=\begin{bmatrix}\boldsymbol{C}\\\boldsymbol{CA}\end{bmatrix}=\begin{bmatrix}0 & 1\\1 & -1.5\end{bmatrix}$$

可知 $|\boldsymbol{Q}_{\mathrm{c}}|=0$，$|\boldsymbol{Q}_{\mathrm{o}}|\neq 0$，表明该系统的状态变量 $\boldsymbol{X}$ 不可控但可观测。

对以 $\boldsymbol{Z}=[z_1 \quad z_2]^{\mathrm{T}}$ 为状态变量描述的状态空间表达式，可分别计算得到

$$\boldsymbol{Q}_{\mathrm{c}}=\begin{bmatrix}\boldsymbol{B} & \boldsymbol{AB}\end{bmatrix}=\begin{bmatrix}0 & 1\\1 & -1.5\end{bmatrix}\qquad \boldsymbol{Q}_{\mathrm{o}}=\begin{bmatrix}\boldsymbol{C}\\\boldsymbol{CA}\end{bmatrix}=\begin{bmatrix}2.5 & 1\\2.5 & 1\end{bmatrix}$$

可知| $|\boldsymbol{Q}_{\mathrm{o}}|\neq 0$，$|\boldsymbol{Q}_{\mathrm{c}}|=0$，表明该系统的状态变量 $\boldsymbol{Z}$ 可控但不可观测。

可见，对同一个系统选择不同的状态变量时，其可控性和可观测性会出现不同的情况。究其原因就是该传递函数出现了零点与极点相消的现象。该系统的传递函数还可表示为

$$\frac{y(s)}{u(s)}=\frac{s+2.5}{s^2+1.5s-2.5}=\frac{s+2.5}{(s-1)(s+2.5)}=\frac{1}{s-1}$$

可以看出该传递函数出现了分子和分母相消的情况。正是系统传递函数的零点和极点相消，使得系统状态的可控性和可观测性不能同时具备。也就是说，当系统的传递函数存在零点和极点相消的情况时，不论怎样选择系统状态变量都不可能使其同时可控和可观测。

可以证明，对单输入单输出系统，系统状态完全可控和完全可观测的充分必要条件是系统的传递函数不存在零点和极点相消的情况。

3.9　基于 MATLAB 的系统时域响应计算和时域性能分析

MATLAB 提供了控制工程需要的时域分析函数库，应用这些库函数可以方便地分析系统的时域性能。

3.9.1　系统的时域响应计算

MATLAB 提供了求取线性定常连续控制系统单位脉冲响应函数和单位阶跃响应的函数，以及零输入响应函数和任意输入信号作用下的响应函数等。利用这些响应函数，可以计算系统在各种输入信号作用下的时域响应。

【例 3-23】 用 MATLAB 获得控制系统 $\Phi(s)=\dfrac{y(s)}{u(s)}=\dfrac{36}{s^2+9s+36}$ 的单位阶跃响应曲线。

解： MATLAB 程序代码如下。

```
num=[0 0 36];                                    %分子多项式系数
den=[1 9 36];                                    %分母多项式系数
step(num,den);                                   %产生阶跃响应
grid;
title('unit-step response of 36/(s^2+9s+36)');   %添加标题
```

运行程序后得到的单位阶跃响应曲线如图 3.29 所示。

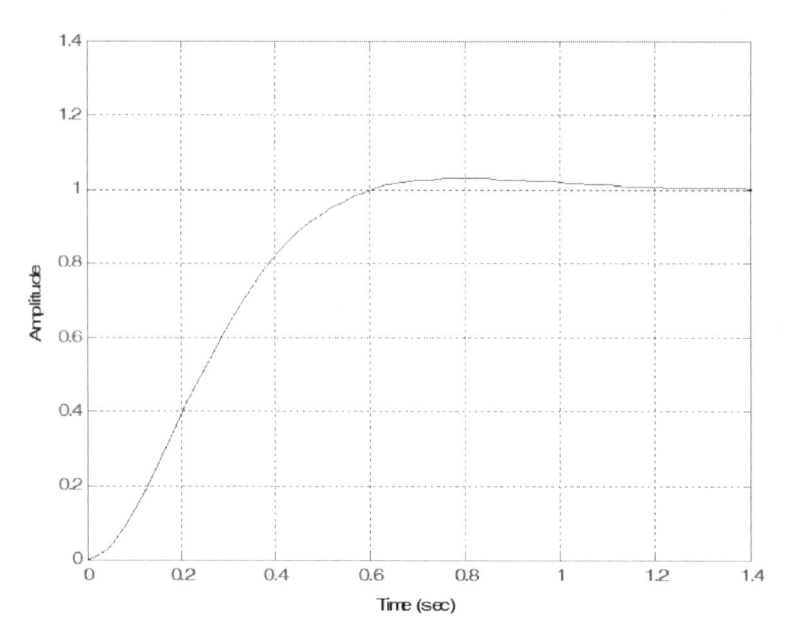

图 3.29　单位阶跃响应曲线

若求得单位脉冲响应曲线，只须把上述程序中的 `step(num,den)` 命令改成 `impulse(num,den)` 命令。MATLAB 中没有直接求单位速度响应曲线的命令，但因为单位速度函数为单位阶跃函数的积分，可利用这一点间接求得单位速度响应曲线，即把待求系统的传递函数乘以积分因子 1/*s*，求其单位阶跃响应曲线，即可求出系统的单位速度响应。也可通过单位脉冲响应命令求得系统的单位阶跃响应曲线。

【例 3-24】 求系统 $\Phi(s)=\dfrac{y(s)}{u(s)}=\dfrac{36}{s^2+9s+36}$ 的单位速度响应曲线。

解： 该系统输出量的拉氏变换为

$$y(s)=\frac{36}{s^2+9s+36}\frac{1}{s^2}=\frac{36}{s(s^2+9s+36)}\frac{1}{s}$$

求该系统单位速度响应曲线的 MATLAB 程序代码如下：

```
num=[0 0 0 36];
den=[1 9 36 0];
step(num,den,3);
grid;
title('unit-step response of 36/(s^2+9s+36)');
```

运行程序后得到的单位速度响应曲线如图 3.30 所示。

【例 3-25】 已知某二阶系统的传递函数为

$$\Phi(s)=\frac{\omega_{\mathrm{n}}^2}{s^2+2\xi\omega_{\mathrm{n}}s+\omega_{\mathrm{n}}^2}$$

当 $\omega_n=1$ 时，试计算 ξ 从 0.1 变至 1 时，该二阶系统的单位阶跃响应，并绘制一簇单位阶跃响应曲线。

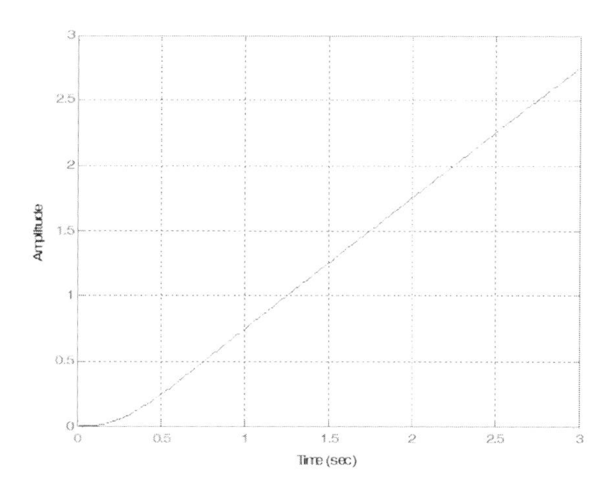

图 3.30　单位速度响应曲线

解： MATLAB 程序代码如下。

```
%zeta 与时域响应关系
num=1;y=zeros(200,1);i=0;
for bc=0.1:0.1:1
den=[1,2*bc,1];
t=[0:0.1:19.9]';
sys=tf(num,den);
i=i+1;
y(:,i)=step(sys,t);
end
mesh(flipud(y),[-100 20])
```

运行程序后得到的一簇单位阶跃响应曲线如图 3.31 所示。

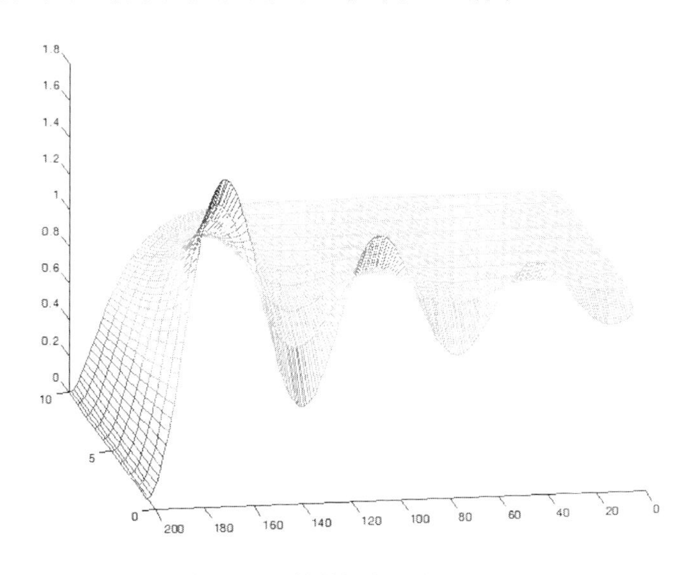

图 3.31　一簇单位阶跃响应曲线

【例 3-26】设某二阶系统的状态空间表达式为

$$\begin{cases}\begin{bmatrix}\dot{x}_1\\ \dot{x}_2\end{bmatrix}=\begin{bmatrix}-0.56 & -0.87\\ 0.87 & 0\end{bmatrix}\begin{bmatrix}x_1\\ x_2\end{bmatrix}+\begin{bmatrix}1\\ 0\end{bmatrix}u\\ y=\begin{bmatrix}1.88 & 5.90\end{bmatrix}\begin{bmatrix}x_1\\ x_2\end{bmatrix}\end{cases}$$

求该系统的单位阶跃响应曲线。

解：MATLAB 程序代码如下。

```
A=[-0.56  -0.87;0.87  0];
B=[1;0];
C=[1.88  5.90];
D=[0];
Step(A,B,C,D);
grid;
title('Step Response')
```

运行程序后得到的单位阶跃响应曲线如图 3.32 所示。

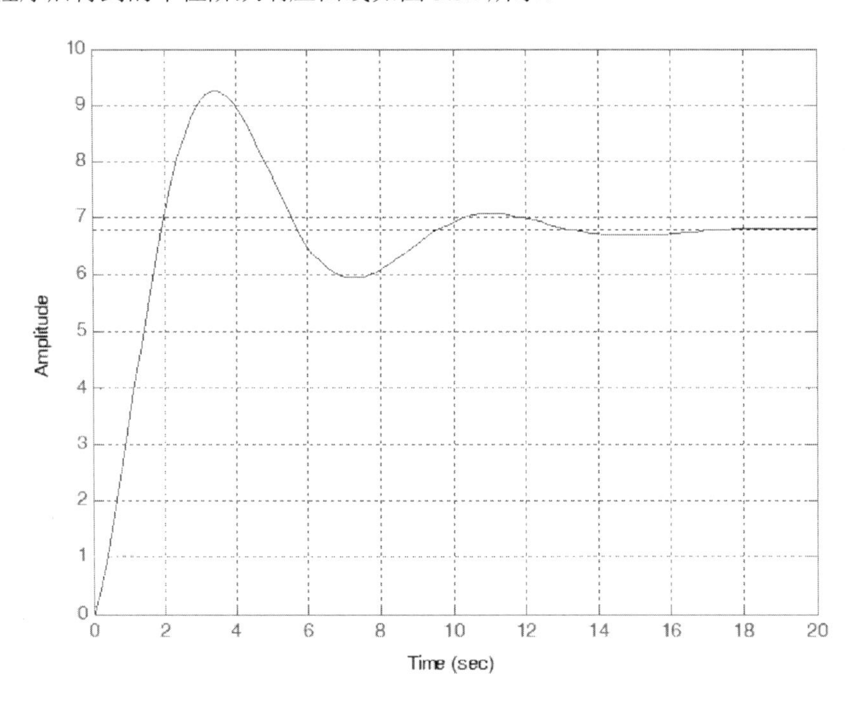

图 3.32　单位阶跃响应曲线

3.9.2　系统的动态响应特性分析

这里，以系统的阶跃响应为例进行说明。

```
[y,x,t]=step (num,den,t)
[y,x,t]=step(A,B,C,D,t)
```

上述命令表示计算结果不是绘制成曲线，而是将计算的时域响应保存到参量 x、y 和 t 中，t 是指保存时域响应的各个时间点。若需要绘制响应曲线，可采用 plot 命令。当需要根据系统的阶跃响应分析性能指标时，可根据各指标的定义，结合参量 y 和 t 中保存的数据计算各项性能指标。

【例 3-27】 计算系统 $\Phi(s)=\dfrac{y(s)}{u(s)}=\dfrac{36}{s^2+9s+36}$ 的单位阶跃响应性能指标：上升时间、峰值时间、调节时间和最大超调量。

解： 先计算系统的阶跃响应，再利用性能指标的定义逐一求出性能指标。

```
num=[0 0 36];
den=[1 9 36];
[y,x,t]=step(num,den);
[peak,k]=max(y);                    %求响应曲线的最大值
overshoot=(peak-1)*100              %计算最大超调量
tp=t(k)                             %求峰值时间
n=1;
while y(n)<1
n=n+1;
end
tr=y(n)                             %求上升时间
m=length(t)
while(y(m)>0.98)&(y(m)<1.02)
m=m-1;
end
ts=t(m)                             %求调节时间
```

运行结果如图 3.33 所示。

Workspace

File Edit View Graphics Debug Desktop Window Help

Stack: Base　Select data to plot

Name	Value	Min	Max
den	[1,9,36]	1	36
k	35	35	35
m	41	41	41
n	27	27	27
num	[0,0,36]	0	36
overshoot	2.8335	2.8335	2.8335
peak	1.0283	1.0283	1.0283
t	<1x56 double>	0	1.2951
tp	0.8006	0.8006	0.8006
tr	1.0011	1.0011	1.0011
ts	0.9419	0.9419	0.9419
x	[ ]		
y	<56x1 double>	0	1.0283

图 3.33　运行结果

3.9.3　系统稳定性分析

系统稳定的充要条件是系统的特征根均位于复平面的左半部分，系统的零点-极点形式

可以被直接用来判断系统的稳定性。MATLAB 中提供了有关多项式的操作函数，通过求解得到的特征根判断系统的稳定性。

1. 直接求特征多项式的根

设 $\boldsymbol{p}$ 为特征多项式的系数向量，利用 MATLAB 的函数命令 roots() 可以直接求出方程 $\boldsymbol{p}$=0 在复数范围内的解 v，该函数的调用格式为

```
v=roots(p)
```

【例 3-28】已知某一系统的特征多项式为 $x^5+2x^3+3x^2+2x+1$，试判断该系统的稳定性。

解：令该系统的特征多项式等于零，即 $x^5+2x^3+3x^2+2x+1=0$，这是一个关于 s 复变量的代数方程。求解该代数方程根的 MATLAB 指令如下。

```
p=[1,0,2,3,2,1];
v=roots(p)
```

运行结果如下：

```
v =
   0.6573 + 1.5623i
   0.6573 - 1.5623i
   -0.7895
   -0.2626 + 0.6099i
   -0.2626 - 0.6099i
```

可见，该系统有一对实部为正数的共轭复数根，表明该系统不稳定。利用函数命令 roots()，可以很方便地求出该系统的零点和极点。然后根据零点、极点，分析该系统的稳定性和其他性能。

2. 由传递函数求零点和极点

MATLAB 的工具箱提供了由传递函数对象 G 求出系统零点和极点的函数，其调用格式分别为

```
Z=tzero(G)
P=G.P{1}
```

注意：所要求的传递函数对象 G 必须是零点-极点形式传递函数对象，并且出现了矩阵的点运算“·”和大括号{}表示的矩阵元素，详细内容参阅后面章节。

【例 3-29】已知传递函数为

$$G(s)=\frac{s^2+3s+2}{s^4+2s^3+5s^2+10s}$$

试计算该传递函数的零点和极点。

解：MATLAB 程序代码如下。

```
num=[1,3,2];
den=[1,2,5,10,0];
```

```
G=tf(num,den);
G1=zpk(G);
Z=tzero(G)
P=G1.P{1}
```

运行结果如下：

```
Z =
-2
-1
P =
0
-2.0000
-0.0000 + 2.2361i
-0.0000 - 2.2361i
```

3. 零点和极点的分布图

在 MATLAB 中，可利用 pzmap() 函数命令绘制连续控制系统的零点和极点分布图，由此分析系统的稳定性。该函数的调用格式为

```
pzmap(num,den)
```

【例 3-30】 已知某一控制系统的传递函数为

$$G(s)=\frac{3s^4+2s^3+5s^2+4s+6}{s^5+3s^4+4s^3+2s^2+7s+2}$$

试在 s 平面上标出该系统传递函数的零点和极点。

解： 利用下列命令可自动打开一个图形窗口，显示该系统传递函数的零点和极点分布图，如图 3.34 所示。

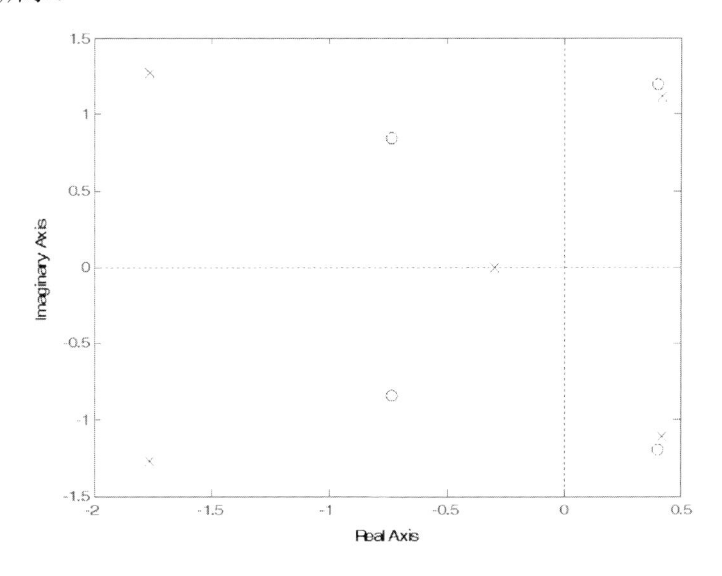

图 3.34　传递函数的零点和极点的分布图

```
>> num=[3,2,5,4,6];
den=[1,3,4,2,7,2];
pzmap(num,den)
title('Pole-Zero Map')     % 图形标题
```

4. 线性定常连续控制系统的李雅普诺夫稳定性分析

MATLAB 提供了求解连续李雅普诺夫矩阵代数方程的函数命令 lyap()。基于此函数命令求解李雅普诺夫矩阵代数方程，得到对称矩阵解后，通过该对称矩阵的正定性判断线性定常连续控制系统的李雅普诺夫稳定性。

函数命令 lyap() 的调用格式为

P=lyap(A,Q)

其中，矩阵 $\boldsymbol{A}$ 和矩阵 $\boldsymbol{Q}$ 分别为连续时间李雅普诺夫矩阵代数方程 $\boldsymbol{PA}+\boldsymbol{A}^{\mathrm{T}}\boldsymbol{P}=-\boldsymbol{Q}$ 的已知矩阵，即输入条件；$\boldsymbol{P}$ 为该矩阵代数方程的对称矩阵解。在求得对称矩阵解 $\boldsymbol{P}$ 后，先判断 $\boldsymbol{P}$ 是否正定，由此判断该系统的李雅普诺夫稳定性。

【例 3-31】 试在 MATLAB 中判断以下线性系统的李雅普诺夫稳定性。

$$\begin{bmatrix}\dot{x}_1\\ \dot{x}_2\end{bmatrix}=\begin{bmatrix}0 & 1\\ -1 & -1\end{bmatrix}\begin{bmatrix}x_1\\ x_2\end{bmatrix}$$

分别基于矩阵特征值和合同变换两种方法，判断李雅普诺夫矩阵代数方程解的正定性，同时判断该线性系统的稳定性。

解： 方法 1

```
A=[0 1; -1 -1];
Q=eye(size(A,1));              % 选取 Q 矩阵作为与 A 矩阵同维的单位矩阵
P=lyap(A,Q);                   % 求解李雅普诺夫矩阵代数方程，得到对称矩阵解 P
P_eig=eig(P);                  % 求 P 的所有特征值
if min(P_eig)>0                % 若对称矩阵解 P 的所有特征值大于 0，则矩阵 P 正定
                               % 即系统为李雅普诺夫稳定系统
disp('The system is Lypunov stable.')
else                           % 否则，为不稳定系统
disp('The system is not Lypunov stable.')
end
```

方法 2

```
result_state=posit_def(P);     % 用合同变换法判别矩阵 P 的正定性
switch  result_state(1:8)
case 'positiv'                 % 若矩阵 P 正定，则该系统为李雅普诺夫稳定系统
disp('The system is Lypunov stable. ')
otherwise                      % 否则，为不稳定系统
disp('The system is not Lypunov stable. ')
end
```

MATLAB 程序执行结果如下：

```
The system is Lypunov stable.
The system is Lypunov stable.
```

以上两种方法均表明该系统为李雅普诺夫稳定系统。

3.9.4　可控性和可观测性分析

MATLAB 提供了用于可控性、可观测性判定的可控性矩阵函数命令 ctrb()、可观测性矩阵函数命令 obsv()和可控性/可观测性格拉姆矩阵函数命令 gram()，对这些函数计算得到的矩阵求秩，就可以很方便地判断系统的状态可控性和可观测性。

【例 3-32】 试在 MATLAB 中判断以下系统的状态可控性。

$$\dot{x}=\begin{bmatrix}1 & 2 & 5\\0 & 3 & 1\\0 & 2 & 1\end{bmatrix}x+\begin{bmatrix}1 & 2\\1 & 1\\-1 & -2\end{bmatrix}u$$

解： MATLAB 程序代码如下。

```
A=[1 2 5;0 3 1; 0 2 1];
B=[1 2; 1 1; -1 -2];
sys=ss(A,B,[],[]);                % 建立状态空间模型
Judge_contr(sys);                 % 调用函数，以判断状态可控性
```

执行 MATLAB 中的函数命令 Judge_contr()，可调用可控性矩阵函数 ctrb()和用来计算矩阵秩的函数 rank()，从而完成可控性的判断。

函数命令 Judge_contr()的源程序如下：

```
function Judge_contr(sys)  % 定义函数 Judge_contr()
Qc=ctrb(sys);              % 计算系统的可控性矩阵
n=size(sys.a);             % 求系统矩阵各维的大小
if rank(Qc)==n(1)      % 判定可控性矩阵的秩是否等于状态变量的个数，由此判断是否可控
disp('The system is controllable')
else
disp('The system is not controllable')
end
```

执行结果如下：

```
The system is controllable
```

结果表明，该系统状态可控。

在上述程序中，使用了两个 MATLAB 基本矩阵函数命令，即 rank()和 size()，其定义和使用方法如下：

（1）用来计算矩阵秩的函数命令 rank()。

求矩阵秩的函数命令 rank()的调用格式有以下两种：

```
k = rank(A)
k = rank(A,tol)
```

其中，输入量 $\boldsymbol{A}$ 为矩阵，输出量 k 为矩阵 $\boldsymbol{A}$ 的秩。

虽然在 MATLAB 中求矩阵秩采用数值特性良好的计算奇异值的方法，但是计算机浮点计算过程产生的数值计算误差可能使所判定的秩有偏差。第 2 种调用格式可以给定所判定的矩阵奇异值的容许误差，而对第 1 种调用格式 MATLAB 会自动设定一个容许误差 tol。

（2）用来计算数组各维大小的函数命令 size()。

函数命令 size() 在 MATLAB 编程中非常有用，它可以在各个调用函数中随时求取所处理数组各维数的大小，而不必将数组的维数大小作为变量（参量）参与函数调用，所设计的程序简洁、易读易懂。

函数命令 size() 的主要调用格式为

```
d = size(X)
m = size(X,dim)
[d1,d2,d3,...,dn] = size(X)
```

其中，输出量 d 为由数组 X 各维的大小组成的 1 维数组；m 为数组 X 的第 m 维的大小；$d_1,d_2,d_3,\cdots,d_n$ 为数组 X 各维的大小。

例如，d=size([1 2 3; 4 5 6]) 的输出量为数组 d=[2 3]，而 [m,n] =size([1 2 3; 4 5 6]) 的输出量则是 m 和 n，它们的数值分别为 2 和 3。

【例 3-33】 试在 MATLAB 中判断以下系统的状态可观测性。

$$\begin{cases} x(k+1)=\begin{bmatrix} 1 & 1 & 3 \\ -1 & 2 & 0 \\ 0 & 3 & 1 \end{bmatrix} x(k) \\ y(k)=\begin{bmatrix} 1 & 0 & 0 \\ 0 & 1 & 0 \end{bmatrix} x(k) \end{cases}$$

解： MATLAB 程序代码如下。

```
A=[1 1 3; -1 2 0; 0 3 1];
C=[1 0 0; 0 1 0];
sys=ss(A,[],C,[]);            % 建立状态空间模型
Judge_obsv(sys);              % 调用函数 Judge_obsv()，以判断系统状态可观测性
```

其中，函数命令 Judge_obsv() 的源程序如下：

```
function Judge_obsv(sys)      % 函数 Judge_obsv()定义
Qo=obsv(sys);                 % 计算系统的可观测性矩阵
n=size(sys.a);                % 求系统矩阵各维的大小
if rank(Qo)==n(1)             % 判断可观测性矩阵的秩是否等于状态变量的个数，由此判断
                                系统状态是否可观测
   disp('The system is observable')
else
```

```
    disp('The system is not observable')
end
```

MATLAB 程序执行结果如下。

```
The system is observable
```

结果表明，该系统的状态可观测。

习　题

3-1　假设温度计可用传递函数 $\dfrac{1}{Ts+1}$ 描述其特性，现在用温度计测量盛在容器内的水温。发现该温度计需要1min 才能显示出实际水温的 98%的数值，试问该温度计显示出实际水温的 10%～90%所需的时间是多少?

3-2　已知某一系统的微分方程为 $y''(t)+3y'(t)+2=f'(t)+3f(t)$，初始条件 $y(0)=1$，$y'(0)=2$，试求：

（1）系统输入量为 $f(t)=0$ 时的输出量 $y(t)$。

（2）系统输入量为 $f(t)=1(t)$时的输出量 $y(t)$。

3-3　已知某一系统的微分方程为 $y''(t)+3y'(t)+2y(t)=f'(t)+3f(t)$，当输入量为 $f(t)=\mathrm{e}^{-4t}$ 时，系统的输出量为 $y(t)=\dfrac{14}{3}\mathrm{e}^{-t}-\dfrac{7}{2}\mathrm{e}^{-2t}-\dfrac{1}{6}\mathrm{e}^{-4t}$。试求该系统的自由响应与受迫响应、瞬态响应与稳态响应。

3-4　某单位反馈控制系统的开环传递函数 $G(s)=\dfrac{4}{s(s+5)}$，求该系统的单位阶跃响应 $y(t)$ 和调节时间 t_s。

3-5 设图 3.35（a）所示系统的单位阶跃响应如图 3.35（b）所示。试确定该系统的参数 K_1，K_2 和 a。

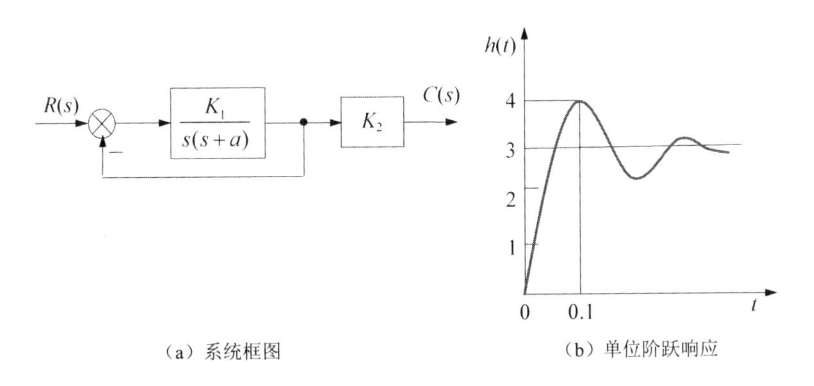

图 3.35　习题 3-5 图

3-6　设某单位反馈控制系统的开环传递函数为$G_K(s)=\dfrac{25}{s(s+6)}$，求

（1）该系统的阻尼比ζ和无阻尼固有频率ω_n。

（2）该系统的峰值时间t_p、最大超调量M_p、调节时间$t_s(\Delta=0.02)$。

3-7　设某一系统的闭环传递函数为$\Phi(s)=\dfrac{\omega_n^2}{s^2+2\zeta\omega_n s+\omega_n^2}$，试求最大超调量$M_p=9.6\%$、峰值时间$t_p=0.2\text{ s}$时的闭环传递函数的参数$\zeta$和$\omega_n$的值。

3-8　某一系统的框图如图3.36所示，试求局部反馈加入前后该系统的静态位置误差系数、静态速度误差系数和静态加速度误差系数。

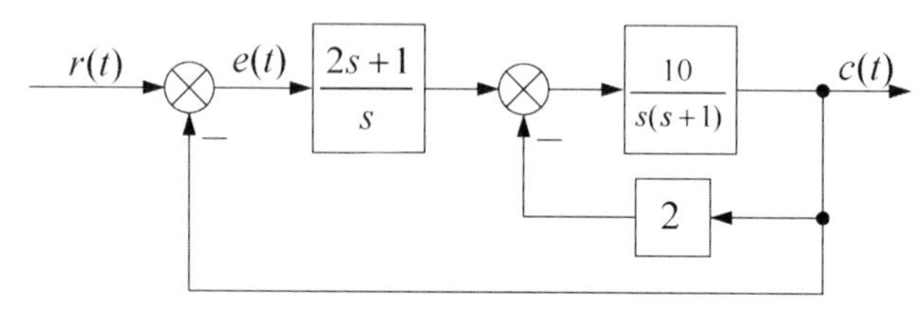

图3.36　习题3-8图

3-9　已知闭环控制系统的特征方程如下，试判断对应系统的稳定性，并确定在复平面的右半平面上的特征根个数。

（1）$s^5+2s^4+2s^3+4s^2+11s+10=0$

（2）$s^5+3s^4+12s^3+24s^2+32s+48=0$

（3）$s^5+2s^4-s-2=0$

（4）$s^5+2s^4+24s^3+48s^2-25s-50=0$

3-10　已知某单位反馈控制系统的开环传递函数如下，试求出输入信号分别为$1(t)$、t和t^2时系统的稳态误差。

（1）$G(s)=\dfrac{10}{(0.1s+1)(0.5s+1)}$

（2）$G(s)=\dfrac{7(s+3)}{s(s+4)(s^2+2s+2)}$

3-11　已知某单位反馈控制系统的开环传递函数如下。

$$G_K(s)=\frac{100}{s(s+2)}$$

（1）试确定该系统的型次和开环增益K。

（2）试求输入量为$r(t)=1+3t$时的系统稳态误差。

3-12　已知某单位反馈控制系统的开环传递函数如下。

$$G_K(s)=\frac{2}{s^2(s+0.1)(s+0.2)}$$

（1）试确定该系统的类型和开环增益K。

（2）试求输入量为$r(t)=5+2t+4t^2$时的系统稳态误差。

3-13　已知某一系统的框图如图 3.37 所示。

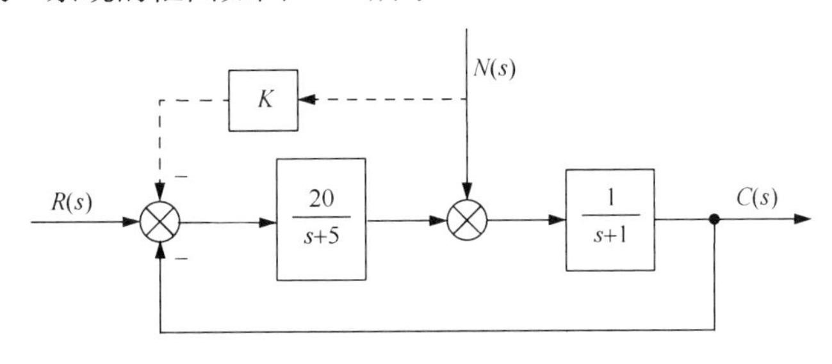

图 3.37　习题 3-13 图

（1）当不考虑对干扰信号的顺馈控制时，试求该系统在干扰信号 $N(s)$作用下的传递函数 $\Phi_n(s)$。

（2）当干扰信号 $N(t)=1(t)$ 时，试求该系统的稳态输出。

（3）当考虑顺馈控制时，试求该系统在干扰信号 $N(s)$作用下的传递函数，并求 $N(t)$ 对输出量 $C(t)$ 的稳态值影响最小时的 K 值。

3-14　设某一系统的框图如图 3.38 所示，其中，$N(s)$为可测量的干扰信号。若要求该系统的输出量 $C(s)$完全不受 $N(s)$的影响，并且跟踪阶跃信号的稳态误差为零，试确定装置 $D_1(s)$ 和装置 $D_2(s)$。

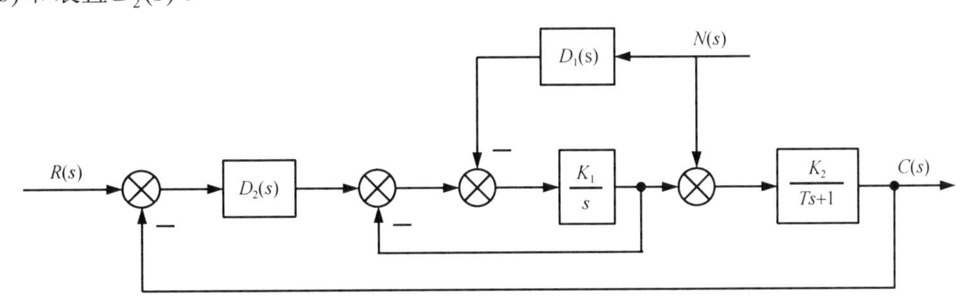

图 3.38　习题 3-1 4 图

3-15　设某一系统的闭环特征方程为 $s^4+6s^3+12s^2+10s+3=0$，试用劳斯判据判断该系统的稳定性。

3-16　试确定图 3.39 所示系统的稳定性。

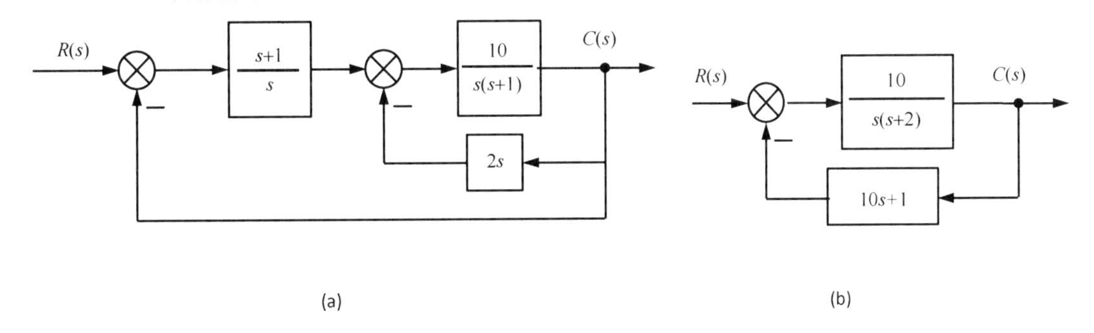

图 3.39　习题 3-16 图

3-17　已知某单位反馈控制系统的开环传递函数为$G(s)=\dfrac{K}{s(0.01s^2+0.2\zeta s+1)}$，当该系统稳定时，试确其参数 K 和 ζ 的关系。

3-18　设某单位反馈控制系统的开环传递函数为$G(s)=\dfrac{K}{s(1+0.2s)(1+0.1s)}$，要求闭环特征根的实部均小于−1，求 K 的取值范围。

3-19　某单位反馈控制系统的开环传递函数为$G(s)=\dfrac{K(s+1)}{s(Ts+1)(2s+1)}$。试在满足 $T>0$ 和 $K>1$ 的条件下，确定使该系统稳定的 T 和 K 的取值范围，并且以 T 和 K 为坐标绘制出使系统稳定的参数区域图。

3-20　某一系统的框图如图 3.40 所示。

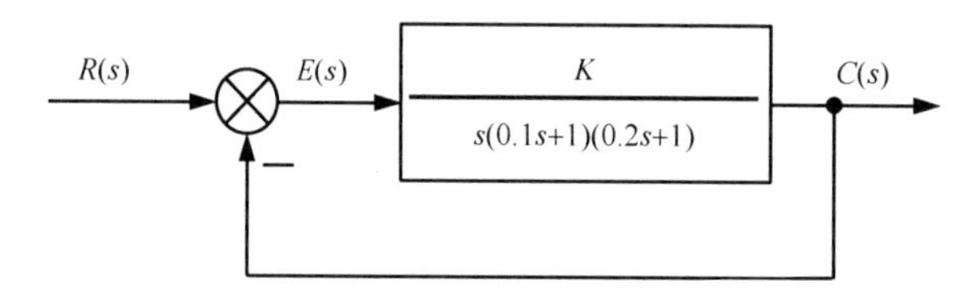

图 3.40　习题 3-20 图

（1）为确保该系统稳定，对 K 如何取值？

（2）为使该系统的特征根全部位于复平面垂直线 $s=-1$ 的左侧，对 K 应如何取值？

（3）当 $R(t)=2t+2$ 时，要求该系统的稳态误差 $e_{ss}\leqslant 0.25$，此时，对 K 应如何取值？

3-21　判断下列系统的可控性。

（1）$\begin{bmatrix}\dot{x}_1\\ \dot{x}_2\end{bmatrix}=\begin{bmatrix}1 & 1\\ 1 & 0\end{bmatrix}\begin{bmatrix}x_1\\ x_2\end{bmatrix}+\begin{bmatrix}0\\ 1\end{bmatrix}u$

（2）$\begin{bmatrix}\dot{x}_1\\ \dot{x}_2\\ \dot{x}_3\end{bmatrix}=\begin{bmatrix}0 & 1 & 0\\ 0 & 0 & 1\\ -2 & -4 & -3\end{bmatrix}\begin{bmatrix}x_1\\ x_2\\ x_3\end{bmatrix}+\begin{bmatrix}1 & 0\\ 0 & 1\\ -1 & 1\end{bmatrix}\begin{bmatrix}u_1\\ u_2\end{bmatrix}$

3-22　该判断下列系统的可观测性。

（1）

$$\begin{bmatrix}\dot{x}_1\\ \dot{x}_2\end{bmatrix}=\begin{bmatrix}1 & 1\\ 1 & 0\end{bmatrix}\begin{bmatrix}x_1\\ x_2\end{bmatrix}$$

$$y=\begin{bmatrix}1 & 1\end{bmatrix}\begin{bmatrix}x_1\\ x_2\end{bmatrix}$$

（2）

$$\begin{bmatrix}\dot{x}_1\\ \dot{x}_2\\ \dot{x}_3\end{bmatrix}=\begin{bmatrix}0 & 1 & 0\\ 0 & 0 & 1\\ -2 & -4 & -3\end{bmatrix}\begin{bmatrix}x_1\\ x_2\\ x_3\end{bmatrix}$$

$$\begin{bmatrix} y_1 \\ y_2 \end{bmatrix} = \begin{bmatrix} 0 & 1 & -1 \\ 1 & 2 & 1 \end{bmatrix} \begin{bmatrix} x_1 \\ x_2 \\ x_3 \end{bmatrix}$$

3-23　试确定当 p 与 q 为何值时下列系统不可控，它们为何值时下列系统不可观测。

$$\begin{bmatrix} \dot{x}_1 \\ \dot{x}_2 \end{bmatrix} = \begin{bmatrix} 1 & 12 \\ 1 & 0 \end{bmatrix} \begin{bmatrix} x_1 \\ x_2 \end{bmatrix} + \begin{bmatrix} p \\ -1 \end{bmatrix} u$$

$$y = \begin{bmatrix} q & 1 \end{bmatrix} \begin{bmatrix} x_1 \\ x_2 \end{bmatrix}$$

第 4 章　控制系统的根轨迹分析

理解根轨迹的概念和存在条件，能够根据根轨迹的绘制规则，灵活地绘制各种系统的根轨迹，并且能够把它应用于分析系统的稳定性和动态性能；能够使用 MATLAB 进行系统根轨迹绘制和分析。

系统的稳定性取决于系统闭环极点（或系统特征方程的根，简称特征根）在复平面上的分布位置，其动态响应特性与闭环极点在复平面上的分布位置也密切相关。系统结构及其参数决定了系统闭环极点在复平面上的分布位置，因此可以通过分析系统的闭环极点在复平面上的分布位置分析系统的稳定性和动态性能，也可以通过闭环极点在复平面上的分布位置，实现或设计满足控制性能要求的系统。但是，对于高阶系统，通过开环传递函数得到闭环极点较为困难，即使通过计算机直接求解得到闭环极点，也不能获取闭环极点随系统结构参数变化的情况。

1948 年，美国工程师伊文思（W. R. Evans）根据反馈控制系统的开环传递函数与闭环传递函数之间的关系，提出了一种用于获取系统闭环极点的图解方法，即根轨迹分析方法。该方法根据系统开环零点和极点的分布位置，用图解方式分析系统闭环极点与其结构参数的关系，简单实用。因此，该方法在控制工程中得到广泛的应用。

4.1　根轨迹的概念

系统根轨迹是指系统闭环极点（或特征根）随系统结构参数的变化在复平面上移动的轨迹曲线。它主要根据系统开环传递函数的极点和零点在复平面上的分布位置，按照系统闭环极点与系统结构参数的变化关系在复平面上进行描绘获得。

图 4.1 所示是闭环控制系统的框图，其闭环传递函数为

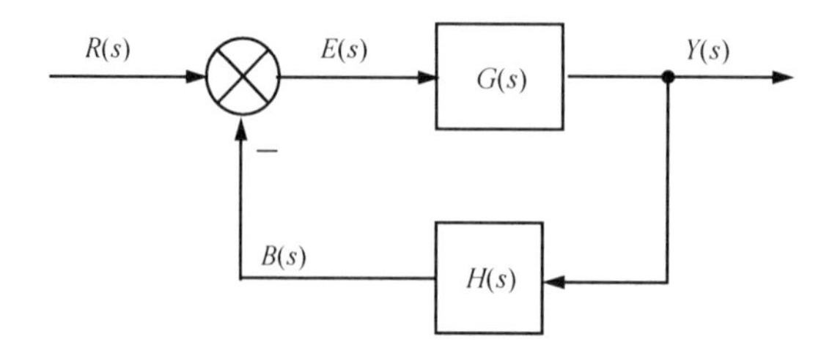

图 4.1　闭环控制系统的框图

$$\frac{Y(s)}{R(s)}=\frac{G(s)}{1+G(s)H(s)} \tag{4-1}$$

这个闭环控制系统的特征方程为

$$1+G(s)H(s)=0 \tag{4-2a}$$

或

$$G(s)H(s)=-1 \tag{4-2b}$$

式中，$G(s)H(s)$ 为闭环控制系统的开环传递函数。

显然，满足式（4-2）的 s 值就是闭环控制系统的特征根（闭环极点）。按照根轨迹的定义，这个特征根 s 必定是系统根轨迹上的点，因此，把式（4-2）称为系统的根轨迹方程。

为了理解根轨迹的概念和作用，先讨论一个简单二阶控制系统的闭环极点与开环增益之间的关系。

【例 4-1】图 4.2 所示是一个单位反馈二阶控制系统框图，试绘制开环增益 K 由 0 变化到∞时的系统根轨迹。

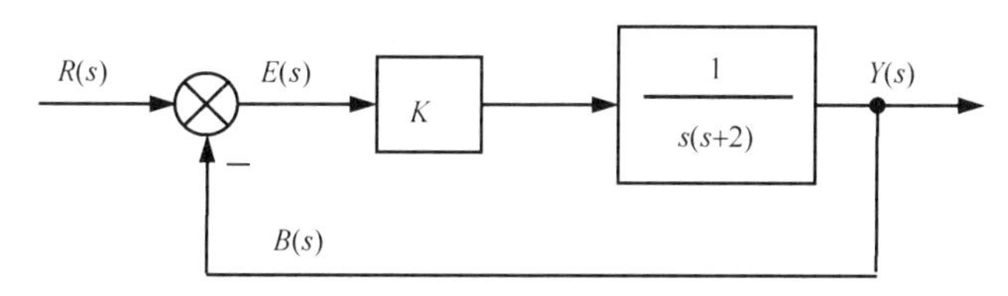

图 4.2　单位反馈二阶系统框图

解：由图 4.2 可知，该系统的开环传递函数为 $G(s)H(s)=\dfrac{K}{s(s+2)}$，其开环极点分别为 $p_1=0$ 和 $p_2=-2$。该二阶系统的特征方程为

$$1+G(s)H(s)=1+\frac{K}{s(s+2)}=0$$

即

$$s^2+2s+K=0$$

因此，这个二阶系统的闭环极点为

$$s_1=-1+\sqrt{1-K} \qquad s_2=-1-\sqrt{1-K}$$

由该二阶系统的闭环极点 s_1 和 s_2 的表达式可知，这两个闭环极点在复平面上的位置均与开环增益 K 有关，即

当 $K=0$ 时，该二阶系统的两个闭环极点分别为 $s_1=0$ 和 $s_2=-2$，与该二阶系统的两个开环极点 $p_1=0$ 和 $p_2=-2$ 相重合。

当 $0<K<1$ 时，该二阶系统的两个闭环极点分别在实轴 $-1<s_1<0$ 和 $-2<s_2<-1$ 范围内变化。

当 $K=1$ 时，该二阶系统的两个闭环极点相重合，即 $s_{1,2}=-1$。

当 $K>1$ 时，该二阶系统的两个闭环极点在复平面上形成共轭复数，即 $s_{1,2}=-1\pm \mathrm{j}\sqrt{K-1}$。

当 $K=\infty$ 时，$s_1=-1+\mathrm{j}\infty$，$s_2=-1-\mathrm{j}\infty$

上述分析表明，随着开环增益 K 由 0 变化到∞，该二阶系统的两个闭环极点在复平面

上形成两条轨迹，如图 4.3 中的粗实线所示，这两条轨迹就是该二阶系统的根轨迹。图中的“×”表示开环极点的位置，根轨迹的箭头方向表示开环增益 K 变大的方向。

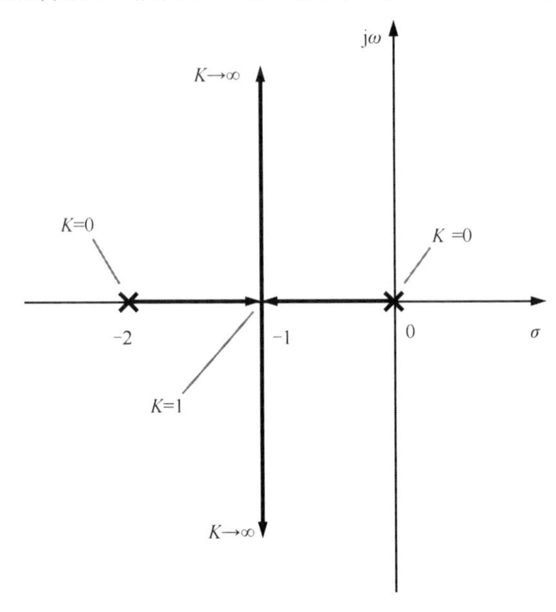

图 4.3　单位反馈二阶系统的根轨迹

由图 4.3 可知，该二阶系统的根轨迹都位于复平面的左半边，由此可以确定该二阶系统的闭环极点都位于复平面的左半边，即该二阶系统总是稳定的；当 K=0～1 时，该二阶系统的两个闭环极点均为实数极点，由此判定其为过阻尼系统；当 K>1 时，该二阶系统的闭环极点为一对共轭极点，由此判定其为欠阻尼系统。

图 4.3 所示的根轨迹是根据系统特征方程的解逐一描点绘制而成的。目前，这种逐一描点绘制根轨迹的方法在计算机上很容易实现。

4.2　根轨迹的基本条件与绘制规则

对图 4.1 所示的闭环控制系统的开环传递函数 $G(s)H(s)$，通常可用以下两种形式表达。

时间常数形式：

$$G(s)H(s)=\frac{K\prod_{i=1}^{m}(\tau_i s+1)}{\prod_{j=1}^{n}(T_j s+1)},\qquad n\geqslant m \tag{4-3}$$

零点-极点形式：

$$G(s)H(s)=\frac{K^*\prod_{i=1}^{m}(s+z_i)}{\prod_{j=1}^{n}(s+p_j)},\qquad n\geqslant m \tag{4-4}$$

以上两式中，$-z_i=-\frac{1}{\tau_i}$（$i=1,2,\cdots,m$）为开环传递函数 $G(s)H(s)$ 的零点，$-p_j=-\frac{1}{T_j}$（$j=1,2,\cdots,n$）为开环传递函数 $G(s)H(s)$ 的极点；K 为该系统的开环增益，参数 K^* 为该系统的根轨迹增益，两者的关系式如下：

$$K=\frac{K^*\prod_{i=1}^{m}z_i}{\prod_{j=1}^{n}p_j} \tag{4-5}$$

注意：在实际应用中，通常不加区别地使用 K 表示系统的开环增益和根轨迹增益。

把式（4-4）代入式（4-2b），该闭环控制系统的特征方程就变为

$$G(s)H(s)=\frac{K^*\prod_{i=1}^{m}(s+z_i)}{\prod_{j=1}^{n}(s+p_j)}=-1$$

上式反映了闭环控制系统的闭环极点与其开环零点 z_i 和开环极点 p_j 之间的关系，表明闭环控制系统的极点在复平面上的分布与其开环零/极点的分布有关。系统根轨迹分析方法就是基于系统闭环极点与开环零/极点的关系建立的，因此，在系统根轨迹绘制和分析中常采用零点-极点形式的开环传递函数。下面讨论以系统的根轨迹增益 K 为变量参数的根轨迹绘制的基本规则。

4.2.1　根轨迹的基本条件

式（4-2）是对应闭环控制系统的特征方程，满足该特征方程的 s 值就是该系统的特征根（闭环极点）。其中的 $G(s)H(s)$ 是闭环控制系统的开环传递函数，它是以复变量 s 为自变量的复变函数。因此，式（4-2）还可写成

$$\left|G(s)H(s)\right|e^{\angle G(s)H(s)}=\left|-1\right|e^{\pm180^\circ(2k+1)}\qquad(k=0,1,2,\cdots) \tag{4-6}$$

根轨迹的幅值条件：

$$\left|G(s)H(s)\right|=1 \tag{4-7}$$

根轨迹的相角条件：

$$\angle\left[G(s)H(s)\right]=\pm\left(2k+1\right)\pi\qquad\left(k=0,1,2,\cdots\right) \tag{4-8}$$

显然，满足式（4-2）的复变量 s 必须同时满足式（4-7）和式（4-8）。因此，式（4-7）和式（4-8）构成了系统根轨迹应满足的基本条件，这两式分别称为系统根轨迹的幅值条件和相角条件。下面讨论幅值条件和相角条件的具体形式。

设闭环控制系统的开环传递函数 $G(s)H(s)$ 具有如下的零点-极点形式

$$G(s)H(s)=\frac{K\left(s+z_1\right)\left(s+z_2\right)\cdots\left(s+z_m\right)}{\left(s+p_1\right)\left(s+p_2\right)\cdots\left(s+p_n\right)}$$

式中，$n\geqslant m$；$-z_1,-z_2,\cdots,-z_m$ 为开环传递函数的 m 个零点（称为开环零点）；$-p_1,-p_2,\cdots,-p_n$ 为开环传递函数的 n 个极点（称为开环极点）；$K>0$，它是零点-极点形

式下的开环增益，也称为系统的根轨迹增益。

系统根轨迹的幅值条件，即式（4-7）又可表示为

$$\frac{K\prod_{i=1}^{m}|s+z_i|}{\prod_{j=1}^{n}|s+p_j|}=1 \tag{4-9}$$

系统根轨迹的相角条件，即式（4-8）又可表示为

$$\sum_{i=1}^{m}\angle(s+z_i)-\sum_{j=1}^{n}\angle(s+p_j)=\pm(2k+1)\pi\text{，}\qquad k=0,1,2,\cdots \tag{4-10}$$

可见，系统根轨迹的相角条件与根轨迹增益 K 无关，其幅值条件与根轨迹增益 K 有关，表明满足相角条件的复变量 s 值，在幅值条件中一定有对应的 K 值，即满足相角条件的 s 值一定满足幅值条件。但是，满足幅值条件的 s 值不一定满足相角条件。因此，绘制系统根轨迹时，一般是在复平面上先确定出满足相角条件的 s 值，然后将这些值所对应的点连成曲线，就可得到系统的根轨迹。如果需要确定根轨迹上的某一点所对应的 K 值，把根轨迹上的该点坐标值代入式（4-9）即可。

$$K=\frac{\prod_{i=1}^{m}|s+p_i|}{\prod_{j=1}^{n}|s+z_j|} \tag{4-11}$$

综上可知，相角条件是根轨迹的充分必要条件。

4.2.2　根轨迹的绘制规则

绘制系统根轨迹时，一般根据零点-极点形式的系统开环传递函数，即

$$G(s)H(s)=\frac{K\prod_{i=1}^{m}(s+z_i)}{\prod_{j=1}^{n}(s+p_j)}$$

式中，$n\geqslant m$；$-z_i$ 和 $-p_j$ 分别为系统的开环零点和开环极点。根据式（4-2），得到闭环控制系统的特征方程，即

$$\prod_{j=1}^{n}(s+p_j)+K\prod_{i=1}^{m}(s+z_i)=0\text{，}\quad n\geqslant m \tag{4-12}$$

根据系统的特征方程，用逐点试探描绘法可以绘制出系统的根轨迹，但这个过程很烦琐。人们在长期的工程实践中，依据系统根轨迹的相角条件和幅值条件，总结出了一套系统根轨迹的绘制规则，遵照这些规则就可方便地绘制出系统的根轨迹。

规则 1　根轨迹的支数及其起始点和终止点

当系统特征方程中的 K 由 0 变化到∞时，任一特征根由起始点连续向终止点变化的轨迹组成根轨迹的支数。因此，系统根轨迹的支数就是其特征方程的阶数 n，也就是系统开环传递函数分母多项式的阶数。每支根轨迹起始于开环极点，终止于开环零点。

当 K =0 时，由式（4-12）可知，系统的特征方程为

$$\prod_{j=1}^{n}(s+p_j)=0$$

此时的特征根就是 $s_j=-p_j$（j=1,2,⋯,n），即系统开环传递函数极点（开环极点），表明根轨迹起始于开环极点。

当 $K\to\infty$ 时，由式（4-12）可知，系统的特征方程为

$$\frac{1}{K}+\frac{\prod_{i=1}^{m}(s+z_i)}{\prod_{j=1}^{n}(s+p_j)}=\frac{\prod_{i=1}^{m}(s+z_i)}{\prod_{j=1}^{n}(s+p_j)}=0$$

此时的特征根就是 $s_i=-z_i$（$i=1,2,\cdots,m$），即系统开环传递函数的零点（开环零点），表明在系统的根轨迹支数中有 m 个分支终止于开环零点，其余 $(n-m)$ 个分支趋于无穷远处。

规则 2　根轨迹的连续性和对称性

根轨迹在复平面上是对称于实轴的连续曲线。当根轨迹增益 K 从 0 连续变化到∞时，其特征根也必然连续变化，对应的根轨迹就是连续曲线。当实数 K 在[0,∞)内取值时，对应特征方程的根或为实根或为共轭复根，共轭复根在复平面上对称于实轴，说明根轨迹必然对称于实轴。

规则 3　实轴上的根轨迹

在复平面实轴上的某一区域，若其右侧的实数开环零点的个数和实数开环极点个数之和是奇数，则该实轴区域是根轨迹区域。

实轴上的根轨迹如图 4.4 所示，其中的符号“○”和“×”分别表示系统的开环零点和开环极点。在复平面实轴上任取一个点 s_0，分别画出各个开环零点和开环极点到点 s_0 的矢量，即 (s_0+z_i) 和 (s_0+p_j)，并标出其相角，可以得出以下结论：

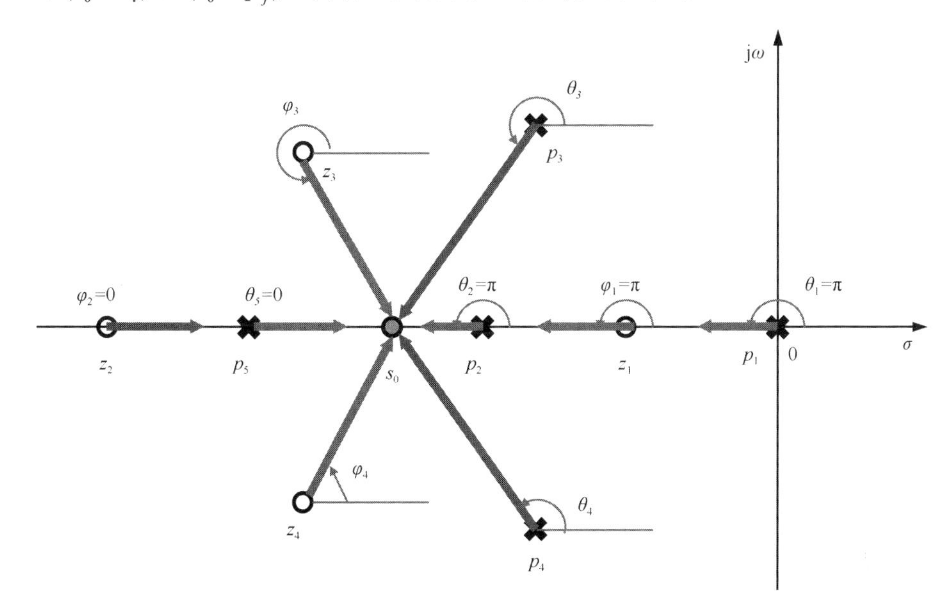

图 4.4　实轴上的根轨迹

（1）共轭复数开环零点或极点必然成对出现，它们到实轴上任一点的矢量相角之和等于 2π。在图 4.4 中，共轭复数开环极点 p_3 和 p_4 到点 s_0 的矢量相角之和 $\theta_3+\theta_4=2\pi$，共轭复数开环零点 z_3 和 z_4 到点 s_0 的矢量相角之和 $\varphi_3+\varphi_4=2\pi$。

（2）在点 s_0 左侧的实数开环极点 p_5 和实数开环零点 z_2 到点 s_0 的矢量相角之和等于零，这一情况对实轴上的根轨迹相角条件没有影响。

（3）在点 s_0 右侧的实数开环极点 p_1、p_2 和实数开环零点 z_1 到点 s_0 的矢量相角之和等于 π。

由上述分析可知，

$$\begin{aligned}&\sum_{i=1}^{4}\angle\left(s_0+z_i\right)-\sum_{j=1}^{5}\angle\left(s_0+p_j\right)\\&=\left(\varphi_1+\varphi_2+\varphi_3+\varphi_4\right)-\left(\theta_1+\theta_2+\theta_3+\theta_4+\theta_5\right)\\&=\left(\pi+0+2\pi\right)-\left(\pi+\pi+2\pi+0\right)=-\pi\end{aligned}$$

可见，在讨论根轨迹相角条件时，共轭复数开环极点、零点及点 s_0 左侧实轴上的开环极点、开环零点可以忽略不计，只需要考虑实轴上点 s_0 右侧的实数开环极点和实数开环零点。显然，只要复平面实轴上某一区域中点 s 右侧的实数开环极点和实数开环零点的个数之和为奇数，该区域中的 s 点对应的值才能满足相角条件，即实轴上该区域就是根轨迹区域。

规则 4　根轨迹的渐近线

由规则 1 知道，当 $n>m$ 时，有 $(n-m)$ 支根轨迹趋于无穷远。对这 $(n-m)$ 支根轨迹趋于无穷远的方位，可用 $(n-m)$ 条渐近线确定。这 $(n-m)$ 条渐近线与正实轴的夹角为

$$\theta_{\mathrm{a}}=\frac{\pm\left(2k+1\right)\pi}{\left(n-m\right)},\qquad k=0,1,2,\cdots,\left(n-m-1\right)\tag{4-13}$$

与实轴的交点坐标为

$$\sigma_{\mathrm{a}}=\frac{\sum_{j=1}^{n}p_j-\sum_{i=1}^{m}z_i}{n-m}\tag{4-14}$$

式中，z_i 和 p_j 分别为系统的开环零点和开环极点。

设点 s_0 为根轨迹上的无穷远点，系统各开环零点 $z_i\left(i=1,2,\cdots,m\right)$ 和开环极点 $p_j(j=1,2,\cdots,m)$ 到根轨迹上无穷远点 s_0 的矢量与正实轴的夹角可视为相等，即

$$\angle(s_0+z_i)=\angle(s_0+p_j),\qquad i,j=1,2,\cdots,m$$

那么，据根轨迹的相角条件可得

$$\sum_{i=1}^{m}\angle\left(s+z_i\right)-\sum_{j=1}^{n}\angle\left(s+p_j\right)=\pm180^{\circ}\left(2k+1\right)$$

即

$$-\sum_{j=m+1}^{n}\angle\left(s_0+p_j\right)=\pm180^{\circ}\left(2k+1\right)$$

余下的$(n-m)$个开环极点p_j（$j=m+1,m+2,\cdots,n$）到根轨迹上无穷远点s_0的矢量(s_0+p_j)与正实轴的夹角仍可视为相等，记为θ_a，即认为这$(n-m)$个矢量(s_0+p_j)处于同一条直线上，该直线就是根轨迹的渐近线。由此可得

$$-(n-m)\theta_a=\pm180^\circ(2k+1)$$

从而得到式（4-13）。

若σ_a是根轨迹渐近线与实轴的交点，则该点和系统开环零点z_i、开环极点p_j到根轨迹上的无穷远点s_0的矢量均可近似地认为相等，根据式（4-4），可近似地认为在点$s_0\to\infty$时，

$$G(s)H(s)=\frac{K}{(s_0+\sigma_a)^{n-m}}$$

利用二项式定理将$(s_0+\sigma_a)^{n-m}$展开，可得

$$G(s)H(s)=\frac{K_G}{s_0^{\,n-m}+(n-m)\sigma_a s_0^{\,n-m-1}+\cdots}$$

同时，把式（4-4）的分母多项式除以分子多项式，则

$$G(s)H(s)=\frac{K\prod_{i=1}^{m}(s_0+z_i)}{\prod_{j=1}^{n}(s_0+p_j)}=\frac{K}{s_0^{\,n-m}+\left(\sum_{j=1}^{n}p_j-\sum_{z=1}^{m}z_i\right)s_0^{\,n-m-1}+\cdots}$$

上面两式中的$s_0^{\,n-m-1}$项的系数应相等，从而得到式（4-14）。

规则 5　根轨迹的汇合点或分离点

若多支根轨迹有交点，并且在交点处汇合后又立即分离，则这些多支根轨迹的交点称为根轨迹的汇合点或分离点，如图 4.5 所示。有的汇合点或分离点位于实轴上，如图 4.5（a）中的A、B点，也有的以共轭复数方式分布在复平面上，如图 4.5（b）中的A、B点。

根轨迹的汇合点或分离点实质上就是系统特征方程的重根，因此可用求解系统特征方程重根的方法确定根轨迹的汇合点或分离点。设系统的开环传递函数为

$$G(s)H(s)=\frac{KP(s)}{Q(s)} \tag{4-15}$$

式中，$P(s)$和$Q(s)$分别是关于复变量s的分子多项式和分母多项式，则系统根轨迹的汇合点或分离点满足以下方程：

$$P(s)\cdot\frac{\mathrm{d}Q(s)}{\mathrm{d}s}-Q(s)\frac{\mathrm{d}P(s)}{\mathrm{d}s}=0 \tag{4-16}$$

或

$$\frac{\mathrm{d}K}{\mathrm{d}s}=0 \tag{4-17}$$

对式（4-15）所示的系统开环传递函数，闭环控制系统的特征方程为

$$1+G(s)H(s)=0 \quad 或 \quad Q(s)+KP(s)=0 \tag{4-18}$$

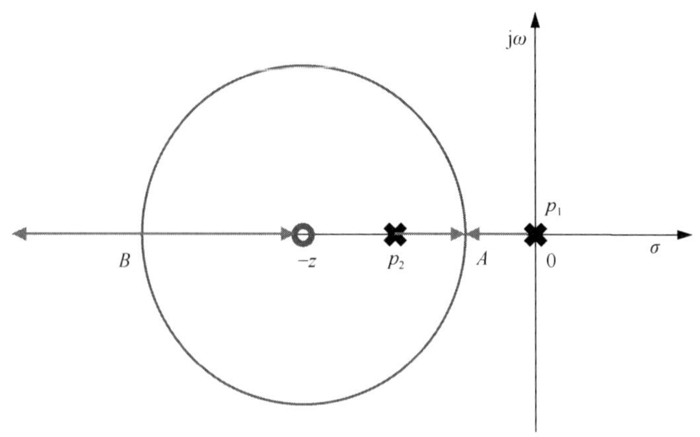

（a）根轨迹在实轴上的汇合点或分离点

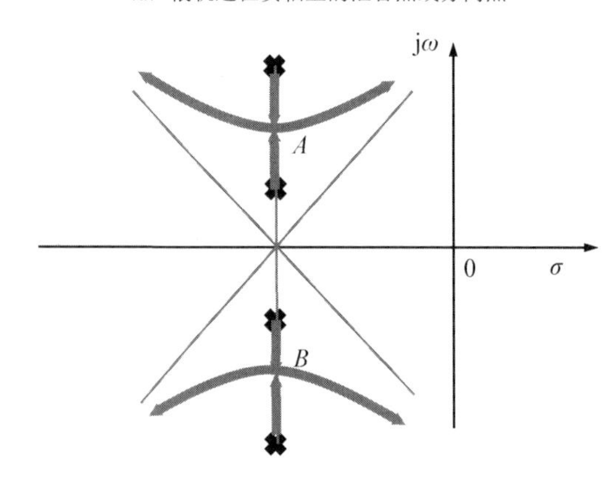

(b)

（b）根轨迹的复数汇合点或分离点

图 4.5　根轨迹的汇合点或分离点

根据代数方程解的性质，该特征方程有重根的条件是

$$\begin{cases} Q(s)+KP(s)=0 \\ \dfrac{\mathrm{d}Q(s)}{\mathrm{d}s}+K\cdot\dfrac{\mathrm{d}P(s)}{\mathrm{d}s}=0 \end{cases}$$

消去该方程中的K，可得到式（4-16）。由式（4-18）可得闭环系统的特征方程，即

$$K=-\frac{Q(s)}{P(s)}$$

计算得到

$$\frac{\mathrm{d}K}{\mathrm{d}s}=-\frac{P(s)Q'(s)-P'(s)Q(s)}{P^2(s)}$$

因此，根据式（4-16），根轨迹的汇合点或分离点也满足式（4-17）。

注意：由式（4-16）或式（4-17）计算出的点s并不一定都是根轨迹的汇合点或分离点。若点s是实数点，并且位于实轴上的根轨迹区域，则点s为根轨迹在实轴上的汇合点或分离

点；若点 s 是共轭复数点，并且满足根轨迹的相角条件，则点 s 是根轨迹的复数汇合点或分离点。

规则 6　根轨迹与虚轴的交点

根轨迹与虚轴相交，表明系统的特征根（闭环极点）位于虚轴上，即系统的特征方程含有纯虚根。根轨迹与虚轴的交点是系统的临界稳定点，此时系统处于等幅振荡状态。计算根轨迹与虚轴交点的常用方法有两种。

（1）可直接将 $s = \mathrm{j}\omega$ 代入系统的特征方程中，即

$$1 + G(\mathrm{j}\omega)H(\mathrm{j}\omega) = 0$$

并其令实部、虚部等于零，得

$$\begin{cases} \mathrm{Re}\left[1 + G(\mathrm{j}\omega)H(\mathrm{j}\omega)\right] = 0 \\ \mathrm{Im}\left[1 + G(\mathrm{j}\omega)H(\mathrm{j}\omega)\right] = 0 \end{cases} \tag{4-19}$$

解得根轨迹与虚轴的交点坐标值 ω 及其对应的根轨迹增益 K。

（2）用劳斯判据计算。根轨迹与虚轴的交点表示系统处于临界稳定状态。因此，判断系统稳定性的方法可以用来求取根轨迹与虚轴的交点。劳斯判据是一种常用的判断系统稳定性的方法，根据系统处于临界稳定的劳斯判据，可以求取根轨迹与虚轴的交点。

规则 7　根轨迹的起始角和终止角

起始角（也称为出射角）是根轨迹离开开环极点的切线方向与正实轴方向的夹角；终止角（也称为入射角）是根轨迹到达开环零点的切线方向与正实轴方向的夹角。

为了确定根轨迹的起始角和终止角，设系统的开环零点和开环极点分布如图 4.6 所示。在无限靠近开环极点 p_3 的邻域任取一个处于根轨迹上的点 s_0，此时图 4.6 中的 θ_3 可近似地认为是根轨迹离开开环极点 p_3 的起始角。已知点 s_0 在根轨迹上，则其应满足相角条件，即当根轨迹增益 $K = 0$ 时，

$$(\varphi_1 + \varphi_2) - (\theta_1 + \theta_2 + \theta_3 + \theta_4) = -\pi$$

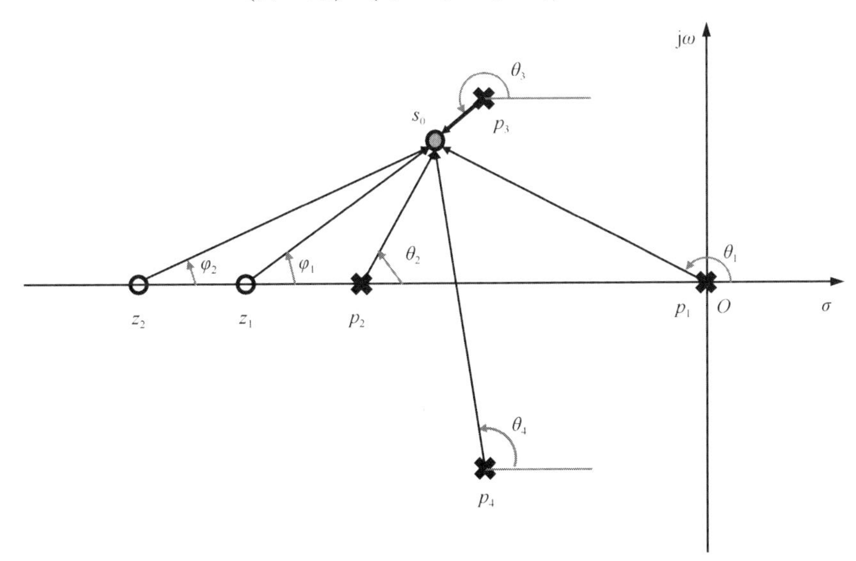

图 4.6　系统的开环零点和开环极点分布

从而得到$\theta_3=\pi+(\varphi_1+\varphi_2)-(\theta_1+\theta_2+\theta_4)$。由此可得到计算根轨迹起始角的一般表达式，即

$$\theta_k=\mp\pi+\sum_{i=1}^{m}\varphi_i-\sum_{\substack{j=1\\j\neq k}}^{n}\theta_j \tag{4-20}$$

式中，θ_k为待求开环极点p_k的根轨迹起始角；φ_i为开环零点z_i到开环极点p_k的矢量与正实轴的夹角；θ_j为除p_k以外的开环极点$p_j(j\neq k)$到开环极点p_k的矢量与正实轴的夹角。

同理，当根轨迹增益$K=0$时，可得到根轨迹终止角的一般表达式，即

$$\varphi_k=\pm\pi-\sum_{\substack{i=1\\i\neq k}}^{m}\varphi_i+\sum_{j=1}^{n}\theta_j \tag{4-21}$$

式中，φ_k为待求开环零点z_k的根轨迹终止角；φ_i为开环零点z_i到除零点z_k以外的其他开环零点$z_i(i\neq k)$的矢量与正实轴的夹角；θ_j为开环极点p_j到开环零点z_k的矢量与正实轴的夹角。

【例 4-2】已知反馈控制系统的开环传递函数为

$$G(s)H(s)=\frac{K}{s(s+1)(s+3.5)(s^2+6s+13)}$$

试绘制该系统的根轨迹。

解：（1）根轨迹的起始点和终止点。

根轨迹起始于开环极点：$p_1=0$, $p_2=-1$, $p_3=-3.5$, $p_{4,5}=-3\pm2\mathrm{j}$，终止于开环零点（无开环零点，即$m=0$，表明该系统有 5 个无穷远开环零点）。在复平面上用符号“×”表示系统的开环极点。

（2）根轨迹的分支数。

因为$n=5$，$m=0$，所以存在 5 个根轨迹分支。

（3）实轴上的根轨迹。

由规则 3 可知，实轴区间$(-\infty,-3.5]$和$[-1,0]$是实轴的根轨迹区间。

（4）根轨迹的渐近线。

该系统的根轨迹有$n-m=5$条渐近线，渐近线与实轴的交点坐标为

$$\sigma_{\mathrm{a}}=\frac{-1-3.5+(-3+\mathrm{j}2)+(-3-\mathrm{j}2)}{5}=-2.1$$

渐近线与实轴的夹角为

$$\varphi_{\mathrm{a}}=\frac{\pm(2k+1)\pi}{5}=\frac{\pm(2k+1)\pi}{5}=\pm\frac{\pi}{5},\pm\frac{3\pi}{5},\pi$$

（5）汇合点或分离点。

按照式（4-15）的表达形式和已知的系统开环传递函数，得

$$Q(s)=s^5+10.5s^4+43.5s^3+79.5s^2+45.5s \quad 和 \quad P(s)=1$$

则

$$\frac{\mathrm{d}Q(s)}{\mathrm{d}s}=5s^4+42s^3+130.5s^2+159s+45.5 \quad 和 \quad \frac{\mathrm{d}P(s)}{\mathrm{d}s}=0$$

按照式（4-16）计算并整理得到

$$P(s)\frac{\mathrm{d}Q(s)}{\mathrm{d}s}-Q(s)\frac{\mathrm{d}P(s)}{\mathrm{d}s}=5s^4+42s^3+130.5s^2+159s+45.5=0$$

解得 $s_1=-0.40$， $s_2=-2.35$ 和 $s_{3,4}=-2.82\pm \mathrm{j}1.28$。

由于点 s_1 在实轴的根轨迹区间 $[-1,0]$，因此该点是系统根轨迹的汇合点或分离点。由于点 s_2 不在实轴的根轨迹区间，因此该点不是系统根轨迹的汇合点或分离点。由于系统有界的开环零点和开环极点到点 s_3 或 s_4 的矢量与正实轴夹角的代数和不满足根轨迹的相角条件，说明点 s_3（或 s_4）不是系统根轨迹上的点，因而它们不是系统根轨迹的汇合点或分离点。

（6）根轨迹与虚轴的交点。

系统的特征方程为

$$\begin{aligned}F(s)&=s^5+10.5s^4+43.5s^3+79.5s^2+45.5s+K\\&=0\end{aligned}$$

① 把 $s=\mathrm{j}\omega$ 代入系统特征方程，整理后得

$$\begin{aligned}F(\mathrm{j}\omega)&=\left(K+10.5\omega^4-79.5\omega^2\right)+\mathrm{j}\left(\omega^5-43.5\omega^3+45.5\omega\right)\\&=\mathrm{Re}(\omega)+\mathrm{j}\,\mathrm{Im}(\omega)=0\end{aligned}$$

那么实部和虚部应该分别为零，即

$$\mathrm{Re}(\omega)=K+10.5\omega^4-79.5\omega^2=0$$

$$\mathrm{Im}(\omega)=\omega^5-43.5\omega^3+45.5\omega=0$$

可得

$$\begin{cases}\omega=0\\K=0\end{cases},\quad\begin{cases}\omega=\pm1.04\\K=73.70\end{cases},\quad\begin{cases}\omega=\pm6.51\\K=-15489.55\end{cases}$$

对于 $\omega=0$ 和 $K=0$ 的情况，由于 $s=\mathrm{j}\omega=0$，与系统的开环极点 $s=0$ 重合，表明点 $s=\mathrm{j}\omega=0$ 是系统根轨迹与虚轴的交点；点 $s=\pm\mathrm{j}\omega=\pm1.04\mathrm{j}$ 和对应的 $K=73.70$ 满足系统根轨迹的幅值条件，则

$$\left|\frac{K}{s(s+1)(s+3.5)(s^2+6s+13)}\right|_{\substack{K=73.70\\s=\pm\mathrm{j}1.04}}=1$$

表明点 $s=\pm1.04\mathrm{j}$ 是系统根轨迹与虚轴的交点；点 $s=\pm\mathrm{j}\omega=\pm6.51\mathrm{j}$ 和对应的 $K=-15489.55$ 显然不满足系统根轨迹的幅值条件，说明点 $s=\pm6.51\mathrm{j}$ 不是系统根轨迹上的点，因而它不是系统根轨迹与虚轴的交点。

② 劳斯判据方法。根据系统的特征方程，用劳斯判据可以得到该系统稳定的充分必要条件，即 $0\leqslant K\leqslant 73.70$。表明当 $K=73.70$ 时，该系统处于临界稳定状态，该点就是根轨迹与虚轴的交点，由劳斯判据的辅助方程可以解得对应的交点坐标，即 $s=\pm\mathrm{j}1.04$。

（7）根轨迹的起始角。

根据式（4-20），开环极点 $p_4=-3+2\mathrm{j}$ 处的根轨迹起始角为

$$\begin{aligned}\theta_{p_4}&=\pi-\tan^{-1}\frac{2-0}{-3-0}-\tan^{-1}\frac{2-0}{-3-(-1)}-\tan^{-1}\frac{2-0}{-3-(-3.5)}-\tan^{-1}\frac{2-(-2)}{-3-(-3)}\\&=180^\circ-146.3^\circ-135^\circ-75.96^\circ-90^\circ\\&=92.74^\circ\end{aligned}$$

由对称性解得开环极点 $p_5=-3-2\mathrm{j}$ 处的根轨迹起始角为 -92.74°。

例 4-2 的根轨迹如图 4.7 所示。

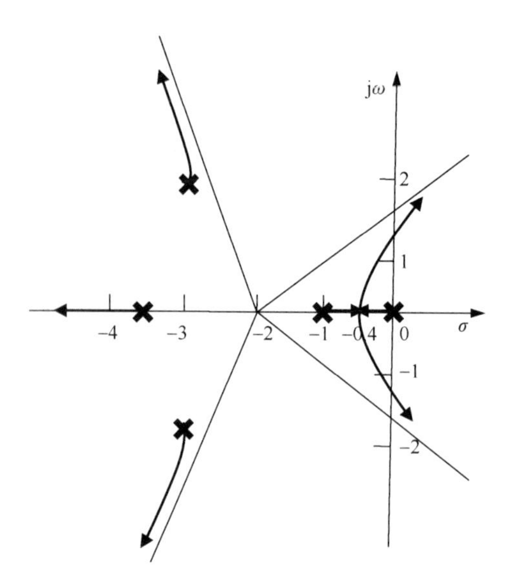

图 4.7　例 4-2 的根轨迹

规则 8　特征方程的根之和与根之积

对以 $G(s)H(s)$ 为开环传递函数的闭环控制系统，其特征方程为

$$1+G(s)H(s)=s^n+a_{n-1}s^{n-1}+\cdots+a_1s+a_0=(s+s_1)(s+s_2)\cdots(s+s_n)=0 \tag{4-22}$$

式中，s_j（$j=1,2,\cdots,n$）为系统特征方程的根。根据代数方程根与系数的关系，可得

$$\sum_{j=1}^{n}s_j=-a_{n-1} \tag{4-23}$$

$$\prod_{j=1}^{n}s_j=(-1)^n a_0 \tag{4-24a}$$

或

$$\prod_{j=1}^{n}(-s_j)=a_0 \tag{4-24b}$$

可见，系统特征方程的根之和为常数，其根之积也等于常数。式（4-23）和式（4-24）的成立表明，在根轨迹增益 K 由 0 连续变化到∞时，系统特征方程的根也随之变化，但这些根之和及根之积都恒为常数。因此，如果系统的一部分根轨迹分支随 K 的增大向复平面左侧移动时，那么另一部分根轨迹分支就必然随 K 的增大向复平面右侧移动，以满足根之和与根之积为常数的要求。系统特征方程根的这些性质有利于估计系统根轨迹的走向。

下面进一步分析式（4-23）和式（4-24）。若上述闭环控制系统的开环零点和开环极点分别为 $z_i\left(i=1,2,\cdots,m\right)$ 和 $p_j(j=1,2,\cdots,n)$，则该闭环控制系统的开环传递函数可表示为

$$G(s)H(s)=\frac{K\prod_{i=1}^{m}(s+z_i)}{\prod_{j=1}^{n}(s+p_j)}=\frac{K\left(s^m+(\sum_{i=1}^{m}z_i)s^{m-1}+\cdots+\prod_{i=1}^{m}z_i\right)}{s^n+(\sum_{j=1}^{n}p_j)s^{n-1}+\cdots+\prod_{j=1}^{n}p_j}$$

当 $n-m\geqslant2$ 时，该闭环控制系统的特征方程可表示为

$$1+G(s)H(s)=s^n+(\sum_{j=1}^{n}p_j)s^{n-1}+\cdots+\left(\prod_{j=1}^{n}p_j+K\prod_{i=1}^{m}z_i\right)=0$$

对照式（4-22），式（4-23）和式（4-24）又可写成

$$\sum_{j=1}^{n}s_j=-\sum_{j=1}^{n}p_j \tag{4-25}$$

$$\prod_{j=1}^{n}(-s_j)=\prod_{j=1}^{n}p_j+K\prod_{i=1}^{m}z_i \tag{4-26}$$

式（4-25）表明，当$n-m\geqslant 2$时，系统特征方程根之和等于系统开环极点之和。对于简单的闭环控制系统，当已知其特征方程的部分根时，利用式（4-25）和式（4-26）可以确定其余的根。

以上 8 条根轨迹绘制规则针对根轨迹增益$K>0$时的情况，依此绘制的根轨迹称为常规根轨迹或$180°$根轨迹。掌握这 8 条规则，一般能迅速地绘制出大致的系统根轨迹。若要很精准地绘制系统的根轨迹，则必须逐点计算描绘。为便于查阅，现将上述绘制常规根轨迹的 8 个规则归纳于表 4-1 中。

表 4-1　绘制常规根轨迹的 8 个规则

序号	规则名称	规则说明
1	根轨迹的支数及其起始点和终止点	根轨迹支数为系统特征方程的阶数，即开环极点数。起始点即开环极点；终止点即 m 个开环零点和$(n-m)$个无穷远点
2	根轨迹的连续性和对称性	根轨迹在复平面上是连续的曲线且对称于实轴
3	实轴上的根轨迹	当处于实轴某区域右边的实数开环极点数与实数开环零点数之和为奇数时，该实轴区域是根轨迹区域
4	根轨迹的渐近线	渐近线条数：$n-m$ 渐近线与正实轴的夹角：$\theta_{\mathrm{a}}=\pm\dfrac{(2k+1)\pi}{n-m}$，$k=0,1,2,\cdots,(n-m-1)$ 渐近线与实轴的交点：$\sigma_{\mathrm{a}}=\dfrac{\sum_{j=1}^{n}p_j-\sum_{i=1}^{m}z_i}{n-m}$
5	根轨迹的汇合点或分离点	$P(s)\cdot\dfrac{\mathrm{d}Q(s)}{\mathrm{d}s}-Q(s)\dfrac{\mathrm{d}P(s)}{\mathrm{d}s}=0$ 或 $\dfrac{\mathrm{d}K}{\mathrm{d}s}=0$ 的根
6	根轨迹与虚轴的交点	（1）将 $s=\mathrm{j}\omega$ 代入特征方程，求 ω。 （2）利用劳斯判据求系统临界稳定状态下的特征方程根
7	根轨迹的起始角和终止角	起始角：$\theta_k=\mp\pi+\sum_{i=1}^{m}\varphi_i-\sum_{j=1,j\neq k}^{n}\theta_j$ 终止角：$\phi_k=\pm\pi-\sum_{i=1,i\neq k}^{m}\phi_i+\sum_{j=1}^{n}\theta_j$
8	特征方程的根之和与根之积	根之和：$\sum_{j=1}^{n}s_j=-\sum_{j=1}^{n}p_j$ 根之积：$\prod_{j=1}^{n}(-s_j)=\prod_{j=1}^{n}p_j+K\prod_{i=1}^{m}z_i$

4.3　控制系统根轨迹的绘制

4.3.1　最小相位系统的根轨迹绘制

4.2 节介绍的系统根轨迹绘制规则是按照 180° 的相角条件制定的，绘制出的根轨迹称为常规根轨迹或 180° 根轨迹。最小相位系统的根轨迹满足 180° 的相角条件，因此，绘制最小相位系统的根轨迹就是绘制常规根轨迹。所谓最小相位系统是指系统开环传递函数在复平面虚轴右侧无开环零点/极点的系统，否则，就是非最小相位系统。在实际控制工程中，系统的输出信号与输入信号存在相位差，若这个相位差值的变化范围最小，那这个系统就是最小相位系统。第 5 章对最小相位系统进行详细介绍，这里，仅举例说明最小相位系统根轨迹的绘制。

【例 4-3】设某一闭环控制系统的开环传递函数为

$$G(s)H(s)=\frac{K}{s(s+1)(0.5s+1)}$$

试绘制该系统的根轨迹。已知该系统的根轨迹与复平面虚轴的交点分别为 $s_{1,2}=\pm \mathrm{j}\sqrt{2}$，试确定根轨迹与复平面虚轴交点所对应的另一个系统特征方程根 s_3 及其对应的 K 值。

解：把该系统的开环传递函数化为零点-极点形式，即

$$G(s)H(s)=\frac{2K}{s(s+1)(s+2)}$$

这个开环传递函数的根轨迹增益为 $2K$，有 3 个开环极点 $p_1=0$，$p_2=-1$，$p_3=-2$，无有界开环零点。

按照根轨迹的绘制规则 1 和规则 2，由 $n=3$ 和 $m=0$ 可知，该系统的根轨迹有 3 支，它们起始于开环极点 $p_1=0$，$p_2=-1$，$p_3=-2$，终止于无穷远处。

按照根轨迹的绘制规则 3，复平面实轴上的根轨迹区间为$(-\infty,-2]$和$[-1,0]$。

按照根轨迹的绘制规则 4，该系统的 3 支趋于无穷远处根轨迹的渐近线与正实轴的夹角都为

$$\theta_{\mathrm{a}}=\frac{\pm(2k+1)\pi}{n-m}=\pm\frac{\pi}{3},\pi$$

根轨迹渐近线与实轴的交点为

$$\sigma_{\mathrm{a}}=\frac{\sum_{j=1}^{n}p_j-\sum_{i=1}^{m}z_i}{n-m}=\frac{(0-1-2)-0}{3-0}=-1$$

按照根轨迹的绘制规则 5，根轨迹的汇合点或分离点由下式计算得到，即

$$2K=-s(s+1)(s+2)=-(s^3+3s^2+2s)$$

计算得到 $\frac{\mathrm{d}K}{\mathrm{d}s}=0$，最后解得 $s_1=-1.58$，$s_2=-0.42$。由于 $s_1=-1.58$，可知其不在根轨迹上，因此舍弃该点，则根轨迹的汇合点或分离点为 $s_2=-0.42$。

按照根轨迹的绘制规则 6，计算该系统的根轨迹与复平面虚轴的交点。该系统的特征

方程为

$$F(s) = s^3 + 3s^2 + 2s + 2K = 0$$

将 $s = \mathrm{j}\omega$ 代入上述特征方程，则

$$F(\mathrm{j}\omega) = \left(-3\omega^2 + 2K\right) + \mathrm{j}\left(-\omega^3 + 2\omega\right) = 0$$

$$-\omega^3 + 2\omega = 0$$

$$-3\omega^2 + 2K = 0$$

解得

$$\omega = \pm\sqrt{2} \qquad K = 3$$

将增益 $2K$ =6 代入上述特征方程，结合已知条件可得

$$s^3 + 3s^2 + 2s + 6 = (s^2 + 2)(s - s_3) = 0$$

可知，系统特征方程的两个根为 $s_{1,2} = \pm\mathrm{j}\sqrt{2}$ ，第三个根 $s_3 = -3$ 。第三个根 s_3 也可由根轨迹的绘制规则 8 求得：根据特征方程根之和公式，即根据式（4-25）可以得到

$$s_3 + \mathrm{j}\sqrt{2} + (-\mathrm{j}\sqrt{2}) = 0 + (-1) + (-2)$$

解得 $s_3 = -3$ 。由根轨迹的幅值条件得

$$\left|\frac{2K}{s(s+1)(s+2)}\right|_{s=-3} = 1$$

确定对应的 K =3。

综合以上计算结果，可绘制出例 4-3 的根轨迹，如图 4.8 所示。

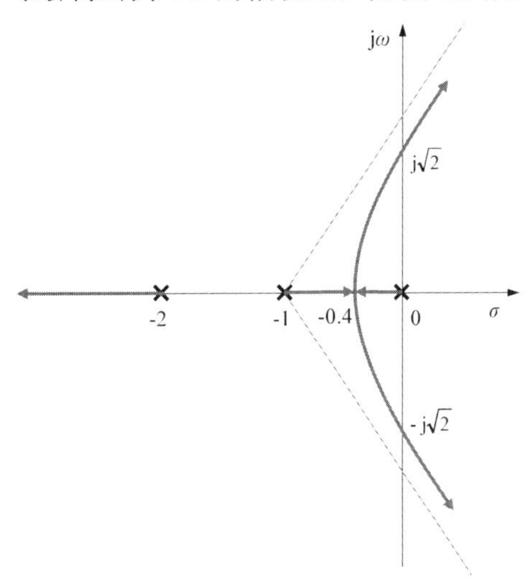

图 4.8　例 4-3 的根轨迹

4.3.2　零度根轨迹的绘制

设以零点-极点形式表示的系统开环传递函数为

$$G(s)H(s) = \frac{K\prod_{i=1}^{m}(s + z_i)}{\prod_{j=1}^{n}(s + p_j)}$$

则该系统的特征方程为

$$\frac{K\prod_{i=1}^{m}(s+z_i)}{\prod_{j=1}^{n}(s+p_j)}=-1$$

那么，在根轨迹增益 $K<0$ 时，系统根轨迹的幅值条件和相角条件分别为

$$\frac{|K|\prod_{i=1}^{m}|s+z_i|}{\prod_{j=1}^{n}|s+p_j|}=1 \tag{4-27}$$

$$\angle G(s)H(s)=\pm 2k\pi\,,\quad k=0,1,2,\cdots \tag{4-28a}$$

或

$$\sum_{i=1}^{m}\angle(s+z_i)-\sum_{j=1}^{n}\angle(s+p_j)=\pm 2k\pi \tag{4-28b}$$

可见，在根轨迹增益 $K<0$ 时，系统根轨迹的幅值条件未变，但相角条件改变了。根据式（4-27）和式（4-28）绘制的根轨迹就称为零度根轨迹。在控制工程中，根轨迹增益 $K<0$ 的情况常见于正反馈系统、非最小相位系统和含有滞后环节的系统等。

按照零度根轨迹的相角条件绘制零度根轨迹时，需要对常规根轨迹绘制规则 3、规则 4 和规则 7 进行修改，其余规则保持不变。绘制零度根轨迹的规则 3′、规则 4′和规则 7′分别如下：

规则 3′　实轴上的根轨迹

若复平面实轴上的某一区域右侧的实数开环零点的个数和实数开环极点的个数之和是偶数，则该实轴区域是根轨迹区域。否则，该实轴区域不是根轨迹区域。

规则 4′　根轨迹的渐近线

$n-m$ 支趋于无穷远处根轨迹的渐近线与正实轴的夹角为

$$\theta_{\mathrm{a}}=\frac{2k\pi}{n-m}\,,\quad k=0,1,\cdots,(n-m-1) \tag{4-29}$$

无穷远处根轨迹渐近线与实轴的交点为

$$\sigma_{\mathrm{a}}=\frac{\sum_{j=1}^{n}p_j-\sum_{i=1}^{m}z_i}{n-m} \tag{4-30}$$

规则 7′　根轨迹的起始角和终止角

根轨迹的起始角为

$$\theta_k=\sum_{i=1}^{m}\varphi_i-\sum_{\substack{j=1\\ j\neq k}}^{n}\theta_j \tag{4-31}$$

根轨迹的终止角为

$$\varphi_k=-\sum_{\substack{i=1\\ i\neq k}}^{m}\varphi_i+\sum_{j=1}^{n}\theta_j \tag{4-32}$$

【例 4-4】已知两个单位反馈控制系统的开环传递函数分别为

$$（1）\ G_1(s)=\frac{K(1-s)}{s(s+1)} \qquad （2）\ G_2(s)=\frac{K(s-1)}{s(s+1)}$$

试绘制这两个系统的根轨迹。

解：本例题中的开环传递函数 $G_1(s)$ 和 $G_2(s)$ 都有一个零点位于复平面虚轴的右侧，即 $z=1$。可知该系统为非最小相位系统。

（1）开环传递函数为 $G_1(s)=\dfrac{K(1-s)}{s(s+1)}$ 的单位反馈控制系统的特征方程为

$$\frac{K(1-s)}{s(s+1)}=-1,\quad K>0$$

或

$$\frac{K(s-1)}{s(s+1)}=1$$

因此，根轨迹的相角条件是

$$\angle(s-1)-(\angle s+\angle(s+1))=\pm 2k\pi,\qquad k=0,1,2,\cdots$$

由计算结果可知，该系统的根轨迹是零度根轨迹。

按照根轨迹的绘制规则 1 和规则 2，已知系统的开环极点是 $p_1=0$ 和 $p_2=-1$，开环零点是 $z=1$。因此，对应根轨迹增益 K 从 0 变化到∞，根轨迹起始于复平面上的点 $p_1=0$ 和 $p_2=-1$，其中一支根轨迹终止于复平面上的点 $z=1$，另一支终止于无穷远处。

按照根轨迹的绘制规则 3′，复平面实轴上[−1,0]和[1,∞)区间有根轨迹。

按照根轨迹的绘制规则 4′，趋于无穷远处的一支根轨迹的渐近线与正实轴的夹角为

$$\theta_{\mathrm{a}}=\frac{2k\pi}{n-m}=0^\circ$$

渐近线与实轴的交点为

$$\sigma_{\mathrm{a}}=\frac{\sum\limits_{j=1}^{n}p_j-\sum\limits_{i=1}^{m}z_i}{n-m}=\frac{(0-1)-(1)}{2-1}=-2$$

表明趋于无穷远处的一支根轨迹是沿复平面正实轴方向趋于无穷远处。

按照根轨迹的绘制规则 5，根轨迹的汇合点或分离点可由 $K=\dfrac{s(s+1)}{s-1}$ 计算，计算得到 $\dfrac{\mathrm{d}K}{\mathrm{d}s}=0$，解得 $s_{1,2}=1\pm\sqrt{2}$。

按照根轨迹的绘制规则 6，将 $s=\mathrm{j}\omega$ 代入系统的特征方程，并令其实部、虚部为零，计算得到根轨迹与复平面虚轴的交点为 $s_{1,2}=\pm\mathrm{j}\omega$，对应的根轨迹增益 K=1。图 4.9 所示是例 4-4 第一个系统的根轨迹。

实际上，系统的零度根轨迹在复平面上的部分是一个以坐标点（1,0）为圆心、半径为 $\sqrt{2}$ 的圆。将 $s=\sigma+\mathrm{j}\omega$ 代入系统特征方程，整理后可得系统特征方程的另一种形式，即

$$(\sigma-1)^2+\omega^2=(\sqrt{2})^2$$

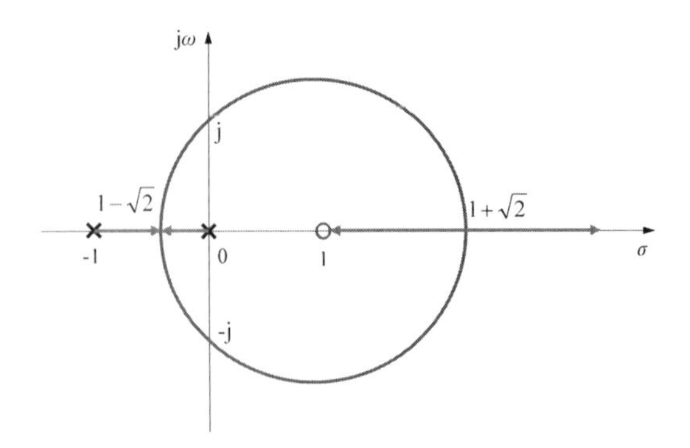

图4.9　例4-4第一个系统的根轨迹

（2）开环传递函数为$G_2(s)=\dfrac{K(s-1)}{s(s+1)}$的单位反馈控制系统的特征方程为

$$\frac{K(s-1)}{s(s+1)}=-1\,,\qquad K>0$$

因此，根轨迹的相角条件是

$$\angle(s-1)-(\angle s+\angle(s+1))=\pm(2k+1)\pi\,,\quad k=0,1,2,\cdots$$

由计算结果可知，该系统的根轨迹是常规根轨迹，其大致的根轨迹如图4.10所示。表明满足根轨迹180°相角条件的系统未必是最小相位系统，在绘制系统根轨迹时，必须注意根轨迹满足的相角条件，以便确定绘制的是180°根轨迹还是0°根轨迹。

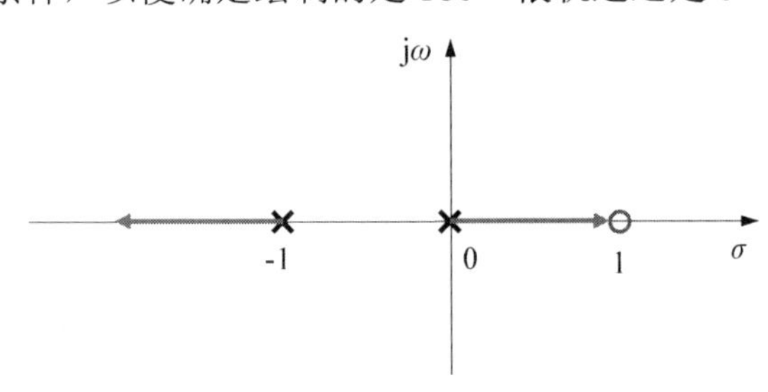

图4.10　例4-4第二个系统的根轨迹

【例4-5】已知某单位正反馈控制系统的开环传递函数为

$$G(s)H(s)=\frac{K}{s^2+2s+2}$$

试绘制该系统的根轨迹。

解：该系统的开环传递函数为

$$G(s)H(s)=\frac{K}{s^2+2s+2}$$

由于反馈极性为正，因此该系统的特征方程为$1-G(s)H(s)=0$，即

$$\frac{K}{s^2+2s+2}=1$$

显然，该系统的根轨迹是零度根轨迹。根轨迹绘制步骤如下：

（1）由于该系统开环传递函数分母多项式的阶次$n=2$，分子多项式的阶次$m=0$，因

此，它有两条根轨迹。这两条根轨迹分别起始于开环极点 $p_1=-1+\mathrm{j}$ 和 $p_2=-1-\mathrm{j}$，终止于无穷远处。

（2）按照根轨迹的绘制规则 3′，复平面实轴上的根轨迹区间为（−∞，+∞）。

（3）按照根轨迹的绘制规则 4′，该系统根轨迹的渐近线与正实轴的夹角为

$$\theta_{\mathrm{a}}=\frac{2k\pi}{n-m}=\begin{cases}0, & k=0\\ \pi, & k=1\end{cases}$$

渐近线与实轴的交点为

$$\sigma_{\mathrm{a}}=\frac{\sum_{j=1}^{n}p_j-\sum_{i=1}^{m}z_i}{n-m}=\frac{(-1+\mathrm{j})+(-1-\mathrm{j})}{2-0}=-1$$

（4）根轨迹的起始角为 $\theta_1=-\sum_{j=2}^{2}\theta_j=-90^\circ$ 和 $\theta_2=-\sum_{j=1}^{1}\theta_j=-(-90^\circ)=90^\circ$，终止角皆为 0°。因此，例 4-5 的根轨迹如图 4.11 所示。

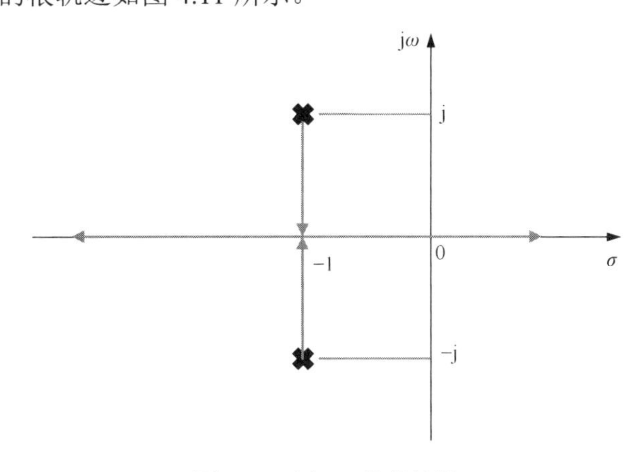

图 4.11　例 4-5 的根轨迹

4.3.3　系统的参量根轨迹绘制

前面绘制的系统根轨迹主要是以根轨迹增益 K 为可变参量。在控制工程中，也经常需要讨论系统的闭环极点随其他可变参量变化的情况，这样绘制的系统根轨迹称为参量根轨迹。通过对闭环系统特征方程的简单处理，可按照以上根轨迹的绘制方法绘制出系统的参量根轨迹。

【例 4-6】已知某单位反馈控制系统的开环传递函数为

$$G(s)=\frac{30(s+a)}{s(s+10)}$$

试绘制以 a 为参量的根轨迹。

解：本例题中给定系统的特征方程为

$$1+G(s)=1+\frac{30(s+a)}{s(s+10)}=0$$

则闭环系统的特征方程为

$$F(s)=s(s+10)+30(s+a)=s^2+40s+30a=0$$

进行等效变换得

$$1+\frac{30a}{s(s+40)}=0$$

即等价开环传递函数为

$$G_1(s)H_1(s)=\frac{30a}{s(s+40)}$$

把参数 $30a$ 看作根轨迹的增益 K，即可按常规根轨迹的绘制方法，绘制出以 a 为参量的系统根轨迹。根轨迹的绘制步骤如下：

（1）在等价开环传递函数 $G_1(s)H_1(s)$ 中，分母多项式的阶次 $n=2$，分子多项式的阶次 $m=0$，表明该系统有两条根轨迹。

（2）两条根轨迹分别起始于开环极点 $p_1=0$ 和 $p_2=-40$，终止于无穷远处。

（3）按照根轨迹的绘制规则 3，复平面实轴上的根轨迹区间为[−40,0]。

（4）按照根轨迹的绘制规则 4，该系统根轨迹的渐近线与正实轴的夹角为

$$\theta_a=\frac{\pm(2k+1)\pi}{n-m}=\pm\frac{\pi}{2}$$

根轨迹渐近线与复平面实轴的交点为

$$\sigma_a=\frac{\sum_{j=1}^{n}p_j-\sum_{i=1}^{m}z_i}{n-m}=\frac{(0-40)-0}{2-0}=-20$$

（5）确定根轨迹的汇合点或分离点。

由于

$$1+\frac{30a}{s(s+40)}=0$$

则 $30a=-s(s+40)=-(s^2+40s)$。计算得到 $\frac{\mathrm{d}a}{\mathrm{d}s}=0$，解得 $s=-20$。由于 $s=-20$，因此该点位于根轨迹上，表明该点是系统根轨迹的汇合点或分离点。

根据以上结论可绘制出以 a 为参量的系统根轨迹，如图 4.12 所示。

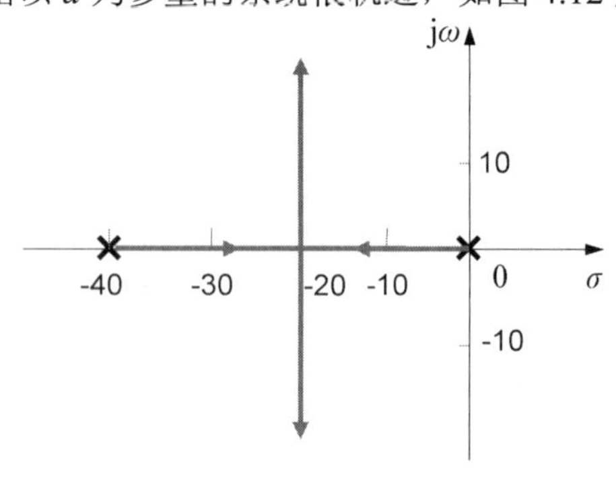

图 4.12　以 a 为参量的系统根轨迹

4.4 控制系统的根轨迹分析

4.4.1 增加开环零点和开环极点对根轨迹的影响

从前文可知，系统的性能取决于系统特征方程根在复平面上的分布位置，系统的根轨迹就是系统特征方程根随系统参数变化的曲线。根轨迹的走向和形状与开环传递函数的极点和零点的位置密切有关，增加开环极点和开环零点必然对系统的根轨迹产生影响。因此，通过增加开环零点和开环极点的方法，可调整系统根轨迹的走向和形状，也可以改善系统的性能。在第 6 章中介绍的系统校正方法就是为校正装置传递函数选择合适的极点和零点，使闭环系统的极点位于期望的位置。

下面，通过两个例题分析增加开环零点和开环极点对根轨迹产生的影响。

【例 4-7】设某一系统的开环传递函数为

$$G(s)H(s)=\frac{K}{s^2(s+1)}$$

（1）绘制该系统的根轨迹并讨论其稳定性。

（2）若给该系统的开环传递函数增加一个开环零点 $z=-a(0\leqslant a\leqslant 1)$，试分析其对根轨迹的影响。

解：（1）根轨迹方程为

$$G(s)H(s)=\frac{K}{s^2(s+1)}=-1$$

① 因为$n=3$，$m=0$，所以有 3 条根轨迹，分别起始于开环极点 $p_{1,2}=0$，$p_3=-1$，均终止于无穷远处。

② 复平面实轴上的根轨迹区间为$(-\infty,-1]$。

③ 趋于无穷远的根轨迹的渐近线与正实轴的夹角为

$$\theta_{\rm a}=\frac{\pm(2k+1)\pi}{n-m}=\frac{\pm(2k+1)\pi}{3}=\pm\frac{\pi}{3},\quad \pi \qquad (k=0,1,2)$$

根轨迹的渐近线与复平面实轴的交点为

$$\sigma_{\rm a}=\frac{\sum_{j=1}^{n}p_j-\sum_{i=1}^{m}z_i}{n-m}=-\frac{1}{3}$$

④ 根轨迹与虚轴无交点。

例 4-7 的系统根轨迹如图 4.13 所示。由于 3 条根轨迹中的两条位于复平面虚轴的右侧，因此该系统不稳定。

（2）增加开环零点 $z=-a(0\leqslant a\leqslant 1)$ 后，该系统的开环传递函数变为

$$G(s)H(s)=\frac{K(s+a)}{s^2(s+1)}$$

增加开环零点 $z=-a$ 后的系统根轨迹如图 4.14 所示。

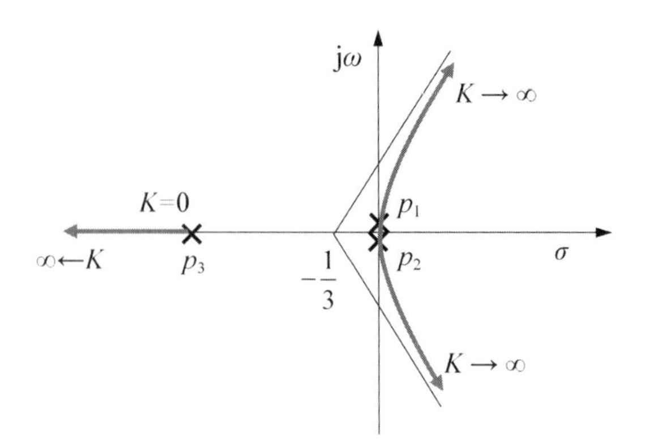

图 4.13　例 4-7 的系统根轨迹

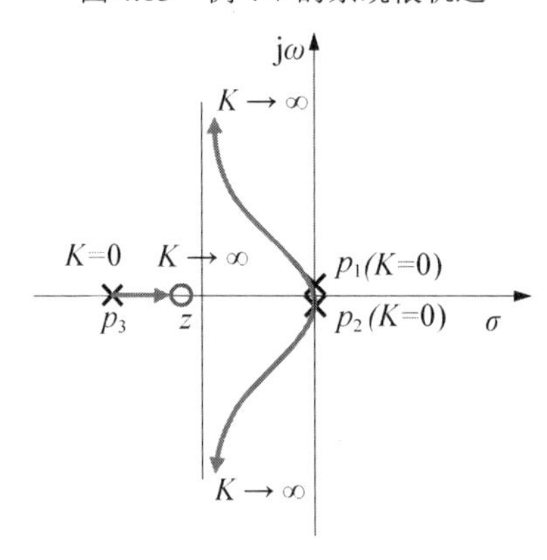

图 4.14　增加开环零点 $z=-a$ 后的系统根轨迹

由图 4.14 可知，增加开环零点后，系统根轨迹左移，系统的稳定性和动态特性得以改善。例 4-7 中的系统通过增加开环零点 $z=-a$ 后，3 条根轨迹均位于复平面虚轴的左侧，由不稳定系统变为稳定系统。

【例 4-8】某一系统的开环传递函数为

$$G(s)H(s)=\frac{K(s+3)}{s(s+1)}$$

试分析该系统分别增加开环极点 $p=-0.5$，$p=-2$，$p=-6$ 对根轨迹的影响。

解：可知该系统的开环极点 $p_1=0$，$p_2=-1$ 和开环零点 $z_1=-3$。按常规根轨迹的绘制规则绘制出的例 4-8 的系统根轨迹如图 4.15 所示。

增加开环极点 $p=-0.5$ 后，该系统的开环传递函数变为

$$G(s)H(s)=\frac{K(s+3)}{s(s+0.5)(s+1)}$$

此时，系统根轨迹如图 4.16（a）所示。

增加开环极点 $p=-2$ 和 $p=-6$ 后，该系统的开环传递函数分别为

$$G(s)H(s)=\frac{K(s+3)}{s(s+1)(s+2)}$$

$$G(s)H(s)=\frac{K(s+3)}{s(s+1)(s+6)}$$

这两种情况下的系统根轨迹分别如图 4.16（b）和图 4.16（c）所示。

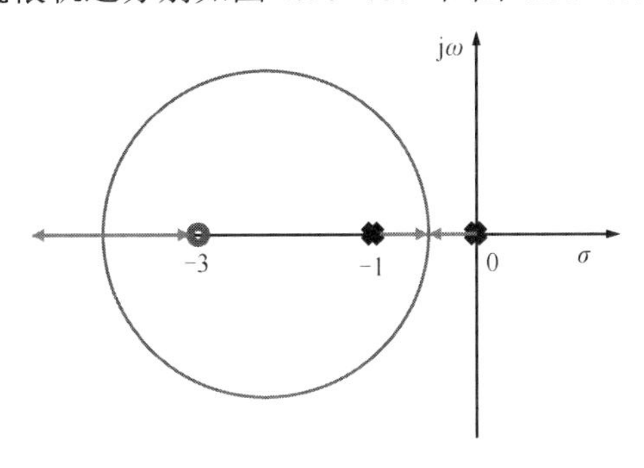

图 4.15　例 4-8 的系统根轨迹

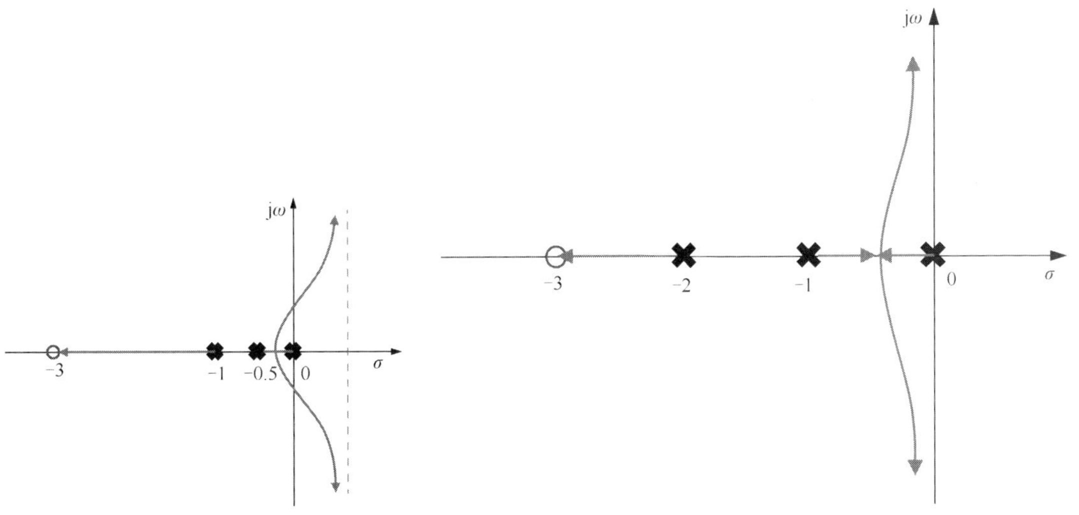

（a）增加开环极点 $p=-0.5$ 对系统根轨迹的影响

（b）增加开环极点 $p=-2$ 对系统根轨迹的影响

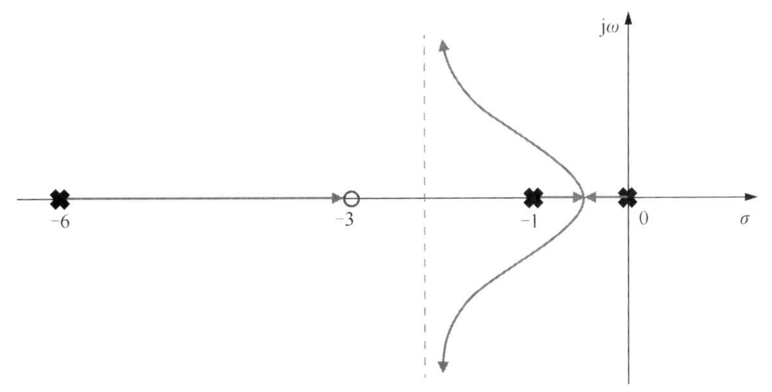

（c）增加开环极点 $p=-6$ 对系统根轨迹的影响

图 4.16　增加极点对系统根轨迹的影响

由例 4-8 可知，增加开环极点会使原根轨迹向复平面右侧移动变化，系统的稳定性变差。增加的开环极点越靠近虚轴，根轨迹向复平面右侧移动变化的趋势越明显，对系统的稳定性影响就越大。

除了单独增加开环零点和开环极点，还可以增加开环零点-极点对，以调节系统的结构和参数，其具体作用与第 6 章中介绍的超前校正和滞后校正相似，在此不予详细介绍。

4.4.2 系统性能的根轨迹分析

利用系统的根轨迹可以了解系统特征方程根（闭环极点）的分布位置，也可以确定当可变参量为某一值时对应的闭环极点的位置，这为分析和估算系统性能提供了基础。

由前文可知，高阶系统的动态性能主要取决于系统的闭环主导极点，它是指系统特征方程根（闭环极点）中在复平面虚轴左侧距离虚轴最近且附近没有闭环零点的极点。对于稳定的系统，若某极点离复平面虚轴的距离是其主导极点与虚轴距离的 5 倍以上，则它对系统动态响应的影响可忽略不计。在计算和分析系统性能时，在一定条件下，只需要考虑闭环主导极点所对应的动态响应分量，而忽略其余的动态响应分量，从而将高阶系统地近似看作一阶或二阶系统，以估算系统性能。一般情况下，若要求系统具有良好的快速响应，应使闭环主导极点远离复平面虚轴；若要求系统的稳定性好，则复数极点应设置在与复平面负实轴成±45° 夹角以内。

【例 4-9】设某一反馈控制系统的框图如图 4.17 所示。试确定该系统的参数 K_1 和 K_2，使之满足以下 3 个条件：

（1）在单位速度信号输入作用下的系统稳态误差不大于 0.35。

（2）系统的阻尼比不小于 0.707。

（3）系统的调节时间不大于 3s。

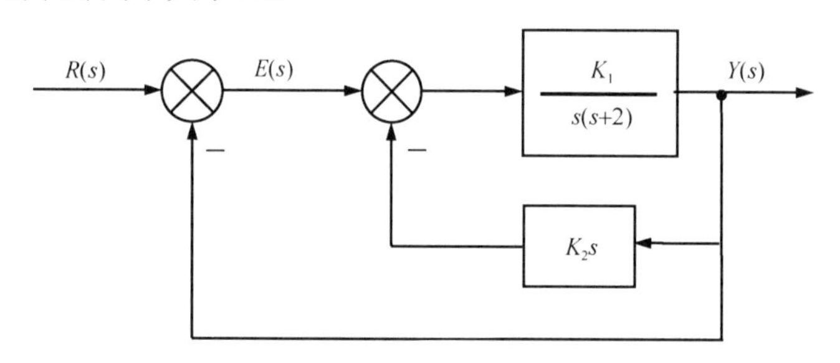

图 4.17 例 4-9 所示的反馈控制系统的框图

解：该系统的开环传递函数为

$$G(s) = \frac{K_1}{s(s+2+K_1K_2)}$$

由已知的要求条件（1）得到系统的静态速度误差系数 K_v，即

$$K_v = \lim_{s\to 0} sG(s) = \frac{K_1}{2+K_1K_2}$$

该系统的稳态误差 e_s 应满足

$$e_{\mathrm{s}}=\frac{1}{K_{\mathrm{v}}}=\frac{2+K_1K_2}{K_1}\leqslant 0.35$$

可见，为保证系统稳态误差的要求，对参数 K_1 应取较大的数值，对参数 K_2 应取较小的数值。

根据已知的要求条件（2），在复平面虚轴左侧，过坐标原点作一条与负实轴成 $\cos^{-1}0.707=45^\circ$ 角的直线，系统闭环极点位于该直线上时对应的系统阻尼比均为 $\zeta=0.707$ 。根据已知的要求条件（3），则

$$t_{\mathrm{s}}=\frac{4}{\zeta\omega_{\mathrm{n}}}=\frac{4}{|\sigma|}\leqslant 3(s)$$

表明系统闭环极点的实部 σ 必须小于 $-\dfrac{4}{3}$ 。因此，为同时满足 ζ 和 t_{s} 的要求，系统闭环极点就应该位于图 4.18 所示的阴影区域。

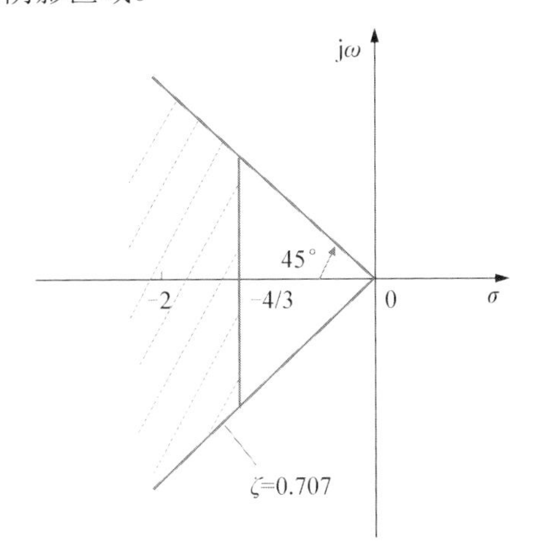

图 4.18　系统闭环极点位于期望的区域

当 $a=K_1K_2$， $b=K_1$ 时，图 4.17 所示系统的特征方程为

$$1+G(s)=0 \quad 或 \quad s^2+(2+a)s+b=0$$

此时，绘制系统的根轨迹会涉及两个可变参数 a 和 b。这种多个参数同时变化的根轨迹是一组曲线，称为根轨迹族。对多变量的系统根轨迹，一般是令其中一个参数变化，其他参数固定，通过不断改变其他参数的固定值绘制多变量系统的根轨迹族。这里，令 $a=0$ ，则此时系统的特征方程为

$$s^2+2s+b=0 \quad 或 \quad 1+\frac{b}{s(s+2)}=0$$

得到等效的开环传递函数

$$\frac{b}{s(s+2)}$$

按常规根轨迹的绘制规则，当 $a=0$ 时，以 b 为可变参数的根轨迹如图 4.19 所示。为了满足稳态误差要求，令 $b=K_1=20$ ，则对应的系统特征方程为

$$s^2+(2+a)s+20=0 \quad 或 \quad 1+\frac{as}{s^2+2s+20}=0$$

得到等效的开环传递函数

$$\frac{as}{s^2+2s+20}$$

其开环极点是 $p_{1,2}=-1\pm \mathrm{j}4.36$，开环零点是 $z=0$。当 $b=20$ 时，以 a 为可变参数的根轨迹如图 4.20 所示（注意：b 为不同数值时，可绘制出不同根轨迹）。可以证明，图 4.20 中复平面上的部分根轨迹的方程为 $\sigma^2+\omega^2=(\sqrt{20})^2$。

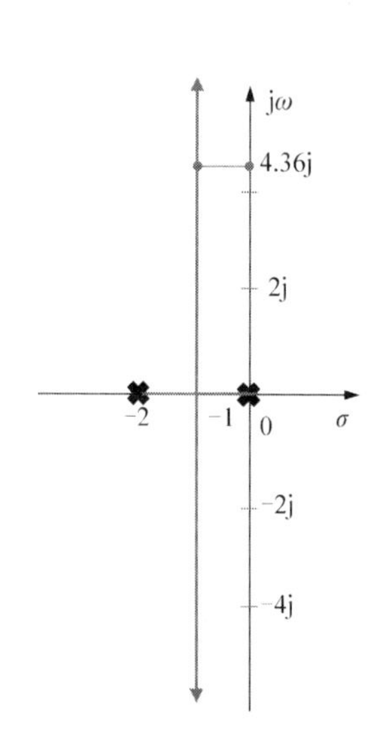

图 4.19　a=0 时，以 b 为可变参数的根轨迹

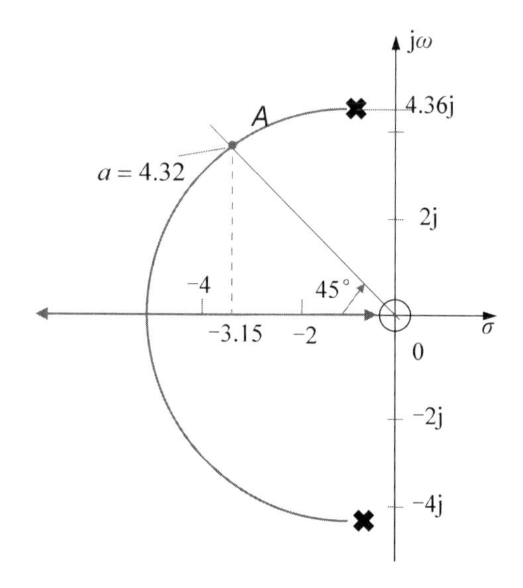

图 4.20　b=20 时，以 a 为可变参数的根轨迹

在图 4.20 中，过坐标原点作一条与负实轴成 45° 角的直线，该直线（直线方程为 $\omega=-\sigma$）与 $b=20$ 的根轨迹相交于 A 点。联立 $\sigma^2+\omega^2=(\sqrt{20})^2$ 和 $\omega=-\sigma$ 计算得到（或由图 4.20 中读取）A 点坐标是 $s_A=-\sqrt{10}+\mathrm{j}\sqrt{10}$。那么，由根轨迹的幅值条件

$$\left|\frac{as}{s^2+2s+20}\right|_{s=s_A}=1$$

计算得到 $a=K_1K_2=4.32$，解得 $K_2=0.216$（$b=K_1=20$）。可以验证，在 $K_1=20$ 和 $K_2=0.216$ 时，系统完全能满足给定的性能要求。

【例 4-10】 设某单位负反馈控制系统的开环传递函数为

$$G(s)=\frac{K(s+1)}{s(s+2)(s+3)}$$

（1）绘制该系统的根轨迹（不要求绘制出汇合点或分离点）。

（2）已知该系统的一个闭环极点为−0.9，试求其余的闭环极点。

（3）该系统是否可以用低阶系统近似？若可以，则求出它的闭环传递函数；若不可以，则给出理由。

解： 绘制该系统的根轨迹（$K=0\to\infty$），步骤如下：

（1）根轨迹起始于开环极点 $p_1 = 0$， $p_2 = -2$， $p_3 = -3$，终止于开环零点 $z = -1$ 和两个无穷远点。

（2）根轨迹的分支数 $n = 3$。

（3）复平面实轴上的根轨迹区间为[-3,-2]和[-1,0]。

（4）根轨迹的渐近线数 $n - m = 2$，根边迹与复平面实轴的交点 σ_{a} 和交角 θ_{a} 分别为

$$\sigma_{\mathrm{a}} = \frac{\sum_{j=1}^{n} p_j - \sum_{i=1}^{m} z_i}{n - m} = \frac{-2 - 3 + 1}{2} = -2$$

$$\theta_{\mathrm{a}} = \frac{\pm(2k+1)\pi}{n - m} = \frac{\pm(2k+1)180^\circ}{2} = \pm 90^\circ$$

（5）根轨迹的汇合点或分离点位于间区[-3,-2]。例 4-10 的系统根轨迹如图 4.21 所示。

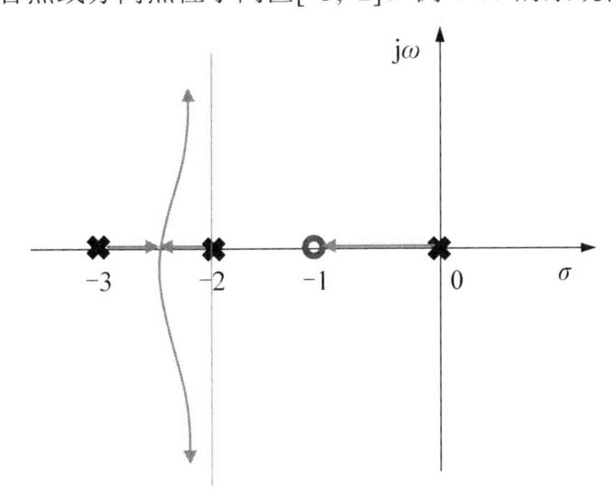

图 4.21　例 4-10 的系统根轨迹

根据已知的开环极点 $p_1 = 0$， $p_2 = -2$， $p_3 = -3$ 和开环零点 $z = -1$，以及已知的一个闭环极点 $s_1 = -0.9$，设其余两个闭环极点为 s_2 和 s_3。

用根轨迹的幅值条件可以求得

$$K = \frac{|s_1 - p_1| \cdot |s_1 - p_2| \cdot |s_1 - p_3|}{|s_1 - z|} = \frac{0.9 \times 1.1 \times 2.1}{0.1} = 20.79$$

将其代入系统特征方程 $1 + G(s) = 0$，得

$$s(s+2)(s+3) + 20.79(s+1) = 0$$

可推得系统闭环极点应满足

$$(s+0.9)(s^2 + 4.1s + 23.1) = 0$$

解得

$$s_{2,3} = -2.05 \pm \mathrm{j}4.35$$

（6）由于 $s_1 = -0.9$ 和 $z = -1$ 构成一对偶极子，因此该系统可以降阶为二阶系统，二阶系统的闭环传递函数为

$$\frac{Y(s)}{U(s)} = \frac{20.79(s+1)}{(s+0.9)(s+2.05+\mathrm{j}4.35)(s+2.05-\mathrm{j}4.35)} \approx \frac{23.1}{s^2 + 4.1s + 23.1}$$

4.5 基于 MATLAB 的系统根轨迹分析

按照根轨迹绘制规则绘制的系统根轨迹一般是大致的根轨迹，如果需要精确地绘制系统的根轨迹，可以借助计算机辅助设计软件，如 MATLAB。利用该软件可以精确、快捷地绘制出系统的根轨迹。

MATLAB 中提供了专门绘制根轨迹的函数命令，主要的函数命令如下：

`[p,z]=pzmap(num,den)`；该函数命令用于绘制连续控制系统的零极点图

`[r,K]=rlocus(num,den)`；该函数命令用于绘制 K=0～∞的根轨迹，若要限制根轨迹增益 K 的变化范围，可用命令语句 `rlocus(num,den,K)`。

在利用 MATLAB 绘制系统的根轨迹时，在没有特别说明的情况下复平面的坐标系是自动定标的。如果用户需要自行设置复平面上的坐标轴范围，只须在绘制根轨迹的程序中引入 `V=[-x  x  -y  y]` 和 `axis(V)` 的命令语句，用（`-x`，`x`）表示 x 轴的范围，用（`-y`，`y`）表示 y 轴的范围。

下面，举例介绍如何应用 MATLAB 绘制控制系统的根轨迹。

【例 4-11】 已知某一控制系统的开环传递函数为

$$G(s)H(s)=\frac{K(s+3)}{s(s+5)(s+6)(s^2+2s+2)}=\frac{K(s+3)}{s^5+13s^4+54s^3+82s^2+60s},\quad K\geqslant 0$$

试用 MATLAB 绘制该系统的根轨迹。

解： 在 MATLAB 窗口中执行如下语句，可得到该系统的根轨迹，如图 4.22 所示。

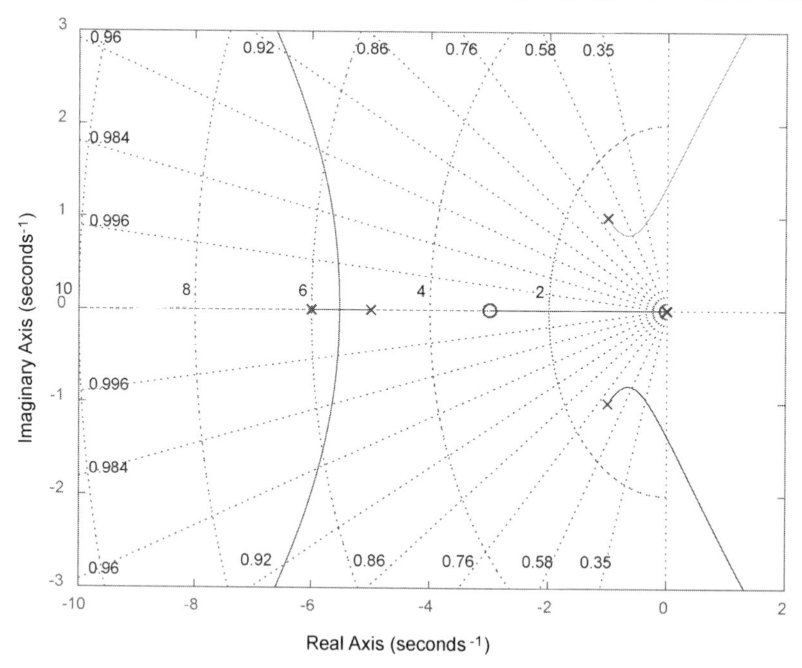

图 4.22　例 4-11 的控制系统根轨迹

```
num=[1 3];
den=[1 13 54 82 60 0];
rlocus(num,den);
v=[-10 2 -3 3];
axis(v);
```

【例 4-12】某一闭环控制系统的框图如图 4.23 所示。其中

$$G_1(s)=\frac{K}{s+6}\qquad G_2(s)=\frac{s+1}{s(s+4)}\qquad H(s)=\frac{1}{s+2}$$

试用 MATLAB 的 `tf` 函数命令和 `rlocus` 函数命令绘制该闭环控制系统的根轨迹。

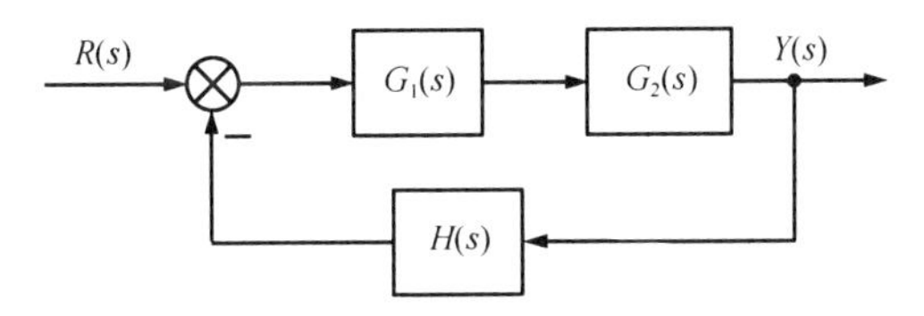

图 4.23　例 4-12 的系统框图

解：在 MATLAB 窗口中执行如下语句，可得到该系统的根轨迹，如图 4.24 所示。

```
G1=tf(1,[1 6]);
G2=tf([1 1],[1 4 0]);
H=tf(1,[1 2]);
rlocus(G1*G2*H);
v=[-10 2 -3 3];
axis(v);
axis('square')
xlabel('Re')
ylabel('Im')
grid on
```

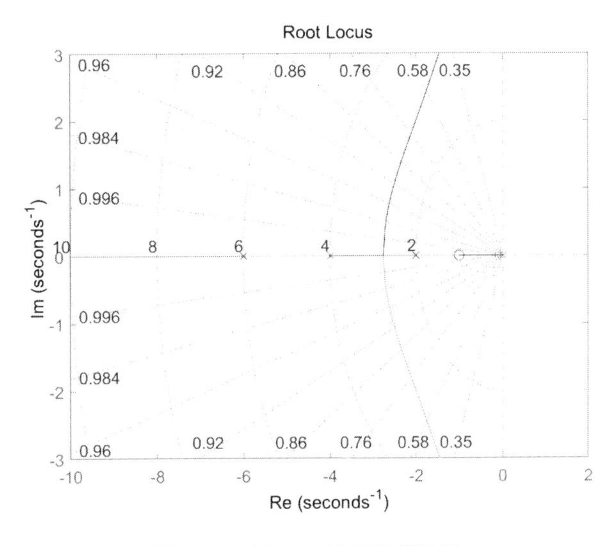

图 4.24　例 4-12 的系统根轨迹

习　题

4-1　设某一闭环控制系统的开环传递函数

$$G(s)H(s)=\frac{K(s+3)}{(s+1)(s+2)}$$

试绘制该闭环系统的根轨迹。

4-2　已知某单位反馈控制系统的开环传递函数为

$$G(s)=\frac{K}{s(s+4)(s^2+4s+20)}$$

试绘制该系统的根轨迹。

4-3　已知某一系统的开环传递函数为

$$G(s)H(s)=\frac{K}{s(s+1)(s+10)}$$

试绘制该系统的根轨迹，并求出该系统产生虚纯根的根轨迹增益 K 。

4-4　已知某个闭环控制系统的开环零点 z 和开环极点 p ，试绘制出该闭环控制系数的闭环根轨迹。

（1） $z=-1$ ， -2 ， $p=0$ ， -3 ；

（2） $p=0$ ， -1 ， $z_{1,2}=-2\pm \text{j}$ ；

（3） $p_1=-2$ ， $p_{2,3}=-1\pm \text{j}1$ ， $z=-3$ ；

4-5　设某单位反馈控制系统的开环传递函数为

$$G(s)=\frac{K(s+1)^2}{(s+2)^2}$$

若该控制系统为正反馈，试绘制其根轨迹。

4-6　已知某单位负反馈控制系统的开环传递函数为

$$G(s)=\frac{K(1+\tau_1 s)}{s(1+5s)}$$

若 K =5，试绘制以 τ_1 为参量的根轨迹。

4-7　已知某单位负反馈系统的开环传递函数为

$$G(s)=\frac{K(2s+1)}{s^2(0.2s+1)^2}$$

试绘制 $K=0$～∞时系统的根轨迹，并确定使该系统稳定的 K 值范围。

4-8　已知某单位负反馈控制系统的开环传递函数为

$$G_1(s)=\frac{K}{(s+1)(s+3)}\quad 或\quad G_2(s)=\frac{K(s+4)}{(s+1)(s+3)}$$

试绘制它们的根轨迹，并说明增加一个零点对系统根轨迹的影响。

4-9　已知某单位负反馈控制系统的开环传递函数为

$$G_1(s)=\frac{K}{(s+1)(s+3)}\quad \text{或}\quad G_2(s)=\frac{K}{(s+1)(s+3)(s+4)}$$

试绘制它们的根轨迹并说明增加一个极点对系统根轨迹的影响。

4-10　已知某单位负反馈控制系统的开环传递函数为

$$G(s)=\frac{K}{s(s+10)}$$

（1）绘制该系统的根轨迹。

（2）当 $K=100$ 时，求该系统的最大超调量和调节时间。

4-11　已知某单位负反馈控制系统的开环传递函数为

$$G(s)=\frac{K}{s(s+2)(s+4)}$$

（1）绘制该系统的根轨迹。

（2）求该系统具有欠阻尼振荡响应时的 K 值范围。

（3）K 取何值时，系统处于临界稳定状态？其等幅振荡的频率是多少？

4-12　已知负某一反馈系统的传递函数为

$$G(s)=\frac{K}{s^2(s+1)},\quad H(s)=s+a$$

（1）利用 MATLAB 中的有关函数命令，绘制 $0\leqslant a<1$ 时系统的根轨迹和单位阶跃响应曲线。

（2）讨论 a 值的变化对系统动态性能及稳定性的影响($0\leqslant a<1$)。

第 5 章　控制系统的频域分析

【学习要求】

理解系统的幅频特性函数和相频特性函数的概念和物理意义，能够用频率特性的有关概念分析和解释物理系统的频率响应现象，能够计算系统频率响应及频率特性；熟练绘制系统的极坐标图和对数频率特性图，理解奈奎斯特（Nyquist）稳定条件，熟练应用奈奎斯特稳定条件分析系统的稳定性及相关问题；理解系统的相对稳定性及其表征方法，熟练计算系统的相位裕量和增益裕量；能够根据系统性能的频域指标及其时域性能指标的关系评价系统特性，会用 MATLAB 进行系统的频域分析，能够用频域分析方法解决实际工程控制系统的问题。

频域分析方法是指在频率域上用图形方式对系统性能进行分析的一种方法，其主要特点如下：利用闭环系统的开环频率特性图来分析和评价闭环系统的性能，还可提供用于改善闭环系统性能的信息，为设计有效的控制系统奠定基础。此外，系统的频率特性不但可由微分方程或传递函数求得，而且还可以用实验方法求得，这对难以用解析法推演获得数学模型的系统来说，具有重要的意义。因此，频域分析方法在控制工程中得到广泛的应用，成为控制工程领域的一种经典分析方法。

5.1　控制系统的频率响应与频率特性函数

5.1.1　系统的频率响应

系统的频率响应是指系统在谐波信号输入作用下的稳态输出，典型的谐波信号就是正弦（余弦）信号。

不失一般性，设线性定常系统的传递函数 $G(s)$ 为

$$G(s)=\frac{y(s)}{u(s)}=\frac{B(s)}{(s+p_1)(s+p_2)\cdots(s+p_n)}=\frac{B(s)}{\prod_{j=1}^{n}(s+p_j)}=\frac{B(s)}{A(s)} \tag{5-1}$$

式中，$B(s)$ 和 $A(s)$ 分别表示传递函数 $G(s)$ 的 m 阶分子多项式和 n 阶分母多项式，并且 $n\geqslant m$；$-p_1,-p_2,\cdots,-p_n$ 表示传递函数 $G(s)$ 的极点，这些极点可能是实数，也可能是复数，对稳定的系统来说，它们都应该具有负的实部。

不失一般性，设系统的所有极点 $-p_1,-p_2,\cdots,-p_n$ 都是负实数。如果系统的输入信号为正弦信号 $u(t)=U\sin\omega t$，那么其拉氏变换为

$$u(s)=\frac{U\omega}{s^2+\omega^2}=\frac{U\omega}{(s+\mathrm{j}\omega)(s-\mathrm{j}\omega)} \tag{5-2}$$

根据式（5-1）和式（5-2），可得到输出信号 $y(s)$，即

$$y(s)=G(s)u(s)=\frac{U\omega}{(s+\mathrm{j}\omega)(s-\mathrm{j}\omega)}\times\frac{B(s)}{\prod_{j=1}^{n}(s+p_j)} \tag{5-3}$$

把部分分式展开，式（5-3）可改写为

$$y(s)=\frac{a_1}{s+\mathrm{j}\omega}+\frac{a_2}{s-\mathrm{j}\omega}+\frac{b_1}{s+p_1}+\frac{b_2}{s+p_2}+\cdots+\frac{b_n}{s+p_n} \tag{5-4}$$

式中，$a_1,a_2,b_1,b_2,\cdots,b_n$ 为确定的常数。

对式（5-4）等号两边取拉氏逆变换，可得

$$y(t)=a_1\mathrm{e}^{-\mathrm{j}\omega t}+a_2\mathrm{e}^{\mathrm{j}\omega t}+b_1\mathrm{e}^{-p_1 t}+b_2\mathrm{e}^{-p_2 t}+\cdots+b_n\mathrm{e}^{-p_n t},\quad t\geqslant 0 \tag{5-5}$$

由于极点 $-p_1,-p_2,\cdots,-p_n$ 都是负实数，因此在 $t\to\infty$时，$\mathrm{e}^{-p_1 t},\mathrm{e}^{-p_2 t},\cdots,\mathrm{e}^{-p_n t}$ 都将衰减到零。这时输出信号 $y(t)$ 只由式(5-5)中的前两项决定，即 $t\to\infty$时的系统频率响应为

$$y(t)=a_1\mathrm{e}^{-\mathrm{j}\omega t}+a_2\mathrm{e}^{\mathrm{j}\omega t} \tag{5-6}$$

式中的 a_1 和 a_2 可分别由下式求得

$$\left.\begin{aligned} a_1&=G(s)\frac{U\omega}{(s+\mathrm{j}\omega)(s-\mathrm{j}\omega)}(s+\mathrm{j}\omega)\Big|_{s=-\mathrm{j}\omega}=-\frac{U}{2\mathrm{j}}G(-\mathrm{j}\omega)\\ a_2&=G(s)\frac{U\omega}{(s+\mathrm{j}\omega)(s-\mathrm{j}\omega)}(s-\mathrm{j}\omega)\Big|_{s=\mathrm{j}\omega}=\frac{U}{2\mathrm{j}}G(\mathrm{j}\omega)\end{aligned}\right\} \tag{5-7}$$

由于 $G(\mathrm{j}\omega)$ 和 $G(-\mathrm{j}\omega)$ 均为复数，可以用极坐标形式表示，即

$$\left.\begin{aligned} G(\mathrm{j}\omega)&=|G(\mathrm{j}\omega)|\mathrm{e}^{\mathrm{j}\angle G(\mathrm{j}\omega)}\\ G(-\mathrm{j}\omega)&=|G(-\mathrm{j}\omega)|\mathrm{e}^{\mathrm{j}\angle G(-\mathrm{j}\omega)}=|G(\mathrm{j}\omega)|\mathrm{e}^{-\mathrm{j}\angle G(\mathrm{j}\omega)}\end{aligned}\right\} \tag{5-8}$$

把式（5-7）、式（5-8）代入式（5-6），可得

$$\begin{aligned} y(t)&=-\frac{U}{2\mathrm{j}}|G(\mathrm{j}\omega)|\mathrm{e}^{-\mathrm{j}\angle G(-\mathrm{j}\omega)}\mathrm{e}^{-\mathrm{j}\omega t}+\frac{U}{2\mathrm{j}}|G(\mathrm{j}\omega)|\mathrm{e}^{\mathrm{j}\angle G(\mathrm{j}\omega)}\mathrm{e}^{\mathrm{j}\omega t}\\ &=U|G(\mathrm{j}\omega)|\frac{1}{2\mathrm{j}}\left[\mathrm{e}^{\mathrm{j}[\omega t+\angle G(\mathrm{j}\omega)]}-\mathrm{e}^{-\mathrm{j}[\omega t+\angle G(\mathrm{j}\omega)]}\right]\\ &=U|G(\mathrm{j}\omega)|\sin[\omega t+\varphi(\omega)]\\ &=Y\sin(\omega t+\varphi(\omega))\end{aligned} \tag{5-9}$$

式中，$Y=U|G(\mathrm{j}\omega)|$，$\varphi(\omega)=\angle G(\mathrm{j}\omega)$。

式（5-9）表明，线性定常系统在输入信号 $u(t)=U\sin\omega t$ 的作用下，其频率响应（稳态输出信号）$y(t)$ 仍是与输入信号具有相同频率的正弦信号，只是振幅与相位不同。频率响应 $y(t)$ 的振幅 Y 是输入信号振幅 U 的 $|G(\mathrm{j}\omega)|$ 倍，相位移 $\varphi=\angle G(\mathrm{j}\omega)$ 是输出信号与输入信号的相位差，它们都是输入信号频率 ω 的函数。当相位移 φ 为正时，表示输出信号 $y(t)$ 的

相位超前输入信号 $u(t)$ 的相位；当相位移 φ 为负时，表示输出信号 $y(t)$ 的相位滞后输入信号 $u(t)$ 的相位。

5.1.2　系统的频率特性函数

从计算线性定常系统的频率响应过程中可以看出，当输入信号 $u(t)$ 的频率 ω 变化时，系统频率响应 $y(t)$ 的幅值和初相位都将随之变化，可用来表示这种变化关系的就是函数 $\left|G(\mathrm{j}\omega)\right|$ 和 $\angle G(\mathrm{j}\omega)$。

由式（5-1）和式（5-9）可知，

$$\left|G(\mathrm{j}\omega)\right|=\frac{|y(t)|}{|u(t)|}=\frac{Y}{U} \tag{5-10}$$

由上式可知，$\left|G(\mathrm{j}\omega)\right|$ 表示的是系统频率响应的幅值与输入信号的幅值之比，因此，把函数 $\left|G(\mathrm{j}\omega)\right|$ 称为系统的幅频特性函数，一般简记为 $|G(\omega)|$。$|G(\omega)|$ 表示系统频率响应的幅值随频率变化的特性。

由式（5-9）可知，函数 $\angle G(\mathrm{j}\omega)$ 可表示为

$$\angle G(\mathrm{j}\omega)=\angle y(t)-\angle u(t) \tag{5-11}$$

表明函数 $\angle G(\mathrm{j}\omega)$ 表示的是系统频率响应的相位与输入信号的相位之差，因此把 $\angle G(\mathrm{j}\omega)$ 称为系统的相频特性函数，一般简记为 $\varphi(\omega)$。$\angle G(\mathrm{j}\omega)$ 表示系统频率响应的相位随频率变化的特性。

显然，函数 $G(\mathrm{j}\omega)$ 是关于复变量 $s=\mathrm{j}\omega$ 的复变函数，按照复变函数的指数表示形式，得到

$$G(\mathrm{j}\omega)=\left|G(\mathrm{j}\omega)\right|\mathrm{e}^{\mathrm{j}\angle G(\mathrm{j}\omega)}=|G(\omega)|\,\mathrm{e}^{\mathrm{j}\varphi(\omega)} \tag{5-12}$$

显然，函数 $G(\mathrm{j}\omega)$ 是由其幅频特性函数 $|G(\omega)|$ 和相频特性函数 $\varphi(\omega)$ 决定的，因此，称函数 $G(\mathrm{j}\omega)$ 为系统的频率特性函数，简称频率特性。

系统的频率特性函数 $G(\mathrm{j}\omega)$ 还可以表示为

$$G(\mathrm{j}\omega)=R(\omega)+\mathrm{j}I(\omega) \tag{5-13}$$

式中，$R(\omega)$ 是 $G(\mathrm{j}\omega)$ 的实部，是频率 ω 的函数，称为系统的实频特性函数，简称实频特性；$I(\omega)$ 是 $G(\mathrm{j}\omega)$ 的虚部，也是频率 ω 的函数，称为系统的虚频特性函数，简称虚频特性。

系统的频率特性函数 $G(\mathrm{j}\omega)$ 表示系统在频率域上的信号传递特性，其幅频特性函数 $\left|G(\omega)\right|$ 表示系统稳态输出信号的幅值与输入信号的幅值之比，相频特性函数 $\varphi(\omega)$ 表示稳态输出信号的相位与输入信号的相位之差。利用频率特性函数的这些物理含义，可以方便地计算和分析系统的特性。

在频率特性函数的计算中，对线性定常系统的传递函数 $G(s)$，只需将其中的 s 用 $\mathrm{j}\omega$ 代替，即令 $s=\mathrm{j}\omega$，就可得到该系统的频率特性函数 $G(\mathrm{j}\omega)$。

【例 5-1】已知某一系统的传递函数为

$$G(s)=\frac{10(s+2)}{s(s+1)}$$

计算该系统的幅频特性函数和相频特性函数，以及实频特性函数和虚频特性函数。

解： 令 $s=\mathrm{j}\omega$ 并把它代入 $G(s)$ 中，得到该系统的频率特性函数，即

$$G(\mathrm{j}\omega)=\frac{10(2+\mathrm{j}\omega)}{\mathrm{j}\omega(1+\mathrm{j}\omega)}$$

按照复变函数的指数表示形式，该系统的频率特性函数为

$$G(\mathrm{j}\omega)=\frac{10(2+\mathrm{j}\omega)}{\mathrm{j}\omega(1+\mathrm{j}\omega)}=\frac{\left(|10|\,\mathrm{e}^{\mathrm{j}\tan^{-1}\frac{0}{10}}\right)\left(|2+\mathrm{j}\omega|\,\mathrm{e}^{\mathrm{j}\tan^{-1}\frac{\omega}{2}}\right)}{\left(|\mathrm{j}\omega|\,\mathrm{e}^{\mathrm{j}\tan^{-1}\frac{\omega}{0}}\right)\left(|1+\mathrm{j}\omega|\,\mathrm{e}^{\mathrm{j}\tan^{-1}\frac{\omega}{1}}\right)}$$

$$=\frac{|10||2+\mathrm{j}\omega|}{|\mathrm{j}\omega||1+\mathrm{j}\omega|}\frac{\mathrm{e}^{\mathrm{j}\left(0+\tan^{-1}\frac{\omega}{2}\right)}}{\mathrm{e}^{\mathrm{j}\left(90^\circ+\tan^{-1}\omega\right)}}=|G(\omega)|\,\mathrm{e}^{\mathrm{j}\phi(\omega)}$$

因此，该系统的幅频特性函数 $|G(\omega)|$ 和相频特性函数 $\varphi(\omega)$ 分别为

$$|G(\omega)|=\frac{|10||2+\mathrm{j}\omega|}{|\mathrm{j}\omega||1+\mathrm{j}\omega|}=\frac{10\sqrt{2^2+\omega^2}}{\sqrt{0^2+\omega^2}\sqrt{1^2+\omega^2}}=\frac{10\sqrt{4+\omega^2}}{\omega\sqrt{1+\omega^2}}$$

$$\varphi(\omega)=\tan^{-1}\frac{\omega}{2}-90^\circ-\tan^{-1}\omega$$

按照复变函数的实部和虚部表示形式，可得

$$G(\mathrm{j}\omega)=\frac{10(2+\mathrm{j}\omega)}{\mathrm{j}\omega(1+\mathrm{j}\omega)}=\frac{10(2+\mathrm{j}\omega)\cdot\mathrm{j}\cdot(1-\mathrm{j}\omega)}{(\mathrm{j}\omega\cdot\mathrm{j})\big((1+\mathrm{j}\omega)(1-\mathrm{j}\omega)\big)}$$

$$=-\frac{10\omega+\mathrm{j}10(2+\omega^2)}{\omega(1+\omega^2)}=R(\omega)+\mathrm{j}I(\omega)$$

可知，该系统的实频特性函数 $R(\omega)$ 和虚频特性函数 $I(\omega)$ 分别为

$$R(\omega)=-\frac{10}{1+\omega^2}\qquad I(\omega)=-\frac{10(2+\omega^2)}{\omega(1+\omega^2)}$$

由 $G(\mathrm{j}\omega)=|G(\omega)|\,\mathrm{e}^{\mathrm{j}\varphi(\omega)}=R(\omega)+\mathrm{j}I(\omega)$，可知

$$|G(\omega)|=\sqrt{\left[R(\omega)\right]^2+\left[I(\omega)\right]^2}=\frac{10\sqrt{4+\omega^2}}{\omega\sqrt{1+\omega^2}}$$

$$\varphi(\omega)=\tan^{-1}\frac{I(\omega)}{R(\omega)}=\tan^{-1}\frac{2+\omega^2}{\omega}$$

【例 5-2】 已知某单位反馈控制系统的开环传递函数为

$$G(s)=\frac{9}{s+1}$$

设输入信号为 $u(t)=2\sin(2t-45^\circ)$，试计算该系统的频率响应。

解： 该系统的闭环传递函数为

$$\Phi(s)=\frac{y(s)}{u(s)}=\frac{G(s)}{1+G(s)}=\frac{9}{s+10}$$

其频率特性函数 $\Phi(\mathrm{j}\omega)$ 的幅频特性函数 $|\Phi(\mathrm{j}\omega)|$ 和相频特性函数 $\varphi(\omega)=\angle\Phi(\mathrm{j}\omega)$ 分别为

$$|\Phi(\mathrm{j}\omega)|=\frac{|9|}{|\mathrm{j}\omega+10|}=\frac{9}{\sqrt{\omega^2+10^2}}=\frac{|y(t)|}{|u(t)|}$$

$$\varphi(\omega)=\angle\Phi(\mathrm{j}\omega)=\tan^{-1}\frac{0}{9}-\tan^{-1}\frac{\omega}{10}=\angle y-\angle u$$

式中，$|y(t)|$ 和 $|u(t)|$ 分别是该系统的稳态输出信号幅值和输入信号幅值；$\angle y$ 和 $\angle u$ 分别是该系统稳态输出信号的相位和输入信号的相位。根据已知输入信号的表达式 $u(t)=2\sin(2t-45^\circ)$，可知 $\omega=2$，$|u(t)|=2$，$\angle u=-45^\circ$，则

$$|\Phi(\mathrm{j}\omega)|_{\omega=2}=\frac{9}{\sqrt{2^2+10^2}}\approx 0.88$$

$$\varphi(\omega)|_{\omega=2}=\tan^{-1}\frac{0}{9}-\tan^{-1}\frac{2}{10}\approx -11^\circ$$

按照线性定常系统频率响应计算式，该系统的频率响应为

$$y(t)=Y\sin(2t+\angle y)$$

式中，$Y=|u(t)|\cdot|\Phi(\mathrm{j}2)|$，$|u(t)|=2$；$\angle y=\varphi(\mathrm{j}2)+\angle u(t)=-11^\circ-45^\circ=-56^\circ$。可得

$$y(t)=1.76\sin(2t-56^\circ)$$

5.2 控制系统的频率特性图

用图形描述系统频率特性是频域分析方法的主要方式，频率特性图主要是指系统频率特性函数随频率变化的曲线。按照图形所采用坐标系的不同，频率特性图一般分为极坐标图（又称奈奎斯特图）和对数坐标图（又称伯德图）。

在控制工程领域，频域分析方法主要基于系统开环传递函数的极坐标图或对数坐标图，对闭环系统的性能进行分析和设计。

5.2.1 系统的极坐标图

系统频率特性函数 $G(\mathrm{j}\omega)$ 是一个以频率 ω 为自变量的复变函数，该复变函数可用函数值所在复平面上方向从 O 点到 A 点的向量 $\boldsymbol{X}$ 表示，如图 5.1 所示。向量 $\boldsymbol{X}$ 的长度 OA 为 $G(\mathrm{j}\omega)$ 的幅值，即 $|G(\mathrm{j}\omega)|$，向量 $\boldsymbol{X}$ 与正实轴之间的夹角是 $G(\mathrm{j}\omega)$ 的相角，表示为 $\angle G(\mathrm{j}\omega)$。当频率 ω 在 0～∞ 之间变化时，用来表示系统频率特性函数 $G(\mathrm{j}\omega)$ 的向量 $\boldsymbol{X}$ 在复平面上的方位将随之发生改变，即向量 $\boldsymbol{X}$ 的矢端 A 点轨迹将在复平面上形成一条曲线，该曲线就称为系统的坐标图，如图 5.1 所示。

在图 5.1 中，对应的相频特性函数 $\varphi(\omega)=\angle G(\mathrm{j}\omega)$。相角的正负方向规定如下：随着频率 ω 的增加，向量 $\boldsymbol{X}$ 从正实轴开始，以逆时针旋转方向为正，以顺时针旋转方向为负。向量 $\boldsymbol{X}$ 对应的数学表达式为

$$G(\mathrm{j}\omega)=|G(\mathrm{j}\omega)|\mathrm{e}^{\mathrm{j}\angle G(\mathrm{j}\omega)}=R(\omega)+\mathrm{j}I(\omega) \tag{5-14}$$

实际上，对图 5.1 所示的向量 $\boldsymbol{X}$，其极坐标与直角坐标有如下关系：

$$|G(\mathrm{j}\omega)|=\sqrt{[R(\omega)]^2+[I(\omega)]^2} \tag{5-15}$$

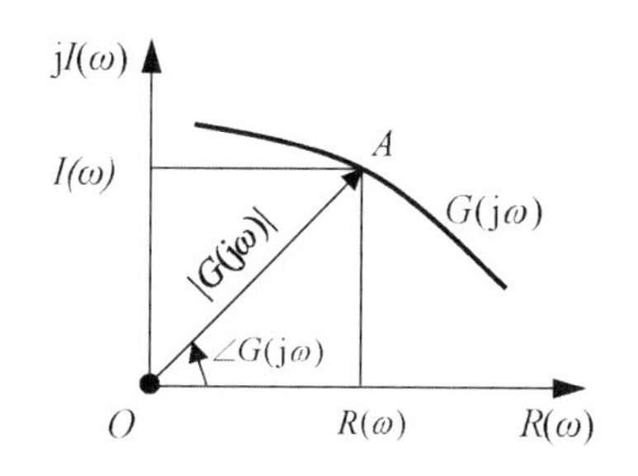

图 5.1　频率特性函数 $G(\mathrm{j}\omega)$ 的极坐标图

和

$$\varphi(\omega)=\tan^{-1}\frac{I(\omega)}{R(\omega)} \tag{5-16}$$

对确定的频率特性函数 $G(\mathrm{j}\omega)$ 给出不同的频率 ω，就可计算出相应的 $|G(\omega)|$ 和 $\varphi(\omega)$ 者 $R(\omega)$ 和 $I(\omega)$，进而描绘出系统的极坐标图。

在控制工程领域，频域分析方法主要基于系统开环传递函数的极坐标图。系统开环传递函数一般由典型环节组成。下面以典型环节的极坐标图绘制为例，介绍基于系统开环传递函数的极坐标图的绘制。

1. 典型环节的极坐标图

1）比例环节

比例环节的传递函数为 $G(s)=K$，其频率特性函数为

$$G(\mathrm{j}\omega)=K\mathrm{e}^{\mathrm{j}0} \tag{5-17}$$

即 $|G(\omega)|=K$，$\varphi(\omega)=0$，表明在频率 $\omega=0\sim\infty$ 时，比例环节的极坐标图始终为函数复平面实轴上的一点 K，如图 5.2 所示。

2）积分环节

积分环节的传递函数为 $G(s)=1/s$，其频率特性函数为

$$G(\mathrm{j}\omega)=\frac{1}{\mathrm{j}\omega}=\frac{1}{\omega}\mathrm{e}^{-\mathrm{j}90^{\circ}} \tag{5-18}$$

则有幅频特性函数 $|G(\omega)|=1/\omega$、相频特性函数 $\varphi(\omega)=-\tan\dfrac{\omega}{0}=-90^{\circ}$，表明在频率 $\omega=0\sim\infty$ 时，积分环节的极坐标图表现为从负虚轴的无穷远处趋于坐标原点，如图 5.3 所示。

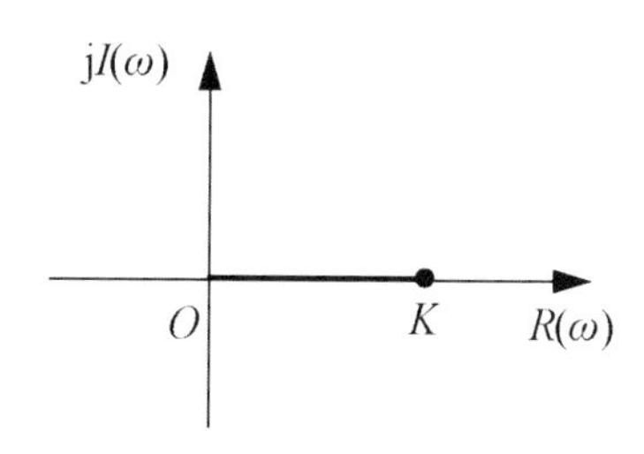

图 5.2　比例环节的极坐标图

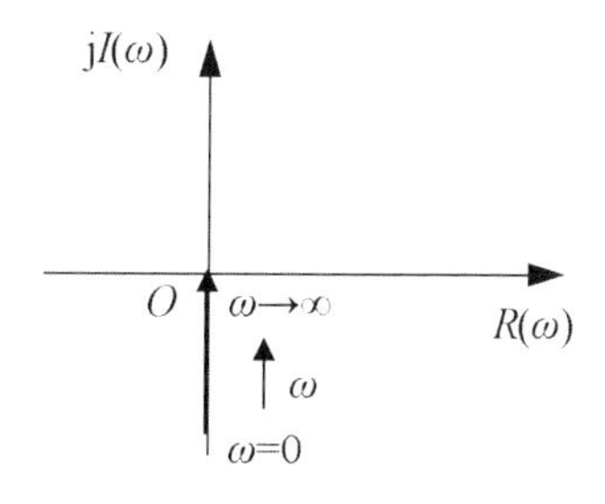

图 5.3　积分环节的极坐标图

3）惯性环节

惯性环节的传递函数为$G(s)=\dfrac{1}{Ts+1}$，其频率特性函数为

$$G(\mathrm{j}\omega)=\frac{1}{\mathrm{j}T\omega+1}=\frac{1}{\sqrt{1+(T\omega)^2}}\mathrm{e}^{-\mathrm{j}\tan^{-1}(T\omega)} \tag{5-19}$$

可知其幅频特性函数$|G(\omega)|=\dfrac{1}{\sqrt{1+(T\omega)^2}}$和相频特性函数$\varphi(\omega)=-\tan^{-1}(T\omega)$，表明在频率$\omega=0$时，$|G(0)|=1$，$\varphi(0)=0°$；在$\omega\to\infty$时，$|G(\infty)|\to 0$，$\varphi(\infty)=-90°$。因此，惯性环节的极坐标图如图 5.4 所示。

可以证明，惯性环节的极坐标图是一个以坐标点（0.5，0）为圆心，以 0.5 为半径的半圆。因为

$$G(\mathrm{j}\omega)=\frac{1}{\mathrm{j}T\omega+1}=\frac{1-\mathrm{j}T\omega}{1+(T\omega)^2}$$

所以

$$R(\omega)=\frac{1}{1+(T\omega)^2},\quad I(\omega)=\frac{-\mathrm{j}T\omega}{1+(T\omega)^2}$$

计算得到

$$\left[R(\omega)\right]^2+\left[I(\omega)\right]^2=R(\omega)$$

或为

$$\left[R(\omega)-0.5\right]^2+\left[I(\omega)\right]^2=0.5^2$$

4）一阶微分环节

一阶微分环节的传递函数为$G(s)=Ts+1$，频率特性函数为

$$G(\mathrm{j}\omega)=\mathrm{j}T\omega+1=\sqrt{1+(T\omega)^2}\mathrm{e}^{\mathrm{j}\tan^{-1}(T\omega)} \tag{5-20}$$

则$|G(\omega)|=\sqrt{1+(T\omega)^2}$，$\varphi(\omega)=\tan^{-1}(T\omega)$，表明在频率$\omega=0$时，$|G(0)|=1$，$\varphi(0)=0°$；在$\omega\to\infty$时，$|G(\infty)|\to\infty$，$\varphi(\infty)=90°$。一阶微分环节的极坐标图如图 5.5 所示。

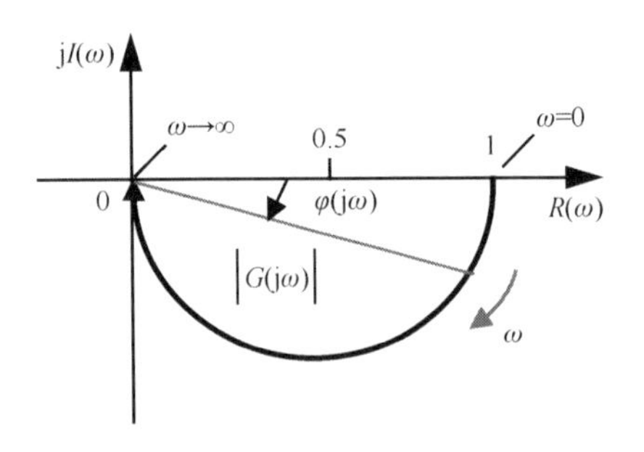

图 5.4 惯性环节的极坐标图

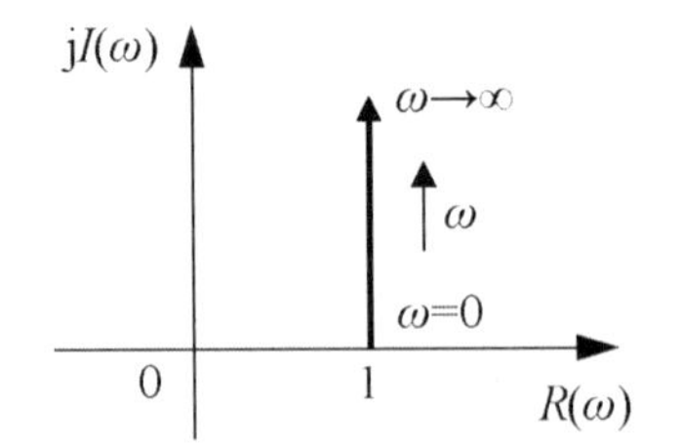

图 5.5 一阶微分环节的极坐标图

5）振荡环节

振荡环节的传递函数为$G(s)=\dfrac{\omega_{\mathrm{n}}^2}{s^2+2\zeta\omega_{\mathrm{n}}s+\omega_{\mathrm{n}}^2}$，其频率特性函数为

$$G(\mathrm{j}\omega)=\frac{1}{\left(\frac{\mathrm{j}\omega}{\omega_{\mathrm{n}}}\right)^2+2\zeta\frac{\mathrm{j}\omega}{\omega_{\mathrm{n}}}+1}=\frac{1}{\sqrt{\left(1-\frac{\omega^2}{\omega_{\mathrm{n}}^2}\right)^2+4\zeta^2\left(\frac{\omega}{\omega_{\mathrm{n}}}\right)^2}}\mathrm{e}^{-\mathrm{j}\tan^{-1}\frac{2\zeta\omega/\omega_{\mathrm{n}}}{1-(\omega/\omega_{\mathrm{n}})^2}} \tag{5-21}$$

则其幅频特性函数$|G(\omega)|$和相频特性函数$|\varphi(\omega)|$分别为

$$|G(\omega)|=\frac{1}{\sqrt{\left(1-\frac{\omega^2}{\omega_{\mathrm{n}}^2}\right)^2+4\zeta^2\left(\frac{\omega}{\omega_{\mathrm{n}}}\right)^2}} \qquad \varphi(\omega)=-\tan^{-1}\frac{2\zeta\frac{\omega}{\omega_{\mathrm{n}}}}{1-\left(\frac{\omega}{\omega_{\mathrm{n}}}\right)^2}$$

当频率$\omega=0$时，$|G(0)|=1$，$\varphi(0)=0^\circ$；当$\omega=\omega_{\mathrm{n}}$时，$|G(\omega_{\mathrm{n}})|=\frac{1}{2\zeta}$，$\varphi(\omega_{\mathrm{n}})=-90^\circ$；当$\omega\to\infty$时，$|G(\infty)|\to 0$，$\varphi(\infty)=-180^\circ$。振荡环节的极坐标图如图 5.6 所示。

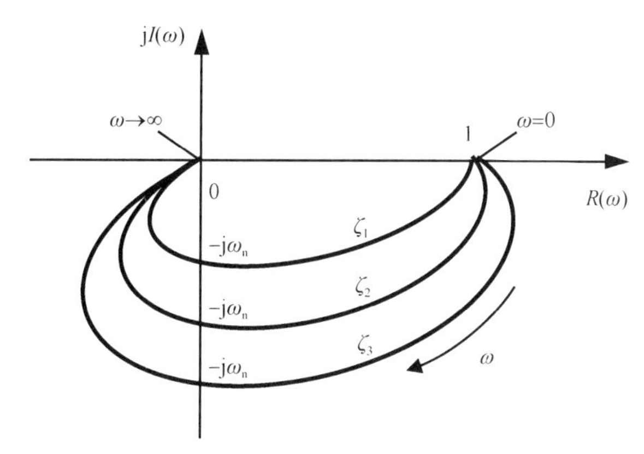

图 5.6　振荡环节的极坐标图（其中，$\zeta_1>\zeta_2>\zeta_3$）

2. 开环传递函数的极坐标图

下面分析不同类型系统的极坐标图在频率$\omega=0$和$\omega\to\infty$时的特性。

1）0 型系统的极坐标图

0 型系统的开环传递函数可以表示为

$$G(s)H(s)=\frac{K\prod_{i=1}^{m}(\tau_i s+1)}{\prod_{k=1}^{n}(T_k s+1)}, \qquad m\leqslant n \tag{5-22}$$

其频率特性函数为

$$G(\mathrm{j}\omega)H(\mathrm{j}\omega)=\frac{K\prod_{i=1}^{m}(\mathrm{j}\omega\tau_i+1)}{\prod_{k=1}^{n}(\mathrm{j}\omega T_k+1)}=M(\omega)\mathrm{e}^{\mathrm{j}\varphi(\omega)} \tag{5-23}$$

式中，

$$\begin{cases} M(\omega)=|G(\mathrm{j}\omega)H(\mathrm{j}\omega)|=\dfrac{K\prod\limits_{i=1}^{m}\sqrt{1+(\tau_i\omega)^2}}{\prod\limits_{k=1}^{n}\sqrt{1+(T_k\omega)^2}} \\ \varphi(\omega)=\sum\limits_{i=1}^{m}\tan^{-1}(\tau_i\omega)-\sum\limits_{k=1}^{n}\tan^{-1}(T_k\omega) \end{cases} \tag{5-24}$$

由式（5-24）可知，当 $\omega=0$ 时，$M(0)=K$，$\varphi(0)=0^\circ$，表明 0 型系统的极坐标图起始于实轴上的一点。当 $\omega\to\infty$ 时，若 $m<n$，则 $M(\infty)=0$，表明 0 型系统的极坐标图终止于坐标原点；若 $n=m$，则 $M(\infty)$ 是一个常数，表明此时 0 型系统的极坐标图终止于实轴上的一个点。为了确定极坐标图从什么方向进入坐标原点或实轴上的某点，需要确定 $\omega\to\infty$ 时的相角 $\varphi(\infty)$。由式（5-23）和式（5-24）可知，在 $\omega\to\infty$ 时，分子和分母中的每个因子的相角都是 90°，即

$$\varphi(\infty)=m\times90^\circ-n\times90^\circ=(m-n)\times90^\circ=(n-m)\times(-90^\circ) \tag{5-25}$$

设 0 型系统的开环频率特性函数为

$$G(\mathrm{j}\omega)H(\mathrm{j}\omega)=\frac{K}{(\mathrm{j}\omega T_1+1)(\mathrm{j}\omega T_2+1)}$$

可知，在 $\omega=0$ 时，$M(0)=K$，$\varphi(0)=0^\circ$，表明该系统开环传递函数的极坐标图起始于实轴上的一点；又由于 $n=2$，$m=0$，因此在 $\omega\to\infty$ 时，$M(\infty)=0$，$\varphi(\infty)=(2-0)\times(-90^\circ)=-180^\circ$，表明该系统开环传递函数的极坐标图在 $\omega\to\infty$ 时将从 -180° 方向进入坐标原点，即极坐标图在坐标原点与负实轴相切，如图 5.7 所示的曲线 a。

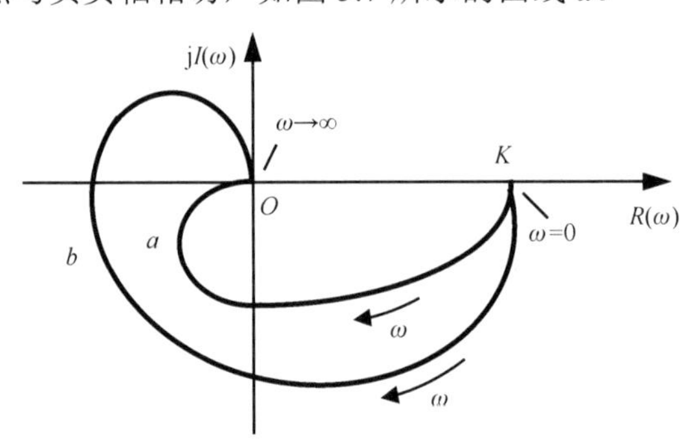

图 5.7　0 型系统的极坐标图

设 0 型系统的开环频率特性函数为

$$G(\mathrm{j}\omega)H(\mathrm{j}\omega)=\frac{K}{(\mathrm{j}\omega T_1+1)(\mathrm{j}\omega T_2+1)(\mathrm{j}\omega T_3+1)}$$

可知，在 $\omega=0$ 时，$M(0)=K$，$\varphi(0)=0^\circ$，表明该系统开环传递函数的极坐标图起始于实轴上的一点；又由于 $n=3$，$m=0$，因此 $M(\infty)=0$，$\varphi(\infty)=(3-0)\times(-90^\circ)=-270^\circ$，表明该系统开环传递函数的极坐标图将从 -270° 方向进入坐标原点，即极坐标图在坐标原点与正虚轴相切，如图 5.7 所示的曲线 b。

2）Ⅰ型系统的极坐标图

Ⅰ型系统的开环传递函数可表示为

$$G(s)H(s)=\frac{K\prod_{i=1}^{m}(\tau_i s+1)}{s\prod_{k=1}^{n-1}(T_k s+1)},\qquad m\leqslant n \tag{5-26}$$

其频率特性函数为

$$G(\mathrm{j}\omega)H(\mathrm{j}\omega)=\frac{K\prod_{i=1}^{m}(\mathrm{j}\omega\tau_i+1)}{\mathrm{j}\omega\prod_{k=1}^{n-1}(\mathrm{j}\omega T_k+1)}=M(\omega)\mathrm{e}^{\mathrm{j}\varphi(\omega)} \tag{5-27}$$

式中，

$$\begin{cases} M(\omega)=\left|G(\mathrm{j}\omega)H(\mathrm{j}\omega)\right|=\dfrac{K\prod_{i=1}^{m}\sqrt{1+(\tau_i\omega)^2}}{\omega\prod_{k=1}^{n-1}\sqrt{1+(T_k\omega)^2}} \\ \varphi(\omega)=-90^\circ+\sum_{i=1}^{m}\tan^{-1}(\tau_i\omega)-\sum_{k=1}^{n-1}\tan^{-1}(T_k\omega) \end{cases} \tag{5-28}$$

由式（5-28）可见，当 $\omega=0$ 时，$M(0)=\infty$，$\varphi(0)=-90^\circ$，表明Ⅰ型系统的极坐标图的起点是在相角为 -90° 的无限远处。当 $\omega\to\infty$ 时，若 $n=m$，则 $M(\infty)$ 为一个非零常数，此时Ⅰ型系统的极坐标图终止于实轴上的一个点；若 $m<n$，则 $M(\infty)=0$，Ⅰ型系统的极坐标图终止于坐标原点，并且

$$\varphi(\infty)=(n-m)\times(-90^\circ)$$

可见，当 $n-m=2$ 时，$\varphi(\infty)=-180^\circ$，极坐标图从 -180° 方向进入坐标原点，在坐标原点与负实轴相切，如图 5.8 所示的曲线 a。当 $n-m=3$ 时，$\varphi(0)=-270^\circ$，极坐标图从 -270° 方向进入坐标原点，在坐标原点与正虚轴相切，如图 5.8 所示曲线 b。

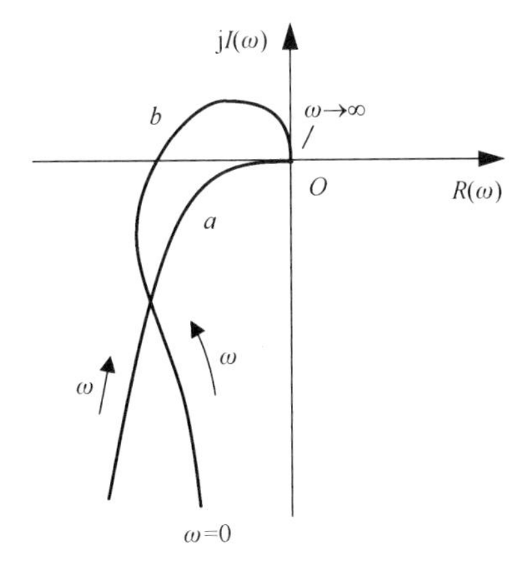

图 5.8　Ⅰ型系统的极坐标图

3）II型系统的极坐标图

II型系统的开环传递函数可表示为

$$G(s)H(s)=\frac{K\prod_{i=1}^{m}(\tau_i s+1)}{s^2\prod_{k=1}^{n-2}(T_k s+1)},\qquad m\leqslant n \tag{5-29}$$

其频率特性函数为

$$G(\mathrm{j}\omega)H(\mathrm{j}\omega)=\frac{K\prod_{i=1}^{m}(\mathrm{j}\omega\tau_i+1)}{(\mathrm{j}\omega)^2\prod_{k=1}^{n-2}(\mathrm{j}\omega T_k+1)}=M(\omega)\mathrm{e}^{\mathrm{j}\varphi(\omega)} \tag{5-30}$$

式中，

$$\begin{cases}M(\omega)=|G(\mathrm{j}\omega)H(\mathrm{j}\omega)|=\dfrac{K\prod_{i=1}^{m}\sqrt{1+(\tau_i\omega)^2}}{\omega^2\prod_{k=1}^{n-2}\sqrt{1+(T_k\omega)^2}}\\ \varphi(\omega)=-180^\circ+\sum_{i=1}^{m}\tan^{-1}(\tau_i\omega)-\sum_{k=1}^{n-2}\tan^{-1}(T_k\omega)\end{cases} \tag{5-31}$$

由式（5-31）可知，当$\omega=0$时，$M(0)=\infty$，$\varphi(0)=-180^\circ$，表明II型系统的极坐标图的起点在相角为-180°的无限远处，如图5.9所示。当$\omega\to\infty$时，若$n=m$，则$M(\infty)$为非零常数，此时II型系统的极坐标图终止于实轴上的一个点；若$m<n$，则$M(\infty)=0$，II型系统的极坐标图终止于坐标原点，并且

$$\varphi(\omega)=(n-m)\times(-90^\circ)$$

显然，当$m=1$，$n=3$时，$\varphi(\infty)=(3-1)\times(-90^\circ)=-180^\circ$，即极坐标图在坐标原点与负实轴相切，如图5.9所示的曲线a；当$m=0$，$n=3$时，$\varphi(\infty)=(3-0)\times(-90^\circ)=-270^\circ$，即极坐标图在坐标原点与正虚轴相切，如图5.9所示的曲线b。

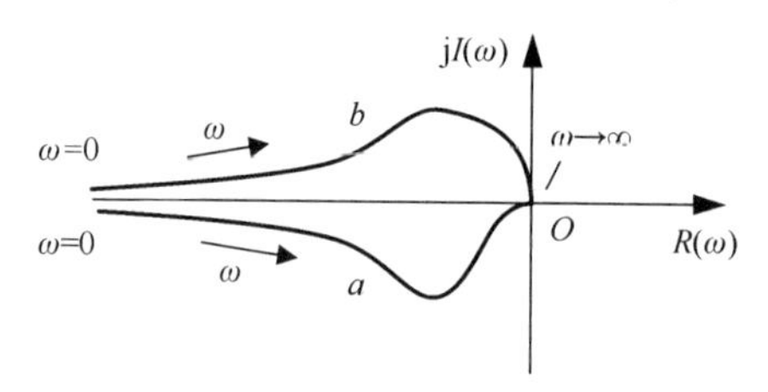

图5.9　II型系统的极坐标图

综上所述，系统开环传递函数极坐标图的低频部分主要由该函数中的因式K/s^v决定，其起始点（$\omega=0$时的点）位置取决于系统的类型。0型系统（v=0）的极坐标图起始点位于实轴上，I型、II型系统（v=1,2）的极坐标图起始点位于方向为$-90^\circ v$的无穷远处；极坐标图的高频部分（$\omega\to\infty$对应的部分）主要取决于开环传递函数的分母多项式阶次n与分子多项式阶次m的差，即$(n-m)\times(-90^\circ)$。一般地，在$n>m$时，从$(n-m)\times(-90^\circ)$方向趋

于坐标原点，$n=m$ 时，从 $(n-m)\times(-90°)$ 方向趋于实轴上的一点。

3. 系统极坐标图的绘制

在绘制系统的极坐标图时，若要获得准确的图形，则需要逐点描出。一般需要准确描出极坐标图的起始点（对应 $\omega=0$）、终止点（对应 $\omega\to\infty$）以及与虚轴的交点[对应 $R(\omega)=0$]和与实轴的交点[对应 $I(\omega)=0$]。

根据系统开环传递函数的极坐标图，0 型、I 型和 II 型系统极坐标图的低频段（起始点）和高频段（终止点）图形可以大致总结为图 5.10 所示的情况，图中的 n、m 分别是系统开环传递函数分母和分子多项式的阶次。

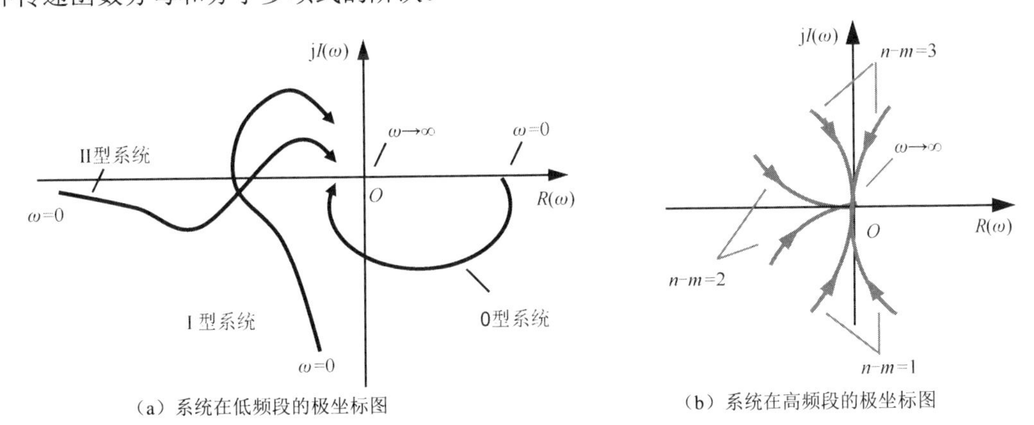

图 5.10　系统在低、高频段的大致极坐标图

【例 5-3】已知某单位反馈控制系统的开环传递函数为

$$G(s)=\frac{10}{(s+1)(s+2)(s+3)}$$

试绘制该开环传递函数的极坐标图。

解：令 $s=\mathrm{j}\omega$ 并把它代入开环传递函数，得

$$G(\mathrm{j}\omega)=\frac{10}{(1+\mathrm{j}\omega)(2+\mathrm{j}\omega)(3+\mathrm{j}\omega)}=R(\omega)+\mathrm{j}I(\omega)=|G(\omega)|\mathrm{e}^{\mathrm{j}\varphi(\omega)}$$

式中，

$$|G(\omega)|=\frac{10}{\sqrt{(1+\omega^2)(2^2+\omega^2)(3^2+\omega^2)}}\qquad \varphi(\omega)=-\tan^{-1}\frac{\omega}{1}-\tan^{-1}\frac{\omega}{2}-\tan^{-1}\frac{\omega}{3}$$

$$R(\omega)=\frac{60(1-\omega^2)}{(1+\omega^2)(2^2+\omega^2)(3^2+\omega^2)}\qquad I(\omega)=\frac{10\omega(\omega^2-11)}{(1+\omega^2)(2^2+\omega^2)(3^2+\omega^2)}$$

在 $\omega=0$ 时，

$$|G(0)|=1.67\qquad \varphi(0)=0$$

$$R(0)=1.67\qquad I(0)=0$$

在 $\omega\to\infty$ 时，

$$|G(\infty)|=0\qquad \varphi(\infty)=-270°$$

$$R(\infty)=0 \qquad I(\infty)=0$$

由 $I(\omega)=0$ 解得 $\omega=\sqrt{11}$ 并把它代入 $R(\omega)$ 中，计算得到极坐标图与实轴的交点，即

$$R(\sqrt{11})=-0.17 \qquad 或 \qquad |G(\sqrt{11})|=0.17 \qquad \varphi(\sqrt{11})=-180^\circ$$

由 $R(\omega)=0$ 解得 $\omega=1$ 并把它代入 $I(\omega)$ 中，计算得到极坐标图与虚轴的交点，即

$$I(1)=-1.0 \qquad 或 \qquad |G(1)|=1.0 \qquad \varphi(1)=-90^\circ$$

由此可绘制出该系统开环传递函数的大致极坐标图，如图 5.11 所示。

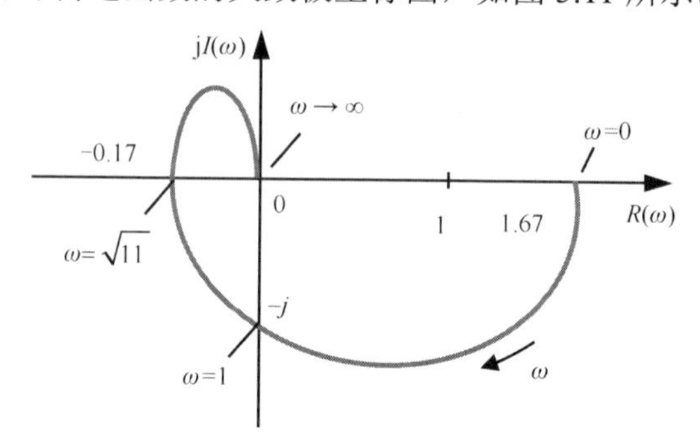

图 5.11　例 5-3 的大致极坐标图

【例 5-4】已知某单位反馈控制系统的开环传递函数为

$$G(s)=\frac{10(s+2)}{(s+1)(s+3)}$$

试绘制该开环传递函数的极坐标图。

解：由该系统的开环传递函数可得到开环频率特性函数，即

$$G(\mathrm{j}\omega)=\frac{10(\mathrm{j}\omega+2)}{(\mathrm{j}\omega+1)(\mathrm{j}\omega+3)}=\frac{10\sqrt{2^2+\omega^2}}{\sqrt{1^2+\omega^2}\sqrt{3^2+\omega^2}}\mathrm{e}^{\mathrm{j}\left(\tan^{-1}\frac{\omega}{2}-\tan^{-1}\frac{\omega}{1}-\tan^{-1}\frac{\omega}{3}\right)}$$

或

$$G(\mathrm{j}\omega)=\frac{10(\mathrm{j}\omega+2)}{(\mathrm{j}\omega+1)(\mathrm{j}\omega+3)}=\frac{20(3+\omega^2)}{(1+\omega^2)(9+\omega^2)}-\mathrm{j}\frac{10\omega(5+\omega^2)}{(1+\omega^2)(9+\omega^2)}$$

即

$$|G(\omega)|=\frac{10\sqrt{2^2+\omega^2}}{\sqrt{1^2+\omega^2}\sqrt{3^2+\omega^2}} \qquad \varphi(\omega)=\tan^{-1}\frac{\omega}{2}-\tan^{-1}\omega-\tan^{-1}\frac{\omega}{3}$$

或

$$R(\omega)=\frac{20(3+\omega^2)}{(1+\omega^2)(9+\omega^2)} \qquad I(\omega)=\frac{-10\omega(5+\omega^2)}{(1+\omega^2)(9+\omega^2)}$$

在 $\omega=0$ 时，

$$|G(0)|=6.67 \qquad \varphi(0)=0^\circ$$
$$R(0)=6.67 \qquad I(0)=0$$

在 $\omega\to\infty$ 时，

$$|G(\infty)|=0 \qquad \varphi(\infty)=-90^\circ$$

$$R(\infty) = 0 \qquad I(\infty) = 0$$

由 $I(\omega) = 0$ 解得 $\omega = 0$ 和 $\omega \to \infty$，表明该系统极坐标图与实轴的交点为 $\omega = 0$ 时对应的点（6.67，0）和 $\omega \to \infty$ 时对应的点（0，0）。由 $R(\omega) = 0$ 解得 $\omega \to \infty$，表明该系统极坐标图与虚轴的交点为 $\omega \to \infty$ 时对应的点（0，0）。由此可绘制出该系统开环传递函数的大致极坐标图，如图 5.12 所示。

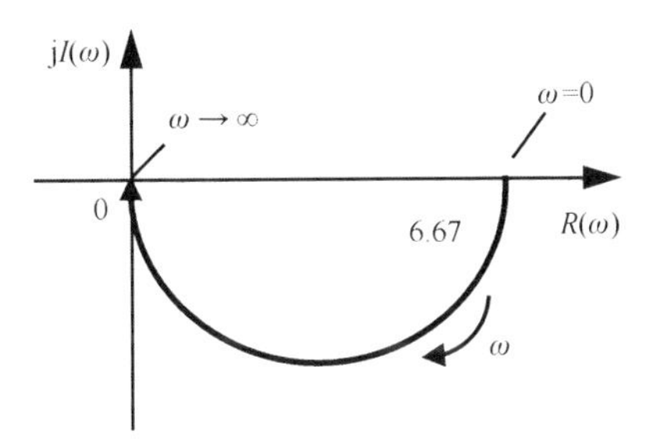

图 5.12　例 5-4 的大致极坐标图

5.2.2　系统的对数频率特性图

当系统的频率特性函数表达式为 $G(\mathrm{j}\omega) = |G(\omega)|\mathrm{e}^{\mathrm{j}\varphi(\omega)}$ 时，系统的频率特性图称为对数频率特性图，又称伯德图（Bode 图）。它由两幅图表示，即对数幅频特性图和对数相频特性图。

（1）对数幅频特性图是表示 $|G(\omega)| \sim \omega$ 之间的关系图，其横坐标是频率 ω，按自然对数（$\lg\omega$）分度，一般直接标注 ω 的值；其纵坐标一般按幅值的分贝（$20\lg|G(\omega)|$）进行分度，单位为分贝（dB），常记为 $L(\omega) = 20\lg|G(\omega)|$。因此，对数幅频特性图也是 $L(\omega) \sim \omega$ 之间的关系图。

（2）对数相频特性图是表示 $\varphi(\omega) \sim \omega$ 之间的关系图，其横坐标是频率 ω，仍按自然对数（$\lg\omega$）分度，一般直接标注 ω 的值；其纵坐标是相角 $\varphi(\omega)$，单位为“度”或“弧度”。

对数频率特性图的横坐标之所以采用自然对数分度是因为这样可将较小的频段展开，将较大的频段缩小，从而在有限的频率坐标轴上能清晰地展示出较宽频率范围内的图形变化情况。例如，频率区间 0.1～1.0(1/s)和频率区间 10～100(1/s)在以自然对数分度的坐标轴上的宽度是一样的，都满足 $\lg\omega_2 - \lg\omega_1 = \lg\dfrac{\omega_2}{\omega_1} = 1$。这种频率的 10 倍区间就是自然对数分度的一个单位，常称这种 10 倍频率为 10 倍频程，一般用符号 dec 表示。

系统的对数频率特性图虽然是两幅图，但由于对数幅频特性图按分贝单位表示系统幅值的变化，把系统幅频特性函数中的因式相乘除关系转化成相加减关系，因此，使图形的绘制变得较简单。

要精准绘制系统的对数频率特性图，需要逐点计算绘制。在近似分析中，一般仅需绘出以折线段表示的对数频率特性图。在控制工程中，用对数频率特性图分析反馈控制系统的频域特性时，主要采用由其开环传递函数绘制的开环对数频率特性图。

1. 典型环节的对数频率特性图

1）比例环节

比例环节的传递函数为$G(s)=K$，相应的频率特性函数为$G(\mathrm{j}\omega)=K$。显然，比例数值K与频率无关，其对数幅频特性和对数相频特性分别为

$$\begin{cases} L(\omega)=20\lg K \\ \varphi(\omega)=0^\circ \end{cases} \tag{5-32}$$

上式表明，比例环节的对数幅频特性图是一条高度为20lg$K$的水平线，其相角总为0°，如图5.13（a）所示。可见，比例数值K的增大或减小会使对数幅频特性图上升或下降，并且不影响其相角的大小。

2）积分环节

积分环节的传递函数为$G(s)=\dfrac{1}{s}$，相应的频率特性函数为$G(\mathrm{j}\omega)=\dfrac{1}{\omega}\mathrm{e}^{-\mathrm{j}90^\circ}$。它的对数幅频特性和对数相频特性为

$$\begin{cases} L(\omega)=-20\lg \omega \\ \varphi(\omega)=-90^\circ \end{cases} \tag{5-33}$$

上式表明，积分环节的对数幅频特性图是一条通过横坐标轴上点$\omega=1$且斜率为-20dB/dec的直线，其对数相频特性图是一条–90°的水平线，如图5.14（b）所示。

可以证明，当积分环节的个数为v时，对数幅频特性图的直线斜率为$-20v$ (dB/dec)，其对数相频特性图就是数值为$-90^\circ v$的水平线。

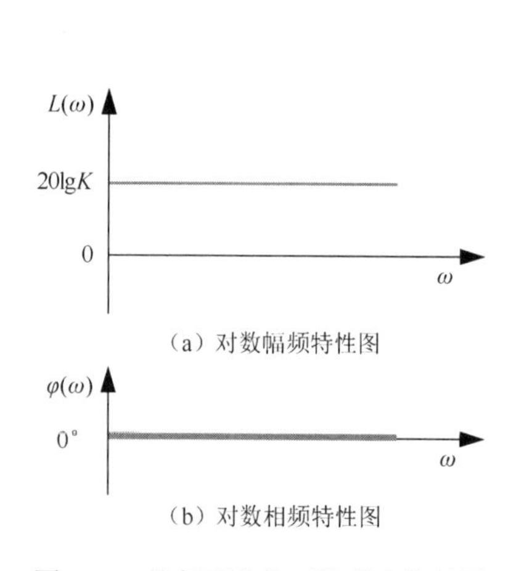

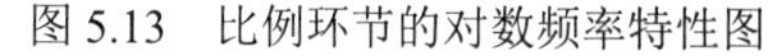

图5.13　比例环节的对数频率特性图

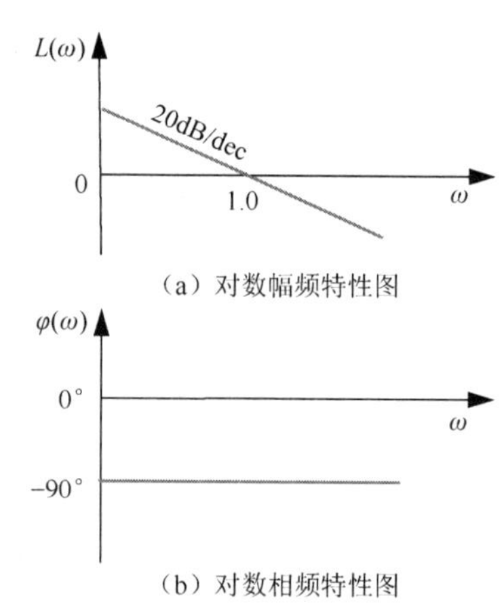

图5.14　积分环节的对数频率特性图

3）惯性环节

惯性环节的传递函数为$G(s)=\dfrac{1}{Ts+1}$，相应的频率特性函数为

$$G(\mathrm{j}\omega)=\frac{1}{\sqrt{1+(T\omega)^2}}\mathrm{e}^{-\mathrm{j}\tan^{-1}(T\omega)}$$

对应的对数幅频特性和对数相频特性分别为

$$\begin{cases} L(\omega)=20\lg|G(\mathrm{j}\omega)|=-20\lg\sqrt{1+\left(\dfrac{\omega}{\omega_{\mathrm{T}}}\right)^2} \\ \varphi(\omega)=-\tan^{-1}\dfrac{\omega}{\omega_{\mathrm{T}}} \end{cases} \tag{5-34}$$

式中，$\omega_{\mathrm{T}}=1/T$，称为惯性环节的转折频率。

显然，在 $\omega<<\omega_{\mathrm{T}}$ 时，$L(\omega)\approx 0$，$\varphi(\omega)\approx 0°$，表明在低频段，惯性环节的对数幅频特性图可近似为一条数值为 0 dB 的水平渐近线，其对数相频特性图可近似为$0°$的水平渐近线；当 $\omega>>\omega_{\mathrm{T}}$ 时，$L(\omega)=-20\lg\omega+20\lg\omega_{\mathrm{T}}$，$\varphi(\omega)\approx -90°$，表明在高频段，惯性环节的对数幅频特性图可近似为一条斜率为-20 dB/dec 的渐近线，其对数相频特性图是一条近似为$-90°$的水平渐近线，如图 5.15 下部分所示。

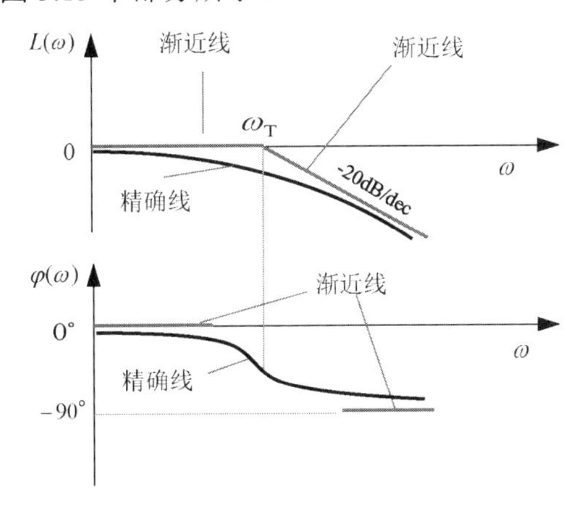

图 5.15　惯性环节的对数频率特性图

不难看出，对数幅频特性图的两条渐近线的交点所对应的频率是转折频率 ω_T，随着频率 ω 的增加，对数幅频特性图的渐近线斜率在转折频率处发生改变，在转折频率 ω_T 处渐近线的斜率由 0 dB/dec 变为-20 dB/dec。用渐近线近似表示对数幅频特性图，可使绘图步骤大大简化，此时产生的最大误差就在转折频率处，其大小为

$$L(\omega_{\mathrm{T}})=-20\lg\sqrt{1+(\omega/\omega_{\mathrm{T}})^2}\Big|_{\omega=\omega_{\mathrm{T}}}=-20\lg\sqrt{2}\approx -3\ \text{(dB)}$$

4）一阶微分环节

一阶微分环节的传递函数为$G(s)=Ts+1$，相应的频率特性函数为

$$G(\mathrm{j}\omega)=\sqrt{1+(T\omega)^2}\,\mathrm{e}^{\mathrm{j}\tan^{-1}(T\omega)}$$

对应的对数幅频特性和对数相频特性分别为

$$\begin{cases} L(\omega)=20\lg\sqrt{1+\left(\dfrac{\omega}{\omega_{\mathrm{T}}}\right)^2} \\ \varphi(\omega)=-\tan^{1}\left(\dfrac{\omega}{\omega_{\mathrm{T}}}\right) \end{cases} \tag{5-35}$$

式中，$\omega_T = 1/T$，称为一阶微分环节的转折频率。

显然，一阶微分环节的对数频率特性图与惯性环节的对数频率特性图对称于频率轴，如图 5.16 所示。随着频率 ω 的增加，一阶微分环节的对数幅频特性图渐近线的斜率在转折频率 ω_T 处发生改变，斜率由 0 dB/dec 变为+20 dB/dec。

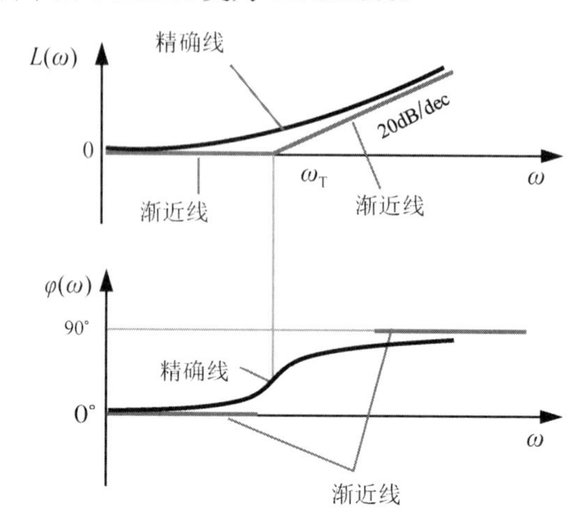

图 5.16　一阶微分环节的对数频率特性图

5）振荡环节

振荡环节的传递函数为

$$G(s) = \frac{1}{T^2 s^2 + 2\zeta Ts + 1}$$

式中，ζ 为振荡环节的阻尼比，$\omega_n = 1/T$ 为振荡环节的无阻尼固有频率。

相应的频率特性函数为

$$G(j\omega) = \frac{1}{T^2 (j\omega)^2 + 2\zeta T(j\omega) + 1}$$

对应的幅频特性函数和相频特性函数分别为

$$|G(\omega)| = \frac{1}{\sqrt{\left(1 - \frac{\omega^2}{\omega_n^2}\right)^2 + 4\zeta^2\left(\frac{\omega}{\omega_n}\right)^2}} \qquad \varphi(\omega) = -\tan^{-1}\frac{2\zeta\frac{\omega}{\omega_n}}{1 - \left(\frac{\omega}{\omega_n}\right)^2}$$

因此，振荡环节的对数频率特性为

$$\begin{cases} L(\omega) = -20\lg\sqrt{\left(1 - \left(\frac{\omega}{\omega_n}\right)^2\right)^2 + \left(2\zeta\frac{\omega}{\omega_n}\right)^2} \\ \varphi(\omega) = -\tan^{-1}\frac{2\zeta\frac{\omega}{\omega_n}}{1 - \left(\frac{\omega}{\omega_n}\right)^2} \end{cases} \tag{5-36}$$

可见，当$\left(\omega/\omega_{\mathrm{n}}\right)<<1$时，$L(\omega)\approx-20\lg1=0\mathrm{dB}$，表明$L(\omega)$在低频段可以近似为一条数值为0dB的水平渐近线。当$\left(\omega/\omega_{\mathrm{n}}\right)>>1$时，

$$L(\omega)\approx-20\lg\left(\frac{\omega}{\omega_{\mathrm{n}}}\right)^{2}=-40\lg\omega+40\lg\omega_{\mathrm{n}}$$

表明$L(\omega)$在高频段可以近似为一条斜率为$-40\mathrm{dB/dec}$的渐近线。两条渐近线的交点所对应的频率$\omega=\omega_{\mathrm{n}}$称为振荡环节的转折频率，随着频率$\omega$的增加，在转折频率处（$\frac{\omega}{\omega_{\mathrm{n}}}=1$）振荡环节的对数幅频特性图的渐近线斜率发生改变，如图 5.17 上部分所示。

不难看出，振荡环节的对数频率特性图不仅与$\frac{\omega}{\omega_{\mathrm{n}}}$有关，而且还与阻尼比$\zeta$有关。因此，在转折频率附近一般不能简单地用渐近线近似代替，否则，可能引起较大的误差。图 5.17 给出了不同阻尼比ζ下的对数幅频特性的准确曲线和渐近线。由图 5.17 可知，随着阻尼比ζ数值的变化，其对数幅频特性曲线在转折频率（$\frac{\omega}{\omega_{\mathrm{n}}}=1$）处的变化最明显，当阻尼比$\zeta$小于某数值时，对数幅频特性曲线出现谐振峰值，并且$\zeta$数值越小，谐振峰值越大。

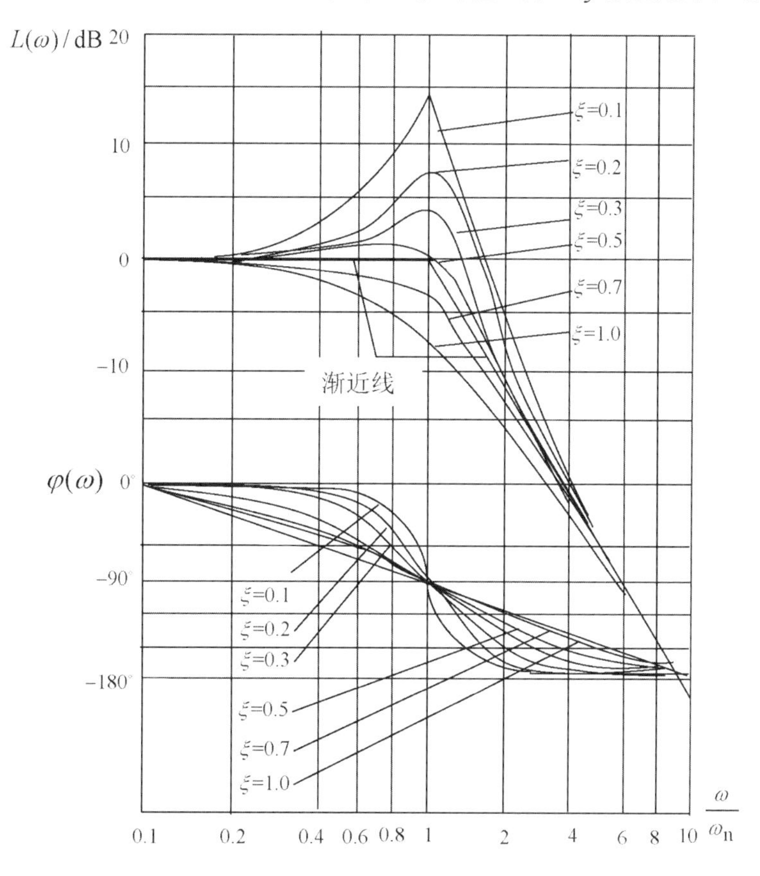

图 5.17　振荡环节的对数频率特性图

2. 开环传递函数的对数频率特性图

反馈控制系统的开环传递函数一般可以表示为

$$G(s)H(s)=\frac{K\prod_{i=1}^{m}(\tau_i s+1)}{s^v\prod_{k=1}^{n-v}(T_k s+1)},\qquad m\leqslant n \tag{5-37}$$

其频率特性函数为

$$G(\mathrm{j}\omega)H(\mathrm{j}\omega)=\frac{K\prod_{i=1}^{m}\left(1+\mathrm{j}\dfrac{\omega}{\omega_i}\right)}{(\mathrm{j}\omega)^v\prod_{k=1}^{n-v}\left(1+\mathrm{j}\dfrac{\omega}{\omega_k}\right)}=\left|G(\mathrm{j}\omega)H(\mathrm{j}\omega)\right|\mathrm{e}^{\mathrm{j}\varphi(\omega)} \tag{5-38}$$

式中，$\omega_i=1/\tau_i$，$\omega_k=1/T_k$。ω_i 和 ω_k 均称为对应环节的转折频率。上述系统相应的开环对数频率特性函数为

$$\begin{cases}L(\omega)=20\lg\dfrac{K}{\omega^v}+20\sum\limits_{i=1}^{m}\lg\sqrt{1+\left(\dfrac{\omega}{\omega_i}\right)^2}-20\sum\limits_{k=1}^{n-v}\lg\sqrt{1+\left(\dfrac{\omega}{\omega_k}\right)^2}\\ \varphi(\omega)=\sum\limits_{i=1}^{m}\tan^{-1}\dfrac{\omega}{\omega_i}-90^\circ v-\sum\limits_{k=1}^{n-v}\tan^{-1}\dfrac{\omega}{\omega_k}\end{cases} \tag{5-39}$$

可见，在低频段（频率 $\omega<<1$，或 $\omega/\omega_i<<1$ 和 $\omega/\omega_k<<1$）时，$L(\omega)\approx 20\lg K-20v\lg\omega$，$\varphi(\omega)\approx -90^\circ v$。其中的 v 是开环传递函数中所含积分环节的个数，表征系统的类型。这表明低频段的开环传递函数的对数幅频特性图可以近似为经过坐标系（ω，$L(\omega)$）上的点（1，20lg$K$）且斜率为-20v（dB/dec）的渐近线，相应的对数相频特性图可以近似为经过纵坐标值为 $-90^\circ v$ 的水平渐近线。

在高频段（频率 $\omega>>1$，或 $\omega/\omega_i>>1$ 和 $\omega/\omega_k>>1$），对开环传递函数对数频率特性图的近似渐近线，要视系统开环传递函数的具体表达形式来决定。

1）0 型系统的开环传递函数的对数频率特性图

若 0 型系统的开环传递函数为 $G(s)H(s)=\dfrac{K}{Ts+1}$，相应的频率特性函数可以表示为

$$G(\mathrm{j}\omega)H(\mathrm{j}\omega)=\frac{K}{1+\mathrm{j}\left(\dfrac{\omega}{\omega_{\mathrm{T}}}\right)}$$

式中，转折频率 $\omega_T=1/T$，T 为时间常数。

其对数频率特性函数为

$$L(\omega)=20\lg K-20\lg\sqrt{1+\left(\frac{\omega}{\omega_{\mathrm{T}}}\right)^2}$$

$$\varphi(\omega)=-\tan^{-1}\frac{\omega}{\omega_{\mathrm{T}}}$$

可见，在低频段（$\omega/\omega_T \ll 1$），$L(\omega)\approx 20\lg K$，$\varphi(\omega)\approx 0^\circ$，即开环传递函数的对数幅频特性图可近似为一条经过坐标系（ω，$L(\omega)$）上的点（1，20lg$K$）且斜率为 0 dB/dec 的水平渐近线，开环传递函数的对数相频特性图可近似为一条纵坐标值为0°的水平渐近线；在高频段（$\omega/\omega_T \gg 1$），$L(\omega)\approx 20\lg K-20\lg\omega+20\lg\omega_T$，$\varphi(\omega)\approx -90^\circ$，即开环传递函数的对数幅频特性图可近似为一条通过坐标系（ω，$L(\omega)$）上的点（ω_T，20lg$K$）且斜率为-20（dB/dec）的渐近线，开环传递函数对数相频特性图可近似为一条纵坐标值为-90°的水平渐近线，如图 5.18 下部分所示。

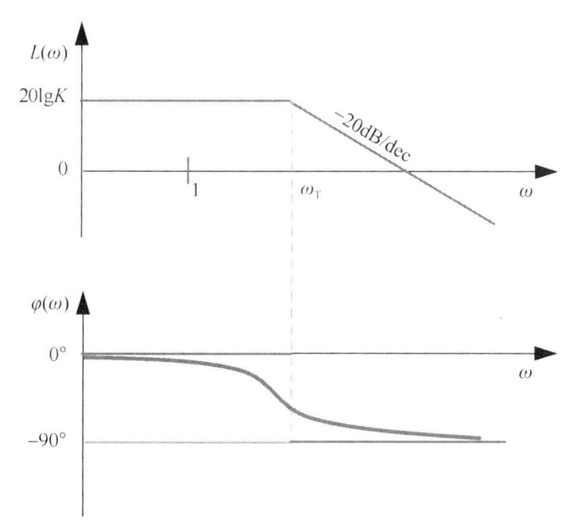

图 5.18　0 型系统的开环传递函数的对数频率特性图

2）I 型系统的开环传递函数的对数频率特性图

设 I 型系统的开环传递函数为$G(s)H(s)=\dfrac{K}{s(Ts+1)}$，相应的频率特性函数可以表示为

$$G(\mathrm{j}\omega)H(\mathrm{j}\omega)=\frac{K}{(\mathrm{j}\omega)\left(1+\mathrm{j}\dfrac{\omega}{\omega_T}\right)}$$

式中，转折频率$\omega_T=1/T$，T为时间常数。

其对数频率特性为

$$L(\omega)=20\lg K-20\lg\omega-20\lg\sqrt{1+\left(\frac{\omega}{\omega_T}\right)^2}$$

$$\varphi(\omega)=-90^\circ-\tan^{-1}\frac{\omega}{\omega_T}$$

可见，在低频段（$\omega/\omega_T \ll 1$），$L(\omega)\approx 20\lg K-20\lg\omega$，$\varphi(\omega)\approx -90^\circ$，即开环传递函数的对数幅频特性图可近似为一条经过坐标系（ω，$L(\omega)$）上的点（1，20lg$K$）且斜率为-20（dB/dec）的渐近线，开环传递函数的对数相频特性图可近似为一条纵坐标值为-90°的水平渐近线；在高频段（$\omega/\omega_T \gg 1$），$L(\omega)\approx 20\lg K-40\lg\omega+20\lg\omega_T$，$\varphi(\omega)\approx -180^\circ$，

即开环传递函数的对数幅频特性图可近似为一条经过点（ω_T，$20\lg K/\omega_T$）且斜率为-40（dB/dec）的渐近线，开环传递函数的对数相频特性图可近似为一条纵坐标值为$-180°$的水平渐近线，如图 5.19 下部分所示。

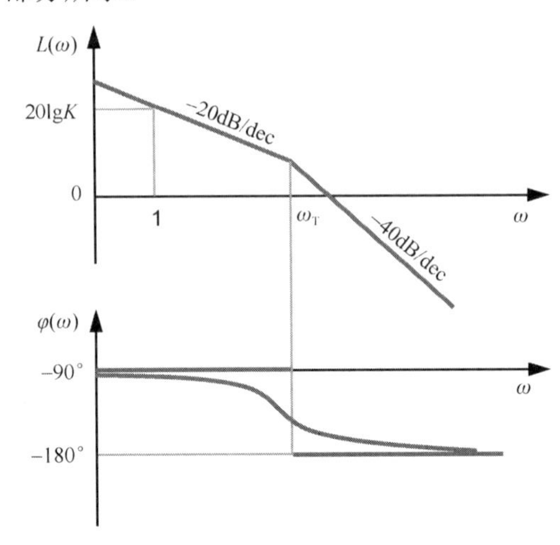

图 5.19　I 型系统的开环传递函数的对数频率特性图

3）II 型系统的开环传递函数的对数频率特性图

设 II 型系统的开环传递函数为

$$G(s)H(s)=\frac{K}{s^2(Ts+1)}$$

其开环频率特性函数可以表示为

$$G(\mathrm{j}\omega)H(\mathrm{j}\omega)=\frac{K}{(\mathrm{j}\omega)^2\left(1+\mathrm{j}\frac{\omega}{\omega_T}\right)}$$

式中，转折频率$\omega_T=1/T$，T为时间常数。

开环传递函数的对数频率特性为

$$L(\omega)=20\lg K-40\lg\omega-20\lg\sqrt{1+\left(\frac{\omega}{\omega_T}\right)^2}$$

$$\varphi(\omega)=-180°-\tan^{-1}\frac{\omega}{\omega_T}$$

可见，在低频段（$\omega/\omega_T<<1$），$L(\omega)\approx 20\lg K-40\lg\omega$，$\varphi(\omega)\approx-180°$，即开环传递函数的对数幅频特性图可近似为一条经过坐标系（ω，$L(\omega)$）上的点（1，20lg*K*）且斜率为-20×2（dB/dec）的渐近线，开环传递函数的对数相频特性图可近似为一条纵坐标值为$-180°$的水平渐近线；在高频段（$\omega/\omega_T>>1$），$L(\omega)\approx 20\lg K-60\lg\omega+20\lg\omega_T$，$\varphi(\omega)\approx-270°$，即开环传递函数的对数幅频特性图可近似为一条经过点（ω_T，$20\lg K/\omega_T^2$）且斜率为-60（dB/dec）的渐近线，开环传递函数的对数相频特性图可近似为一条纵坐标值为$-270°$的水平渐近线，如图 5.20 所示。

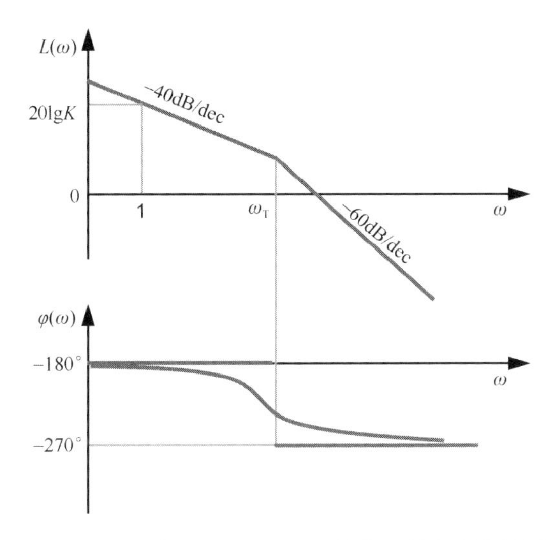

图 5.20　I 型系统的开环传递函数的对数频率特性图

3. 系统的对数频率特性图

1）最小相位系统与非最小相位系统

设两个系统的传递函数分别为

$$G_1(s)=\frac{1+T_2 s}{1+T_1 s} \text{和} G_1(s)=\frac{1-T_2 s}{1+T_1 s}，\quad T_1>T_2>0$$

按照第 4 章提到的最小相位系统和非最小相位系统的定义可知，系统 $G_1(s)$ 是最小相位系统，系统 $G_2(s)$ 是非最小相位系统。它们的频率特性函数分别为

$$G_1(\mathrm{j}\omega)=\frac{1+\mathrm{j}T_2\omega}{1+\mathrm{j}T_1\omega}=\left|G_1(\omega)\right|\mathrm{e}^{\mathrm{j}\varphi_1(\omega)}$$

$$G_2(\mathrm{j}\omega)=\frac{1-\mathrm{j}T_2\omega}{1+\mathrm{j}T_1\omega}=\left|G_2(\omega)\right|\mathrm{e}^{\mathrm{j}\varphi_2(\omega)}$$

式中，

$$|G_1(\omega)|=\frac{\sqrt{1+(T_2\omega)^2}}{\sqrt{1+(T_1\omega)^2}} \qquad \varphi_1(\omega)=\tan^{-1}(T_2\omega)-\tan^{-1}(T_1\omega)$$

$$|G_2(\omega)|=\frac{\sqrt{1+(T_2\omega)^2}}{\sqrt{1+(T_1\omega)^2}} \qquad \varphi_2(\omega)=-\tan^{-1}(T_2\omega)-\tan^{-1}(T_1\omega)$$

以上两个系统的对数频率特性函数分别为

$$\begin{cases}L_1(\omega)=20\lg\sqrt{1+(T_2\omega)^2}-20\lg\sqrt{1+(T_1\omega)^2}\\ \varphi_2(\omega)=\tan^{-1}(T_2\omega)-\tan^{-1}(T_1\omega)\end{cases}$$

和

$$\begin{cases}L_2(\omega)=20\lg\sqrt{1+(T_2\omega)^2}-20\lg\sqrt{1+(T_1\omega)^2}\\ \varphi_2(\omega)=-\tan^{-1}(T_2\omega)-\tan^{-1}(T_1\omega)\end{cases}$$

由此绘制出以上两个系统的对数频率特性图，如图 5.21 所示。图中的 $\omega_1 = 1/T_1$ 和 $\omega_2 = 1/T_2$ 是转折频率。

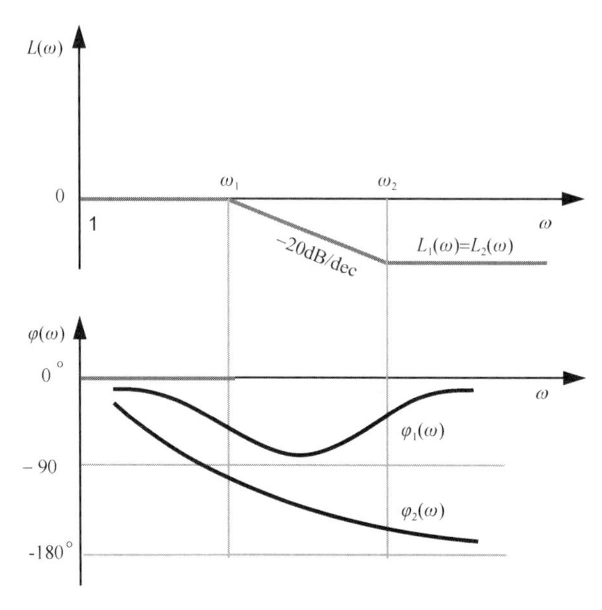

图 5.21　最小相位系统和非最小相位系统的对数频率特性图

可见，以上两个系统的对数幅频特性完全一样，但是它们的对数相频特性不同。在频率 $\omega = 0 \to \infty$ 时，系统 $G_1(s)$ 的相位变化范围是[0°,−90°]，即最大变化量是 90°；系统 $G_2(s)$ 的相位变化范围是[0°,−180°]，即最大变化量是 180°，这就是“最小相位”和“非最小相位”的由来。由图 5.21 可以看出，最小相位系统和非最小相位系统的相频特性差别主要表现在高频段。

最小相位系统的对数幅频特性图与对数相频特性图存在确定的对应关系，这种关系可表述如下：最小相位系统在各频率段（各相邻转折频率的区间）上的对数幅频特性图的斜率若为−20k（dB/dec）（k=0,±1,±2,⋯），其对数相频特性图在对应频率段上的相角可近似为−90°k 的水平线。显然，利用这种关系可以很方便地绘制出最小相位系统的对数频率特性图。

2）系统的对数频率特性图的绘制

在控制工程领域，系统的开环传递函数一般可表示为

$$G(s)H(s) = \frac{K\prod_{i=1}^{m_1}(\tau_{1i}s+1)\prod_{j=1}^{m_2}(\tau_{2j}^2 s^2 + 2\tau_{2j}\zeta_1 s + 1)}{s^v \prod_{k=1}^{n_1}(T_{1k}s+1)\prod_{q=1}^{n_2}(T_{2q}^2 s^2 + 2T_{2q}\zeta_2 s + 1)} \tag{5-40}$$

式中，$m = m_1 + m_2$，$n = v + n_1 + n_2$，$n \geqslant m$；τ_{1i}、τ_{2j}、T_{1k}、T_{2q} 分别为对应典型环节的时间常数，K 为系统的增益。那么，可先按以下步骤绘制该系统的对数幅频特性图。

（1）把该系统开环传递函数写成如式（5-40）所示的以时间常数表示的形式，计算出

各典型环节的转折频率 $\omega_{1i}=\dfrac{1}{\tau_{1i}}$， $\omega_{2j}=\dfrac{1}{\tau_{2j}}$， $\omega_{1k}=\dfrac{1}{T_{1k}}$， $\omega_{2q}=\dfrac{1}{T_{2q}}$，并将这些转折频率由小到大依次标注在频率轴上。

（2）在坐标系（ω，$L(\omega)$）上，过点（$\omega=1$，$L(\omega)=20\lg K$）作一条斜率为-20v（dB/dec）的直线，其中 v 是系统开环传递函数所含积分环节的个数。该直线沿频率增大方向每遇到一个转折频率，其斜率就发生一次变化。斜率变化的数值取决于该转折频率所对应典型环节的类型，如表 5-1 所示。

表 5-1　渐近线斜率在转折频率处的变化

转折频率所在的典型环节类型	渐近线斜率的变化值
惯性环节：$\dfrac{1}{Ts+1}$	-20dB/dec
一阶微分环节：$1+Ts$	+20dB/dec
振荡环节：$\dfrac{1}{T^2s^2+2T\zeta s+1}$	-40dB/dec
二阶微分环节：$1+2T\zeta s+T^2s^2$	+40dB/dec

（3）绘制出各频率段（各相邻转折频率的区间）对应的直线段，就得到系统的对数幅频特性图。如果需要绘制较准确的对数幅频特性图，可在各转折频率附近，按对数幅频特性函数的计算式进行修正。

然后，绘制系统的对数相频特性图。绘制时，一般根据系统频率特性函数，在低频段、中频段和高频段各选择若干频率进行计算，逐个描点连成曲线。对最小相位系统，可利用最小相位系统的其对数幅频特性图与其对数相频特性图的对应关系，绘制出系统的大致对数相频特性图。最后，在各转折频率附近进行计算修正，就可获得较准确的对数相频特性图。

【例 5-5】已知某一反馈控制系统的开环传递函数为

$$G(s)=\frac{s+10}{2s^2+s}$$

试绘制该系统的开环传递函数的对数频率特性图。

解：（1）把该系统的开环传递函数写成以时间常数表示的形式，即

$$G(s)=\frac{10(0.1s+1)}{s(2s+1)}$$

得到该系统的频率特性函数，即

$$G(\mathrm{j}\omega)=\frac{10(1+\mathrm{j}0.1\omega)}{(\mathrm{j}\omega)(1+\mathrm{j}2\omega)}=|G(\omega)|\,\mathrm{e}^{\mathrm{j}\varphi(\omega)}$$

对应的幅频特性函数 $|G(\omega)|$ 和相频特性函数 $\varphi(\omega)$ 分别为

$$|G(\omega)|=\frac{10\sqrt{1+(0.1\omega)^2}}{\omega\sqrt{1+(2\omega)^2}}$$

$$\varphi(\omega)=\tan^{-1}(0.1\omega)-90^\circ-\tan^{-1}(2\omega)$$

已知 K=10，v=1，转折频率分别为 $\omega_1=1/2=0.5$、$\omega_2=1/0.1=10$，将这两个转折频率

标注在频率轴上。绘制的系统开环传递函数的对数频率特性图如图 5.22 所示。

（2）在$\omega=1$时，$L(\omega)=20\lg K=20$（dB）。在坐标系（ω，$L(\omega)$）上过点（1，20）作一条斜率为-20v（dB/dec）=-20（dB/dec）的直线。沿频率增大的方向，该直线在转折频率$\omega_1=0.5$处斜率发生变化。由于转折频率ω_1所在的典型环节是惯性环节，因此斜率的变化量是-20（dB/dec），变化后的斜率为-40（dB/dec）。这条斜率为-40（dB/dec）的渐近线继续沿频率增大的方向，在转折频率$\omega_2=10$处，斜率又发生一次变化。由于转折频率ω_2所在的典型环节是一阶微分环节，因此斜率的变化量是+20（dB/dec），变化后的斜率为-20（dB/dec）。绘制得到的系统开环传递函数的对数幅频特性图如图 5.22 所示。

（3）由于该系统是最小相位系统，按照最小相位系统的对数幅频特性图与对数相频特性图的对应关系，即在对数幅频特性图斜率为-20（dB/dec）和斜率为-40（dB/dec）的频率段上，对数相频特性图可以近似为相角为-90°、-180°的水平线，如图 5.22 对数相频特性图中的水平粗实线。若要获得较准确的对数相频特性图，可根据系统的相频特性函数

$$\varphi(\omega)=\tan^{-1}(0.1\omega)-90°-\tan^{-1}(2\omega)$$

计算出各个频率对应的相角值，如表 5-2 所示。然后，依据表 5-2 逐点描绘并连接成光滑曲线，就可得到较准确的对数相频特性图，如图 5.22 对数相频特性图中的光滑粗实曲线。

表 5-2　相角 $\varphi(\omega)$ 与频率 ω 的对应关系

ω	0	0.5	1	5	10	20	∞
$\phi(\omega)$	-90°	-132.14°	-147.72°	-147.73°	-132.14°	-115.14°	-90°

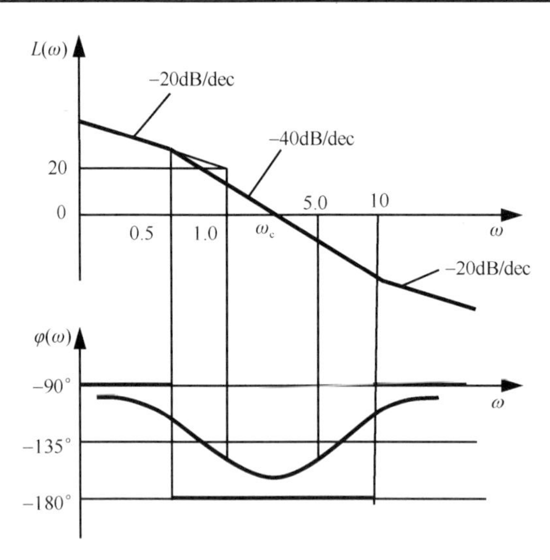

图 5.22　例 5-5 的系统开环传递函数的对数频率特性图

【例 5-6】已知某一反馈控制系统的开环传递函数为

$$G(s)=\frac{100(s+1.5)}{s(s+1)(s^2+2s+4)}$$

试绘制该系统开环传递函数的对数频率特性图。

解：（1）把该系统的开环传递函数写成以时间常数表示的形式，即

$$G(s)=\frac{37.5\left(\frac{1}{1.5}s+1\right)}{s(s+1)\left(\frac{1}{2^2}s^2+2\cdot\frac{1}{2}\cdot\frac{1}{2}s+1\right)}$$

显然，该系统为 I 型系统，其对数幅频特性图在低频段的斜率是-20 dB/dec。计算出各典型环节的转折频率：$\frac{1}{s+1}$环节的转折频率是$\omega_1=1$，在转折频率ω_1处，对数幅频特性图的斜率要发生-20dB/dec 的变化；$\left(\frac{1}{1.5}s+1\right)$环节的转折频率是$\omega_2=1.5$，在转折频率$\omega_2$处，对数幅频特性图的斜率要发生+20dB/dec 的变化；$\frac{1}{\frac{1}{2^2}s^2+2\cdot\frac{1}{2}\cdot\frac{1}{2}s+1}$环节的转折频率是$\omega_3=2$，在转折频率$\omega_3$处，对数幅频特性图的斜率要发生-40dB/dec 的变化。按转折频率的大小，依次把它们标注在对数频率特性图的横坐标上。

（2）在对数幅频特性图的坐标系中，过点（1, 20lg37.5）作一条斜率为-20 (dB/dec)的直线，把它延长至转折频率$\omega_1=1$处，在该点，直线的斜率从-20(dB/dec)变化到-40(dB/dec)。继续把直线延长至转折频率$\omega_2=1.5$处，在该点，直线的斜率从-40(dB/dec)变化到-20(dB/dec)。再继续做直线延长至转折频率$\omega_3=2$处，在该点直线的斜率从-20(dB/dec)变化到-60(dB/dec)。绘制得到的系统对数幅频特性图如图 5.23 所示。

（3）该系统是最小相位系统，其对数相频特性图与对数幅频特性图有确定的对应关系，即在对数幅频特性图斜率为-20（dB/dec）、-40（dB/dec）、-60（dB/dec）的频率段上，其对数相频特性图可以近似为相角为-90°、-180°、-270°的水平线，如图 5.23 对数相频特性渐近线图中的水平粗实线所示。若要获得较准确的对数相频特性图，可根据系统的相频特性函数，选择几个频率（特别是各个转折频率）计算系统准确的相位角值，然后用描点方法绘制相位角精准的对数相频特性图，如图 5.23 中的光滑实曲线。

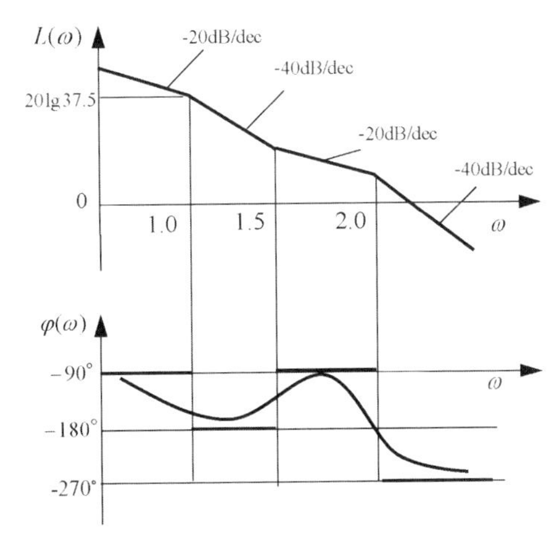

图 5.23　例 5-6 的系统开环传递函数的对数频率特性图

应当指出的是，系统的对数频率特性图只是一种近似的渐近线，要获得精准的对数频率特性图需逐点计算并绘制，或者用计算机辅助设计软件（如 MATLAB 等）进行绘制。

5.3 奈奎斯特稳定判据

奈奎斯特稳定判据是判别系统稳定性的一种方法，它利用系统的开环频率特性图（极坐标图和对数坐标图），分析和判断闭环系统稳定性，成为一个判别准则，简称奈氏稳定判据。

奈氏稳定判据不仅用于判断闭环系统的稳定与否，而且还用于分析闭环系统的相对稳定性，依此可进一步提出改善闭环系统稳定性的方法。因此，奈氏稳定判据在控制工程中占有十分重要的地位，获得了广泛的应用。

5.3.1 系统的奈奎斯特稳定条件

奈氏稳定判据的理论基础是复变函数理论中的幅角原理，下面简要介绍基于幅角原理建立的奈奎斯特稳定条件。

1. 特征函数 $F(s)=1+G(s)H(s)$ 及其基本性质

设某一反馈控制系统的框图如图 5.24 所示，其闭环传递函数为

$$\frac{y(s)}{u(s)}=\frac{G(s)}{1+G(s)H(s)} \tag{5-41}$$

式中，$1+G(s)H(s)$ 是该系统的特征多项式，它是关于复变量 s 的函数，也称为特征函数，记为 $F(s)$。

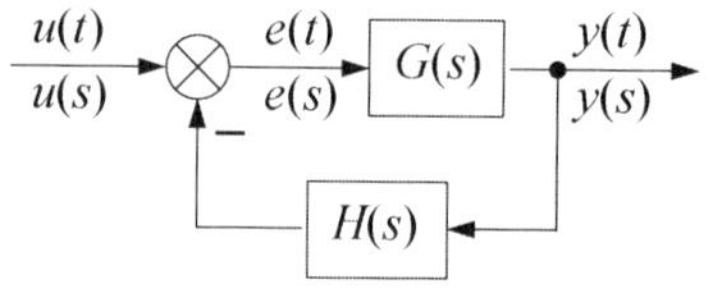

图 5.24　反馈控制系统的框图

显然，$F(s)=0$，即该系统的特征方程 $F(s)=1+G(s)H(s)=0$，其中的 $G(s)H(s)$ 是该系统的开环传递函数。设

$$G(s)H(s)=\frac{B(s)}{A(s)} \tag{5-42}$$

式中，$A(s)$ 是关于复变量 s 的 n 次多项式，$B(s)$ 是关于复变量 s 的 m 次多项式，并且 $n \geqslant m$。则特征函数 $F(s)$ 可以写成：

$$\begin{aligned}F(s)&=1+G(s)H(s)\\&=1+\frac{B(s)}{A(s)}=\frac{A(s)+B(s)}{A(s)}=\frac{K\prod_{i=1}^{n}(s+z_i)}{\prod_{j=1}^{n}(s+p_j)},\quad i,j=1,2,\cdots,n\end{aligned} \tag{5-43}$$

式中，z_i 为 $F(s)$ 的零点，p_j 为 $F(s)$ 的极点。由式（5-43）可知，特征函数 $F(s)$ 的分母和分子均为复变量 s 的 n 次多项式。也就是说，特征函数 $F(s)$ 的零点和极点的个数是相等的。

注意： 特征函数 $F(s)$ 的极点（$A(s)=0$ 的根）就是系统开环传递函数的极点，特征函数 $F(s)$ 的零点就是系统闭环传递函数的极点。因此，根据系统稳定的条件，要使闭环系统稳定，其特征函数 $F(s)$ 的全部零点都必须位于 s 平面虚轴左半侧。

对于给定的特征函数 $F(s)$，s 平面上的一个点在特征函数 $F(s)$平面（简称 F 平面）上就有确定的对应点。按照复变函数的理论，对于特征函数 $F(s)$，在 s 平面上不通过 $F(s)$的零点和极点的封闭曲线，映射到 F 平面上就是一条不通过坐标原点的封闭曲线，如图 5.25 所示。

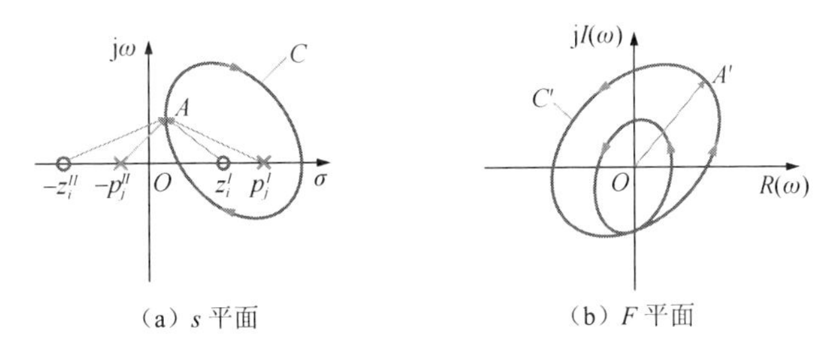

图 5.25　从 s 平面到 F 平面的映射关系

2. 幅角原理

在图 5.25（a）所示的 s 平面上任取一条封闭曲线 C，并规定封闭曲线 C 不通过特征函数 $F(s)$ 的任何零点和极点，但包围了 $F(s)$ 的 Z 个零点 z_i^I（$i=1,2,\cdots,Z$）和 P 个极点 p_j^I（$j=1,2,\cdots,P$），$F(s)$ 的 $n-Z$ 个零点 $-z_i^{II}$（$i=1,2,\cdots,n-Z$）和 $n-P$ 个极点 $-p_j^{II}$（$j=1,2,\cdots,n-P$）不被封闭曲线 C 包围，则曲线 C 由特征函数 $F(s)$ 映射到 F 平面上后是一条不通过坐标原点的封闭曲线 C'，如图 5.23（b）所示。

在图 5.25（a）中，当 s 从封闭曲线 C 上的任一 A 点出发，按顺时针方向沿封闭曲线 C 移动一周回到 A 点时，在图 5.25（b）所示的 F 平面上由 A 点映射的 A'点也将按某个方向沿封闭曲线 C' 移动并最终回到 A'点。

在 F 平面上，从坐标原点到曲线 C' 上的 A'点作向量 $\boldsymbol{F}(s)$，如图 5.25（b）所示。向量 $\boldsymbol{F}(s)$ 的表达式同式（5-43），用 s 平面上被封闭曲线 C 包围和未包围的零点与极点表示，可得

$$\boldsymbol{F}(s)=\frac{K\prod\limits_{i=1}^{Z}\left(\boldsymbol{s}+\boldsymbol{z}_i^I\right)\prod\limits_{i=Z+1}^{n}\left(\boldsymbol{s}+\boldsymbol{z}_i^{II}\right)}{\prod\limits_{j=1}^{P}\left(\boldsymbol{s}+\boldsymbol{p}_j^I\right)\prod\limits_{j=P+1}^{n}\left(\boldsymbol{s}+\boldsymbol{p}_j^{II}\right)} \tag{5-44}$$

那么，矢量 $F(s)$的幅角表达式为

$$\angle\boldsymbol{F}(s)=\sum_{i=1}^{Z}\angle\left(\boldsymbol{s}+\boldsymbol{z}_i^I\right)+\sum_{i=Z+1}^{n}\angle\left(\boldsymbol{s}+\boldsymbol{z}_i^{II}\right)-\sum_{j=1}^{P}\angle\left(\boldsymbol{s}+\boldsymbol{p}_j^I\right)-\sum_{j=P+1}^{n}\angle\left(\boldsymbol{s}+\boldsymbol{p}_j^{II}\right) \tag{5-45}$$

由图 5.25 看到，当封闭曲线 C 上的 s 点沿该曲线 C 顺时针方向移动一周时，被封闭曲

线 C 包围的每个零点 z_i^I 和每个极点 p_j^I 到 s 点的向量 $\boldsymbol{s}+\boldsymbol{z}_i^I$ 和 $\boldsymbol{s}+\boldsymbol{p}_j^I$ 的幅角改变量均为 $360°$（以顺时针变化的角度为正），而所有其他不被封闭曲线 C 包围的零点 $-z_i^{II}$ 和 $-p_j^{II}$，这两个零点 s 点的向量 $\boldsymbol{s}+\boldsymbol{z}_i^{II}$ 和 $\boldsymbol{s}+\boldsymbol{p}_j^{II}$ 的幅角改变量均为 $0°$。可知当 s 点沿封闭曲线 C 移动一周时，F 平面上的向量 $\boldsymbol{F}(s)$的幅角改变量为

$$\begin{aligned}\Delta\angle \boldsymbol{F}(s) &= \sum_{i=1}^{Z}\angle\left(\boldsymbol{s}+\boldsymbol{z}_i^I\right)-\sum_{j=1}^{P}\angle\left(\boldsymbol{s}+\boldsymbol{p}_j^I\right) \\ &= Z\left(360°\right)-P\left(360°\right)=\left(Z-P\right)\times 360°\end{aligned} \tag{5-46}$$

式中，P 为被封闭曲线 C 包围的特征函数 $F(s)$的极点数，Z 为被封闭曲线 C 包围的特征函数 $F(s)$的零点数。

向量 $\boldsymbol{F}(s)$ 的幅角每改变 360°（或−360°），表示其端点沿封闭曲线 C' 按顺时针方向（或逆时针方向）环绕坐标原点一周。因此，式（5-46）表明，当 s 平面上的 s 点沿封闭曲线 C 按顺时针方向移动一周时，F 平面上对应的封闭曲线 C' 将包围坐标原点$(Z\text{-}P)$次，记为 N，即

$$N = Z - P \tag{5-47a}$$

$N>0$ 表示 $F(s)$ 的端点按顺时针方向包围坐标原点，$N<0$ 表示 $F(s)$ 的端点按逆时针方向包围坐标原点，$N=0$ 表示 $F(s)$ 的端点轨迹不包围坐标原点。

式（5-47a）也可表示为

$$Z = P + N \tag{5-47b}$$

式（5-47b）表明，当已知特征函数 $F(s)$ 的极点（系统开环传递函数 $G(s)H(s)$ 的极点）在 s 平面上被封闭曲线 C 包围的极点数 P 和向量 $\boldsymbol{F}(s)$ 在 F 平面上包围坐标原点的次数 N 时，即可计算出特征函数 $F(s)$ 有多少个零点（系统闭环传递函数的极点）在 s 平面被封闭曲线 C 包围。这个结论是奈奎斯特稳定条件的重要理论基础。

关于向量 $\boldsymbol{F}(s)$ 在 F 平面上包围坐标原点的次数 N，可按以下方法确定：从 F 平面坐标原点任意引一条射线（一般取正实轴），以坐标原点为基准，观察特征函数 $F(s)$曲线上的某点分别按顺时针（取“+”）和按逆时针（取“−”）方向移动时与该射线相交的次数，其代数和就是向量 $\boldsymbol{F}(s)$ 在 F 平面上包围坐标原点的次数 N，如图 5.26 所示。

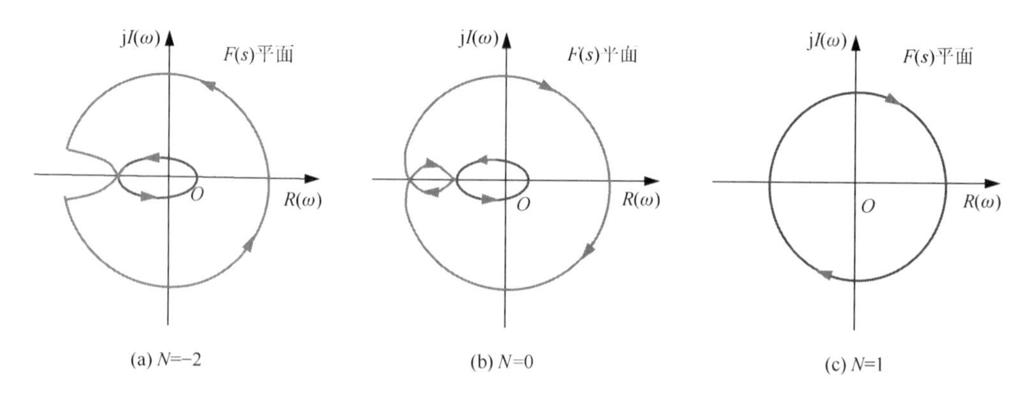

图 5.26　F 平面上由向量 $\boldsymbol{F}(s)$的端点形成的封闭曲线

3. 奈奎斯特稳定判据

为了使特征函数 $F(s)$ 在 s 平面上的零点极点分布及在 F 平面上的映射情况与控制系统的稳定性分析联系起来，可以这样选择 s 平面上的封闭曲线 C：使封闭曲线 C 包围 s 平面的右半侧。此时，式（5-47）中的 P 就是位于 s 平面右半侧的系统开环传递函数的极点个数，Z 就是位于 s 平面右半侧的系统闭环传递函数的极点个数。显然，对稳定的系统来说，Z 值应等于零。

包围 s 平面右半侧的封闭曲线 C 如图 5.27（a）所示，它是由整个虚轴（C_1）和半径为∞的右半圆弧（C_2）组成的，这样的封闭曲线称为奈奎斯特轨迹。在 s 平面的虚轴上，因为 $s=\mathrm{j}\omega$，所以点 s 按顺时针方向移动就表示频率 ω 在 $-\infty$ ～ $+\infty$ 之间的变化，它在 F 平面上的映射就是曲线 $F(\mathrm{j}\omega)$，如图 5.27（b）所示。图 5.27（b）中的实线表示 $\omega=0^+$ ～ $+\infty$ 的映射曲线 $F(\mathrm{j}\omega)$，虚线表示 $\omega=-\infty$ ～ 0^- 的映射曲线 $F(\mathrm{j}\omega)$，它们对称于实轴。s 平面上半径为∞的右半圆弧映射到 F 平面上就成为 $F(\infty)=1+G(\infty)H(\infty)$，在 $n>m$ 时，$F(\infty)=1$；在 $n=m$ 时，$F(\infty)=$ 实常数（n 和 m 分别是系统开环传递函数 $G(s)H(s)$ 的分母多项式阶数和分子多项式阶数）。这表明 s 平面上半径为∞的右半圆弧，包括虚轴上坐标为 j∞和−j∞的点，它们在 F 平面上的映射都是同一个点，即图 5.27（b）中的 D_2 点。这样，奈奎斯特轨迹（$C=C_1+C_2$）在 F 平面上的映射就构成一条封闭曲线，封闭曲线 $F(s)$的主要部分是奈奎斯特轨迹上 $\omega=-\infty$ ～ $+\infty$ 的部分（s 平面上的虚轴）映射而成 $F(\mathrm{j}\omega)$，s 平面上半径为∞的整个右半圆弧仅映射成封闭曲线 $F(s)$上的一个点。因此，可以认为，F 平面上的封闭曲线 $F(s)$ 包围坐标原点的次数是 $\omega=-\infty$ ～ $+\infty$ 时的函数曲线 $F(\mathrm{j}\omega)$ 包围坐标原点的次数。

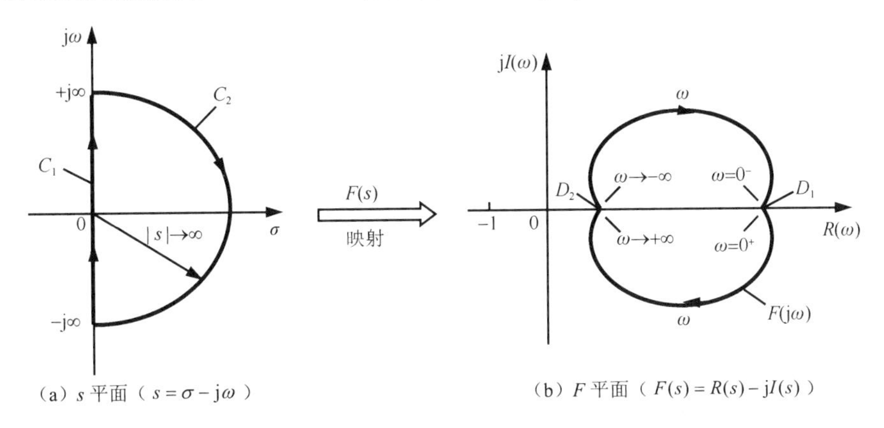

（a）s 平面（$s=\sigma-\mathrm{j}\omega$）　　（b）$F$ 平面（$F(s)=R(s)-\mathrm{j}I(s)$）

图 5.27　s 平面到 F 平面的映射关系

因此，可以利用 F 平面上的封闭曲线 $F(s)$包围坐标原点的次数 N 和已知系统开环传递函数 $G(s)H(s)$处于 s 平面上虚轴右侧的极点数 P，分析特征函数 $F(s)$位于 s 平面上虚轴右侧的零点数 Z（闭环系统位于 s 平面上虚轴右侧的极点数）。若 $Z=0$ 就表示闭环系统在 s 平面的虚轴右侧无极点，系统稳定。显然，用这种方法判断系统稳定性的前提是需要绘制对应奈奎斯特轨迹的 $F(s)$封闭曲线，或者需要绘制频率 $\omega=-\infty$ ～ $+\infty$ 的曲线 $F(\mathrm{j}\omega)$。

依据式（5-41）定义的特征函数 $F(s)$，开环频率特性函数可表示为 $G(\mathrm{j}\omega)H(\mathrm{j}\omega)=F(\mathrm{j}\omega)-1$，因而曲线 $F(\mathrm{j}\omega)$ 包围 F 平面上的坐标原点等价于曲线 $G(\mathrm{j}\omega)H(\mathrm{j}\omega)$ 包围 GH 平

面上的点（-1，j0）。这里，频率 $\omega=-\infty\sim0$ 的对应曲线 $G(\mathrm{j}\omega)H(\mathrm{j}\omega)$ 可按频率 $\omega=0\sim+\infty$ 的系统开环频率特性极坐标图的对称性获得。

奈奎斯特稳定判据：设系统开环传递函数有 P 个极点位于 s 平面上虚轴的右侧，频率 ω 由 $-\infty$ 变化到 $+\infty$ 的系统开环频率特性极坐标图包围点（-1，j0）的次数为 N，并且满足

$$Z=N+P=0 \tag{5-48}$$

则系统稳定，否则，系统不稳定，此时的 $Z(\neq0)$ 为闭环系统极点位于 s 平面上虚轴右侧的个数。

用奈奎斯特稳定判据分析闭环系统稳定性的一般步骤如下：

（1）绘制开环频率特性 $G(\mathrm{j}\omega)H(\mathrm{j}\omega)$ 在 $\omega=-\infty\sim+\infty$ 的极坐标图。作图时可先绘出 $\omega=0\sim+\infty$ 的一段曲线，然后以实轴为对称轴，画出对应于 $\omega=-\infty\sim0$ 的另外一半曲线。

（2）计算开环频率特性极坐标图 $G(\mathrm{j}\omega)H(\mathrm{j}\omega)$ 包围点 $(-1,\mathrm{j}0)$ 的次数 N。可以从点 $(-1,\mathrm{j}0)$ 向外作一条射线（一般取正实轴），并以该点为基准，观察 $G(\mathrm{j}\omega)H(\mathrm{j}\omega)$ 所代表的曲线沿 ω 增大的方向与该射线顺时针和逆时针相交的次数，其代数和就是 N 值。

（3）由给定的开环传递函数 $G(s)H(s)$ 确定位于 s 平面右半侧的开环极点数 P。

（4）应用奈奎斯特稳定判据分析闭环系统的稳定性。

【例 5-7】 设某一反馈控制系统的开环传递函数为

$$G(s)H(s)=\frac{5}{(s+0.5)(s+1)(s+2)}$$

试用奈奎斯特稳定判据分析该系统的稳定性。

解：$G(\mathrm{j}\omega)H(\mathrm{j}\omega)$ 的极坐标图如图 5.28 所示。可以看出，在 $\omega=-\infty\sim0^-$ 和在 $\omega=0^+\sim+\infty$ 时该系统的开环频率特性极坐标图对称于实轴，与实轴的交点分别为-0.4，0，5。

在图 5.28 中，以点 $(-1,\mathrm{j}0)$ 为基准，可以观察到 $G(\mathrm{j}\omega)H(\mathrm{j}\omega)$ 极坐标图在 $\omega=-\infty\sim+\infty$ 时与正实轴顺时针相交+2 次、逆时针相交-2 次，表明 $G(\mathrm{j}\omega)H(\mathrm{j}\omega)$ 极坐标图包围点 $(-1,\mathrm{j}0)$ 的次数 $N=2-2=0$。又由于系统开环传递函数 $G(s)H(s)$ 在 s 平面上的极点为-0.5，-1，-2，都位于 s 平面的左半侧，那么位于 s 平面虚轴右侧的开环极点数 $P=0$。由奈奎斯特稳定判据可知，$Z=N+P=0+0=0$，表明该系统没有极点位于 s 平面虚轴右侧，说明该系统稳定。

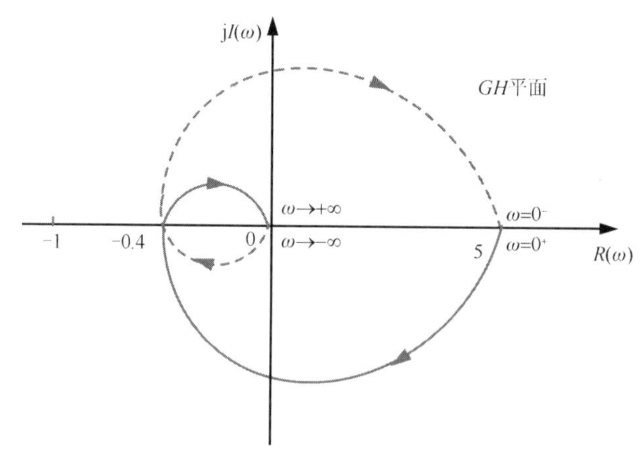

图 5.28　例 5-7 的极坐标图

【例 5-8】 设某一单位反馈控制系统的开环传递函数为

$$G(s)H(s)=\frac{K}{s-1}$$

试用奈奎斯特稳定判据分析可保持该系统稳定的 K 值范围。

解： 由已知的系统开环传递函数计算得到其开环幅频特性和开环相频特性，分别为

$$|G(\omega)H(\omega)|=\frac{K}{\sqrt{1+\omega^2}} \qquad \varphi(\omega)=-180^\circ+\tan^{-1}\omega$$

该系统开环实频特性 $R(\omega)$ 和开环虚频特性 $I(\omega)$ 分别为

$$R(\omega)=\frac{-K}{1+\omega^2} \qquad I(\omega)=\frac{-K\omega}{1+\omega^2}$$

由此可绘制出 $\omega=-\infty\sim+\infty$ 时的该系统的极坐标图，如图 5.29 所示。可以证明，该系统的开环频率特性图满足以下圆的方程，即

$$\left(|R(\omega)|-\frac{K}{2}\right)^2+\left(|I(\omega)|\right)^2=\left(\frac{K}{2}\right)^2$$

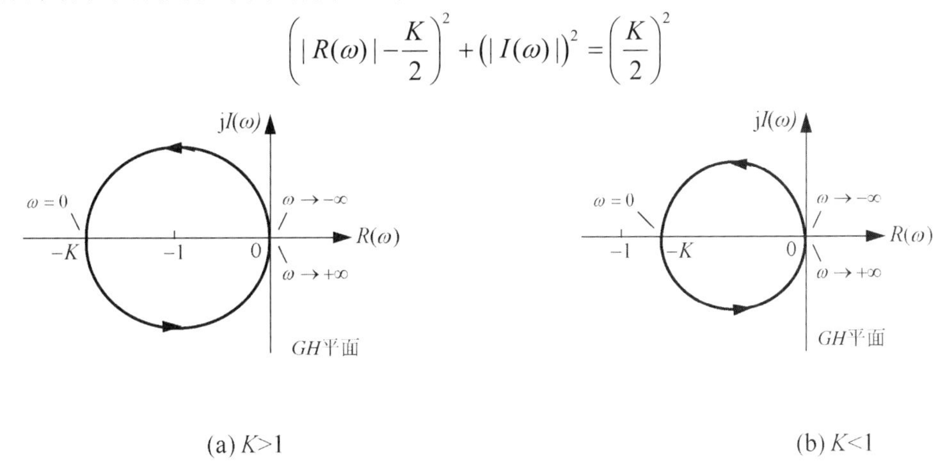

(a) K>1　　　　(b) K<1

图 5.29　例 5-8 的极坐标图

已知该系统开环传递函数有 1 个极点位于 s 平面虚轴右侧，即 $P=1$。根据图 5.29，以点 (−1, j0) 为基准，观察该系统极坐标图与正实轴相交的次数：在 K>1 时，频率 $\omega=-\infty\sim+\infty$ 对应的系统极坐标图逆时针与正实轴相交一次，即极坐标图包围点 (−1, j0) 1 次，则 $N=-1$，因而 $Z=N+P=-1+1=0$，可知该系统稳定。当 K<1 时，频率 $\omega=-\infty\sim+\infty$ 对应的系统开环极坐标图逆时针和顺时针各与正实轴相交一次，即极坐标图逆时针和顺时针各包围点 (−1, j0) 1 次，即 $N=-1+1=0$，则 $Z=N+P=0+1=1\neq0$，可知该系统不稳定，此时系统有 1 个闭环极点位于 s 平面虚轴右侧。因此，该系统稳定的 K 值范围是 K>1。

应当注意：由 s 平面上的整个虚轴及其半径无穷大的右侧半圆弧组成的奈奎斯特轨迹不能通过特征函数 $F(s)$的极点。由式（5-43）可知，特征函数 $F(s)$的极点也是系统开环传递函数的极点，而系统开环传递函数可能包含零极点和共轭虚数极点。例如，$G(s)H(s)=\frac{K}{s(s+1)}$ 的一个极点是零极点，即 $s=0$，$G(s)H(s)=\frac{K}{s^2+2}$ 的极点是一对共轭虚数极点，即 $s_{1,2}=\pm\mathrm{j}\sqrt{2}$ 等。这时，应对作为奈奎斯特轨迹的虚轴进行适当的修改。设系

统开环传递函数有 1 个极点位于 s 平面上的坐标原点（开环传递函数包含一个积分环节），此时的奈奎斯特轨迹应在该开环极点半径为无穷小（$\rho \to 0$）的一个右侧半圆弧，如图 5.30 所示。比较图 5.27（a）与图 5.30 可知，这时两图所示的奈奎斯特轨迹仅是开环极点的部分曲线不同，即图 5.30 中多了曲线 C_3，其余部分完全相同。因此，只需讨论图 5.30 中的曲线 C_3 在 GH 平面上的映射情况。

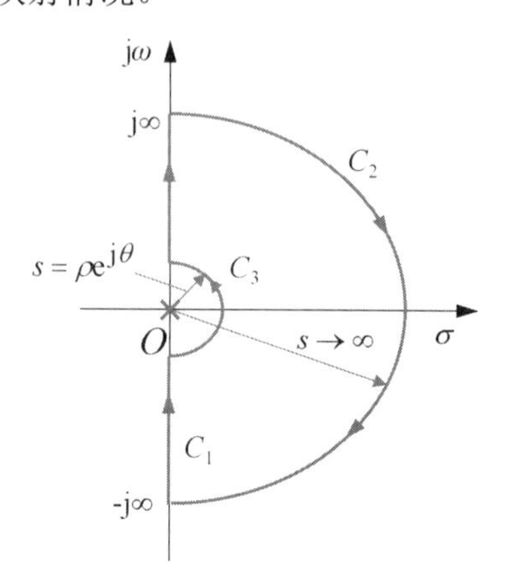

图 5.30　s 平面上的奈奎斯特轨迹

设系统的开环传递函数为

$$G(s)H(s)=\frac{K\prod_{i=1}^{m}(\tau_i s+1)}{s^{v}\prod_{j=1}^{n-v}(T_j s+1)} \tag{5-49}$$

针对图 5.30 中的曲线 C_3，令 $s=\rho e^{j\theta}$（其中，$\rho \to 0$，$\theta=-90^\circ \to 90^\circ$），则

$$\lim_{\rho\to 0}\frac{K\prod_{i=1}^{m}(\tau_i \rho e^{j\theta}+1)}{(\rho e^{j\theta})^{v}\prod_{j=1}^{n-v}(T_j \rho e^{j\theta}+1)}=\lim_{\rho\to 0}\frac{K}{\rho^{v}}e^{-jv\theta} \tag{5-50}$$

上式表明奈奎斯特轨迹的 C_3 部分映射到 GH 平面上的极坐标图就是半径无穷大、角度 $-v\theta$ 在 $90^\circ v \sim -90^\circ v$ 之间变化的曲线，即曲线 C_3 在 GH 平面上的映射曲线就是在 $\omega=0^- \sim 0^+$ 时按顺时针方向转过 $180^\circ v$ 角度且半径为无穷大的曲线（圆弧）。这样，连接 $\omega=0^- \sim 0^+$ 的点就可形成封闭曲线。

【例 5-9】已知某一反馈控制系统的开环传递函数为

$$G(s)H(s)=\frac{10}{s^2(s+1)}$$

试用奈奎斯特稳定判据分析该系统的稳定性。

解：该系统的开环频率特性函数为

$$|G(\omega)H(\omega)|=\frac{10}{\omega^2\sqrt{1+\omega^2}} \qquad \varphi(\omega)=-180^\circ-\tan^{-1}\omega$$

首先绘制 $\omega=0^+ \sim +\infty$ 时的极坐标图，然后按对称性绘制出 $\omega=-\infty \sim 0^-$ 时的极坐标图，如图 5.31 中的实线所示。由于该系统的开环传递函数有 2 个积分环节，即 v=2，则 $\omega=$

$0^- \sim 0^+$ 时的极坐标图是一条按顺时针方向转过 $180° \times 2$ 角度且半径为无穷大的曲线，如图 5.31 中的虚线所示，从而获得 GH 平面上的封闭曲线。

以点 $(-1, \mathrm{j}0)$ 为基准，在频率 $\omega = -\infty \sim +\infty$ 时，系统的极坐标图顺时针包围点 $(-1, \mathrm{j}0)$ 2 次，即 $N = 2$，而开环传递函数位于 s 平面虚轴右侧的极点数 $P = 0$，则 $Z = N + P = 2 + 0 = 2 \neq 0$，可知该系统不稳定。

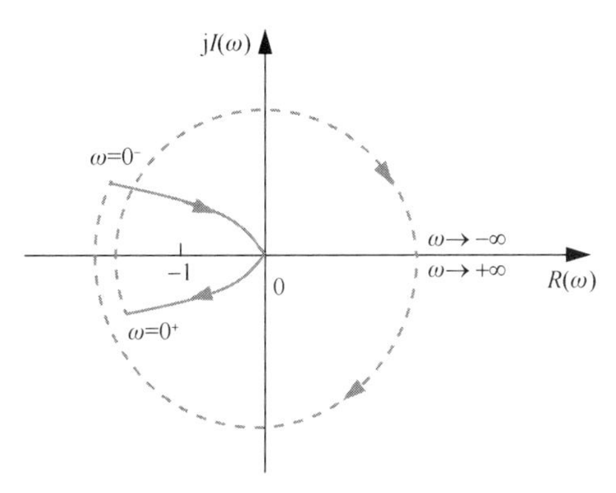

图 5.31　例 5-9 的极坐标图

5.3.2　基于对数频率特性图的系统稳定性判据

极坐标图与对数频率特性图有对应关系，极坐标图上的单位圆的圆周对应对数幅频特性图上的 $L(\omega) = 0\,\mathrm{dB}$ 水平线，单位圆内的曲线部分对应于 $L(\omega) < 0\,\mathrm{dB}$，单位圆外的曲线部分对应于 $L(\omega) > 0\,\mathrm{dB}$，如图 5.32 所示。极坐标图上的负实轴对应于对数相频特性图上的纵坐标值为 $-180°$ 的水平线。

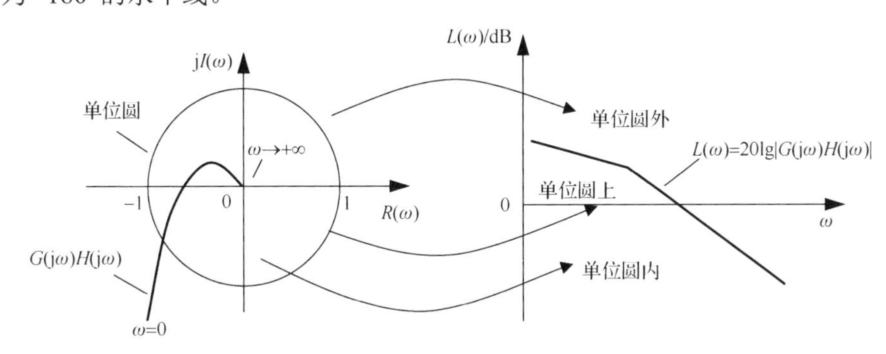

图 5.32　极坐标图与对数幅频特性图的对应关系

根据极坐标图与对数幅频特性图的对应关系，以极坐标图上的点 $(-1, \mathrm{j}0)$ 为基准，可观察到以下现象：若极坐标图随频率 ω 的增加从第 3 象限穿越负实轴的 $(-\infty, -1)$ 区间进入第 2 象限，这一部分曲线在对应的对数幅频特性图上就对应 $L(\omega) > 0\,\mathrm{dB}$ 的频率范围，在对应的对数相频特性图上的轨迹就是从纵坐标值为 $-180°$ 的水平线的上侧向下侧穿越，穿越的结果是系统相频特性函数值的绝对值增大，因此称为“负穿越”；反之，若极坐标图随频率 ω 的增加从第 2 象限穿越负实轴的 $(-\infty, -1)$ 区间进入第 3 象限，这一部分曲线在对应的对数幅频特性图上就对应 $L(\omega) > 0\,\mathrm{dB}$ 的频率范围，在对应的对数相频特性图的轨迹就是纵坐标为

$-180°$ 的水平线的上侧向下侧穿越，穿越的结果是系统相频特性函数值的绝对值减小，因此称为“正穿越”。按照这种“穿越”的概念，定义如下：若函数值随频率 ω 增加的对数相频特性图从纵坐标为 $-180°$ 的水平线向上侧穿越，则称这种穿越为 0.5 次正穿越；反之，称为 0.5 次负穿越。有了这些“穿越”的概念，就容易得到基于系统开环传递函数的对数坐标图的稳定性判据。

基于开环传递函数的对数坐标图的系统稳定性判据：设系统开环传递函数位于 s 平面虚轴右侧的极点数为 P，当 $\omega = 0 \sim +\infty$ 时，在开环对数幅频特性函数值为正分贝数值的频率范围内，若开环对数相频特性图在纵坐标值为 $-180°$ 的水平线上的正穿越和负穿越的次数之差为 $P/2$，则该系统稳定，否则，该系统不稳定。

基于开环传递函数的对数坐标图判别系统稳定性的一般步骤如下：

（1）确定开环传递函数 $G(s)H(s)$ 在 s 平面虚轴右侧的极点数 P。

（2）绘制开环频率特性 $G(\mathrm{j}\omega)H(\mathrm{j}\omega)$ 的对数坐标图。

（3）确定在 $L(\omega) \geqslant 0\,\mathrm{dB}$ 的所有频段内，对数相频特性图在纵坐标值为 $-180°$ 的水平线上的正、负穿越次数之差 N。根据 N 是否等于 $P/2$ 给出系统是否稳定的判断。

【例 5-10】图 5.33 所示的是某一系统开环传递函数的对数坐标图。根据图 5.33（a），可知该系统的开环传递函数在 s 平面虚轴右侧的极点数 $P = 0$；根据图 5.33（b），可知该系统的开环传递函数在 s 平面虚轴右侧的极点数 $P = 2$。试分析并判断该系统的稳定性。

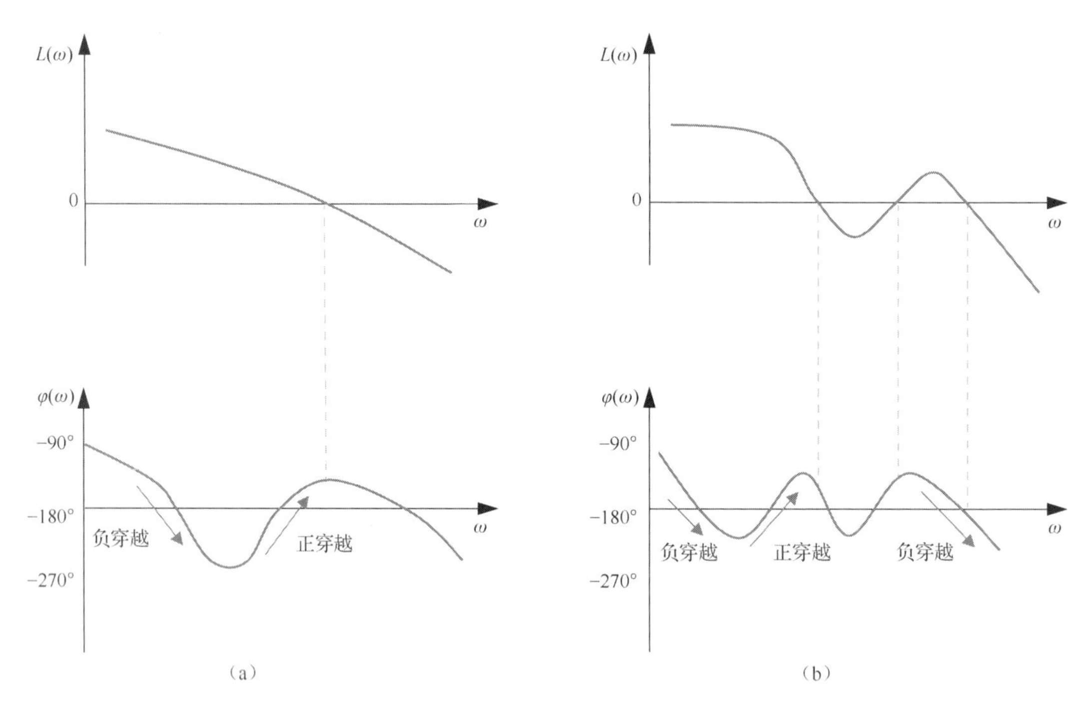

图 5.33　例 5-10 的对数坐标图

解：由 $P=0$ 可知，在 $L(\omega)\geqslant 0\,\text{dB}$ 的所有频率段内，对数相频特性图在纵坐标值为 -180° 的水平线上正常越 1 次，负穿越 1 次，正、负穿越次数之差为 0，即 $N=0$。因此，$N=P/2=0$，由此判断该系统稳定。

由 $P=2$ 可知，在 $L(\omega)\geqslant 0\,\text{dB}$ 的所有频率段内，对数相频特性图在纵坐标值为 -180° 的水平线上正穿越 1 次，负穿越 2 次，正、负穿越次数之差为-1，即 $N=-1$，因此，$N\neq P/2$，由此判断该系统不稳定。

5.4　控制系统的相对稳定性

要发挥一个系统优良的控制性能，不但要求其稳定，而且更希望它有恰当的稳定裕量，即有适当的相对稳定性或稳定程度。系统的相对稳定性与系统的动态性能有着密切的关系。

在系统的时域分析中可以看到，系统主导极点在 s 平面虚轴左侧且离虚轴越近，系统动态响应的振荡衰减得越慢；主导极点在 s 平面虚轴左侧且离虚轴越远，系统动态响应的振荡衰减越快。这表明系统的主导极点在 s 平面虚轴左侧且离虚轴的远近，反映了系统的相对稳定性。

系统主导极点在 s 平面虚轴左侧且离虚轴的距离远（或近），反映在系统极坐标图上就是极坐标图靠近点 $(-1,\text{j}0)$ 的距离远（或近）。如果一个稳定的闭环控制系统的开环极点都不位于 s 平面虚轴右侧，并且其开环频率特性函数 $G(\text{j}\omega)H(\text{j}\omega)$ 的极坐标图越远离点 $(-1,\text{j}0)$，那么该闭环控制系统动态响应的振荡衰减得越快，系统的相对稳定性就越高。因此，对没有开环极点位于 s 平面虚轴右侧的闭环控制系统，可用其开环频率特性 $G(\text{j}\omega)H(\text{j}\omega)$ 的极坐标图接近点 $(-1,\text{j}0)$ 的程度表示系统的相对稳定性。通常，这种接近点 $(-1,\text{j}0)$ 的程度用相位裕量和增益裕量表示。

1. 相位裕量

设系统的开环频率特性 $G(\text{j}\omega)H(\text{j}\omega)$ 的极坐标图与负实轴相交于 G 点，与单位圆相交于 C 点，如图 5.34（a）所示。

使系统开环幅频特性 $|G(\omega_\text{c})H(\omega_\text{c})|=1$ 或 $20\lg|G(\omega_\text{c})H(\omega_\text{c})|=0\,\text{dB}$ 的频率 ω_c（图 5.34 中 C 点对应的频率）称为幅值穿越频率（简称穿越频率或剪切频率）。定义系统开环相频特性函数 $\varphi(\omega)$ 在频率 ω_c 处的相角 $\varphi(\omega_\text{c})$ 与 -180° 水平线（负实轴）的相位差为相位裕量，记为 γ，其计算式为

$$\gamma=\varphi(\omega_\text{c})-(-180^\circ)=180^\circ+\varphi(\omega_\text{c}) \tag{5-51}$$

由图 5.34 可以看出，$\gamma>0$ 表示稳定系统达到临界稳定状态时需附加的相位滞后角，$\gamma<0$ 表示不稳定系统达到临界稳定状态时需附加的相位超前角。对于无开环极点位于 s 平面虚轴右侧的闭环控制系统，$\gamma>0$ 就意味着该系统极坐标图不包围点 $(-1,\text{j}0)$，满足奈奎斯特稳定判据条件，可知该系统稳定；$\gamma<0$ 表示该闭环控制系统不稳定。因此，相位裕量 γ 的正数值大小表示系统的相对稳定性，此数值越大，系统的相对稳定性越好或稳定程度越高。

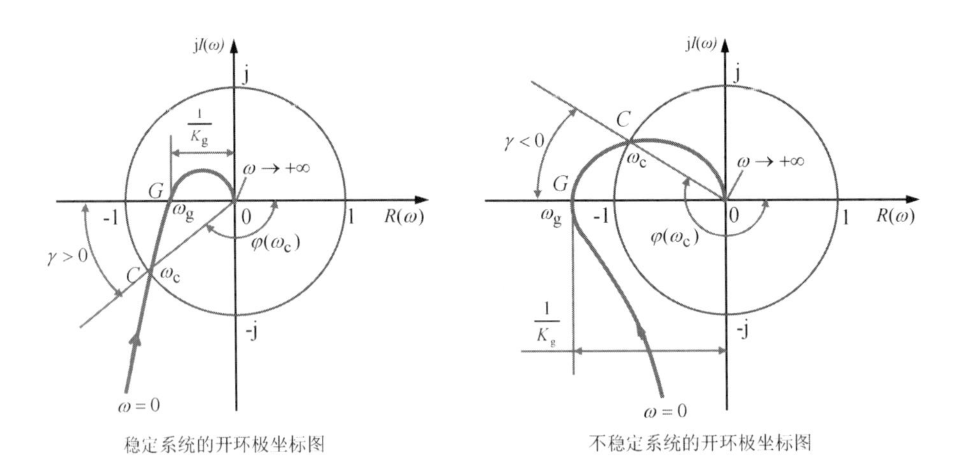

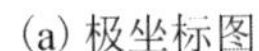
(a) 极坐标图

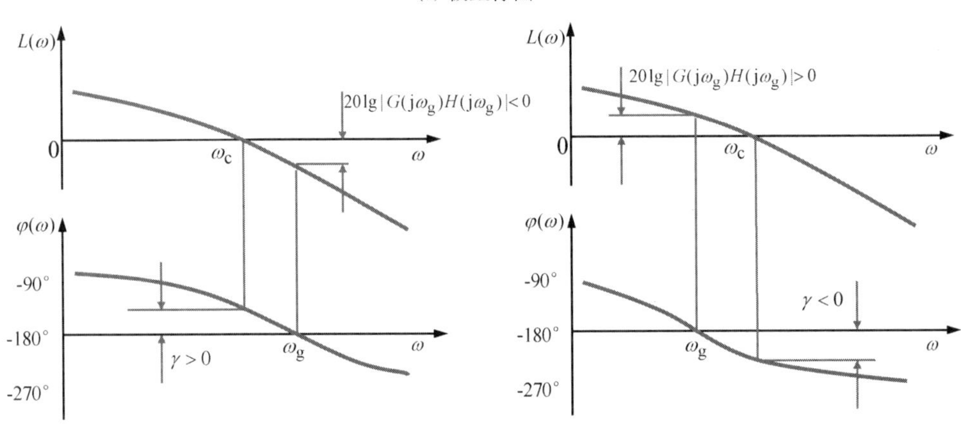

(b) 对数坐标图

图 5.34　稳定和不稳定系统的开环频率特性图

2. 增益裕量

使系统开环相频特性函数 $\varphi(\omega_g) = -180^\circ$ 的频率 ω_g [图 5.34（a）中 G 点对应的频率]称为相位穿越频率或相位交界频率。定义系统在频率 ω_g 处的开环幅频特性 $|G(\omega_g)H(\omega_g)|$ 的倒数为增益裕量，记为 K_g 或 $L(\omega_g)$，其计算式为

$$K_g = \frac{1}{|G(\omega_g)H(\omega_g)|} \tag{5-52a}$$

或

$$L(\omega_g) = -20\lg|G(\omega_g)H(\omega_g)| \tag{5-52b}$$

由图 5.34 可以看出，对于稳定的闭环系统，当 $K_g > 1$ 时，$|G(\omega_g)H(\omega_g)| < 1$ 或 $20\lg|G(\omega_g)H(\omega_g)| < 0$；对于不稳定的闭环系统，当 $K_g < 1$ 时，$|G(\omega_g)H(\omega_g)| > 1$ 或

$20\lg\left|G(\omega_g)H(\omega_g)\right|>0$。对于无开环极点位于 s 平面虚轴右侧的闭环系统，$K_g>1$ 就意味着该系统开环幅频特性的数值增大 K_g 倍就能达到临界稳定状态。例如，在图 5.34（a）中，若 $\left|G(\omega_g)H(\omega_g)\right|=0.5$，则该稳定闭环系统达到临界稳定状态时，其增益（幅值）还可增大 $K_g=1/0.5=2$ 倍。因此，增益裕量 K_g 大于 1 时的数值大小表示系统的相对稳定性，此数值越大，表示系统的相对稳定性越好或稳定程度越高。

总之，在 s 平面虚轴右侧无系统开环极点的闭环控制系统的相位裕量和增益裕量越大，该系统的相对稳定性。在控制工程领域，对系统的相对稳定性的一般要求如下：相位裕量 $\gamma=30^\circ\sim60^\circ$，增益裕量 $K_g>2$ 或 $20\lg K_g>6\,\text{dB}$。

必须指出，对有开环极点位于 s 平面虚轴右侧的闭环系统，不能用相位裕量和增益裕量判断系统的相对稳定性。

【例 5-11】已知某单位反馈控制系统的开环传递函数为

$$G(s)=\frac{10(0.5s+1)}{s(s+1)(0.1s+1)(0.05s+1)}$$

试计算该系统的相位裕量和增益裕量。

解：该系统的开环频率特性函数为

$$|G(\omega)|=\frac{10\sqrt{1+(0.5\omega)^2}}{\omega\sqrt{1+\omega^2}\sqrt{1+(0.1\omega)^2}\sqrt{1+(0.05\omega)^2}}$$

$$\varphi(\omega)=-90^\circ+\tan^{-1}(0.5\omega)-\tan^{-1}\omega-\tan^{-1}(0.1\omega)-\tan^{-1}(0.05\omega)$$

根据上式绘制该系统的对数幅频特性图和对数相频特性图，如图 5.35 所示。根据系统幅值穿越频率 ω_c 的定义，计算 $|G(\omega_c)|=1$，解得 $\omega_c=4.7$。按照系统的对数幅频特性图近似计算幅值穿越频率 ω_c，即

$$20(\lg\omega_c-\lg2)+40(\lg2-\lg1)=20\lg10$$

解得 $\omega_c=5$，此时

$$\varphi(\omega_c)=-90^\circ+\tan^{-1}(0.5\omega_c)-\tan^{-1}\omega_c-\tan^{-1}(0.1\omega_c)-\tan^{-1}(0.05\omega_c)=-141.1^\circ$$

由式（5-51）计算得到该系统的相位裕量，即

$$\gamma=180^\circ+\varphi(\omega_c)=38.9^\circ$$

由系统的对数相频特性图可知，在系统的相位穿越频率 ω_g 处，

$$\varphi(\omega_g)=-90^\circ+\tan^{-1}(0.5\omega_g)-\tan^{-1}\omega_g-\tan^{-1}(0.1\omega_g)-\tan^{-1}(0.05\omega_g)=-180^\circ$$

由此解得系统的相位穿越频率 $\omega_g=14.1$，此时对应的系统幅频特性函数为

$$|G(\omega_g)|=\frac{10\sqrt{1+(0.5\omega_g)^2}}{\omega_g\sqrt{1+\omega_g^2}\sqrt{1+(0.1\omega_g)^2}\sqrt{1+(0.05\omega_g)^2}}=0.17$$

由式（5-52）计算得到该系统的增益裕量，即

$$K_g=\frac{1}{|G(\omega_g)|}=5.88\qquad\text{或}\qquad L(\omega_g)=-20\lg|G(\omega_g)|=15.4\,(\text{dB})$$

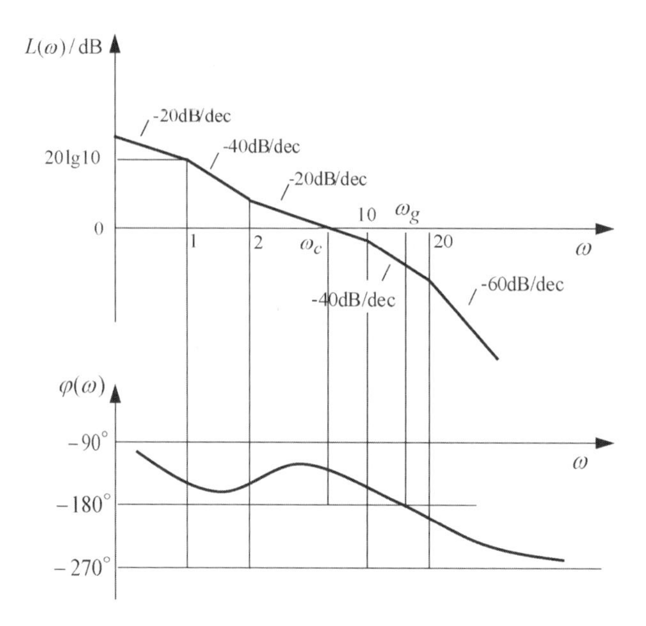

图 5.35　例 5-11 的对数频率特性图

【例 5-12】 设某单位反馈控制系统的开环传递函数为

$$G(s)=\frac{K}{s(0.2s+1)(0.05s+1)}$$

试确定 K 的取值范围，使该系统的相位裕量 $\gamma \geqslant 40^\circ$，增益裕量 $L(\omega_{\mathrm{g}}) \geqslant 20\,\mathrm{dB}$。

解： 该系统的开环频率特性函数为

$$|G(\omega)|=\frac{K}{\omega\sqrt{1+(0.2\omega)^2}\sqrt{1+(0.05\omega)^2}}$$

$$\varphi(\omega)=-90^\circ-\tan^{-1}(0.2\omega)-\tan^{-1}(0.05\omega)$$

由系统相位裕量的定义可知，应有 $\gamma=180^\circ+\varphi(\omega_{\mathrm{c}})\geqslant 40^\circ$。选择 $\gamma=180^\circ+\varphi(\omega_{\mathrm{c}})=40^\circ$ 进行计算，有

$$\varphi(\omega_{\mathrm{c}})=-90^\circ-\tan^{-1}(0.2\omega_{\mathrm{c}})-\tan^{-1}(0.05\omega_{\mathrm{c}})=-140^\circ$$

解得 $\omega_{\mathrm{c}}=4$，此时

$$|G(\omega_{\mathrm{c}})|=\frac{K}{\omega_{\mathrm{c}}\sqrt{1+(0.2\omega_{\mathrm{c}})^2}\sqrt{1+(0.05\omega_{\mathrm{c}})^2}}=1$$

解得 $K=5.22$。对应 $\gamma \geqslant 40^\circ$ 的要求，$K \leqslant 5.22$。

由系统相位穿越频率 ω_{g} 的定义可知，

$$\varphi(\omega_{\mathrm{g}})=-90^\circ-\tan^{-1}(0.2\omega_{\mathrm{g}})-\tan^{-1}(0.05\omega_{\mathrm{g}})=-180^\circ$$

解得 $\omega_{\mathrm{g}}=10$，此时系统的幅频特性函数为

$$|G(\omega_{\mathrm{g}})|=\frac{K}{\omega_{\mathrm{g}}\sqrt{1+(0.2\omega_{\mathrm{g}})^2}\sqrt{1+(0.05\omega_{\mathrm{g}})^2}}=\frac{K}{25}$$

根据已知条件 $L(\omega_{\mathrm{g}}) \geqslant 20\,\mathrm{dB}$，可得

$$L(\omega_{\mathrm{g}}) = -20\lg|G(\omega_{\mathrm{g}})| \geqslant 20 \qquad \text{或} \qquad |G(\omega_{\mathrm{g}})| \leqslant 0.1$$

则

$$|G(\omega_{\mathrm{g}})| = \frac{K}{\omega_{\mathrm{g}}\sqrt{1+(0.2\omega_{\mathrm{g}})^2}\sqrt{1+(0.05\omega_{\mathrm{g}})^2}} \leqslant 0.1$$

解得 $K \leqslant 2.5$。显然，为同时满足相位裕量和增益裕量的要求，应选择 $K \leqslant 2.5$。

5.5　控制系统的频域性能指标

系统开环频率特性和系统闭环频率特性的一些特征量反映了系统动态性能的优劣，这些特征量称为系统的频域性能指标。常用的系统频域性能指标有幅值穿越频率、相位裕量、增益裕量、谐振峰值、谐振频率和频带宽度等。其中，幅值穿越频率、相位裕量和增益裕量是根据系统开环频率特性提出的、用于评价闭环控制系统动态性能（或相对稳定性）的频域性能指标；谐振峰值、谐振频率、频带宽度是基于系统的闭环频率特性提出的性能指标。这些频域性能指标与系统的时域性能指标存在对应的关系。

5.5.1　系统的闭环频率特性

若单位反馈控制系统的开环传递函数为 $G(s)$，则其闭环传递函数为

$$\varPhi(s) = \frac{G(s)}{1+G(s)}$$

对应的闭环频率特性函数为

$$\varPhi(\mathrm{j}\omega) = \frac{G(\mathrm{j}\omega)}{1+G(\mathrm{j}\omega)} = M(\omega)\mathrm{e}^{\mathrm{j}\alpha(\omega)} \tag{5-53}$$

式中，$M(\omega) = |\varPhi(\mathrm{j}\omega)|$，称为该系统的闭环幅频特性函数；$\alpha(\omega) = \angle\varPhi(\mathrm{j}\omega)$，称为该系统的闭环相频特性函数。

式（5-53）描述了该系统的开环频率特性和闭环频率特性之间的关系。当频率 $\omega = 0 \sim \infty$ 时，通过计算开环频率特性函数 $G(\mathrm{j}\omega)$ 的数值，就可确定闭环频率特性函数 $\varPhi(\mathrm{j}\omega)$ 的数值，从而可以逐点绘制出系统的闭环频率特性图。一般情况下，单位反馈控制系统的闭环幅频特性图如图 5.36 所示。图中的 $M(0)$ 是该系统的零频幅值，其大小表示该系统的输出幅值与输入幅值之比；M_{r} 是该系统的谐振峰值，其对应的频率 ω_{r} 称为该系统的谐振频率；ω_{b} 是闭环幅值为 $|\varPhi(\mathrm{j}\omega_{\mathrm{b}})| = 0.707M(0)$ 时对应的频率，称为该系统的带宽频率。

1. 单位反馈系统的零频幅值

单位反馈系统的输入信号为直流信号（零频率信号）时，其输出信号的幅值与输入信号的幅值之比称为该系统的零频幅值，一般记为 $M(0)$。

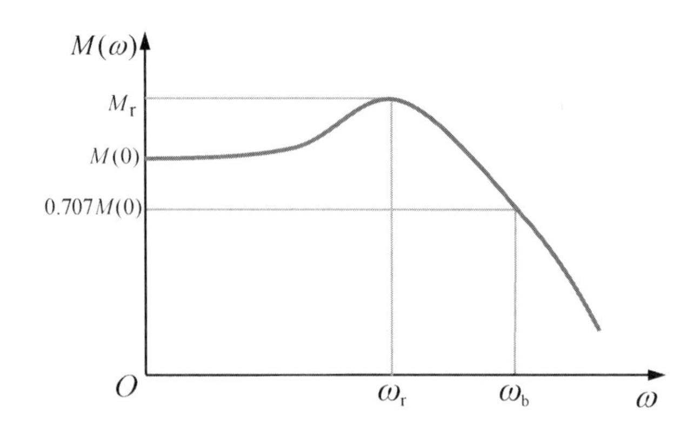

图 5.36　单位反馈控制系统的闭环幅频特性图

若单位反馈控制系统的开环传递函数为

$$G(s)=\frac{K}{s^{v}}\frac{\prod_{i=1}^{m}(\tau_i s+1)}{\prod_{j=1}^{n-v}(T_j s+1)}=\frac{K}{s^{v}}G_0(s)$$

式中，

$$G_0(s)=\frac{\prod_{i=1}^{m}(\tau_i s+1)}{\prod_{j=1}^{n-v}(T_j s+1)}$$

并且 $\lim_{s\to 0}G_0(s)=1$。那么，该单位反馈控制系统的闭环传递函数为

$$\Phi(s)=\frac{G(s)}{1+G(s)}=\frac{KG_0(s)}{s^{v}+KG_0(s)}$$

其对应的闭环频率特性函数为

$$\Phi(\mathrm{j}\omega)=\frac{KG_0(\mathrm{j}\omega)}{(\mathrm{j}\omega)^{v}+KG_0(\mathrm{j}\omega)}=M(\omega)\mathrm{e}^{\mathrm{j}\alpha(\omega)}$$

当频率 $\omega=0$ 时，该系统的零频幅值为

$$M(0)=\lim_{\omega\to 0}\left|\frac{KG(\mathrm{j}\omega)}{(\mathrm{j}\omega)^{v}+KG(\mathrm{j}\omega)}\right|=\begin{cases}\dfrac{K}{1+K}<1, & v=0\\ 1, & v\geqslant 1\end{cases}\tag{5-54}$$

可见，单位反馈控制系统的零频幅值与系统类型的型次 v（系统开环传递函数所含积分环节的个数）有关。0 型系统（v=0）的零频幅值小于 1，表明此类系统的输出信号不能完全跟踪输入信号，存在误差；I 型及以上高型次系统（v≥1）的零频幅值等于 1，表明此类系统的输出信号能完全跟踪输入信号，不存在误差。

2. 带宽频率

随着频率 ω 变化，闭环幅频特性函数 $M(\omega)$ 衰减到 $0.707M(0)$ 时的角频率，或者闭环对数幅频特性函数 $20\lg M(\omega)$ 衰减达到-3dB 时的频率称为闭环系统的带宽频率，一般记为 ω_b。

带宽频率的大小决定了系统闭环幅频特性函数值不低于 $0.707M(0)$（或闭环对数幅频特性函数 $20\lg M(\omega)$ 衰减大于-3dB）所对应的频率范围，在这个频率范围内闭环系统的输出响应的衰减量不大，可认为该频率范围是闭环系统工作的有效频率范围。因此，带宽频率也简称系统的带宽或工作频带。闭环系统对高于带宽频率的输入信号有较大的衰减作用，其衰减量大于 $0.707M(0)$（或衰减量超过-3dB）。

图 5.37 所示为典型二阶系统的框图，其闭环传递函数为

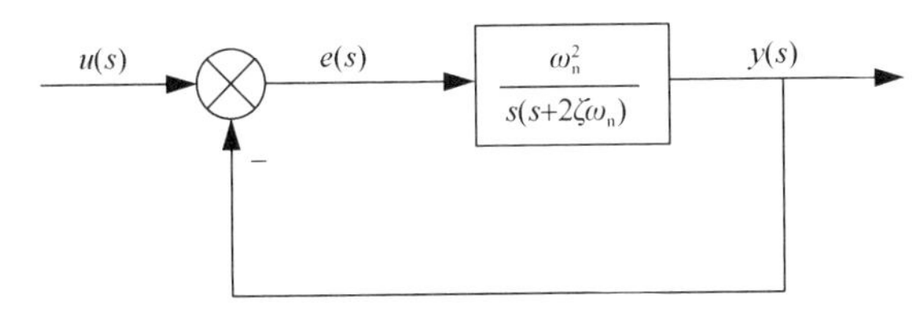

图 5.37　典型二阶系统的框图

$$\Phi(s)=\frac{G(s)}{1+G(s)}=\frac{\omega_n^2}{s^2+2\zeta\omega_n s+\omega_n^2}$$

对应的闭环频率特性函数为

$$\Phi(\omega)=\frac{G(j\omega)}{1+G(j\omega)}=\frac{\omega_n^2}{(j\omega)^2+j2\zeta\omega_n\omega+\omega_n^2}=M(\omega)e^{j\alpha(\omega)}$$

其中的闭环幅频特性函数为

$$M(\omega)=\frac{1}{\sqrt{\left(1-\left(\frac{\omega}{\omega_n}\right)^2\right)^2+\left(2\zeta\frac{\omega}{\omega_n}\right)^2}} \tag{5-55}$$

显然，$M(0)=1$，由 $M(\omega_b)=0.707M(0)$ 计算得到该二阶系统的带宽频率，即

$$\omega_b=\omega_n\sqrt{1-2\zeta^2+\sqrt{2-4\zeta^2+4\zeta^4}} \tag{5-56}$$

可见，该二阶系统的带宽频率取决于自身结构参数。带宽频率的大小反映了系统动态响应的快速性，系统的带宽频率越大，其动态响应就快，同时也使系统抵抗噪声干扰信号的能力降低。因此，实际工程中，系统的带宽频率大小应适当。

3. 谐振峰值和谐振频率

谐振峰值是指闭环幅频特性函数的最大值，一般记为 M_r。谐振峰值对应的频率称为系统的谐振频率，一般记为 ω_r。

对于式（5-55）表示的系统闭环幅频特性函数，可计算得到二阶欠阻尼闭环系统的谐振峰值和谐振频率，即

$$M_{\mathrm{r}}=\frac{1}{2\zeta\sqrt{1-\zeta^2}} \tag{5-57}$$

$$\omega_{\mathrm{r}}=\omega_{\mathrm{n}}\sqrt{1-2\zeta^2} \tag{5-58}$$

由上式可知，系统的阻尼比ζ越小，M_{r}值越大，其输出信号振荡越严重，表明系统稳定性差；阻尼比ζ越大，M_{r}值越小，系统的稳定性越好。当$0.4 \leqslant \xi \leqslant 0.707$时，$1.4 \geqslant M_{\mathrm{r}} \geqslant 1$。若$\zeta < 0.4$，则系统的超调量过大；若$\zeta > 0.707$，则系统基本不出现谐振峰峰。故$M_{\mathrm{r}}$的大小反映了系统的相对稳定性。另外，谐振频率$\omega_{\mathrm{r}}$与无阻尼固有频率$\omega_{\mathrm{n}}$成正比，并且$\omega_{\mathrm{r}} < \omega_{\mathrm{b}}$，表明谐振频率$\omega_{\mathrm{r}}$越大，系统带宽越宽。

5.5.2　系统闭环频率特性与开环频率特性的关系

把式（5-53）所示的系统开环频率特性函数$G(\mathrm{j}\omega)$与闭环频率特性函数$M(\mathrm{j}\omega)$的关系，用对数幅频特性图表示，则通常表示成图5.38所示的曲线，对应的频率范围一般分为低频段、中频段和高频段。

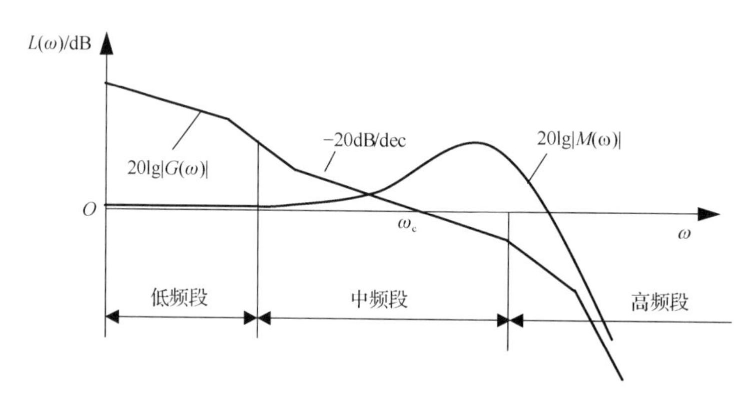

图5.38　系统的开环对数幅频特性与闭环对数幅频特性的关系

（1）低频段。一般$|G(\mathrm{j}\omega)|>>1$，这时式（5-53）可近似为

$$\Phi(\mathrm{j}\omega)=\frac{G(\mathrm{j}\omega)}{1+G(\mathrm{j}\omega)}\approx 1$$

由上式可知，在低频段可近似认为闭环对数幅频特性函数$20\lg|M(\omega)|=0\,\mathrm{dB}$，表明系统对低频信号几乎能够无衰减地从输入端传递到输出端，或者说，在低频段，系统的输出信号能够跟踪输入信号，这正是控制的目的。因此，低频段上的系统频率特性主要反映系统的稳态特性，即低频段上的系统闭环对数幅频特性函数值越接近0dB，系统的稳态误差越小。

（2）中频段。通常选择系统幅值穿越频率ω_{c}附近的一定频率范围为中频段，一般要求系统在幅值穿越频率ω_{c}附近的开环对数幅频特性图的斜率为-20dB/dec。对于无开环极点位于s平面虚轴右侧的系统，其幅值穿越频率ω_{c}对应的系统相位$\varphi(\omega_{\mathrm{c}})$大小直接影响相位裕量。若在幅值穿越频率$\omega_{\mathrm{c}}$附近的开环对数幅频特性图的斜率小于-20dB/dec，则系统可能不稳定或稳定程度很低。因此，中频段的系统频率特性主要影响系统的动态性能。

对于典型的单位反馈二阶欠阻尼控制系统，若其开环传递函数为

$$G(s)=\frac{\omega_n^2}{s(s+2\zeta\omega_n)}$$

则在幅值穿越频率 ω_c 处，$|G(\omega_c)|=1$，即

$$|G(\omega_c)|=\frac{\omega_n^2}{\omega_c\sqrt{(2\zeta\omega_n)^2+\omega_c^2}}=1$$

计算得到

$$\omega_c=\omega_n\sqrt{\sqrt{1+4\zeta^4}-2\zeta^2} \tag{5-59}$$

由该系统的开环相频特性函数

$$\varphi(\omega)=-90^\circ-\tan^{-1}\frac{2\zeta\omega_n}{\omega_c}$$

可进一步计算得到系统的相位裕量，即

$$\gamma=\tan^{-1}\frac{2\zeta\omega_n}{\omega_c} \tag{5-60}$$

式（5-59）和式（5-60）表示控制系统的频率特性指标与二阶欠阻尼系统结构参数之间的关系。

（3）高频段。一般 $|G(j\omega)|<<1$，这时式（5-53）可近似为

$$\Phi(j\omega)=\frac{G(j\omega)}{1+G(j\omega)}\approx G(j\omega)$$

由上式可知，在高频段可以近似认为闭环频率特性与开环频率特性重合。实际工程中，相对于控制信号来说，许多高频信号往往是干扰（或噪声）信号。因此，要求高频段上的系统幅频特性能够有较大的衰减量，其开环对数幅频特性图的斜率≤-40dB/dec。

【例 5-13】已知某一系统的开环传递函数为

$$G(s)=\frac{10}{s(0.05s+1)(0.02s+1)}$$

试计算该系统的动态过程调节时间 t_s 和谐振峰值 M_r。

解：先绘制出该系统的开环对数幅频特性图，如图 5.39 所示。

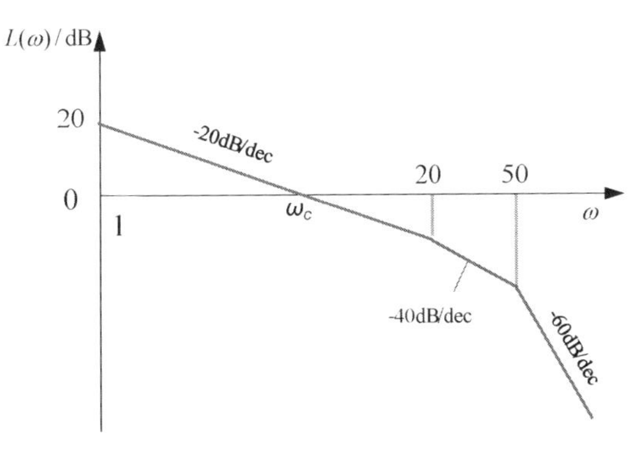

图 5.39　例 5-13 的对数幅频特性图

根据图 5.39 所示的几何关系，由解析几何计算得到

$$20 = 20(\lg\omega_c - \lg 1) = 20\lg\omega_c$$

解得 $\omega_c = 10$，则

$$\varphi(\omega_c)|_{\omega_c=10} = -90^\circ - \tan^{-1}0.05\omega_c - \tan^{-1}0.02\omega_c\Big|_{\omega_c=10} \approx -128^\circ$$

则系统的相位裕量为

$$\gamma = 180^\circ + \varphi(\omega_c) = 52^\circ$$

由式（5-59）和式（5-60）可计算得到

$$\zeta = 0.51 \qquad 和 \qquad \omega_n = 12.7$$

由第 3 章 3.5.2 节中的式（3-32）和式（5-57）计算得到

$$t_s = \frac{3}{\zeta\omega_n} = 0.46 \; M_r = 1.34$$

5.6　基于 MATLAB 的系统频域性能分析

用 MATLAB 分析系统的频率特性具有高效、准确的特点，不但可以精准地绘制出系统的极坐标图和对数坐标图，还可通过编程计算系统的频率特性函数及其频域性能指标。

5.6.1　系统的频域特性函数

从前面对系统频率特性函数的分析可知，如果系统的传递函数为 $G(s)$，那么系统的频率特性函数 $G(\mathrm{j}\omega)$ 为

$$G(\mathrm{j}\omega) = G(s)\Big|_{s=\mathrm{j}\omega}$$

【例 5-14】 若某一系统的单位阶跃响应为 $y(t) = 1 + 1.5\mathrm{e}^{-3t} + 1.2\mathrm{e}^{-5t}\ (t \geqslant 0)$，试确定该系统的频率特性函数。

解： MATLAB 程序代码如下。

```
syms t s c r G R C omega;
r=sym(heaviside(t));
R=laplace(r);
y=1+1.5*exp(-3*t)+1.2*exp(-5*t);
C=laplace(y);
C=factor(C);
G=C/R;
G=subs(G,s,j*omega)
```

运行结果为

```
G =
1/10*(-37*omega^2+191*i*omega+150)/(i*omega+3)/(i*omega+5)
```

得到的系统频率特性函数为

$$G(\mathrm{j}\omega)=\frac{0.1(-37\omega^2+\mathrm{j}191\omega+15)}{(\mathrm{j}\omega+3)(\mathrm{j}\omega+5)}$$

【例 5-15】 试计算振荡环节 $G(s)=\dfrac{1}{s^2+2\zeta\omega_{\mathrm{n}}s+\omega_{\mathrm{n}}^2}$ 的频率特性函数。

解： MATLAB 程序代码如下。

```
syms zet omega omegan real;
G=omegan^2/((j*omega)^2+2*zet*omegan*(j*omega)+omegan^2);
Aabs=abs(G)
[Re]= simplifyFraction(real(G))
[Im]= simplifyFraction(imag(G))
Gang= simplifyFraction(atan(Im/Re))
```

运行结果为

```
Aabs =
omegan^2/abs(- omega^2 + zet*omega*omegan*2i + omegan^2)

Re =
-(omegan^2*(omega^2 - omegan^2))/(omega^4 + 4*omega^2*omegan^2*zet^2 -
2*omega^2*omegan^2 + omegan^4)

Im =
-(2*omega*omegan^3*zet)/(omega^4 + 4*omega^2*omegan^2*zet^2 - 2*omega^2*
omegan^2 + omegan^4)

Gang =
atan((2*omega*omegan*zet)/(omega^2 - omegan^2))
```

可知该振荡环节的实频特性函数与虚频特性函数分别为

$$G(\mathrm{j}\omega)=\frac{\omega_{\mathrm{n}}^2}{-\omega^2+2\xi\omega_{\mathrm{n}}(\mathrm{j}\omega)+\omega_{\mathrm{n}}^2}=a+\mathrm{j}b$$

$$a=\frac{\omega_{\mathrm{n}}^2(\omega_{\mathrm{n}}^2-\omega^2)}{(\omega_{\mathrm{n}}^2-\omega^2)^2+(2\xi\omega\omega_{\mathrm{n}})^2},\quad b=\frac{\omega_{\mathrm{n}}^2 2\xi\omega\omega_{\mathrm{n}}}{(\omega_{\mathrm{n}}^2-\omega^2)^2+(2\xi\omega\omega_{\mathrm{n}})^2}$$

该振荡环节的幅频特性函数与相频特性函数分别为

$$A(\omega)=|G(\mathrm{j}\omega)|=\frac{\omega_{\mathrm{n}}^2}{\sqrt{(\omega_{\mathrm{n}}^2-\omega^2)^2+(2\xi\omega\omega_{\mathrm{n}})^2}}=\frac{1}{\sqrt{\left[1-\left(\dfrac{\omega}{\omega_{\mathrm{n}}}\right)^2\right]^2+\left(2\xi\dfrac{\omega}{\omega_{\mathrm{n}}^2}\right)^2}}$$

$$\varphi(\omega)=\angle G(\mathrm{j}\omega)=-\arctan\frac{2\xi\omega\omega_{\mathrm{n}}}{\omega_{\mathrm{n}}^2-\omega^2}=-\arctan\frac{2\xi\dfrac{\omega}{\omega_{\mathrm{n}}}}{1-\left(\dfrac{\omega}{\omega_{\mathrm{n}}}\right)^2}$$

5.6.2 利用 MATLAB 绘制频率特性图

1. Bode 图的绘制

MATLAB 提供了一条直接求解和绘图系统 Bode 图（对数坐标图）的函数命令 bode() 和一条直接求解系统幅值稳定裕量和相位稳定裕量的函数命令 margin()，基本的调用格式为

```
bode(sys)
bode(sys,w)
[mag,phase,w]= bode(sys)
```

函数命令 bode()用来计算并绘制系统的 Bode 图，适用于绘制单输入/单输出（SISO）系统或多输入/多输出（MIMO）系统的 Bode 图以及计算相关频率特性参数。

sys 可以是由函数 tf( )、zpk( )、ss( )中任一个函数建立的系统模型。w 用来定义所绘制 Bode 图的频域范围或频率点。如果定义频率范围，那么 w 必须为[wmin,wmax]格式；如果定义频率点，那么 w 必须是由频率点构成的向量。第三条语句只用于计算系统 Bode 图的输出数据，而不绘制曲线。其中的变量 mag 储存系统 Bode 图的振幅数值，变量 phase 储存 Bode 图的相位数值。

```
margin(sys)
[gm,pm,wcg,wcp]= margin(sys)
[gm,pm,wcg,wcp]= margin(mag,phase,w)
```

利用 margin 函数命令可以从频率响应数据中计算出幅值稳定裕量、相位稳定裕量及其对应的角频率。当不带输出变量引用函数时，利用 margin()函数命令可在 MATLAB 当前窗口中绘制出带有稳定裕量的 Bode 图。利用 margin（mag,phase,w）函数命令可以在 MATLAB 当前窗口中绘制出带有系统幅值裕量与相位裕量的 Bode 图。其中，mag、phase 及 w 分别为由 Bode 图求出的幅值稳定裕量、相位稳定裕量及其对应的角频率。

【例 5-16】已知一个高阶系统的开环传递函数为

$$G(s)=\frac{K(0.00167s+1)}{s(0.03s+1)(0.0025s+1)(0.001s+1)}$$

当开环增益 K 分别为 5, 500, 800, 3000 时，试计算该系统稳定裕量的变化。

解：MATLAB 程序代码如下。

```
k=[5,500,800,3000];
for j=1:4
        num=k(j)*[0.0167 1];
        den=conv(conv([1 0],[0.03 1]),conv([0.0025,1],[0.001,1]));
        G=tf(num,den);
        y(j)=allmargin(G);
end
```

运行结果为

```
y(1)
```

```
ans =
   GMFrequency: 602.4232
    GainMargin: 455.2548
   PMFrequency: 4.9620
   PhaseMargin: 85.2751
   DMFrequency: 4.9620
   DelayMargin: 0.2999
        Stable: 1

y(2)
ans =
   GMFrequency: 602.4232
    GainMargin: 4.5525
   PMFrequency: 237.7216
   PhaseMargin: 39.7483
   DMFrequency: 237.7216
   DelayMargin: 0.0029
        Stable: 1

y(3)
ans =
   GMFrequency: 602.4232
    GainMargin: 2.8453
   PMFrequency: 329.9063
   PhaseMargin: 27.7092
   DMFrequency: 329.9063
   DelayMargin: 0.0015
        Stable: 1

y(4)
ans =
   GMFrequency: 602.4232
    GainMargin: 0.7588
   PMFrequency: 690.5172
   PhaseMargin: -6.7355
   DMFrequency: 690.5172
   DelayMargin: 0.0089
        Stable: 0
```

由运行结果可知，随着开环增益的增大，相位裕量减小，表明系统的稳定性变差。当 K=3000 时，相位裕量变为负值，此时系统不稳定。

2. Nyquist 图的绘制

MATLAB 的工具箱提供了一个函数命令 nyquist( )，用于绘制系统的 Nyquist 图（极坐标图）。其调用格式为

```
nyquist(sys)
[re,im,w]=nyquist(sys)
```

此函数命令可以用来求解、绘制系统的 Nyquist 图。利用 Nyquist 图，可以分析包括增益裕量、相位裕量及系统稳定性等特性。如果使用该函数命令时没有返回输出参数，那就会在 MATLAB 当前窗口直接绘制出 Nyquist 图。上述语句中的 w 是频率数值，re 为频率特性函数的实部，in 为频率特性函数的虚部。

【例 5-17】 已知某一反馈控制系统的开环传递函数为

$$G(s)=\frac{88}{(s+1)(0.2s+1)(1.6s+1)}$$

该绘制系统的 Nyquist 图，用奈奎斯特判据判断该系统的稳定性，并绘制该系统的单位阶跃响应进行验证。

解： 利用 nyquist( )函数命令绘制该系统的 Nyquist 图，利用 step( )函数命令求该系统的单位阶跃响应，MATLAB 程序代码如下。

```
num=88;
den=conv([1 1],conv([0.2 1],[1.6 1]));
sys=tf(num,den);
figure(1)
nyquist(sys);
figure(2),sys1=feedback(sys,1);
step(sys1)
```

由 Nyquist 图可知，Nyquist 图与实轴的交点约为-4.66（通过单击鼠标获取），即开环幅相特性曲线包围点（-1，j0）。由已知的开环传递函数可知该开环传递函数在 s 平面右半侧的极点个数为零，因此，该系统不稳定。

3. 求系统的增益裕量和相位裕量

MATLAB 的工具箱提供了一个函数命令 margin( )，该函数命令用于求解系统的增益裕量和相位裕量。其调用格式为

```
[gm pm wcg wcp]=margin(sys)
[gm pm wcg wcp]=margin(mag, phase, w)
```

其中，gm 表示系统增益裕量；pm 表示系统的相位裕量；wcg 和 wcp 分别表示相位穿越频率和幅值穿越频率。

【例 5-18】 绘制状态方程模型的阶跃响应曲线及其 Bode 图，以及增益裕量和相位裕量 Bode 图，试用 MATLAB 编程实现。

$$\begin{cases}\dfrac{\mathrm{d}x}{\mathrm{d}t}=\begin{bmatrix}-10 & 0 & -30\\ 1 & 0 & 0\\ 0 & 1 & 0\end{bmatrix}x+\begin{bmatrix}1\\ 0\\ 0\end{bmatrix}u\\ y=\begin{bmatrix}0 & 2 & 2\end{bmatrix}x\end{cases}$$

解：MATLAB 程序代码如下。

```
a=[-10 0 -30;1 0 0;0 1 0]; b=[1; 0; 0]; c=[0 2 2]; d=[0];
 sys=ss(a,b,c,d);
 figure; step(sys);                          %绘制阶跃响应曲线
 figure; bode(sys);                          %绘制 Bode 图
 figure; margin(sys);
```

4. 综合运用：系统稳定性的频域分析

【例 5-19】 已知某单位负反馈系统的开环传递函数为

$$G(s)=\frac{1280s+640}{s^4+24.2s^3+1604.81s^2+320.24s+16}$$

试绘制其 Bode 图和 Nyquist 图，并判断该系统的稳定性。

解：MATLAB 程序代码如下。

```
G=tf([1280 640],[1 24.2 1604.81 320.24 16]);
figure(1)
margin(G);
figure(2)
nyquist(G);
axis equal
```

在运行上述程序后，得到的 Bode 图和 Nyquist 图分别如图 5.40 和图 5.41 所示，其中“+”号表示点(−1,j0)所在的位置。

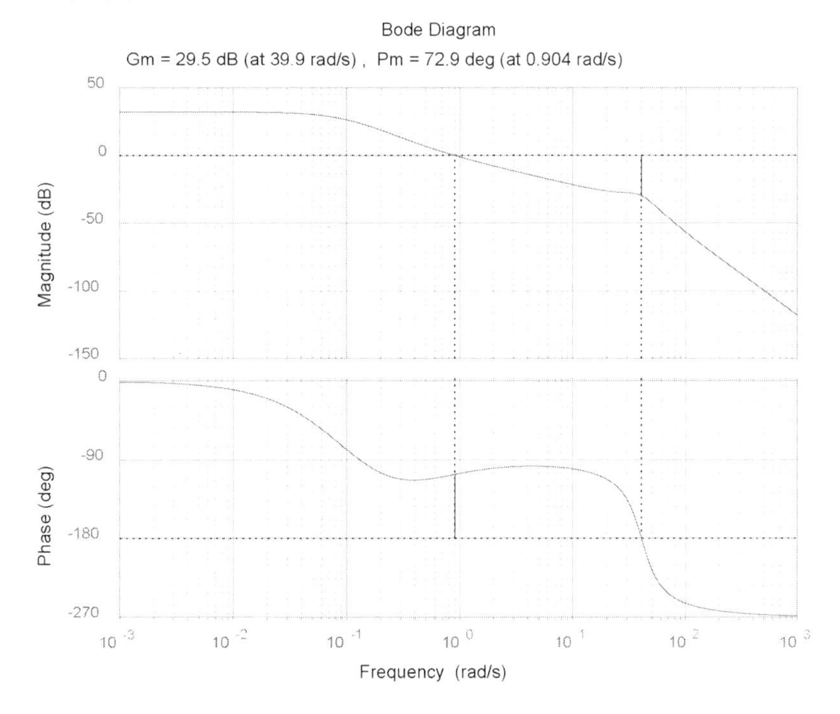

图 5.40　例 5-19 的 Bode 图

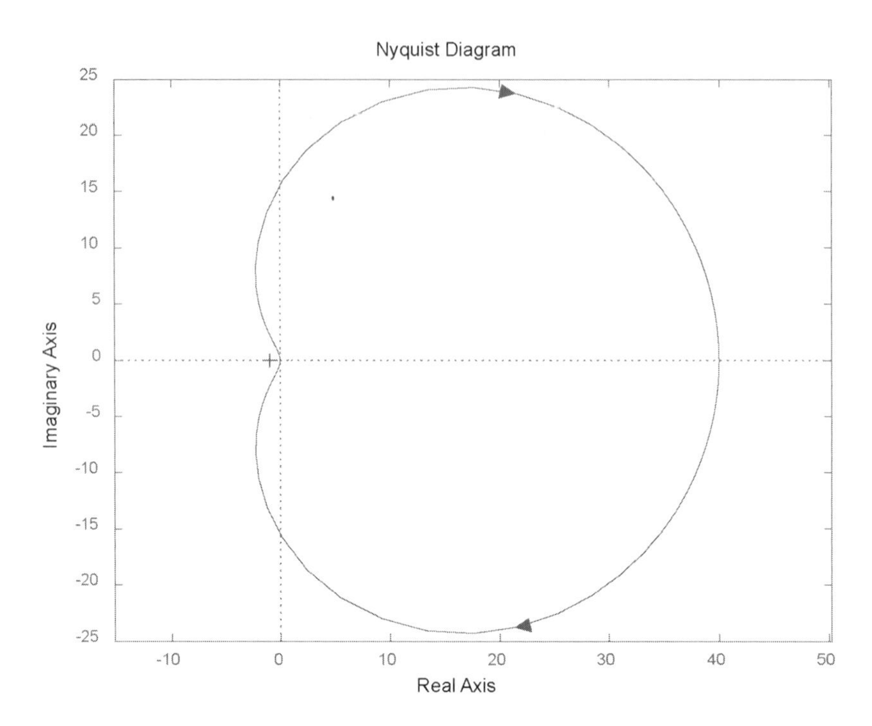

图 5.41　例 5-19 的 Nyquist 图

由于该系统在 s 平面的右半侧无开环极点，因此，开环幅相曲线不包围点(−1,j0)，可知该系统稳定。另外，由图 5.40 可知该系统的幅值裕量 $L(\omega_g)=29.5\text{dB}$，相角裕量 $\gamma=72.9^\circ$，幅值穿越频率 $\omega_c=0.904$（rad/s），相位穿越频率 $\omega_g=39.9$（rad/s）。由奈奎斯特判据可知，闭环系统稳定。

习　　题

5-1　设某一系统在单位阶跃输入信号作用下的输出信号为 $y(t)=1-1.8\mathrm{e}^{-4t}+0.8\mathrm{e}^{-9t}$，求该系统的频率特性函数。

5-2　某单位反馈控制系统的开环传递函数为 $G(s)=\dfrac{4}{s+1}$，当下列输入信号作用于该系统时，试求其稳态输出。

（1）$r(t)=\sin(t+30^\circ)$

（2）$r(t)=2\cos(2t+45^\circ)$

（3）$r(t)=\sin(t+30^\circ)-2\cos(2t-45^\circ)$

5-3　已知某单位反馈控制系统的开环传递函数为 $G(s)=\dfrac{K}{s(Ts+1)}$，在正弦信号 $r(t)=\sin 10t$ 输入作用下，该系统的稳态响应为 $y(t)=\sin(10t-45^\circ)$，试计算 K、T 的值。

5-4　某单位反馈控制系统的开环传递函数如下式所示，分别绘制 K=10 和 K=100 时的

系统对数幅频特性图和对数相频特性图。

$$G(s)=\frac{K}{s(s+1)(s+5)}$$

5-5　设某一反馈控制系统的开环传递函数如下式所示，试绘制该系统的极坐标图，并用柰奎斯特判据分析其稳定性。

$$G(s)=\frac{5}{s(2s+1)(s+1)}$$

5-6　已知某一反馈控制系统的开环传递函数为 $G(s)=\dfrac{K}{s(s+1)(4s+1)}$，试绘制该系统的极坐标图，并求该系统达到临界稳定状态时的 K 值。

5-7　设某单位反馈控制系统的开环传递函数如下：

（1）$G(s)=\dfrac{as+1}{s^2}$，试确定使相位裕量等于 45° 的 a 值。

（2）$G(s)=\dfrac{K}{(0.01s+1)^3}$，试确定使相位裕量等于 45° 的 K 值。

（3）$G(s)=\dfrac{K}{s(s^2+s+100)}$，试确定使增益裕量等于 20dB 的 K 值。

5-8　设某单位反馈控制系统的开环传递函数为

$$G(s)=\frac{K}{s(0.1s+1)(s+1)}$$

（1）求该系统相位裕量为60°时的 K 值。

（2）求该系统增益裕量为 20dB 时的 K 值。

（3）计算谐振峰值 $M_{\mathrm{r}}=1.4$ 时的 K 值。

5-9　设某单位反馈控制系统的开环传递函数为 $G(s)=\dfrac{K}{s(Ts+1)}$，若要求该系统的幅值穿越频率 ω_{c} 提高 a 倍，而相位裕量 γ 保持不变，对 K、T 应如何取值？

5-10　设某单位反馈控制系统的开环传递函数为 $G(s)=\dfrac{10}{s(0.2s+1)(0.02s+1)}$，试绘制该系统的对数幅频特性图，并计算其相位裕量和增益裕量，分析该系统的稳定性。

5-11　设某一反馈控制系统的开环传递函数如下，试绘制该系统的对数幅频特性图和对数相频特性图。

$$G(s)=\frac{10(s-50)}{s(s+10)}=\frac{50(0.02s-1)}{s(0.1s+1)}$$

5-12　设某一反馈控制系统的框图和极坐标图分别如图 5.42（a）与图 5.42（b）所示，图中

$$G(s)=\frac{K(T_3s+1)}{(T_1s+1)(T_2s-1)},\qquad H(s)=T_2s-1\qquad（K、T 为给定正数）$$

试用奈奎斯特判据分析该系统的稳定性。

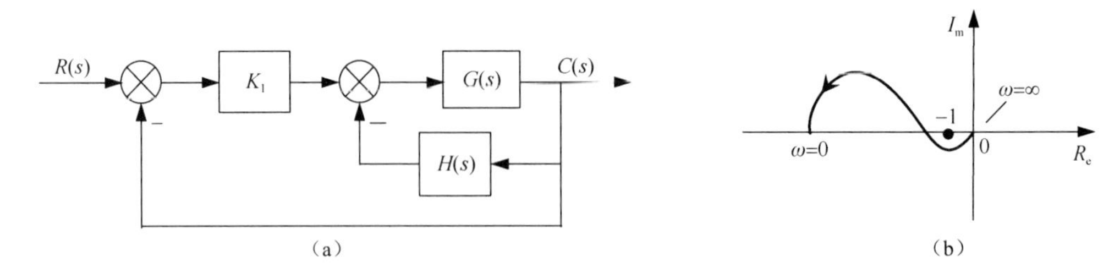

图 5.42　习题 5-12 图

5-13　图 5.43 所示为一个反馈控制系统的极坐标图，已知开环增益 K=500，开环极点在复平面虚轴右侧的个数 $P=0$，试确定使该系统稳定的 K 值范围。

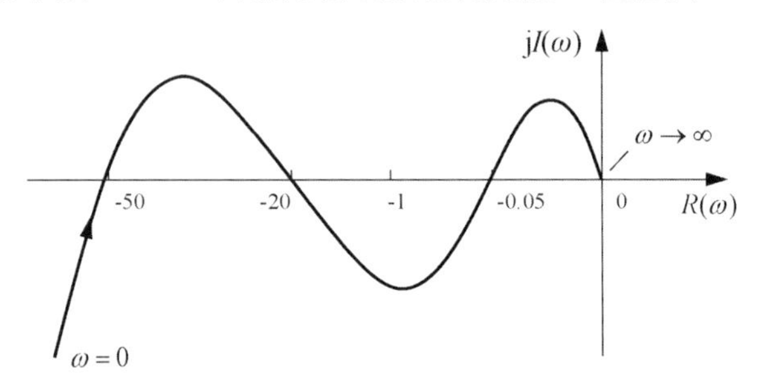

图 5.43　习题 5-13 图

5-14　某一随动控制系统的框图如图 5.44 所示，试用奈奎斯特判据分析该系统的稳定性。

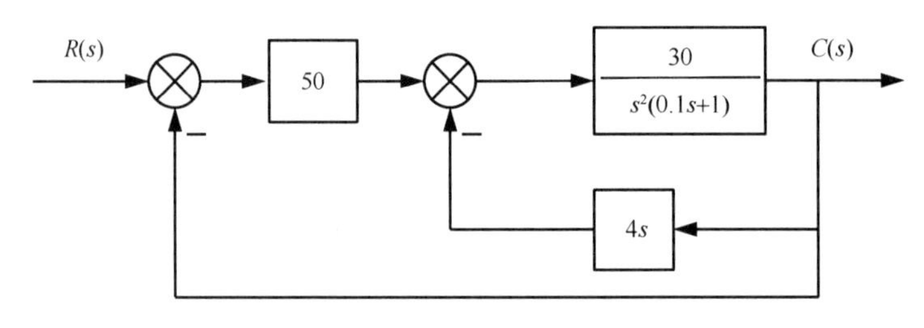

图 5.44　习题 5-14 图

5-15　试求如图 5.45 所示电路系统的频率特性函数，并绘制其极坐标图和对数频率特性图。

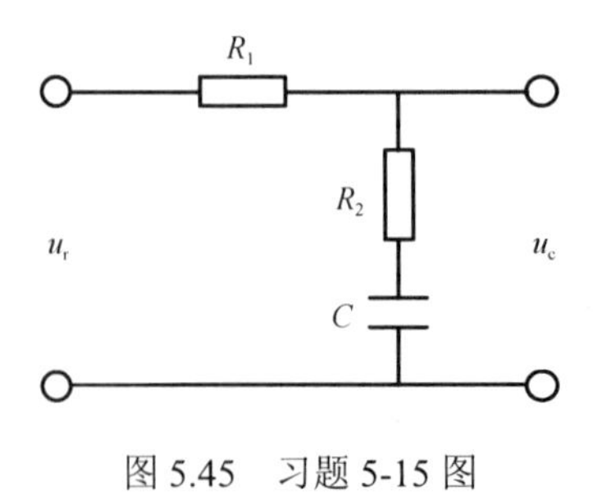

图 5.45　习题 5-15 图

5-16　某单位反馈控制系统的开环对数幅频特性渐近线图如图 5.46 所示，要求：

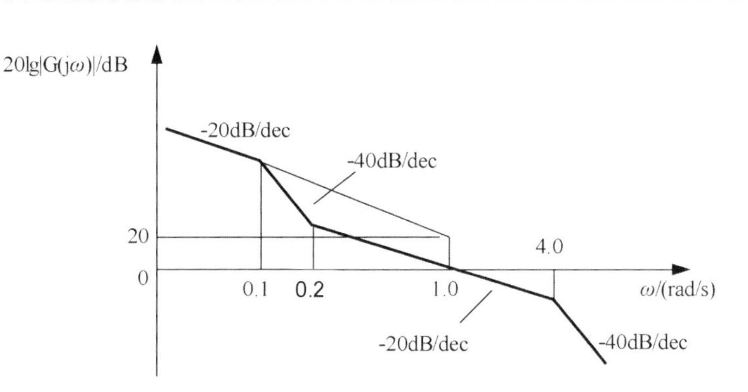

图 5.46　习题 5-16 图

（1）写出系统开环传递函数。

（2）试判断闭环系统的稳定性。

（3）将幅频特性图向右平移 10 倍频程并讨论平移对系统阶跃响应的影响。

5-17　某单位反馈控制系统的闭环对数幅频特性图如图 5.47 所示，试求其开环传递函数 $G(s)$。

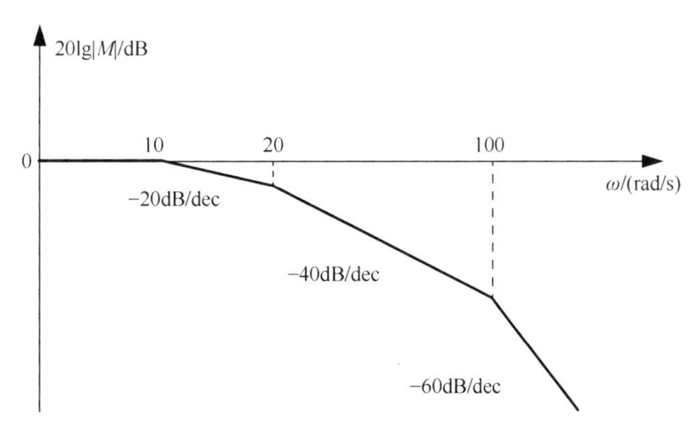

图 5.47　习题 5-17 图

5-18　某单位反馈控制系统的开环传递函数为

$$G(s)=\frac{16}{s^2(0.1s+1)}$$

在该系统前向通道串联一个传递函数为 $D(s)$ 的装置，串联 $D(s)$ 后的系统对数幅频特性图如图 5.48 所示，试求串联装置的传递函数 $D(s)$，并比较加入串联装置 $D(s)$ 前后该系统的相位裕量。

5-19　某一反馈控制系统前向通道的传递函数为

$$G(s)=\frac{5}{s(s-8)}$$

反馈通道的传递函数为 $H(s)=1+K_n s$ $(K_n>0)$。试确定该系统稳定时反馈参数 K_n 的临界值。

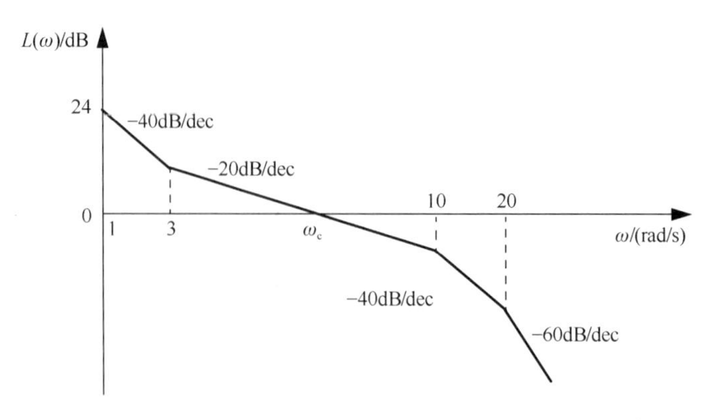

图 5.48　习题 5-18 图

5-20　已知两个反馈控制系统的开环传递函数分别为

$$G(s)=\frac{10(s+2)}{(s+1)(s+4)}\text{，}\quad G(s)=\frac{10(s+2)}{(s+1)(s+4)}\mathrm{e}^{-0.8s}$$

试用 MATLAB 绘制该系统的 Bode 图，并分析滞后环节 $\mathrm{e}^{-0.8s}$ 对系统频率特性造成的影响。

5-21　已知某一反馈控制系统的开环传递函数为

$$G(s)=\frac{3(5s+2)}{s(s^2+2s+2)(s+1)}$$

试用 MATLAB 绘制该系统的 Bode 图，并求该系统的增益裕量和相位裕量。

5-22　根据如下状态方程，用 MATLAB 绘制其 Nyquist 图。

$$\begin{cases}\dfrac{\mathrm{d}X}{\mathrm{d}t}=\begin{bmatrix}-6 & -23 & -34 & -26\\ 1 & 0 & 0 & 0\\ 0 & 1 & 0 & 0\\ 0 & 0 & 1 & 0\end{bmatrix}X+\begin{bmatrix}1\\0\\0\\0\end{bmatrix}u\\ y=\begin{bmatrix}0 & 0 & 2 & 0\end{bmatrix}X+2u\end{cases}$$

5-23　已知某一系统的状态方程如下，试用 MATLAB 绘制其 Bode 图。

$$\begin{cases}\dfrac{\mathrm{d}X}{\mathrm{d}t}=\begin{bmatrix}-10 & -31 & -30\\ 1 & 0 & 0\\ 0 & 1 & 0\end{bmatrix}X+\begin{bmatrix}1\\0\\0\end{bmatrix}u\\ y=\begin{bmatrix}0 & 2 & 2\end{bmatrix}X+2u\end{cases}$$

5-24　设某一系统的框图如图 5.49 所示，要求在保持稳定裕量不变的情况下，将该系统的频宽扩展到原来的 10 倍，试确定此时参数 K 和 T 的变化并说明理由。

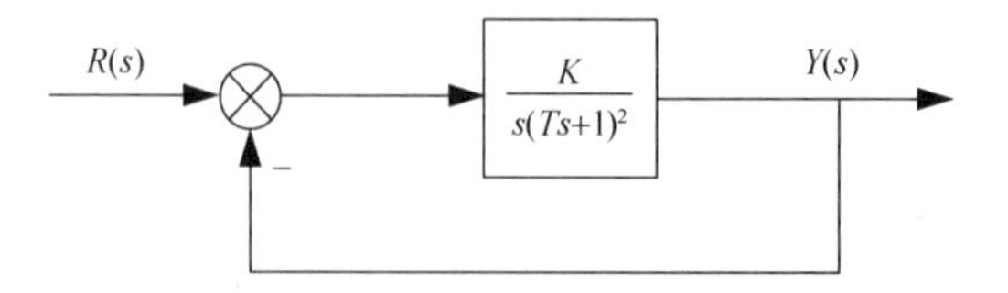

图 5.49　习题 5-24 图

第 6 章　控制系统的设计

理解零点和极点位置分布对控制系统性能的影响，以及控制系统校正的物理实质，能够根据控制系统的性能要求选择合适的校正方法（包括超前校正、滞后校正、滞后-超前校正、PID 控制等）进行校正设计和参数计算，能够根据控制系统响应进行 PID 控制器设计及其参数整定；理解状态反馈控制的基本原理，能够利用极点配置方法设计状态反馈控制系统，能够用 MATLAB 对控制系统进行校正设计或极点配置。

6.1　控制系统设计的基本问题

6.1.1　系统的校正

前面讨论的时域分析方法、根轨迹分析方法、频域分析方法是分析控制系统性能的基本方法，这些分析方法是控制工程的理论基础。在学习这些分析方法过程中可知，当一个控制系统的结构及其参数确定时，其性能是确定的。例如，图 6.1 所示的反馈控制系统的性能取决于该系统的结构参数，即取决于函数 $G(s)H(s)$。

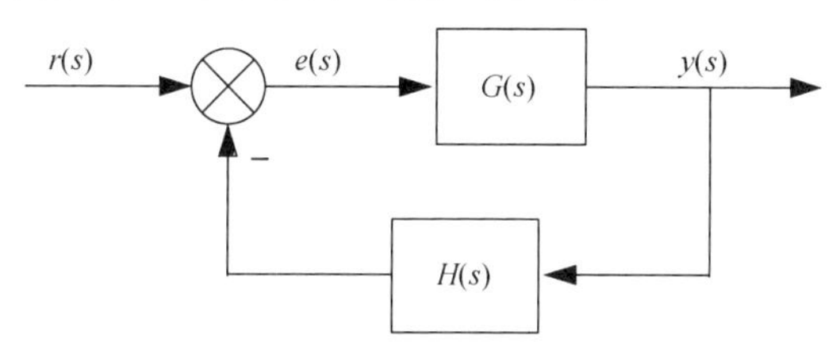

图 6.1　反馈控制系统

通过分析，若发现控制系统的性能不满足要求时，就需要对其性能进行校正，使之完全满足要求。由于控制系统的性能取决于系统的结构参数，即取决于系统传递函数零点和极点的分布位置，因此，校正控制系统的基本思想就是采用某种方法改变其结构参数，即改变控制系统的零点和极点的分布位置，使其性能完全满足要求。一般地，校正控制系统性能的方法有以下两种：

（1）改变原系统的结构参数，即改变图 6.1 中的函数 $G(s)H(s)$及其参数。很显然，函数 $G(s)H(s)$及其参数的改变，可使闭环控制系统的零点和极点发生改变。但是，这种改变控制系统零点和极点的方法，往往受系统结构参数可调性限制（甚至不可调），局限性很大，很

难将系统零点和极点移动到期望的位置上，因而也很难获得（任意）期望的性能。

（2）在原系统上附加（/添加）一个“新装置”，其传递函数为 $D(s)$，构成“新”的系统。引入“新装置”的作用就是对原系统结构参数进行修改，使“新”的系统具有期望的性能。这种方法不受原系统的结构参数可调性限制，通过对附加装置的恰当设计较易获得期望的性能。这个附加装置的作用就是对原系统性能的校正或控制，故又称为校正装置或控制器。

控制系统的性能主要包括稳态性能和动态性能。表示稳态性能的主要指标是控制系统的稳态误差，其大小反映稳态控制精度。动态性能的指标表征控制系统的动态响应品质，分为时域动态性能指标和频域动态性能指标。时域动态性能指标主要有超调量、上升时间、峰值时间、调节时间等；频域动态性能指标主要有相位裕量、增益裕量、幅值穿越频率、带宽、谐振峰值和谐振频率等。控制系统的这些性能指标与系统结构参数密切相关，这些性能指标与系统零点和极点的分布位置相对应。

因此，设计满足性能要求的控制系统，就是在原系统结构和控制要求的基础上，如何求解和实现校正装置的问题。首先，计算分析原系统性能在哪些方面不满足要求，依此确定控制系统的设计方案或控制方案，即确定校正装置（或控制器）在系统中的位置和连接方式，以及其传递函数 $D(s)$的形式等。其次，根据性能指标要求，应用相关分析方法求解校正装置传递函数 $D(s)$的具体表达式，这个“具体表达式”在数学上就是校正或改善原系统性能的一种控制算法。这个求解过程实际上是系统分析的逆问题，就是利用控制系统的分析方法，计算求解引入校正装置后控制系统的应有结构参数。最后，根据计算得到的校正装置传递函数的具体表达式，采用电气的、机械的、液动的装置或计算机装置给予工程实现，即将获得的校正装置传递函数用工程方法转化为实际的物理装置，形成或实现满足各项性能要求的工程控制系统。随着计算机技术的发展，用计算机作为控制器已成为控制工程发展的主流模式。

校正装置在控制系统中的位置和连接方式一般有串联校正、反馈校正和前馈校正等。串联校正如图 6.2（a）所示，校正装置 $D(s)$ 与控制对象 $G(s)$ 是串联关系，这种校正方式称为串联校正。将校正装置 $D(s)$ 设置在控制系统的（局部）反馈通道中，这种校正方式称为反馈校正（也称为并联校正），如图 6.2（b）所示。串联校正和并联校正是控制系统最基本的校正方法。如果控制系统中既设置串联校正，如图 6.3 中的 $D_1(s)$，又设置反馈校正，如图 6.3 中的 $D_2(s)$，这种校正方式称为混合校正。混合校正主要用于控制系统性能要求较高的场合。前馈校正也称为顺馈校正，它是在控制系统主反馈回路之外采用的校正方式，如图 6.4 所示。前馈校正通常用于补偿控制系统的误差。此外，选择控制系统内部的状态变量 $\boldsymbol{X} \in \mathbf{R}^n$ 作为反馈校正信号，这种校正方式称为状态反馈控制，如图 6.5 所示。

串联校正一般能满足控制系统的性能要求，在控制工程中应用最多。反馈校正一般用于改善控制系统的鲁棒性，前馈校正主要用于改善控制系统的控制精度，状态反馈可以任意改善控制系统的动态响应性能。

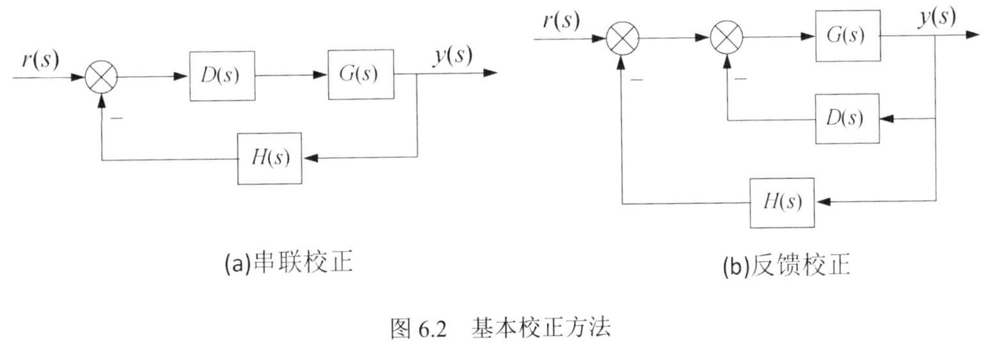

图 6.2　基本校正方法

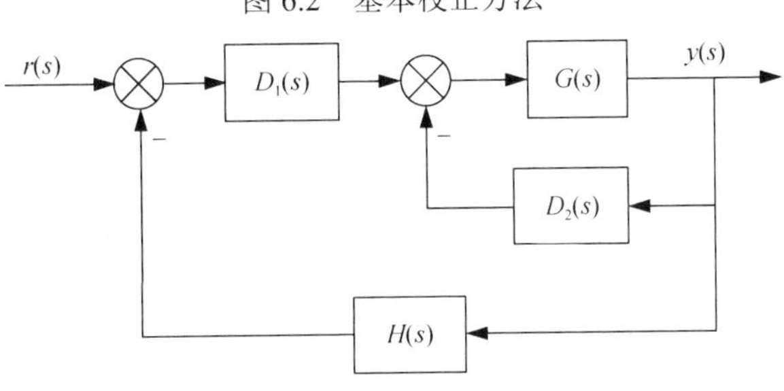

图 6.3　混合校正方法

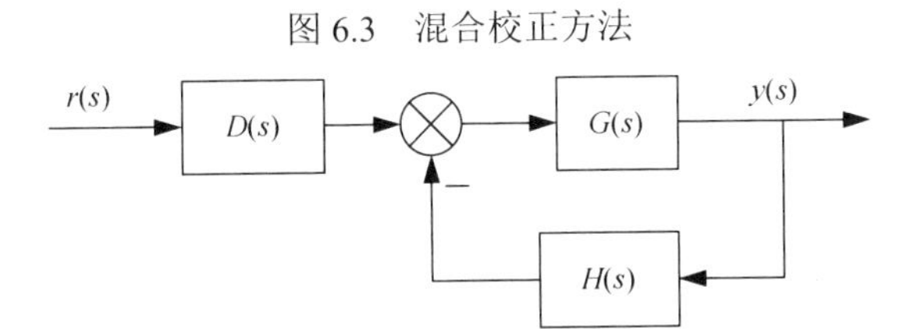

图 6.4　前馈校正

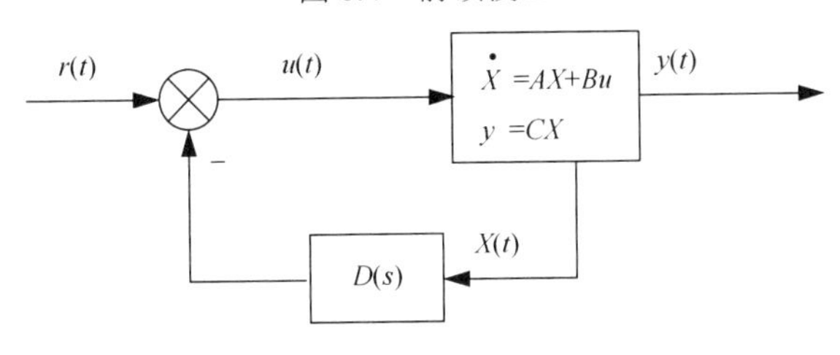

图 6.5　状态反馈控制

应当指出的是，在制订控制系统设计方案时，通常需要结合工程实际情况，如工程系统类型（如电气系统、机电系统等）、控制条件及工况环境等，提出多种可行性设计方案，从技术、经济和可靠性等方面进行全面的分析比较，以获得最佳的设计方案，而后进行控制系统的具体设计。

6.1.2　串联校正装置的一般结构

设计控制系统的关键是根据其性能指标，以及原系统传递函数模型，采用相关分析方法求解校正装置的数学模型。然后，把校正装置的数学模型用工程化方法转化为实际可应用的装置。

1. 校正装置的数学模型

图 6.6 所示为串联校正装置框图，图中的 $r(s)$、$y(s)$分别是控制系统的给定输入信号和响应输出信号，$u(s)$和 $c(s)$分别是校正装置 $D(s)$的输入信号和输出信号。

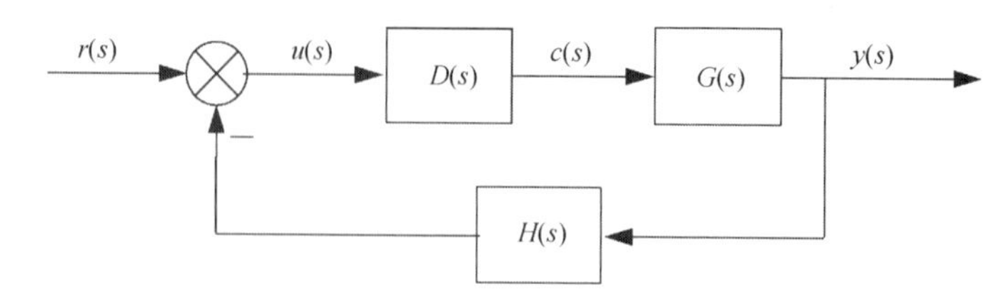

图 6.6 串联校正装置框图

在实际控制工程中，串联校正装置的一般数学模型为

$$D(s)=\frac{c(s)}{u(s)}=K\frac{T_2 s+1}{T_1 s+1} \tag{6-1}$$

或

$$D(s)=\frac{c(s)}{u(s)}=K\frac{T_2 s+1}{T_1 s+1}\cdot\frac{T_3 s+1}{T_4 s+1} \tag{6-2}$$

式中，K 为校正装置的增益，T_i（$i=1,2,3,4$）为校正装置的时间常数。

对照图 6.6 所示校正装置的连接方式，引入式（6-1）和式（6-2）所示的校正装置，就表示在复平面上引入了新的开环零点和开环极点，从而改变控制系统的根轨迹；从频率域看，也表示引入了新的转折频率，从而可使控制系统的频率特性图（极坐标图或对数频率特性图）发生改变。

式（6-1）对应的幅频特性函数和相频特性函数分别为

$$\begin{aligned}|D(\mathrm{j}\omega)|&=K\frac{\sqrt{1+(T_2\omega)^2}}{\sqrt{1+(T_1\omega)^2}}\\ \varphi(\omega)&=\tan^{-1}(T_2\omega)-\tan^{-1}(T_1\omega)\end{aligned} \tag{6-3}$$

显然，当 $T_1>T_2$ 时，$\varphi(\omega)<0$，表明此时校正装置的输出信号 $c(s)$的相位滞后输入信号 $u(s)$的相位，因此这种情况下的校正装置称为滞后校正装置；当 $T_1<T_2$ 时，$\varphi(\omega)>0$，表明此时校正装置的输出信号 $c(s)$的相位超前输入量 $u(s)$的相位，因此这种情况下的校正装置称为超前校正装置。

式（6-2）对应的幅频特性函数和相频特性函数分别为

$$\begin{aligned}|D(\mathrm{j}\omega)|&=K\frac{\sqrt{1+(T_2\omega)^2}\sqrt{1+(T_3\omega)^2}}{\sqrt{1+(T_1\omega)^2}\sqrt{1+(T_4\omega)^2}}\\ \varphi(\omega)&=\tan^{-1}(T_2\omega)-\tan^{-1}(T_1\omega)+\tan^{-1}(T_3\omega)-\tan^{-1}(T_4\omega)=\varphi_1(\omega)+\varphi_2(\omega)\end{aligned} \tag{6-4}$$

式中，$\varphi_1(\omega)=\tan^{-1}(T_2\omega)-\tan^{-1}(T_1\omega)$，$\varphi_2(\omega)=\tan^{-1}(T_3\omega)-\tan^{-1}(T_4\omega)$。

当 $T_1>T_2$ 时，$\varphi_1(\omega)<0$；当 $T_3>T_4$ 时，$\varphi_2(\omega)>0$，这种情况下的校正装置称为滞后-超前校正装置。在实际控制系统的校正设计中，滞后校正装置往往布置于带宽的低频段，

超前校正装置一般布置于带宽的中频段，此时式（6-2）中的 4 个时间常数关系满足 $T_1 > T_2 > T_3 > T_4$。

实际上，校正装置的输出信号是通过输入信号的传递函数计算得到的。从这个角度来说，校正装置的传递函数就是一种实现校正作用的控制算法。

设计串联校正装置就是根据期望的控制系统性能指标，分析求解校正装置传递函数中的增益和时间常数。经典的分析计算方法是根轨迹分析方法和频域分析方法。

针对复平面设计时，对控制系统的传递函数一般采用零点-极点形式；针对频率域设计时，对控制系统的传递函数一般采用时间常数形式，使设计较简便。

2. 校正装置的物理模型

根据实际控制系统的类型及控制条件，其校正装置的数学模型可以用相应的电气装置和机械（含液压、气压）装置来实现。

图 6.7 为校正装置的电气系统物理模型。对图 6.7（a）所示的无源电气装置，可建立其输入信号 $u(t)$与输出信号 $c(t)$之间的传递函数，即

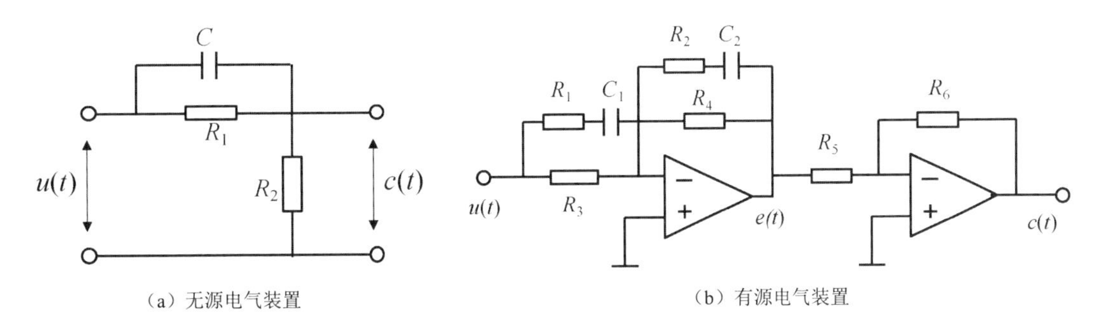

图 6.7　校正装置的电气系统物理模型

$$D(s) = \frac{c(s)}{u(s)} = k\frac{Ts+1}{kTs+1} \qquad (6\text{-}5)$$

式中，

$$k = \frac{R_2}{R_1 + R_2} < 1, \quad T = R_1 C$$

$k<1$，表明图 6.7（a）所示无源电气装置可以实现超前校正。同样，对图 6.7（b）所示的有源电气装置，可建立其传递函数，即

$$\begin{aligned} D(s) &= \frac{c(s)}{u(s)} \\ &= k\frac{(\tau_1 s+1)(\tau_2 s+1)}{(\beta\tau_1 s+1)(\frac{\tau_2}{\alpha}s+1)} \\ &= k\frac{(T_2 s+1)(T_3 s+1)}{(T_1 s+1)(T_4 s+1)} \end{aligned} \qquad (6\text{-}6)$$

式中， $k=\dfrac{R_4R_6}{R_3R_5}$， $\tau_1=R_2C_2$， $\tau_2=(R_1+R_3)C_1$， $\beta=\dfrac{R_2+R_4}{R_2}$， $\alpha=\dfrac{R_1+R_3}{R_1}$， $T_1=\beta\tau_1=(R_2+R_4)C_2$， $T_2=\tau_1=R_2C_2$， $T_3=\tau_2=(R_1+R_3)C_1$， $T_4=\dfrac{\tau_2}{\alpha}=R_1C_1$，一般情况下 $\alpha=\beta$。可知， $T_1>T_2$ 和 $T_3>T_4$，表明图 6.7（b）所示的有源电气装置可以实现滞后-超前校正。适当选取图 6.7（b）所示的无源电气装置中的电阻值和电容值，可以做到 $T_1>T_2>T_3>T_4$，从而可实现在控制系统的不同频段布置滞后、超前校正装置。

图 6.8 所示为一个机械装置的物理模型，其中的 k_1 和 k_2 是弹簧刚度系数，f 是线性阻尼系数，它们都是该机械装置的结构系数；$u(t)$和 $c(t)$分别表示该机械装置的输入位移信号和输出位移信号，则其传递函数为

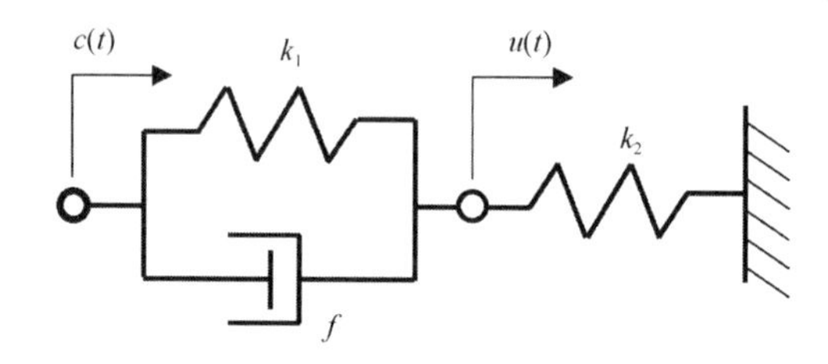

图 6.8　机械装置的物理模型

$$D(s)=\frac{c(s)}{u(s)}=\frac{fs+(k_1+k_2)}{fs+k_1}=K\frac{T_2s+1}{T_1s+1} \tag{6-7}$$

式中，

$$K=\frac{k_1+k_1}{k_1}>1\,,\quad T_1=\frac{f}{k_1}\,,\quad T_2=\frac{f}{k_1+k_2}$$

显然，对于该机械装置的结构参数的数值，总有 $T_1>T_2$，表明该机械装置是一个相位滞后装置，可以用作控制系统的滞后校正装置。若把 $c(t)$作为该机械装置的输入位移信号，把 $u(t)$作为该机械装置的输出位移信号，则其传递函数为式（6-7）的倒数。此时，该机械装置是一个相位超前装置，可用来实现控制系统的超前校正。

串联校正装置一般置于控制系统的低能量端，即尽可能靠近控制系统的输入侧，以减少功率损耗。现在，控制系统的校正装置及其功能多由计算机来承担，构成计算机控制系统。

6.2　串联校正装置的设计

6.2.1　串联超前校正装置的设计

当控制系统的动态响应性能不满足要求时，一般采用串联超前校正的方法，即在反馈控制系统的前向通道中串联一个超前校正装置，以改善控制系统的动态性能。

一般地，超前校正装置的传递函数为

$$D(s)=\frac{c(s)}{u(s)}=\frac{K(T_2s+1)}{T_1s+1}=\frac{K(\alpha T_1s+1)}{T_1s+1} \tag{6-8a}$$

或者

$$D(s)=\frac{c(s)}{u(s)}=\frac{K_0\left(s+\dfrac{1}{T_2}\right)}{s+\dfrac{1}{T_1}}=\frac{K_0\left(s+\dfrac{1}{\alpha T_1}\right)}{s+\dfrac{1}{T_1}} \tag{6-8b}$$

式中，$c(s)$ 和 $u(s)$ 分别是校正装置的输入信号和输出信号；K 为增益，$K_0=\alpha K$；$T_1<T_2$，$\alpha>1$。

根据式（6-8）可知，超前校正装置的对数频率特性图如图 6.9 所示。可以看出，当频率为 $1/\alpha T_1$～$1/T_1$ 时，超前校正装置明显有相位超前现象，表明此时超前校正装置的输出信号的相位明显超前于输入信号的相位。

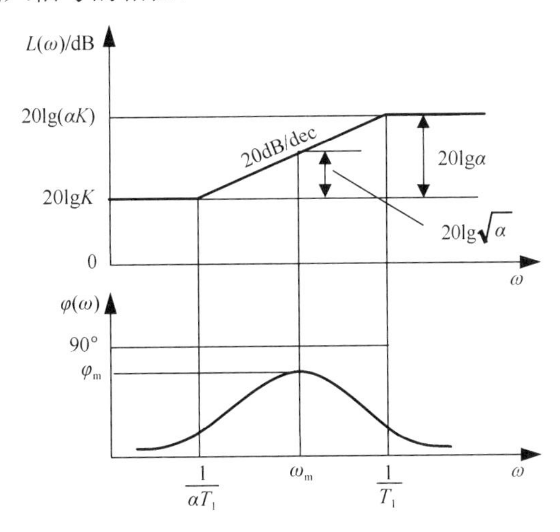

图 6.9　超前校正装置的对数频率特性图

由式（6-8）可得超前校正装置的幅频特性函数和相频特性函数：

$$|D(\omega)|=\frac{K\sqrt{1+(\alpha T_1\omega)^2}}{\sqrt{1+(T_1\omega)^2}}$$

$$\varphi(\omega)=\tan^{-1}\alpha T_1\omega-\tan^{-1}T_1\omega$$

对相频特性函数，用三角函数的两角和公式计算，解得

$$\varphi(\omega)=\tan^{-1}\frac{(\alpha-1)T_1\omega}{1+\alpha T_1^2\omega^2} \tag{6-9}$$

对上式求导并令其等于零，得到产生最大超前角的频率，即

$$\omega_{\mathrm{m}}=\frac{1}{T_1\sqrt{\alpha}} \tag{6-10}$$

在图 6.9 中，频率 $1/\alpha T_1$ 和频率 $1/T_1$ 的几何中心是

$$\lg\omega_{\mathrm{m}}=\frac{1}{2}\left(\lg\frac{1}{\alpha T_1}+\lg\frac{1}{T_1}\right)=\lg\frac{1}{T_1\sqrt{\alpha}}$$

表明 $\lg\omega_{\mathrm{m}}$ 是 $\lg\dfrac{1}{\alpha T_1}$ 和 $\lg\dfrac{1}{T_1}$ 的代数平均值。

将式（6-10）代入式（6-9），得到最大超前角，即

$$\varphi_{\mathrm{m}}=\tan^{-1}\frac{(\alpha-1)T_1\dfrac{1}{T_1\sqrt{\alpha}}}{1+\alpha T_1^2\dfrac{1}{T_1^2\alpha}}=\tan^{-1}\frac{\alpha-1}{2\sqrt{\alpha}}$$

根据直角三角形的边角关系，解得

$$\varphi_{\mathrm{m}}=\sin^{-1}\frac{\alpha-1}{\alpha+1}\qquad 或 \qquad \alpha=\frac{1+\sin\varphi_{\mathrm{m}}}{1-\sin\varphi_{\mathrm{m}}}\tag{6-11}$$

将式（6-10）代入相位超前装置的幅频特性函数，计算得到

$$|D(\omega_{\mathrm{m}})|=K\sqrt{\alpha}\tag{6-12a}$$

或者

$$20\lg|D(\omega_{\mathrm{m}})|=20\lg\sqrt{\alpha}+20\lg K\tag{6-12b}$$

显然，校正后控制系统的开环传递函数为 $D(s)G(s)$，即校正后控制系统的幅值穿越频率 ω_{c} 满足

$$|D(\omega_{\mathrm{c}})G(\omega_{\mathrm{c}})|=1\qquad 或 \qquad |G(\omega_{\mathrm{c}})|=|D(\omega_{\mathrm{c}})|^{-1}\tag{6-13}$$

超前校正装置的工作频段一般位于控制系统的中频段，目的是改善控制系统的动态响应特性。在工程设计中，一般取超前校正装置的最大超前角 φ_{m} 对应的频率 ω_{m} 为校正后控制系统的幅值穿越频率 ω_{c}，即 $\omega_{\mathrm{m}}=\omega_{\mathrm{c}}$，则由式（6-12）和式（6-13）可得

$$|G(\omega_{\mathrm{m}})|=\frac{1}{K\sqrt{\alpha}}\tag{6-14}$$

进一步分析，若超前校正装置中的 $T_1\ll T_2$ 或认为 $T_1\ll 1$，则式（6-8）可近似表示为

$$D(s)=\frac{c(s)}{u(s)}=KT_2s+K$$

令 $K_{\mathrm{P}}=K$，$K_{\mathrm{D}}=KT_2$，则

$$D(s)=\frac{c(s)}{u(s)}=K_{\mathrm{D}}s+K_{\mathrm{P}}$$

对上式进行拉氏逆变换，得到

$$c(t)=K_{\mathrm{P}}u(t)+K_{\mathrm{D}}\frac{\mathrm{d}u(t)}{\mathrm{d}t}\tag{6-15}$$

式（6-15）就是典型的比例-微分控制算法，简称 PD 控制（Proportional and Derivative Control），它的输出信号 $c(t)$ 是对输入信号 $u(t)$ 进行比例和微分运算之后的代数和，可以近似地认为相位超前校正装置的作用是对输入信号的比例-微分运算。或者说，PD 控制具有相位超前校正的作用。

在实际工程应用中，超前校正一般用于改善控制系统的动态响应特性，设计超前校正装置的关键是确定其参数 T_1 和 α（或 T_1 和 T_2）。在复平面上进行设计时，一般先将要求的控制系统动态时域性能指标转化为控制系统期望的主导极点或主导极点区域，校正后控制系统根轨迹应该通过该期望主导极点或区域，因此，可根据根轨迹的幅值条件和相角条件，布置校正装置应具有的零点 $-\dfrac{1}{\alpha T_1}$ 和极点 $-\dfrac{1}{T_1}$，从而设计参数 T_1 和 β；在频率域上进行设计时，一般是根据控制系统要求的频域性能指标，通过在频域恰当布置超前校正装置的转折频率 $\dfrac{1}{\alpha T_1}$ 和 $\dfrac{1}{T_1}$，使校正后的控制系统频率特性满足要求的频域性能指标，从而获得设计参数 T_1 和 α。实际设计中，常常是依据校正前后的相位裕量之差 $\Delta\gamma$，按照 $\varphi_{\mathrm{m}} = \Delta\gamma + (5^\circ \sim 20^\circ)$ 选取超前校正装置的最大超前角 φ_{m}，并由式（6-14）计算 φ_{m} 对应的频率 ω_{m}，再取校正后的系统幅值穿越频率 ω_{c} 为 ω_{m}（即 $\omega_{\mathrm{m}} = \omega_{\mathrm{c}}$），从而可确定出满足要求的参数 T_1 和 β。这里，$\varphi_{\mathrm{m}} = \Delta\gamma + (5^\circ \sim 20^\circ)$ 中的 $5^\circ \sim 20^\circ$ 的作用是补偿因超前校正使控制系统的幅值穿越频率增大而给原系统带来的相位滞后量，具体取 $5^\circ \sim 20^\circ$ 中的哪个数值，取决于设计者具备的工程设计经验。

【例 6-1】 设某单位反馈控制系统的开环传递函数为

$$G(s) = \frac{10}{s(0.5s+1)}$$

采用串联校正进行控制系统的性能校正，要求校正后控制系统的静态速度误差系数 $K_{\mathrm{v}} = 20\,(1/\mathrm{s})$、相位裕量 $\gamma \geqslant 45^\circ$，试设计串联超前校正装置。

解： 校正前，该系统的开环频率特性函数为

$$|G(\omega)| = \frac{10}{\omega\sqrt{1+0.25\omega^2}}$$

$$\varphi(\omega) = -90^\circ - \tan^{-1}\frac{\omega}{2}$$

根据系统静态速度误差系数的定义可知 $K_{\mathrm{v}} = \lim\limits_{s\to 0} sG(s) = 10 < 20$，表明校正前的该系统静态速度误差系数不满足要求；令 $|G(\omega_{\mathrm{c}})| = 1$，计算得到校正前系统的幅值穿越频率 $\omega_{\mathrm{c}} = 4.25$，由 $\gamma = 180^\circ + \varphi(\omega_{\mathrm{c}})$ 计算得到该系统的相位裕量 $\gamma = 25^\circ < 45^\circ$，该值也不满足要求。为此，设串联校正装置的传递函数为

$$D(s) = \frac{K(\alpha T_1 s + 1)}{T_1 s + 1}$$

则校正后的系统开环传递函数为

$$D(s)G(s) = \frac{10K(\alpha T_1 s + 1)}{s(0.5s+1)(T_1 s + 1)}$$

按已知要求的系统静态速度误差系数，计算 $K_{\mathrm{v}} = \lim\limits_{s\to 0} sD(s)G(s) = 10K = 20$，解得

$$K = 2$$

根据已知条件，校正前的系统相位裕量与要求的相位裕量至少相差 $\Delta\gamma = 45^\circ - 25^\circ = 20^\circ$，

表明校正装置引入的超前相位角至少不应小于20°。在实际设计中，按照$\varphi_{\mathrm{m}} = \Delta\gamma + (5^\circ \sim 20^\circ)$，设校正装置的最大超前角为$\varphi_{\mathrm{m}} = 35^\circ$，则由式（6-11）计算得到

$$\alpha = \frac{1+\sin\varphi_{\mathrm{m}}}{1-\sin\varphi_{\mathrm{m}}} = 3.7$$

将计算得到的$K=2$，$\alpha = 3.7$代入式（6-12），得到$|D(\omega_{\mathrm{m}})| = K\sqrt{\alpha} = 3.85$。对于校正前的系统开环频率特性函数，将计算得到的$K\sqrt{\alpha} = 3.85$代入式（6-14），解得

$$|G(\omega_{\mathrm{m}})| = \frac{10}{\omega_{\mathrm{m}}\sqrt{1+0.25\omega_{\mathrm{m}}^2}} = 3.85^{-1} = 0.26$$

计算得到$\omega_{\mathrm{m}} = 8.66$，再根据式（6-10）计算得到

$$T_1 = \frac{1}{\omega_{\mathrm{m}}\sqrt{\alpha}} = 0.06$$

那么，设计的超前校正装置的传递函数为

$$D(s) = \frac{K(\alpha T_1 s+1)}{T_1 s+1} = \frac{2(0.222s+1)}{0.06s+1}$$

至此，设计工作还未完成，还需对校正装置是否达到性能指标要求进行验证。引入校正装置后，系统的开环传递函数为

$$D(s)G(s) = \frac{2(0.222s+1)}{0.06s+1}\frac{10}{s(0.5s+1)} = \frac{20(0.222s+1)}{s(0.5s+1)(0.06s+1)}$$

对应的频率特性函数为

$$|D(\omega)G(\omega)| = \frac{20\sqrt{1+(0.222\omega)^2}}{\omega\sqrt{1+(0.5\omega)^2}\sqrt{1+(0.06\omega)^2}}$$

$$\varphi(\omega) = -90^\circ + \tan^{-1}(0.222\omega) - \tan^{-1}(0.5\omega) - \tan^{-1}(0.06\omega)$$

根据已知条件，验证校正后的系统静态速度误差系数$K_{\mathrm{v}} = \lim\limits_{s\to 0} sD(s)G(s) = 20$，满足要求。由$|D(\omega_{\mathrm{c}})G(\omega_{\mathrm{c}})| = 1$计算得到$\omega_{\mathrm{c}} = 8.66$（可用MATLAB中的函数命令roots求解，这正是由所选择的$\varphi_{\mathrm{m}} = 35^\circ$计算得到的$\omega_{\mathrm{m}}$），那么根据$\varphi(\omega_{\mathrm{c}}) = -90^\circ + \tan^{-1}(0.222\omega_{\mathrm{c}}) - \tan^{-1}(0.5\omega_{\mathrm{c}}) - \tan^{-1}(0.06\omega_{\mathrm{c}}) = -131.94^\circ$，可得校正后的系统相位裕量，即$\gamma = 180^\circ + \varphi(\omega_{\mathrm{c}}) = 48.06^\circ$，满足大于等于45°的要求。因此，设计的超前校正装置$D(s) = \dfrac{2(0.222s+1)}{0.06s+1}$完全满足控制系统性能指标的要求。

可进一步用系统阶跃响应和对应的对数频率特性图观察校正的效果，图6.10（a）和图6.10（b）所示是用MATLAB计算得到的校正前后系统的单位阶跃响应和对应的对数频率特性图。可见，与校正前系统的动态响应比较，校正后系统响应的超调量、调节时间都明显减小；系统校正后的对数频率特性图比校正前的对数频率特性图有明显的改善，幅值穿越频率得到提高，系统相位裕量增加不少，这些都表明校正对系统动态响应有显著的改善。

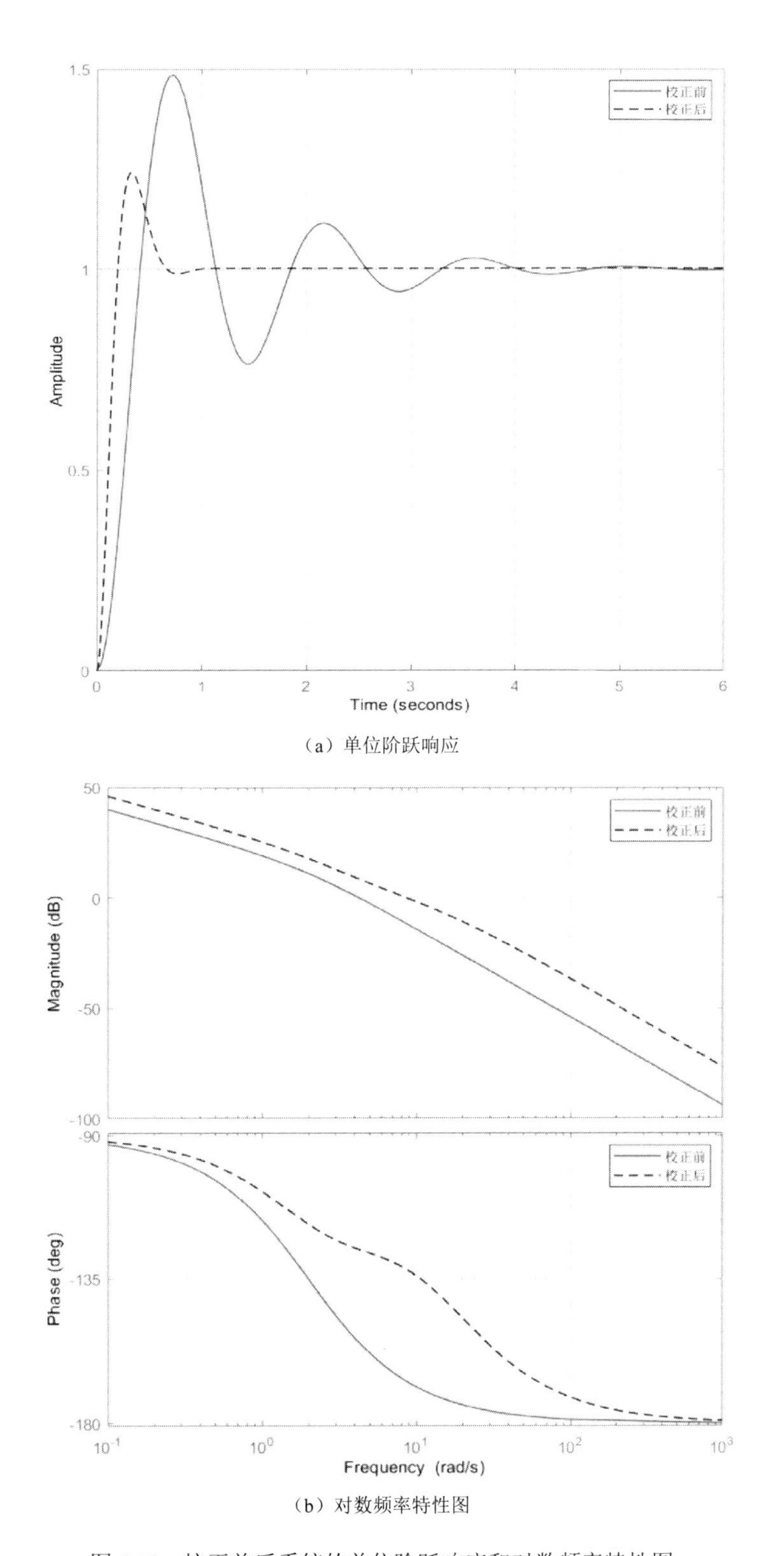

图 6.10　校正前后系统的单位阶跃响应和对数频率特性图

【例 6-2】设某单位反馈控制系统的开环传递函数为

$$G(s)=\frac{10}{s(0.071s+1)(0.2s+1)}$$

采用串联超前校正，要求校正后的系统静态速度误差系数 $K_v=10\ (1/s)$、最大超调量为 $M_p\leqslant 20\%$ 和调节时间为 $t_s\leqslant 0.9\ (s)$。试设计串联超前校正装置。

解：校正前该系统的开环传递函数的零点-极点形式为

$$G(s)=\frac{10}{s(0.071s+1)(0.2s+1)}=\frac{700}{s(s+14)(s+5)}$$

设超前校正装置的传递函数为

$$D(s)=K\frac{\alpha T_2 s+1}{T_2 s+1}=K_0\frac{s+\dfrac{1}{\alpha T_2}}{s+\dfrac{1}{T_2}},\quad \alpha>1,\quad K_0=\alpha K$$

那么，校正后的系统开环传递函数为

$$D(s)G(s)=\frac{700\alpha K}{s(s+14)(s+5)}\frac{s+\dfrac{1}{\alpha T_2}}{s+\dfrac{1}{T_2}}$$

由已知条件计算得到

$$K_v=\lim_{s\to 0}sD(s)G(s)=\frac{700\alpha K\dfrac{1}{\alpha T_2}}{14\times 5\times\dfrac{1}{T_2}}=10K=10$$

解得 $K=1$。

又因为已知最大超调量 $M_p\leqslant 20\%$ 和调节时间 $t_s\leqslant 0.9$，所以可根据欠阻尼系统单位阶跃响应的相关计算式得到校正后系统的阻尼比 $\zeta=0.456$ 和无阻尼固有频率 $\omega_n=9.75\ (1/s)$，从而可得校正后的系统期望主导极点，即

$$s_{1,2}=-\zeta\omega_n\pm j\omega_n\sqrt{1-\zeta^2}=-4.45\pm j8.68$$

校正后的系统根轨迹应通过复平面上的点 $s_{1,2}=-4.45\pm j8.68$，按照根轨迹的幅值条件，在点 $s_1=-4.45+j8.68$ 上满足

$$|D(s)G(s)|_{s=s_1}=|D(s)|_{s=s_1}\times|G(s)|_{s=s_1}=\left|\frac{s_1+\dfrac{1}{\alpha T_2}}{s_1+\dfrac{1}{T_2}}\right|\left|\frac{700\alpha K}{s_1(s_1+14)(s_1+5)}\right|=1$$

计算得到

$$\left|\frac{700\alpha K}{s_1(s_1+14)(s_1+5)}\right|=0.639\alpha$$

则

$$\left|\frac{s_1+\dfrac{1}{\alpha T_2}}{s_1+\dfrac{1}{T_2}}\right|\times 0.639\alpha=1 \qquad 或 \qquad \frac{\sqrt{\left(\dfrac{1}{\alpha T_2}-4.45\right)^2+(8.68)}}{\sqrt{\left(\dfrac{1}{T_2}-4.45\right)^2+(8.68)^2}}=\frac{1.565}{\alpha} \tag{a}$$

按照根轨迹的相角条件，在点 $s_1=-4.45+\mathrm{j}8.68$ 上校正后的系统根轨迹应满足

$$\angle D(s)G(s)|_{s=s_1}=\angle D(s_1)+\angle G(s_1)$$

$$=\angle\frac{s_1+\dfrac{1}{\alpha T_2}}{s_1+\dfrac{1}{T_2}}+\angle\frac{700\alpha K}{s_1(s_1+14)(s_1+5)}=-180^\circ$$

计算得到

$$\angle\frac{700\alpha K}{s_1(s_1+14)(s_1+5)}=-\left(180^\circ-\tan^{-1}\frac{8.68}{4.45}\right)-\tan^{-1}\frac{8.68}{14-4.45}-\tan^{-1}\frac{8.68}{5-4.45}$$

$$=-245.78^\circ$$

则

$$\angle\frac{s_1+\dfrac{1}{\alpha T_2}}{s_1+\dfrac{1}{T_2}}=65.78^\circ \qquad 或 \qquad \tan^{-1}\frac{8.68}{\dfrac{1}{\alpha T_2}-4.45}-\tan^{-1}\frac{8.68}{\dfrac{1}{T_2}-4.45}=65.78^\circ \tag{b}$$

联立式（a）和式（b）求解（可用 MATLAB 辅助求解），解得 $\alpha=6.88$ 和 $T_2=0.024$。

由此得到所设计的串联超前校正装置的传递函数，即

$$D(s)=K\frac{\alpha T_2 s+1}{T_2 s+1}=\frac{0.165s+1}{0.024s+1}=6.88\frac{s+6.06}{s+41.67}$$

校正后系统的特征方程为 $1+D(s)G(s)=0$，即

$$s^4+60.67s^3+861.73s^2+7732.9s+29165.7=0$$

求得的 4 个特征根（系统极点）为 $s_{1,2}=-4.45\pm\mathrm{j}8.68$，$s_3=-6.64$ 和 $s_4=-45$。显然，校正后的系统极点 s_3 与校正装置引入的开环零点 $z=-6.06$ 很接近，因而这个极点对系统动态响应特性的影响很小；极点 s_4 远离虚轴，对系统动态响应特性的影响也很小。因此，可以认为极点 $s_{1,2}$ 是校正后系统的闭环主导极点。

6.2.2　串联滞后校正装置的设计

滞后校正装置的传递函数一般可表示为

$$D(s)=\frac{c(s)}{u(s)}=\frac{K(T_2 s+1)}{T_1 s+1}=\frac{K(T_2 s+1)}{\alpha T_2 s+1} \tag{6-16a}$$

或

$$D(s)=\frac{c(s)}{u(s)}=\frac{K_0\left(s+\dfrac{1}{T_2}\right)}{s+\dfrac{1}{T_1}}=\frac{K_0\left(s+\dfrac{1}{T_2}\right)}{s+\dfrac{1}{\alpha T_2}} \tag{6-16b}$$

式中，$c(s)$ 和 $u(s)$ 分别是校正装置的输入信号和输出信号；K 为增益，$K_0 = \alpha K$；$T_1 > T_2$，$\alpha > 1$。

其幅频特性函数和相频特性函数为

$$|D(\omega)| = \frac{K\sqrt{1+(T_2\omega)^2}}{\sqrt{1+(\alpha T_2\omega)^2}}$$

$$\varphi(\omega) = \tan^{-1} T_2\omega - \tan^{-1}\alpha T_2\omega$$

由于 $\alpha > 1$，则 $\varphi(\omega) < 0$。滞后校正装置的对数频率特性图如图 6.11 所示，可以看出，滞后校正装置在频率为 $1/\alpha T_2 \sim 1/T_2$ 时输出信号的相位明显地滞后于输入信号的相位。

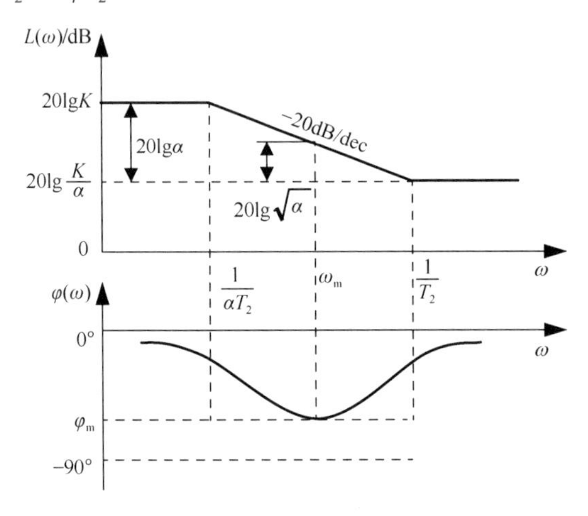

图 6.11　滞后校正装置的对数频率特性图

由其相频特性函数可计算得到

$$\varphi(\omega) = \tan^{-1}\frac{(1-\alpha)T_2\omega}{1+\alpha T_2^{\,2}\omega^2} \tag{6-17}$$

由 $\dfrac{\mathrm{d}\varphi(\omega)}{\mathrm{d}\omega} = 0$ 可解得产生最大滞后角的频率，即

$$\omega_{\mathrm{m}} = \frac{1}{T_2\sqrt{\alpha}} \tag{6-18}$$

将式（6-18）代入式（6-17）计算得到最大滞后角，即

$$\varphi_{\mathrm{m}} = \sin^{-1}\frac{1-\alpha}{1+\alpha} \quad 或 \quad \alpha == \frac{1-\sin\varphi_{\mathrm{m}}}{1+\sin\varphi_{\mathrm{m}}} \quad （\alpha > 1,\ \ \varphi_{\mathrm{m}} < 0） \tag{6-19}$$

对于式（6-16）表示的滞后校正传递函数，若时间常数存在以下关系：$T_1 >> T_2$ 或 $T_1 >> 1$（$\alpha >> 1$），此时式（6-16）可近似为

$$c(s) = \frac{K(T_2 s+1)}{\alpha T_2 s}u(s) = \frac{K}{\alpha}u(s) + \frac{K}{\alpha T_2}\frac{1}{s}u(s) = K_{\mathrm{P}}u(s) + K_{\mathrm{I}}\frac{1}{s}u(s)$$

式中，$K_{\mathrm{P}} = K/\alpha$ 和 $K_{\mathrm{I}} = K/\alpha T_2$。对上式进行拉氏逆变换，得到

$$c(t) = K_{\mathrm{P}}u(t) + K_{\mathrm{I}}\int_0^t u(t)\mathrm{d}t \tag{6-20}$$

式（6-20）就是典型的比例-积分控制，表明 PI 控制具有相位滞后校正的作用，或者说，滞后校正与 PI 控制的作用等效。

滞后校正由于具有幅值随频率的增加而衰减的特性，将其恰当地布置在待校正系统的中低频段，可使低频段上的系统幅值增大，以改善系统的稳态特性，同时又会使中频段上的系统幅值减小，从而降低其幅值穿越频率，增加其相位裕量，以改善系统的稳定性。在复平面上进行设计时，一般先将系统动态时域性能指标转化为系统期望的主导极点或主导极点区域，根据校正后的系统根轨迹在该期望主导极点（或区域）上应满足的根轨迹幅值条件和相角条件，布置或计算滞后校正装置的零点 $-\dfrac{1}{T_2}$ 和极点 $-\dfrac{1}{\alpha T_2}$，从而获得满足要求的设计参数 T_2 和 α。在频率域上进行设计时，一般根据系统要求的频域性能指标，通过在频率域恰当布置滞后校正装置的转折频率 $\dfrac{1}{\alpha T_2}$ 和 $\dfrac{1}{T_1}$，使校正后的系统频率特性满足频域性能指标要求，从而获得设计参数 T_1 和 β。在实际设计中，对原系统的 $G(s)$ 和滞后校正装置的增益 K，一般根据相位裕量 γ，按照 $\angle[KG(\omega_{\mathrm{c}})] = -180^\circ + \gamma + (5^\circ \sim 15^\circ)$ 计算得到校正后的系统幅值穿越频率 ω_{c}。这里，附加的 $5^\circ \sim 15^\circ$ 是为补偿滞后校正给系统带来的相位滞后。为使校正后的系统幅频特性在幅值穿越频率 ω_{c} 处的幅值为 1（或 0dB），令 $\alpha = |KG(\omega_{\mathrm{c}})|$（或 $-20\lg\alpha = -20\lg|KG(\omega_{\mathrm{c}})|$）和 $\dfrac{1}{T_2} = \dfrac{\omega_{\mathrm{c}}}{5 \sim 10}$，从而获得满足要求的设计参数 T_2 和 α。

【例 6-3】设某单位反馈控制系统的开环传递函数为

$$G(s) = \frac{4}{s(0.2s+1)(0.1s+1)}$$

采用滞后校正，校正后的系统性能指标要求如下：系统静态速度误差系数 $K_{\mathrm{v}} \geqslant 8\,(1/\mathrm{s})$，系统的相位裕量 $\gamma \geqslant 45^\circ$，增益裕量 $20\lg K_{\mathrm{g}} \geqslant 10\ \mathrm{dB}$。

解：校正前，系统静态速度误差系数为 $K_{\mathrm{v}} = \lim\limits_{s\to 0} sG(s) = 4 < 8$，表明该系统对应的稳态误差不满足要求。根据已知的开环传递函数 $G(s)$，计算得到其幅值穿越频率 $\omega_{\mathrm{c}} = 3.2$ 及其相位裕量 $\gamma = 39.5^\circ < 45^\circ$。

设滞后校正装置的传递函数为

$$D(s) = \frac{c(s)}{u(s)} = \frac{K(T_2 s+1)}{\alpha T_2 s+1} \qquad (\alpha > 1)$$

那么，串联校正后，系统的开环传递函数为

$$D(s)G(s) = \frac{4K(T_2 s+1)}{s(0.2s+1)(0.1s+1)(\alpha T_2 s+1)}$$

由已知的系统静态速度误差系数计算得到 $K_{\mathrm{v}} = \lim\limits_{s\to 0} sD(s)G(s) = 4K = 8$，解得

$$K = 2$$

由于增益 K 的引入，使未校正系统的幅频特性整体增强，此时仅考虑

$$KG(s) = \frac{4K}{s(0.2s+1)(0.1s+1)} = \frac{8}{s(0.2s+1)(0.1s+1)}$$

根据已知的$\gamma \geqslant 45^\circ$（令$\gamma = 45^\circ$），由$\angle[KG(\omega_c)] = -180^\circ + \gamma + (5^\circ \sim 15^\circ)$，即

$$-90^\circ - \tan^{-1}(0.2\omega_c) - \tan^{-1}(0.1\omega_c) = -180^\circ + 45^\circ + 12^\circ = -123^\circ$$

计算得到校正后的系统幅值穿越频率$\omega_c = 2$。此时

$$|KG(\omega_c)| = \frac{8}{\omega_c\sqrt{1+(0.2\omega_c^2)}\sqrt{1+(0.1\omega_c^2)}} = 3.6$$

校正后的系统幅频特性在$\omega_c = 2$处等于 1（或 0dB），这表明滞后校正装置在$\omega_c = 2$处应该产生 3.6 的幅值减少量或-11.13dB 的幅值衰减量。于是，令$\alpha = |KG(\omega_c)| = 3.6$，根据经验令$\frac{1}{T_2} = \frac{\omega_c}{5 \sim 10} = \frac{\omega_c}{5} = 0.4$，解得$T_2 = 2.5$。至此，设计的滞后校正装置为

$$D(s) = \frac{c(s)}{u(s)} = \frac{2(2.5s+1)}{9s+1}$$

那么，校正后的系统开环传递函数为

$$D(s)G(s) = \frac{8(2.5s+1)}{s(9s+1)(0.2s+1)(0.1s+1)}$$

用 MATLAB 验证上述计算结果，得到的系统幅值穿越频率和相位裕量分别为$\omega_c = 2$和$\gamma = 48.5^\circ$，系统的相位穿越频率和增益裕量分别为$\omega_g = 12$和$20\lg K_g = 14.32\,\text{dB}$，可知满足条件要求。

【例 6-4】设某单位反馈控制系统的开环传递函数为

$$G(s) = \frac{2.66}{s(s+1)(s+4)}$$

要求校正后该系统的静态速度误差系数$K_v \geqslant 5\,(1/\text{s})$、阻尼比$\zeta = 0.5$和无阻尼固有频率$\omega_n = 0.8\,(1/\text{s})$，试设计一个串联滞后校正装置。

解：设串联滞后校正装置的传递函数为

$$D(s) = K_1 \frac{s + \dfrac{1}{T_2}}{s + \dfrac{1}{\alpha T_2}}, \quad \alpha > 1$$

则校正后的系统开环传递函数为

$$D(s)G(s) = \frac{2.66K_1}{s(s+1)(s+4)} \frac{s + \dfrac{1}{T_2}}{s + \dfrac{1}{\alpha T_2}} = \frac{0.665\alpha K_1(T_2 s+1)}{s(s+1)(0.25s+1)(\alpha T_2 s+1)}$$

根据已知条件计算原系统的静态速度误差系数，解得

$$K_v = \lim_{s\to 0} sG(s) = 0.665 < 5$$

原系统的闭环极点$s_{1,2} = -0.4 \pm \text{j}0.69$和$s_3 = -4.2$，校正后系统的期望主导极点为

$$s_{d1,2} = -\zeta\omega_n \pm \text{j}\omega_n\sqrt{1-\zeta^2} = -0.4 \pm \text{j}0.7$$

这些计算结果表明，校正前的系统稳态误差不满足要求。校正前后系统的主导极点基本没

有变化，说明该校正装置主要用于改善系统的稳态性能。为此，引入的滞后校正装置的零点和极点应该相互靠近，或者滞后校正装置所产生的滞后角很小，一般小于5°，即

$$\left|\frac{s+\dfrac{1}{T_2}}{s+\dfrac{1}{\alpha T_2}}\right|\approx 1 \qquad 或 \qquad |\angle D(s)|<5^\circ$$

计算得到校正前的系统开环增益 $K_G=\dfrac{2.66}{4}=0.665$，对照校正后的系统开环传递函数 $D(s)G(s)$ 的表达式可知，当 $K_1=1$ 时，该校正装置对系统的动态性能影响很小，但会使校正后的系统开环增益变为 0.665α，即系统开环增益增加 α 倍。

依据已知条件计算得到 $K_v=\lim\limits_{s\to 0}sD(s)G(s)=\alpha K_G\geqslant 5$，解得 $\alpha\geqslant 7.5$，选择 $\alpha=10$。此时，满足静态速度误差系数要求。

为使该校正装置提供的滞后角很小，并且其零点和极点很靠近，在 $\alpha=10$ 时，应使 $\dfrac{1}{T_2}<<1$。可令 $\dfrac{1}{T_2}=0.1$，则 $T_2=10$，从而得到滞后校正装置的传递函数，即

$$D(s)=\frac{s+0.1}{s+0.01}$$

按照根轨迹的幅值条件和相角条件可知，校正后的系统根轨迹通过点 $s_1=-0.4+\mathrm{j}0.7$ 的条件是

$$|D(s_1)||G(s_1)|=1 \qquad \angle D(s_1)+\angle G(s_1)=-180^\circ$$

这里，$|G(s_1)|=\left|\dfrac{2.66K_1}{s_1(s_1+1)(s_1+4)}\right|=0.978$ 和 $\angle G(s_1)=-\angle s_1-\angle(s_1+1)-\angle(s_1+4)\approx -180.14^\circ$，得到

$$|D(s_1)|=\left|\frac{\left(s_1+\dfrac{1}{T_2}\right)}{\left(s_1+\dfrac{1}{\alpha T_2}\right)}\right|=1.02 \qquad 和 \qquad \angle D(s_1)=\angle\left(s_1+\frac{1}{T_2}\right)-\angle\left(s_1+\frac{1}{\alpha T_2}\right)=-0.14^\circ$$

可知，在 $\alpha=10$ 和 $T_2=10$ 时，该校正装置满足条件。

6.2.3　串联滞后-超前校正装置的设计

超前校正用于改善系统的动态性能，滞后校正主要用于提高系统的稳态性能。如果把这两种校正结合形成滞后-超前校正，就可同时改善系统的动态性能和稳态性能。

滞后-超前校正装置的一般传递函数为

$$D(s)=K\frac{T_2s+1}{T_1s+1}\cdot\frac{T_3s+1}{T_4s+1}=K\frac{T_2s+1}{\alpha T_2s+1}\cdot\frac{\beta T_4s+1}{T_4s+1}=KD_1(s)D_2(s) \tag{6-21a}$$

式中，

$$T_1>T_2>T_3>T_4、\ \alpha>1、\ \beta>1，\ D_1(s)=\frac{T_2s+1}{\alpha T_2s+1}，\ D_2(s)=\frac{\beta T_4s+1}{T_4s+1}$$

显然，$D_1(s)$ 具有相位滞后的特性，$D_2(s)$ 具有相位超前的特性。

对 $\alpha \neq \beta$ 的情况，可分别设计滞后校正装置和超前校正装置；对 $\alpha = \beta$ 的情况，通常把滞后校正装置和超前校正装置作为一个整体进行设计。在实际工程设计中，一般情况下选择 $\alpha = \beta$，这时式（6-21a）可表示为

$$D(s) = K\frac{T_2 s+1}{\alpha T_2 s+1}\cdot\frac{T_3 s+1}{\frac{T_3}{\alpha}s+1} \tag{6-21b}$$

可见，式（6-21）等号右边的前半部分起滞后校正作用，后半部分起超前校正作用。其对应的频率特性函数为

$$|D(\mathrm{j}\omega)| = K\frac{\sqrt{1+(T_2\omega)^2}}{\sqrt{1+(\alpha T_2\omega)^2}}\frac{\sqrt{1+(\beta T_4)^2}}{\sqrt{1+(T_4\omega)^2}}$$

$$\varphi(\omega) = \left(\tan^{-1}(T_2\omega) - \tan^{-1}(\alpha T_2\omega)\right) + \left(\tan^{-1}(\beta T_4\omega) - \tan^{-1}(T_4\omega)\right)$$

相应的对数频率特性图如图 6.12 所示。

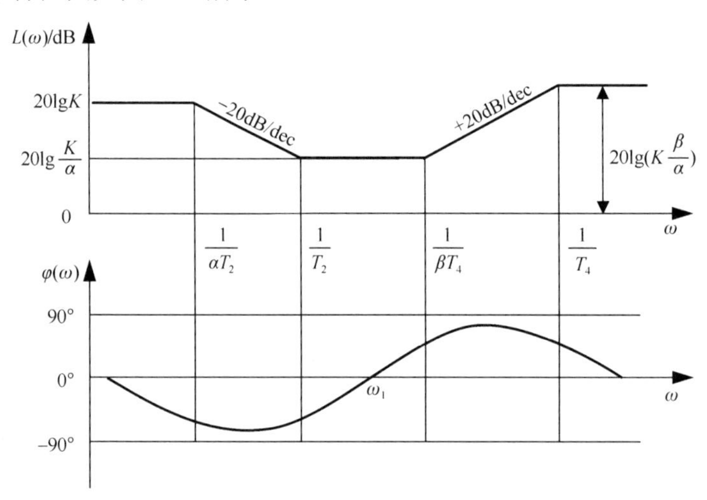

图 6.12　滞后—超前校正装置的对数频率特性图

由图 6.12 可以看出，频率 ω_1 是滞后-超前校正装置的相位为零时的频率，在 $\omega < \omega_1$ 的频段，该校正装置主要呈现相位滞后的特性；在 $\omega > \omega_1$ 的频段，该校正装置主要呈现相位超前的特性。令 $\varphi(\omega_1) = 0$（选择 $\alpha = \beta$），计算得到

$$\omega_1 = \frac{1}{\sqrt{\alpha T_2 T_4}} \tag{6-22}$$

若 $T_1 >> 1$ 和 $T_4 << 1$，则式（6-21a）可近似为

$$D(s) = K\frac{T_2 s+1}{T_1 s+1}\cdot\frac{T_3 s+1}{T_4 s+1} = K\frac{T_2 s+1}{T_1 s}\cdot\frac{T_3 s+1}{1} = \frac{K(T_2+T_3)}{T_1} + \frac{K}{T_1}\cdot\frac{1}{s} + \frac{KT_2T_3}{T_1}s$$

令

$$K_{\mathrm{P}} = \frac{K(T_2+T_3)}{T_1},\quad K_{\mathrm{I}} = \frac{K}{T_1},\quad K_{\mathrm{D}} = \frac{KT_2T_3}{T_1}$$

则

$$c(t)=K_{\mathrm{P}}u(t)+K_{\mathrm{I}}\int_0^t u(t)\mathrm{d}t+K_{\mathrm{D}}\frac{\mathrm{d}u(t)}{\mathrm{d}t} \tag{6-23}$$

可见，滞后-超前校正装置的输出信号 $c(t)$是通过对输入信号 $u(t)$近似做比例-积分-微分运算后获得的，或者说，滞后-超前校正的作用对应于“比例-积分-微分控制”（Proportional-Integral-Derivative Control，PID）。滞后校正主要近似于 PI 控制，以改善系统的稳态性能；超前校正近似于 PD 控制，可改善系统的动态性能。因此，PID 控制综合了 PI 控制和 PD 控制的长处，可同时改善系统的动态性能和稳态性能。

【例 6-5】设某单位反馈控制系统的开环传递函数为

$$G(s)=\frac{8}{s(2s+1)}$$

试设计一个滞后-超前校正装置，使校正后的系统静态速度误差系数 $K_{\mathrm{v}}=80\,(1/\mathrm{s})$，闭环主导极点对应的阻尼比 $\zeta=0.5$ 和无阻尼固有频率 $\omega_{\mathrm{n}}=5\,(1/\mathrm{s})$。

解：设滞后-超前校正装置的传递函数为

$$D(s)=K\frac{T_2s+1}{\alpha T_2s+1}\cdot\frac{T_3s+1}{\dfrac{T_3}{\alpha}s+1}=K\frac{s+\dfrac{1}{T_2}}{s+\dfrac{1}{\alpha T_2}}\cdot\frac{s+\dfrac{1}{T_3}}{s+\dfrac{\alpha}{T_3}},\qquad \alpha>1$$

引入该校正装置后，系统的开环传递函数为

$$D(s)G(s)=\frac{s+\dfrac{1}{T_2}}{s+\dfrac{1}{\alpha T_2}}\cdot\frac{s+\dfrac{1}{T_3}}{s+\dfrac{\alpha}{T_3}}\cdot\frac{4K}{s(s+0.5)}$$

由已知的静态速度误差系数 $K_{\mathrm{v}}=80\,(1/\mathrm{s})$计算得到

$$K_{\mathrm{v}}=\lim_{s\to 0}sD(s)G(s)=\frac{4K}{0.5}=80$$

解得 $K=10$

已知校正后的系统阻尼比 $\zeta=0.5$ 和无阻尼固有频率 $\omega_{\mathrm{n}}=5$，计算得到校正后系统应有的闭环主导极点，即

$$s_{1,2}=-\zeta\omega_{\mathrm{n}}\pm \mathrm{j}\omega_{\mathrm{n}}\sqrt{1-\zeta^2}=-2.5\pm \mathrm{j}4.33$$

上式表明校正后的系统根轨迹应通过复平面上的点 $s_{1,2}=-2.5\pm \mathrm{j}4.33$，并且在点 $s_{1,2}$ 处满足根轨迹的幅值条件和相角条件，即

$$\left|\frac{s+\dfrac{1}{T_2}}{s+\dfrac{1}{\alpha T_2}}\right|_{s_{1,2}}\left|\frac{s+\dfrac{1}{T_3}}{s+\dfrac{\alpha}{T_3}}\right|_{s_{1,2}}\left|\frac{40}{s(s+0.5)}\right|_{s_{1,2}}=1 \tag{a}$$

$$\angle\left(\frac{s+\frac{1}{T_2}}{s+\frac{1}{\alpha T_2}}\right)_{s_{1,2}}+\angle\left(\frac{s+\frac{1}{T_3}}{s+\frac{\alpha}{T_3}}\right)_{s_{1,2}}+\angle\left(\frac{40}{s(s+0.5)}\right)_{s_{1,2}}=-180^\circ \tag{b}$$

其中，对于仅引入校正装置增益（$K=10$）的系统 $KG(s)=\dfrac{40}{s(s+0.5)}$，当 $s_1=-2.5+\mathrm{j}4.33$ 时，可得

$$\left|\frac{40}{s(s+0.5)}\right|_{s_1}=\left|\frac{40}{\sqrt{(-2.5)^2+4.33^2}\sqrt{(-2.5+0.5)^2+(4.33)^2}}\right|=1.68 \tag{c}$$

$$\angle\left(\frac{40}{s(s+0.5)}\right)_{s_1}=-\left(180^\circ-\tan^{-1}\frac{4.33}{2.5}\right)-\left(180^\circ-\tan^{-1}\frac{4.33}{2}\right)=-235^\circ \tag{d}$$

表明仅引入校正装置增益的系统 $KG(s)=\dfrac{40}{s(s+0.5)}$ 在点 s_1 处的相位角为 -235°。为使校正后的系统根轨迹通过极点 $s_1=-2.5+\mathrm{j}4.33$，则由超前校正部分给出的超前角至少应该为

$$\angle\left(\frac{s+\frac{1}{T_3}}{s+\frac{\alpha}{T_3}}\right)_{s_1}=-180^\circ-(-235^\circ)=55^\circ \quad 或 \quad \tan^{-1}\frac{4.33}{\frac{1}{T_3}-2.5}-\tan^{-1}\frac{4.33}{\frac{\alpha}{T_3}-2.5}=55^\circ \tag{e}$$

为使滞后校正部分尽可能不对系统的动态性能产生影响，一般选择滞后校正部分在点 s_1 处的幅值和相角

$$\left|\frac{s+\frac{1}{T_2}}{s+\frac{1}{\alpha T_2}}\right|_{s_1}\approx 1 \quad 和 \quad -5^\circ<\angle\left(\frac{s+\frac{1}{T_2}}{s+\frac{1}{\alpha T_2}}\right)_{s_1}<0^\circ \tag{f}$$

此时，式（a）变为

$$\left|\frac{s+\frac{1}{T_3}}{s+\frac{\alpha}{T_3}}\right|_{s_1}\times 1.68=1 \quad 或 \quad \frac{\sqrt{\left(\frac{1}{T_3}-2.5\right)^2+(4.33)^2}}{\sqrt{\left(\frac{\alpha}{T_3}-2.5\right)^2+(4.33)^2}}=0.596 \tag{g}$$

用MATLAB联立求解式（e）和式（g），解得 $T_3=0.42$，$\alpha=3.5$。考虑到 $\alpha=3.5$ 和式（f）的要求，可选择 $T_2=10$。对 T_2、T_3、α，也可以通过在复平面上精准作图获得其值。这样设计的串联滞后-超前校正装置的传递函数为

$$D(s)=10\frac{(10s+1)}{(35s+1)}\frac{(0.42s+1)}{(0.12s+1)}=10\frac{(s+0.1)}{(s+0.0286)}\frac{(s+2.38)}{(s+8.33)}$$

由此可得校正后系统的开环传递函数 $D(s)G(s)$ 和对应的闭环传递函数 $\Phi(s)$ 分别为

$$D(s)G(s)=\frac{80}{s(2s+1)}\frac{(10s+1)}{(35s+1)}\frac{(0.42s+1)}{(0.12s+1)}$$

$$\varPhi(s)=\frac{336s^2+833.6s+80}{8.4s^4+74.44s^3+373.12s^2+834.6s+80}$$

未校正前的系统开环传递函数$G(s)$和对应闭环传递函数$\varPhi_0(s)$分别为

$$G(s)=\frac{8}{s(2s+1)}\qquad \varPhi_0(s)=\frac{8}{2s^2+s+8}$$

用 MATLAB 计算校正前后系统的单位阶跃响应和对数频率特性图，如图 6.13 所示。可见校正的效果很明显，这时系统的极点为$s_{s1,2}=-2.45\pm \mathrm{j}4.31$、$s_3=-0.1003$和$s_4=-3.86$。显然，极点$s_3=-0.1003$很接近校正装置的一个零点$s=-0.1$，可近似认为这个极点与零点$s=-0.1$相消，表明该极点对系统的动态响应几乎没有影响；极点$s_4=-3.86$离复平面坐标原点最远，在系统动态响应中的份额最少，对系统动态响应的影响不大；极点$s_{s1,2}$与期望的主导极点$s_{1,2}=-2.5\pm \mathrm{j}4.33$很接近。

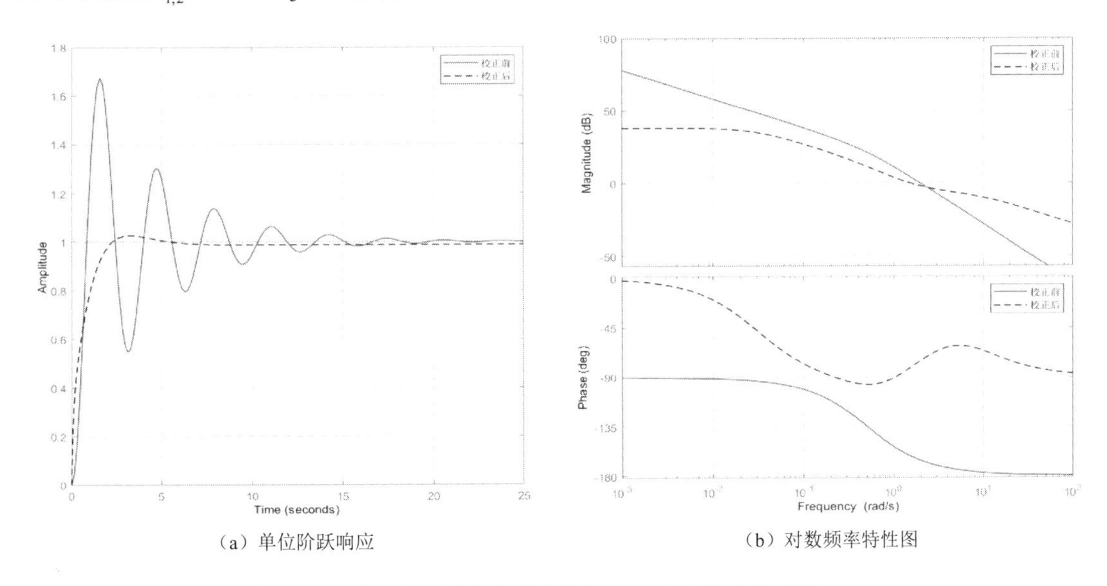

（a）单位阶跃响应　　　　（b）对数频率特性图

图 6.13　校正前后系统的单位阶跃响应和对数频率特性图

【例 6-6】设某单位反馈控制系统的开环传递函数

$$G(s)=\frac{20}{s(s+1)(s+2)}$$

试设计一个滞后-超前校正装置，使校正后的系统具有如下性能指标：静态速度误差系数$K_\mathrm{v}=10\,(1/\mathrm{s})$，相位裕量$\gamma\geqslant 50^\circ$，增益裕量$K_\mathrm{g}>1$。

解：设串联滞后-超前校正装置的传递函数为

$$D(s)=K\frac{(T_2s+1)(T_3s+1)}{(\alpha T_2s+1)\left(\dfrac{T_3}{\alpha}s+1\right)}=KD_1(s)D_2(s),\qquad \alpha>1,\qquad T_2,T_3>0$$

其中，

$$D_1(s)=\frac{T_2s+1}{\alpha T_2s+1},\quad D_2(s)=\frac{T_3s+1}{\frac{T_3}{\alpha}s+1}$$

分别是校正装置的滞后校正部分和超前校正部分，则校正后的系统开环传递函数为

$$D(s)G(s)=K\frac{(T_2s+1)(T_3s+1)}{(\alpha T_2s+1)(\frac{T_3}{\alpha}s+1)}\frac{10}{s(s+1)(0.5s+1)}$$

由已知静态速度误差系数 $K_v=\lim\limits_{s\to 0}sD(s)G(s)=10K=10$ 计算得到 $K=1$。

计算得到的未校正系统的幅值穿越频率和相位裕量分别为 $\omega_c=2.4\,(1/s)$，$\gamma=-27^\circ$，相位穿越频率和增益裕量分别为 $\omega_g=1.41\,(1/s)$，$K_g=\frac{1}{|G(\omega_g)|}=0.298$，显然系统不稳定。

对于校正后系统相位裕量 $\gamma\geqslant 50^\circ$ 的要求，如果全部由超前校正部分 $D_2(s)$ 的相位超前量来补偿，对超前校正部分 $D_2(s)$ 给出的最大超前角 $\varphi_m\geqslant 50^\circ$，选择 $\varphi_m=55^\circ$，那么根据式（6-11），计算得到

$$\alpha=\frac{1+\sin\varphi_m}{1-\sin\varphi_m}=10$$

又考虑到未校正系统在 $\omega_g=1.41\,(1/s)$处的相位角 $\varphi(\omega_g)=-180^\circ$，如果选择该频率作为校正后系统的幅值穿越频率，即 $\omega_c=\omega_g=1.41$，并且认为校正后的系统在 $\omega_c=1.41$ 处的相位裕量满足要求条件 $\gamma\geqslant 50^\circ$，那么，为了超前校正部分 $D_2(s)$ 给出的超前角能使系统的相位裕量满足 $\gamma\geqslant 50^\circ$，应使该校正装置的滞后校正部分 $D_1(s)$ 在 $\omega_c=1.41$ 处的滞后角很小。于是滞后校正部分 $D_1(s)$ 的转折频率为 $\frac{1}{T_2}=\frac{\omega_c}{10}=0.141\,(1/s)$，即 $T_2=7.1\,(s)$。

由于未校正系统的相位穿越频率 ω_g 作为校正后系统的幅值穿越频率，即 $\omega_c=\omega_g=1.41$，因此，$|D(\omega_c)||G(\omega_c)|=1$。已知 $\alpha=10$，$T_2=7.1$，$\frac{1}{|G(\omega_g)|}=0.298$，由此可计算得到 $|D(\omega_c)|=0.298$ 和 $T_3=1.0$。这样设计的串联滞后-超前校正装置的传递函数为

$$D(s)=K\frac{T_2s+1}{\alpha T_2s+1}\frac{T_3s+1}{\frac{T_3}{\alpha}s+1}=\frac{(7.1s+1)(s+1)}{(71s+1)(0.1s+1)}$$

校正后的系统开环传递函数为

$$D(s)G(s)=\frac{10(7.1s+1)}{s(0.5s+1)(71s+1)(0.1s+1)}$$

可用 MATLAB 绘制出校正前后的系统对数频率特性图，如图 6.14 所示。可以看出，此时系统的相位裕量 $\gamma\approx 52^\circ>50^\circ$ 和增益裕量 $K_g\approx 2>1$ 满足已知要求。

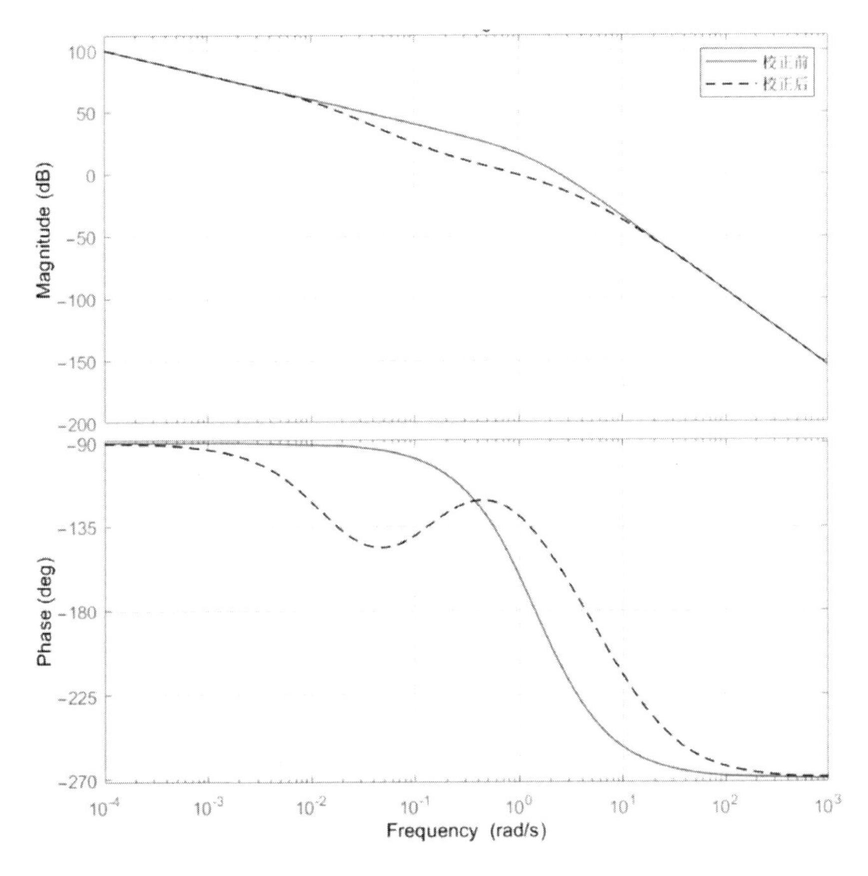

图 6.14　校正前后的系统对数频率特性图

6.3　PID 控制系统的设计

前面讨论的超前校正、滞后校正和滞后-超前校正三种校正方法，都是基于校正装置输出信号与输入信号的相位关系来区分的，它们在时域中分别近似于比例-微分控制（PD 控制）、比例-积分控制（PI 控制）和比例-积分-微分控制（PID 控制）。由于 PID 控制方法简便，其参数调节灵活，因而在控制工程中被广泛应用。

6.3.1　PID 控制器的设计

PID 控制器是指实现比例（P）-积分（I）-微分（D）运算的一种控制装置，在控制工程中经常采用的控制器主要是 PD 控制器、PI 控制器和 PID 控制器。

1. PD 控制器设计

在时域中，PD 控制器的基本表达式为

$$u(t)=K_{\mathrm{P}}\left[u(t)+T_{\mathrm{D}}\frac{\mathrm{d}u(t)}{\mathrm{d}t}\right]=K_{\mathrm{P}}u(t)+K_{\mathrm{D}}\frac{\mathrm{d}u(t)}{\mathrm{d}t} \tag{6-24}$$

式中，$c(t)$ 和 $u(t)$ 分别是控制器的输出信号和输入信号，K_{P} 称为控制器的增益，T_{D} 称为控制器的时间常数，$K_{\mathrm{D}}=K_{\mathrm{P}}T_{\mathrm{D}}$ 称为控制器的微分系数或微分增益。

PD 控制器的传递函数为

$$D(s)=\frac{c(s)}{u(s)}=K_{\mathrm{P}}(1+T_{\mathrm{D}}s)=K_{\mathrm{P}}+K_{\mathrm{D}}s \tag{6-25}$$

上式表明，引入 PD 控制器相当于使系统在复平面上增加一个开环零点 $s=-\dfrac{1}{T_{\mathrm{D}}}$，或是在频率域中增加一个转折频率 $\dfrac{1}{T_{\mathrm{D}}}$。因此，恰当选择这个开环零点（或转折频率），可有效改善系统的稳定性，从而改善系统的动态响应特性。

由式（6-25）可知，PD 控制器的频率特性函数为

$$|D(\omega)|=K_{\mathrm{P}}\sqrt{1+(T_{\mathrm{D}}\omega)^2} \qquad \varphi(\omega)=\tan^{-1}T_{\mathrm{D}}\omega \tag{6-26}$$

当 $K_{\mathrm{P}}=1$ 时，PD 控制器的对数频率特性图如图 6.15 所示。可见，在大于转折频率 $\dfrac{1}{T_{\mathrm{D}}}$ 的频段，PD 控制器的输出信号幅值明显大于输入信号幅值，表明 PD 控制器有使幅值增强的作用，并且随着频率 ω 的增加，这种幅值增强作用越大；$\varphi(\omega)>0$，表明 PD 控制器的输出信号相位总是超前于输入信号相位，在 $\omega\to\infty$ 时产生的最大超前相位角为 90°。

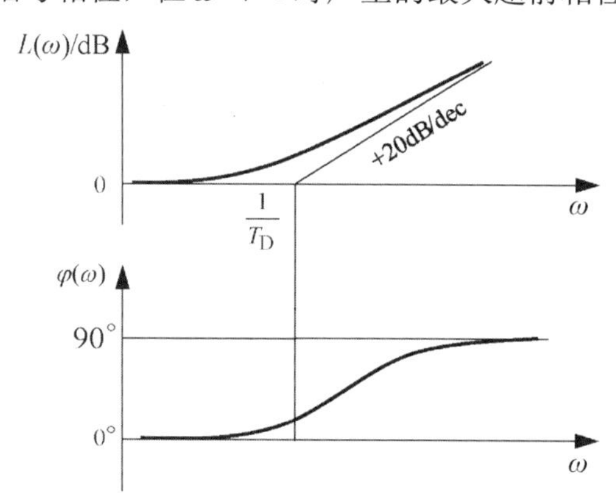

图 6.15　PD 控制器的对数频率特性图

在控制工程中，PD 控制主要用于提高系统的动态响应性能。PD 控制器作为串联控制器使用时，其输入信号一般是反馈控制系统的偏差信号，PD 控制的框图如图 6.16 所示。设计 PD 控制器的关键是根据系统控制性能指标，确定 PD 控制器的参数 K_{P} 和 K_{D}（或 T_{D}）。

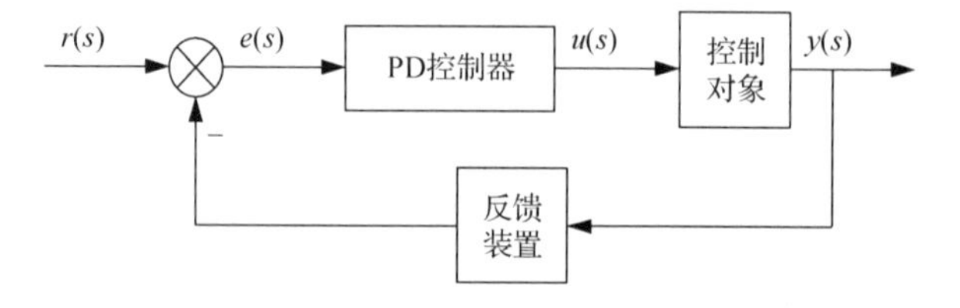

图 6.16　PD 控制的框图

【例 6-7】设某单位反馈控制系统的开环传递函数为

$$G(s)=\frac{20}{s(0.1s+1)}$$

为使该系统的静态速度误差系数 $K_{\mathrm{v}}=200$ 和相位裕量 $\gamma\geqslant 50^{\circ}$，试设计一个串联的 PD 控制器。

解：原系统的开环频率特性为

$$|G(\omega)|=\frac{20}{\omega\sqrt{1+(0.1\omega)^{2}}}\qquad \varphi(\omega)=-90^{\circ}-\tan^{-1}(0.1\omega)$$

计算得到的未引入 PD 控制器前的系统相位裕量为 $\gamma=38.66^{\circ}<50^{\circ}$，表明所设计的 PD 控制器至少要提供相位增量 $\Delta\gamma=50^{\circ}-38.66^{\circ}=11.34^{\circ}$。

设 PD 控制器的传递函数为

$$D(s)=K(1+Ts)$$

引入 PD 控制器后的系统开环传递函数为

$$D(s)G(s)=\frac{20K(Ts+1)}{s(0.1s+1)}$$

根据已知的静态速度误差系数 $K_{\mathrm{v}}=\lim\limits_{s\to 0}s(D(s)G(s)=200$，计算得到 $K=10$。由此可知，引入 PD 控制器的系统开环传递函数为

$$D(s)G(s)=\frac{200(Ts+1)}{s(0.1s+1)}$$

对应的频率特性函数为

$$|D(\omega)G(\omega)|=\frac{200\sqrt{1+(T\omega)^{2}}}{\omega\sqrt{1+(0.1\omega)^{2}}}$$

$$\varphi(\omega)=-90^{\circ}+\tan^{-1}(T\omega)-\tan^{-1}(0.1\omega)$$

按照已知的相位裕量 $\gamma\geqslant 50^{\circ}$，可得

$$|D(\omega_{\mathrm{c}})G(\omega_{\mathrm{c}})|=1\qquad \gamma=180^{\circ}+\varphi(\omega_{\mathrm{c}})\geqslant 50^{\circ}$$

或

$$\frac{200\sqrt{1+(T\omega_{\mathrm{c}})^{2}}}{\omega_{\mathrm{c}}\sqrt{1+(0.1\omega_{\mathrm{c}})^{2}}}=1\qquad \tan^{-1}(T\omega_{\mathrm{c}})-\tan^{-1}(0.1\omega_{\mathrm{c}})\geqslant -40^{\circ}$$

联立上式计算得到 $\omega_{\mathrm{c}}=50$，$T=0.016$。此时，引入 PD 控制器后的系统相位裕量为

$$\gamma=180^{\circ}+\left[-90^{\circ}+\tan^{-1}(T\omega_{\mathrm{c}})-\tan^{-1}(0.1\omega_{\mathrm{c}})\right]=50^{\circ}$$

计算结果满足已知条件。因此，所设计的 PD 控制器的传递函数为

$$D(s)=10(1+0.016s)$$

用 MATLAB 计算得到的引入 PD 控制前后的系统单位阶跃响应如图 6.17 所示。可见，引入 PD 控制后系统的动态响应速度明显加快，有效地改善了系统的动态特性。不过要注意，这时由于 PD 控制器有幅值增强作用，会使系统在幅值穿越频率 ω_{c} 附近的幅值增加，从而使系统抗高频扰动信号的能力变差。

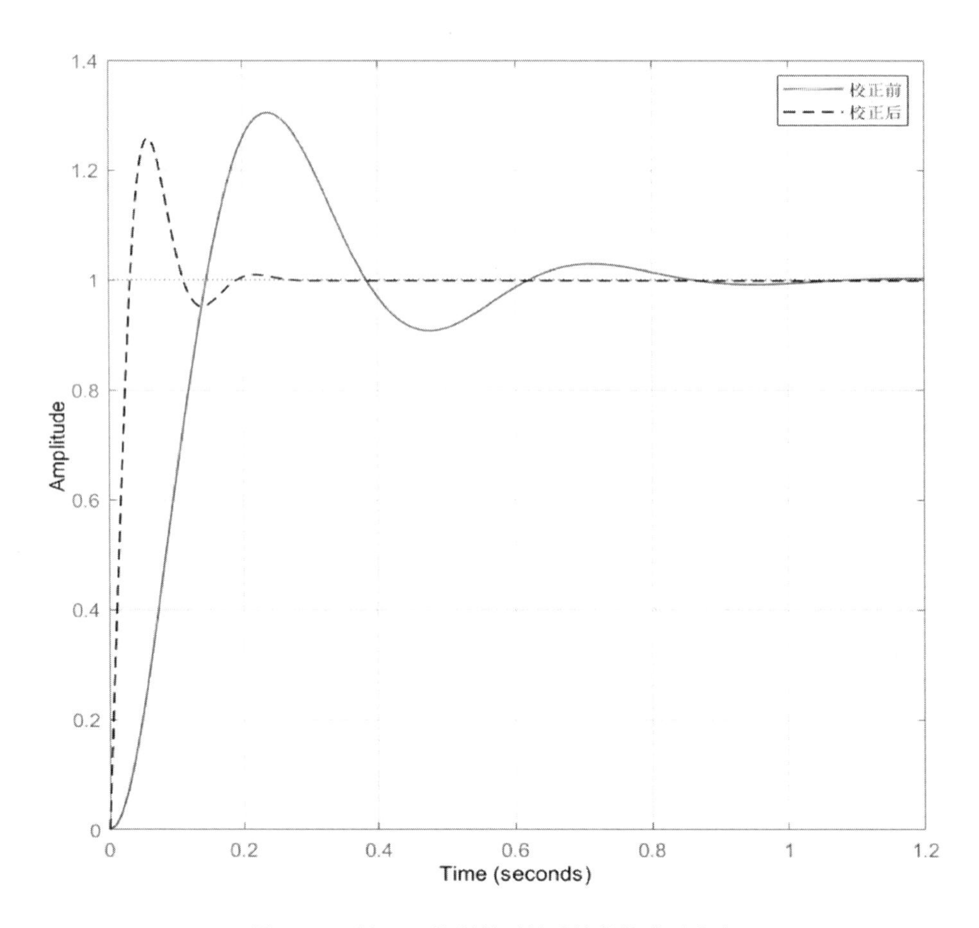

图 6.17　引入 PD 控制前后的系统单位阶跃响应

2. PI 控制器设计

PI 控制是指对信号进行比例-积分运算的一种控制规律，一般可表示为

$$c(t)=K_{\mathrm{P}}\left[u(t)+\frac{1}{T_{\mathrm{I}}}\int_{0}^{t}u(\tau)\mathrm{d}\tau\right]=K_{\mathrm{P}}u(t)+K_{\mathrm{I}}\int_{0}^{t}u(\tau)\mathrm{d}\tau \tag{6-27}$$

式中，$c(t)$ 和 $u(t)$ 分别是 PI 控制器的输出信号和输入信号，K_{P} 为 PI 控制器的增益，T_{I} 为 PI 控制器的时间常数，$K_{\mathrm{I}}=K_{\mathrm{P}}T_{\mathrm{I}}^{-1}$ 为 PI 控制器的积分系数。

对式（6-27）进行拉氏变换，得到

$$D(s)=\frac{c(s)}{u(s)}=K_{\mathrm{P}}\left(1+\frac{1}{T_{\mathrm{I}}s}\right)=K_{\mathrm{P}}\frac{T_{\mathrm{I}}s+1}{T_{\mathrm{I}}s} \tag{6-28}$$

可见，PI 控制器的引入不仅使系统增加一个积分环节，或者增加了一个 $s\to\infty$ 的开环极点，同时还引入了一个开环零点 $s=-\frac{1}{T_{\mathrm{I}}}$ 或转折频率 $\frac{1}{T_{\mathrm{I}}}$。增加积分环节可提高系统的类型，从而能改善系统的稳态性能；引入恰当的开环零点（或转折频率 $\frac{1}{T_{\mathrm{I}}}$）能改善系统的稳定性，从而可改善系统的动态特性。因此，在控制工程中，PI 控制器使用较多。

PI 控制器的频率特性函数为

$$|D(\omega)| = K_P \frac{\sqrt{1+(T_I\omega)^2}}{T_I\omega} \qquad \varphi(\omega) = \tan^{-1}(T_I\omega) - 90°$$

当 $K_P = 1$ 时 PI 控制器的对数频率特性图如图 6.18 所示。可见，在低频段上 PI 控制器的幅频特性随频率 ω 的增大而衰减；又 $\varphi(\omega) < 0$，表明 PI 控制器的输出信号相位总滞后于输入信号相位，并且这种相位滞后随频率 ω 的增大而减小，在 $\omega \to \infty$ 时相位滞后角为零，即在高频段 PI 控制器几乎没有相位滞后作用。

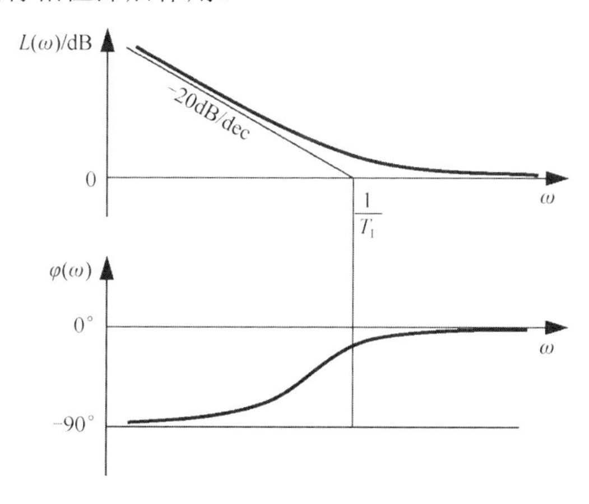

图 6.18　PI 控制器的对数频率特性图

在控制工程中，将 PI 控制器布置在未校正系统的低频段时，可利用 PI 控制器在低频段的输出信号幅值大于输入信号幅值的特性（$K_P \geqslant 1$），提升未校正系统在低频的幅频数值，使之获得较大的系统开环增益，从而提高系统的稳态性能。显然，设计 PI 控制器的关键是根据系统控制性能指标确定 PI 控制器的参数 K_P 和 K_I（或 T_I）。

【例 6-8】根据例 6-7 的已知条件，试设计一个串联的 PI 控制器，已知该单位反馈控制系统的开环传递函数为

$$G(s) = \frac{20}{s(0.1s+1)}$$

为使系统的静态速度误差系数 $K_v = 200$，相位裕量 $\gamma \geqslant 50°$，试设计一个串联的 PI 控制器。

解：设串联的 PI 控制器传递函数为

$$D(s) = K\frac{Ts+1}{Ts}$$

由已知条件得到引入 PI 控制器后的系统开环传递函数，即

$$D(s)G(s) = \frac{20K}{s(0.1s+1)}\frac{Ts+1}{Ts}$$

由于 $K_v = \lim_{s\to\infty} sD(s)G(s) = \infty$，因此，此时不论 K、T 取何值，都必满足由 $K_v = 200$ 确定的稳态误差要求。

考虑到 PI 控制器的幅频衰减特性和相频滞后特性，在引入 PI 控制器后将会造成

$KG(s)=\dfrac{20K}{s(0.1s+1)}$ 的幅值穿越频率下降并带来一定的滞后相角，因此，根据 $KG(s)$ 的相位裕量 $\gamma=90^\circ-\tan^{-1}(0.1\omega_c)$ 和已知要求的 $\gamma\geqslant 50^\circ$，可以选择引入 PI 控制器后的系统幅值穿越频率 ω_c，使 $\tan^{-1}(0.1\omega_c)\leqslant 30^\circ$，即 $\omega_c=6$。

对于 $KG(s)=\dfrac{20K}{s(0.1s+1)}$，$\omega_c=6$，小于其转折频率，那么根据图 6.19 所示的 $KG(s)$ 的对数幅频特性图，可知 $20K=\omega_c=6$，解得 $K=0.3$。

根据 PI 控制器的相位滞后特性，为减小 PI 控制器在 $\omega_c=6$ 处产生滞后影响，一般要求其转折频率按 $\dfrac{1}{T}=\dfrac{\omega_c}{5\sim10}$ 的选择原则。这里，选择 $\dfrac{1}{T}=\dfrac{\omega_c}{10}=0.6$，即 $T=1.67$。

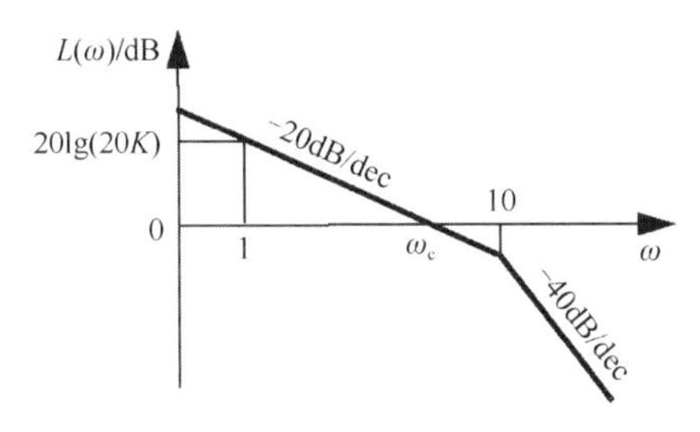

图 6.19　$KG(s)$ 的对数幅频特性图（$\omega_c=6$）

这样设计的 PI 控制器的传递函数为

$$D(s)=0.3\frac{1.67s+1}{1.67s}$$

由此得到的反馈控制系统的开环传递函数为

$$D(s)G(s)=\frac{3.6(1.67s+1)}{s^2(0.1s+1)}$$

用 MATLAB 验证计算得到系统的幅值穿越频率和相位裕量，分别为 $\omega_c=6$ 和 $\gamma=53.3^\circ>50^\circ$，可知计算结果满足系统相位裕量的要求。

比较例 6-7 和例 6-8 可知，对同样的系统 $G(s)$ 和性能要求，设计 PD 控制器和设计 PI 控制器的结果有些不同。采用 PD 控制时，系统的幅值穿越频率较高，属于 I 型系统，其对高频噪声信号的抑制作用较弱；采用 PI 控制时，系统的幅值穿越频率较小，属于 II 型系统，其对高频噪声信号的抑制作用较强。因此，在实际设计中，采用哪种控制方法，要考虑具体的条件和要求。

3. PID 控制器设计

PID 控制是指对信号进行比例-积分-微分运算的一种控制规律，一般表示为

$$\begin{aligned}c(t)&=K_P\left(u(t)+\frac{1}{T_I}\int_0^t u(\tau)\mathrm{d}\tau+T_D\frac{\mathrm{d}u(t)}{\mathrm{d}t}\right)\\&=K_Pu(t)+K_I\int_0^t u(\tau)\mathrm{d}\tau+K_D\frac{\mathrm{d}u(t)}{\mathrm{d}t}\end{aligned}\tag{6-29}$$

式中，$c(t)$ 和 $u(t)$ 分别是 PID 控制器的输出信号和输入信号，K_P 为比例增益，K_I 为积分增

益，K_{D} 为微分增益。

对式（6-29）进行拉氏变换，得到

$$D(s)=\frac{c(s)}{u(s)}=K_{\mathrm{P}}\frac{T_{\mathrm{I}}T_{\mathrm{D}}s^2+T_{\mathrm{I}}s+1}{T_{\mathrm{I}}s}=K_{\mathrm{P}}\frac{(T_1s+1)(T_2s+1)}{T_{\mathrm{I}}s} \tag{6-30}$$

式中，

$$T_1=\frac{T_I}{2}\left(1+\sqrt{1-\frac{4T_{\mathrm{D}}}{T_{\mathrm{I}}}}\right),\quad T_2=\frac{T_I}{2}\left(1-\sqrt{1-\frac{4T_{\mathrm{D}}}{T_{\mathrm{I}}}}\right),\quad T_1>T_2$$

从式（6-30）可以看出，PID 控制器作为串联校正装置应用时，引入 PID 控制器就相当于引入了一个位于坐标原点的开环极点，可增加系统的型次，同时还引入了两个零点。PID 控制器的频率特性函数为

$$|D(\omega)|=\frac{K_{\mathrm{P}}}{T_{\mathrm{I}}}\frac{\sqrt{1+(T_1\omega)^2}\sqrt{1+(T_2\omega)^2}}{\omega} \tag{6-31}$$

$$\varphi(\omega)=-90^\circ+\tan^{-1}(T_1\omega)+\tan^{-1}(T_2\omega)$$

相应的对数频率特性图如图 6.20 所示。可以看出，在小于转折频率 $\frac{1}{T_1}$ 的频段上，PID 控制器具有幅值衰减和相位滞后的特性；在大于转折频率 $\frac{1}{T_2}$ 的频段上，PID 控制器具有幅值增强和相位超前的特性。因此，PID 控制器具有滞后-超前校正的作用。

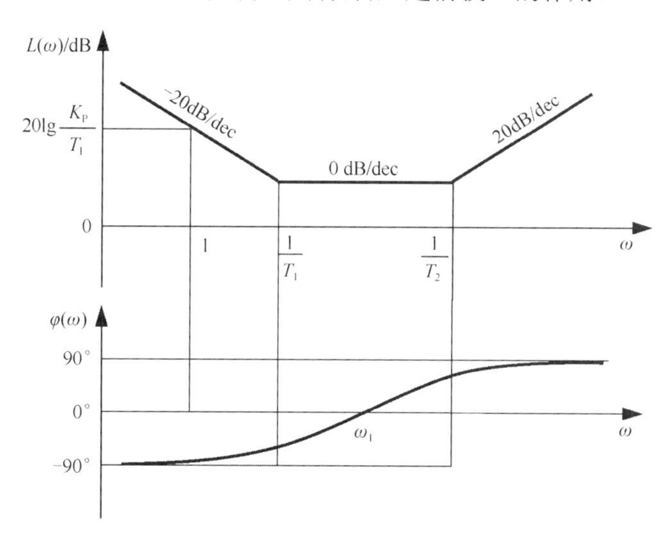

图 6.20　PID 控制器的对数频率特性图（$\omega_1=\frac{1}{\sqrt{T_1T_2}}$）

【例 6-9】已知某单位反馈控制系统的开环传递函数为

$$G(s)=\frac{1}{s(0.5s+1)(0.1s+1)}$$

试设计串联的 PID 控制器，要求系统满足开环幅值穿越频率 $\omega_c\geqslant 4$ 和相位裕量 $\gamma\geqslant 50^\circ$。

解：设串联 PID 控制器的传递函数为

$$D(s)=K\frac{1+T_1 s}{T_1 s}(1+T_2 s)=KD_0(s)=KD_1(s)D_2(s)$$

其中，

$$D_0(s)=D_1(s)D_2(s)\text{，}\quad D_1(s)=\frac{T_1 s+1}{T_1 s}\text{，}\quad D_2(s)=(1+T_2 s)$$

它们分别是 PI 控制部分和 PD 控制部分。则引入 PID 控制器后的系统开环传递函数为

$$D_0(s)G(s)=\frac{(T_1 s+1)(T_2 s+1)}{T_1 s^2(0.5s+1)(0.1s+1)}$$

为了满足 $\omega_c \geqslant 4$ 的条件，可选择 $\omega_c=4$。那么，为使 PI 控制部分 $D_1(s)$ 不影响系统的动态特性，即 PI 控制部分 $D_1(s)$ 的相位滞后在 $\omega_c=4$ 附近接近零，应要求 $|D_1(\omega_c)|\approx 1$ 或 $|\angle D_1(\omega_c)|<5^\circ$。为此，可选择 $T_1=10$。此时，$|D_1(\omega_c)|=1.0005$，$\angle D_1(\omega_c)=-1.4^\circ$。

为了满足相位裕量 $\gamma \geqslant 50^\circ$ 的条件，PD 控制部分 $D_2(s)$ 的相位超前量应满足

$$\gamma=180^\circ+\angle D_1(\omega_c)+\angle D_2(\omega_c)+\angle G(\omega_c)\geqslant 50^\circ$$

又已知 $\angle G(\omega_c)=-175.2^\circ$，则 $\angle D_2(\omega_c)=53.4^\circ$，选择 $\angle D_2(\omega_c)=65^\circ$，即 $\angle D_2(\omega_c)=\tan^{-1}(T_2\omega_c)=65^\circ$，计算得到 $T_2=0.5$。

这样设计的 PID 控制器传递函数为

$$D(s)=KD_0(s)=K\frac{1+10s}{10s}(1+0.5s)=\frac{K(1+10s)(1+0.5s)}{10s}$$

引入 PID 控制器后的系统开环传递函数为

$$D(s)G(s)=\frac{K(10s+1)(0.5s+1)}{10s^2(0.5s+1)(0.1s+1)}=\frac{0.1K(10s+1)}{s^2(0.1s+1)}$$

对于幅值穿越频率 $\omega_c=4$，则

$$|D(\omega_c)G(\omega_c)|=1\text{或}|D(\omega_c)G(\omega_c)|=\frac{0.1K\sqrt{(10\omega_c)^2+1}}{\omega_c^2\sqrt{(0.1\omega_c)^2+1}}=1$$

计算得到 $K=4.3$。最后设计的 PID 控制器传递函数为

$$D(s)=\frac{0.43(1+10s)(1+0.5s)}{s}$$

引入 PID 控制器后的系统开环传递函数为

$$D(s)G(s)=\frac{0.43(10s+1)}{s^2(0.1s+1)}$$

不难验算，此时系统的幅值穿越频率 $\omega_c=4$，相位裕量 $\gamma=65.4^\circ>50^\circ$，可知计算结果满足设计指标要求。

从例题 6-9 可以看出，PID 控制器的作用，其中的 PI 控制使系统的型次增加 1 阶，改善了系统的稳态性能；PD 控制增大了系统的相位裕量，从而改善了系统的动态性能。

6.3.2 设计 PID 控制器的 Z-N 法

设计 PID 控制器的关键是确定合适的增益参数 K_P、K_I、K_D。在实际工程设计中已有

很多设计 PID 控制器的方法，前面介绍的基于传递函数的串联超前校正、滞后校正、滞后-超前校正的设计方法都可用于设计 PID 控制器。但是，对于难以建立其传递函数的控制系统或复杂的控制系统，采用基于系统模型的设计方法就不适用了。这时，可采用齐格勒-尼克尔斯法进行 PID 控制器的初步设计。齐格勒（Zieglar）和尼克尔斯（Nichols）两位是泰勒仪器公司的工程师，他们通过大量的实验研究，于 20 世纪 40 年代初提出了基于测试分析的设计 PID 控制器增益参数的方法，这个方法也因此命名为齐格勒-尼克尔斯法，简称 Z-N 法。该方法包括 Z-N 第一设计法和 Z-N 第二设计法。

1. Z-N 第一设计法

PID 控制系统如图 6.21 所示。在控制对象的输入端施加一个阶跃输入信号 $u(t)$，测量其输出响应信号 $y(t)$，控制对象的阶跃响应曲线可视为 S 形，如图 6.22 所示。

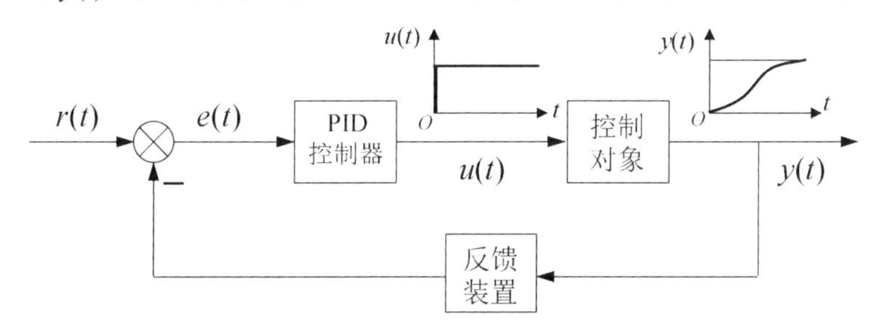

图 6.21　PID 控制系统

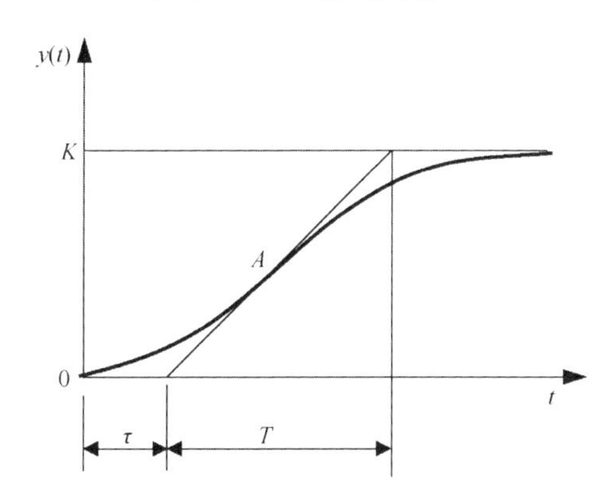

图 6.22　控制对象的 S 形阶跃响应曲线

那么，在这个 S 形阶跃响应曲线的转折点 A 处作切线，使之分别与时间坐标轴和水平直线 $y(t)=K$ 相交，得到两个交点。由所得的两个交点确定滞后时间 τ 和时间常数 T，如图 6.22 所示。这时，控制对象的传递函数可近似为

$$G(s)=\frac{y(s)}{u(t)}=\frac{K\mathrm{e}^{-\tau s}}{Ts+1} \tag{6-32}$$

根据获得的滞后时间 τ 和时间常数 T，Z-N 第一设计法给出了计算 PID 控制器参数 K_{P}、T_{I}、T_{D} 的公式，见表 6-1。这时，图 6.21 中所示的 PID 控制器的传递函数为

$$D(s)=\frac{u(s)}{e(s)}=K_{\mathrm{P}}\left(1+\frac{1}{T_{\mathrm{I}}s}+T_{\mathrm{D}}s\right)=\frac{1.2T}{\tau}\left(1+\frac{1}{2\tau s}+0.5\tau s\right)=0.6T\frac{\left(s+\frac{1}{\tau}\right)^{2}}{s} \tag{6-33}$$

得到的 PID 控制律为

$$u(t)=1.2\frac{T}{\tau}\left(e(t)+\frac{1}{2\tau}\int_{0}^{t}e(t)\mathrm{d}t+0.5\tau\frac{\mathrm{d}e(t)}{\mathrm{d}t}\right) \tag{6-34}$$

表 6-1　Z-N 第一设计法

控制类型	K_P	T_I	T_D
P 控制	$\frac{T}{\tau}$	∞	0
PI 控制	$0.9\frac{T}{\tau}$	$\frac{\tau}{0.3}$	0
PID 控制	$1.2\frac{T}{\tau}$	2τ	0.5τ

2. Z-N 第二设计法

对式（6-29），先假设 $T_{\mathrm{I}}\to\infty$，$T_{\mathrm{D}}=0$，即先确定一个恰当的比例参数值 K_{P}，使控制对象只做 P 控制，即比例控制，如图 6.23 所示。然后，逐渐调整比例系数 K_{P} 的值直至系统输出信号首次出现持续等幅振荡为止，如图 6.24 所示。这时，令 $K_{\mathrm{c}}=K_{\mathrm{P}}$（$K_{\mathrm{c}}$ 为临界增益），并记下振荡周期 T_{c}。

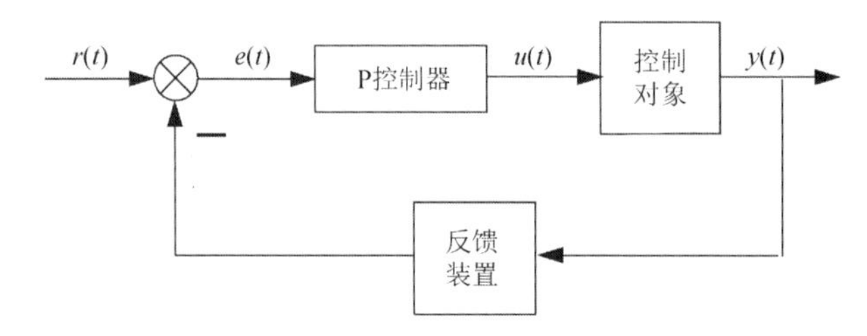

图 6.23　具有比例控制器的反馈控制系统

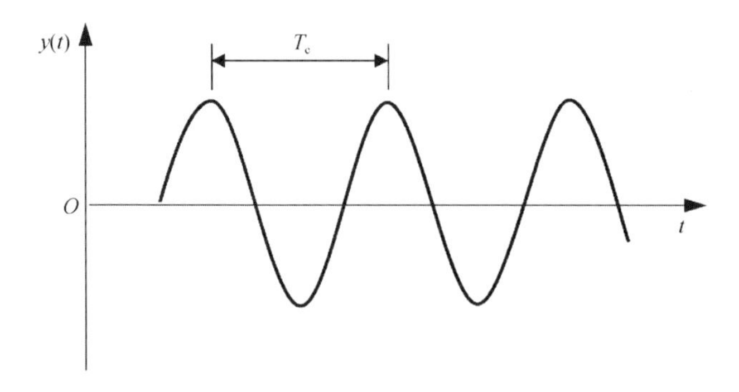

图 6.24　控制对象的持续等幅振荡响应

根据计算得到的临界增益 K_{c} 和振荡周期 T_{c}，Z-N 第二设计法给出了计算 PID 控制参数 K_{P}、T_{I}、T_{D} 的公式，见表 6-2。这时，PID 控制器的传递函数为

$$D(s)=\frac{u(s)}{e(s)}=K_{\mathrm{P}}\left(1+\frac{1}{T_{\mathrm{I}}s}+T_{\mathrm{D}}s\right)$$

$$=0.6K_{\mathrm{c}}\left(1+\frac{1}{0.5T_{\mathrm{c}}s}+0.125T_{\mathrm{c}}s\right)=0.075K_{\mathrm{c}}T_{\mathrm{c}}\left(\frac{s+4/T_{\mathrm{c}}}{s}\right)^2 \tag{6-35}$$

PID 控制律为

$$u(t)=0.6K_{\mathrm{c}}\left(e(t)+\frac{1}{0.5T_{\mathrm{c}}}\int_0^t e(t)\mathrm{d}t+0.125T_{\mathrm{c}}\frac{\mathrm{d}e(t)}{\mathrm{d}t}\right) \tag{6-36}$$

表 6-2　Z-N 第二设计法

控制类型	K_{P}	T_{I}	T_{D}
P 控制	$0.5K_{\mathrm{c}}$	∞	0
PI 控制	$0.45K_{\mathrm{c}}$	$\frac{T_{\mathrm{c}}}{1.2}$	0
PID 控制	$0.6K_{\mathrm{c}}$	$0.5T_{\mathrm{c}}$	$0.125T_{\mathrm{c}}$

应当指出的是，一般情况下，Z-N 法确定的 PID 控制器参数，使控制系统的超调量保持在 10%～60%，平均值约为 25%。因此，在实际应用中，采用 Z-N 法确定的 PID 控制器参数只是调整的起始点，一般需要根据控制系统的性能要求，进一步对相关参数进行调整。

Z-N 法是一种基于测试的 PID 控制设计方法，不依赖系统的数学模型。这里用已知传递函数的系统为例，说明 Z-N 法的应用。

【例 6-10】 图 6.25 所示是一个 PID 控制系统，其中 PID 控制器的传递函数为

$$D(s)=\frac{u(s)}{e(s)}=K_{\mathrm{P}}\left(1+\frac{1}{T_{\mathrm{I}}s}+T_{\mathrm{D}}s\right)$$

试用 Z-N 法确定 PID 控制器的参数。

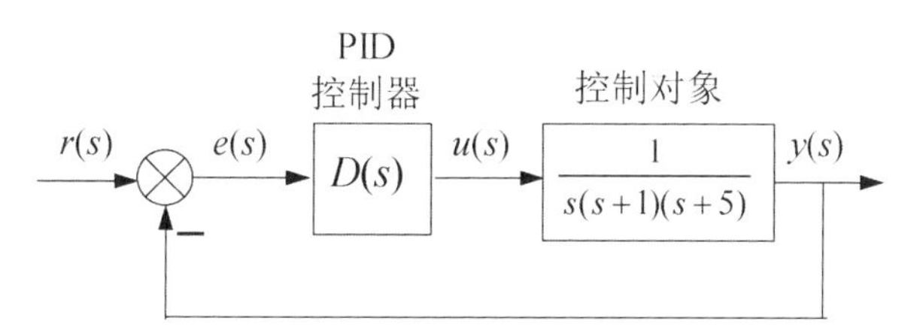

图 6.25　具有 PID 控制器的控制系统

解： 由于控制对象的传递函数中含积分环节，其阶跃响应不是 S 形曲线，因此只能用 Z-N 第二设计法确定 PID 控制器的参数。

假设 $T_{\mathrm{I}}\to\infty$，$T_{\mathrm{D}}=0$，则系统的闭环传递函数为

$$\frac{y(s)}{r(s)}=\frac{K_{\mathrm{P}}}{s(s+1)(s+5)+K_{\mathrm{P}}}$$

系统的特征方程为 $s^3+6s^2+5s+K_{\mathrm{P}}=0$，将 $s=\mathrm{j}\omega$ 代入该特征方程，计算得到系统输出信号产生持续等幅振荡时的 $K_{\mathrm{P}}=30$ 和振荡频率 $\omega=\sqrt{5}\ (1/\mathrm{s})$，即得系统的临界增益

$K_c = 30$ 和持续等幅振荡的周期 $T_c = \dfrac{2\pi}{\omega} = 2.81\,(\mathrm{s})$。依此查表 6-2，可得到使系统阶跃响应的超调量约为 25%的 PID 控制器参数，即

$$K_P = 0.6K_c = 18\,, \qquad T_I = 0.5T_c = 1.405\,, \qquad T_D = 0.125T_c = 0.351$$

获得的 PID 控制律为

$$u(t) = 18\left(e(t) + \frac{1}{1.405}\int_0^t e(t)\mathrm{d}t + 0.351\frac{\mathrm{d}e(t)}{\mathrm{d}t}\right)$$

这时，系统的闭环传递函数为

$$\frac{y(s)}{r(s)} = \frac{K_P T_D s^2 + K_P s + K_P / T_I}{s^4 + 6s^3 + (5 + K_P T_D)s^2 + K_P s + K_P / T_I} = \frac{6.32s^2 + 18s + 12.81}{s^4 + 6s^3 + 11.32s^2 + 18s + 12.81}$$

用 MATLAB 求出该系统的单位阶跃响应。图 6.26（a）所示是初次按 Z-N 法设计 PID 控制器时的系统单位阶跃响应。可知，系统的超调量很大，约为 62%。在这个基础上，进一步调整 PID 控制器的参数。当 $K_P = 18$，$T_I = 3.1$，$T_D = 0.8$ 时，系统的闭环传递函数为

$$\frac{y(s)}{r(s)} = \frac{14.4s^2 + 18s + 5.81}{s^4 + 6s^3 + 19.4s^2 + 18s + 5.81}$$

用 MATLAB 计算此时系统的单位阶跃响应，如图 6.26（b）所示。显然，这时系统的超调量显著下降，约为 18%，并且动态响应速度加快。

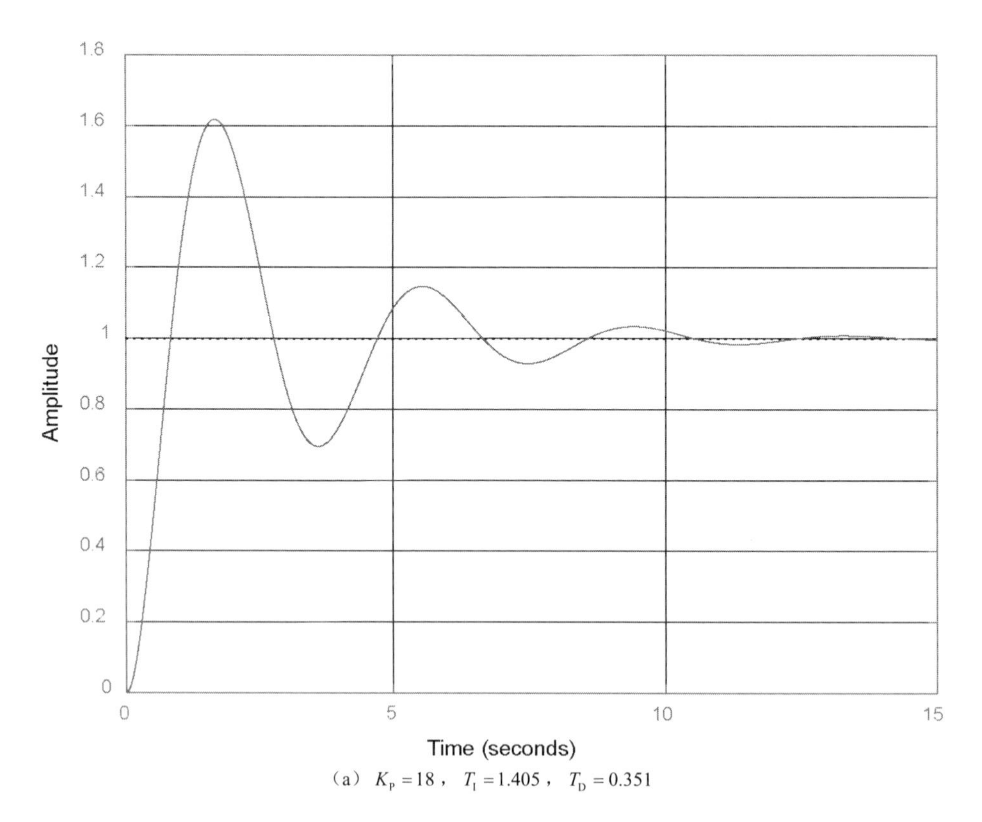

（a）$K_P = 18$，$T_I = 1.405$，$T_D = 0.351$

图 6.26　PID 控制系统的单位阶跃响应

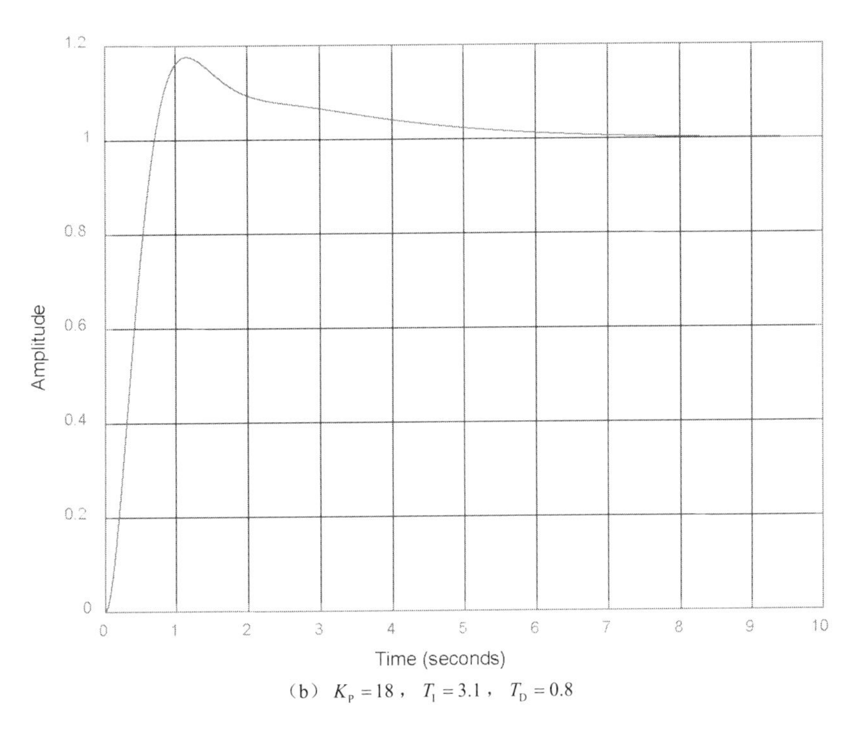

（b）$K_P = 18$， $T_I = 3.1$， $T_D = 0.8$

图 6.26　PID 控制系统的单位阶跃响应（续）

6.4　状态反馈与极点配置设计

控制系统的串联校正设计是在复数域进行的，本质上是通过根轨迹分析法或频域分析法引入适当的零点和极点，使反馈控制系统的极点（尤其是主导极点）位于或接近于期望的位置，从而达到改善或校正系统性能的目的。但是，仅靠引入几个零点和极点，常常很难使控制系统的极点位于期望的位置，一般情况下只能使控制系统的极点尽可能地接近期望的位置。例如，在例 6-10 中，通过调整 PID 控制参数 K_P、T_I、T_D，可以提高系统的阶跃响应性能。但是，系统阶跃响应性能提高到一定程度后，不论怎样调整 PID 控制参数 K_P、T_I、T_D 都很难得到更好的系统阶跃响应性能，其原因就是不论怎样改变 PID 控制参数也不能使控制系统的极点置于更好的位置上，从而也就不能获得更好的系统性能。

我们知道，控制系统的性能取决于极点在复数域的分布位置。如果能通过改变控制器的参数任意调配或配置系统极点在复数域的位置，就能设计出完全满足性能要求的控制系统。前面采用经典的控制系统设计法，在设计中没有考虑系统内部的状态，或者说没有利用系统内部的状态信息，仅靠调整控制器的几个参数就难以达到对系统极点的任意配置。因此，采用经典的控制系统设计法有时很难达到更高的性能要求。

正是由于经典的控制系统设计法的局限性，在现代控制工程中，人们提出采用系统内部状态信息设计反馈控制系统，这就是状态反馈控制系统的设计。极点配置法就是基于系统状态空间的一种设计法，它是可任意配置控制系统极点的时域设计法。

6.4.1 状态反馈

设已知的系统状态空间表达式为

$$\begin{cases}\dot{\boldsymbol{X}}(t)=\boldsymbol{AX}(t)+\boldsymbol{BU}(t)\\ \boldsymbol{Y}(t)=\boldsymbol{CX}(t)+\boldsymbol{DU}(t)\end{cases} \tag{6-37}$$

式中，$\boldsymbol{X}(t)$为$n\times1$维状态变量；$\boldsymbol{U}(t)$为$r\times1$维系统控制信号；$\boldsymbol{Y}(t)$为$m\times1$维系统输出信号；$\boldsymbol{A}$为$n\times n$阶系统矩阵；$\boldsymbol{B}$为$n\times r$阶输入矩阵；$\boldsymbol{C}$为$m\times n$阶输出矩阵；$\boldsymbol{D}$为$m\times r$阶直接转移矩阵。

状态反馈是指把系统状态变量$\boldsymbol{X}(t)$通过状态反馈矩阵$\boldsymbol{K}\in\mathbf{R}^{r\times n}$引入输入端，与给定输入量$\boldsymbol{R}(t)\in\mathbf{R}^{r\times1}$的差形成控制量$\boldsymbol{U}(t)$的一种反馈控制方式，如图 6.27 所示。这时，系统的控制量为

$$\boldsymbol{U}(t)=\boldsymbol{R}(t)-\boldsymbol{KX}(t) \tag{6-38}$$

把式（6-38）代入式（6-37）中，得

$$\begin{cases}\dot{\boldsymbol{X}}(t)=(\boldsymbol{A}-\boldsymbol{BK})\boldsymbol{X}(t)+\boldsymbol{BR}(t)\\ \boldsymbol{Y}(t)=(\boldsymbol{C}-\boldsymbol{DK})\boldsymbol{X}(t)+\boldsymbol{DR}(t)\end{cases} \tag{6-39}$$

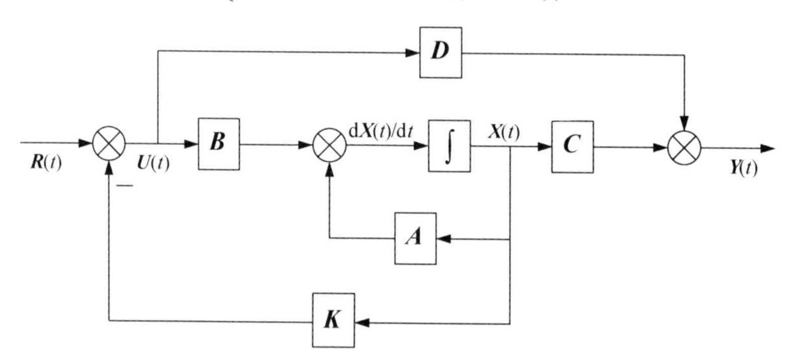

图 6.27 状态反馈控制系统

可见，状态反馈没有增加系统的维数，却使系统的特征方程变为$|s\boldsymbol{I}-(\boldsymbol{A}-\boldsymbol{BK})|=0$，表明可以通过状态反馈矩阵$\boldsymbol{K}$的选择来改变控制系统的特征根（即极点），从而可使控制系统获得期望的性能。因此，状态反馈使系统的极点产生了位移，或者说状态反馈矩阵$\boldsymbol{K}$的引入使系统的极点位置发生了变化，这是状态反馈的一个重要性质。

现在面临的问题：一是，通过状态反馈矩阵$\boldsymbol{K}$的变化是否可以任意配置系统极点在复平面上的位置？或者说在什么条件下通过改变状态反馈矩阵$\boldsymbol{K}$可以任意配置系统的极点位置？二是，怎样选择状态反馈矩阵$\boldsymbol{K}$可使系统极点置于期望的位置上，或者说应怎样计算状态反馈矩阵$\boldsymbol{K}$使系统原来的极点移动到期望的位置上？这些问题就是下面所要讨论的。

6.4.2 极点配置设计法

所谓极点配置设计法，就是指通过状态反馈或状态反馈矩阵$\boldsymbol{K}$的选择，使闭环控制系统具有任意要求的期望极点，也就是通过对状态反馈矩阵K的选择，将系统原来的极点移

动到任意的期望位置上。这就要求状态反馈矩阵 K 的改变或状态反馈可以任意移动系统的极点，这里不加证明地给出状态反馈可以任意移动系统极点的充分必要条件。

【定理】状态反馈可以任意配置反馈控制系统极点的充分必要条件是系统完全可控。

这就是说，只要系统完全可控，就可通过选择状态反馈矩阵 K 将反馈控制系统的极点配置在任意的期望位置上，即根据反馈控制系统的期望极点就可唯一地确定一个状态反馈矩阵 K。计算状态反馈矩阵 K 的方法即极点配置设计法，具体步骤如下：

（1）根据控制系统的性能要求，确定控制系统的希望极点。对式（6-37）表示的系统，设确定的期望极点为 $p_1, p_2, \cdots, p_n$。

（2）计算系统期望的特征多项式。

$$f^*(s)=\prod_{i=1}^{n}(s-p_i)=s^n+a_{n-1}^*s^{n-1}+\cdots+a_1^*s+a_0^* \tag{6-40}$$

（3）对有 r 个输入的 n 阶系统，选择状态反馈矩阵 $\boldsymbol{K}=[k_{ij}]_{r\times n}$，计算得到系统引入状态反馈后的特征多项式，即

$$f(s)=|s\boldsymbol{I}-(\boldsymbol{A}-\boldsymbol{BK})|=s^n+a_{n-1}s^{n-1}+\cdots+a_1s+a_0 \tag{6-41}$$

式中的系数 a_i（$i=0,1,2,\cdots,n-1$）是状态反馈矩阵 K 中元素的函数。

（4）为使反馈控制系统的极点与期望极点一致，令系统期望的特征多项式与引入状态反馈后的系统特征多项式相等，即 $f^*(s)=f(s)$。这就要求两个多项式关于 s 同幂次系数对应相等，即 $a_i^*=a_i$（$i=0,1,2,\cdots,n-1$），从而就可计算出状态反馈矩阵 K。

【例 6-11】图 2.28 所示的状态反馈控制系统是一个三阶的状态反馈控制系统，$\boldsymbol{X}(t)$是系统的状态变量，试求状态反馈矩阵 $\boldsymbol{K}$，使系统的超调量为 $M_\mathrm{p}=4.3\%$，调节时间为 $t_\mathrm{s}=3(\mathrm{s})$，系统在实轴上的极点到虚轴的距离是系统共轭复数极点到虚轴距离的 2 倍。

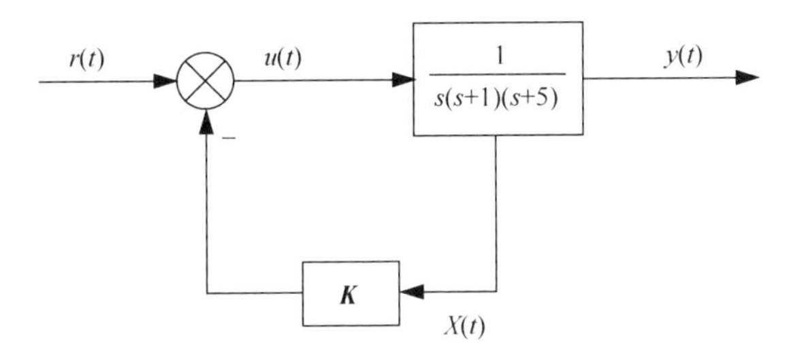

图 6.28　状态反馈控制系统

解：由于传递函数没有零点和极点可相消，因而该系统是完全可控的，通过状态反馈，可以实现闭环极点的任意配置。设系统的状态变量为

$$\boldsymbol{X}(t)=\begin{bmatrix}x_1 & x_2 & x_3\end{bmatrix}^\mathrm{T}=\begin{bmatrix}y(t) & \dot{x}_1(t) & \dot{x}_2(t)\end{bmatrix}^\mathrm{T}$$

则由传递函数求得系统的状态方程，即

$$\begin{bmatrix}\dot{x}_1(t)\\ \dot{x}_2(t)\\ \dot{x}_3(t)\end{bmatrix}=\begin{bmatrix}0 & 1 & 0\\ 0 & 0 & 1\\ 0 & -5 & -6\end{bmatrix}\begin{bmatrix}x_1(t)\\ x_2(t)\\ x_3(t)\end{bmatrix}+\begin{bmatrix}0\\ 0\\ 0\end{bmatrix}u(t)$$

输出方程为

$$y(t)=\begin{bmatrix}1 & 0 & 0\end{bmatrix}\begin{bmatrix}x_1(t)\\x_2(t)\\x_3(t)\end{bmatrix}$$

由已知的系统超调量 $M_{\mathrm{p}}=\mathrm{e}^{-\frac{\pi\zeta}{\sqrt{1-\zeta^2}}}=4.3\%$ 和调节时间 $t_{\mathrm{s}}=\dfrac{3}{\zeta\omega_{\mathrm{n}}}=3\,(\mathrm{s})$，计算得到 $\omega_{\mathrm{n}}=\sqrt{2}$ 和 $\zeta=\dfrac{1}{\sqrt{2}}$，从而计算得到系统的共轭复数极点，即 $s_{2,3}=-\zeta\omega_{\mathrm{n}}\pm\mathrm{j}\omega_{\mathrm{n}}\sqrt{1-\zeta^2}=-1\pm\mathrm{j}$。又已知系统在实轴上的极点到虚轴的距离是系统共轭复数极点到虚轴距离的 2 倍，根据 $s_{2,3}=-1\pm\mathrm{j}$ 与虚轴的距离，可知系统在实轴上的极点应为 $s_1=-2$。显然，$s_1=-2$，$s_{2,3}=-1\pm\mathrm{j}$ 是控制系统的期望闭环极点，那么系统的期望特征多项式为

$$f^*(s)=(s+2)(s+1-j)(s+1+j)=s^3+4s^2+6s+4$$

又已知系统的阶数 $n=3$，输入信号个数 $r=1$，令状态反馈矩阵 $\boldsymbol{K}=[k_{ij}]_{1\times3}=\begin{bmatrix}k_1 & k_2 & k_3\end{bmatrix}$，得

$$s\boldsymbol{I}-(\boldsymbol{A}-\boldsymbol{BK})=\begin{bmatrix}s & -1 & 0\\0 & s & -1\\k_1 & 5+k_2 & s+6+k_3\end{bmatrix}$$

那么，系统引入状态反馈后的特征多项式为

$$f(s)=|s\boldsymbol{I}-(\boldsymbol{A}-\boldsymbol{BK})|=s^3+(6+k_3)s^2+(5+k_2)s+k_1$$

为使引入状态反馈后的系统极点位于期望的位置上，选择 $f^*(s)=f(s)$，解得

$$k_1=4\text{，}\quad 5+k_2=6\text{，}\quad 6+k_3=4$$

得到状态反馈矩阵，即

$$\boldsymbol{K}=\begin{bmatrix}4 & 1 & -2\end{bmatrix}$$

那么，由式（6-39）可知，引入状态反馈后，系统的状态空间表达式为

$$\begin{cases}\dot{\boldsymbol{X}}(t)=\begin{bmatrix}0 & 1 & 0\\0 & 0 & 1\\-4 & -6 & -4\end{bmatrix}\boldsymbol{X}(t)+\begin{bmatrix}0\\0\\1\end{bmatrix}\boldsymbol{r}(t)\\ \boldsymbol{y}(t)=\begin{bmatrix}1 & 0 & 0\end{bmatrix}\boldsymbol{X}(t)\end{cases}$$

【例 6-12】 设系统状态空间表达式为

$$\begin{bmatrix}\dot{x}_1\\\dot{x}_2\\\dot{x}_3\end{bmatrix}=\begin{bmatrix}0 & 1 & 0\\0 & 1 & 1\\0 & 0 & 2\end{bmatrix}\begin{bmatrix}x_1\\x_2\\x_3\end{bmatrix}+\begin{bmatrix}0\\0\\1\end{bmatrix}u\qquad y=\begin{bmatrix}10 & 0 & 0\end{bmatrix}\begin{bmatrix}x_1\\x_2\\x_3\end{bmatrix}$$

求状态反馈矩阵 $\boldsymbol{K}$，使反馈控制系统的极点为-2 和$-1\pm\mathrm{j}$。

解： 未采用状态反馈时的系统特征多项式为

$$|s\boldsymbol{I}-\boldsymbol{A}|=\begin{vmatrix}s & -1 & 0\\0 & s-1 & -1\\0 & 0 & s+2\end{vmatrix}=s^3+s^2-2s$$

计算得到系统的特征根，即 $p_1=1,p_2=0,p_3=-2$，表明此时系统是不稳定的。又已知系统的可控性判别矩阵为

$$\boldsymbol{Q}_{\mathrm{c}}=\begin{bmatrix}\boldsymbol{B} & \boldsymbol{AB} & \boldsymbol{A}^2\boldsymbol{B}\end{bmatrix}=\begin{bmatrix}0 & 0 & 1\\ 0 & 1 & -1\\ 1 & -2 & 4\end{bmatrix}$$

显然，$|Q_{\mathrm{c}}|\neq 0$，表明系统完全可控，系统极点可以任意配置。

为此，设状态反馈矩阵 $\boldsymbol{K}=\begin{bmatrix}k_1 & k_2 & k_3\end{bmatrix}$，则反馈控制系统的特征多项式为

$$f(s)=|s\boldsymbol{I}-(\boldsymbol{A}-\boldsymbol{BK})|=s^3+(1+k_3)s^2+(k_2-2-k_3)s+k_1$$

根据已知的系统极点，建立系统的期望特征多项式，即

$$f^*(s)=(s+2)(s+1-\mathrm{j})(s+1+\mathrm{j})=s^3+4s^2+6s+4$$

令 $f(s)=f^*(s)$，根据复变量 s 的同次幂系数相等，解得

$$\begin{aligned}&k_1=4\\&k_2-2-k_3=6\\&1+k_3=4\end{aligned}\qquad \text{或} \qquad \begin{aligned}&k_1=4\\&k_2=11\\&k_3=3\end{aligned}$$

因此，$\boldsymbol{K}$=[4　11　3]。

从例 6-12 可以看出，通过状态反馈任意配置系统极点的位置，可以使不稳定的系统变成稳定的系统，这种控制称为系统的镇定。

应当指出的是，系统如果不是完全可控的，就表明不能在复平面上任意配置系统的极点，即这时状态反馈矩阵 $\boldsymbol{K}$ 可能无解或不能得到完整的解。状态反馈不改变系统的维数，也不改变系统的可控性。但是，在任意配置系统极点时，要注意系统零点的影响。不难想象，当任意配置系统极点导致系统零点和极点相消时，就会影响系统的可观测性。

6.5　应用 MATLAB 进行控制系统设计

设计控制系统时需先分析系统原有的性能，然后根据系统的性能指标要求，采用恰当的设计方法进行控制器设计，最后验证所设计的控制系统是否达到性能指标要求。这个设计过程在很多时候需要不断地试探或反复进行，其计算分析要花费一定的时间。

利用 MATLAB 可以方便地进行控制系统的分析与设计，不仅可减少手工计算，而且还可通过仿真曲线，直观地看到所设计控制系统的控制效果。

【例 6-13】已知某单位反馈控制系统的开环传递函数为

$$G(s)=\frac{K}{s(s+2)}$$

试设计一个串联校正装置，使校正后的系统满足以下条件：在速度信号 $r(t)=at$（$a>0$）的输入作用下，系统的输出稳态误差 $e_{\mathrm{s}}\leqslant 0.002a$；校正系统的相位裕量满足 $43^\circ<\gamma<48^\circ$。

解：在速度信号 $r(t)=at$ 的输入作用下，系统的静态速度误差系数 $K_{\mathrm{v}}=\lim\limits_{s\to 0}sG(s)=K/2$，

则系统的稳态误差 $e_s = \dfrac{a}{K_v} = \dfrac{2a}{K} \leqslant 0.002a$，解得 $K \geqslant 1000$，选择 $K = 1000$，此时 $G(s) = \dfrac{1000}{s(s+2)}$。

（1）绘制出未校正系统的对数频率特性图和阶跃响应曲线，检查并分析其控制性能。相应的 MATLAB 程序代码如下：

```
num1=1000;den1=[1 2 0];
[mag,phase,w]=bode(num1,den1);
figure(1);
margin(mag,phase,w);
hold on
figure(2);
sys1=tf(num1,den1);
sys=feedback(sys1,1);
step(sys)
grid on
```

由图 6.29 所示的未校正系统的对数频率特性图可知，系统的增益裕量 $L(\omega_g) = 36.1\text{dB}$，相位裕量 $\gamma = 3.63°$，不满足题目要求。又由图 6.30 所示的未校正系统的单位阶跃响应曲线可知，系统阶跃响应振荡剧烈，说明此时系统的动态性能很差，可采用串联超前校正装置改善其动态性能。

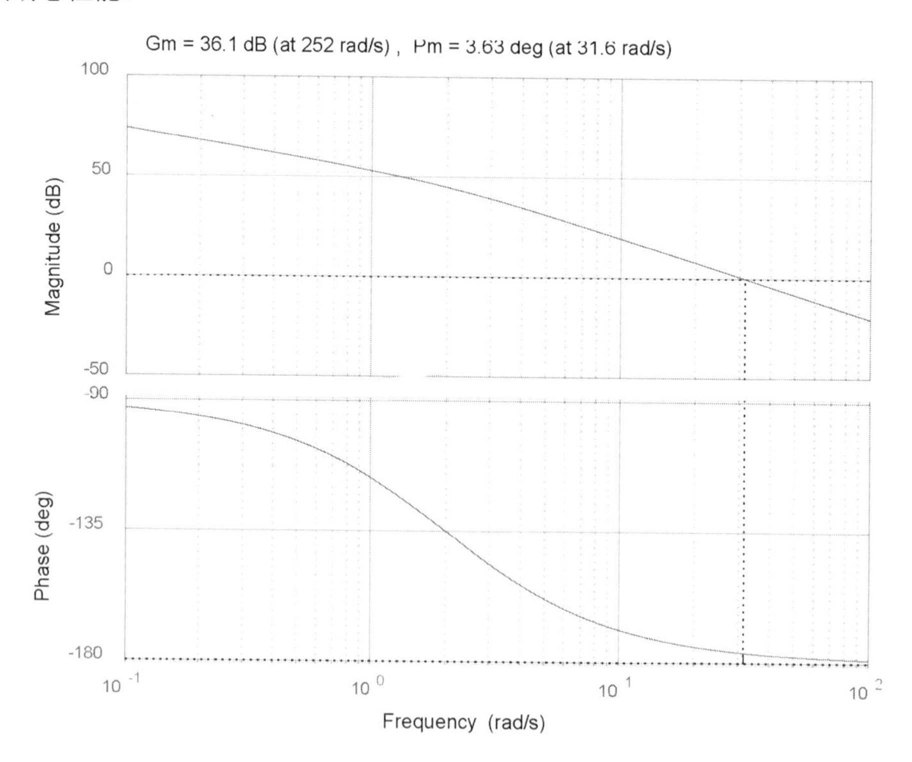

图 6.29　未校正系统的对数频率特性图

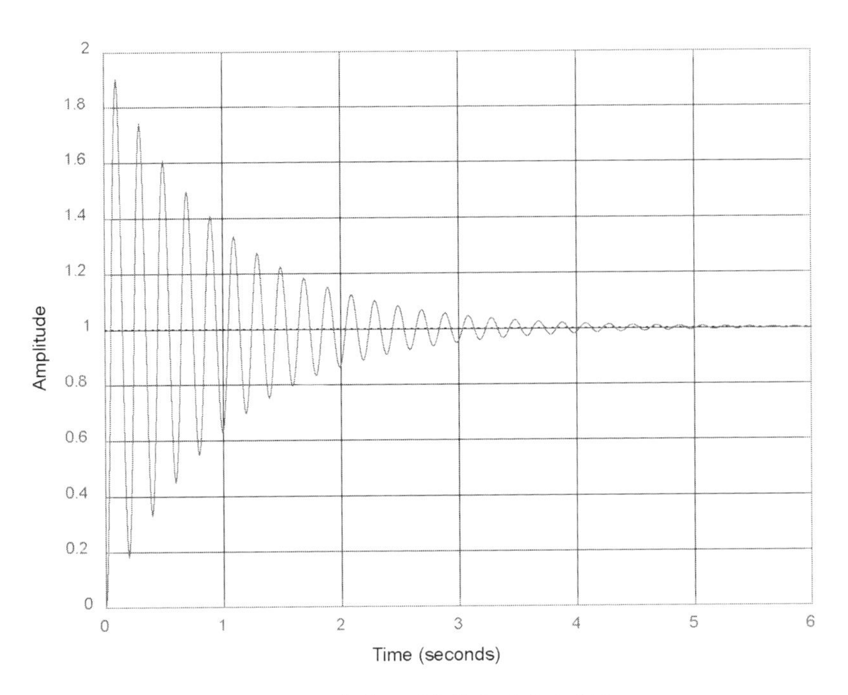

图 6.30　未校正系统的阶跃响应曲线

（2）设串联超前校正装置的传递函数为

$$D(s)=\frac{T_1 s+1}{T_2 s+1},\qquad T_1>T_2$$

根据相位裕量要求条件 $43^\circ<\gamma<48^\circ$，选择 $\gamma=45$。那么，计算超前校正装置传递函数的 MATLAB 程序代码如下：

```
num=1000;den=[1 2 0];
sys=tf(num,den);
[mag,phase,w]=bode(sys);
gama=45;[mu,pu]=bode(sys,w);
gam=gama*pi/180 ;
alfa=(1-sin(gam))/(1+sin(gam)) ;
adb=20*log10(mu);am=10*log10(alfa);
ca=adb+am;wc=spline(adb,w,am);
T=1/(wc*sqrt(alfa));
alfat=alfa*T;
D=tf([T 1],[alfat 1])
```

运行结果为

```
D =
  0.04916 s + 1
  --------------
  0.008434 s + 1
Continuous-time transfer function.
```

可知，串联超前校正装置的传递函数为

$$D(s)=\frac{0.04916s+1}{0.008434s+1}$$

（3）校验系统的控制性能。

根据校正前的系统开环传递函数 $G(s)$和超前校正装置的传递函数 $D(s)$，以及已知的性能条件，可用 MATLAB 绘制校正后的对数频率特性图和单位阶跃响应曲线，相应的 MATLAB 程序代码如下：

```
num1=1000;den1=[1 2 0];
sys1=tf(num1,den1);
num2=[0.04916 1];den2=[0.008434 1];
sys2=tf(num2,den2);
sys=sys1*sys2;
[mag,phase,w]=bode(sys);
margin(mag,phase,w);
sys3=feedback(sys,1);
figure(2);
hold on;
step(sys3)
grid on
```

图6.31和图6.32所示分别是运行程序代码后得到的校正后系统对数频率特性图和单位阶跃响应曲线，可以看出，校正后系统的增益裕量 $L(\omega_g)=97.9\text{ dB}$，相位裕量 $\gamma=47.2^\circ$。从图6.32可以看出，校正后系统的阶跃响应曲线平缓很多，表明串联超前校正装置明显改善了系统的动态性能。

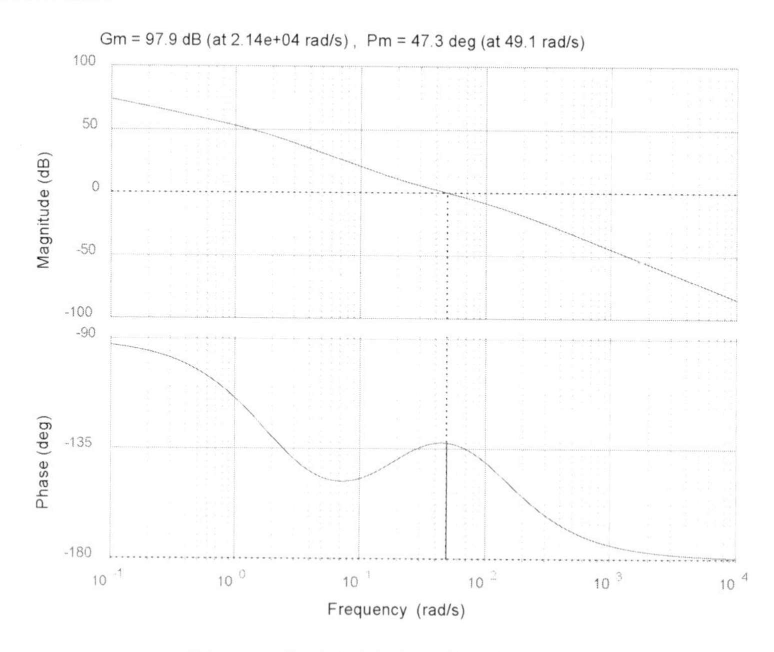

图6.31 校正后系统的对数频率特性图

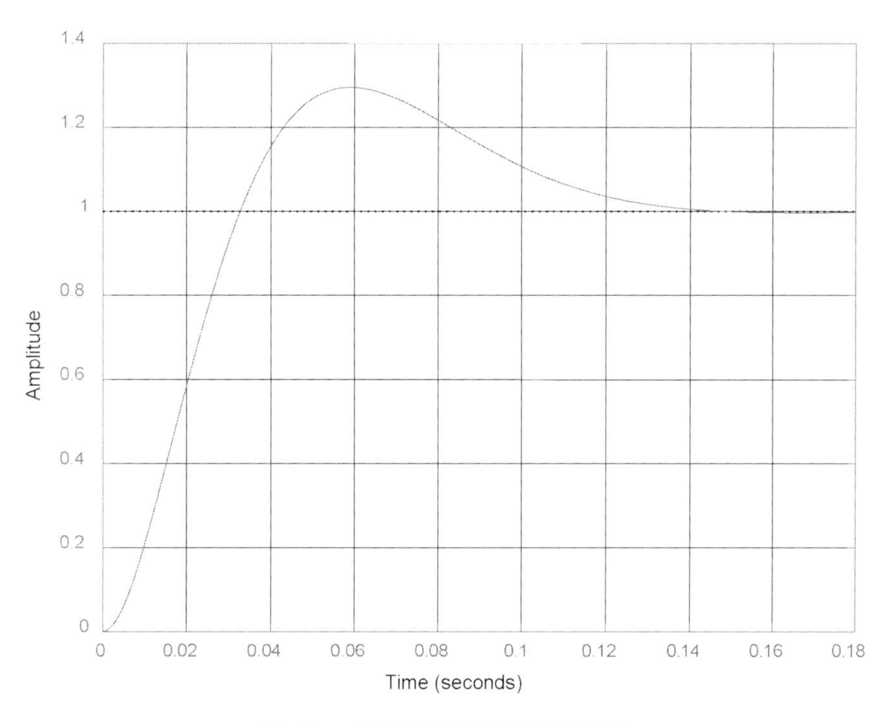

图 6.32　校正后系统的阶跃响应曲线

【例 6-14】 设某控制系统的传递函数为

$$G(s)=\frac{y(s)}{u(s)}=\frac{21}{(s+1)(s+2)(s+3)}$$

试设计一个状态反馈矩阵 $\boldsymbol{K}$，使之构成闭环控制系统，要求状态反馈系统的闭环极点为 $s_{1,2}=-3\pm \mathrm{j}2\sqrt{3}$ 和 $s_3=-15$ 。

解： 对于已知的传递函数 $G(s)$，可用 MATLAB 中的函数命令 `tf2ss()` 把它转换为状态方程，然后用函数命令 `rank()` 计算系统是否完全可控，再用函数命令 `place()` 指令计算状态反馈矩阵 $\boldsymbol{K}$。最后，计算绘制出状态反馈系统的单位阶跃响应曲线，以观察状态反馈的效果。相应的 MATLAB 的程序代码如下：

```
num=[21];den=[1 6 11 6];
[a,b,c,d]=tf2ss(num,den);
qc=ctrb(a,b);
rc=rank(qc)
p=[-3+2*sqrt(3)*i -3-2*sqrt(3)*i -15];
k=place(a,b,p)
a1=a-b*k;
b1=b*k(1);
c1=c;
d1=d;
step(a1,b1,c1,d1)
```

运行结果为

```
rc =  3
k =  15.0000  100.0000  309.0000
```

可控性判别矩阵的秩为 3（满秩），计算得到的状态反馈矩阵 $\boldsymbol{K}=\begin{bmatrix}15 & 100 & 309\end{bmatrix}^{\mathrm{T}}$。采用状态反馈的系统单位阶跃响应曲线如图 6.33 所示，对照图 6.34 所示的未采用状态反馈的系统单位阶跃响应曲线，可知引入状态反馈后，系统的动态响应时间明显减少，说明相应的快速性得到显著提高。

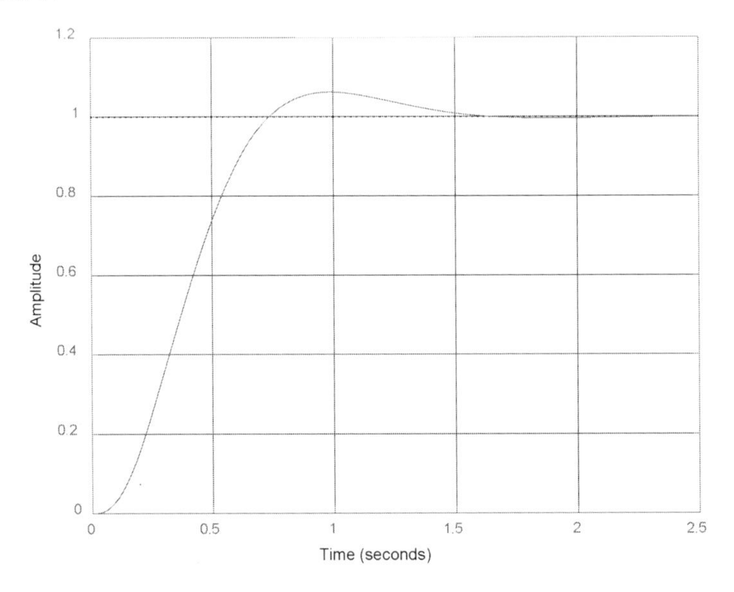

图 6.33 采用状态反馈的系统单位阶跃响应曲线

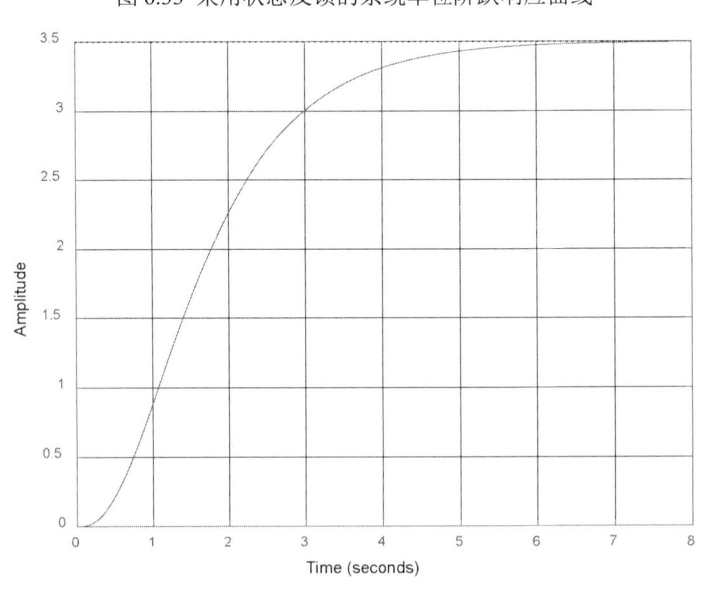

图 6.34 未采用状态反馈的系统单位阶跃响应曲线

习　题

6-1　已知某单位反馈控制系统的开环传递函数为

$$G(s)=\frac{K}{s(s+1)(s+2)(s+3)}$$

若该系统的一对主导极点为$s_{1,2}=-1\pm \mathrm{j}\sqrt{3}$，两个实数极点为$s_3=-5$、$s_4=-10$，试求相应的$K$值。

6-2　已知某单位反馈控制系统的开环传递函数为

$$G(s)=\frac{10}{s(0.1s+1)(0.5s+1)}$$

如果对该系统进行串联超前校正，并且所用校正装置的传递函数为

$$D(s)=\frac{0.23s+1}{0.023s+1}$$

试求校正后系统的相位裕量和增益裕量。

6-3　设某单位反馈控制系统的开环传递函数为

$$G(s)=\frac{K}{s(0.5s+1)}$$

若要求系统对单位速度输入信号的稳态误差$e_\mathrm{s}=0.05$，相位裕量$\gamma\geqslant 50^\circ$，试确定系统串联校正装置的传递函数。

6-4　已知某单位反馈控制系统的开环传递函数为

$$G(s)=\frac{1}{(0.333s+1)^3}$$

要求采用串联滞后校正装置，使校正后系统的静态位置误差系数$K_\mathrm{p}=12$，相位裕量$\gamma\geqslant 100^\circ$，增益裕量$L(\omega_\mathrm{g})\geqslant 3\,\mathrm{dB}$。

6-5　已知某单位反馈控制系统的开环传递函数为

$$G(s)=\frac{K}{s(s+1)(s+90)}$$

（1）为使该系统的$K_\mathrm{v}=7$，试确定K值。

（2）画出该系统的对数频率特性图。

（3）计算该系统的相位裕量。

（4）引入滞后校正装置

$$D(s)=\frac{s+0.15}{s+0.015}$$

重新计算该系统的K_v值。

6-6　已知未校正反馈控制系统的开环传递函数为

$$G(s)=\frac{50}{s(0.125s+1)(0.5s+1)}$$

要求设计一个滞后-超前校正装置，使校正后系统的静态速度误差系数 $K_v \geqslant 100\,(1/s)$，相位裕量 $\gamma \geqslant 40^\circ$，增益裕量 $L(\omega_g) \geqslant 10\,dB$，幅值穿越频率 $\omega_c = 5\,(1/s)$。

6-7　设某单位反馈控制系统的开环传递函数为

$$G(s)=\frac{10}{s(0.071s+1)(0.2s+1)}$$

采用串联超前校正装置，要求校正后的系统静态速度误差系数 $K_v = 10(1/s)$，超调量为 $M_p \leqslant 20\%$，调节时间为 $t_s \leqslant 0.9s$，试设计串联超前校正装置。

6-8　设某单位反馈控制系统的开环传递函数为

$$G(s)=\frac{K}{s(0.05s+1)(0.25s+1)(0.1s+1)}$$

试设计串联滞后校正装置，使该系统的开环增益不小于12，超调量 $M_p \leqslant 30\%$，调节时间 $t_s \leqslant 6\,s$。

6-9　已知某单位反馈控制系统中固定不变部分的对数幅频特性图 L_0 和串联校正装置的对数幅频特性图 L_c 分别为图6.35（a）、图6.35（b）和图6.35（c）所示的3种情况。

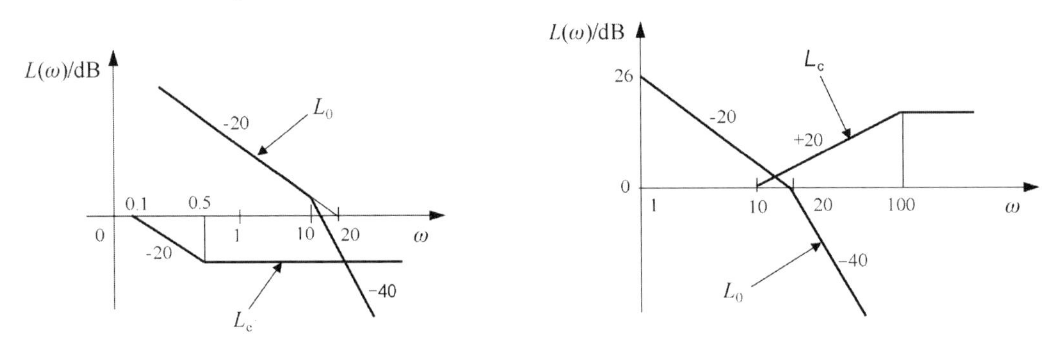

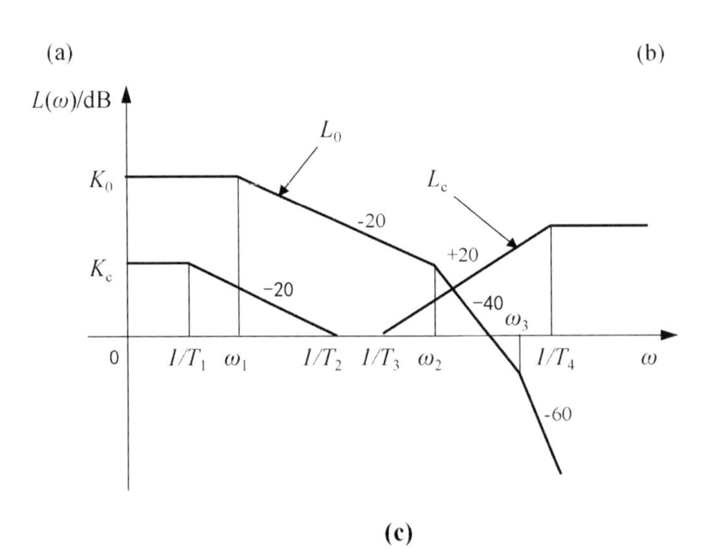

图6.35　习题6-9图

要求：（1）写出校正后该系统的开环传递函数。

（2）分析校正装置对系统的作用。

6-10　设某单位反馈控制系统的开环传递函数为

$$G(s)=\frac{K}{s(s+1)}$$

（1）试设计串联滞后校正装置和该系统的可调增益 K，使该系统的静态速度误差系数 $K_{\mathrm{v}}=12\,(1/\mathrm{s})$，相位裕量 $\gamma \geqslant 40^{\circ}$。

（2）试设计串联超前校正装置和系统的可调增益 K，满足条件（1）中的性能指标。

（3）比较校正前后系统的性能。

6-11　已知某单位反馈控制系统的开环传递函数为

$$G(s)=\frac{K}{(s+1)(s-1)}$$

（1）试绘制该系统的根轨迹，并分析该系统的稳定情况。

（2）若进行串联超前校正，则超前校正装置的传递函数为

$$D(s)=\frac{s+2}{s+20}$$

试绘制校正后的系统根轨迹，并讨论该系统的稳定情况。

6-12　设某单位反馈控制系统的开环传递函数为

$$G(s)=\frac{40}{s(0.2s+1)(0.0625s+1)}$$

（1）若要求校正后该系统的相位裕量为 30°，增益裕量为 10～12dB，试设计串联超前校正装置。

（2）若要求校正后该系统的相位裕量为 50°，增益裕量为 30～40dB，试设计串联滞后校正装置。

6-13　设某单位反馈控制系统的开环传递函数为

$$G(s)=\frac{8}{s(2s+1)}$$

采用滞后-超前校正装置，该校正装置的传递函数为

$$D(s)=\frac{(2s+1)(10s+1)}{(0.2s+1)(100s+1)}$$

试绘制校正前后的系统对数幅频特性图，并计算校正前后系统的相位裕量。

6-14　某单位反馈控制系统开环传递函数为

$$G(s)=\frac{K(s+5)}{(s+2)(s+6)(s+8)}$$

要求该系统阶跃响应的超调量不大于 20%。试利用 MATLAB 计算：

（1）调节时间 t_{s} 与静态位置误差系数 K_{p}。

（2）相位裕量及对应的幅值穿越频率。

（3）设计一种校正装置，使得静态位置误差系数增大为原来的 3 倍，调节时间减少到

原来的 0.5 倍，同时要求超调量保持不变。

6-15　已知某单位反馈控制系统的开环传递函数为

$$G(s)=\frac{K}{s(s+3)(s+50)}$$

（1）要求该系统静态速度误差系数 $K_{\mathrm{v}}=10\,(1/\mathrm{s})$，试确定 K 值。

（2）绘制该系统的极坐标图，判定闭环系统的稳定性。

（3）绘制该系统的对数坐标图，求幅值穿越频率 ω_{c} 和相位裕量 γ 。

（4）若要求该系统的相位裕量 $\gamma\geqslant 35^{\circ}$，试设计一个滞后校正装置 $D(s)$ 。

6-16　什么是 PID 控制器？写出其输入量/输出量之间的传递函数。PD 控制器和 PI 控制器怎样影响系统的上升时间、调节时间和带宽？

6-17　传递函数为 $G(s)=K_{\mathrm{P}}\left(1+\dfrac{1}{Ts}+\tau s\right)$ 的控制器具有什么样的控制规律？其参数选择一般具有什么特点？加入控制系统后，系统的性能将会有哪些改善？

6-18　设某一系统框图如图 6.36 所示，要求采用串联校正和混合校正两种方法，消除系统跟踪速度输入信号的稳态误差，试分别确定串联校正装置 $G_{\mathrm{c}}(s)$ 与混合校正前馈装置 $G_{\mathrm{r}}(s)$ 的传递函数。

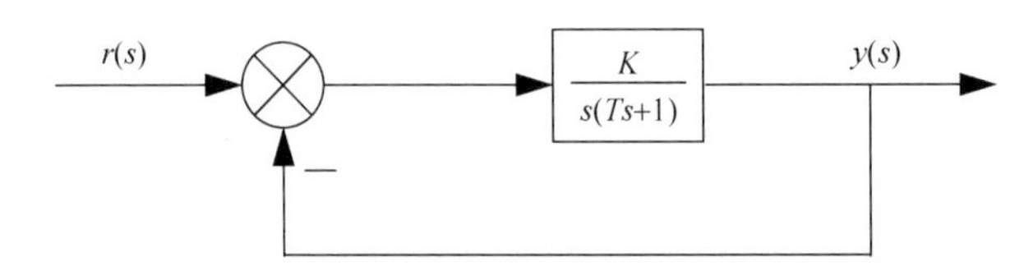

图 6.36　习题 6-18 图

6-19 具有 PI 控制器的 0 型系统如图 6.37 所示。

（1）确定 K_{I}，使静态速度误差系数 $K_{\mathrm{v}}=100\,(1/\mathrm{s})$。

（2）对于确定的 K_{I} 值，试确定使系统稳定的静态位置误差系数值的范围。

（3）分析该系统的静态位置误差系数值的大小对超调量的影响，找出使最大超调量最小的静态位置误差系数值。

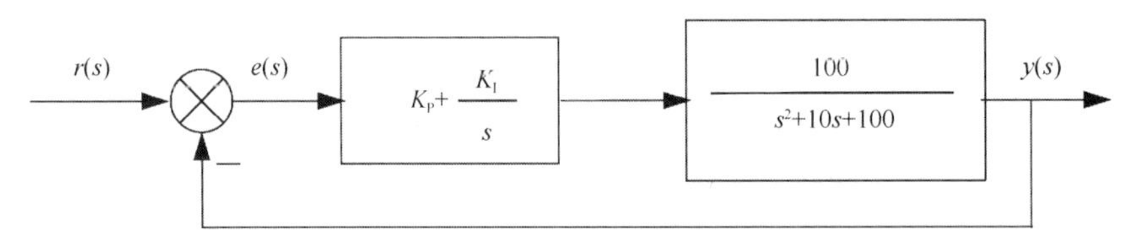

图 6.37　习题 6-19 图

6-20　设某单位反馈控制系统的开环传递函数为

$$G(s)=\frac{0.08K}{s(s+0.5)}$$

要求满足的性能指标如下：静态速度误差系数 $K_{\mathrm{v}}\geqslant 4\ (1/\mathrm{s})$，相位裕量 $\gamma\geqslant 50^{\circ}$，超调量 $M_{\mathrm{p}}\leqslant 30\%$ 。试设计一个串联超前校正装置。

6-21 某控制系统框图如图 6.38 所示，使用 Z-N 法确定 PID 控制器的参数。

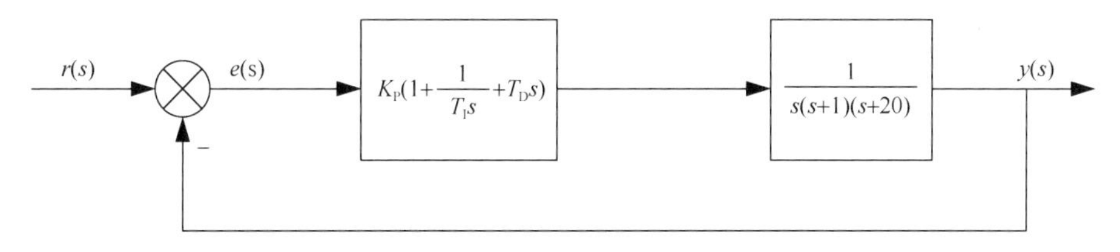

图 6.38　习题 6-21 图

6-22　已知某系统开环传递函数为$G(s)=\dfrac{K}{s(0.5s+1)(0.1s+1)}$，试设计 PID 控制器，使该系统的静态速度误差系数$K_v \geqslant 10$，$\gamma(\omega_c'') \geqslant 50$且$\omega_c'' \geqslant 4$。

第 7 章 离散控制系统的基础理论

【学习要求】

正确理解离散控制系统的相关概念，能够建立离散控制系统的数学模型（主要包括差分方程和脉冲传递函数），能够基于数学模型和 Z 变换方法开展离散控制系统的计算、分析和设计。

7.1 概　　述

按照信号类型的不同，控制系统可划分为连续控制系统和离散控制系统。在前几章所述的控制系统中，所有信号都是时间变量的连续函数，即连续信号，这类系统称为连续控制系统。如果控制系统中有一个或几个信号是一串脉冲或数字信号，这样的系统称为离散控制系统。近年来，随着脉冲技术、数字式元器件、数字计算机和电子技术的飞速发展，离散控制系统在许多场合取代了连续控制系统，广泛应用于航空、航天、机器制造、通信、电力、化工等领域，以及现代社会生活的各个方面，成为现代工业控制系统中的一种重要形式。

离散控制系统是指控制系统内存在时间不连续信号或离散信号的离散控制系统。线性离散控制系统与线性控制连续系统相比，具有本质上的不同，但由于同是线性系统，二者在很多方面又具有很大程度的相似性，线性连续控制系统中的很多概念和方法均可以推广应用到线性离散控制系统。

图 7.1 中是一个位置数字控制系统，该系统的输入信号 $r(t)$ 是输入计算机的位置指令信号，伺服电动机上的旋转编码器测量工作台的实际位置信号经 A/D 转换器转换成数字信号反馈给计算机，与给定的位置指令信号（数字量）进行比较，得到位置偏差信号。计算机通过某种算法把位置偏差信号转换成所需的控制信号 $u(t)$ 。该控制信号通过 D/A 转换器和伺服驱动器控制伺服电动机带动丝杆的运动，从而实现工作台的位置控制。可以看出，数字控制系统与连续控制系统一样，也是闭环的反馈控制系统；不同的是计算机的输入、输出信号均为数字信号，即一种离散信号。

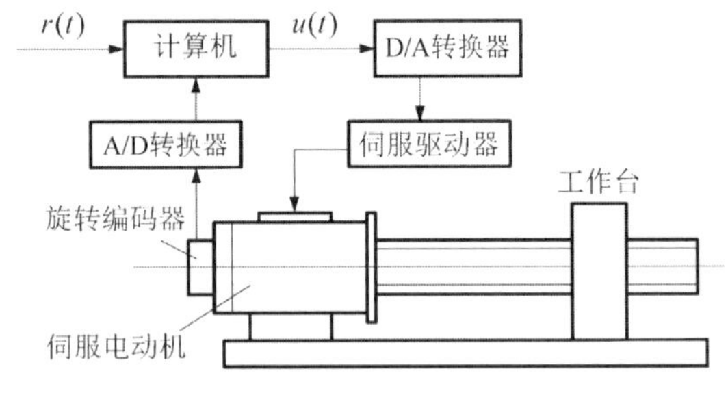

图 7.1　位置数字控制系统

7.1.1 采样控制系统

一般来说，如果离散控制系统中的离散信号是脉冲序列形式，该系统就称为采样控制系统或脉冲控制系统。

采样控制系统在现代工业控制领域中应用广泛，尤其是在工业过程控制中广泛使用。采样控制系统中不仅有模拟部件，也有脉冲部件，因此采样控制系统中存在连续信号和脉冲信号这两种不同的信号。采样控制系统中的两个特殊环节——采样器和保持器用于实现两种信号的相互传递，连续信号转换为脉冲信号时使用采样器，脉冲信号恢复成连续信号时采用保持器。

采样控制系统由连续的控制对象、采样器、保持器、控制器及检测元件等组成，其典型结构如图 7.2 所示。该系统是误差采样控制系统，采样器在控制回路内部。

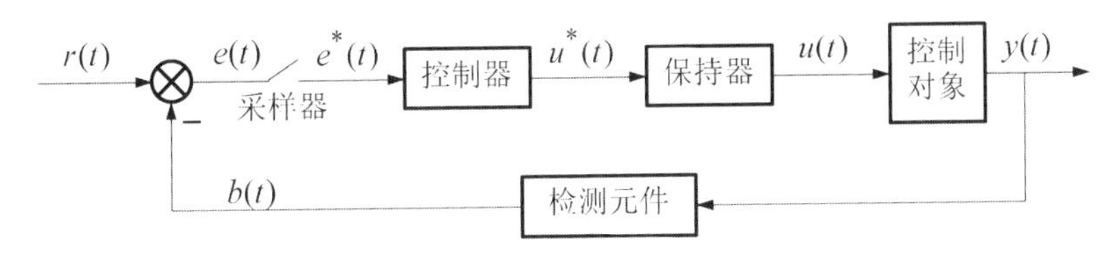

图 7.2　采样控制系统的典型结构

在图 7.2 中，$e^*(t)$ 是连续误差信号 $e(t)$ 经过采样器采样获得的一系列离散误差信号，$e^*(t)$ 作为控制器的输入信号，经过控制器的计算处理得到离散的控制信号 $u^*(t)$，再经过保持器（或滤波器）恢复为连续信号 $u(t)$，输送到控制对象中，控制对象的输出信号又反馈到输入端，以便进行调节。

采样控制最早出现在具有较大纯滞后或大惯性的控制对象的系统中，这类控制对象采用连续控制时，往往难以解决控制精度与动态性能之间的矛盾，不能获得高质量的控制效果，而采样控制能使这类问题得到解决。

7.1.2 数字控制系统

当离散信号被量化为数字信号时，该系统就称为数字控制系统或计算机控制系统。数字控制系统的基本控制方式与连续控制系统一样，分为开环的顺馈（补偿）控制、闭环的反馈控制和开闭环相结合的复合控制。由于控制系统在实际应用中常常遇到内外因素变化和扰动信号的影响，因此反馈控制同样也是数字控制系统的基本控制模式。数字控制系统的典型结构如图 7.3 所示。

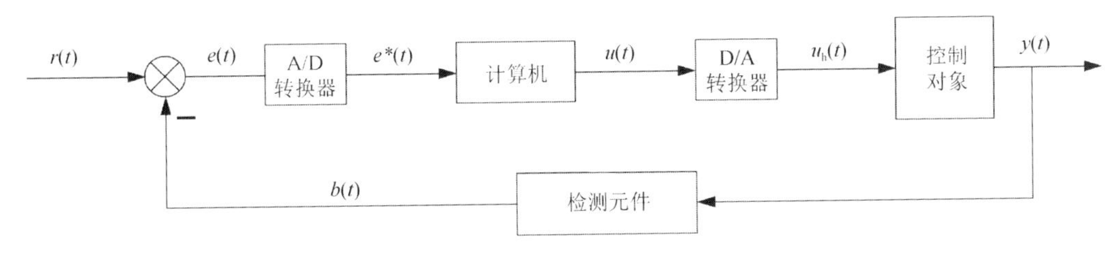

图 7.3　数字控制系统的典型结构

对于图7.3所示的数字控制系统，计算机的输入和输出信号只能是二进制的数字信号，即在时间上离散、量值上数字化的信号，这也是它与采样控制系统的区别所在。而系统中控制对象和检测元件的输入和输出信号都是连续信号。因此，在数字控制系统中，需要采用模-数转换器（A/D转换器）和数-模转换器（转换器D/A）完成连续信号与离散信号之间的相互转换。

A/D转换器是把连续信号转换成数字信号的装置，A/D转换包括采样和量化两个过程，其作用类似于图7.2中的采样器。D/A转换器是把数字信号转换为连续信号的装置，D/A转换包括解码和复现两个过程，其作用类似于图7.2中的保持器。

随着计算机科学技术的普及，特别是微处理器的迅速发展和广泛使用，数字控制器在控制精度、控制速度和性价比等方面都呈现出显著的优势，而且数字控制器还具有较好的通用性，可以通过计算机编程方便地改变控制规律。同时，数字信号的传递可以有效地抑制噪声，从而提高系统的抗干扰能力，有利于多机控制（利用一台数字控制器控制多个系统），对具有时滞或大延迟的系统，可通过采样控制的方式提高系统稳定性。

7.2 离散信号与Z变换

在离散控制系统中，连续信号转换为离散信号往往通过采样器实现，离散信号转换为连续信号通过保持器实现。为了定量研究离散控制系统，必须对信号的采样过程和保持过程进行数学描述。

7.2.1 信号采样与离散信号

1. 信号的采样

把一个连续信号转换为离散信号的过程称为采样，实现采样过程的装置称为采样器或采样开关。

1）采样过程

离散控制系统的采样方式有多种，若系统中的采样周期为一常数，则这种采样称为周期采样；若采样周期是变化的，则称之为非周期采样；若同一系统存在两种或两种以上不同采样周期的采样，则称之为多速率采样；若采样周期是随机变化的，则称之为随机采样。离散控制系统常用的采样方式为周期采样和多速率采样。本章介绍的是最常用的周期采样。

采样器可用一个周期性闭合的采样开关S表示，将连续信号$f(t)$施加到采样开关S输入端，如果采样开关每隔周期T闭合一次，闭合持续时间为τ，则在采样开关的输出端就得到宽度为τ的脉冲序列$f^*(t)$，如图7.4所示。其中的符号“*”表示采样信号。

在实际应用中，采样持续时间τ极短，远小于采样周期T，即$\tau << T$，也远小于采样器后面系统连续部分的最大时间常数。因此，在分析中，可以近似地认为$\tau \to 0$，也把此采样器称为理想采样器或理想开关。在这种条件下，当输入信号为连续信号$f(t)$时，输出采样信号$f^*(t)$就是一串理想脉冲信号，$f^*(t)$的脉冲幅值等于采样时刻点连续信号$f(t)$的幅值，即$f(0T), f(1T), f(2T),\cdots, f(kT),\cdots$

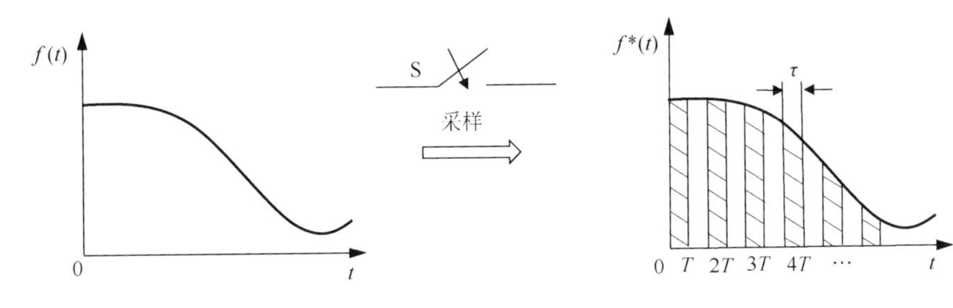

图 7.4 采样过程

从物理意义上看，采样过程可以理解为脉冲调制过程，采样器的幅值调制作用如图 7.5 所示。采样开关相当于采样器，它是一个幅值调制器，输入的连续信号 $f(t)$ 为调制信号，以 T 为周期、强度为 1 的单位理想脉冲序列 $\delta_T(t)$ 为载波信号。通常，$f(t)=0, t<0$。因此，脉冲序列的起始时刻 $k=0$。

$$\delta_T(t)=\sum_{k=0}^{+\infty}\delta(t-kT) \tag{7-1}$$

采样器的输出信号则为一串调幅脉冲序列信号 $f^*(t)$，即

$$f^*(t)=\delta_T(t)f(t)=\sum_{k=0}^{+\infty}f(t)\delta(t-kT) \tag{7-2}$$

或

$$f^*(t)=\sum_{k=0}^{+\infty}f(kT)\delta(t-kT) \tag{7-3}$$

式（7-2）或式（7-3）就是信号采样过程的数学描述，它表示在不同的采样时刻有一个脉冲，脉冲的幅值由该时刻的 $f(t)$ 值决定。

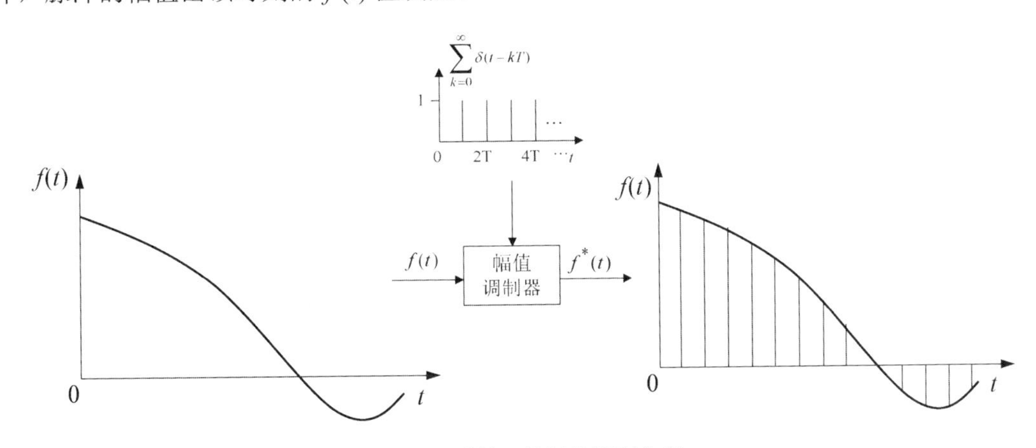

图 7.5 采样器的幅值调制作用

由式（7-2）或式（7-3）可导出采样信号的拉普拉斯变换表达式。对式（7-3）进行拉普拉斯变换，得

$$F^*(s)=\sum_{k=0}^{+\infty}f(kT)\mathrm{e}^{-kTs} \tag{7-4}$$

式（7-4）的成立为建立 Z 变换与拉普拉斯变换之间的联系奠定了基础。

将式（7-1）展开成复数形式的傅里叶级数，即

$$\delta_T(t)=\sum_{k=-\infty}^{+\infty} c_k \mathrm{e}^{\mathrm{j}k\omega_s t} \tag{7-5}$$

式中，$\omega_s = 2\pi / T$ 为采样角频率，单位为rad/s；c_k 为傅里叶级数的系数，其计算公式为

$$c_k=\frac{1}{T}\int_{-\frac{T}{2}}^{\frac{T}{2}} \delta_T(t)\,\mathrm{e}^{-\mathrm{j}k\omega_s t}\mathrm{d}t=\frac{1}{T}\int_{0^-}^{0^+} \delta_T(t)\,\mathrm{e}^{-\mathrm{j}k\omega_s t}\mathrm{d}t=\frac{1}{T} \tag{7-6}$$

将式（7-6）代入式（7-5），得

$$\delta_T(t)=\sum_{k=-\infty}^{+\infty} \frac{1}{T}\mathrm{e}^{\mathrm{j}k\omega_s t} \tag{7-7}$$

将式（7-7）代入式（7-2），得

$$f^*(t)=f(t)\sum_{k=-\infty}^{+\infty} \frac{1}{T}\mathrm{e}^{\mathrm{j}k\omega_s t}=\frac{1}{T}\sum_{k=-\infty}^{+\infty} f(t)\mathrm{e}^{\mathrm{j}k\omega_s t} \tag{7-8}$$

对式（7-8）进行拉普拉斯变换，得

$$F^*(s)=\frac{1}{T}\sum_{k=-\infty}^{+\infty} L[f(t)\,\mathrm{e}^{\mathrm{j}k\omega_s t}] \tag{7-9}$$

由拉普拉斯变换位移定理可得

$$F^*(s)=\frac{1}{T}\sum_{k=-\infty}^{+\infty} F(s-\mathrm{j}k\omega_s) \tag{7-10}$$

式（7-10）称为泊松（Posion）求和公式，它把采样信号 $f^*(t)$ 的拉普拉斯变换 $F^*(s)$ 与原连续信号 $f(t)$ 的拉普拉斯变换 $F(s)$ 联系起来，可以直接由 $F(s)$ 得出 $F^*(s)$。

2）采样定理

在采样过程中，只保留连续信号在采样时刻的信息，丢失了采样间隔内的信息。显然，连续信号变化越快，采样频率越低，采样所得的样本越少，采样间隔内丢失的信息就越多。因此，由采样信号 $f^*(t)$ 了解原连续信号 $f(t)$ 就越困难，即越难以从采样信号 $f^*(t)$ 恢复原连续信号 $f(t)$。只有满足一定条件的采样信号才能唯一地表征和恢复原连续信号。原连续信号与采样信号的频谱如图 7.6 所示。

由式（7-10）可以得到采样信号的频率特性，即

$$F^*(\mathrm{j}\omega)=\frac{1}{T}\sum_{k=-\infty}^{+\infty} F(\mathrm{j}\omega-\mathrm{j}k\omega_s) \tag{7-11}$$

式中，$F(\mathrm{j}\omega)$ 为原连续信号 $f(t)$ 的频率特性；$F^*(\mathrm{j}\omega)$ 为采样信号 $f^*(t)$ 的频率特性。

若 $|F(\mathrm{j}\omega)|$ 为连续信号 $f(t)$ 的幅值频谱，$|F^*(\mathrm{j}\omega)|$ 为采样信号 $f^*(t)$ 的幅值频谱，连续信号 $f(t)$ 是一个有限带宽的连续信号，则 $|F(\mathrm{j}\omega)|$ 为一孤立的频谱，如图 7.6（a）所示。而采样信号 $f^*(t)$ 的频谱 $|F^*(\mathrm{j}\omega)|$ 为无限多个连续信号 $f(t)$ 的频谱 $|F(\mathrm{j}\omega)|$ 之和，并且每两条频谱曲线的距离为 ω_s，如图 7.6（b）所示。连续信号的频谱在 $k=0$ 处的幅值为原来幅值的 $|F(\mathrm{j}\omega)|/T$，而其余频谱均为由采样产生的高频频谱副本。若系统采样频率满足

$$\frac{\omega_s}{2} \geqslant \omega_{\max} \text{ 或 } \omega_s \geqslant 2\omega_{\max} \tag{7-12}$$

则可实现 $\left|F^*(\mathrm{j}\omega)\right|$ 中各个频谱不相互混叠，可以用理想低通滤波器[其频率特性如图 7.6（b）中虚线所示]滤掉 $\omega > \omega_{\max}$ 的高频分量，只保留 $|F(\mathrm{j}\omega)|/T$ 这个分量，就能把原连续信号复现出来。否则，当 $\omega_s / 2 < \omega_{\max}$ 时，因 $\left|F^*(\mathrm{j}\omega)\right|$ 中原信号频谱与各个频谱副本之间有混叠现象而导致失真，如图 7.6（c）所示。这样就无法通过低通滤波器滤除 $F^*(\mathrm{j}\omega)$ 中的高频分量复现 $F(\mathrm{j}\omega)$，也就不能从 $f^*(t)$ 恢复为 $f(t)$。这就是著名的香农采样定理。

香农（Shannon）采样定理：假设 $f(t)$ 是一个有限带宽的连续信号，其最高谐波的角频率为 $\omega_{\max}$，若采样频率 ω_s 或采样周期 T 满足下列条件，即

$$\omega_s = 2\pi / T \geqslant 2\omega_{\max} \qquad \text{或} \qquad T \leqslant \pi / \omega_{\max} \tag{7-13}$$

则 $f(t)$ 就能由其采样信号 $f^*(t)$ 唯一地表征，并且可由采样信号 $f^*(t)$ 无失真地恢复原连续信号 $f(t)$。

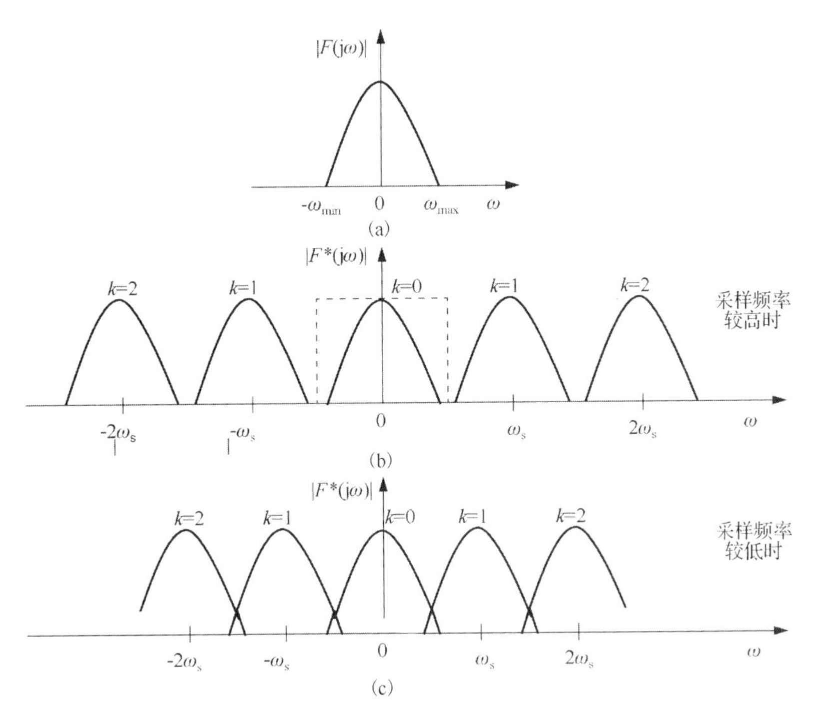

图 7.6　原连续信号与采样信号的频谱

应当指出的是，只有幅频特性为矩形的理想低通滤波器才能实现连续信号不失真地复现，而这样的滤波器实际上是不存在的。因此，在实际应用中，复现的信号与原连续信号存在差别。另外，如果原连续信号是非周期连续信号，由于其频谱中的最高频率可能是无限的，那么，不论所选择的采样频率多高，采样后信号频谱总存在混叠失真的现象，无法通过滤波准确恢复原连续信号，所获得的信息总是有损失的。一般采用折中的办法：给定

一个信息容许损失的百分数 b，即选择原连续信号频谱的幅值由 $|F(0)|$ 降至 $b|F(0)|$ 时的频率为最高频率 $\omega_{\max}$，由此选择采样频率，即 $\omega_s \geqslant 2\omega_{\max}$。

2. 信号的复现

把离散信号恢复为连续信号就是信号的复现，香农采样定理从理论上给出了采样信号可以恢复为原连续信号的条件。在满足香农采样定理条件下，采用图 7.7 所示理想低通滤波器滤除所有高频频谱，可以无损失地保留原信号频谱，从而无失真地复现原连续信号。理想滤波器的频率特性可以表示为

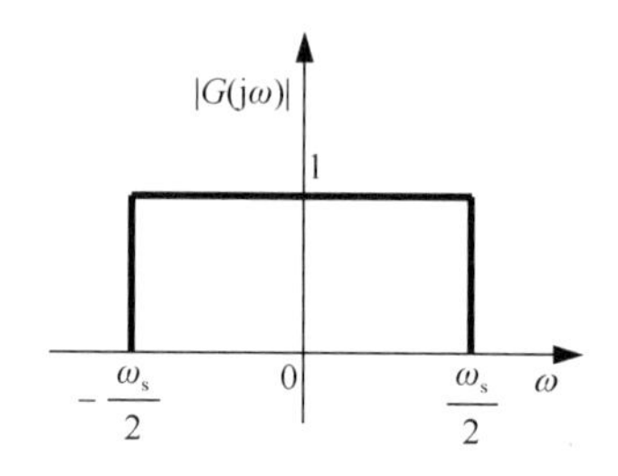

图 7.7　理想滤波器的频率特性

$$|G(\mathrm{j}\omega)| = \begin{cases} 1, & |\omega| \leqslant \omega_s/2 \\ 0, & |\omega| > \omega_s/2 \end{cases} \tag{7-14}$$

式（7-14）中的采样频率 ω_s 满足香农采样定理，即 $\omega_s \geqslant 2\omega_{\max}$。$\omega_{\max}$ 为原连续信号频谱的最高频率。通过理想滤波器滤波之后的采样信号频谱 $|F^*(\mathrm{j}\omega)|$ 满足

$$|G(\mathrm{j}\omega)| \cdot \frac{1}{T}|F^*(\mathrm{j}\omega)| = \frac{1}{T}|F(\mathrm{j}\omega)| \tag{7-15}$$

这时，滤波后信号的频谱与原连续信号的频谱一样，只是幅值为原来的 $1/T$。但是,具有图 7.7 所示理想频率特性的滤波器在物理上不可实现，因而在实际工程中通常用接近理想滤波器特性的保持器代替。

保持器是将采样信号转换成连续信号的一种时域外推装置。从数学角度来看，保持器的任务是解决各采样时刻之间的插值问题，即用一连续信号对采样信号的样本值进行拟合。物理上可实现的信号重构以现在时刻和过去时刻的采样值为基础，通过外推插值实现。实际上，保持器具有外推作用，即保持器当前时刻的输出信号取决于过去时刻离散信号值的外推。可采用下列多项式外推插值公式，描述保持器，即

$$f(kT + \Delta t) = a_0 + a_1\Delta t + a_2\Delta t^2 + \cdots + a_m\Delta t^m \tag{7-16}$$

式中，Δt 是以 kT 时刻为起点的时间坐标，$0 < \Delta t < T$；$a_i(i = 0,1,\cdots,m)$ 是由过去各采样时刻的采样信号值 $f(kT)$, $f((k-1)T)$, $f((k-2)T)$, $\cdots$ 确定的系数。

式（7-16）所描述的保持器称为 m 阶保持器。若 $m = 0$，则称之为零阶保持器；若 $m = 1$，则称之为一阶保持器，以此类推。实际离散控制系统中普遍采用的是零阶保持器。零价保持器的作用如图 7.8 所示。

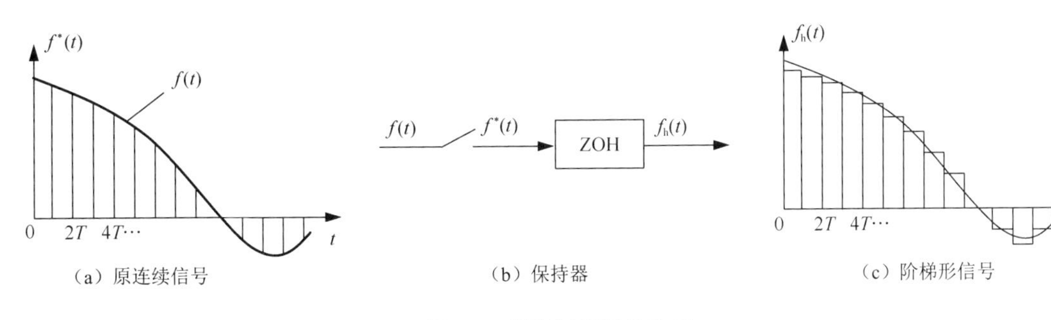

（a）原连续信号　　（b）保持器　　（c）阶梯形信号

图 7.8　零阶保持器的作用

对式（7-16），令 $m=0$，可得零阶保持器的外推插值公式，即

$$f(kT+\Delta t)=a_0 \tag{7-17}$$

显然，当 $\Delta t=0$ 时，上式也成立，则 $a_0=f(kT)$。因此，零阶保持器的数学表达式为

$$f(kT+\Delta t)=f(kT),\quad 0\leqslant \Delta t<T \tag{7-18}$$

上式表明，零阶保持器的作用是把前一采样时刻 kT 的采样数值一直保持到下一个采样时刻 $(k+1)T$ 到来之前。也就是说，它是一种按常数值规律外推的保持器，常用符号“ZOH”表示。因此，零阶保持器的输出信号为阶梯形信号，如图 7.8（c）所示。

由图 7.8 可以看出，若零阶保持器的输入信号为单位脉冲函数，则其输出的单位脉冲响应 $g_{\mathrm{h}}(t)$ 是一个幅值为1、持续时间为 T 的矩形脉冲，该脉冲可分解为两个单位阶跃函数之和，即

$$g_{\mathrm{h}}(t)=1(t)-1(t-T) \tag{7-19}$$

对上式进行拉普拉斯变换可得到零阶保持器的传递函数，即

$$\begin{aligned}G_{\mathrm{h}}(s)&=L\left[g_{\mathrm{h}}(t)\right]=L\left[1(t)-1(t-T)\right]\\&=\frac{1}{s}-\frac{1}{s}\mathrm{e}^{-Ts}=\frac{1-\mathrm{e}^{-Ts}}{s}\end{aligned} \tag{7-20}$$

令式（7-20）中的 $s=\mathrm{j}\omega$，则得到零阶保持器的频率特性，即

$$G_h(\mathrm{j}\omega)=\frac{1-\mathrm{e}^{-\mathrm{j}\omega T}}{\mathrm{j}\omega}=\frac{\mathrm{e}^{-\frac{\mathrm{j}\omega T}{2}}\left(\mathrm{e}^{\frac{\mathrm{j}\omega T}{2}}-\mathrm{e}^{-\frac{\mathrm{j}\omega T}{2}}\right)}{\mathrm{j}\omega}=T\frac{\sin(\omega T/2)}{\omega T/2}\mathrm{e}^{-\mathrm{j}\omega T/2} \tag{7-21}$$

采样周期 $T=2\pi/\omega_{\mathrm{s}}$，把它代入上式，得

$$G_{\mathrm{h}}(\mathrm{j}\omega)=\frac{2\pi}{\omega_{\mathrm{s}}}\frac{\sin(\pi\omega/\omega_{\mathrm{s}})}{\pi\omega/\omega_{\mathrm{s}}}\mathrm{e}^{-\mathrm{j}\pi\omega/\omega_{\mathrm{s}}} \tag{7-22}$$

相应的零阶保持器的幅频特性和相频特性分别为

$$\left|G_{\mathrm{h}}(\mathrm{j}\omega)\right|=T\frac{\left|\sin(\omega T/2)\right|}{\omega T/2}=\frac{2\pi}{\omega_{\mathrm{s}}}\frac{\left|\sin(\pi\omega/\omega_{\mathrm{s}})\right|}{\pi\omega/\omega_{\mathrm{s}}} \tag{7-23a}$$

$$\angle\left(G_{\mathrm{h}}(\mathrm{j}\omega)\right)=-\frac{\omega T}{2}=-\frac{\pi\omega}{\omega_{\mathrm{s}}} \tag{7-23b}$$

由式（7-23）可绘制出零阶保持器的频率特性图，即幅频特性曲线和相频特性曲线，如图 7.9 所示。由幅频特性曲线可知，其幅值随频率的增大而减小。因此，零阶保持器具

有低通滤波特性，但不是理想滤波器，可把它近似为理想低通滤波器。由相频特性曲线、式（7-22）和式(7-23)可知，零阶保持器具有相位滞后特性，其滞后时间为$T/2$，并且随频率的增大而变大。在$\omega=\omega_s$处，相位滞后$-\pi$，这对系统的稳定性和暂态特性均不利。

因此，由零阶保持器恢复的信号与原连续信号$f(t)$是有差别的，如图 7.8（c）所示。把阶梯形信号$f_h(t)$的每个区间的中点连接起来得到的曲线为复现信号，其形状与连续信号$f(t)$的形状相同，但滞后了$T/2$。

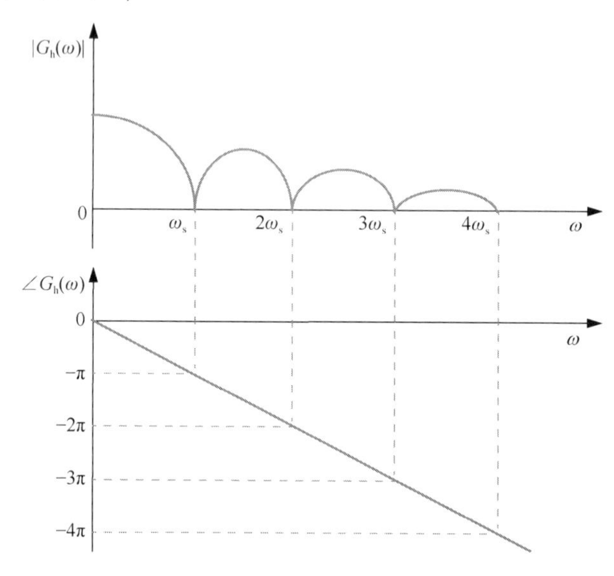

图 7.9　零阶保持器的频率特性图

零阶保持器的低通滤波性能与采样频率ω_s有关，ω_s越高，低通滤波的性能就越好，通常选择$\omega_s=(10\sim20)\omega_{max}$。零阶保持器简单易于实现，相位滞后比一阶保持器小得多，因此在工程上得到了广泛应用，如步进电动机、数控系统中的寄存器和数模转换器等均采用零阶保持器。

7.2.2　离散信号的 Z 变换

1. Z 变换

Z 变换是求解差分方程的主要数学工具，其在线性离散控制系统中的重要性等同于拉普拉斯变换在线性连续控制系统中的地位。Z 变换实质上是拉普拉斯变换的一种扩展，也称为采样拉普拉斯变换。

1）Z 变换的定义

在离散控制系统中，连续信号$f(t)$经过采样开关，变成采样信号$f^*(t)$，由式（7-3）给出，即

$$f^*(t)=\sum_{k=0}^{\infty}f(kT)\cdot\delta(t-kT)\text{，当}k<0\text{时，}\quad f(kT)=0$$

对上式进行拉普拉斯变换，可得

$$F^*(s)=L\left[f^*(t)\right]=\sum_{k=0}^{\infty}f(kT)\cdot e^{-kTs} \tag{7-24}$$

由式（7-24）可以看出，离散信号的拉普拉斯变换 $F^*(s)$ 中含有超越函数 e^{-kTs}，这使得运算很不方便。为此，引入一个新变量，即

$$z=e^{Ts} \quad 7\text{-}25）$$

把 $F^*(s)$ 记作 $F(z)$，则式（7－24）可以改写为

$$F(z)=\sum_{k=0}^{\infty}f(kT)z^{-k} \tag{7-26}$$

这样，就得到一个以变量 z 为自变量的函数，称为 $f^*(t)$ 的 Z 变换。记作

$$F(z)=Z\left[f^*(t)\right]$$

由式（7-25）可见，变量 z 仍是一个复变量。 $f^*(t)$ 的 Z 变换 $F(z)$是一个关于复数域 z 上的复变函数。将式（7－26）展开

$$F(z)=f(0)z^0+f(T)z^{-1}+f(2T)z^{-2}+\cdots+f(kT)z^{-k}+\cdots \tag{7-27}$$

式中， $f(kT)$ 表示采样脉冲的幅值； z 的幂次表示该采样脉冲出现的时刻。可见，采样函数 $f^*(t)$ 的 Z 变换是变量 z 的幂级数。

严格来讲，Z 变换只适合于离散函数。习惯上称 $F(z)$ 为 $f(t)$ 的 Z 变换，实质上是 $f(t)$ 经过采样之后的 $f^*(t)$ 的 Z 变换。采样信号 $f^*(t)$ 所对应的 Z 变换是唯一的，$F(z)$ 所对应的 $f^*(t)$ 也是唯一的，但 $F(z)$ 所对应的 $f(t)$ 则不是唯一的，因为 Z 变换只针对采样时刻的幅值，不同的连续信号 $f(t)$ 只要采样时刻的幅值相同，Z 变换的结果就相同。

2）Z 变换的性质

与拉普拉斯变换类似，Z 变换也有线性、滞后定理、超前定理、初值定理和终值定理等基本性质。这些性质的运用可以简化 Z 变换的运算，并能方便地进行离散控制系统的分析与综合。

（1）线性性质：若 $Z[f_1(t)]=F_1(z)$， $Z[f_2(t)]=F_2(z)$，则

$$Z[af_1(t)+bf_2(t)]=aF_1(z)+bF_2(z) \tag{7-28}$$

上式表明函数线性组合的 Z 变换等于其各部分 Z 变换的线性组合。因此，Z 变换是一种线性变换，其变换过程满足叠加性和均匀性。

（2）滞后定理：若 $Z[f(t)]$=$F(z)$，当 t<0 时， $f(t)$=0，则

$$Z[f(t-nT)]=z^{-n}F(z) \tag{7-29}$$

证明：根据 Z 变换定义可得

$$Z[f(t-nT)]=\sum_{k=0}^{\infty}f(kT-nT)z^{-k}=z^{-n}\sum_{k=0}^{\infty}f[(k-n)T]z^{-(k-n)}$$

令 $k-n=m$，则

$$Z[f(t-nT)]=z^{-n}\sum_{k=-n}^{\infty}f[mT]z^{-m}=z^{-n}\left[\sum_{k=0}^{\infty}f[mT]z^{-m}+\sum_{k=-n}^{-1}f[mT]z^{-m}\right]$$

当 $t<0$ 时， $f(t)=0$，可知 $\sum_{k=-n}^{-1}f[mT]z^{-m}$=0，则

$$Z[f(t-nT)]=z^{-n}\sum_{k=0}^{\infty}f[mT]z^{-m}=z^{-n}F(z)$$

滞后定理说明，原函数在时域内延迟 n 个采样周期，相当于其 Z 变换乘以 z^{-n}。因此，z^{-n} 代表“滞后环节”，它的作用是将采样信号延迟 n 个采样周期。

（3）超前定理：若 $Z[f(t)]=F(z)$，则

$$Z[f(t+nT)]=z^{+n}F(z)-z^{+n}\sum_{n=0}^{k-1}f(nT)z^{-n} \tag{7-30}$$

若 $f(0)=f(T)=\cdots=f[(k-1)T]=0$，则超前定理可表示为

$$Z[f(t+nT)]=z^{+n}F(z) \tag{7-31}$$

证明：根据 Z 变换定义可得

$$Z[f(t+nT)]=\sum_{k=0}^{\infty}f(kT+nT)z^{-k}=z^{+n}\sum_{k=0}^{\infty}f[(k+n)T]z^{-(k+n)}$$

令 $k+n=m$，则

$$Z[f(t+nT)]=z^{+n}\sum_{k=n}^{\infty}f[mT]z^{-m}=z^{+n}[\sum_{k=0}^{\infty}f[mT]z^{-m}-\sum_{k=0}^{n-1}f[mT]z^{-m}]$$

若 $f(0)=f(T)=...=f[(k-1)T]=0$，则 $\sum_{k=0}^{n-1}f[mT]z^{-m}=0$，则

$$Z[f(t+nT)]=z^{+n}\sum_{k=0}^{\infty}f[mT]z^{-m}=z^{+n}F(z)$$

超前定理说明，原函数在时域内超前 n 个采样周期，相当于其 Z 变换乘以 z^{+n}。因此，z^{+n} 代表“超前环节”，它的作用是将采样信号超前 n 个采样周期。超前定理和滞后定理统称为实数位移定理，即指整个序列函数在时间轴上左右移动若干采样周期。

（4）初值定理：若 $Z[f(t)]=F(z)$，并且 $\lim\limits_{z\to\infty}F(z)$ 存在，则 $f(t)$ 或 $f(kT)$ 的初值为

$$f(0)=\lim_{z\to\infty}F(z) \tag{7-32}$$

证明：由 Z 变换定义可得

$$F(z)=\sum_{k=0}^{\infty}f(kT)z^{-k}=f(0)+f(T)z^{-1}+f(2T)z^{-2}+\cdots$$

当 $z\to\infty$ 时，上式右边除了第一项，其他各项均趋于零，由此可得

$$f(0)=\lim_{z\to\infty}F(z)$$

（5）终值定理：若 $Z[f(t)]=F(z)$，并且 $(z-1)F(z)$ 的所有极点均在 z 平面上以原点为圆心的单位圆内，即 $F(z)$ 是稳定的，则 $f(t)$ 或 $f(kT)$ 的终值为

$$f(\infty)=\lim_{z\to 1}(z-1)F(z) \tag{7-33}$$

证明：由 Z 变换定义可得

$$Z[f(t+T)-f(t)]=\lim_{m\to\infty}\sum_{k=0}^{m}\{f[(k+1)T]-f(kT)\}z^{-k}$$

根据超前定理可得

$$zF(z)-zf(0)-F(z)=\lim_{m\to\infty}\sum_{k=0}^{m}\{f[(k+1)T]-f(kT)\}z^{-k}$$

令上式中的 $z\to 1$ 且对等号两边取极限，可得

$$\lim_{z\to 1}[(z-1)F(z)]-f(0)=\lim_{m\to\infty}\{f[(m+1)T]-f(0)\}$$

由于 $\lim\limits_{m\to\infty}f[(m+1)T]=\lim\limits_{k\to\infty}f(kT)=\lim\limits_{k\to\infty}f(t)$，因此可得

$$\lim_{k\to\infty}f(t)=\lim_{k\to\infty}f(kT)=\lim_{z\to 1}[(z-1)F(z)]$$

在离散控制系统中，常用终值定理求解系统的稳态误差。

3）Z 变换的计算方法

求采样信号 $f^*(t)$ 的 Z 变换 $F(z)$ 的方法有多种，常用的方法是级数求和法、部分分式法、留数计算法等。实际应用中，常将一些典型采样信号的 Z 变换制成表格。进行采样信号的 Z 变换时，可直接查表获得相关采样信号的 Z 变换。表 7-1 所示是常用采样信号的 Z 变换及其与拉普拉斯变换的对照。

表 7-1　常用采样信号的 Z 变换及其与拉普拉斯变换对照

连续函数 $f(t)$	拉普拉斯变换 $F(s)$	Z 变换 $F(z)$
$\delta(t)$	1	1
$\delta(t-nT)$	e^{-nTs}	z^{-n}
$1(t)$	$\dfrac{1}{s}$	$\dfrac{z}{z-1}$
t	$\dfrac{1}{s^2}$	$\dfrac{Tz}{(z-1)^2}$
$\dfrac{t^2}{2}$	$\dfrac{1}{s^3}$	$\dfrac{T^2z(z+1)}{2(z-1)^3}$
e^{-at}	$\dfrac{1}{s+a}$	$\dfrac{z}{z-e^{-aT}}$
$t\mathrm{e}^{-at}$	$\dfrac{1}{(s+a)^2}$	$\dfrac{Tze^{-aT}}{(z-e^{-aT})^2}$
a^t	$\dfrac{1}{s-(\ln a)/T}$	$\dfrac{z}{z-a}$
$(t+1)a^t$		$\dfrac{z^2}{(z-a)^2}$
$\sin\omega t$	$\dfrac{\omega}{s^2+\omega^2}$	$\dfrac{z\sin\omega T}{z^2-2z\cos\omega T+1}$
$\mathrm{e}^{-at}\sin\omega t$	$\dfrac{\omega}{(s+a)^2+\omega^2}$	$\dfrac{z\mathrm{e}^{-aT}\sin\omega T}{z^2-2z\mathrm{e}^{-aT}\cos\omega T+\mathrm{e}^{-2aT}}$
$\cos\omega t$	$\dfrac{s}{s^2+\omega^2}$	$\dfrac{z(z-\cos\omega T)}{z^2-2z\cos\omega T+1}$
$\mathrm{e}^{-at}\cos\omega t$	$\dfrac{s+a}{(s+a)^2+\omega^2}$	$\dfrac{z^2-z\mathrm{e}^{-aT}\cos\omega T}{z^2-2z\mathrm{e}^{-aT}\cos\omega T+\mathrm{e}^{-2aT}}$

（1）级数求和法。级数求和法是由 Z 变换的定义而来。将 Z 变换的定义式展开，得

$$F(z)=\sum_{k=0}^{\infty}f(kT)z^{-k}=f(0)z^0+f(T)z^{-1}+f(2T)z^{-2}+\ldots+f(kT)z^{-k}+\ldots \tag{7-34}$$

上式就是离散函数 Z 变换的展开形式，计算级数之和就可求出其 Z 变换的闭合解形式。

【例 7-1】 求指数函数 $f(t)=\mathrm{e}^{-at}1(t)$ 的 Z 变换。

解： 将 $f(kT)=\mathrm{e}^{-akT}(k=0,1,2,\cdots)$ 代入式（7-34），可得

$$F(z)=1+\mathrm{e}^{-aT}z^{-1}+\mathrm{e}^{-2aT}z^{-2}+\cdots+\mathrm{e}^{-kaT}z^{-k}+\cdots$$

若 $\left|\mathrm{e}^{-aT}z^{-1}\right|<1$，则该级数收敛。利用等比级数求和公式可得到其闭合形式，即

$$F(z)=\frac{1}{1-\mathrm{e}^{-aT}z^{-1}}=\frac{z}{z-\mathrm{e}^{-aT}}$$

（2）部分分式法。如果已知连续函数的拉普拉斯变换 $F(s)$，可以将其展开成部分分式的形式，即

$$F(s)=\sum_{i=1}^{k}\frac{A_i}{s-p_i}$$

式中，p_i 为 $F(s)$ 的极点，A_i 为常系数。$\dfrac{A_i}{s-p_i}$ 对应的时间函数为 $A_i\mathrm{e}^{p_it}$。查表 7-1 可知，其 Z 变换为 $A_i\dfrac{z}{z-\mathrm{e}^{p_it}}$，由此可得

$$F(z)=\sum_{i=1}^{k}\frac{A_iz}{z-\mathrm{e}^{p_it}} \tag{7-35}$$

【例 7-2】 求 $F(s)=\dfrac{s}{s(s+1)}$ 的 Z 变换。

解： 将 $F(s)$ 展开为部分分式，即

$$F(s)=\frac{s}{s(s+1)}=\frac{1}{s}-\frac{1}{s+1}$$

对其进行拉普拉期逆变换，可得

$$f(t)=1-\mathrm{e}^{-t}$$

分别求上式等号两边的 $\boldsymbol{Z}$ 变换，可得

$$F(z)=Z[1(t)]-Z[\mathrm{e}^{-t}]=\frac{z}{z-1}-\frac{z}{z-\mathrm{e}^{-T}}=\frac{z(1-\mathrm{e}^{-T})}{(z-1)(z-\mathrm{e}^{-T})}$$

(3)留数计算法。设已知 $F(s)$ 及其全部极点 p_i，用留数计算法求其 Z 变换，可得

$$F(z)=\sum_{i=1}^{n}\mathrm{Res}\left[F(p_i)\frac{z}{z-\mathrm{e}^{p_iT}}\right]=\sum_{i=1}^{n}R_i \tag{7-36}$$

式中，$R_i=\mathrm{Res}\left[F(p_i)\dfrac{z}{z-\mathrm{e}^{p_iT}}\right]$ 为 $F(s)\dfrac{z}{z-\mathrm{e}^{sT}}$ 在 $s=p_i$ 处的留数。

当 $F(s)$ 具有一阶极点 $s=p_1$ 时，其留数为

$$R_1=\lim_{s\to p_1}(s-p_1)\left[F(s)\frac{z}{z-\mathrm{e}^{sT}}\right] \tag{7-37}$$

若 $F(s)$ 具有 q 阶重复极点，其相应留数为

$$R_i=\frac{1}{(q-1)!}\lim_{s\to p_i}\frac{\mathrm{d}^{q-1}}{\mathrm{d}s^{q-1}}\left[(s-p_1)^qF(s)\frac{z}{z-\mathrm{e}^{sT}}\right] \tag{7-38}$$

【例 7-3】 用留数计算法求 $f(t)=\cos\omega t$ 的 Z 变换。

解： 因为 $F(s)=\dfrac{s}{s_2+\omega^2}=\dfrac{s}{(s-\mathrm{j}\omega)(s+\mathrm{j}\omega)}$，其极点为 $s=\mathrm{j}\omega$ 和 $s=-\mathrm{j}\omega$，相应的留数是

$$R_1=\left[\frac{s}{s+\mathrm{j}\omega}\frac{z}{z-\mathrm{e}^{sT}}\right]_{s=\mathrm{j}\omega}=\frac{1}{2}\frac{z}{z-\mathrm{e}^{\mathrm{j}\omega T}}$$

$$R_2=\left[\frac{s}{s-\mathrm{j}\omega}\frac{z}{z-\mathrm{e}^{sT}}\right]_{s=-\mathrm{j}\omega}=\frac{1}{2}\frac{z}{z-\mathrm{e}^{-\mathrm{j}\omega T}}$$

由此可得

$$F(z)=R_1+R_2=\frac{1}{2}\left[\frac{z}{z-\mathrm{e}^{\mathrm{j}\omega T}}+\frac{z}{z-\mathrm{e}^{-\mathrm{j}\omega T}}\right]$$

$$=\frac{z^2-z(\mathrm{e}^{\mathrm{j}\omega T}+\mathrm{e}^{-\mathrm{j}\omega T})/2}{z^2-z(\mathrm{e}^{\mathrm{j}\omega T}+\mathrm{e}^{-\mathrm{j}\omega T})+1}=\frac{z^2-z\cos T\omega}{z^2-2z\cos T\omega+1}$$

2. Z 反变换

Z 变换是将时域离散函数 $f^*(t)$ 转换为复数域（z 域）的复变函数 $F(z)$，Z 反变换就是将复数域的复变函数 $F(z)$ 转换为时域离散函数 $f^*(t)$ 。Z 反变换常记作

$$Z^{-1}\left[F(z)\right]=f^*(t) \tag{7-39}$$

计算 Z 反变换的方法主要有长除法、部分分式法等。

（1）长除法。基本方法是用 $F(z)$ 的分母除分子，可以求出按 z^{-1} 升幂级数排列的展开式，然后用 Z 反变换式 $Z^{-1}[z^{-n}]=\delta(t-nT)$，就可获得相应离散函数的脉冲序列。

$F(z)$ 的一般表达式为

$$F(z)=\frac{b_m z^m+b_{m-1}z^{m-1}+\cdots+b_0}{a_n z^n+a_{n-1}z^{n-1}+\cdots+a_0},\qquad n\geqslant m \tag{7-40}$$

对上式用分母除分子，把所得之商按 z^{-1} 的升幂排列，得到

$$F(z)=c_0+c_1z^{-1}+c_2z^{-2}+\cdots+c_kz^{-k}+\cdots=\sum_{k=0}^{\infty}c_kz^{-k} \tag{7-41}$$

式（7-41）的 Z 反变换为

$$f^*(t)=c_0\delta(t)+c_1\delta(t-T)+c_2\delta(t-2T)+\cdots+c_n\delta(t-nT)+\cdots \tag{7-42}$$

【例 7-4】 用长除法求 $F(z)=\dfrac{z}{(z-1)(z-2)}$ 的 Z 反变换。

解： 用长除法可以求得

$$F(z)=0+z^{-1}+3z^{-2}+7z^{-3}+15z^{-4}+31z^{-5}+63z^{-6}+\cdots$$

上式的 Z 反变换为

$$f^*(t)=\delta(t-T)+3\delta(t-2T)+7\delta(t-3T)+15\delta(t-4T)+31\delta(t-5T)+63\delta(t-6T)+\cdots$$

式中，

$$f(0)=0,\ f(T)=1,\ f(2T)=3,\ f(3T)=7,\ f(4T)=15,\ f(5T)=31,\ f(6T)=63,\ \cdots$$

（2）部分分式法。将 $F(z)$ 分解为低阶的分式之和，直接从表 7-1 中求出各项对应的 Z 反变换，然后相加得到 $f(kT)$。利用部分分式法，可以求出离散函数的解析式。

【例 7-5】用部分分式法求 $F(z)=\dfrac{z}{(z-1)(z-2)}$ 的 Z 反变换。

解：把 $\dfrac{F(z)}{z}$ 展成部分分式，即

$$\frac{F(z)}{z}=\frac{1}{(z-1)(z-2)}=\frac{-1}{z-1}+\frac{1}{z-2}$$

得到

$$F(z)=\frac{-z}{z-1}+\frac{z}{z-2}$$

查表 7-1，得到

$$Z^{-1}\left[\frac{-z}{z-1}\right]=-1,\ Z^{-1}\left[\frac{z}{z-2}\right]=2^t$$

可知

$$f^*(t)=-1+2^t$$

即 $f(0)=0,\ f(T)=1,\ f(2T)=3,\ f(3T)=7,\ f(4T)=15,\ f(5T)=31,\ f(6T)=63$，该计算结果与例 7-4 中的计算结果一致。

7.3 离散控制系统的数学模型

为研究离散控制系统的性能，需要建立离散控制系统的数学模型。与连续控制系统的微分方程、状态空间表达式和传递函数相对应，离散控制系统的数学模型可用差分方程、离散状态空间表达式和脉冲传递函数描述其运动规律，并且这 3 种模型的形式可以相互转换。

7.3.1 差分方程

描述线性离散控制系统动态响应过程的基本方程为差分方程。

1. *差分的定义及分类*

连续信号 $f(t)$ 经采样后变为 $f^*(t)$，在 kT 时刻，其采样值为 $f(kT)$。为简便起见，离散控制系统的脉冲序列 $f(kT)$ 通常省略 T，直接以 $f(k)$ 表示。

一阶前向差分：
$$\Delta f(k)=f(k+1)-f(k) \tag{7-43}$$

二阶前向差分：
$$\Delta^2 f(k)=\Delta f(k+1)-\Delta f(k)=f(k+2)-2f(k+1)+f(k) \tag{7-44}$$

n 阶前向差分：
$$\Delta^n f(k)=\Delta^{n-1} f(k+1)-\Delta^{n-1} f(k) \tag{7-45}$$

一阶后向差分：
$$\Delta f(k)=f(k)-f(k-1) \tag{7-46}$$

二阶后向差分：
$$\Delta^2 f(k)=\Delta f(k)-\Delta f(k-1)=f(k)-2f(k-1)+f(k-2) \tag{7-47}$$

n 阶后向差分：
$$\Delta^n f(k)=\Delta^{n-1} f(k)-\Delta^{n-1} f(k-1) \tag{7-48}$$

前向差分采用的是 kT 时刻未来的采样值，而后向差分采用的是 kT 时刻过去的采样值。

因此，在实际应用中，后向差分用得更广泛；二阶差分是指把一阶差分再取一次差分，n 阶差分是指把 $(n-1)$ 阶差分再取一次差分。

2. 差分方程的形式

由离散变量及其各阶差分组成的方程称为差分方程。如果设线性离散控制系统的输入信号为脉冲序列 $u(k)$，输出信号为脉冲序列 $y(k)$，那么描述该离散控制系统动态过程的后向差分方程的一般形式为

$$a_0 y(k) + a_1 y(k-1) + \cdots + a_n y(k-n) = b_0 u(k) + b_1 u(k-1) + \cdots + b_m u(k-m) \tag{7-49}$$

式中，$a_i (i = 1, 2, \cdots, n)$ 和 $b_j (j = 0, 1, \cdots, m)$ 为常系数，并且 $n \geqslant m$；n 为差分方程的阶次，它是脉冲序列 $y(k)$ 中自变量序号中的最高数与最低数之差。

前向差分方程的一般形式为

$$\begin{aligned} & y(k+n) + a_{n-1} y(k+n-1) + \cdots + a_0 y(k) \\ & = b_m u(k+m) + b_{m-1} u(k+m-1) + \cdots + b_0 u(k) \end{aligned} \tag{7-50}$$

上述两种形式无本质差别，对因果系统，用后向差分方程比较方便，而在状态方程中习惯用前向差分方程。

【例 7-6】图 7.10 所示为一个离散控制系统，其中采样开关的采样周期为 T。试计算其差分方程。

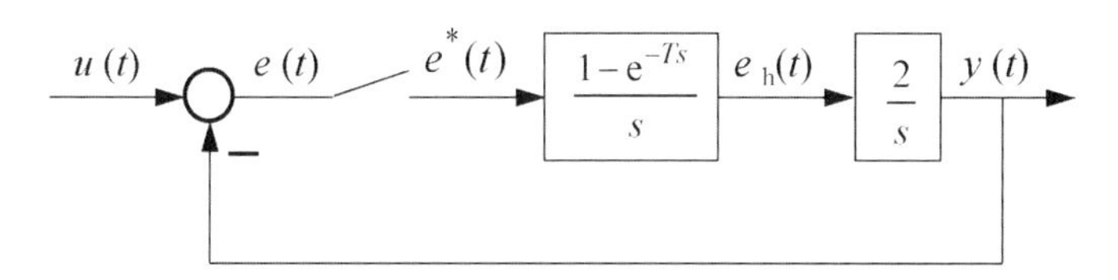

图 7.10　离散控制系统

解：在 $t = kT$ 时刻，零阶保持器在一个采样周期内的输出量为

$$e_{\text{h}}(t) = e(kT), \qquad kT \leqslant t \leqslant (k+1)T$$

并且在一个采样周期内，$e(kT)$ 为定值。同时，考虑到积分器输出量与输入量的关系：

$$\frac{\mathrm{d}y(t)}{\mathrm{d}t} = 2e_{\text{h}}(t)$$

则在一个采样周期内，

$$\int_{kT}^{(k+1)T} \mathrm{d}y(t) = \int_{kT}^{(k+1)T} 2e(kT)\mathrm{d}t$$

或

$$y((k+1)T) - y(kT) = 2Te(kT)$$

又由于 $e(kT) = u(kT) - y(kT)$，因此可得

$$y((k+1)T) - (1-2T)y(kT) = 2Tu(kT)$$

3. 差分方程的求解

计算差分方程解的常用方法是 Z 变换和迭代法。

1）用 Z 变换求解差分方程

用 Z 变换求解差分方程十分简便。求解步骤如下：首先，应用 Z 变换将时域差分方程

中的各项转化为 z 域代数方程，同时引入初始条件；其次，求 z 域代数方程的解；最后，把 z 域代数方程的解进行 Z 反变换，得到时域差分方程的解。

【例 7-7】 试用 Z 变换求解下列差分方程

$$y(k+2)+5y(k+1)+4y(k)=0$$

已知初始条件为 $y(0)=0,\ y(1)=1$，求 $y(k)$。

解： 应用 Z 变换的时移定理，对方程等号两边进行 Z 变换，得

$$z^2Y(z)-z^2y(0)-zy(1)+5zY(z)-5zy(0)+4Y(z)=0$$

代入初始条件，整理后得

$$\left(z^2+5z+4\right)Y(z)=z$$

或

$$Y(z)=\frac{z}{z^2+5z+4}=\frac{1}{3}\left(\frac{z}{z+1}-\frac{z}{z+4}\right)$$

查表 7-1，得到上式的 Z 反变换，即

$$y(k)=\frac{1}{3}(-1)^n-\frac{1}{3}(-4)^n \qquad n=0,1,2,\cdots$$

【例 7-8】 设离散控制系统的差分方程为

$$y(k+2)-3y(k+1)+2y(k)=u(k)$$

初始条件是在 $k\leqslant 0$ 时 $y(k)=0$，试求该系统的单位脉冲响应。

解： 由题意可知，输入信号为单位脉冲信号，即

$$u(t)=\begin{cases}1 & (k=0)\\ 0 & (k\neq 0)\end{cases}$$

查表 7-1 可知，其 Z 变换为

$$Z[u(k)]=U(z)=1$$

根据初始条件，选择 $k=-1$ 并把该值代入上述离散控制系统的差分方程，计算得到 $y(1)=0$。

已知 $y(0)=0$，$y(1)=0$，则对系统差分方程进行 Z 变换，得

$$Y(z)=\frac{1}{z^2-3z-2}=\frac{1}{z-2}-\frac{1}{z-1}$$

通过查表 7-1 难以直接对上式进行 Z 反变换。这里，利用 Z 变换的超前定理，即

$$Z[y(k+1)]=zY(z)-zy(0)=zY(z)$$

将求得的 $Y(z)$ 代入上式，得

$$Z[y(k+1)]=zY(z)=\frac{z}{z-2}-\frac{z}{z-1}$$

再查表 7-1 对上式进行 Z 反变换，从而求得差分方程的解，即

$$y(k+1)=2^k-1 \qquad 或 \qquad y(k)=2^{k-1}-1$$

2）用迭代法求解差分方程

迭代法是指把离散控制系统的已知初始条件代入差分方程依次迭代计算的方法。用这种方法计算得到的差分方程的解是一个数值序列，也就是系统输出信号在采样时刻的幅值。迭代法适用于计算机编程计算。

【**例 7-9**】设离散控制系统的差分方程为

$$y(k)+y(k-1)=u(k)$$

输入信号是单位阶跃信号，初始条件：当$k<0$时$y(k)=0$，试计算差分方程的解。

解：原差分方程为

$$y(k)=-y(k-1)+u(k)$$

由于在$k\geqslant 0$时$u(k)=1$，并且$k<0$时$y(k)=0$，则

$$\begin{aligned}
&k=0 \qquad y(0)=-y(-1)+u(0)=1\\
&k=1 \qquad y(1)=-y(0)+u(1)=0\\
&k=2 \qquad y(2)=-y(1)+u(2)=1\\
&k=3 \qquad y(3)=-y(2)+u(3)=0\\
&\qquad\qquad \cdots
\end{aligned}$$

7.3.2　离散控制系统的状态空间表达式

状态空间表达式包括状态方程和输出方程。线性离散控制系统的状态方程是一组一阶差分方程，其一般形式为

$$\begin{bmatrix} x_1(k+1)\\ \vdots \\ x_n(k+1)\end{bmatrix}=\begin{bmatrix} a_{11} & \cdots & a_{1n}\\ \cdots & \cdots & \cdots \\ a_{n1} & \cdots & a_{nn}\end{bmatrix}\begin{bmatrix} x_1(k)\\ \vdots \\ x_n(k)\end{bmatrix}+\begin{bmatrix} b_{11} & \cdots & b_{1r}\\ \cdots & \cdots & \cdots \\ b_{n1} & \cdots & a_{nr}\end{bmatrix}\begin{bmatrix} u_1(k)\\ \vdots \\ u_r(k)\end{bmatrix} \tag{7-51a}$$

或

$$\boldsymbol{X}(k+1)=\boldsymbol{AX}(k)+\boldsymbol{BU}(k) \tag{7-51b}$$

式中，$\boldsymbol{X}(k)\in\mathbf{R}^{n\times 1}$是系统的$n$维状态变量，$\boldsymbol{U}(k)\in\mathbf{R}^{r\times 1}$是$r$维输入信号，$\boldsymbol{A}\in\mathbf{R}^{n\times n}$是$n\times n$阶的系统矩阵，$\boldsymbol{B}\in\mathbf{R}^{n\times r}$是系统的$n\times r$阶的输入矩阵。

线性离散控制系统的输出方程是一组线性代数方程，其一般形式为

$$\begin{bmatrix} y_1(k)\\ \vdots \\ x_m(k)\end{bmatrix}=\begin{bmatrix} c_{11} & \cdots & c_{1n}\\ \cdots & \cdots & \cdots \\ c_{m1} & \cdots & a_{mn}\end{bmatrix}\begin{bmatrix} x_1(k)\\ \vdots \\ x_n(k)\end{bmatrix}+\begin{bmatrix} d_{11} & \cdots & d_{1r}\\ \cdots & \cdots & \cdots \\ d_{m1} & \cdots & d_{mr}\end{bmatrix}\begin{bmatrix} u_1(k)\\ \vdots \\ u_r(k)\end{bmatrix} \tag{7-52a}$$

或

$$\boldsymbol{Y}(k)=\boldsymbol{CX}(k)+\boldsymbol{DU}(k) \tag{7-52b}$$

式中，$\boldsymbol{Y}(k)\in\mathbf{R}^{m\times 1}$是系统的$m$维输出信号，$\boldsymbol{C}\in\mathbf{R}^{m\times n}$是系统的$m\times n$阶输出矩阵，$\boldsymbol{D}\in\mathbf{R}^{m\times r}$是系统的$m\times r$阶传递矩阵。

1. 连续控制系统状态空间表达式的离散化

在已知初始条件$\boldsymbol{X}(t_0)$和输入信号$\boldsymbol{U}(t)$的作用下，连续线性系统状态方程$\dot{\boldsymbol{X}}(t)=\boldsymbol{AX}(t)+\boldsymbol{BU}(t)$的解为

$$\boldsymbol{X}(t)=\mathrm{e}^{\boldsymbol{A}(t-t_0)}X(t_0)+\int_{t_0}^{t}\mathrm{e}^{\boldsymbol{A}(t-\tau)}\boldsymbol{BU}(\tau)\mathrm{d}\tau \tag{7-53}$$

式中，$\mathrm{e}^{\boldsymbol{A}(t-t_0)}$是连续控制系统的状态转移矩阵，即

$$\mathrm{e}^{\boldsymbol{A}(t-t_0)}=\boldsymbol{I}+\boldsymbol{A}(t-t_0)+\frac{1}{2!}\boldsymbol{A}^2(t-t_0)^2+\cdots=\sum_{k=0}^{\infty}\frac{\boldsymbol{A}^k(t-t_0)^k}{k!} \tag{7-54}$$

在一个很小的采样周期T内，即当式（7-53）中的$t_0=kT$和$t=(k+1)T$时，可以近似

地认为$\boldsymbol{U}(t)$为定值，则式（7-53）可表示为

$$\boldsymbol{X}\left[(k+1)T\right]=\mathrm{e}^{\boldsymbol{A}T}\boldsymbol{X}(kT)+\left(\int_0^T\mathrm{e}^{\boldsymbol{A}\sigma}\boldsymbol{B}\mathrm{d}\sigma\right)\boldsymbol{U}(kT)$$

式中，$\sigma=(k+1)T-\tau$。

显然，对于确定的系统矩阵$\boldsymbol{A}$和输入矩阵$\boldsymbol{B}$，$\mathrm{e}^{\boldsymbol{A}T}$和$\int_0^T\mathrm{e}^{\boldsymbol{A}\sigma}\boldsymbol{B}\mathrm{d}\sigma$也是定值，分别记为

$$\mathrm{e}^{\boldsymbol{A}T}=\boldsymbol{A}_{\mathrm{a}}\qquad 和\qquad \int_0^T\mathrm{e}^{\boldsymbol{A}\sigma}\boldsymbol{B}\mathrm{d}\sigma=\boldsymbol{B}_{\mathrm{a}} \tag{7-55}$$

从而可得连续控制系统状态方程的离散化方程，即

$$\boldsymbol{X}(k+1)=\boldsymbol{A}_{\mathrm{a}}\boldsymbol{X}(k)+\boldsymbol{B}_{\mathrm{a}}\boldsymbol{U}(k) \tag{7-56}$$

对于连续控制系统的输出方程$\boldsymbol{Y}(t)=\boldsymbol{C}\boldsymbol{X}(t)+\boldsymbol{D}\boldsymbol{U}(t)$，其离散化方程就是直接选择$t=kT$，从而得到

$$\boldsymbol{Y}(k)=\boldsymbol{C}\boldsymbol{X}(k)+\boldsymbol{D}\boldsymbol{U}(k) \tag{7-57}$$

2. *由差分方程建立状态空间表达式*

设离散控制系统的n阶差分方程为

$$\begin{aligned}&y(k+n)+a_{n-1}y(k+n-1)+\cdots+a_0y(k)\\&=b_nu(k+n)+b_{n-1}u(k+n-1)+\cdots+b_0u(k)\end{aligned} \tag{7-58}$$

式中，n为系统阶数。因此，需要选择n个状态变量才能完全描述系统的运动状态，设选择的n个状态变量为

$$\begin{cases}x_1(k)=y(k)-\beta_0u(k)\\x_2(k)=x_1(k+1)-\beta_1u(k)\\x_3(k)=x_2(k+1)-\beta_2u(k)\\\quad\vdots\\x_n(k)=x_{n-1}(k+1)-\beta_{n-1}u(k)\end{cases} \tag{7-59}$$

并且令$x_{n+1}(k)=x_n(k+1)-\beta_nu(k)$。

根据式（7-59）和设定的$x_{n+1}(k)$，把以n个状态变量和$x_{n+1}(k)$表示的输出序列$y(k+n),\cdots,y(k+1),y(k)$代入式（7-58），然后根据等式成立的条件：其中相同变量幂次的系数相等，可以得到待定系数$\beta_0,\beta_1,\cdots,\beta_n$，即

$$\begin{cases}\beta_0=b_n\\\beta_1=b_{n-1}-a_{n-1}\beta_0\\\beta_2=b_{n-2}-a_{n-1}\beta_1-a_{n-2}\beta_0\\\quad\vdots\\\beta_{n-1}=b_1-a_{n-1}\beta_{n-2}-\cdots-a_1\beta_0\\\beta_n=b_0-a_{n-1}\beta_{n-1}-\cdots-a_1\beta_1-a_0\beta_0\end{cases} \tag{7-60}$$

那么，根据式（7-59），该离散控制系统的状态空间表达式为

$$\begin{cases}\boldsymbol{X}(k+1)=\boldsymbol{A}\boldsymbol{X}(k)+\boldsymbol{B}u(k)\\\boldsymbol{Y}(k)=\boldsymbol{C}\boldsymbol{X}(k)+\boldsymbol{D}u(k)\end{cases} \tag{7-61}$$

式中，

$$A=\begin{bmatrix}0 & 1 & 0 & \cdots & 0\\ 0 & 0 & 1 & \ddots & \vdots\\ \vdots & \ddots & \ddots & 1 & 0\\ 0 & \cdots & 0 & 0 & 1\\ -a_0 & -a_1 & -a_2 & \cdots & -a_{n-1}\end{bmatrix} \quad B=\begin{bmatrix}\beta_1\\ \beta_2\\ \vdots\\ \beta_{n-1}\\ \beta_n\end{bmatrix} \quad C=\begin{bmatrix}1 & 0 & \cdots & 0\end{bmatrix} \quad D=\beta_0$$

【例 7-10】 已知离散控制系统的差分方程如下，试求其离散状态空间表达式。

$$y(k+2)+y(k+1)+0.16y(k)=u(k+1)+2u(k)$$

解： 这是一个 n=2 阶离散控制系统，应选择两个状态变量。对照式（7-58），得

$$n=2,\ a_1=1,\ a_0=0.16,\ b_2=0,\ b_1=1,\ b_0=2$$

那么，根据式（7-59）和式（7-60），所选择的两个状态变量就是

$$x_1(k)=y(k) \qquad \text{和} \qquad x_2(k)=x_1(k+1)-u(k)$$

则由式（7-61），可得

$$\begin{bmatrix}x_1(k+1)\\ x_2(k+1)\end{bmatrix}=\begin{bmatrix}0 & 1\\ -0.16 & -1\end{bmatrix}\begin{bmatrix}x_1(k)\\ x_2(k)\end{bmatrix}+\begin{bmatrix}1\\ 1\end{bmatrix}u(k)$$

$$y(k)=\begin{bmatrix}1 & 0\end{bmatrix}\begin{bmatrix}x_1(k)\\ x_2(k)\end{bmatrix}$$

7.3.3 脉冲传递函数

1. 脉冲传递函数的定义

脉冲传递函数是用于描述离散控制系统在 z 域内输入和输出信号之间关系的数学模型，其定义如下：在初始条件为零的情况下，离散控制系统的输出信号 Z 变换 $Y(z)=Z[y^*(t)]$ 与输入信号 Z 变换 $U(z)=Z[u^*(t)]$ 之比，即

$$G(z)=\frac{Y(z)}{U(z)} \tag{7-62}$$

由式（7-62）可求得离散控制系统的输出信号，即

$$y^*(t)=Z^{-1}[Y(z)]=Z^{-1}[G(z)U(z)] \tag{7-63}$$

如果离散控制系统的输入信号为单位脉冲信号，即 $u^*(t)=\delta(kT)$，又已知 $U(z)=Z[\delta(kT)]=1$，那么此时离散控制系统的输出信号就为 $Y(z)=G(z)$。这表明离散控制系统的脉冲传递函数就是其单位脉冲响应 $g(t)$ 经过采样后形成的离散信号 $g^*(t)$ 的 Z 变换，即

$$G(z)=\sum_{k=0}^{\infty}g(kT)z^{-k} \tag{7-64}$$

由式（7-64）可知，脉冲传递函数 $G(z)$ 可以由连续传递函数 $G(s)$ 求出：首先计算 $G(s)$ 的拉普拉斯逆变换 $g(t)=L^{-1}[G(s)]$，然后按式（7-64）计算 $G(z)$，如图 7.11 所示。

在实际工程中，直接对连续控制系统的传递函数 $G(s)$ 进行 Z 变换，以获得脉冲传递函数，这一过程实际上已经包含了对连续信号的采样离散化过程。

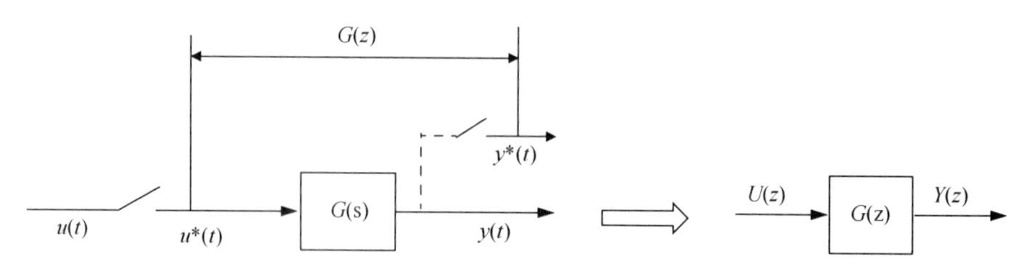

图 7.11　脉冲传递函数

【例 7-11】 设系统的传递函数为 $G(s)=\dfrac{a}{s(s+a)}$，试求相应的脉冲传递函数 $G(z)$。

解： 首先，对传递函数 $G(s)$ 进行拉普拉斯逆变换，求得的单位脉冲响应 $g(t)$ 为

$$g(t)=\mathrm{L}^{-1}\left[\frac{a}{s(s+a)}\right]=\mathrm{L}^{-1}\left[\frac{1}{s}-\frac{1}{s+a}\right]=1(t)-\mathrm{e}^{-at}$$

然后，对 $g(t)$ 进行采样，求出离散脉冲响应 $g^*(t)$，即

$$g^*(t)=1(kT)-\mathrm{e}^{-akT}$$

对 $g^*(t)$ 进行 Z 变换（可查表 7-1），得到该系统的脉冲传递函数 $G(z)$，即

$$G(z)=\frac{z}{z-1}-\frac{z}{z-\mathrm{e}^{-aT}}=\frac{z(1-\mathrm{e}^{-aT})}{(z-1)(z-\mathrm{e}^{-aT})}$$

2. 离散控制系统的脉冲传递函数

脉冲传递函数是由离散控制系统的固有特征决定的，不但与离散控制系统的结构参数（含采样周期）有关，还与采样开关在系统中的位置有关。

1）串联环节的脉冲传递函数

在连续控制系统中，串联环节的传递函数等于各个环节传递函数之积，而对离散控制系统而言，不一定如此。在离散控制系统中，串联环节之间采样开关的有无使串联环节的总脉冲传递函数也不一样。

（1）串联环节间有采样开关时的脉冲传递函数。

设两个串联环节之间有采样开关，如图 7.12（a）所示。根据脉冲传递函数的定义，可得

$$U_1(z)=G_1(z)U(z)\qquad Y(z)=G_2(z)U_1(z)$$

整理后得

$$Y(z)=G_2(z)G_1(z)U(z)$$

由此可得串联后总脉冲传递函数，即

$$G(z)=\frac{Y(z)}{U(z)}=G_1(z)G_2(z)\tag{7-65}$$

式中，$G_1(z)$ 和 $G_2(z)$ 分别为环节 $G_1(s)$ 与 $G_2(s)$ 的脉冲传递函数，即 $G_1(z)=Z\left[G_1(s)\right]$，$G_2(z)=Z\left[G_2(s)\right]$。

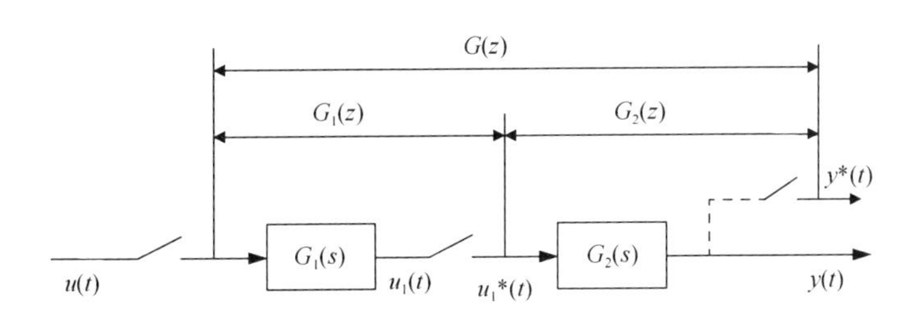

(a) 串联环节之间有采样开关

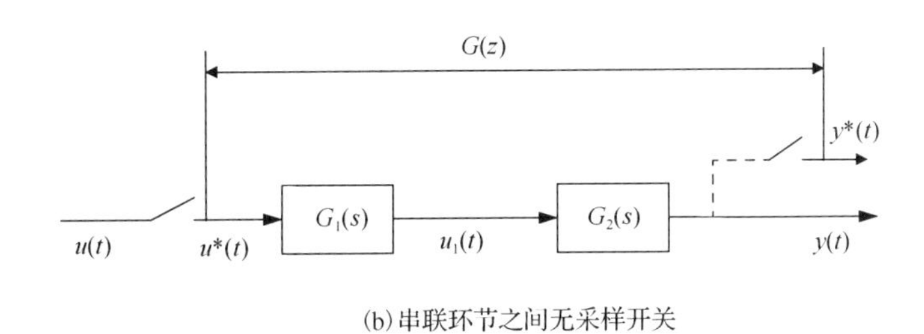

(b) 串联环节之间无采样开关

图 7.12　串联环节之间有无采样开关时的脉冲传递函数

可见，当两个串联环节之间有采样开关时，则其等效脉冲传递函数等于这两个串联环节各自脉冲传递函数的乘积。这一结论可以推广到每相邻两个串联环节之间有采样开关的 n 个串联环节的情况，即

$$G(z) = G_1(z) \cdot G_2(z) \cdots G_n(z) \tag{7-66}$$

（2）串联环节间无采样开关时的脉冲传递函数。在图 7.12（b）所示系统中，两个串联环节之间没有采样开关隔离，这时 $G_2(s)$ 环节输入的信号不是脉冲序列而是连续信号，也就意味着串联的 $G_1(s)$ 和 $G_2(s)$ 可看成一个整体连续的环节 $G_1(s)G_2(s)$。对 $G_1(s)G_2(s)$ 进行 Z 变换，就可得 $U(z)$ 到 $Y(z)$ 的脉冲传递函数，即

$$G(z) = \frac{Y(z)}{U(z)} = Z\left[G_1(s)G_2(s)\right] = G_1G_2(z) \tag{7-67}$$

式中，$G_1G_2(z)$ 表示对乘积 $G_1(s)G_2(s)$ 经采样后的 Z 变换。一般情况下，$G_1G_2(z) \neq G_1(z)G_2(z)$。

由此可知，两个串联环节间无采样开关时，其等效脉冲传递函数等于这两个串联环节的传递函数乘积经采样后的 Z 变换。此结论也可推广到任一相邻两个串联环节之间无采样开关的 n 个串联环节的情况，即

$$G(z) = Z\left[G_1(s)G_2(s) \cdots G_n(s)\right] = G_1G_2 \cdots G_n(z) \tag{7-68}$$

【例 7-12】试计算图 7.13 所示具有零价保持器的系统脉冲传递函数。

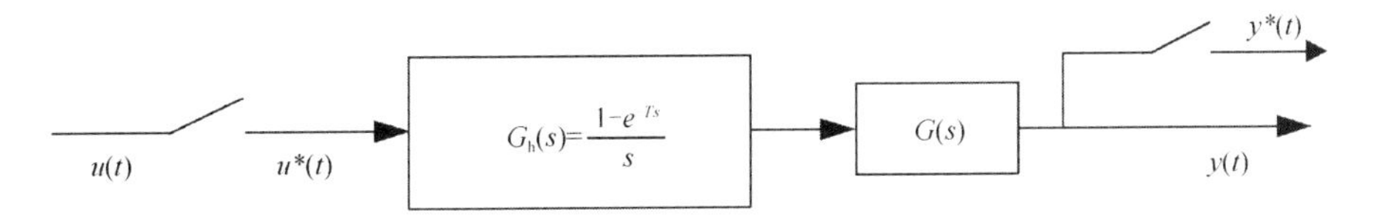

图 7.13　具有零阶保持器的系统脉冲传递函数

解：图 7.13 中的零阶保持器 $G_h(s)$ 与控制对象 $G(s)$ 之间没有采样开关，则它们串联的脉冲传递函数应为

$$G_hG(z)=Z[G_h(s)G(s)]=Z\left[\frac{1-e^{-Ts}}{s}G(s)\right]=Z\left[\frac{G(s)}{s}-\frac{G(s)e^{-Ts}}{s}\right]$$

若令 $L^{-1}\left[\frac{G(s)}{s}\right]=h(t)$，则 $L^{-1}\left[\frac{G(s)e^{-Ts}}{s}\right]=h(t-T)$。又由于

$$Z\left[\frac{G(s)e^{-Ts}}{s}\right]=Z[h(kT-T)]=z^{-1}Z[h(kT)]=z^{-1}Z\left[\frac{G(s)}{s}\right]$$

因此

$$G_hG(z)=Z[G_h(s)G(s)]=(1-z^{-1})Z\left[\frac{G(s)}{s}\right] \tag{7-69}$$

2）离散控制系统的闭环脉冲传递函数

在离散控制系统中，采样开关的配置位置不同会使其闭环脉冲传递函数的结构形式可能存在很大差异。下面以图 7.14 所示的常见线性闭环离散控制系统的框图为例进行说明。

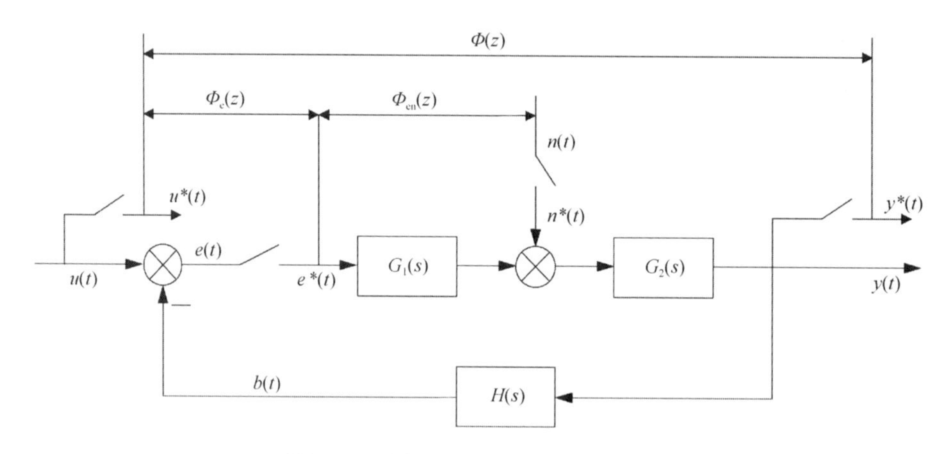

图 7.14　线性闭环离散控制系统的框图

在图 7.14 中，$u(t)$ 为给定输入信号，$n(t)$ 为干扰输入信号，$y(t)$ 为输出信号，该系统中的所有采样开关均同步工作，采样周期为 T。由该系统的框图可知，系统的误差信号为 $e(t)=u(t)-b(t)$，误差信号经采样后变为 $e^*(t)=u^*(t)-b^*(t)$，误差信号被采样就相当于系统的给定输入信号和反馈信号同时被采样。则在干扰输入信号 $n(t)=0$ 的情况下，可得

$$y(s)=G_1(s)G_2(s)e^*(s) \qquad 和 \qquad e(s)=u(s)-H(s)G_2(s)G_1(s)e^*(s)$$

把上式离散化为

$$y^*(s)=[G_1G_2(s)]^*e^*(s) \tag{7-70}$$

和

$$e^*(s)=u^*(s)-[G_1G_2H(s)]^*e^*(s) \tag{7-71}$$

式中，$[G_1G_2(s)]^* = [G_1(s)G_2(s)]^*$，$[G_1G_2H(s)]^* = [G_1(s)G_2(s)H(s)]^*$。很多场合下，它们被简记为$[G_1G_2(s)]^* = G_1G_2(s)^*$，$[G_1G_2H(s)]^* = G_1G_2H(s)^*$。

对式（7-71）进行 Z 变换，即可得到离散控制系统的误差信号与输入信号之间的误差闭环脉冲传递函数，即

$$\varPhi_{\rm e}(z) = \frac{e(z)}{u(z)} = \frac{1}{1+G_1G_2H(z)} \tag{7-72}$$

对式（7-70）进行 Z 变换并结合式（7-72），得出输出信号与输入信号之间的闭环脉冲传递函数，即

$$\varPhi(z) = \frac{y(z)}{u(z)} = \frac{G_1G_2(z)}{1+G_1G_2H(z)} \tag{7-73}$$

式中，$G_1G_2H(z) = Z[G_1(s)G_2(s)H(s)]$是反馈离散信号$b^*(t)$的 Z 变换$b(z)$与误差离散信号$e^*(t)$的 z 变换$e(z)$之比，称为闭环离散控制系统的开环脉冲传递函数。

根据图 7.14，当离散控制系统的干扰输入信号$n(t) \neq 0$时，

$$y(z) = G_2(s)n^*(s) + G_2(s)G_1(s)e^*(s)$$

$$e(z) = u(s) - H(s)G_2(s)n^*(s) - H(s)G_2(s)G_1(s)e^*(s)$$

对上式进行离散化，可得

$$y^*(z) = G_2(s)^*n^*(s) + G_2G_1(s)^*e^*(s) \tag{7-74}$$

$$e^*(z) = u^*(s) - HG_2(s)^*n^*(s) - HG_2G_1(s)^*e^*(s) \tag{7-75}$$

式中，$G_2(s)^* = [G_2(s)]^*$，$G_2G_1(s)^* = [G_2(s)G_1(s)]^*$，$HG_2(s)^* = [H(s)G_2(s)]^*$，$HG_2G_1(s)^* = [H(s)G_2(s)G_1(s)]^*$。

对式（7-75）进行 Z 变换，即可求出离散控制系统在给定输入信号和干扰输入信号作用下的误差，即

$$e(z) = \frac{u(z) - HG_2(z)n(z)}{1+HG_2G_{1(z)}} = \varPhi_{\rm e}(z)u(z) + \varPhi_{\rm en}(z)n(z) \tag{7-76}$$

式中，$\varPhi_{\rm en}(z) = \dfrac{-HG_2(z)}{1+HG_2G_1(z)}$，它是离散控制系统在干扰输入信号作用下的误差闭环脉冲传递函数。

对式（7-74）进行 Z 变换并结合式（7-76），即可求出在给定输入信号和干扰输入信号同时作用下的闭环离散控制系统的输出响应，即

$$y(z) = \varPhi(z)u(z) + \frac{G_2(z) + G_1G_2H(z) - HG_2(z)}{1+HG_2G_1(z)}n(z) \tag{7-77}$$

典型离散控制系统的框图及其输出信号$y(z)$见表 7-2。从这个表中可以看出，离散控制系统的闭环脉冲传递函数需要根据系统的结构和采样开关具体位置来确定。对在反馈比较器后没有设置采样开关（没有对误差信号$e(t)$进行采样）的离散控制系统，一般只能写出该系统的输出信号 Z 变换。

表 7-2　典型离散控制系统的框图及其输出信号 $Y(z)$

序号	框图	$Y(z)$
1	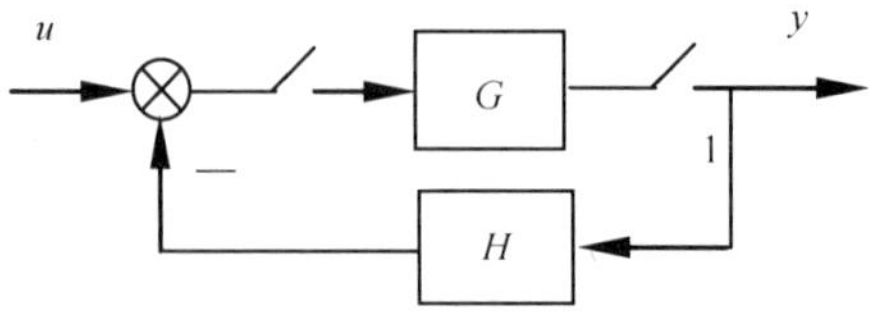	$Y(z)=\dfrac{G(z)U(z)}{1+G(z)H(z)}$
2	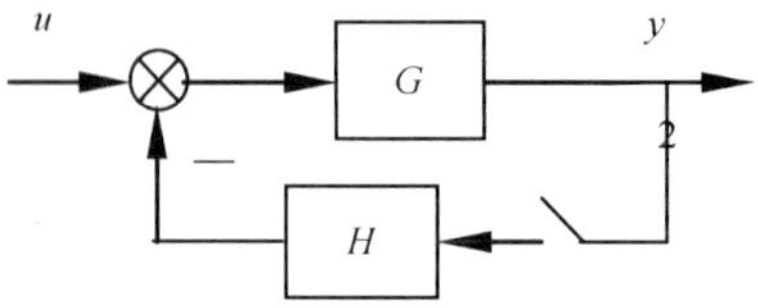	$Y(z)=\dfrac{G(z)U(z)}{1+G(z)H(z)}$
3	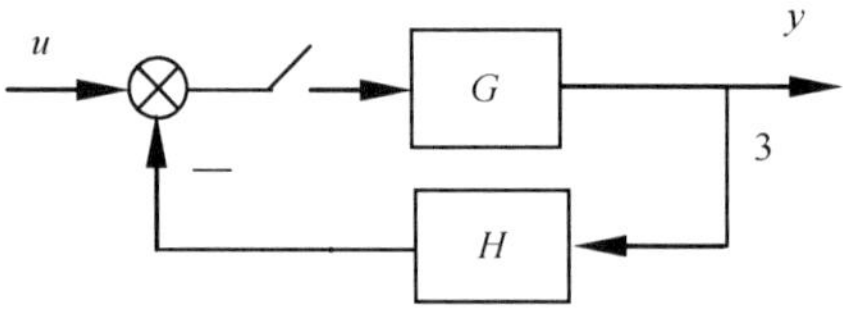	$Y(z)=\dfrac{G(z)U(z)}{1+GH(z)}$
4	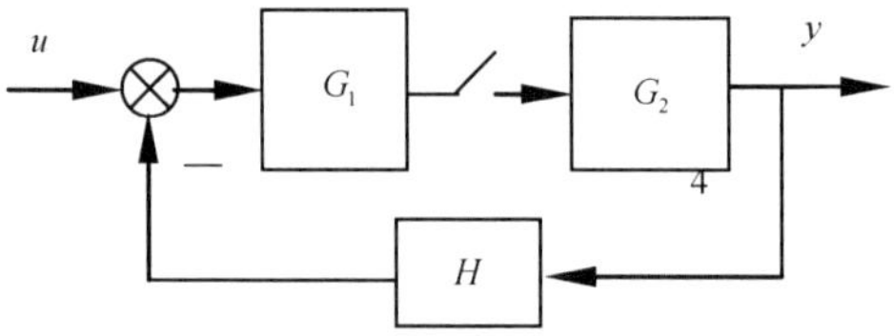	$Y(z)=\dfrac{G_2(z)G_1U(z)}{1+G_1G_2H(z)}$
5	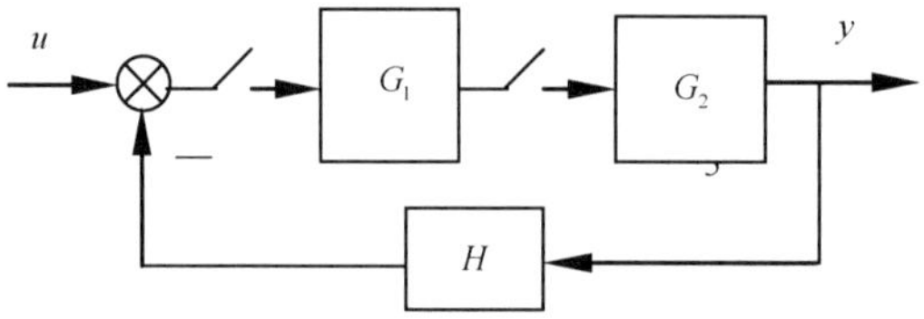	$Y(z)=\dfrac{G_1(z)G_2(z)U(z)}{1+G_1(z)G_2H(z)}$
6	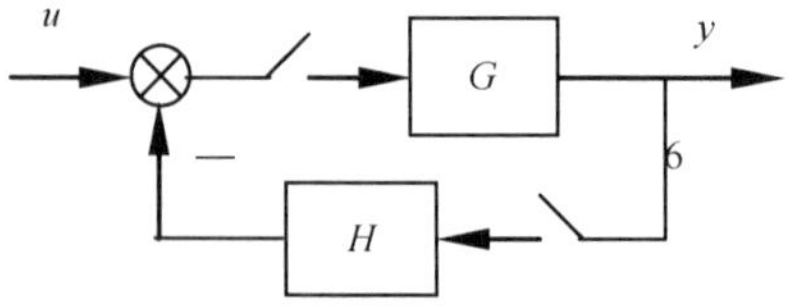	$Y(z)=\dfrac{G(z)U(z)}{1+G(z)H(z)}$
7	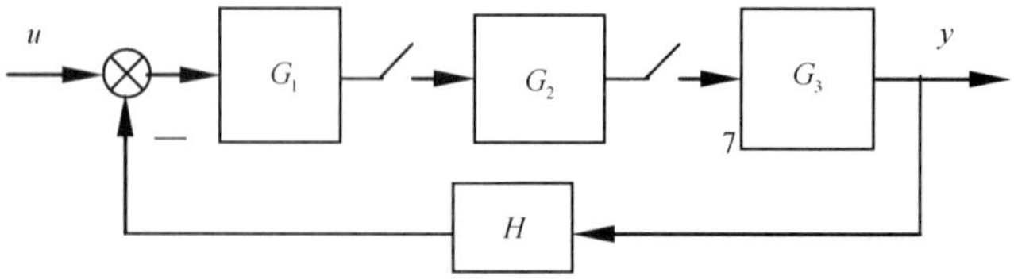	$Y(z)=\dfrac{G_2(z)G_3(z)G_1U(z)}{1+G_2(z)G_1G_3H(z)}$

续表

序号	框图	$Y(z)$
8	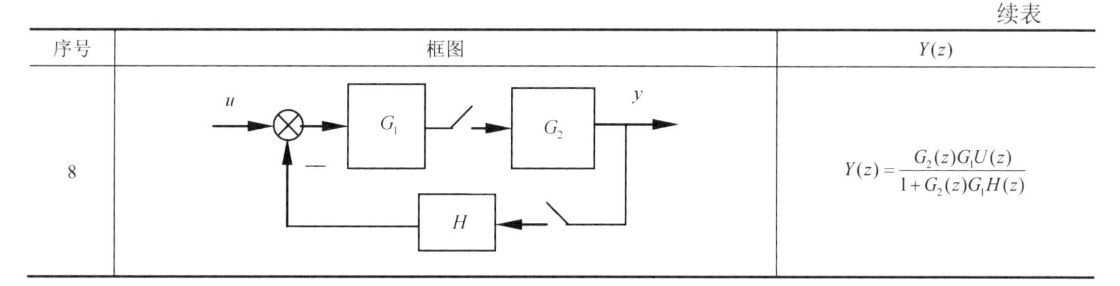	$Y(z)=\dfrac{G_2(z)G_1U(z)}{1+G_2(z)G_1H(z)}$

【**例 7-13**】某一控制系统框图如图 7.15 所示，求该系统的输出信号 Z 变换 $Y(z)$。

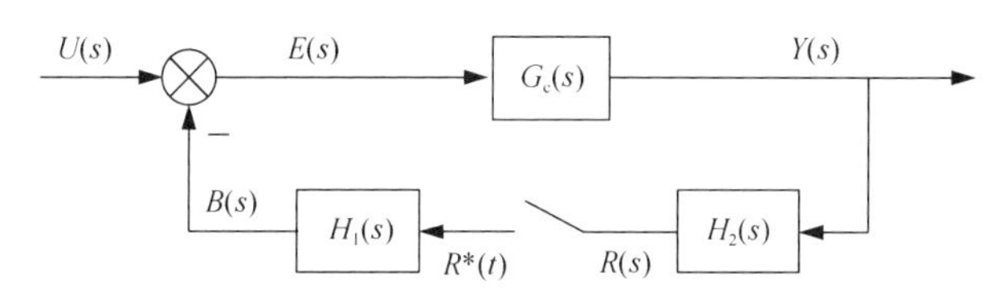

图 7.15　例 7-13 的控制系统框图

解：根据图 7.15，可得如下的关系式：

$$Y(s)=G_c(s)E(s)$$

$$E(s)=U(s)-B(s)=U(s)-H_1(s)R^*(s)$$

$$R(s)=H_2(s)Y(s)$$

整理后得

$$Y(s)=G_c(s)U(s)-G_c(s)H_1(s)R^*(s)$$

或

$$Y^*(s)=G_cU^*(s)-G_cH_1^*(s)\cdot R^*(s)$$

$$\begin{aligned}R^*(s)&=H_2Y^*(s)=H_2G_cE^*(s)\\&=H_2G_cU^*(s)-H_1H_2G_c^*(s)\cdot R^*(s)\end{aligned}$$

解得

$$R^*(s)=\frac{H_2G_cU^*(s)}{1+H_1H_2G_c^*(s)}$$

$$Y^*(s)=G_cU^*(s)-\frac{G_cH_1^*(s)\cdot H_2G_cU^*(s)}{1+H_1H_2G_c^*(s)}$$

即

$$Y^*(z)=G_cU(z)-\frac{G_cH_1(z)\cdot H_2G_cU(z)}{1+H_1H_2G_c(z)}$$

7.4　离散控制系统的性能分析

7.4.1　离散控制系统的时域分析

1. 离散控制系统的动态响应分析

线性离散控制系统的时域分析通常指典型信号输入作用下的系统输出响应分析，并且以在单位阶跃输入信号作用下的零状态响应表征线性离散控制系统的时域响应特性。以单位阶跃响应的特征量（如延迟时间 t_d、上升时间 t_r、峰值时间 t_p、最大超调量 M_p、调节时间 t_s 和振荡次数 N）作为线性离散控制系统的动态性能指标，其定义与线性连续控制系统的动态性能指标一致。

【例 7-14】 设某一具有零阶保持器的采样控制系统的框图如图 7.16 所示，图中 $G_p(s)$ 和 $G_h(s)$ 分别为控制对象与零阶保持器的传递函数，假定控制器的传递函数 $G_c(s)=K_p=1$，$u(t)=1(t)$，$T=1s$，试分析该系统的时域响应特性并求其性能指标值。

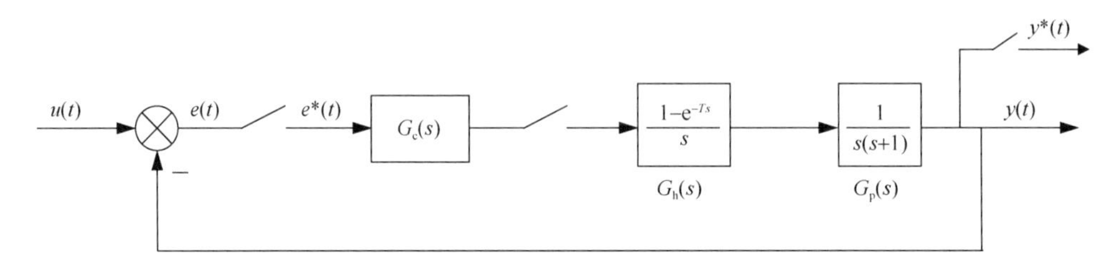

图 7.16　例 7-14 的采样控制系统的框图

解： 首先，求该系统的开环脉冲传递函数 $G(z)$，得到

$$G(s)=\frac{1}{s^2(s+1)}(1-e^{-s})$$

对其进行 Z 变换，得到

$$G(z)=(1-z^{-1})Z\left[\frac{1}{s^2(s+1)}\right]$$

查表 7-1 得

$$G(z)=\frac{0.368z+0.264}{(z-1)(z-0.368)}$$

已知该系统的误差信号处设有采样开关，则该系统的闭环脉冲传递函数为

$$\Phi(z)=\frac{Y(z)}{U(z)}=\frac{G(z)}{1+G(z)}=\frac{0.368z+0.264}{z^2-z+0.632}$$

又已知该系统的输入信号为单位阶跃信号，其 Z 变换为 $U(z)=\dfrac{z}{z-1}$，则

$$Y(z)=\Phi(z)U(z)=\frac{0.368z^{-1}+0.264z^{-2}}{1-2z^{-1}+1.632z^{-2}-0.632z^{-3}}$$

利用长除法，将 $Y(z)$ 展开成无穷幂级数，即

$$Y(z)=0.368z^{-1}+z^{-2}+1.4z^{-3}+1.4z^{-4}+1.147z^{-5}+0.895z^{-6}+0.802z^{-7}+0.868z^{-8}+\ldots$$

对上式进行 Z 反变换，得到该系统在单位阶跃信号输入作用下的输出阶跃响应，即

$$\begin{aligned}y(kT)=&0.368\delta(t-T)+\delta(t-2T)+1.4\delta(t-3T)+1.4\delta(t-4T)+1.147\delta(t-5T)+\\&0.895\delta(t-6T)+0.802\delta(t-7T)+0.868\delta(t-8T)+\ldots\end{aligned}$$

根据这些输出信号在采样时刻的值，可以大致绘制出该系统单位阶跃响应曲线，如图 7.17 所示。从图中可以看出，该系统的动态过程含有衰减振荡的形式。输出信号的第一

个峰值发生在单位阶跃信号输入后的第 3 拍和第 4 拍（一个采样周期为一拍）之间，即 $y_{\max 1} \approx y(3) = \quad y(4) = 1.4$，第二个峰值发生在第 11 拍和第 12 拍之间，即 $y_{\max 2} \approx y(11) = 1.085$。由此可得该系统输出响应的最大超调量，即

$$M_{\mathrm{p}} = \frac{y_{\max} - y_{\mathrm{s}}}{y_{\mathrm{s}}} \times 100\% = \frac{1.4 - 1.0}{1.0} \times 100\% = 40\%$$

动态过程的调节时间为 $t_{\mathrm{s}} \approx 12T = 12\mathrm{s}$ （$\Delta = \pm 5\%$）

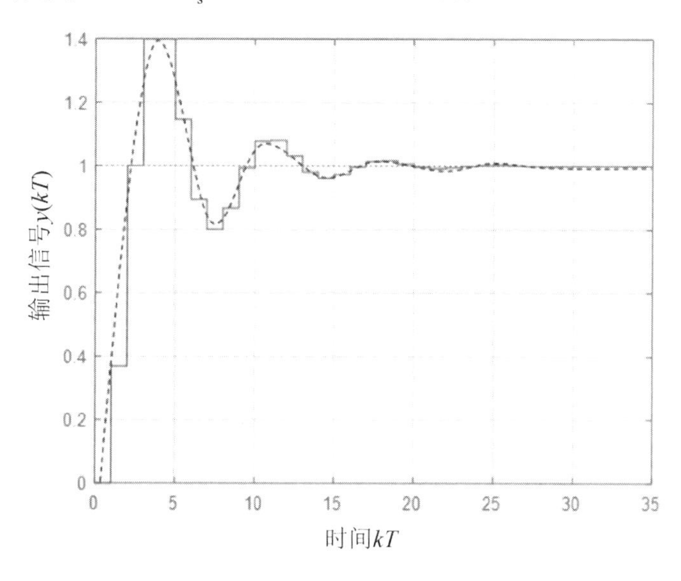

图 7.17　例 7-14 的单位阶跃响应曲线

需要注意的是，离散控制系统的输出信号在相邻采样点之间是不确定的，因而求出的动态性能指标值可能存在误差，其误差与采样周期 T 的大小有关，通常 T 较大，误差也较大。在实际工程中，离散控制系统中的采样周期 T 一般很小，由此产生的误差往往可以忽略不计。

2. 闭环脉冲传递函数的零点和极点位置分布与动态响应的一般关系

通过研究离散控制系统闭环极点（特征根）在 z 平面上的位置与系统阶跃响应之间的关系，可以了解系统参数对输出响应性能的影响，这对系统分析和校正都具有指导意义。

一般情况下，闭环脉冲传递函数 $\Phi(z)$ 可以表示为两个多项式之比，即

$$\Phi(z) = \frac{Y(z)}{U(z)} = \frac{b_m z^m + \cdots + b_1 z + b_0}{a_n z^n + \cdots + a_1 z + a_0} = K \frac{\prod_{i=1}^{m}(z - z_i)}{\prod_{j=1}^{n}(z - p_j)} \tag{7-78}$$

式中，$z_i (i = 1, 2, \cdots, m)$ 为系统的零点，$p_i (j = 1, 2, \cdots, n)$ 为系统的极点，K 为系统的开环增益。对于实际系统来说，$n \geqslant m$。式中的 z_i 和 p_j 既可以是实数，也可以是共轭复数。

为了方便讨论，假定 $\Phi(z)$ 无重合的极点，并且系统的输入信号为单位阶跃信号，则系统输出信号的 Z 变换为

$$Y(z)=\Phi(z)U(z)=K\frac{\prod_{i=1}^{m}(z-z_i)}{\prod_{j=1}^{n}(z-p_j)}\frac{z}{z-1}$$

把部分分式展开，得到

$$Y(z)=\Phi(1)\frac{z}{z-1}+\sum_{j=1}^{n}\frac{c_j z}{z-p_j}$$

对 $Y(z)$ 进行 Z 反变换，求得系统输出信号在采样时刻的离散值，即

$$y(kT)=\Phi(1)+\sum_{j=1}^{n}c_j p_j^k \tag{7-79}$$

式中，等号右边第一项为输出脉冲序列 $y(kT)$ 的稳态分量；第二项为 $y(kT)$ 的动态分量。

可见，极点 p_j 在 z 平面上的位置不同，其对应的动态响应也不同。实数极点对应的动态分量与共轭复数极点对应的动态分量分别如图 7.18 和图 7.19 所示。

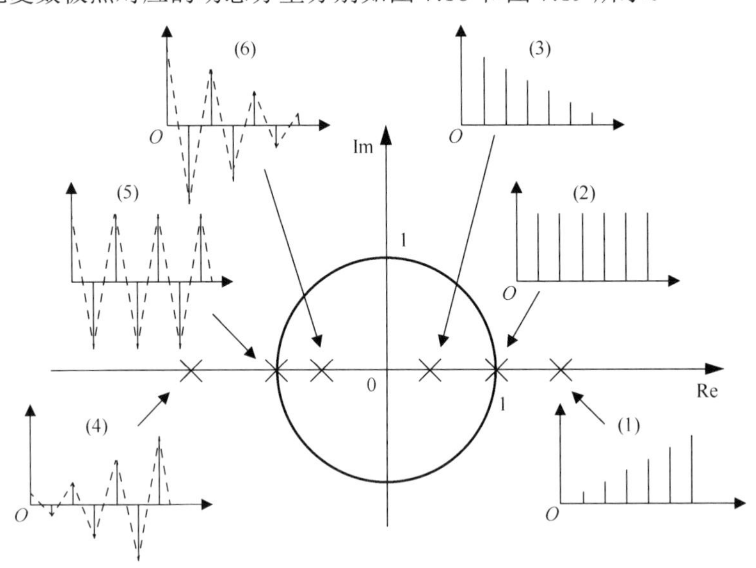

图 7.18　实数极点对应的暂态分量

1）实数极点的情况

（1）当 p_j 为正实数时，其对应的动态分量按指数规律变化。具体情况如下：当 $p_j>1$ 时，极点在 z 平面上的单位圆外的正实轴上，p_j^k 随着 k 的增大而迅速增大，相应的动态分量为指数发散序列，表明系统不稳定；当 $p_j=1$ 时，p_j^k 恒等于 1，其对应的动态分量为等幅序列，表明系统处于临界稳定状态；当 $p_j<1$ 时，极点在单位圆内的正实轴上，p_j^k 随着 k 的增大而减小，其对应的动态分量为指数衰减序列，并且极点越靠近坐标原点，其衰减得越快。

（2）当 p_j 为负实数时，其对应的动态分量是正负交替的。具体情况如下：当 k 为偶数时，$p_j^k>0$；当 k 为奇数时，$p_j^k<0$。振荡角频率为采样频率的一半，即 $\omega=\frac{1}{2}\omega_s=\frac{\pi}{T}$。在

这种情况下，当$p_j<-1$时，闭环极点在单位圆外的负实轴上，其对应的动态分量为正负交替的指数发散序列，表明系统不稳定；当$p_j=-1$时，其对应的动态分量为正负交替等幅振荡序列，表明系统处于临界稳定状态；当$-1<p_j<0$时，极点在单位圆内的负实轴上，其对应的动态分量为正负交替的指数收敛序列。

2）共轭复数极点的情况

若闭环脉冲传递函数有共轭复数极点$p_{j,j+1}=\left|p_j\right|e^{\pm j\theta_j}$，则其对应的动态分量为三角函数的振荡形式，振荡角频率与共扼复数极点的幅角θ_j有关，即$\omega=\theta_j/T$，θ_j越大，振荡角频率越高。当$\left|p_j\right|>1$时，极点在单位圆外的z平面上，其对应的动态分量为发散振荡序列，表明系统不稳定；当$\left|p_j\right|=1$时，极点在单位圆上，其对应的动态分量为等幅振荡序列，表明系统处于临界稳定状态；当$\left|p_j\right|<1$时，极点在单位圆内，其对应的动态分量为衰减振荡序列，表明系统稳定。

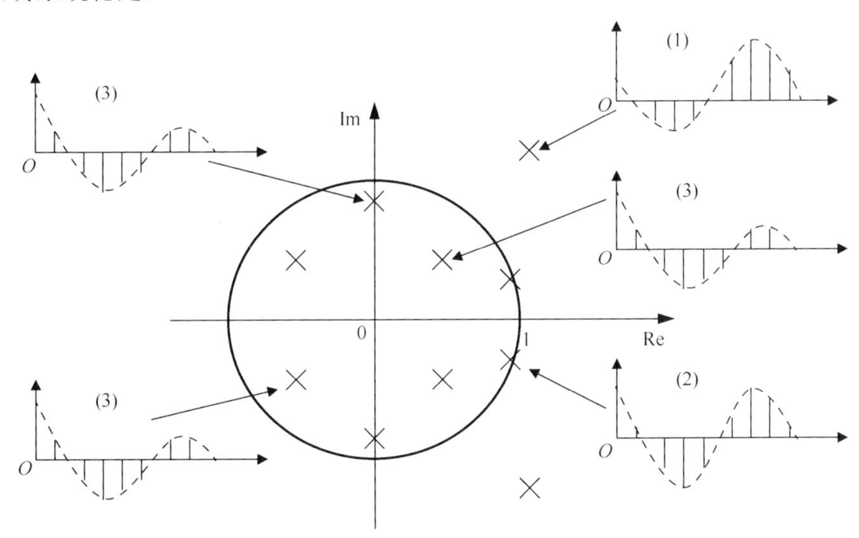

图7.19　共轭复数极点对应的动态分量

综上所述，当闭环脉冲传递函数的极点位于单位圆内时，其对应的动态分量是衰减的，极点越靠近坐标原点，动态响应衰减得越快；极点的相角越小，动态响应振荡的频率就越低。

7.4.2　离散控制系统的稳定性分析

1. 离散控制系统的稳定条件

线性连续控制系统稳定的充要条件是系统特征方程的所有根都位于s平面虚轴的左侧，即系统的闭环特征根都具有负实部。线性离散控制系统的稳定性与其闭环脉冲传递函数的极点在z平面上的分布位置有关，从图7.18和图7.19可以看出，当离散控制系统的极点位于z平面上的单位圆内时，其输出动态响应是衰减的，意味着离散控制系统稳定；当

极点位于单位圆上时，其输出动态响应是等幅振荡，意味着离散控制系统处于临界稳定状态；当极点位于单位圆外时，其输出动态响应是发散的，意味着离散控制系统不稳定。由此可以得出线性离散控制系统稳定的充分必要条件：系统所有极点（系统特征方程的所有根）均位于 z 平面上的单位圆内。

线性离散控制系统的稳定条件可从 s 平面与 z 平面之间存在的确定映射关系中得到。从 Z 变换的定义可知复变量 z 与 s 的关系为

$$z = \mathrm{e}^{Ts} \quad （T \text{ 为采样周期}）$$

把 $s = \sigma + \mathrm{j}\omega$ 代入上式，得

$$z = \mathrm{e}^{(\sigma + \mathrm{j}\omega)T} = \mathrm{e}^{\sigma T} \cdot \mathrm{e}^{\mathrm{j}\omega T}$$

可知，z 的模 $|z| = \mathrm{e}^{\sigma T}$，幅角 $\theta = \tan^{-1} z = \omega T = \dfrac{2\pi\omega}{\omega_s}$。其中，$T = \dfrac{2\pi}{\omega_s}$ 为采样周期，ω_s 为采样频率。

由此可见，s 平面上的虚轴（$\sigma = 0$）映射到 z 平面后就是以坐标原点为圆心的单位圆，s 平面的坐标原点映射到 z 平面后对应的是点 $(+1, j0)$。在 s 平面虚轴的左半侧，由于 $\sigma < 0$，因此，$|z| = \mathrm{e}^{\sigma T} < 1$，即映射到 z 平面后就是以坐标原点为圆心的单位圆内部区域。在 s 平面虚轴的右半侧，由于 $\sigma > 0$，因此，映射到 z 平面后就是 $z = \mathrm{e}^{\sigma T}\mathrm{e}^{\mathrm{j}\omega T}$ 的模均大于 1，即映射到 z 平面上以坐标原点为圆心的单位圆外。因此，整个 s 平面虚轴右半侧映射到 z 平面后就是以坐标原点为圆心的单位圆外部区域。z 平面与 s 平面的主要映射关系如图 7.20 所示和表 7-3 所示。

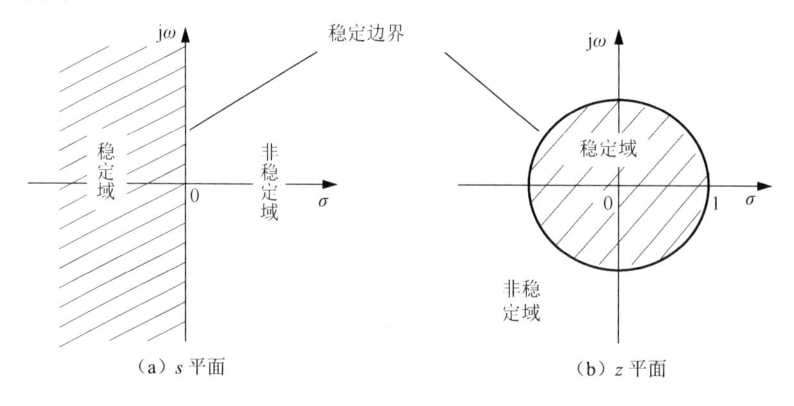

图 7.20　s 平面与 z 平面的主要映射关系

表 7-3　z 平面与 s 平面的主要映射关系

s 平面	z 平面	系统稳定性判断
$\sigma = 0$，虚轴	$r = 1$，单位圆	临界稳定
$\sigma < 0$，虚轴的左半侧	$r < 1$，单位圆内	稳定
$\sigma > 0$，虚轴的右半侧	$r > 1$，单位圆外	不稳定

线性连续控制系统稳定的充分必要条件是，系统特征方程的所有根都位于 s 平面虚轴

的左侧，即这些根都具有负实部。那么，由 s 平面与 z 平面的映射关系可知，离散控制系统稳定的充分必要条件是，系统特征方程的所有根（闭环脉冲传递函数的极点）均位于 z 平面上的以坐标原点为圆心的单位圆内，即要求所有根的模小于 1。只要有一个极点在单位圆外，离散控制系统就不稳定；只要有一个极点在单位圆上，离散控制系统就处于临界稳定状态。

对图 7.21 所示的反馈离散控制系统框图，定义 $\dfrac{B(z)}{E(z)} = Z[G(s)H(s)] = GH(z)$ 为该系统的开环脉冲传递函数，则其闭环脉冲传递函数为

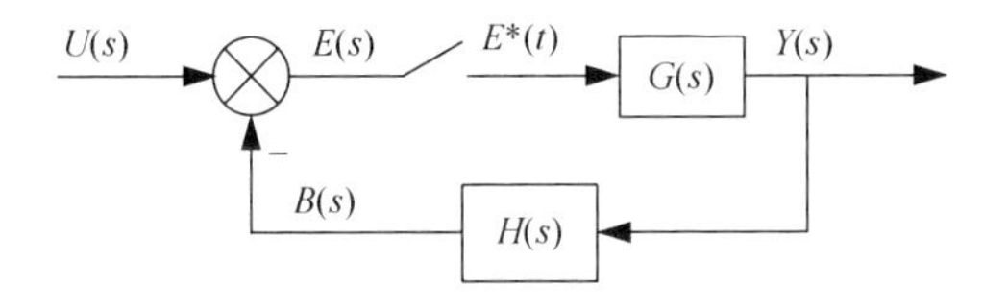

图 7.21　反馈离散控制系统的框图

$$\Phi(z) = \frac{Y(z)}{U(z)} = \frac{G(z)}{1+GH(z)}$$

式中，（$1+GH(z)$）为该系统的特征多项式。用状态空间表达式表示图 7.21 所示系统时，即

$$\begin{cases} \boldsymbol{X}(k+1) = \boldsymbol{AX}(k) + \boldsymbol{BU}(k) \\ \boldsymbol{Y}(k) = \boldsymbol{CX}(k) + \boldsymbol{DU}(k) \end{cases}$$

那么该系统的特征多项式就是 $|z\boldsymbol{I} - \boldsymbol{A}|$。因此，只要计算出该系统特征方程的根，就可依据稳定条件判断出离散控制系统是否稳定。

$$1+GH(z) = 0 \qquad 或 \qquad |z\boldsymbol{I} - \boldsymbol{A}| = 0$$

【例 7-15】 在图 7.22 所示的离散控制系统框图中，设采样周期 $T=1\text{s}$，试分析当 $K=4$ 和 $K=10$ 时该系统的稳定性。

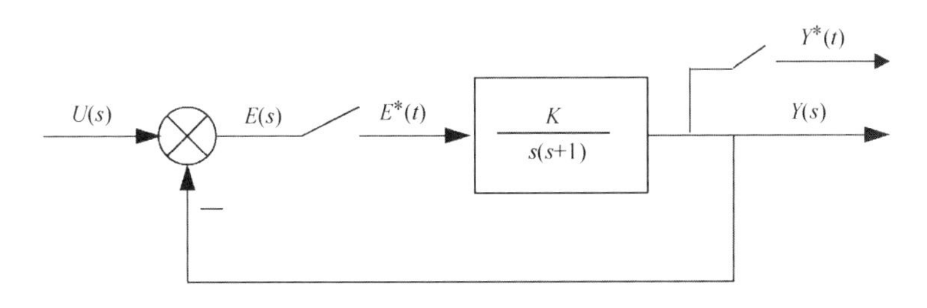

图 7.22　例 7-15 的离散控制系统框图

解： 该系统连续部分的传递函数为

$$G(s) = \frac{K}{s(s+1)}$$

则

$$G(z)=Z\left[\frac{K}{s(s+1)}\right]=KZ\left[\frac{1}{s}-\frac{1}{s+1}\right]=K\left[\frac{z}{z-1}-\frac{z}{z-\mathrm{e}^{-T}}\right]=\frac{Kz\left[1-\mathrm{e}^{-T}\right]}{(z-1)\left(z-\mathrm{e}^{-T}\right)}$$

因此，该系统的闭环脉冲传递函数为

$$\Phi(z)=\frac{Y(z)}{U(z)}=\frac{G(z)}{1+G(z)}=\frac{Kz(1-\mathrm{e}^{-T})}{(z-1)(z-\mathrm{e}^{-T})+Kz(1-\mathrm{e}^{-T})}$$

该系统的闭环特征方程为

$$(z-1)(z-\mathrm{e}^{-T})+Kz(1-\mathrm{e}^{-T})=0$$

将 $K=4$ 和 $T=1$ 代入上式，得

$$z^2+1.16z+0.368=0$$

解得 $z_1=-0.580-\mathrm{j}0.178$。由于 $\left|z_{1,2}\right|=0.61<1$，即 z_1、z_2 均在单位圆内，因此，$K=4$ 时该系统是稳定的。

将 $K=10$ 和 $T=1$ 代入该系统的特征方程，得

$$z^2+4.952z+0.368=0$$

解得 $z_1=-0.076,\ z_2=-4.876$。可见，$\left|z_2\right|=4.876>1$，即 z_2 在单位圆外，因此，$K=10$ 时，该系统不稳定。

2. 离散控制系统的劳斯判据

连续控制系统中的劳斯判据是判断系统特征方程的根是否全部位于 s 平面虚轴的左半侧，由此确定系统的稳定性。而在 z 平面上，离散控制系统的稳定性取决于系统特征方程的根是否都在单位圆内。因此，连续控制系统稳定的劳斯判据不能直接套用在离散控制系统上，必须采用一种新的坐标变换方法。若能使 z 平面上的单位圆的圆周映射为新坐标系的虚轴，单位圆的内部映射为新坐标系虚轴的左半侧，单位圆的外部映射为新坐标系虚轴的右半侧，那么通过这种坐标变换，在新坐标系的平面上就可采用劳斯判据分析离散控制系统的稳定性。

这种新的坐标变换方法常采用的是双线性变换，也称为 w 变换。w 变换定义如下：

$$z=\frac{w+1}{w-1} \tag{7-80}$$

或

$$w=\frac{z+1}{z-1} \tag{7-81}$$

式中，z 和 w 均为复变量。设 $z=x+\mathrm{j}y$，并把它代入式（7—81），整理后得

$$w=u+\mathrm{j}v=\frac{x^2+y^2-1}{(x-1)^2+y^2}-\mathrm{j}\frac{2y}{(x-1)^2+y^2} \tag{7-82}$$

因此，w 平面的虚轴对应于 $u=0$，则 $x^2+y^2=1$，这是 z 平面上以坐标原点为圆心的单位圆方程，表明 w 平面上的虚轴对应 z 平面上的单位圆圆周。对于 z 平面的单位圆内，即 $x^2+y^2<1$，则 $u<0$，表明 z 平面上的单位圆内对应 w 平面上的虚轴左半侧；对于 z 平面的单位圆外，即 $x^2+y^2>1$，则 $u>0$，表明 z 平面侧的单位圆外对应 w 平面上的虚轴右

半侧。

可知，把 $z=\dfrac{w+1}{w-1}$ 代入离散控制系统的特征方程，对离散控制系统的特征方程进行 w 变换后，就可直接应用劳斯判据判断离散控制系统的稳定性。

【例 7-16】已知某一离散控制系统框图如图 7.23 所示，采样周期 $T=0.1\text{s}$。试判断该系统稳定时，K 的取值范围。

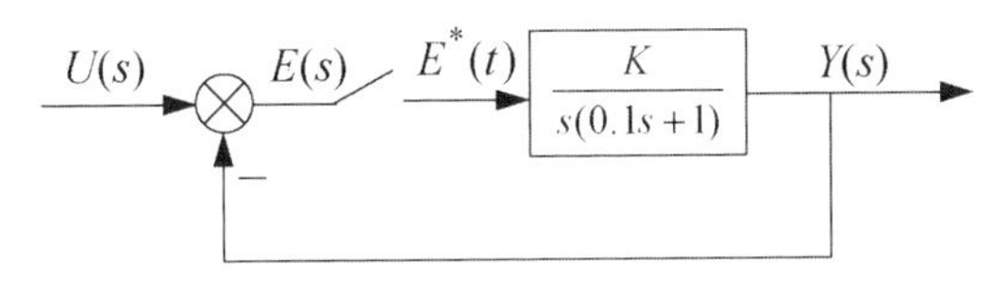

图 7.23　例 7-16 的离散控制系统框图

解：该系统的开环传递函数为

$$G(s)=\frac{K}{s(1+0.1s)}=K\left[\frac{1}{s}-\frac{1}{s+10}\right]$$

相应的 z 变换可由表 7-1 查得，即

$$G(z)=K\left[\frac{z}{z-1}-\frac{z}{z-\mathrm{e}^{-10T}}\right]$$

因为 $T=0.1\text{s}$，$\mathrm{e}^{-10T}=0.368$，所以该系统的开环脉冲传递函数为

$$G(z)=\frac{0.632Kz}{z^2-1.368z+0.368}$$

其特征方程为

$$D(z)=1+G(z)=0$$

即

$$z^2+(0.632K-1.368)z+0.368=0$$

把 $z=\dfrac{w+1}{w-1}$ 代入上式，得

$$\left(\frac{w+1}{w-1}\right)^2+(0.632K-1.368)\left(\frac{w+1}{w-1}\right)+0.368=0$$

化简后得

$$0.632Kw^2+1.264w+(2.736-0.632K)=0$$

其劳斯阵列表如下：

w^2	$0.632K$	$2.736-0.632K$
w^1	1.264	
w^0	$2.736-0.632K$	

依据劳斯判据，为使该系统稳定，应满足

$$K>0 \quad 和 \quad 2.736-0.632K>0$$

因此，该系统稳定时 K 的取值范围是

$$0<K<4.32$$

注意：对于开环传递函数为 $G(s)=\dfrac{K}{s(1+0.1s)}$ 的单位反馈连续控制系统，只要 $K>0$ 系统就是稳定的。由上述分析可知，当该系统加入采样开关后，K 值的大小会对其稳定性造成影响，当 K 值超过一定值时，该系统会变得不稳定。下面讨论采样周期 T 对离散控制系统稳定性的影响。

【例 7-17】 对于图 7.22 所示的离散控制系统，试利用劳斯判据分析开环增益 K 和采样周期 T 的变化对其稳定性的影响。

解：在例 7-15 的解中已获得该系统的开环脉冲传递函数，即

$$G(z)=\frac{K(1-\mathrm{e}^{-T})z}{(z-1)(z-\mathrm{e}^{-T})}$$

该系统的特征方程为

$$1+G(z)=1+\frac{K(1-\mathrm{e}^{-T})z}{(z-1)(z-\mathrm{e}^{-T})}=0$$

整理得

$$z^2+[K(1-\mathrm{e}^{-T})-(1+\mathrm{e}^{-T})]z+\mathrm{e}^{-T}=0$$

把 $z=\dfrac{w+1}{w-1}$ 代入上式，整理得

$$K(1-\mathrm{e}^{-T})w^2+2(1-\mathrm{e}^{-T})w+[-K(1-\mathrm{e}^{-T})+2(1+\mathrm{e}^{-T})]=0$$

其劳斯阵列表如下：

w^2	$K(1-\mathrm{e}^{-T})$	$-K(1-\mathrm{e}^{-T})+2(1+\mathrm{e}^{-T})$
w^1	$2(1-\mathrm{e}^{-T})$	
w^0	$-K(1-\mathrm{e}^{-T})+2(1+\mathrm{e}^{-T})$	

从而可知该系统的稳定条件为

$$\begin{cases}K(1-\mathrm{e}^{-T})>0\\2(1-\mathrm{e}^{-T})>0\\-K(1-\mathrm{e}^{-T})+2(1+\mathrm{e}^{-T})>0\end{cases}$$

解得

$$0<K<\frac{2(1+\mathrm{e}^{-T})}{(1-\mathrm{e}^{-T})}$$

可见，开环增益 K 和采样周期 T 均会影响离散控制系统的稳定性。

7.4.3 离散控制系统的稳态误差

离散控制系统的稳态误差是指在输入信号作用下的实际稳态输出离散数值与期望输出离散数值的差，离散控制系统的稳态误差大小与系统类型、参数及输入信号有关。下面仅讨论在典型输入信号作用下，反馈离散控制系统的稳态误差。

设某一反馈离散控制系统的框图如图 7.24 所示，其中的 $G(s)$ 和 $H(s)$ 是该系统连续部分的传递函数，$e(t)$ 为连续误差信号，$e^*(t)$ 为采样误差信号。此时，该系统的误差脉冲传递函数为

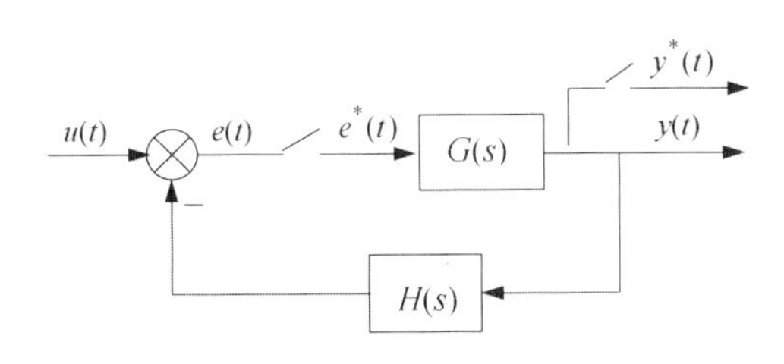

图 7.24　反馈离散控制系统的框图

$$\Phi_e(z)=\frac{E(z)}{U(z)}=\frac{1}{1+GH(z)}$$

由此可得误差信号的 z 变换为

$$E(z)=\Phi_e(z)U(z)=\frac{U(z)}{1+GH(z)}$$

假定该系统是稳定的，即 $\Phi_e(z)$ 的全部极点均在 z 平面上的以坐标原点为圆心的单位圆内，则采样时刻的稳态误差为

$$e_{ss}=e(\infty)=\lim_{z\to 1}(1-z^{-1})e(z)=\lim_{z\to 1}\frac{(z-1)U(z)}{z[1+GH(z)]} \tag{7-83}$$

由上式可知，反馈离散控制系统的稳态误差不仅与系统本身的结构参数有关，而且与输入信号有关。反馈离散控制系统的类型以其开环脉冲传递函数中所含因式 $(z-1)^{-1}$ 的个数确定，若其开环脉冲传递函数中所含因式 $(z-1)^{-1}$ 的个数为 $0,1,2,\cdots$，则相应的系统类型就是 0 型、I 型、II 型…。下面分别讨论 3 种典型输入信号的情况。

1. 输入信号为单位阶跃信号

此时，输入信号的 z 变换为 $U(z)=\dfrac{z}{z-1}$，把它代入式（7-83）中，得到的稳态误差为

$$e_{ss}=\lim_{z\to 1}\frac{(z-1)}{z[1+GH(z)]}\frac{z}{z-1}=\lim_{z\to 1}\frac{1}{1+GH(z)} \tag{7-84}$$

与连续控制系统类似，定义离散控制系统的静态位置误差系数为

$$K_p=\lim_{z\to 1}GH(z) \tag{7-85}$$

则稳态误差为

$$e_{ss}=\frac{1}{1+K_p} \tag{7-86}$$

由式（7-86）可知，在单位阶跃信号的作用下，离散控制系统的稳态误差 e_{ss} 与静态位置误差系数 K_p 成反比。若 $GH(z)$ 没有因式 $(z-1)^{-1}$，则 $K_p\neq\infty$，因而 $e_{ss}\neq 0$，表明 0 型系统对单位阶跃信号的稳态输出存在误差；若 $GH(z)$ 含因式 $(z-1)^{-1}$ 一个或一个以上，则 $K_p=\infty$，此时有 $e_{ss}=0$，表明 I 型及其以上的离散控制系统稳态误差为零。

2. 输入信号为单位速度信号

输入信号的 z 变换为 $U(z)=\dfrac{Tz}{(z-1)^2}$，把它代入式（7-83）中，得到的稳态误差为

$$e_{ss}=\lim_{z\to1}\frac{T}{(z-1)[1+GH(z)]}=\lim_{z\to1}\frac{T}{(z-1)GH(z)} \tag{7-87}$$

定义静态速度误差系数为

$$K_v=\lim_{z\to1}(z-1)GH(z) \tag{7-88}$$

则稳态误差为

$$e_{ss}=\frac{T}{K_v} \tag{7-89}$$

由式（7-89）可以看出，在单位速度信号作用下，离散控制系统的稳态误差与静态速度误差系数成反比。对于 0 型系统，$K_v=0$，则 $e_{ss}=\infty$；对于 I 型系统，$K_v\neq0$，$K_v\neq\infty$，则 $e_{ss}=1/K_v$；对于 II 型及其以上的离散控制系统，$K_v=\infty$，则 $e_{ss}=\infty$。因此，在单位速度信号作用下，只有 II 型及其以上离散控制系统的稳态误差为零。

3. 输入信号为单位加速度信号

输入信号 $u(t)=\frac{1}{2}t^2$ 的 z 变换为 $U(z)=\frac{T^2z(z+1)}{2(z-1)^3}$，把它代入式（7-83）中，得到的稳态误差为

$$e_{ss}=\lim_{z\to1}\frac{(z-1)T}{z[1+GH(z)]}\frac{T^2z(z+1)}{2(z-1)^3}=\lim_{z\to1}\frac{T^2}{(z-1)^2GH(z)} \tag{7-90}$$

定义静态加速度误差系数为

$$K_a=\lim_{z\to1}(z-1)^2GH(z) \tag{7-91}$$

则稳态误差为

$$e_{ss}=\frac{T^2}{K_a} \tag{7-92}$$

由式（7-92）可知，在单位加速度信号的作用下，离散控制系统的稳态误差终值与静态加速度误差系数成反比。0 型和 I 型系统的 $K_a=0$，则 $e_{ss}=\frac{T}{K_a}=\infty$；II 型系统的 K_a 是有界常数，因此，稳态误差不为零；对于III型及其以上的系统，由于 $K_a=\infty$，因此稳态误差总是零。

从上面分析看到，离散控制系统在采样时刻的稳态误差与输入信号及系统类型有关。归纳上面的讨论结果，列成表 7-4。从该表可以看出，离散控制系统的稳态误差与采样周期 T 有关。

表 7-4　采样时刻的稳态误差与输入信号及系统类型的关系

系统类型	当 $u(t)=1(t)$ 时	当 $u(t)=t$ 时	当 $u(t)=\frac{1}{2}t^2$ 时
0 型系统	$1/(1+K_p)$	∞	∞
I 型系统	0	T/K_v	∞
II 型系统	0	0	T^2/K_a

【例 7-18】 试计算开环脉冲传递函数为 $G(z)=\dfrac{(1-\mathrm{e}^{-T})z}{(z-1)(z-\mathrm{e}^{-T})}$ 的单位反馈离散控制系统的静态误差系数和不同典型输入信号作用下的稳态误差（采样周期 $T=0.1\,\mathrm{s}$）。

解： 化简该系统的开脉冲传递函数，得

$$G(z)=\left.\frac{(1-\mathrm{e}^{-T})z}{(z-1)(z-\mathrm{e}^{-T})}\right|_{T=1}=\frac{0.632z}{(z-1)(z-0.368)}$$

误差脉冲传递函数为

$$\varPhi_{\mathrm{e}}(z)=\frac{1}{1+G(z)}=\frac{z^2-1.368z+0.368}{z^2-0.736z+0.368}$$

为了应用终值定理，必须判断该系统是否稳定，否则，求稳态误差没有意义。该系统特征方程为

$$D(z)=1+G(z)=0$$

即

$$z^2-0.736z+0.368=0$$

把 $z=\dfrac{w+1}{w-1}$ 代入上式，求得

$$D(w)=0.632w^2+1.264w+2.104=0$$

由于上式各项系数均大于零，因此可以判断该系统是稳定的，那么，

静态位置误差系数为

$$K_{\mathrm{p}}=\lim_{z\to1}G(z)=\lim_{z\to1}\frac{0.632z}{(z-1)(z-0.368)}=\infty$$

静态速度误差系数为

$$K_{\mathrm{v}}=\lim_{z\to1}(z-1)G(z)=\lim_{z\to1}\frac{0.632z}{z-0.368}=1$$

静态加速度误差系数为

$$K_{\mathrm{a}}=\lim_{z\to1}(z-1)^2G(z)=\lim_{z\to1}(z-1)\frac{0.632z}{z-0.368}=0$$

不同输入信号作用下的稳态误差分别如下。

在单位阶跃信号作用下：

$$e_{\mathrm{ss}}=\frac{1}{1+K_{\mathrm{p}}}=0$$

在单位速度信号作用下：

$$e_{\mathrm{ss}}=\frac{T}{K_{\mathrm{v}}}=\frac{0.1}{1}=0.1$$

在单位抛物线信号作用下：

$$e_{\mathrm{ss}}=\frac{T^2}{K_{\mathrm{a}}}=\infty$$

实际上，若能够从系统的框图鉴别出其属于 I 型系统，则可根据表 7-4 的对应关系，直接得出上述结果，而不必逐步计算。

7.4.4 离散控制系统的根轨迹分析

了解系统闭环极点位置与系统的输出响应过程之间的关系，对于分析和设计系统是十分重要的。根轨迹分析法是指利用系统中某一参数变化时系统闭环极点的变化轨迹，研究系统的性能指标及其改进的方法。当该参数为确定值时，可以通过系统闭环极点的位置分布评价系统的响应性能。

离散控制系统的根轨迹是其特征方程根（系统极点）随的某一参数变化在复平面上形成的轨迹。反馈离散控制系统的特征方程是 z 平面上的代数方程，可表示为

$$1+GH(z)=0 \tag{7-93}$$

式中，$GH(z)$ 是反馈离散控制系统的开环脉冲传递函数，该函数一般是 z 的有理分式，即

$$GH(z)=K_{\mathrm{L}}\frac{(z-z_1)(z-z_2)\cdots(z-z_m)}{(z-p_1)(z-p_2)\cdots(z-p_n)}，\ n\geqslant m \tag{7-94}$$

式中，K_{L} 是根轨迹增益，$p_1,p_2,\cdots,p_n$ 是离散控制系统的开环极点，$z_1,z_2,\cdots,z_m$ 是离散控制系统的开环零点。由式（7-94）可知，在 z 平面上，离散控制系统的根轨迹应满足的条件如下。

幅值条件：
$$|GH(z)|=1 \tag{7-95}$$

相角条件：
$$\angle GH(z)=(2k+1)\pi\ \ (k=0,1,2,\cdots) \tag{7-96}$$

显然，线性离散控制系统与线性连续控制系统的根轨迹条件是相同的，表明线性连续控制系统根轨迹绘制规则和方法同样适用于线性离散控制系统根轨迹的绘制。需要注意的是，连续控制系统中决定系统临界稳定状态的是根轨迹与虚轴的交点。而针对离散控制系统的根轨迹分析方法关注根轨迹与单位圆的交点和由交点确定的临界根轨迹增益，并且在求根轨迹与单位圆的交点时，不能直接应用劳斯判据。

【例 7-19】试绘制图 7.25 所示离散控制系统的根轨迹，利用根轨迹分析法确定该系统处于临界稳定状态时的 K 值，采样周期 $T=2\mathrm{s}$。

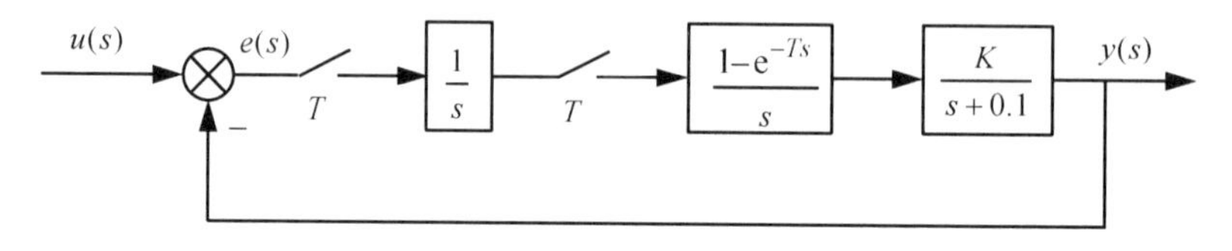

图 7.25　例 7-19 的离散控制系统框图

解：由 Z 变换得到的该系统的开环脉冲传递函数为

$$G(z)=\frac{K_{\mathrm{L}}z}{(z-1)(z-0.82)}，\quad K_{\mathrm{L}}=1.80K$$

可知该系统的开环零点中有一个为 $z_1=0$，2 个开环极点分别为 $p_1=1$ 和 $p_2=0.82$。那么，按照连续控制系统根轨迹的绘制方法，可以绘制出该系统的根轨迹，如图 7.26 所示。其中，分离点为 0.906，会合点为-0.906。可以证明在 z 平面上的根轨迹是圆心在原点、半径为 0.906 的圆，根轨迹与单位圆的交点对应的 K_{L} 可用幅值条件求出，即

$$|G(z)|_{z=-1}=\frac{K_{\mathrm{L}}\times 1}{2\times 1.82}=1$$

解得 $K_{\mathrm{L}}=3.64$，则 $K=\dfrac{3.64}{1.80}=2.02$，这就是该系统处于临界稳定状态时的 K 值。

绘制出根轨迹后，根据闭环零点和极点对动态性能的影响，还可以分析离散控制系统的参数对动态性能的影响，以便合理地选择参数。

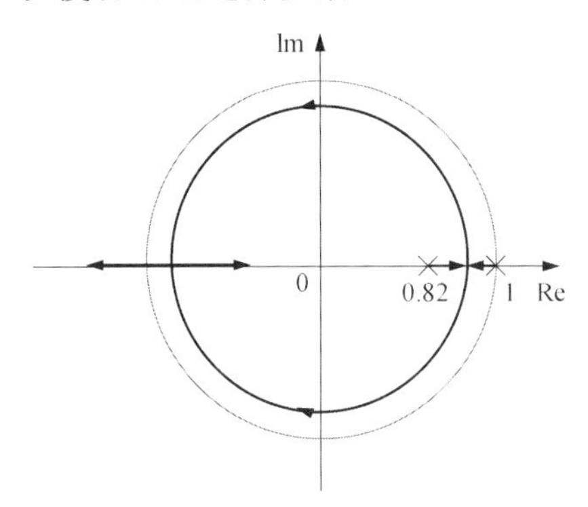

图 7.26　例 7-19 的根轨迹

7.4.5　离散控制系统的频域分析

1. 离散控制系统的频率特性函数

线性离散控制系统在正弦信号 $u(t)=|u(t)|\sin(\omega t+\phi)$ 的输入作用下，其稳态输出序列的包络线仍是相同频率的正弦信号，即 $y(t)=|y(t)|\sin(\omega t+\theta)$。包络线的频率与输入信号的频率一致，包络线的幅值 $|y(t)|$ 与正弦信号的幅值 $|u(t)|$ 之比是 $|G^*(\mathrm{j}\omega T)|$，包络线的相位与输入信号的相位之差就是 $\varphi(\omega T)=\angle y(t)-\angle u(t)$。$|G^*(\mathrm{j}\omega T)|$ 称为离散控制系统的幅频特性函数（简称幅频特性），$\varphi(\omega T)$ 称为离散控制系统的相频特性函数（简称相频特性）。

实际上，若离散控制系统的脉冲传递函数为 $G(z)$，则其频率特性函数为

$$G^*(\mathrm{j}\omega)=G^*(s)\big|_{s=\mathrm{j}\omega}=G(z)\big|_{z=\mathrm{e}^{\mathrm{j}\omega T}}=|G(\mathrm{j}\omega T)|\mathrm{e}^{\mathrm{j}\varphi(\omega T)},\quad z=\mathrm{e}^{Ts} \tag{7-97}$$

根据式（7-10），得

$$G^*(s)=\frac{1}{T}\sum_{k=-\infty}^{\infty}G(s+\mathrm{j}k\omega_{\mathrm{s}})$$

则离散控制系统的频率特性函数为

$$G^*(\mathrm{j}\omega)=\frac{1}{T}\sum_{k=-\infty}^{\infty}G(\mathrm{j}(\omega+k\omega_{\mathrm{s}})) \tag{7-98}$$

式（7-98）中的 $G(\mathrm{j}\omega)$ 是对应连续控制系统的频率特性函数。可见，离散控制系统的频率特性函数 $G^*(\mathrm{j}\omega)$ 是采样频率 $\omega_{\mathrm{s}}=1/T$ 的周期函数。考虑到离散控制系统的连续部分 $G(\mathrm{j}\omega)$ 通常具有低通滤波特性，其滤波截止频率接近或低于信号频率 ω，而采样频率 ω_{s} 往往较高。一般情况下，式（7-98）中的 $G(\mathrm{j}(\omega+\omega_{\mathrm{s}}))$, $G(\mathrm{j}(\omega+2\omega_{\mathrm{s}}))$, $\cdots$, $G(\mathrm{j}(\omega-2\omega_{\mathrm{s}}))$, $G(\mathrm{j}(\omega-3\omega_{\mathrm{s}}))$, $\cdots$ 等项基本被滤掉了，因为其作用很小。离散控制系统的频率特性函数可近似为

$$G^*(\mathrm{j}\omega)\approx\frac{1}{T}\left[G(\mathrm{j}\omega)+G(\mathrm{j}(\omega-\omega_{\mathrm{s}}))\right] \tag{7-99}$$

利用式（7-99）可以绘制出离散控制系统的极坐标图。由于离散控制系统极坐标图中的 $\omega=\omega_s\sim2\omega_s,\ \omega=2\omega_s\sim3\omega_s,\cdots,\ \omega=0\sim-\omega_s,\ \omega=-\omega_s\sim-2\omega_s,\cdots$ 对应的部分图形与 $\omega=0\sim\omega_s$ 对应的部分图形重复，并且 $\omega=0\sim\omega_s/2$ 与 $\omega=\omega_s/2\sim\omega_s$ 对应的图形对称于实轴，因此，只需绘制离散控制系统在 $\omega=0\sim\omega_s/2$ 范围内的极坐标图。不过，这样绘制出的极坐标图是近似的，要求对应连续控制系统频率特性函数 $G(\mathrm{j}\omega)$ 的带宽不能太大。

应当指出的是，利用 $G^*(\mathrm{j}\omega)=G(z)\big|_{z=\mathrm{e}^{\mathrm{j}\omega T}}$ 的关系，可以在 z 平面上绘制出离散控制系统的极坐标图，并且同样只需绘制出 $\omega=0\sim\omega_s/2$ 部分的极坐标图，就可根据对称性和重复性绘制出其他频率范围对应的极坐标图。但是，在 z 平面上，离散控制系统的频率特性是以 $z=\mathrm{e}^{\mathrm{j}\omega T}$ 的形式出现的，即 $G(\mathrm{e}^{\mathrm{j}\omega T})$，不再是频率 ω 的有理分式函数。为此，可以将离散控制系统的脉冲传递函数 $G(z)$ 通过双线性变换，转换到 w 平面上，得到关于复变量 w 的有理式函数 $G(w)$，以此绘制离散控制系统的频率特性图。

双线性变换的定义为

$$w=\frac{z-1}{z+1}\qquad \text{或}\qquad z=\frac{1+w}{1-w}\tag{7-100}$$

令 $z=x+\mathrm{j}y$ 和 $w=u+\mathrm{j}v$，根据式（7-100）可得

$$w=u+\mathrm{j}v=\frac{x+\mathrm{j}y-1}{x+\mathrm{j}y+1}=\frac{x^2+y^2-1}{(x+1)^2+y^2}+\mathrm{j}\frac{2y}{(x+1)^2+y^2}$$

上式表明，当复变量 w 的实部 u 为零时，对应于 z 平面上 $x^2+y^2-1=0$，即 w 平面的虚轴对应于 z 平面上的单位圆；z 平面的单位圆内区域（$x^2+y^2<1$）对应于 w 平面虚轴的左半侧（$u<0$），z 平面上的单位圆外区域（$x^2+y^2>1$）对应于 w 平面虚轴的右半侧（$u>0$）。于是，选择 $z=\mathrm{e}^{\mathrm{j}\omega T}$ 代入式（7-100），得

$$w=\frac{z-1}{z+1}\bigg|_{z=\mathrm{e}^{\mathrm{j}\omega T}}=\frac{\mathrm{e}^{\mathrm{j}\omega T}-1}{\mathrm{e}^{\mathrm{j}\omega T}+1}=\mathrm{j}\tan\left(\frac{\omega T}{2}\right)$$

令 $\omega_m=\tan\left(\dfrac{\omega T}{2}\right)$，把它称为伪频率。显然，实际频率 ω 从 $-\mathrm{j}\omega_s/2$ 变化至 $\mathrm{j}\omega_s/2$ 时，伪频率 ω_m 就从 $-\mathrm{j}\infty$ 变化至 $\mathrm{j}\infty$，即伪频率与实际频率的关系为非线性。不过，当 ωT 值很小时，$\omega_m\approx\omega$。当采样频率较高（采样周期 T 很小）而信号频率较低时，伪频率与实际频率近似相等，可认为它们之间呈线性关系。当采样频率很高时，w 域可近似为 s 域，那么传递函数 $G(s)$ 与 $G(w)$ 近似。这时，可利用 $G(w)$ 绘制离散控制系统的频率特性图（极坐标图和对数坐标图）。

综上所述，通过变换可以使 w 平面与 s 平面在几何上相似，所研究的区域也相似，即它们的左半平面均为系统稳定域，右半平面均为系统不稳定域，两虚轴均为稳定的边界线。那么，对于离散控制系统的脉冲传递函数

$$G(z)=\frac{K\prod_{i=1}^{m}(z-z_i)}{(z-1)^v\prod_{i=1}^{p}(z-p_i)}$$

通过式（7-100）表示的 w 变换，可得

$$G(z)\Big|_{z=\frac{1+w}{1-w}}=\frac{K(1-w)^{v+p-m}\prod_{i=1}^{m}(1-z_i)\prod_{i=1}^{m}\left(1+\frac{w(1+z_i)}{1-z_i}\right)}{w^{v}\prod_{i=1}^{p}(1-p_i)\prod_{i=1}^{p}\left(1+\frac{w(1+p_i)}{1-p_i}\right)} \tag{7-101}$$

可见，经 w 变换后离散控制系统的脉冲传递函数可分解成一些典型环节，这些典型环节的对数坐标图与连续控制系统典型环节的对数坐标图完全相同。这样，就可以把连续控制系统的对数坐标图推广到线性离散控制系统的分析与综合中。

2. 离散控制系统的频率特性分析

在离散控制系统的开环极坐标图中，若相角为 -180° 的曲线上的点对应的频率为 ω_{g}，相应的幅值为 $\left|G(\mathrm{e}^{\mathrm{j}\omega_{\mathrm{g}}T})\right|$，则离散控制系统的增益裕量定义为

$$K_{\mathrm{g}}=\frac{1}{\left|G(\mathrm{e}^{\mathrm{j}\omega_{\mathrm{g}}T})\right|} \tag{7-102a}$$

或为

$$20\lg K_{\mathrm{g}}=20\lg\frac{1}{\left|G(\mathrm{e}^{\mathrm{j}\omega_{\mathrm{g}}T})\right|} \tag{7-102b}$$

在离散控制系统的极坐标图中，使幅值为 1 的频率为 ω_{c}，称为伪穿越频率，则离散控制系统的相位裕量定义为

$$\gamma=180^\circ+\angle G(\mathrm{e}^{\mathrm{j}\omega_{\mathrm{c}}T}) \tag{7-103}$$

【例 7-20】某一离散控制系统的框图如图 7.27 所示，其开环脉冲传递函数为

$$G(z)=\frac{0.284z+0.149}{(z-1)(z-0.135)}$$

已知采样周期为 $T=1\mathrm{s}$。试绘制对数坐标图，并分析该系统的稳定性和稳定裕量。

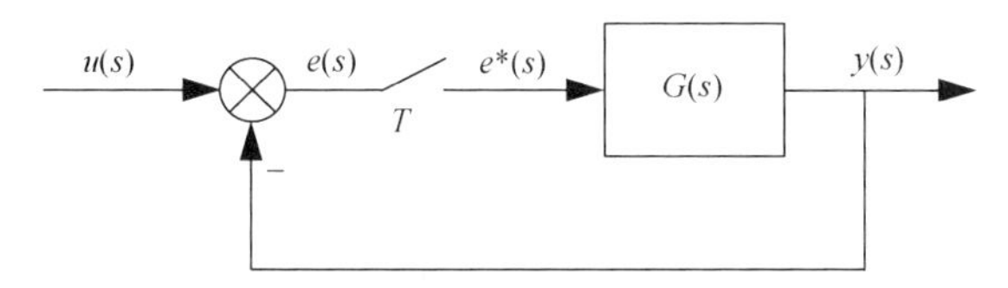

图 7.27　例 7-20 的离散控制系统的框图

解：对 $G(z)$ 进行 w 变换。令 $z=\dfrac{1+(T/2)w}{1-(T/2)w}$ 和 $w=\mathrm{j}\omega_{\mathrm{m}}$，化简得

$$G(w)=G(\mathrm{j}\omega_{\mathrm{m}})=\frac{0.5(1+0.656\mathrm{j}\omega_{\mathrm{m}})(1-\mathrm{j}\omega_{\mathrm{m}})}{\mathrm{j}\omega_{\mathrm{m}}(1+1.156\mathrm{j}\omega_{\mathrm{m}})}$$

该系统的开环幅频特性为

$$\left|G(\mathrm{j}\omega_{\mathrm{m}})\right|=\frac{0.5\sqrt{(0.656\omega_{\mathrm{m}})^2+1}\sqrt{\omega_{\mathrm{m}}^2+1}}{\omega_{\mathrm{m}}\sqrt{(1.156\omega_{\mathrm{m}})^2+1}}$$

该系统的开环相频特性为

$$\angle G(\mathrm{j}\omega_{\mathrm{m}}) = -\frac{\pi}{2} - \arctan 1.156\omega_{\mathrm{m}} + \arctan 0.656\omega_{\mathrm{m}} - \arctan \omega_{\mathrm{m}}$$

其对数坐标图如图 7.28 所示。系统的伪穿越频率 $\omega_{\mathrm{c}} = 0.5\mathrm{s}^{-1}$，相角裕量为

$$\gamma = 180^{\circ} + \angle G(\mathrm{e}^{\mathrm{j}\omega_{\mathrm{c}}T}) = \pi - \frac{\pi}{2} - \tan^{-1} 1.156\omega_{\mathrm{c}} + \tan^{-1} 0.656\omega_{\mathrm{c}} - \tan^{-1} \omega_{\mathrm{c}} = 51.56^{\circ}$$

因为幅频特性与 $-\pi$ 直线无交点，所以幅值裕量大于零。由线性连续控制系统的理论可知，幅值裕量和相位裕量均大于零，因此离散控制系统稳定。

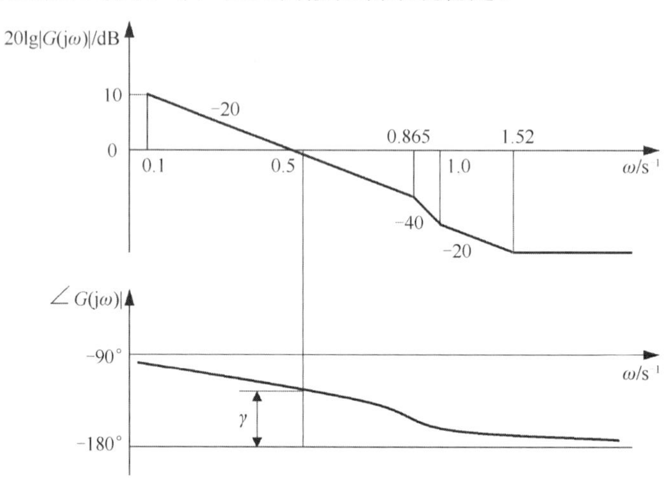

图 7.28　例 7-20 的系统对数坐标图

7.5　离散控制系统的设计

离散控制系统的设计主要是指如何确定使系统满足性能要求的离散控制器。离散控制系统的设计方法有两种：一种是模拟化设计方法，即先按照连续控制系统设计控制器，然后对设计的控制器进行离散化，从而得到离散控制器；另一种是离散化设计方法，这是把整个控制系统放在 z 域中进行控制器设计的方法，即先把控制系统离散化，然后在 z 域中设计离散控制器。

离散控制系统的设计思想与连续控制系统设计的思想一样，对性能不符合控制要求的离散控制系统引入校正装置（控制器），使离散控制系统的性能达到所有要求。

7.5.1　离散 PID 控制器的模拟化设计

PID 控制器是控制工程领域常用的校正装置，离散控制系统的离散校正装置或离散控制器也常采用 PID 控制方法。

根据连续控制系统的校正方法可知，连续控制系统的 PID 控制器的传递函数为

$$D(s) = \frac{U(s)}{E(s)} = K_{\mathrm{P}} + K_{\mathrm{I}}\frac{1}{s} + K_{\mathrm{D}}s \tag{7-104}$$

相应的微分方程为

$$u(t)=K_{\mathrm{P}}e(t)+K_{\mathrm{I}}\int e(t)\mathrm{d}t+K_{\mathrm{D}}\frac{\mathrm{d}e(t)}{\mathrm{d}t} \tag{7-105}$$

式中，K_{P}、K_{I}、K_{D}分别是比例系数、积分系数和微分系数。

式（7-105）所示的 PID 控制器是时域连续式的，采用向后差分法将式（7-105）离散化，可推导出离散 PID 控制器的算法。对微分项，在采样周期 T 很小时，可离散化为

$$u_{\mathrm{D}}(kT)=\left.\frac{\mathrm{d}e(t)}{\mathrm{d}t}\right|_{t=kT}\approx\frac{e(kT)-e((k-1)T)}{T}$$

Z 变换为

$$u_{\mathrm{D}}(z)=\frac{e(z)-z^{-1}e(z)}{T}=\frac{z-1}{Tz}e(z)$$

对式（7-105）中的积分项，同样可离散化为

$$u_{\mathrm{I}}(kT)=\int_0^{kT}e(t)\mathrm{d}t\approx\sum_{q=0}^{kT}Te(q)$$

或

$$u_{\mathrm{I}}(kT)=u((k-1)T)+Te(kT)$$

Z 变换为

$$u_{\mathrm{I}}(z)=\frac{Tz}{z-1}e(z)$$

因此，离散 PID 控制器的算法可以表示为

$$u(k)=K_{\mathrm{P}}e(k)+K_{\mathrm{I}}\sum_{q=0}^{k}Te(q)+\frac{K_{\mathrm{D}}}{T}\left[e(k)-e(k-1)\right] \tag{7-106a}$$

或

$$u(k)=K_{\mathrm{P}}e(k)+K_{\mathrm{I}}\left(u(k-1)+Te(k)\right)+\frac{K_{\mathrm{D}}}{T}\left[e(k)-e(k-1)\right] \tag{7-106b}$$

需要注意的是，由于式（7-106）给出的离散 PID 控制器的每个 $u(k)$ 都与过去信息有关，即该计算式中要用到过去偏差的累加值 $\sum_{q=0}^{k}e(q)$，这样容易产生累积误差。因此，在实际工程中通常采用增量式 PID 控制器算法，即

$$\Delta u(k)=u(k)-u(k-1)=K_{\mathrm{P}}\left[e(k)-e(k-1)\right]+TK_{\mathrm{I}}e(k)+\frac{K_{\mathrm{D}}}{T}\left[e(k)-2e(k-1)+e(k-2)\right] \tag{7-106c}$$

由式（7-106c）可知，离散 PID 控制器输出的是控制信号增量 $\Delta u(k)$。增量式 PID 控制器算法的优点如下：算法比较安全，一旦控制器（或计算机）出现故障使输出的控制信号增量为零，控制对象仍然保持前一步的状态不变，不会给控制对象带来较大的扰动；二是算法简单，不需要累加，只需当前时刻以前 3 个时刻的偏差采样值即可。

根据以上的计算，可得到离散 PID 控制器的脉冲传递函数，即

$$D(z)=\frac{u(z)}{e(z)}=K_{\mathrm{P}}+K_{\mathrm{I}}\frac{Tz}{z-1}+\frac{K_{\mathrm{D}}}{T}\frac{z-1}{z} \tag{7-107}$$

【例 7-21】设某一离散控制系统的框图如图 7.29 所示，其中的 $D(z)$是 PID 控制器，已知采样周期$T=0.1\mathrm{s}$。试确定 PID 控制器的数学表达式，并分析引入 PID 控制器前后该系统在单位阶跃信号输入作用下的稳态输出信号。

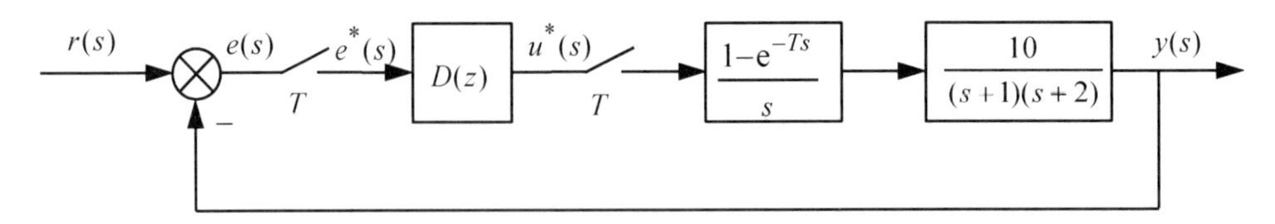

图 7.29　例 7-21 的离散控制系统的框图

解：根据式（7-107），PID 控制器的脉冲传递函数为

$$D(z)=\frac{u(z)}{e(z)}=K_{\mathrm{P}}+K_{\mathrm{I}}\frac{Tz}{z-1}+\frac{K_{\mathrm{D}}}{T}\frac{z-1}{z}=\frac{(K_{\mathrm{P}}T+K_{\mathrm{I}}T^2+K_{\mathrm{D}})z^2-(K_{\mathrm{P}}T-2K_{\mathrm{D}})z+K_{\mathrm{D}}}{Tz(z-1)}$$

由 $T=0.1$ 可知，

$$D(z)=\frac{(K_{\mathrm{P}}+0.1K_{\mathrm{I}}+10K_{\mathrm{D}})\left(z^2-\dfrac{K_{\mathrm{P}}+20K_{\mathrm{D}}}{K_{\mathrm{P}}+0.1K_{\mathrm{I}}+10K_{\mathrm{D}}}z+\dfrac{10K_{\mathrm{D}}}{K_{\mathrm{P}}+0.1K_{\mathrm{I}}+10K_{\mathrm{D}}}\right)}{z(z-1)}$$

令 $K_{\mathrm{P}}=1$，选择 PID 控制器的两个零点，用来抵消该系统连续部分的脉冲传递函数 $G(z)$ 中的两个极点，即

$$\left(z^2-\frac{1+20K_{\mathrm{D}}}{1+0.1K_{\mathrm{I}}+10K_{\mathrm{D}}}z+\frac{10K_{\mathrm{D}}}{1+0.1K_{\mathrm{I}}+10K_{\mathrm{D}}}\right)=(z-0.905)(z-0.819)$$

计算得到 $K_{\mathrm{I}}=0.7$ 和 $K_{\mathrm{D}}=0.3$ 。此时，PID 控制器的脉冲传递函数为

$$D(z)=\frac{4.07(z-0.905)(z-0.819)}{z(z-1)}$$

该系统连续部分的 Z 变换为

$$G(z)=\frac{0.045(z+0.904)}{(z-0.905)(z-0.819)}$$

那么，该系统在引入 PID 控制器后的开环脉冲传递函数为

$$D(z)G(z)=\frac{0.183(z-0.904)}{z(z-1)}$$

引入 PID 控制器后的闭环脉冲传递函数为

$$\Phi_1(z)=\frac{y(z)}{r(z)}=\frac{D(z)G(z)}{1+D(z)G(z)}=\frac{0.183(z+0.904)}{z(z-1)+0.183(z+0.904)}$$

该系统未引入 PID 控制器时的闭环脉冲传递函数为

$$\Phi_0(z)=\frac{y(z)}{r(z)}=\frac{G(z)}{1+G(z)}=\frac{0.045(z+0.904)}{(z-0.905)(z-0.819)+0.045(z+0.904)}$$

当输入信号为单位阶跃信号时，

$$r(z)=\frac{z}{z-1}$$

根据 Z 变换的终值定理，该系统引入 PID 控制器前后的稳态输出信号分别为

引入 PID 控制器前：　　$y(\infty)=\lim\limits_{z\to1}(z-1)\Phi_0(z)r(z)=0.83$

引入 PID 控制器后：　　$y(\infty)=\lim\limits_{z\to1}(z-1)\Phi_1(z)r(z)=1.0$

可见，采用 PID 控制器使得该系统阶跃响应的稳态误差为零。图 7.30 为该系统在引入 PID 控制器前后的单位阶跃响应时间历程，可以看出，PID 控制器也使该系统的输出响应性能得到显著的改善。

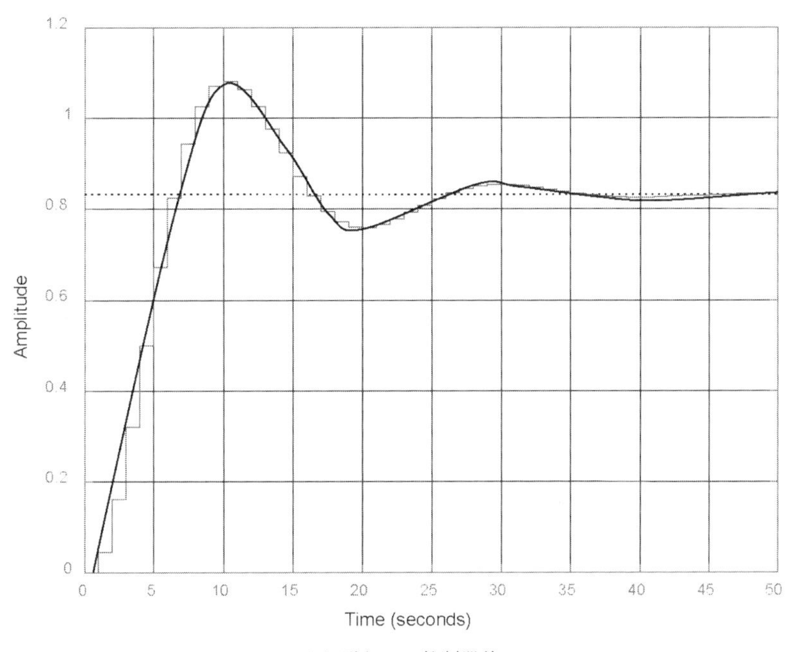

（a）引入 PID 控制器前

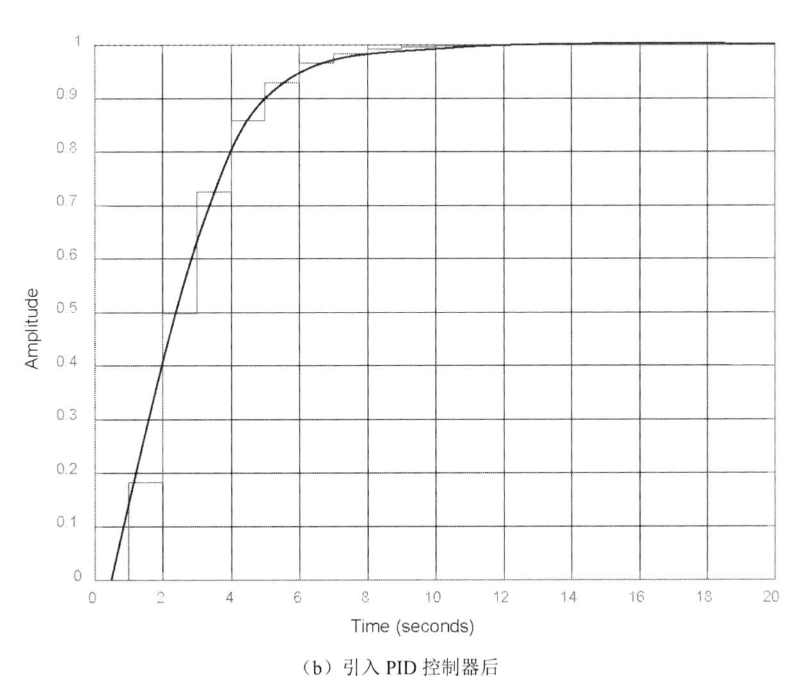

（b）引入 PID 控制器后

图 7.30　离散控制系统在引入 PID 控制器前后的单位阶跃响应时间历程

离散控制系统的模拟化设计方法只在采样周期比较小时才适用。当采样周期较大时，系统实际达到的性能指标可能比预期的设计指标差。因此，这种设计方法对采样周期的选择有较严格的限制。

7.5.2　离散控制系统的离散化设计

在控制工程领域，对离散控制系统的校正装置（离散控制器），也常用离散化方法进行设计，这是一种将系统整个离散化后在 z 域中设计离散控制器的方法。

【例 7-22】 在图 7.31 所示离散控制系统框图中，已知给定输入信号 $r(s)=1$，采样周期 $T=1\text{s}$。试设计校正装置 $D(z)$，使该系统的输出信号 $y(z)=\dfrac{1}{z-1}$。

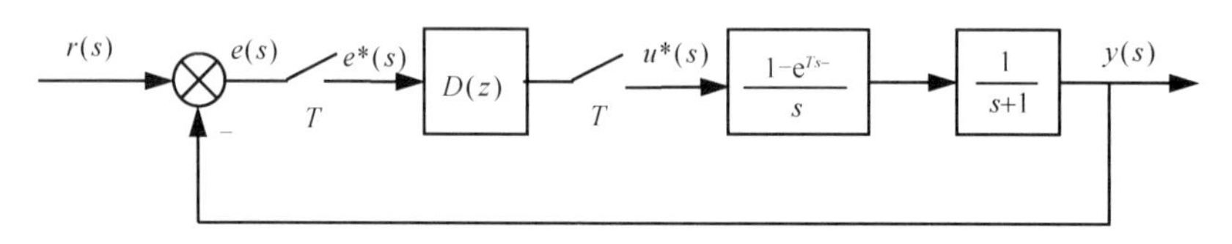

图 7.31　例 7-22 的离散控制系统的框图

解： 对该系统的连续部分进行 Z 变换，得到

$$G_1(z)=\frac{1-\mathrm{e}^{-T}}{z-\mathrm{e}^{-T}}=\frac{0.632}{z-0.368}$$

则该系统的开环脉冲传递函数为

$$G(z)=D(z)G_1(z)$$

闭环脉冲传递函数为

$$\varPhi(z)=\frac{y(z)}{r(z)}=\frac{G(z)}{1+G(z)}$$

整理得

$$y(z)=\frac{G(z)}{1+G(z)}r(z)=\frac{D(z)G_1(z)}{1+D(z)G_1(z)}r(z)$$

已知

$$r(z)=\frac{z}{z-1},\quad y(z)=\frac{1}{z-1}$$

那么

$$D(z)=\frac{u(z)}{e(z)}=\frac{y(z)}{G_1(z)[r(z)-y(z)]}=\frac{1.582(z-0.368)}{z-1}$$

7.6　应用 MATLAB 分析与设计离散控制系统

MATLAB 是分析与设计离散控制系统的重要工具，通过简单的 MATLAB 编程就可以进行离散控制系统的时域分析、根轨迹的绘制和频率特性图的绘制等。连续控制系统的分析与设计中使用的很多 MATLAB 函数命令也可应用在离散控制系统中，只要在这些函数命

令前面加字母“d”即可。

7.6.1　连续控制系统的离散化

函数命令：c2d 和 c2dm

调用格式：

```
sysd=c2d (sysc,Ts,'method')
[numd,dend]=c2dm(num,den,Ts,'method')
[Ad,Bd,Cd,Dd]= c2dm (A,B,C,D,Ts,'method')
```

c2d 函数命令使用离散化的零阶保持器方法，该命令只有传递函数形式，而 c2dm 函数命令既有传递函数形式又有状态空间表达式，它可以用 5 种方法将连续控制系统转换为离散控制系统，其中参数 sysc 表示连续控制系统的传递函数，num 表示连续控制系统传递函数分子多项式的系数，den 表示连续控制系统传递函数分母多项式的系数，Ts 是采样周期，numd 和 dend 分别表示相应的离散控制系统传递函数分子多项式与分母多项式的系数，A,B,C,D 分别表示连续控制系统状态方程的矩阵，Ad,Bd,Cd,Dd 分别表示相应的离散控制系统状态方程的矩阵；method 选项提供 5 种转换方式的选择，5 种转换方式如下。

（1）'zoh'为前置零阶保持器。

（2）'foh'为前置一阶保持器。

（3）'matched'为模型匹配法。

（4）'tusion'为双线性变换法。

（5）'prewarp'为改进的双线性变换法。

默认的 method 选项为前置零阶保持器。

【例 7-23】设连续控制系统的传递函数为

$$G(s)=\frac{1}{s(s+1)}$$

试采用引入零阶保持器的方法将该系统离散化，设采样周期为 1s。

解：MATLAB 程序代码如下。

```
num=[1];                                %连续控制系统传递函数分子多项式系数
den=[1  1   0];                         %连续控制系统传递函数分母多项式系数
T=1;                                    %采样周期
[numd,dend]=c2dm(num,den,T,'zoh');      %离散化
printsys(numd,dend,'z');                %输出结果
```

运行结果如下：

```
numd/dend =
     0.36788 z + 0.26424
   -----------------------
   z^2 - 1.3679 z + 0.36788
```

7.6.2 离散控制系统的数学模型

1. 脉冲传递模型函数命令 tf()

调用格式：sys=tf(num,den,Ts)

num 是传递函数的分子多项式系数按降幂排列构成的向量，num=[b_0,b_1,...,b_m]；den 是传递函数的分母多项式系数按降幂排列构成的向量，den=[a_0,a_1,...,a_n]；Ts 表示采样周期，不能省缺，否则，建立的模型将是连续控制系统模型。

2. 零点和极点增益模型函数命令 zpk()

调用格式：sys=zpk(z,p,k,Ts)

z 为零点向量，z=[z_1,z_2,...,z_m]；p 为极点向量，p=[p_1,p_2,...,p_n]；k 为增益；Ts 表示采样周期，不能省缺。

3. 状态空间模型函数命令 ss()

调用格式：sys=ss（A,B,C,D,Ts）

A,B,C,D 分别为连续控制系统状态空间模型的矩阵，Ts 表示采样周期，不能省缺。

以上 3 种离散控制系统数学模型与连续控制系统数学模型的区别在于，调用时多了参数 T_s，其余参数与连续控制系统数学模型函数命令的调用格式相似。另外，利用上述数学模型也可以实现离散控制系统模型的相互转换。

【例 7-24】已知某一离散控制系统的开环脉冲传递函数为

$$G(z)=\frac{1.25z^2-1.25z+0.3}{z^3-1.05z^2+0.8z-0.1}$$

采样周期 $T_s=0.1\text{s}$，试在 MATLAB 中构建该系统的脉冲传递函数模型、零点/极点增益模型。

解：MATLAB 程序代码如下。

```
num=[1.25,-1.25,0.3];
den=[1,-1.05,0.8,-0.1];
sysd=tf(num,den,0.1)
```

运行结果显示出 z 的有理分式的脉冲传递函数模型：

```
Transfer function:
  1.25 z^2 - 1.25 z + 0.3
----------------------------
z^3 - 1.05 z^2 + 0.8 z - 0.1
Sampling time: 0.1
sysd1=zpk(sysd)
```

运行结果显示出零点/极点增益模型：

```
Zero/pole/gain:
      1.25 (z-0.6) (z-0.4)
------------------------------------
```

```
(z-0.1505) (z^2 - 0.8995z + 0.6647)
Sampling time: 0.1
```

7.6.3　离散控制系统的分析

1. 离散控制系统的时域响应

MATLAB 提供的连续控制系统的时域分析函数命令有单位脉冲响应impulse函数命令、单位阶跃响应step函数命令、任意输入响应lsim函数命令等，在这些命令前加字母“*d*”后，均可用于离散控制系统的时域分析。这里只详细介绍dstep函数命令的应用，dimpulse函数命令和dlsim函数命令的调用格式与dstep函数命令相似。

离散控制系统的单位阶跃响应函数命令：dstep

调用格式：

```
[y,x]=dstep(num,den)
[y,x]=dstep(num,den,n)
```

利用dstep函数命令可计算出离散时间线性系统的单位阶跃响应，当不带输出变量引用函数时，利用dstep函数命令可在当前图形窗口中绘制出离散控制系统的阶跃响应曲线。

利用[y,x]=dstep(num,den)可绘制出以多项式脉冲传递函数$\Phi(z)=\dfrac{\mathrm{num}(z)}{\mathrm{den}(z)}$表示的离散控制系统阶跃响应曲线。

利用[y,x]=dstep(num,den,n)可按照用户指定的取样点数，绘制出离散控制系统的单位阶跃响应曲线。

当带输出变量引用函数时，可得到离散控制系统单位阶跃响应的输出数据，而不直接绘制出曲线。

【例 7-25】已知某一离散控制系统的闭环脉冲传递函数为

$$\Phi(z)=\frac{1.6z^2-z}{z^2-0.8z+0.5}$$

利用 MATLAB 绘制该系统的单位阶跃响应曲线。

解：MATLAB 程序代码如下。

```
num=[1.6  -1  0];                        %闭环脉冲传递函数分子多项式系数
den=[1  -0.8  0.35 ];                    %闭环传递函数分母多项式系数
dstep(num,den)                           %离散控制系统单位阶跃响应
title('Discrete Step Response')          %图的标题命名
```

运行上述程序后得到的单位阶跃响应曲线如图 7.32 所示，利用相关工具可以直接从该图中获得系统超调量、峰值时间和调节时间等动态性能指标。

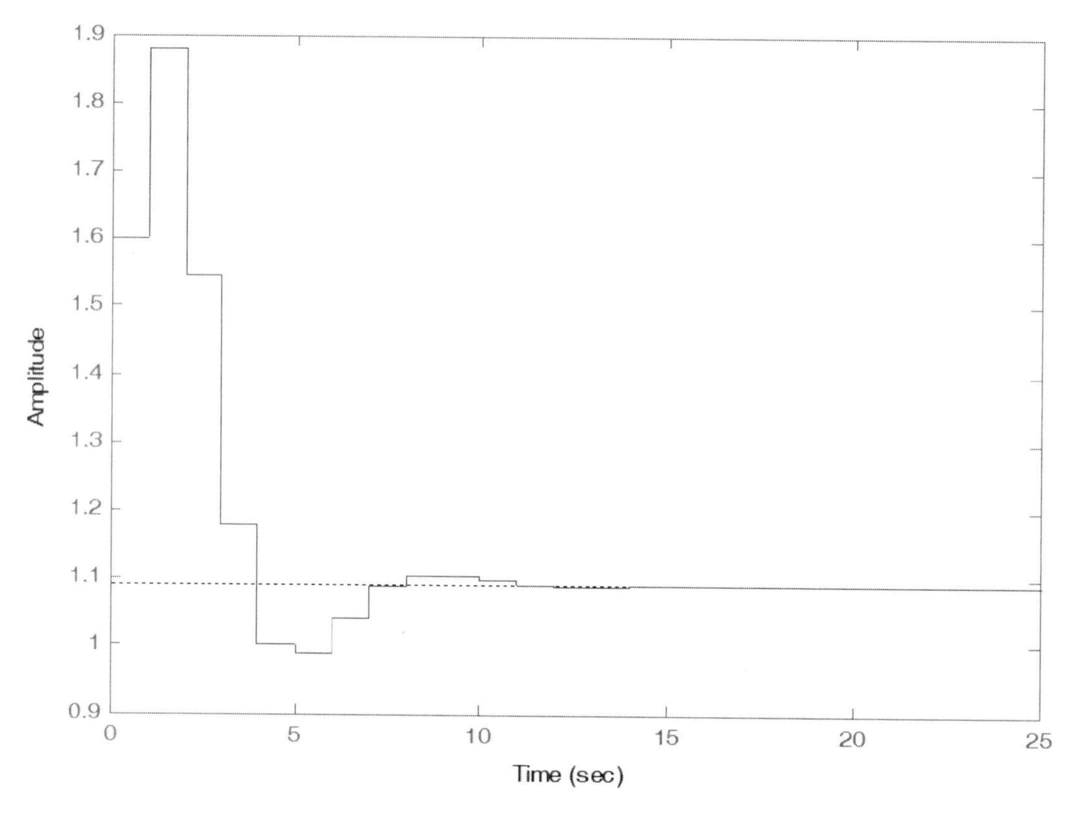

图 7.32　例 7.25 的离散控制系统的单位阶跃响应曲线

2. 离散控制系统的根轨迹分析

根轨迹是分析各种系统动态性能的重要手段，求离散控制系统根轨迹的函数命令为 `rlocus()`。

调用格式：

```
rlocus(num,den)
```

利用 `zgrid()` 函数命令可在离散控制系统的根轨迹或零点/极点图上绘制出栅格线，栅格线由等阻尼系数线和自然频率线构成，阻尼系数线以步长 0.1 在 $\xi=0\sim1$ 区间绘制出，自然频率线以步长 $\pi/10$ 在 $0\sim\pi$ 区间绘制出。

【例 7-26】 已知某一离散控制系统的开环脉冲传递函数为

$$G(z)=\frac{2z^2-3.4z+1.5}{z^2-1.6z+0.8}$$

试绘制出该系统的根轨迹。

解： MATLAB 程序代码如下。

```
num=[2  -3.4  1.5];    %离散控制系统传递函数分子多项式系数
den=[1  -1.6  0.8 ];   %离散控制系统传递函数分母多项式系数
axis('square')
```

```
zgrid('new')              %先清除图形屏幕，然后绘制出栅格线，并设置成 hold on，使后
                            续绘图命令能绘制在栅格上。
rlocus(num, den);         %绘制出根轨迹
title('Root  Locus')      %标题命名
```

执行上述程序后得到如图 7.33 所示的根轨迹。

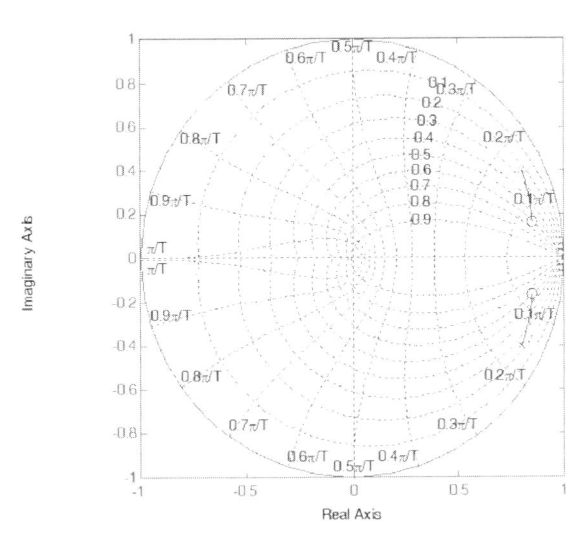

图 7.33　例 7-26 的离散控制系统的根轨迹

3. 离散控制系统的稳定性分析

离散控制系统稳定的充分必要条件是，系统特征方程的根全部位于 z 平面上的单位圆内。因此，在 MATLAB 中，只要求解出系统特征方程的根就可以判断系统的稳定性，可以利用 roots() 函数命令实现。

求解该系统的闭环极点函数命令：roots()

调用格式：r=roots(p)

p 表示该系统模型特征多项式

由前文可知，线性控制系统稳定的充分必要条件是，闭环脉冲传递函数的所有极点均在 z 平面上的单位圆内。因此，可以通过 roots() 函数命令求得闭环极点，从而判断线性控制系统的稳定性。

另外，利用 MATLAB 中的函数命令 abs() 可以求出特征方程根的模值。利用 pzmap() 函数命令可以绘制出离散控制系统带单位圆的零点和极点图，其调用格式为

z = pzmap(G)

其中，G 是系统模型，图中的极点用“×”表示，零点用“0”表示。

【例 7-27】已知某一离散控制系统的开环脉冲传递函数为

$$G(z)=\frac{10z(1-\mathrm{e}^{-1})}{(z-1)(z-\mathrm{e}^{-1})}$$

试利用 MATLAB 判断该系统的稳定性（设 $T_s=0.1\mathrm{s}$）。

解：MATLAB 程序代码如下。

```
open_G=zpk([0],[1 exp(-1)],10*(1-exp(-1)),1);  %零极点增益模型函数 zpk()
close_G=feedback(open_G,1);     %求系统闭环脉冲传递函数 feedback()
feedback()
close_G=tf(close_G);            %转换为传递函数模型
r=roots(close_G.den{1})         %根据闭环脉冲传递函数的分母多项式，求解特征方程
absr=abs(r)                     %求特征方程根的绝对值
pzmap(close_G)                  %画出闭环系统的零点/极点图
```

运行结果如下：

```
r =
   -4.8779
   -0.0754
absr =
    4.8779
0.0754
```

由于 r=-4.8779 不在 z 平面上的单位圆内，因此可以判断该系统不稳定。该系统的零点和极点图如图 7.34 所示。

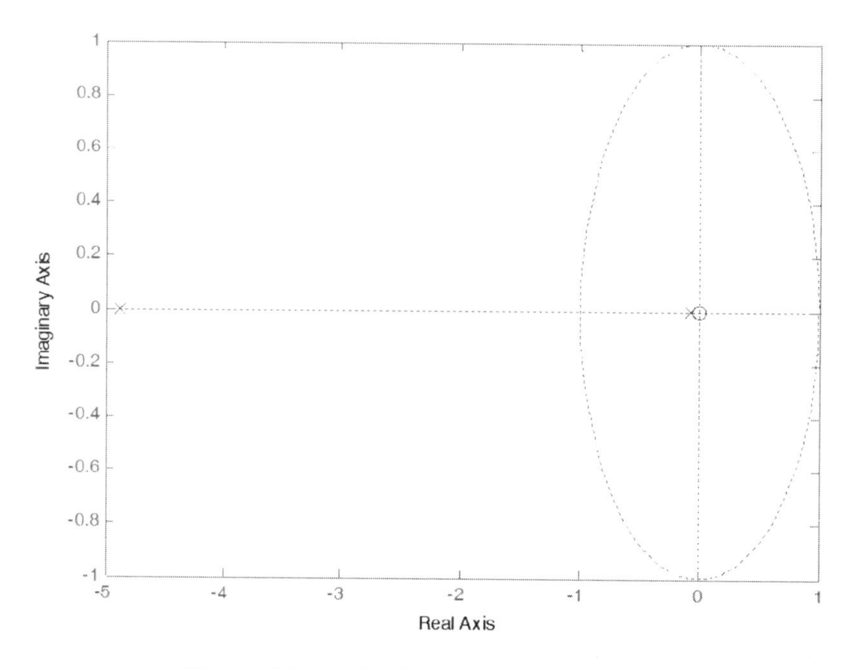

图 7.34　例 7-27 的离散控制系统的零点和极点图

4. 离散控制系统的频域响应

离散控制系统的频域分析方法和连续控制系统类似，主要有 Bode 图（开环对数幅频/相频图）法、Nyquist 图（开环频率特性的极坐标图）法等。这里，只介绍 Bode 图法指令的应用。

离散控制系统的 Bode 频率响应函数命令调用格式：

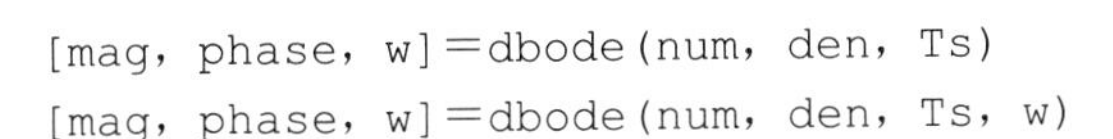

```
[mag, phase, w]=dbode(num, den, Ts)
[mag, phase, w]=dbode(num, den, Ts, w)
```

dbode 函数命令用于计算离散时间系统的幅频和相频响应（伯德图），当不带输出变量引用函数时，利用 dbode 函数命令可在当前图形窗口中直接绘制出系统的 Bode 图。

利用 dbode(num, den, Ts)函数命令可得到以离散时间多项式传递函数 G(z)=num(z)/den(z)表示的系统 Bode 图。

dbode(num, den, Ts, w)函数命令可利用指定的频率范围 ω 绘制系统的 Bode 图。

当带输出变量引用函数时，可得到系统 Bode 图的数据，而不直接绘制出 Bode 图，幅值和相位可根据以下公式计算。

$$\text{mag}(\omega)=\left|g(\text{e}^{\text{j}\omega t})\right|$$

$$\text{phase}(\omega)=\angle g(\text{e}^{\text{j}\omega t})$$

式中，t 为内部取样时间，相位以度为单位，幅值以分贝为单位表示。

```
magdb=20*log10(mag)
```

【例 7-28】已知某一离散控制系统的闭环脉冲传递函数为

$$G(z)=\frac{2z^2-3.4z+1.5}{z^2-1.6z+0.8}$$

利用 MATLAB 绘制该系统的 Bode 图（设 $T_s=0.1\text{s}$）。

解：MATLAB 程序代码如下。

```
num=[2  -3.4  1.5];        %离散控制系统传递函数分子多项式系数
den=[1  -1.6  0.8 ];       %离散控制系统传递函数分母多项式系数
dbode(num, den, 0. 1)      %绘制出系统的 Bode 图
grid
```

执行上述程序后得到如图 7.35 所示的 Bode 图。

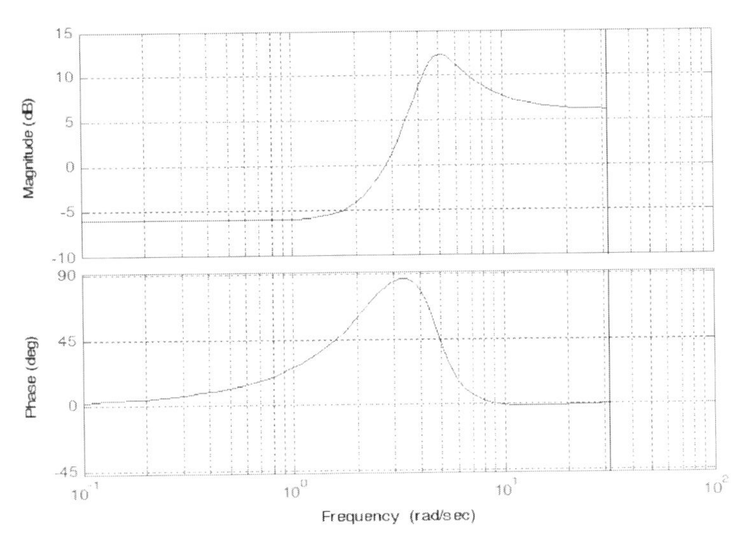

图 7.35　例 7-28 的离散控制系统的 Bode 图

7.6.4 基于 MATLAB 离散控制系统设计

【例 7-29】已知某一离散控制系统的传递函数为

$$G(s)=\frac{523500}{s^3+87.35s^2+10470s}$$

采样时间为 1ms，试用 MATLAB 设计离散 PID 控制器，使该系统实现对阶跃信号的跟踪控制。

解：MATLAB 程序代码如下。

```
%PID Controller
clear all;
close all;
ts=0.001;                                      %采样时间=0.001s
sys=tf(5.235e005,[1,87.35,1.047e004,0]);       %建立控制对象的传递函数
dsys=c2d(sys,ts,'z');                          %把传递函数离散化
[num,den]=tfdata(dsys,'v');                    %离散化后提取分子、分母
u_1=0.0;u_2=0.0;u_3=0.0;                       %输入向量的初始状态
y_1=0.0;y_2=0.0;y_3=0.0;                       %输出的初始状态
x=[0,0,0]';                                    %PID 的 3 个参数 Kp Ki Kd 组成的数组
error_1=0;                                     %初始误差
for k=1:1:500
time(k)=k*ts;                                  % 仿真时间 500ms
kp=0.50;ki=0.001;kd=0.001;
yd(k)=1;                                       %Step Signal 指令为阶跃信号
u(k)=kp*x(1)+kd*x(2)+ki*x(3);                  %PID Controller
%Restricting the output of controller          %限制控制器的输出
if u(k)>=10
        u(k)=10;
end
if u(k)<=-10
        u(k)=-10;
end
%Linear model
y(k)=-den(2)*y_1-den(3)*y_2-den(4)*y_3+num(2)*u_1+num(3)*u_2+num(4)*u_3;
error(k)=yd(k)-y(k);
%Return of parameters                          %返回 pid 参数
u_3=u_2;u_2=u_1;u_1=u(k);
y_3=y_2;y_2=y_1;y_1=y(k);
x(1)=error(k);                                 %Calculating P
x(2)=(error(k)-error_1)/ts;                    %Calculating D
x(3)=x(3)+error(k)*ts;                         %Calculating I
error_1=error(k);
end
figure(1);
```

```
plot(time,yd,'r',time,y,'k:','linewidth',2);
xlabel('time(s)');ylabel('yd,y');
legend('Ideal position signal','Position tracking');
```

仿真结果如图 7.36 所示。

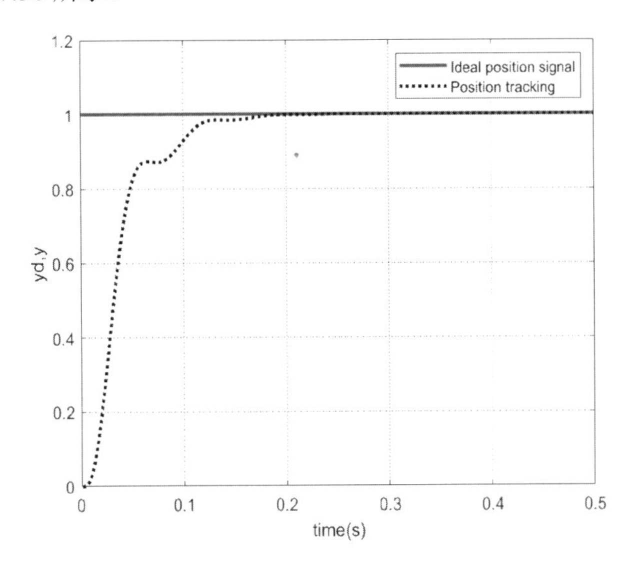

图 7.36　例 7-29 的仿真结果

习　　题

7-1　试求下列函数的 Z 变换。

（1）$g(t)=\sin\omega t$

（2）$g(t)=1-\mathrm{e}^{-at}$

（3）$g(t)=t^2\mathrm{e}^{-3t}$

（4）$g(t)=a^{\frac{1}{T}}$

7-2　求下列拉普拉斯变换式的 Z 变换（T 为采样周期，a、b 为常数）。

（1）$G(s)=\dfrac{K}{s+a}$

（2）$G(s)=\dfrac{K}{s(s+a)}$

（3）$G(s)=\dfrac{K}{(s+a)(s+b)}$

（4）$G(s)=\dfrac{s+3}{s(s+1)(s+2)}$

（5）$G(s)=\dfrac{s+1}{s^2}$

（6） $G(s)=\dfrac{e^{-nTs}}{s+a}$

7-3 求下列函数的 Z 反变换（T 是采样周期）。

（1） $G(z)=\dfrac{z}{z-0.5}$

（2） $G(z)=\dfrac{10z}{(z-1)(z-2)}$

（3） $G(z)=\dfrac{z}{\left(z-e^{-T}\right)\left(z-e^{-2T}\right)}$

7-4 根据 Z 变换的终值定理，确定下列函数的终值。

（1） $E(z)=\dfrac{Tz^{-1}}{(1-z^{-1})^2}$

（2） $E(z)=\dfrac{0.792z^2}{(z-1)(z^2-0.416z+0.208)}$

7-5 用 Z 变换方法求解下列差分方程。

（1） $y(k+2)+3y(k+1)+2y(k)=\delta(k)$

$y(0)=y(1)=1,\delta(k)=\begin{cases}1,k=0\\0,k>0\end{cases}$

（2） $y(k+3)+6y(k+2)+11y(k+1)+6y(k)=0$

$y(0)=y(1)=1,y(2)=0$

（3） $y(k+2)+5y(k+1)+6y(k)=\cos\dfrac{k}{2}\pi,(k=0,1,2,\cdots)$

$y(0)=0,y(1)=1$

7-6 已知某一离散控制系统的差分方程为 $2y(k)+3y(k-1)+5y(k-2)+4y(k-3)=u(k)+u(k-1)+2u(k-2)$，并且初始条件都为零，试求其脉冲传递函数。

7-7 已知某一离散控制系统的框图如图 7.37 所示，试求该系统的开环脉冲传递函数 $G(z)$。

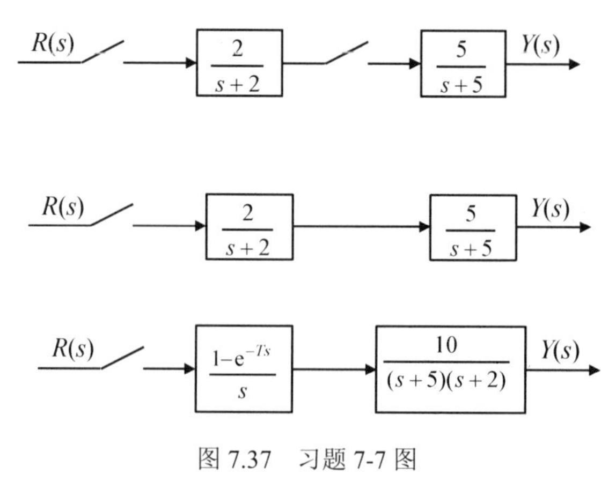

图 7.37 习题 7-7 图

7-8　试求图 7.38 中各个闭环离散控制系统的脉冲传递函数 $\Phi(z)$。

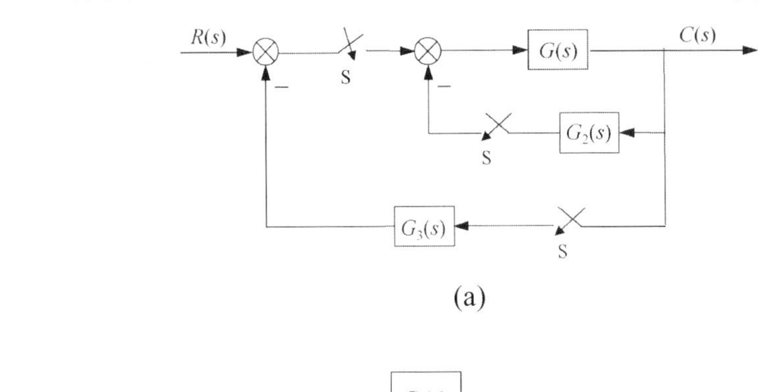

(a)

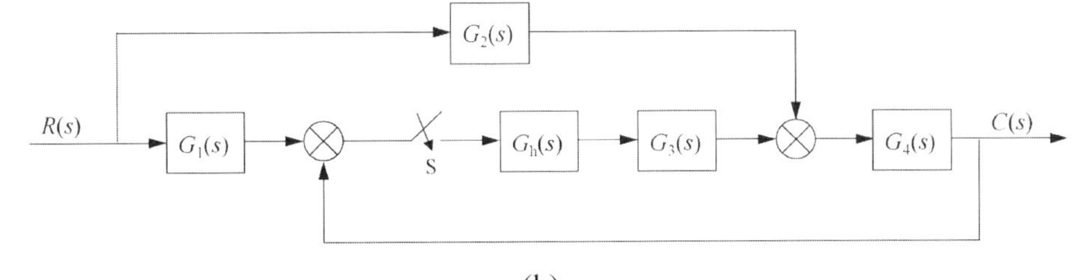

(b)

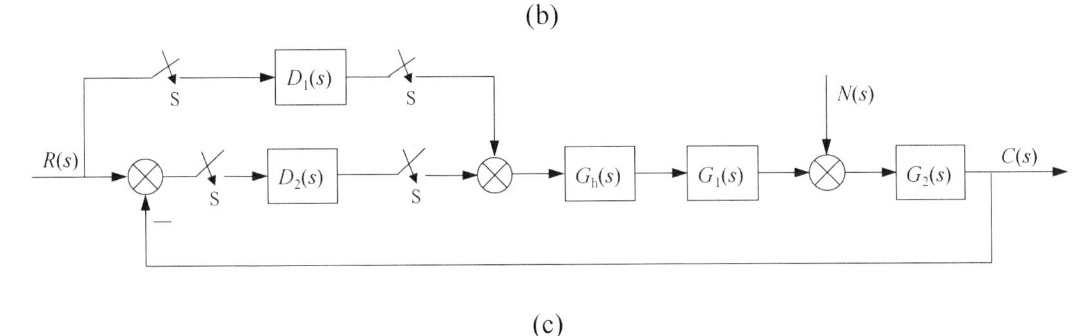

(c)

图 7.38　习题 7-8 图

7-9　设某单位反馈误差采样离散控制系统的连续部分传递函数为

$$G(s)=\frac{1}{s^2(s+5)}$$

输入信号 $r(t)=1(t)$，采样周期 $T=1\text{s}$。试求：

（1）输出 Z 变换 $Y(z)$。

（2）采样瞬时的输出响应 $y^*(t)$。

（3）输出响应的稳态值 $y^*(\infty)$。

7-10　试判断下列离散控制系统的稳定性。

（1）已知离散控制系统的特征方程为 $D(z)=(z+1)(z+0.5)(z+2)=0$

（2）已知离散控制系统的特征方程为 $D(z)=z^4+0.2z^3+z^2+0.36z+0.8=0$

7-11　设某一离散控制系统如图 7.39 所示，采样周期 T=1 s，零阶保持器 $G_{\rm h}(s)$ 和 $G(s)$ 分别为

$$G_h(s)=\frac{1-e^{-Ts}}{s} \quad 和 \quad G(s)=\frac{K}{s(0.2s+1)}$$

要求：

（1）当 K=5 时，分别在 w 域和 z 域分析该系统的稳定性。

（2）确定该系统稳定时的 K 值范围。

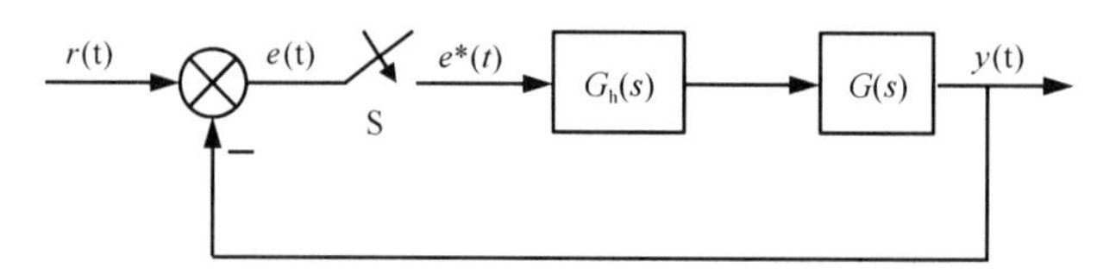

图 7.39　习题 7-11 图

7-12　利用劳斯判据分析图 7.40 所示的二阶离散控数系统参数 K 和采样周期 T 对该系统稳定性的影响。

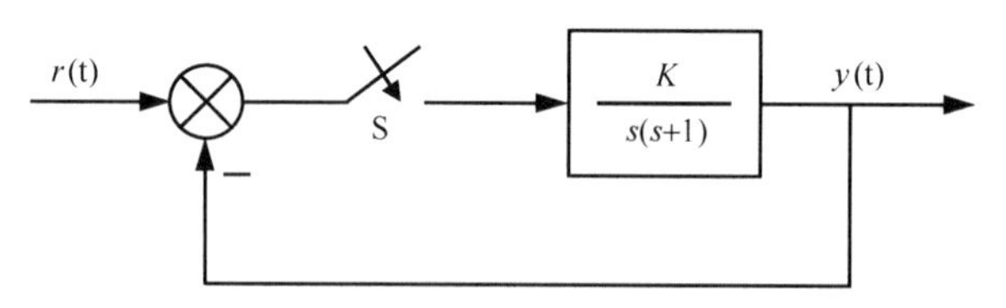

图 7.40　习题 7-12 图

7-13　在图 7.41 所示的离散控制系统中，已知采样周期为 T=1 s，$e_2(k)=e_2(k-1)+e_1(k)$，试确定该系统稳定时的 K 值范围。

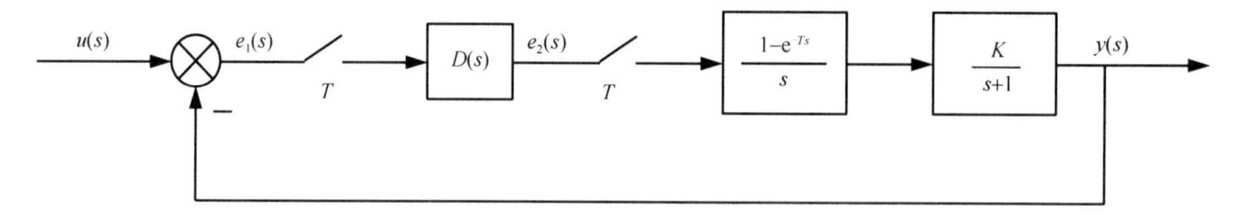

图 7.41　习题 7-13 图

7-14　对如图 7.42 所示的离散控制系统，求在 $r(t)=t$ 作用下的稳态误差 $e_{ss}=0.25T$，试确定放大系数及该系统稳定时的取值范围。

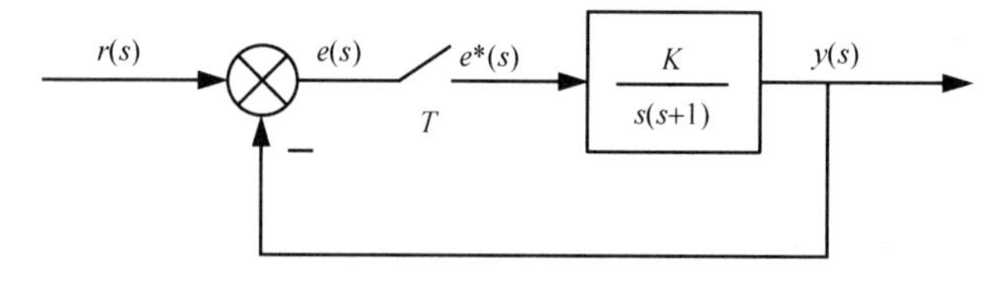

图 7.42　习题 7-14 图

7-15　某一离散控制系统如图 7.43 所示，其中，$K=10$，$T=0.2\text{s}$，输入信号为 $u(t)=1(t)+t+\frac{t^2}{2}$，试计算该系统的稳态误差。

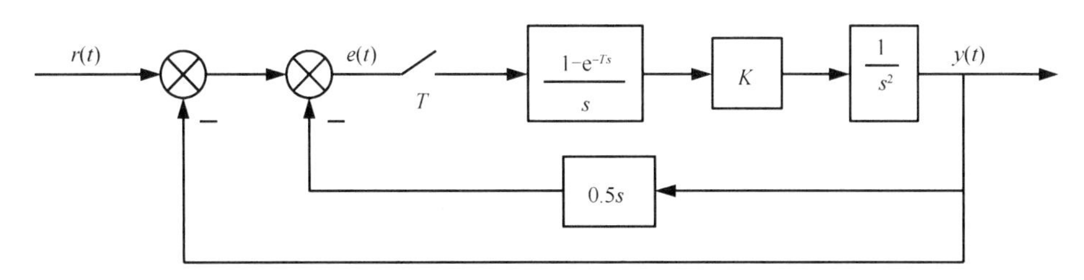

图 7.43　习题 7-15 图

7-16　已知离散控制系统如图 7.44 所示，$T = 0.1\text{s}$，$K = 1$时，求该系统的静态位置误差系数K_{p}、静态速度误差系数K_{v}以及该系统在$u(t) = t$作用下的稳态误差e_{ss}。

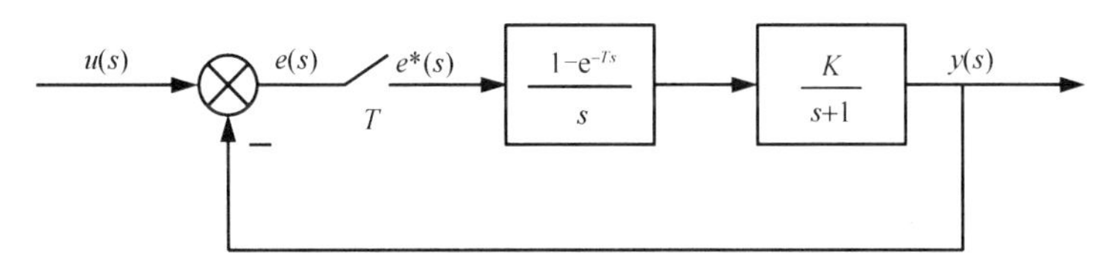

图 7.44　习题 7-16 图

7-17　某一离散控制系统如图 7.45 所示，已知采样周期 T 为 1s，分别计算输入单位阶跃信号和单位速度信号时系统的稳态误差。

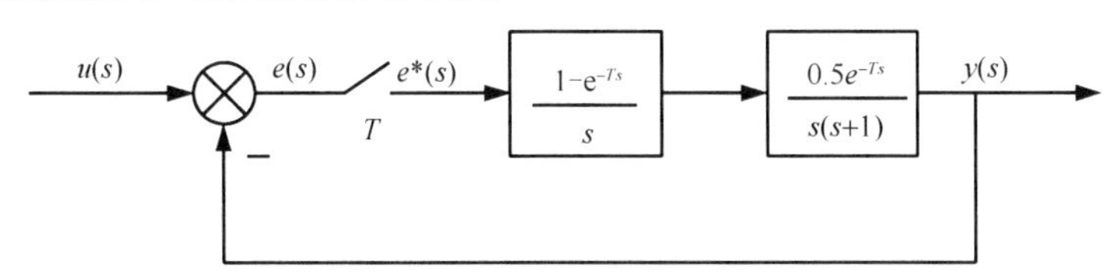

图 7.45　习题 7-17 图

7-18　某一计算机控制系统如图 7.46 所示，其中数字控制器$D(z) = K_{\text{p}}$，试分析K_{p}对该系统的影响；若将K_{p}改为 PI 和 PID 控制器校正，试分析它们对系统的影响。

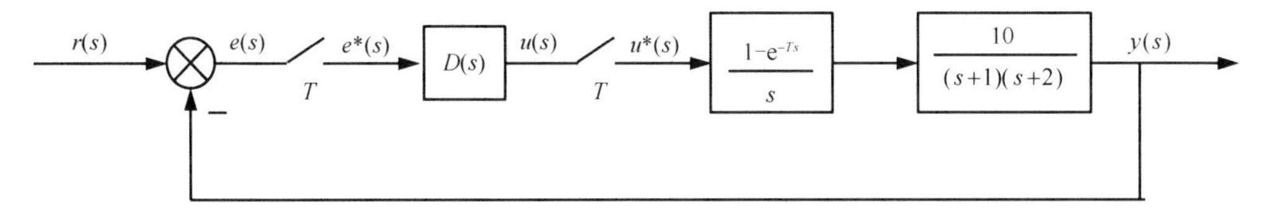

图 7.46　习题 7-18 图

7-19　某一离散控制系统如图 7.47 所示，输入信号为单位阶跃信号，采样周期$T = 0.1\,\text{s}$，试用 MATLAB 求输出响应。

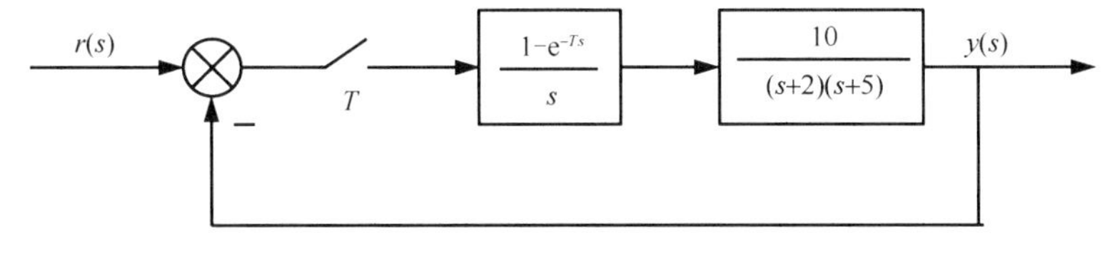

图 7.47　习题 7-19 图

参 考 文 献

[1] （美）R.C.DORF,（美）R.H.BISHOP. Moden Control System（英文影印版）. 北京：科学出版社，2005.

[2] 邹伯敏. 自动控制理论. 3 版. 北京：机械工业出版社，2007.

[3] 王庆林. 自动控制理论的早期发展历史. 自动化博览，1996，No.5:22-25.

[4] 王积伟，吴振顺. 控制工程基础. 北京：高等教育出版社，2001.

[5] （日）细江繁幸. 系统与控制. 北京：科学出版社，2001.

[6] （日）土谷武士，江上正. 现代制御工学.（日本）产业图书，1991.

[7] 郁凯元. 控制工程基础. 北京：清华大学出版社，2010.

[8] 王积伟. 控制理论与控制工程. 北京：机械工业出版社，2011.

[9] 许贤良，王传礼. 控制工程基础. 北京：国防工业出版社，2008.

[10] 胡寿松. 自动控制原理. 7 版. 北京：科学出版社，2019.

[11] 薛定宇. 控制系统仿真与计算机辅助设计. 北京：机械工业出版社，2009.

[12] 赵广元. MATLAB 与控制系统仿真实践. 2 版. 北京：北京航空航天大学出版社，2012.

[13] （美）R. C. DORF, R. H. BISHOP. 现代控制系统（第 12 版，英文版）. 北京：电子工业出版社，2015.

[14] （美）GENE F. FRANKLIN, J. DAVID POWELL, ABBAS EMAMI-NAEINI. 自动控制原理与设计. 6 版. 李中华，等译. 北京：电子工业出版社，2014.

[15] 胡寿松. 自动控制原理习题集. 2 版. 北京：科学出版社，2003.

附录A　拉氏变换

1. 拉式变换的定义

设函数 $f(t)$ 满足：（1）当 $t<0$ 时，$f(t)=0$；（2）当 $t\geqslant 0$ 时，$f(t)$ 分段连续且 $\int_0^\infty \left|f(t)\mathrm{e}^{-st}\right|\mathrm{d}t<\infty$，则 $f(t)$ 的拉氏变换存在，表达式记为

$$F(s)=\mathrm{L}\left[f(t)\right]=\int_0^\infty f(t)\mathrm{e}^{-st}\mathrm{d}t$$

例题：求正弦函数 $f(t)=\sin\omega t$ 的拉氏变换。

解：根据欧拉公式，$\sin\omega t=\dfrac{1}{2\mathrm{j}}(\mathrm{e}^{\mathrm{j}\omega t}-\mathrm{e}^{-\mathrm{j}\omega t})$，可得

$$\mathrm{L}\left[\sin\omega t\right]=\int_0^\infty \sin\omega t\mathrm{e}^{-st}\mathrm{d}t=\int_0^\infty \frac{\mathrm{e}^{\mathrm{j}\omega t}-\mathrm{e}^{-\mathrm{j}\omega t}}{2}\mathrm{e}^{-st}\mathrm{d}t=\frac{1}{2\mathrm{j}}\int_0^\infty \mathrm{e}^{-(s-\mathrm{j}\omega)t}\mathrm{d}t-\frac{1}{2\mathrm{j}}\int_0^\infty \mathrm{e}^{-(s+\mathrm{j}\omega)t}\mathrm{d}t$$

$$=\frac{1}{2\mathrm{j}}\left(\frac{1}{s-\mathrm{j}\omega}-\frac{1}{s+\mathrm{j}\omega}\right)=\frac{\omega}{s^2+\omega^2}$$

2. 拉式变换的性质

（1）线性定理：$\mathrm{L}\left[af_1(t)+bf_2(t)\right]=aF_1(s)+bF_2(s)$

（2）微分定理：

$$\mathrm{L}\left[\mathrm{d}f(t)/\mathrm{d}t\right]=sF(s)-f(0)$$

$$\mathrm{L}\left[\mathrm{d}^2f(t)/\mathrm{d}t^2\right]=s^2F(s)-sf(0)-f^{(1)}(0)$$

证明：

$$\mathrm{L}\left[\frac{\mathrm{d}f(t)}{\mathrm{d}t}\right]=\int_0^\infty f'(t)\mathrm{e}^{-st}\mathrm{d}t=\int_0^\infty \mathrm{e}^{-st}\mathrm{d}f(t)=\mathrm{e}^{-st}f(t)\Big|_0^\infty-\int_0^\infty f(t)\mathrm{d}\mathrm{e}^{-st}$$

（分部积分法）

$$=\mathrm{e}^{-st}f(t)\Big|_0^\infty+s\int_0^\infty f(t)\mathrm{e}^{-st}\mathrm{d}t=sF(s)-f(0)$$

推论：$\mathrm{L}\left[\mathrm{d}^{\mathrm{n}}f(t)/\mathrm{d}t^n\right]=s^{\mathrm{n}}F(s)-s^{n-1}f(0)-s^{n-2}f^{(1)}(0)-\cdots-f^{(n-1)}(0)$

（3）积分定理：$\mathrm{L}\left[\int_0^t f(\tau)\mathrm{d}\tau\right]=\dfrac{1}{s}F(s)$

证明：令 $h(t)=\int_0^t f(\tau)\mathrm{d}\tau$，则 $h'(t)=f(t)$，且 $h(0)=0$

$$\mathrm{L}\left[h'(t)\right]=s\mathrm{L}\left[h(t)\right]-h(0)=s\mathrm{L}\left[h(t)\right]$$

即

$$F(s)=\mathrm{L}\left[f(t)\right]=s\mathrm{L}\left[\int_0^t f(\tau)\mathrm{d}\tau\right]$$

故

$$L\left[\int_0^t f(\tau)\mathrm{d}\tau\right]=\frac{1}{s}F(s)$$

（4）位移定理：$L\left[e^{-at}f(t)\right]=F(s+a)$

$$L\left[e^{-at}f(t)\right]=\int_0^\infty e^{-at}f(t)e^{-st}\mathrm{d}t=\int_0^\infty f(t)e^{-(s+a)t}\mathrm{d}t=F(s+a)$$

（5）延迟定理：$L\left[f(t-\tau)\right]=e^{-\tau s}F(s)$

$$L\left[f(t-\tau)\right]=\int_0^\infty f(t-\tau)e^{-st}\mathrm{d}t=\int_0^\infty e^{-\tau s}f(t-\tau)e^{-(t-\tau)s}\mathrm{d}t$$

$$=e^{-\tau s}\int_{-\tau}^\infty f(t_1)e^{-t_1 s}\mathrm{d}t=e^{-\tau s}\int_0^\infty f(t_1)e^{-t_1 s}\mathrm{d}t=e^{-\tau s}F(s)$$

（6）初值定理：$\lim\limits_{t\to 0}f(t)=\lim\limits_{s\to\infty}sF(s)$

（7）终值定理：$\lim\limits_{t\to\infty}f(t)=\lim\limits_{s\to 0}sF(s)$

3. 常见函数的拉式变换

（1）单位脉冲函数 $\delta(t)$。

$$L\left[\delta(t)\right]=\int_0^\infty \delta(t)e^{-st}\mathrm{d}t=\int_{0^-}^{0^+}\delta(t)e^{-st}\mathrm{d}t=\int_{0^-}^{0^+}\delta(t)\mathrm{d}t=1$$

（2）单位阶跃函数 $1(t)$。

$$L\left[1(t)\right]=\int_0^\infty 1(t)e^{-st}\mathrm{d}t=\int_0^\infty e^{-st}\mathrm{d}t=-\frac{1}{s}e^{-st}\Big|_0^\infty=\frac{1}{s}$$

（3）单位速度函数 t。

$$L\left[t\right]=\int_0^\infty te^{-st}\mathrm{d}t=-\frac{1}{s}\int_0^\infty t\mathrm{d}e^{-st}=-\frac{1}{s}\left[te^{-st}\Big|_0^\infty-\int_0^\infty e^{-st}\mathrm{d}t\right]=\frac{1}{s^2}$$

（4）指数函数 e^{-at}。

$$L\left[e^{-at}\right]=\int_0^\infty e^{-at}e^{-st}\mathrm{d}t=\int_0^\infty e^{-(s+a)t}\mathrm{d}t=-\frac{1}{s+a}e^{-(s+a)t}\Big|_0^\infty=\frac{1}{s+a}$$

（5）正弦函数 $\sin\omega t$。

$$L\left[\sin\omega t\right]=\frac{\omega}{s^2+\omega^2}$$

（6）余弦函数 $\cos\omega t$。

$$L\left[\cos\omega t\right]=\frac{s}{s^2+\omega^2}$$

4. 拉式逆变换

将 $F(s)$化成下列因式：

$$F(s)=\frac{B(s)}{A(s)}=\frac{k(s+z_1)(s+z_2)\cdots(s+z_m)}{(s+p_1)(s+p_2)\cdots(s+p_n)}$$

（1）$F(s)$中具有不同的极点时，可展开为

$$F(s)=\frac{a_1}{s+p_1}+\frac{a_s}{s+p_2}+\cdots+\frac{a_n}{s+p_n}$$

其中的系数 $a_k = \frac{B(s)}{A(s)}(s+p_k)\bigg|_{s=-p_k}$ 。

（2）$F(s)$中具有多重极点时，可展开为

$$F(s)=\frac{b_r}{(s+p_1)^r}+\frac{b_{r-1}}{(s+p_1)^{r-1}}+\cdots+\frac{b_1}{(s+p_1)}+\frac{a_{r+1}}{s+p_{r+1}}+\cdots+\frac{a_n}{s+p_n}$$

其中，系数 a_k 的计算式与（1）相同，系数 b_k（$k=1,2,\cdots,r$）的计算式为

$$b_k=\frac{1}{(r-k)!}\frac{\mathrm{d}^{r-k}}{\mathrm{d}s^{r-k}}\left[\frac{B(s)}{A(s)}(s+p_1)^r\right]\bigg|_{s=-p_1}$$

例题： $F(s)=\frac{s+2}{s^2+4s+3}$，求拉氏逆变换 $f(t)$。

解： 将 $F(s)$ 展开为部分分式，得

$$F(s)=\frac{s+2}{s^2+4s+3}=\frac{a_1}{s+1}+\frac{a_2}{s+3}$$

$$a_1=\frac{s+2}{s^2+4s+3}(s+1)|_{s=-1}=\frac{1}{2}$$

$$a_2=\frac{s+2}{s^2+4s+3}(s+3)|_{s=-3}=\frac{1}{2}$$

因此，

$$f(t)=\mathrm{L}^{-1}[F(s)]=\frac{1}{2}\mathrm{e}^{-t}+\frac{1}{2}\mathrm{e}^{-3t}$$

例题： $F(s)=\frac{s+2}{s(s+1)^2(s+3)}$，求拉氏逆变换 $f(t)$。

解： 将 $F(s)$ 展开为部分分式，得

$$F(s)=\frac{c_1}{(s+1)^2}+\frac{c_2}{s+1}+\frac{c_3}{s}+\frac{c_4}{s+3}$$

$$c_1=\frac{s+2}{s(s+1)^2(s+3)}(s+1)^2\bigg|_{s=-1}=-\frac{1}{2} \qquad c_2=\frac{\mathrm{d}}{\mathrm{d}s}\left[\frac{s+2}{s(s+1)^2(s+3)}(s+1)^2\right]\bigg|_{s=-1-\mathrm{j}}=-\frac{3}{4}$$

$$c_3=\frac{s+2}{s(s+1)^2(s+3)}s\bigg|_{s=0}=\frac{2}{3} \qquad c_4=\frac{s+2}{s(s+1)^2(s+3)}(s+3)\bigg|_{s=-3}=\frac{1}{12}$$

因此，

$$f(t)=c_1t\mathrm{e}^{-t}+c_2\mathrm{e}^{-t}+c_3+c_4\mathrm{e}^{-3t}=\frac{2}{3}-\frac{1}{2}\mathrm{e}^{-t}\left(t+\frac{3}{2}\right)+\frac{1}{12}\mathrm{e}^{-3t}$$

例题： $F(s)=\frac{s-3}{s^2+2s+2}$，求拉氏逆变换 $f(t)$。

解： 将 $F(s)$ 展开为部分分式得

$$F(s)=\frac{s-3}{(s+1-\mathrm{j})(s+1+\mathrm{j})}=\frac{c_1}{s+1-\mathrm{j}}+\frac{c_2}{s+1+\mathrm{j}}$$

$$c_1=\frac{s-3}{(s+1-\mathrm{j})(s+1+\mathrm{j})}(s+1-\mathrm{j})\bigg|_{s=-1+\mathrm{j}}=\frac{-4+\mathrm{j}}{2\mathrm{j}}=\frac{1}{2}+2\mathrm{j}$$

$$c_2=\frac{s-3}{(s+1-\mathrm{j})(s+1+\mathrm{j})}(s+1+\mathrm{j})\bigg|_{s=-1-\mathrm{j}}=\frac{-4-\mathrm{j}}{-2\mathrm{j}}=\frac{1}{2}-2\mathrm{j}$$

因此，

$$\begin{aligned}f(t)&=c_1\mathrm{e}^{(-1+\mathrm{j})t}+c_2\mathrm{e}^{(-1-\mathrm{j})t}=\left(\frac{1}{2}+2\mathrm{j}\right)\mathrm{e}^{(-1+\mathrm{j})t}+\left(\frac{1}{2}-2\mathrm{j}\right)\mathrm{e}^{(-1-\mathrm{j})t}\\&=\mathrm{e}^{-t}\left[\frac{1}{2}(\mathrm{e}^{\mathrm{j}t}+\mathrm{e}^{-\mathrm{j}t})+2\mathrm{j}\mathrm{e}^{-t}(\mathrm{e}^{\mathrm{j}t}-\mathrm{e}^{-\mathrm{j}t})\right]=\mathrm{e}^{-t}(\cos t-4\sin t)\end{aligned}$$

实际上，应用拉氏变换的位移定理可得

$$F(s)=\frac{s-3}{(s+1)^2+1}=\frac{s+1}{(s+1)^2+1}-\frac{4}{(s+1)^2+1}$$

那么，根据典型信号的拉氏变换可知，

$$f(t)=\mathrm{e}^{-t}(\cos t-4\sin t)$$

5. 拉式变换的应用

拉式变换主要应用于微分方程的求解，应用拉氏变换法解微分方程的步骤如下：

（1）对线性微分方程中每一项进行拉氏变换，使微分方程变为复变量 s 的代数方程。

（2）求解变换方程，得出系统输出变量的象函数表达式。

（3）将输出的象函数表达式展开成部分分式。

（4）对部分分式进行拉氏逆变换（可查拉氏变换表），得到微分方程的全解。

例题：微分方程如下，求其零状态响应和零输入响应。

$$y''(t)+3y'(t)+2y(t)=4\mathrm{e}^{-2t}\varepsilon(t)\text{，}\quad y(0\_)=3, y'(0\_)=4$$

解：（1）求完全响应，对上式进行拉式变换，得

$$s^2Y(s)-sy(0\_)-y'(0\_)+3\left[sY(s)-y(0\_)\right]+2Y(s)=\frac{4}{s+2}$$

代入初始条件，得

$$\left(s^2+3s+2\right)Y(s)=3s+4+9+\frac{4}{s+2}=\frac{3s^2+19s+30}{s+2}$$

部分分式展开，得

$$Y(s)=\frac{3s^2+19s+30}{(s+1)(s+2)^2}=\frac{14}{s+1}-\frac{4}{(s+2)^2}-\frac{11}{s+2}$$

对上式进行拉式逆变换，得

$$y(t)=\left(14\mathrm{e}^{-t}-4t\mathrm{e}^{-2t}-11\mathrm{e}^{-2t}\right)\varepsilon(t)$$

（2）求零输入响应，$y''(t)+3y'(t)+2y(t)=0$

对上式进行拉式变换，得 $s^2Y(s)-sy(0\_)-y'(0\_)+3\left[sY(s)-y(0\_)\right]+2Y(s)=0$

代入初始条件，得

$$\left(s^2+3s+2\right)Y\left(s\right)=3s+4+9$$

按部分分式展开，得

$$Y\left(s\right)=\frac{3s+13}{s^2+3s+2}=\frac{10}{s+1}-\frac{7}{s+2}$$

对上式进行拉式逆变换，得

$$y\left(t\right)=\left(10\mathrm{e}^{-t}-7\mathrm{e}^{-2t}\right)u\left(t\right)$$

附表 1　拉氏变换的基本性质

<table>
<tr><td rowspan="2">1</td><td rowspan="2">线性定理</td><td>齐次性</td><td>$\mathrm{L}[af(t)]=aF(s)$</td></tr>
<tr><td>叠加性</td><td>$\mathrm{L}[f_1(t)\pm f_2(t)]=F_1(s)\pm F_2(s)$</td></tr>
<tr><td rowspan="2">2</td><td rowspan="2">微分定理</td><td>一般形式</td><td>$\mathrm{L}[\frac{\mathrm{d}f(t)}{\mathrm{d}t}]=sF(s)-f(0)$
$\mathrm{L}\left[\frac{\mathrm{d}^2f(t)}{\mathrm{d}t^2}\right]=s^2F(s)-sf(0)-f'(0)$
$\vdots$
$\mathrm{L}\left[\frac{\mathrm{d}^nf(t)}{\mathrm{d}t^n}\right]=s^nF(s)-\sum_{k=1}^{n}s^{n-k}f^{(k-1)}(0)$
$f^{(k-1)}(t)=\frac{\mathrm{d}^{k-1}f(t)}{\mathrm{d}t^{k-1}}$</td></tr>
<tr><td>初始条件为零时</td><td>$\mathrm{L}\left[\frac{\mathrm{d}^nf(t)}{\mathrm{d}t^n}\right]=s^nF(s)$</td></tr>
<tr><td rowspan="2">3</td><td rowspan="2">积分定理</td><td>一般形式</td><td>$\mathrm{L}\left[\int f(t)\mathrm{d}t\right]=\frac{F(s)}{s}+\frac{\left[\int f(t)\mathrm{d}t\right]_{t=0}}{s}$
$\mathrm{L}\left[\iint f(t)(\mathrm{d}t)^2\right]=\frac{F(s)}{s^2}+\frac{\left[\int f(t)\mathrm{d}t\right]_{t=0}}{s^2}+\frac{\left[\iint f(t)(\mathrm{d}t)^2\right]_{t=0}}{s}$
……
$\mathrm{L}\left[\int\cdots\int f(t)(\mathrm{d}t)^n\right]=\frac{F(s)}{s^n}+\sum_{k=1}^{n}\frac{1}{s^{n-k+1}}\left[\int\cdots\int f(t)(\mathrm{d}t)^n\right]_{t=0}$</td></tr>
<tr><td>初始条件为零时</td><td>$\mathrm{L}\left[\int\cdots\int f(t)(\mathrm{d}t)^n\right]=\frac{F(s)}{s^n}$</td></tr>
<tr><td>4</td><td colspan="2">延迟定理（或称 t 域平移定理）</td><td>$\mathrm{L}[f(t-T)1(t-T)]=\mathrm{e}^{-Ts}F(s)$</td></tr>
<tr><td>5</td><td colspan="2">衰减定理（或称 s 域平移定理）</td><td>$\mathrm{L}[f(t)\mathrm{e}^{-at}]=F(s+a)$</td></tr>
<tr><td>6</td><td colspan="2">终值定理</td><td>$\lim_{t\to\infty}f(t)=\lim_{s\to 0}sF(s)$</td></tr>
<tr><td>7</td><td colspan="2">初值定理</td><td>$\lim_{t\to 0}f(t)=\lim_{s\to\infty}sF(s)$</td></tr>
<tr><td>8</td><td colspan="2">卷积定理</td><td>$\mathrm{L}[\int_0^t f_1(t-\tau)f_2(\tau)\mathrm{d}\tau]=\mathrm{L}[\int_0^t f_1(t)f_2(t-\tau)\mathrm{d}\tau]=F_1(s)F_2(s)$</td></tr>
</table>

附录 B　常用函数的拉氏变换与 Z 变换表

序号	拉氏变换 $E(s)$	时间函数 $e(t)$	Z 变换 $E(z)$
1	1	$\delta(t)$	1
2	e^{-nTs}	$\delta(t-nT)$	z^{-n}
3	$\frac{1}{s}$	$1(t)$	$\frac{z}{z-1}$
4	$\frac{1}{s^2}$	t	$\frac{Tz}{(z-1)^2}$
5	$\frac{1}{s^3}$	$\frac{t^2}{2}$	$\frac{T^2z(z+1)}{2(z-1)^3}$
6	$\frac{1}{s^{n+1}}$	$\frac{t^n}{n!}$	$\lim\limits_{a\to 0}\frac{(-1)^n}{n!}\frac{\partial^n}{\partial a^n}\left(\frac{z}{z-e^{-aT}}\right)$
7	$\frac{1}{s+a}$	e^{-at}	$\frac{z}{z-e^{-aT}}$
8	$\frac{1}{(s+a)^2}$	te^{-at}	$\frac{Tze^{-aT}}{(z-e^{-aT})^2}$
9	$\frac{a}{s(s+a)}$	$1-e^{-at}$	$\frac{(1-e^{-aT})z}{(z-1)(z-e^{-aT})}$
10	$\frac{b-a}{(s+a)(s+b)}$	$e^{-at}-e^{-bt}$	$\frac{z}{z-e^{-aT}}-\frac{z}{z-e^{-bT}}$
11	$\frac{\omega}{s^2+\omega^2}$	$\sin\omega t$	$\frac{z\sin\omega T}{z^2-2z\cos\omega T+1}$
12	$\frac{s}{s^2+\omega^2}$	$\cos\omega t$	$\frac{z(z-\cos\omega T)}{z^2-2z\cos\omega T+1}$
13	$\frac{\omega}{(s+a)^2+\omega^2}$	$e^{-at}\sin\omega t$	$\frac{ze^{-aT}\sin\omega T}{z^2-2ze^{-aT}\cos\omega T+e^{-2aT}}$
14	$\frac{s+a}{(s+a)^2+\omega^2}$	$e^{-at}\cos\omega t$	$\frac{z^2-ze^{-aT}\cos\omega T}{z^2-2ze^{-aT}\cos\omega T+e^{-2aT}}$
15	$\frac{1}{s-(1/T)\ln a}$	$a^{t/T}$	$\frac{z}{z-a}$

附录 C　部分习题参考答案

第 2 章习题答案

2-1 （1）不是　（2）是　（3）不是　（4）不是

2-2 （a）$R^2C^2\dfrac{\mathrm{d}^2u_\mathrm{o}(t)}{\mathrm{d}t^2}+3RC\dfrac{\mathrm{d}u_\mathrm{o}(t)}{\mathrm{d}t}+u_\mathrm{o}(t)=u_\mathrm{i}(t)$

（b）
$$R_1R_2C_1C_2\frac{\mathrm{d}^2u_\mathrm{o}(t)}{\mathrm{d}t^2}+(R_1C_1+R_1C_2+R_2C_2)\frac{\mathrm{d}u_\mathrm{o}(t)}{\mathrm{d}t}+u_\mathrm{o}(t)$$
$$=R_1R_2C_1C_2\frac{\mathrm{d}^2u_\mathrm{i}(t)}{\mathrm{d}t^2}+(R_1C_1+R_2C_2)\frac{\mathrm{d}u_\mathrm{i}(t)}{\mathrm{d}t}+u_\mathrm{i}(t)$$

（c）$(R_1R_2+R_2^2+R_1R_3)C\dfrac{\mathrm{d}u_\mathrm{o}(t)}{\mathrm{d}t}+(R_1+R_2)u_\mathrm{o}(t)=R_2R_3C\dfrac{\mathrm{d}u_\mathrm{i}(t)}{\mathrm{d}t}+R_3u_\mathrm{i}(t)$

（d）
$$R_1R_2C_1C_2\frac{\mathrm{d}^2u_\mathrm{o}(t)}{\mathrm{d}t^2}+(R_1C_1+R_2C_1+R_1C_2)\frac{\mathrm{d}u_\mathrm{o}(t)}{\mathrm{d}t}+u_\mathrm{o}(t)$$
$$=R_1R_2C_1C_2\frac{\mathrm{d}^2u_\mathrm{i}(t)}{\mathrm{d}t^2}+(R_1C_1+R_2C_1)\frac{\mathrm{d}u_\mathrm{i}(t)}{\mathrm{d}t}+u_\mathrm{i}(t)$$

（e）
$$R_1R_2C_1C_2\frac{\mathrm{d}^2u_\mathrm{o}(t)}{\mathrm{d}t^2}+(R_2C_2+R_2C_1+R_1C_2)\frac{\mathrm{d}u_\mathrm{o}(t)}{\mathrm{d}t}+u_\mathrm{o}(t)$$
$$=R_1R_2C_1C_2\frac{\mathrm{d}^2u_\mathrm{i}(t)}{\mathrm{d}t^2}+(C_1+C_2)R_2\frac{\mathrm{d}u_\mathrm{i}(t)}{\mathrm{d}t}+u_\mathrm{i}(t)$$

（f）$R_1CL\dfrac{\mathrm{d}^2u_\mathrm{o}(t)}{\mathrm{d}t^2}+(R_1R_2C+L)\dfrac{\mathrm{d}u_\mathrm{o}(t)}{\mathrm{d}t}+(R_1+R_2)u_\mathrm{o}(t)=L\dfrac{\mathrm{d}u_\mathrm{i}(t)}{\mathrm{d}t}+R_2u_\mathrm{i}(t)$

2-3 （a）$(R_1R_2+R_1R_3)C\dfrac{\mathrm{d}u_\mathrm{o}(t)}{\mathrm{d}t}+R_1u_\mathrm{o}(t)=-\left[R_2R_3C\dfrac{\mathrm{d}u_\mathrm{i}(t)}{\mathrm{d}t}+R_2u_\mathrm{i}(t)\right]$

（b）$R_0R_1R_2R_3C_1C_2\dfrac{d^2u_\mathrm{o}(t)}{\mathrm{d}t^2}+R_0R_2R_3C_2\dfrac{\mathrm{d}u_\mathrm{o}(t)}{\mathrm{d}t}+R_1R_4u_\mathrm{o}(t)=-R_1R_4u_\mathrm{i}(t)$

（c）$R_1u_\mathrm{o}(t)=-\left[R_2R_3C\dfrac{\mathrm{d}u_\mathrm{i}(t)}{\mathrm{d}t}+(R_2+R_3)u_\mathrm{i}(t)\right]$

（d）$-R_1C_2\dfrac{\mathrm{d}u_\mathrm{o}(t)}{\mathrm{d}t}=R_1R_2C_1C_2\dfrac{\mathrm{d}^2u_\mathrm{i}(t)}{\mathrm{d}t^2}+(R_1C_1+R_2C_2)\dfrac{\mathrm{d}u_\mathrm{i}(t)}{\mathrm{d}t}+u_\mathrm{i}(t)$

（e）
$$R_2R_4C_1C_2\frac{\mathrm{d}^2u_\mathrm{o}(t)}{\mathrm{d}t^2}+(R_2C_1+R_4C_2)\frac{\mathrm{d}u_\mathrm{o}(t)}{\mathrm{d}t}+u_\mathrm{o}(t)$$
$$=-\frac{R_2+R_3}{R_1}\left\{\frac{R_2R_3R_4C_1C_2}{R_2+R_3}\frac{\mathrm{d}^2u_\mathrm{i}(t)}{\mathrm{d}t^2}+\left[R_4C_2+\frac{R_2R_3(C_1+C_2)}{R_1+R_2}\right]\frac{\mathrm{d}u_\mathrm{i}(t)}{\mathrm{d}t}+u_\mathrm{i}(t)\right\}$$

2-4（a）$m\dfrac{d^2x_o(t)}{dt^2}+(f_1+f_2)\dfrac{dx_o(t)}{dt}=f_1\dfrac{dx_i(t)}{dt}$

（b）$(k_1+k_2)f\dfrac{dx_o(t)}{dt}+k_1k_2x_o(t)=k_1f\dfrac{dx_i(t)}{dt}$

（c）$f\dfrac{dx_o(t)}{dt}+(k_1+k_2)x_o(t)=f\dfrac{dx_i(t)}{dt}+k_1x_i(t)$

（d）$(f_1+f_2)\dfrac{dx_o(t)}{dt}+(k_1+k_2)x_o(t)=f_1\dfrac{dx_i(t)}{dt}+k_1x_i(t)$

2-5（a）$R_1R_2\dfrac{d^2u_o(t)}{dt^2}+\left(\dfrac{R_1}{C_2}+\dfrac{R_1}{C_1}+\dfrac{R_2}{C_1}\right)\dfrac{du_o(t)}{dt}+\dfrac{1}{C_1C_2}u_o(t)$

$=R_1R_2\dfrac{d^2u_i(t)}{dt^2}+\left(\dfrac{R_1}{C_2}+\dfrac{R_2}{C_1}\right)\dfrac{du_i(t)}{dt}+\dfrac{1}{C_1C_2}u_i(t)$

（b）$f_1f_2\dfrac{d^2x_o(t)}{dt^2}+(f_1k_2+f_1k_1+f_2k_1)\dfrac{dx_o(t)}{dt}+k_1k_2x_o(t)$

$=f_1f_2\dfrac{d^2x_i(t)}{dt^2}+(f_1k_2+f_2k_1)\dfrac{dx_i(t)}{dt}+k_1k_2x_i(t)$

由（a）和（b）两式可以看出，两个系统具有相同形式的微分方程，所以（a）式和（b）式是相似系统。

2-6 $\Delta Q=L\Delta P$ 式中 $L=\dfrac{K}{2\sqrt{P_0}}$，$\Delta Q=Q-Q_0$，$\Delta P=P-P_0$。线性化式子表示为 $Q=LP$

2-7 $\Delta F=12\Delta y$，式中 $\Delta F=F-2.73$，$\Delta y=y-0.25$

2-8 传递函数 $\dfrac{U_o(s)}{U_i(s)}=\dfrac{1}{R_1R_2C_1C_2s^2+(R_1C_1+R_1C_2+R_2C_2)+1}$

2-9 $\dfrac{Y(s)}{R(s)}=\dfrac{5(s+1)}{s^2+8s+9}$　　$\dfrac{E(s)}{R(s)}=\dfrac{s^2+3s+2}{s^2+8s+9}$

2-10（a）$\dfrac{X_2(s)}{F_1(s)}=\dfrac{fs}{m_1m_2s^4+(m_1+m_2)fs^3+(k_1m_2+k_2m_1)s^2+(k_1+k_2)fs+k_1k_2}$

（b）$\dfrac{X_2(s)}{F_2(s)}=\dfrac{fs+k_1}{fm_2s^3+k_1m_2s^2+(k_1+k_2)fs+k_1k_2}$

2-11 $\dfrac{d^3y(t)}{dt^3}+2\dfrac{d^2y(t)}{dt^2}+3\dfrac{dy(t)}{dt}+2y(t)=2r(t)$

2-12（a）$\dfrac{1}{R^2C^2s^2+3RCs+1}$　　（b）$\dfrac{R_1R_2C_1C_2s^2+(R_1C_1+R_2C_2)s+1}{R_1R_2C_1C_2s^2+(R_1C_1+R_1C_2+R_2C_2)s+1}$

（c）$\dfrac{R_2R_3Cs+R_3}{(R_1R_2+R_2^2+R_1R_3)Cs+R_1+R_2}$　　（d）$\dfrac{R_1R_2C_1C_2s^2+(R_1C_1+R_2C_1)s+1}{R_1R_2C_1C_2s^2+(R_1C_1+R_2C_1+R_1C_2)s+1}$

（e）$\dfrac{R_1R_2C_1C_2s^2+(C_1+C_2)R_2s+1}{R_1R_2C_1C_2s^2+(R_2C_2+R_2C_1+R_1C_2)s+1}$　　（f）$\dfrac{Ls+R_2}{R_1CLs^2+(R_1R_2C+L)s+R_1+R_2}$

2-13 (a) $-\dfrac{R_2R_3Cs+R_2}{(R_1R_2+R_1R_3)Cs+R_1}$ (b) $-\dfrac{R_1R_4}{R_0R_1R_2R_3C_1C_2s^2+R_0R_2R_3C_2s+R_1R_4}$

(c) $-\dfrac{R_2R_3Cs+R_2+R_3}{R_1}$ (d) $-\dfrac{R_1R_2C_1C_2s^2+(R_1C_1+R_2C_2)s+1}{R_1C_2s}$

(e) $-\dfrac{R_2+R_3}{R_1}\dfrac{\dfrac{R_2R_3R_4C_1C_2}{R_2+R_3}s^2+[R_4C_2+\dfrac{R_2R_3(C_1+C_2)}{R_1+R_2}]s+1}{R_2R_4C_1C_2s^2+(R_2C_1+R_4C_2)s+1}$

2-14 (a) $\dfrac{f_1s}{ms^2+(f_1+f_2)s}$ (b) $\dfrac{k_1fs}{(k_1+k_2)fs+k_1k_2}$ (c) $\dfrac{fs+k_1}{fs+k_1+k_2}$ (d) $\dfrac{f_1s+k_1}{(f_1+f_2)s+k_1+k_2}$

2-15 (a) $\dfrac{G_1+G_1G_2}{1+2G_1+G_2+G_1G_2}$ (b) $\dfrac{G_1G_2G_3G_4}{1+G_2G_3G_5+G_3G_4G_6+G_1G_2G_3G_4G_7}$

(c) $\dfrac{G_1G_2+G_2G_3}{1+G_2H_2+G_1G_2H_1}$ (d) $\dfrac{G_1G_2G_3+G_1}{1+G_1+2G_1G_2G_3}$

2-16 (1) $\dfrac{B(s)}{E(s)}=\dfrac{G_1G_2G_3}{1+G_2G_4}$

(2) $G_{YR}(s)=\dfrac{Y(s)}{R(s)}=\dfrac{G_1G_2G_3}{1+G_4+G_1G_2G_3}$， $G_{ER}(s)=\dfrac{E(s)}{R(s)}=\dfrac{1}{1+G_4+G_1G_2G_3}$

$G_{YD}(s)=\dfrac{Y(s)}{D(s)}=\dfrac{G_3}{1+G_2G_4+G_1G_2G_3}$， $G_{ED}(s)=\dfrac{E(s)}{D(s)}=\dfrac{-G_3}{1+G_2G_4+G_1G_2G_3}$

(3) $C(s)=G_{CR}(s)R(s)+G_{CF}(s)F(s)$

$$=\frac{G_1G_2G_3}{1+G_2G_4+G_1G_2G_3}R(s)+\frac{G_3}{1+G_2G_4+G_1G_2G_3}F(s)$$

2-17 (a) $\dfrac{G_1+G_2+G_1G_2}{1+2G_1+G_1G_2}$ (b) $\dfrac{G_1G_2(1+H_1H_2)}{1+G_1H_1+H_1H_2}$

(c) $\dfrac{G_1G_2}{1+G_1H_1+G_2H_2+G_1G_2H_3+G_1G_2H_1H_2}$

(d) $\dfrac{G_1G_2G_3+G_3G_4}{1+G_1H_1+G_3H_2+G_3G_4H_1H_2+G_1G_2G_3H_1H_2}$

2-18 $\begin{bmatrix}\dot{x}_1\\ \dot{x}_2\end{bmatrix}=\begin{bmatrix}0 & 1\\ -\dfrac{k}{m} & \dfrac{f}{m}\end{bmatrix}\begin{bmatrix}x_1\\ x_2\end{bmatrix}+\begin{bmatrix}0\\ \dfrac{1}{m}\end{bmatrix}F$ $y=[1\ \ 0]\begin{bmatrix}x_1\\ x_2\end{bmatrix}$

2-19 $\begin{pmatrix}\dot{x}_1\\ \dot{x}_2\\ \dot{x}_3\end{pmatrix}=\begin{pmatrix}0 & 0 & 1\\ -1 & -3 & 0\\ 0 & 2 & -3\end{pmatrix}\begin{pmatrix}x_1\\ x_2\\ x_3\end{pmatrix}+\begin{pmatrix}0\\ 1\\ 0\end{pmatrix}u$ $y=(1\ \ 0\ \ 0)\begin{pmatrix}x_1\\ x_2\\ x_3\end{pmatrix}$

2-20 $\begin{pmatrix}\dot{x}_1\\ \dot{x}_2\\ \dot{x}_3\end{pmatrix}=\begin{pmatrix}0 & \dfrac{k_3}{T_3} & 0\\ 0 & -\dfrac{1}{T_2} & \dfrac{k_2}{T_2}\\ -\dfrac{k_1k_4}{T_1} & 0 & -\dfrac{1}{T_1}\end{pmatrix}\begin{pmatrix}x_1\\ x_2\\ x_3\end{pmatrix}+\begin{pmatrix}0\\ 0\\ \dfrac{k_1}{T_1}\end{pmatrix}u \qquad y=\begin{pmatrix}1 & 0 & 0\end{pmatrix}\begin{pmatrix}x_1\\ x_2\\ x_3\end{pmatrix}$

2-21 （1）$\begin{pmatrix}\dot{x}_1\\ \dot{x}_2\\ \dot{x}_3\end{pmatrix}=\begin{pmatrix}0 & 1 & 0\\ 0 & 0 & 1\\ -5 & -15 & -6\end{pmatrix}\begin{pmatrix}x_1\\ x_2\\ x_3\end{pmatrix}+\begin{pmatrix}0\\ 0\\ 1\end{pmatrix}u \qquad y=\begin{pmatrix}7 & 0 & 0\end{pmatrix}\begin{pmatrix}x_1\\ x_2\\ x_3\end{pmatrix}$

（2）$\begin{pmatrix}\dot{x}_1\\ \dot{x}_2\\ \dot{x}_3\end{pmatrix}=\begin{pmatrix}0 & 1 & 0\\ 0 & 0 & 1\\ -7 & -6 & -5\end{pmatrix}\begin{pmatrix}x_1\\ x_2\\ x_3\end{pmatrix}+\begin{pmatrix}0\\ 0\\ 8\end{pmatrix}u \qquad y=\begin{pmatrix}1 & 0 & 0\end{pmatrix}\begin{pmatrix}x_1\\ x_2\\ x_3\end{pmatrix}$

（3）$\begin{pmatrix}\dot{x}_1\\ \dot{x}_2\\ \dot{x}_3\end{pmatrix}=\begin{pmatrix}0 & 1 & 0\\ 0 & 0 & 1\\ -640 & -192 & -18\end{pmatrix}\begin{pmatrix}x_1\\ x_2\\ x_3\end{pmatrix}+\begin{pmatrix}0\\ 164\\ -2240\end{pmatrix}u \qquad y=\begin{pmatrix}1 & 0 & 0\end{pmatrix}\begin{pmatrix}x_1\\ x_2\\ x_3\end{pmatrix}$

第 3 章习题答案

3-1 $t_r=t_2-t_1=T\ln\dfrac{0.9}{0.1}=2.2T=0.55\,\text{min}$

3-2 $y_k(t)=4e^{-t}-3e^{-2t} \qquad y(t)=y_k(t)+y_p(t)=4e^{-t}-3e^{-2t}+\dfrac{1}{2}$

3-3 强迫响应：$-\dfrac{1}{6}e^{-4t}\varepsilon(t)$； 自由响应：$\left(\dfrac{14}{3}e^{-t}-\dfrac{7}{2}e^{-2t}\right)\varepsilon(t)$；

$y(t)$全部为动态响应，不含稳态响应 .

3-4 $h(t)=1-\dfrac{4}{3}e^{-t}+\dfrac{1}{3}e^{-4t} \qquad t_s=\left(\dfrac{t_s}{T_1}\right)T_1=3.3T_1=3.3$

3-5 $K_1=1108 \quad K_2=3 \quad a=22$

3-6 （1）$\omega_n=5$，$\xi=0.6$ （2） $t_p=0.785$，$M_p\%=9.5\%$，$t_s=1.33$

3-7 $\xi=0.6$，$\omega_n=19.6\text{rad/s}$

3-8 局部反馈加入前

$$K_p=\lim_{s\to\infty}G(s)=\infty \qquad K_v=\lim_{s\to 0}sG(s)=\infty \qquad K_a=\lim_{s\to 0}s^2G(s)=10$$

局部反馈加入后

$$K_p=\lim_{s\to 0}G(s)=\infty \qquad K_v=\lim_{s\to 0}sG(s)=0.5 \qquad K_a=\lim_{s\to 0}s^2G(s)=0$$

3-9 （1）第一列元素变号两次，有 2 个正根。

（2）该系统特征方程没有正根。对辅助方程求解，得到该系统一对虚根 $s_{1,2}=\pm j2$。

（3）第一列元素变号一次，有 1 个正根；由辅助方程 $2s^4-2=0$ 可解出：

$2s^4-2=2(s+1)(s-1)(s+\mathrm{j})(s-\mathrm{j})$

$D(s)=s^5+2s^4-s-2=(s+2)(s+1)(s-1)(s+\mathrm{j})(s-\mathrm{j})$

（4）第一列元素变号一次，有 1 个正根；由辅助方程 $2s^4+48s^2-50=0$ 可解出：

$2s^4+48s^2-50=2(s+1)(s-1)(s+\mathrm{j}5)(s-\mathrm{j}5)$

$D(s)=s^5+2s^4+24s^3+48s^2-25s-50=(s+2)(s+1)(s-1)(s+\mathrm{j}5)(s-\mathrm{j}5)$

3-10 （1）$e_{\mathrm{ss}}\xlongequal{r(t)=1(t)}\dfrac{A}{1+K}=\dfrac{1}{11}$ $\qquad e_{\mathrm{ss}}\xlongequal{r(t)=t}e_{\mathrm{ss}}\xlongequal{r(t)=t^2}\infty$

（2）该系统不稳定。

3-11 （1）$K=50$，（2）$e_{\mathrm{ss}}=0.06$

3-12 （1）$K=100$，（2）$e_{\mathrm{ss}}=0.04$

3-13 （1）$\Phi_{\mathrm{n}}(s)=\dfrac{C(s)}{N(s)}=\dfrac{s+5}{(s+1)(s+5)+20}=\dfrac{s+5}{s^2+6s+25}$

（2）$c_{\mathrm{n}}(\infty)=\lim\limits_{s\to 0}s\Phi_{\mathrm{n}}(s)\cdot N(s)=\lim\limits_{s\to 0}s\Phi_{\mathrm{n}}(s)\cdot\dfrac{\Delta}{s}=\dfrac{\Delta}{5}$

（3）$K=0.25$

3-14 $G_{\mathrm{c1}}(s)=\dfrac{s+K_1}{K_1}$， $G_{\mathrm{c2}}(s)=\dfrac{1}{s}$

3-15 该系统稳定

3-16 （a）该系统稳定，（b）该系统稳定

3-17 $\begin{cases}\xi>0\\K>0\\K<20\xi\end{cases}$，即 $\dfrac{K}{\xi}<20\,(\xi>0,K>0)$

3-18 $0.72<K<6.24$

3-20 （1）$0<K<15$ （2）$0.72<K<6.24$ （3）$8\leqslant K<15$

3-21 （1）可控 （2）可控

3-22 （1）可观测 （2）可观测

3-23 $q\neq\dfrac{1}{3}$ 或 $q\neq-\dfrac{1}{4}$

第 4 章习题答案

4-1 根轨迹共 2 条，起始于开环极点 $p_1=-1$， $p_2=-2$；一条根轨迹趋向于开环零点 $z_1=-3$，另一条趋于无穷远处；实轴上根轨迹段：（$-\infty$，-3],[-2,-1]；1 条渐近线与实轴正方向的夹角为180°， $s_1=-1.59$（分离点）， $s_2=-4.41$（汇合点）。

4-2 有 $n=4$ 个开环极点，分别为 $p_1=0$、 $p_2=-4$、 $p_{3,4}=-2\pm\mathrm{j}4$；4 支根轨迹分别起始于 4 个开环极点，均终止于无穷远处；实轴上的[-4，0]区间段是根轨迹；4 条根轨迹渐

近线与正实轴的夹角为$\pm\frac{\pi}{4}$和$\pm\frac{3\pi}{4}$，与实轴的交点为-2；分离点和汇合点$s_1=-2$和$s_{2,3}=-2\pm j2.45$；与虚轴交点为$\pm j\sqrt{10}$点，根轨迹上的该点对应的增益$K=260$。

4-3 （1）绘制根轨迹。有 3 条根轨迹，分别起始于开环极点$p_1=0$，$p_2=-1$，$p_3=-10$；均趋于无穷远处；实轴上根轨迹段：(-∞，-10],[-1,0]；3 条渐近线与实轴正方向的夹角为$-60°,60°,180°$，与实轴交点为$-\frac{11}{3}$；分离点、会合点$s_1=-6.85$（舍），$s_2=-0.49$（分离点）；与虚轴交点$\pm j\sqrt{10}$点，根轨迹上的该点对应的增益$K=110$。

（2）产生纯虚根的根轨迹增益$K=110$。

4-5 为非最小相位系统。有 2 条根轨迹，起始于开环极点$p_{1,2}=-2$，终止于开环零点$z_{1,2}=-1$；实轴上的根轨迹区间（-∞，+∞）；根轨迹的起始角和终止角均为 0°。

4-6 $G'(s)=\frac{\tau_1 s}{s^2+0.2s+1}$ 按照常规根轨迹绘制法则，绘制τ_1为参量的广义根轨迹。有 2 条根轨迹，分别起始于开环极点$p_1=-0.1+j0.995$，$p_2=-0.1-j0.995$；1 条根轨迹趋向于开环零点$z_1=0$，另一条趋于无穷远处；实轴上根轨迹段：（-∞，0]；1 条渐近线与实轴正方向的夹角为$180°$；分离点和汇合点：$s_1=1$（舍），$s_2=-1$（分离点）。

4-7 （1）系统的开环传递函数为 $G(s)=\frac{K^*(s+0.5)}{s^2(s+5)^2}(K^*=50K)$。有 4 条根轨迹，起始于开环极点$p_{1,2}=0$，$p_{3,4}=-5$；1 条根轨迹趋向于零点$z_1=-0.5$，其余 3 条均趋于无穷远处；实轴上根轨迹段：（-∞，-0.5]；根轨迹有 3 条，它们分别与实轴正方向的夹角分别为$-60°,60°,180°$，渐近线与实轴交点为-3.167；与虚轴交点$\pm j2\sqrt{5}$点，根轨迹上的该点对应的增益$K^*=200$。（2）闭环控制系统稳定时 K 的取值范围为 $0<K<4$。

4-8 （1）$G_1(s)$有两个开环实数极点，分别为-1、-3；有实轴上的根轨迹在[-3，-1]区间，根轨迹具有与实轴垂直的渐近线，渐近线与实轴的交点坐标为-2，实轴上的汇合点坐标分别为-2。

（2）$G_2(s)$有两个开环实数极点，分别为-1、-3，有一个开环零点-4；实轴上的根轨迹在（-∞，-4]、[-3，-1]区间，实轴上的分离点、汇合点坐标分别为-5.732 和-2.268。

（3）对照二者根轨迹可以看出，在根轨迹左方增加一个零点后，根轨迹向左方移动。

4-9（1）$G_1(s)$有两个开环实数极点-1、-3；实轴上的根轨迹在[-3，-1]区间，根轨迹具有与实轴垂直的渐近线，渐近线与实轴的交点坐标为-2，实轴上的会合点坐标为-2。

（2）$G_2(s)$有 3 个开环实数极点，分别为-1、-3、-4；实轴上的根轨迹在（-∞，-4]、[-3，-1]区间，3 条根轨迹均趋于无穷远处，根轨迹渐近线与实轴正方向的夹角分别为-60°、60°、180°，渐近线与实轴交点坐标为-2.667，实轴上汇合点坐标为-1.785。

（3）对照二者根轨迹可以看出，在根轨迹左方增加一个极点后，根轨迹向右方移动。

4-10 （1）有 2 条根轨迹，分别起始于开环极点$p_1=0$，$p_2=-10$，均趋于无穷远处；实轴上根轨迹段：[-10,0]；根轨迹有 2 条渐近线与实轴正方向的夹角为$-90°,90°$，渐近线与实轴交点为-5；分离点、会合点：$s=-5$，此时$K=25$。

（2）$M_p\%=16.3\%$，　$t_s=0.6(s)(\pm5\%)$，　$t_s=0.8(s)(\pm2\%)$。

4-11 （1）有 3 条根轨迹，分别起始于开环极点 $p_1=0$，$p_2=-2$，$p_3=-4$，均趋于无穷远处；实轴上根轨迹段：(−∞，−4],[−2,0]；根轨迹有 3 条渐近线与实轴正方向的夹角为$-60°,60°,180°$，渐近线与实轴交点为−2；分离点、会合点：$s_1=-0.85$（分离点），此时 $K=3.08$；$s_2=-3.15$（舍）；与虚轴交点 $\pm j2\sqrt{2}$ 点，根轨迹上的该点对应的增益 $K=48$。

（2）当 3.08< K<48 时，闭环控制系统的特征根为共轭复根和实轴上的根，该系统的性能主要由共轭复根确定，可知该系统处于欠阻尼状态。

（3）稳定情况下的最大 K 值为 48；系统处于等幅振荡时的频率 $\omega_n=2\sqrt{2}(\text{rad/s})$。

第 5 章习题答案

5-1 $G(j\omega)=\dfrac{36}{(j\omega+4)(j\omega+9)}=\dfrac{36}{\sqrt{\omega^2+16}\times\sqrt{\omega^2+81}}e^{-j\left(tg^{-1}\frac{\omega}{4}+tg^{-1}\frac{\omega}{9}\right)}$

5-2 （1）$c_s(t)=A_c\sin(t+\theta_2)=A_rA(1)\sin\left[t+\theta_1+\theta(1)\right]=0.78\sin(t+18.7°)$

（2）$c_s(t)=1.48\cos(2t+23.2°)$

（3）$c_s(t)=0.78\sin(t+18.7°)-1.48\cos(2t-66.8°)$

5-3 $K=10$，$T=0.1$

5-4 $K=10$ 时，$\gamma=180°+\varphi(\omega_c)=180°-90°-\arctan\omega_c-\arctan\dfrac{\omega_c}{5}=19.5°$

$$L_g=-20\lg A(\omega_g)=-20\lg\frac{10}{\omega_g\sqrt{1+\omega_g^2}\sqrt{25+\omega_g^2}}=9.54\text{dB}$$

当 $K=100$ 时，$\gamma=180°+\varphi(\omega_c')=180°-90°-\arctan\omega_c'-\arctan\dfrac{\omega_c'}{5}=-29.2°$

$$L_g=-20\lg A\left(\omega_g\right)=-20\lg\frac{100}{\omega_g\sqrt{1+\omega_g^2}\sqrt{25+\omega_g^2}}=-10.5\text{dB}$$

5-5 该系统不稳定。

5-6 当 $A(\omega_g)=1$ 时，即 $K=1.25$ 时，该系统临界稳定。

5-7 （1）$\alpha=0.84$（2）$K=2^{1.5}=2.83$（3）$K=10$

5-8 （1）$K=0.57$（2）$K\approx1.1$（3）$K=1.1$

5-9 K 扩大 a 倍，T 缩小 a 倍。

5-10 $\gamma=31.7°$，$K_g=14.81\text{dB}$，该系统稳定。

5-11 略

5-12 该系统稳定，复平面左半平面有两个闭环极点，右半平面、虚轴上均无闭环极点数。

5-13 $K<10$ 或 $25<K<10000$

5-14 该系统不稳定。

5-15 网络的频率特性 $G(\mathrm{j}\omega)=\dfrac{R_2+\dfrac{1}{\mathrm{j}\omega C}}{R_1+R_2+\dfrac{1}{\mathrm{j}\omega C}}=\dfrac{\mathrm{j}R_2C\omega+1}{\mathrm{j}(R_1+R_2)C\omega+1}$

5-16 （1）$\mathrm{G}(s)=\dfrac{2(5s+1)}{\mathrm{s}(10s+1)(0.25s+1)}$

（2）该系统稳定。

（3）阶跃响应的调节时间 t_s 为原来的 1/10，超调量 M_p 不变。

5-17 $\mathrm{G}(\mathrm{s})=\dfrac{\Phi(\mathrm{s})}{1-\Phi(\mathrm{s})}=\dfrac{20\ 000}{\mathrm{s}(\mathrm{s}^2+130\mathrm{s}+3\ 200)}$

5-18 串联环节的传递函数 $G_c(s)=\dfrac{G'(s)}{G(s)}=\dfrac{0.99\left(\dfrac{1}{3}s+1\right)}{0.05s+1}$

串联 $G_c(s)$ 前：$\gamma=180°-180°-\mathrm{tg}^{-1}0.1\times4=-21.8°$，该系统不稳定。

串联 $G_c(s)$ 后：$\gamma=180°+\mathrm{tg}^{-1}\dfrac{1}{3}\times5.28-180°-\mathrm{tg}^{-1}0.1\times5.28-\mathrm{tg}^{-1}0.05\times5.28=17.8°$，该系统稳定。

5-19 略

5-20 $\gamma=180°+\varphi(\mathrm{j}\omega_c)\approx-28.48°$，$|G(\mathrm{j}\omega_g)|\approx0.48$

5-21 略

5-22 略

5-23 该系统稳定时反馈参数 $K_n=1$，此时 $\omega_c=\sqrt{10}$ rad/s。

5-24 $K'=10K, T'=0.1T$，即增益扩大至 10 倍，时间常数缩小为原来的 $\dfrac{1}{10}$。

第 6 章习题答案

6-1 $K=200$

6-2 $\gamma=180°+\varphi(\omega_c)=180°+\arctan0.23\omega_c-90°-\arctan0.1\omega_c=37.6°$

$K_g=\dfrac{1}{|G_k(\mathrm{j}\omega_g)|}=18.3$

6-3 $G_c(\mathrm{j}\omega)=\dfrac{1+\mathrm{j}T\omega}{1-\mathrm{j}aT\omega}=\dfrac{1+0.2486\omega}{1+0.0554\omega}$

6-4 $G_c=\dfrac{1+\mathrm{j}9.33\omega}{1+\mathrm{j}35.88\omega}$

6-5 （1）该系统的静态速度误差系数为 $K_v=\lim\limits_{s\to0}sG(s)=K/90=7$，$K$=630。

（2）图略

（3）$\gamma = 180^\circ - 90^\circ - \arctan(\omega) - \arctan\left(\dfrac{\omega}{90}\right) = 85.52^\circ$

（4）$K_{\mathrm{v}} = \lim\limits_{s\to 0} sD(s)G(s) = 70$

6-6 $G_{\mathrm{c}}(s) = \dfrac{\dfrac{s}{\omega_E}+1}{\dfrac{s}{\omega_F}+1}\cdot\dfrac{\dfrac{s}{\omega_D}+1}{\dfrac{s}{\omega_C}+1} = \dfrac{\dfrac{s}{0.5}+1}{\dfrac{s}{0.026}+1}\cdot\dfrac{\dfrac{s}{1.52}+1}{\dfrac{s}{16.45}+1}$

6-7 $D(s) = K\dfrac{\alpha T_2 s+1}{T_2 s+1} = \dfrac{0.165s+1}{0.024s+1} = 6.88\dfrac{s+6.06}{s+41.67}$

6-8 $G_{\mathrm{c}}(s) = \dfrac{1+bTs}{1+Ts} = \dfrac{1+6.29s}{1+47.47s}$

6-9 （1）图6.35（a）中校正后系统的传递函数 $G(s)G_{\mathrm{c}}(s) = \dfrac{20(s/0.5+1)}{s(s/10+1)(s/0.1+1)}$。

图6.35（b）中校正后系统的传递函数 $G(s)G_{\mathrm{c}}(s) = \dfrac{20(s/10+1)}{s(s/20+1)(s/100+1)}$。

图6.35（c）中校正后系统的传递函数

$G(s)G_{\mathrm{c}}(s) = \dfrac{K_0K_{\mathrm{c}}(T_2s+1)(T_3s+1)}{(s/\omega_1+1)(s/\omega_2+1)(s/\omega_3+1)(T_1s+1)(T_4s+1)}$。

（2）串联校正装置提高了系统的相位裕量与截止频率，改善了系统的动态性能。

6-10 （1）$G_{\mathrm{c}}(s) = \dfrac{T_2s+1}{\alpha T_2s+1} = \dfrac{9.9s+1}{83.307s+1}$，$K_{\mathrm{v}} = K = 12$。

（2）$G_{\mathrm{c}}(s) = \dfrac{1}{\beta}\left(\dfrac{1+\beta T_2 s}{1+T_2 s}\right) = 0.352\dfrac{1+0.375s}{1+0.132s}$，$K_{\mathrm{v}} = \lim\limits_{s\to 0} sG(s) = \lim\limits_{s\to 0} s\dfrac{K}{s(s+1)} = K = 12$。

（3）校正后系统的带宽增大，响应速度提高。

6-11 图略。当 $K>10$ 时，该系统稳定；当 $0<K<10$ 时，该系统不稳定。

（1）$G_{\mathrm{c1}}(s) = \dfrac{0.0625s+1}{0.00625s+1}$　　$G_{\mathrm{c2}} = \dfrac{0.088s+1}{2.52(0.035s+1)}$；（2）$G_{\mathrm{c}}(s) = \dfrac{\dfrac{s}{0.28}+1}{\dfrac{s}{0.0028}+1} = \dfrac{3.57s+1}{357s+1}$

6-12 （1）$G_{\mathrm{c1}}(s) = \dfrac{0.0625s+1}{0.00625s+1}$　　$G_{\mathrm{c2}} = \dfrac{0.088s+1}{2.52(0.035s+1)}$

（2）$G_{\mathrm{c}}(s) = \dfrac{\dfrac{s}{0.28}+1}{\dfrac{s}{0.0028}+1} = \dfrac{3.57s+1}{357s+1}$

6-13 （1）图略，（2）校正前相位裕量 $\gamma_0 = \varphi_0(\omega_{\mathrm{c0}})+180^\circ = 14.04^\circ$；校正后相位裕量 $\gamma{=}\varphi(\omega_{\mathrm{c1}})+180^\circ = 16.93^\circ$

6-14 （1）当 K=145 时，调节时间 t_{s}=1.377s，静态位置误差系数 $K_{\mathrm{p}} = \dfrac{1}{K} = \dfrac{1}{145}$。

（2）相位裕量 γ=52.7°，对应幅值穿越频率 $\omega_c = 10.4\,\text{rad/s}$。

（3）PD 调节器校正 $D(s) = 0.33(1+0.87s)$。

6-15 （1）$\dfrac{1}{K_v} = \lim\limits_{s\to 0} s\dfrac{K}{s(s+3)(s+50)} = \dfrac{1}{10}$ $\Rightarrow$ $K=15$，（2）图略，该系统稳定。

（3）图略，$\omega_c = 12.2$，$\gamma = 180° + \varphi(\omega_c) = 0.102°$，（4）$D(s) = \dfrac{1.67s+1}{0.039s+1}$。

6-16 略

6-17 略

6-18 （1）若使系统跟踪速度输入信号的稳态误差为 0，则可得 $G_c(s) = \dfrac{\tau s+1}{s}$ 同时，必须使闭环系统稳定。校正后系统的开环传递函数为 $G(s) = G_c(s)C_0(s) = \dfrac{K(\tau s+1)}{s^2(Ts+1)}$，其闭环系统的特征方程为 $Ts^3 + s^2 + K\tau s + K = 0$。若使系统稳定，则由劳斯稳定判据知，应有 $K\tau > KT$，即 $\tau > K$。

（2）$G_c(s) = \dfrac{\tau s+1}{s}$　$G_r(s) = \dfrac{s}{K}$

6-19 （1）$K_I = 100$，（2）$K_P > 0.1K_I - 1$。

（3）当 $K_P = 1700$ 时，最大超调量最小，对应的最大超调量 M_p=0.505%。

6-20 $G_c(s) = \dfrac{\dfrac{s}{\omega_c}+1}{\dfrac{s}{\omega_D}+1} = \dfrac{\dfrac{s}{0.938}+1}{\dfrac{s}{4.262}+1}$

6-21 K_P=0.6K_C=72，$T_I = 0.5T_C$=0.7，T_D=0.125T_C=0.175

6-22 $G(s) = \dfrac{(1+\tau_1 s)(1+\tau_2 s)}{\tau_1 s} = \dfrac{(1+s/0.4)(1+s/2)}{s/0.4}$

第 7 章习题答案

7-1 （1）$G(z) = Z[\sin\omega t] = \dfrac{z\sin\omega t}{z^2 - 2z\cos\omega t + 1}$

（2）$G(z) = Z[1-\mathrm{c}^{-at}] = \dfrac{z}{z-1} - \dfrac{z\mathrm{e}^{at}}{z\mathrm{e}^{at}-1} = \dfrac{(1-\mathrm{e}^{-at})z}{(z-1)(z\mathrm{e}^{at}-1)}$

（3）$G(z) = Z[t^2\mathrm{e}^{-3t}] = \dfrac{T^2 z\mathrm{e}^{-3T}(z+\mathrm{e}^{-3T})}{(z-\mathrm{e}^{-3T})^3}$

（4）$G(z) = \sum\limits_{n=0}^{\infty} a^n z^{-n} = \dfrac{1}{1-az^{-1}} = \dfrac{z}{z-a}$

7-2 （1）$G(z)=\dfrac{K\cdot z}{z-\mathrm{e}^{-at}}$　（2）$G(z)=\dfrac{K}{a}\cdot\dfrac{z(1-\mathrm{e}^{-aT})}{(z-1)(z-\mathrm{e}^{-aT})}$

（3）$G(z)=\dfrac{K}{b-a}\cdot\dfrac{z(\mathrm{e}^{-aT}-\mathrm{e}^{-bT})}{(z-\mathrm{e}^{-aT})(z-\mathrm{e}^{-bT})}$　（4）$G(z) = \dfrac{z}{z-1} + \dfrac{Tz}{(z-1)^2}$

（5） $G(z)=\dfrac{3z}{z(z-1)}-\dfrac{2z}{z-\mathrm{e}^{-T}}+\dfrac{z}{2(z-\mathrm{e}^{-2T})}$　　（6） $G(z)=\dfrac{z^{1-n}}{z-\mathrm{e}^{-aT}}$

7-3　（1） $g(nT)=0.5^n$，$n=0,1,2,\cdots$

（2） $g(nT)=10(2^n-1),\quad n=0,1,2,\cdots$

（3） $g(nT)=\dfrac{\mathrm{e}^{2T}}{1-\mathrm{e}^{T}}(\mathrm{e}^{-2n}-\mathrm{e}^{-n}),\ n=0,1,2,\cdots$

7-4　（1） $e_{ss}=\lim\limits_{z\to1}(1-z^{-1})\dfrac{Tz^{-1}}{(1-z^{-1})}=\infty$

（2） $e_{ss}=\lim\limits_{z\to1}(z-1)E(z)=\lim\limits_{z\to1}\dfrac{0.792z^2}{z^2-0.416z+0.208}=1$

7-5　（1） $y(n)=\begin{cases}1,n=0\\3(-2)^{n-1}-2(-1)^{n-1},n\geqslant1\end{cases}$

（2） $y(n)=\dfrac{11}{2}(-1)^n-7(-2)^n+\dfrac{5}{2}(-3)^{-n}=(-1)^n[\dfrac{11}{2}-7\cdot2^n+\dfrac{5}{2}\cdot3^n]$

（3） $y(n)=(-1)^{n+1}\left[\dfrac{2}{5}\cdot2^{n+1}-\dfrac{1}{10}\cdot3^{n+1}\right]+\dfrac{1}{10}\left[\cos\dfrac{n\pi}{2}-\sin\dfrac{n\pi}{2}\right],n=1,2,3\cdots$

7-6　$\dfrac{Y(z)}{U(z)}=\dfrac{z^3+z^2+2z}{2z^3+3z^2+5z+4}$

7-7　（a） $G(z)=Z\left[\dfrac{2}{s+2}\right]\cdot Z\left[\dfrac{2}{s+5}\right]=\dfrac{10z}{(z-\mathrm{e}^{-2T})(z-\mathrm{e}^{-5T})}$

（b） $G(z)=Z\left[\dfrac{2}{s+2}\cdot\dfrac{2}{s+5}\right]=\dfrac{10}{3}\cdot\dfrac{z(\mathrm{e}^{-2T}-\mathrm{e}^{-5T})}{(z-\mathrm{e}^{-2T})(z-\mathrm{e}^{-5T})}$

（c） $G(z)=1-\dfrac{1}{3}\cdot\dfrac{(z-1)(3z+2\mathrm{e}^{-2T}-5\mathrm{e}^{-5T})}{(z-\mathrm{e}^{-2T})(z-\mathrm{e}^{-5T})}$

7-8　（a） $\varPhi(z)=\dfrac{C(z)}{R(z)}=\dfrac{G_1(z)}{1+G_1G_2(z)+G_1(z)G_3(z)}$

（b） $\varPhi(z)=\dfrac{RG_2G_4(z)+G_hG_3G_4(z)RG_1(z)}{1+G_hG_3G_4(z)}$

（c） $\varPhi(z)=\dfrac{NG_2(z)+[D_{D2}(z)+D_{D1}(z)]G_hG_1G_2(z)R(z)}{1+D_{D1}(z)G_h(z)G_1G_2(z)}$

7-9　（1） $Y(z)=0.1597z^{-1}+0.4585z^{-2}+0.842z^{-3}+1.235z^{-4}+\cdots$

（2） $y^*(t)=0.1597\delta(t-T)+0.4585\delta(t-2T)+0.842\delta(t-3T)+1.235\delta(t-4T)+\cdots$

（3）令 $z=\dfrac{\omega+1}{\omega-1}$，应用劳斯判据可知，该系统不稳定，因此求终值无意义。

7-10　（1）有特征根在单位圆外，该系统不稳定。

（2）令 $z=\dfrac{\omega+1}{\omega-1}$，应用劳斯判据可知，该系统不稳定。

7-11（1）该系统不稳定；（2）由劳斯判据可知，K 的范围是 $0<K<3.304$。

7-12　$0 < K < \dfrac{2(1+\mathrm{e}^{-T})}{1-\mathrm{e}^{-T}}$

7-13　$0 < K < 4.329$

7-14　K=4，当 $0 < T < \ln 3$ 时，该系统是稳定的。

7-15　$e_{\mathrm{ss}} = \lim\limits_{z\to 1}(1-z^{-1})\Phi_{\mathrm{e}}(z)R(z) = \lim\limits_{z\to 1}\left[1+\dfrac{0.2}{z-1}+\dfrac{0.04(z+1)}{2(z-1)}\right]\left[\dfrac{(z-1)^2}{z^2-0.8z+0.2}\right] = 0.1$

7-16　$K_{\mathrm{p}} = \lim\limits_{z\to 1}[1+G(z)] = \lim\limits_{z\to 1}\left[1+\dfrac{0.005(z+0.9)}{(z-1)(z-0.905)}\right] = \infty$

$K_{\mathrm{v}} = \lim\limits_{z\to 1}(z-1)G(z) = \lim\limits_{z\to 1}(z-1)\dfrac{0.005(z+0.90)}{(z-1)(z-0.905)} = 0.1$　　$e(\infty) = \dfrac{T}{K_{\mathrm{v}}} = 1$

7-17　$e(\infty) = \dfrac{1}{1+K_{\mathrm{p}}} = 0$，　$e(\infty) = \dfrac{T}{K_{\mathrm{v}}} = 2$

7-18　略

7-19　略